MIKROCHIMICA ACTA

ARCHIV FÜR MIKROCHEMIE, SPURENANALYSE UND
PHYSIKALISCH-CHEMISCHE MIKROMETHODEN

JOURNAL FOR MICROCHEMISTRY, TRACE ANALYSIS,
AND PHYSICO-CHEMICAL MICROMETHODS

ARCHIVES DE MICROCHIMIE, ANALYSE DES TRACES
ET MICROMÉTHODES PHYSICO-CHIMIQUES

SCHRIFTLEITUNG / EDITORIAL OFFICE / RÉDACTEUR EN CHEF

M. K. ZACHERL - Wien

SUPPLEMENTUM V

Sechstes Kolloquium über metallkundliche Analyse
mit besonderer Berücksichtigung der Elektronenstrahl-Mikroanalyse
Wien, 23. bis 25. Oktober 1972

MIT 272 ABBILDUNGEN
AUSGEGEBEN IM FEBRUAR 1974

1974

SPRINGER-VERLAG WIEN GMBH

ISBN 978-3-211-81194-8   ISBN 978-3-7091-8351-9 (eBook)
DOI 10.1007/978-3-7091-8351-9

Inhaltsverzeichnis

Inhaltsverzeichnis   VII

Mikrochimica Acta [Wien], Suppl. 5, 1974, 1—27

Gesellschaft für Kernforschung mbH., Karlsruhe,
Institut für Material- und Festkörperforschung

Zur Frage der günstigsten Anregungsspannung bei der Elektronenstrahl-Mikroanalyse[*]

Von

W. Hein

Mit 15 Abbildungen

(Eingegangen am 15. Januar 1973)

1. Einleitung

Bei der Röntgenfeinstrukturanalyse, die mit charakteristischer Röntgenstrahlung arbeitet, die praktisch unter gleichen Bedingungen wie bei der Elektronenstrahl-Mikroanalyse, nur nicht so feinfokussiert erzeugt wird, wird im allgemeinen eine Anregungsspannung verwendet, die 3—4mal so groß ist wie die kritische Anregungsspannung. Diese Arbeitsweise stammt wohl daher, daß sich unter diesen Bedingungen bei den früher üblichen photographischen Aufnahmeverfahren die Linien aus dem Untergrund besonders kontrastreich hervorheben. Es muß jedoch berücksichtigt werden, daß hier noch etliche andere Faktoren, wie Filmempfindlichkeit, Entwicklung usw. eine Rolle spielen.

Immerhin hat sich bei den meisten Benutzern der Mikrosonde die Meinung festgesetzt, daß auch bei der Elektronenstrahl-Mikroanalyse das beste Ergebnis erzielt wird, wenn die Anregungsspannung ca. 3—4mal so groß wie die kritische Anregungsspannung ist.

Blöch[1] untersucht die Nachweisgrenzen im Stahl für verschiedene Elemente. Er stellte fest, daß für Si- und P-Kα sowie Mo-Lα die beste Nachweisgrenze etwa bei 15 bis 18 KV Anregungsspannung

---

[*] Vortrag anläßlich des 6. Kolloquiums über metallkundliche Analyse mit besonderer Berücksichtigung der Elektronenstrahl-Mikroanalyse, Wien, 23. bis 25. Oktober 1972.

liegt. Für Cr-, Mn-, Co-, Ni- und Cu-Kα hingegen scheint bei 30 KV die günstigste Anregungsspannung noch nicht erreicht zu sein. Blöch zitiert in seiner Arbeit Jönsson[2] und Rosseland[3], die z. T. mit komplizierten Formeln die Abhängigkeit der Linienintensität von der Spannung berechnen. Danach läßt sich das Auftreten eines Maximums der Intensität bei einer bestimmten Spannung voraussagen.

Kulenkampf[4] und Kramers[5] weisen auf einen linearen Anstieg der Intensität der Bremsstrahlung mit der Anregungsspannung hin.

Für Si- und P-Kα bzw. Mo-Lα mit einer kritischen Anregungsspannung von 1,8, 2,1 bzw. 2,5 KV findet Blöch die beste Nachweisgrenze bei etwa 18 KV, was etwa der 7—10fachen kritischen Anregungsspannung entspricht. Auf die anderen Elemente Cr-Kα mit 6, Mn-Kα mit 6,5, Co-Kα mit 7,7, Ni-Kα mit 8,3 und Cu-Kα mit 9 KV kritischer Anregungsspannung bezogen, würde das bedeuten, daß die beste Nachweisgrenze zwischen $7 \cdot 6$ KV $= 42$ KV bei Cr und $10 \cdot 9$ KV $= 90$ KV bei Cu liegen würde, Werte, die im allgemeinen bei der Elektronenstrahl-Mikroanalyse nicht verwendet bzw. nicht erreicht werden, da wohl nur wenige Geräte für eine höhere Anregungsspannung als 50 KV ausgelegt sind.

Da entgegen der Angabe von Blöch allgemein mit der günstigsten Arbeitsspannung in der Höhe der 3—4fachen kritischen Anregungsspannung gerechnet wird, entschlossen wir uns, einige Versuche zu diesem Thema durchzuführen. Im Gegensatz zu Blöch, der Elemente in fremder Matrix untersuchte, wurden unsere ersten Untersuchungen an reinen Standards ausgeführt, um Matrixeffekte, die sehr wohl über Absorption, Fluoreszenz u. ä. Auswirkung auf die Nachweisgrenze haben können, für die Grundlagenuntersuchung auszuschließen.

Abhängigkeit der Intensitäten von der Anregungsspannung bei Röntgenröhren

Bei Debye-Scherrer-Aufnahmen, die mit verschiedenen Anregungsspannungen aufgenommen werden, erhält man Filme, in denen die Interferenzlinien mehr oder weniger gut aus der Untergrundschwärzungen hervortreten. Im allgemeinen werden für

$$
\begin{array}{ll}
\text{Cu } 30\text{—}35 \text{ KV} & < 4 \times 9 \ \ \text{KV} \\
\text{Co } 25\text{—}30 \text{ KV} & < 4 \times 7,7 \text{ KV} \\
\text{Cr } 25\text{—}30 \text{ KV} & \leq 5 \times 6 \ \ \text{KV}
\end{array}
$$

als Anregungsspannung verwendet. D. h. die günstigste Anregung — visuell bei Filmaufnahmen betrachtet — liegt etwa bei dem 3—5fachen der kritischen Anregungsspannung.

Führt man Goniometeraufnahmen mit den 3 genannten Röhren z. B. an einem polykristallinen Au-Eichpräparat durch, so gelangt man zu ähnlichen Ergebnissen. Dabei wurde, wie bei der Röntgenfeinstrukturanalyse üblich, mit Filtern gearbeitet, die vor allem die

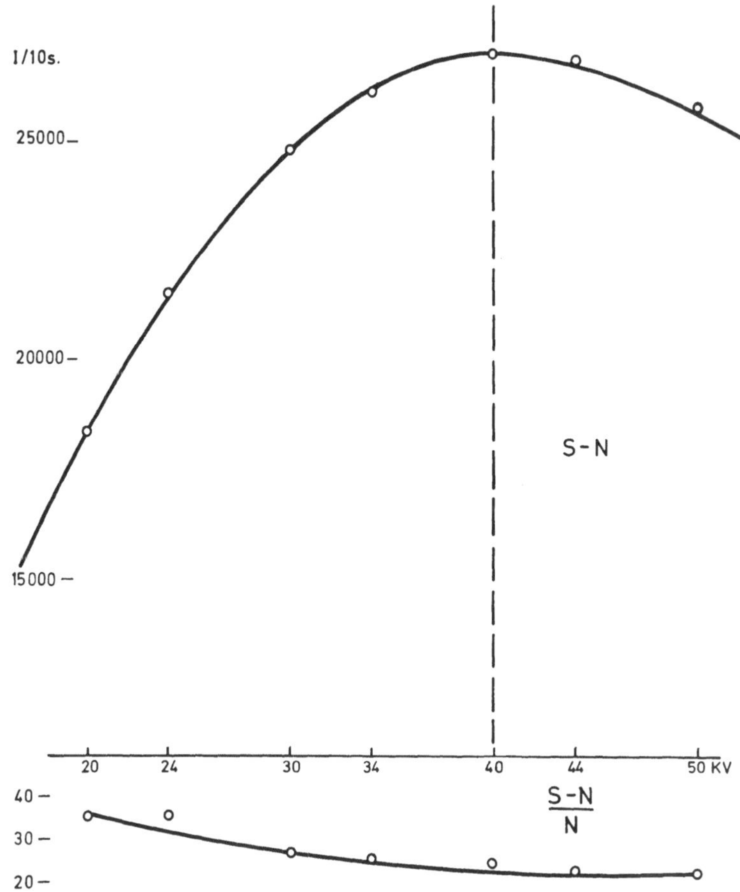

Abb. 1. Impulsausbeute einer Cu-Röhre bei verschiedenen Spannungen an polykristallinem Au-Präparat

β-Strahlung stark schwächen. Da bei den einzelnen, an die Röntgenröhre angelegten Spannungen durch diskontinuierliche Einstellung der Stromstärke nicht immer exakt die gleiche Leistung eingebracht werden konnte, wurden die tatsächlich erhaltenen Impulsraten bei der Cu-Röhre auf 1000 W, bei den Co- und Cr-Röhren auf 300 W Belastung normiert. In der Kurve für Cu (Abb. 1) — Co und Cr ergeben ähnliche Kurven — zeigt sich in der Tat, daß ein Maximum erhalten wird, wenn man von der Impulsrate den Untergrund

$(S - N)$ abzieht. Das Verhältnis Impuls—Untergrund durch Untergrund $\left(\frac{S-N}{N}\right)$ fällt hingegen von kleinen Spannungen zu größeren ab. Es ist kein markantes Maximum oder dergleichen vorhanden.

Aufgrund dieser Ergebnisse erscheint es uns richtiger, zur Bestimmung der günstigsten Anregungsspannungen die Netto-Impulsraten $(S - N)$ heranzuziehen, als das Verhältnis $\frac{S-N}{N}$.

Betrachtet man die Maxima $S - N$, so ergeben sich für

$$
\begin{array}{lll}
\text{Cu} & 40\,\text{KV} & \sim 4,5 \times 9 \quad \text{KV} \\
\text{Co} & 34\,\text{KV} & \sim 4,5 \times 7,7\,\text{KV} \\
\text{Cr} & 30\,\text{KV} & \cong 5 \quad \times 6 \quad \text{KV}
\end{array}
$$

Da jedoch die angelegten Spannungen nur in einem sehr groben Bereich variiert wurden, ist es möglich, daß die Maxima etwas zu

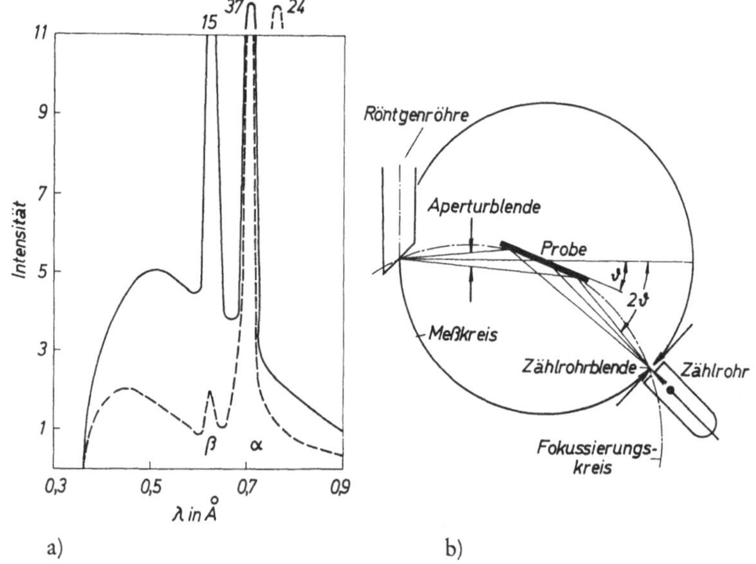

Abb. 2. a) Spektrale Wellenlängenverteilung der Röntgenstrahlung (aus Glocker[8])
b) Strahlengang bei der Feinstrukturanalyse (aus Neff[9])

höheren oder zu niedrigeren Werten verschoben sind. Immerhin kann man das günstigste Ergebnis für die Netto-Impulsrate bei dem 4—5fachen der kritischen Anregungsspannung erwarten.

Überträgt man jedoch die so ermittelten Werte auf die Elektronenstrahl-Mikroanalyse, so geht man von falschen Voraussetzungen aus (Abb. 2).

Die Braggsche Glanzwinkelbeziehung

$$n \cdot \lambda = 2\,d \, \sin \vartheta$$

ist die Grundlage der gesamten Röntgenanalyse. Trifft ein Röntgenstrahl der charakteristischen Wellenlänge unter $2\,d \sin \vartheta$ die Kristallebene, so erfolgt Reflexion. Bei den vorher besprochenen Untersuchungen liegen aber in jeder Winkelstellung der Probe sehr viel

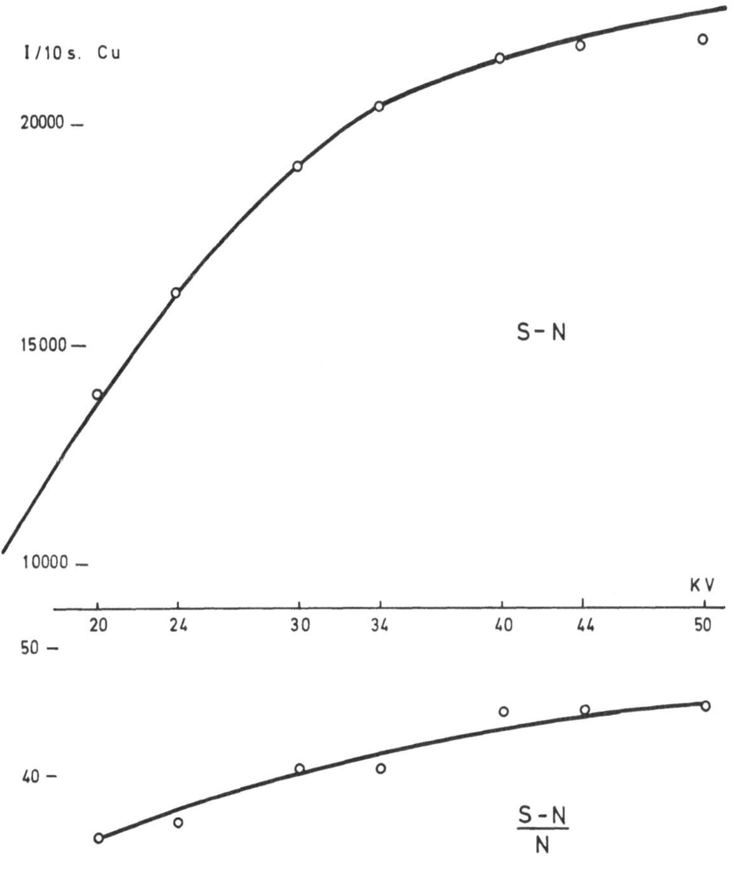

Abb. 3. Impulsausbeute bei einer Cu-Röhre bei verschiedenen Spannungen an LiF-Analysatorkristall

Kristall-Lagen vor. Daher wird nicht nur die erzeugte charakteristische Wellenlänge reflektiert, sondern praktisch auch das ganze, vor allem das kurzwelligere Bremsspektrum, wodurch eine starke Untergrundschwärzung hervorgerufen wird. Da aber bei der Elektronenstrahl-Mikroanalyse nicht das ganze Spektrum, sondern nur die charakteristische Wellenlänge interessiert, läßt man die Strahlung auf einen Analysatorkristall fallen. In diesem Fall bedeutet das, daß nur ein ganz kleiner Bereich um die charakteristische Wellenlänge ausgeblendet und reflektiert wird, das übrige Bremsspektrum kann daher nicht mehr zur Untergrundschwärzung beitragen.

Aus diesem Grunde haben wir die aus den Röhren austretende Strahlung auf einen LiF-Analysatorkristall (aus unserer Mikrosonde) unter dem jeweiligen Braggwinkel auffallen lassen und erneut die Signal- und Untergrundverhältnisse unter sonst gleichen Bedingungen vermessen. Die Kurve von Cu (Abb. 3) verläuft jetzt anders. Wiewohl nur vergleichsweise grobe Messungen durchgeführt wurden, zeigt sich doch kein ausgesprochenes Maximum. (Bei Cu ist, bedingt durch die große Totzeit des GM-Zählrohres, bei den hohen Anregungsspannungen kein Anstieg mehr festzustellen; würde ein besseres Zählrohr mit geringerer Totzeit verwendet, wäre mit einem weiteren Anstieg zu rechnen.) Auch das Verhältnis $\frac{S-N}{N}$ weist einen bemerkenswerten Unterschied auf. Fiel der Wert bei den ersten Messungen von niedriger zu hoher Spannung hin ab, so steigt der Wert hier an. Dabei treten ebenfalls keinerlei charakteristische Merkmale wie Maxima o. ä. auf.

Die Co-Röhre (Abb. 4), die eine geringere Impulsausbeute liefert, zeigt deutlich bis 50 KV einen kontinuierlichen Anstieg, ohne daß ein Maximum erreicht wird.

Aus diesen Untersuchungen läßt sich folgern, daß bei der Röntgenspektral- und Feinstrukturanalyse bei Verwendung der reinen charakteristischen Strahlung, also unter Ausschaltung der Bremsstrahlung z. B. durch Anwendung von Monochromatoren, die beste Nettoimpulsausbeute mit Cu-, Co- oder Cr-Antikathode bei höheren Spannungen als 50 KV und damit bei mehr als der 3—4fachen Anregungsspannung erzielt wird. Dieses Ergebnis stimmt mit der vorher zitierten Arbeit von Blöch überein.

Abhängigkeit der Röntgenintensitäten von verschiedenen Anregungsspannungen bei der Elektronenstrahl-Mikroanalyse bei reinen Elementen

Ein Elektronenstrahl-Mikroanalysator kann praktisch als eine Röntgenröhre mit angeschlossenem Detektorsystem aufgefaßt werden, bei der die Antikathode aus unterschiedlichen Materialien, nämlich den Proben, besteht. Bei unseren nachfolgend beschriebenen Untersuchungen haben wir mit den verschiedensten Proben unter vollkommen gleichen Bedingungen gearbeitet. Es stand uns ein Cambridge Mikroscan (1963) zur Verfügung. Die Anregungsspannungen variierten im Bereich von 10—44 KV jeweils um 2, teilweise um 1 KV.

Der emittierte Strahlstrom (beam current) konnte bei Änderung der Spannung leider nicht ganz kontinuierlich auf genau 50 μA gehalten werden. Er schwankte leicht um diesen Wert. Mittels Konden-

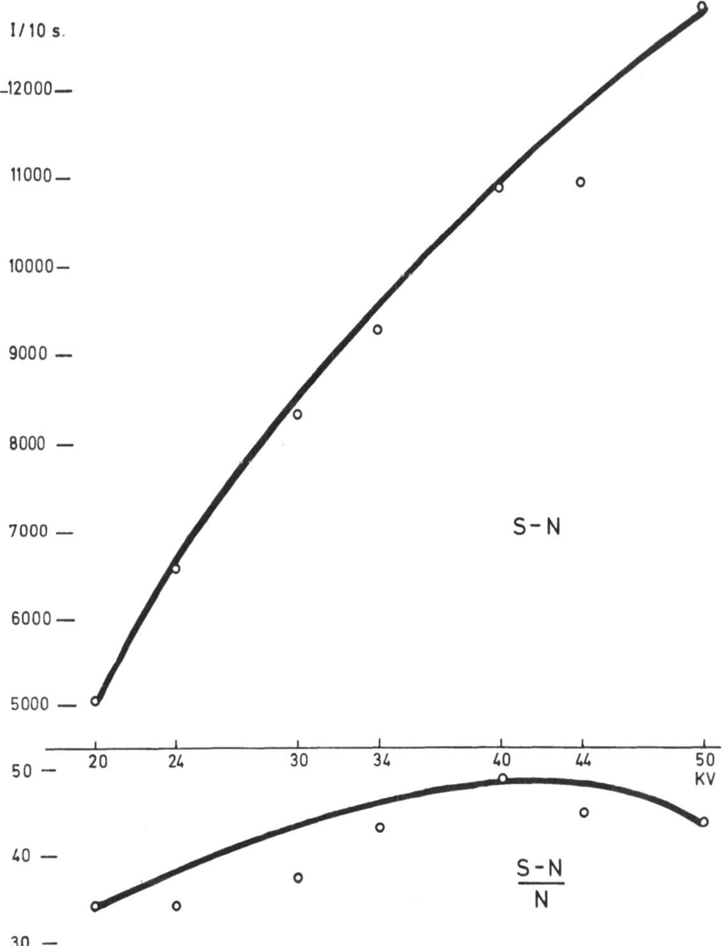

Abb. 4. Impulsausbeute einer Co-Röhre bei verschiedenen Spannungen an LiF-Analysatorkristall

sorlinse wurde der Probenstrom konstant auf 100 nA eingestellt. Als Zählrohre gelangten Durchflußzähler zum Einsatz, auch bei den Elementen mit kürzeren Wellenlängen der K- oder L-Linien, obwohl dadurch die absolute Impulsausbeute z. T. wesentlich geringer als beim Xenon-gefüllten Proportionalzählrohr (Sealed Counter) ausfiel. Bei allen Messungen erfolgte die Diskriminierung mit einer Fensterbreite von 10 V und einer Schwelle von 5 V. Die Zählrohrspannung wurde von Element zu Element so variiert, daß die im

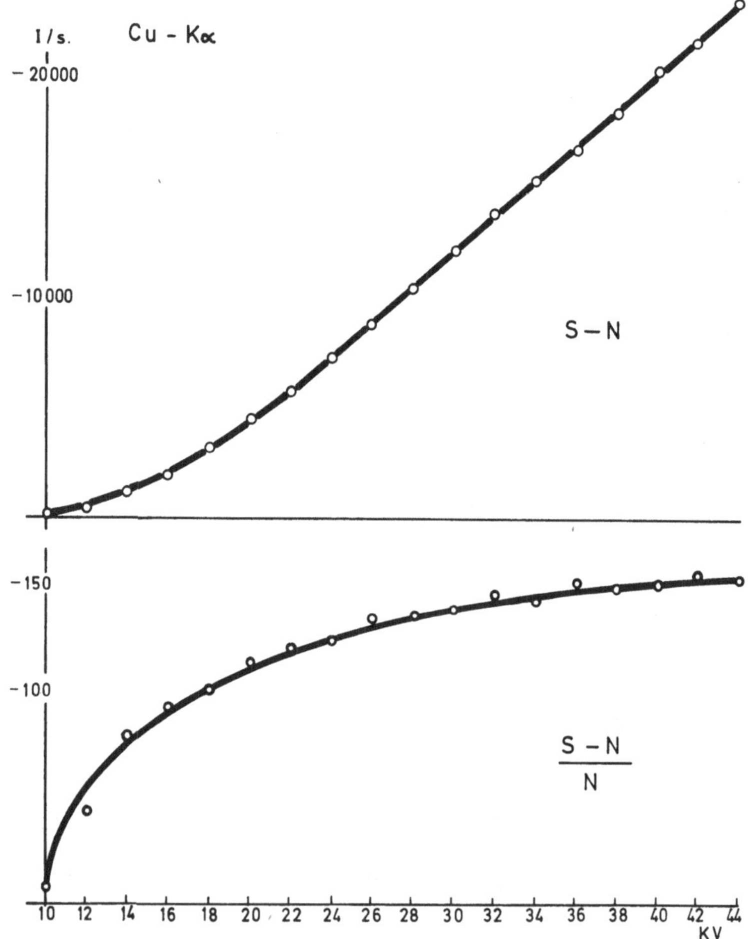

Abb. 5. Impulsausbeute in der Mikrosonde bei verschiedenen Anregungsspannungen mit Cu-Standard

Siemens-Spektroskop angezeigte Strahlung ganz auf das eingeblendete Fenster zu liegen kam. Diese Einstellung mit verhältnismäßig großem Fenster haben wir mit Absicht gewählt, um keine extrem diskriminierte Strahlung zu erhalten.

Als Kristalle verwendeten wir im allgemeinen LiF-Kristalle verschiedener Krümmung — unser Gerät besitzt halbfokussierende

Spektrometer — für Mg, Al und Si KAP-, für Zr, Nb, Mo, Ag, Cd, Sn, Sb und U PE-Kristalle. Die Zählzeit betrug 6 sek; für die Auswertung wurden jedoch die erhaltenen Impulse auf eine Sekunde bezogen. Aus jeweils 10 einzelnen Messungen erfolgte die Mittelwertbildung.

Als Beispiel für die Elemente mit kürzerer $K\alpha$-Strahlung sei wiederum die Cu-Antikathode betrachtet (Abb. 5). Die Kurve der erhaltenen Nettoimpulse, $S - N$, zeigt im oberen Teil einen linearen

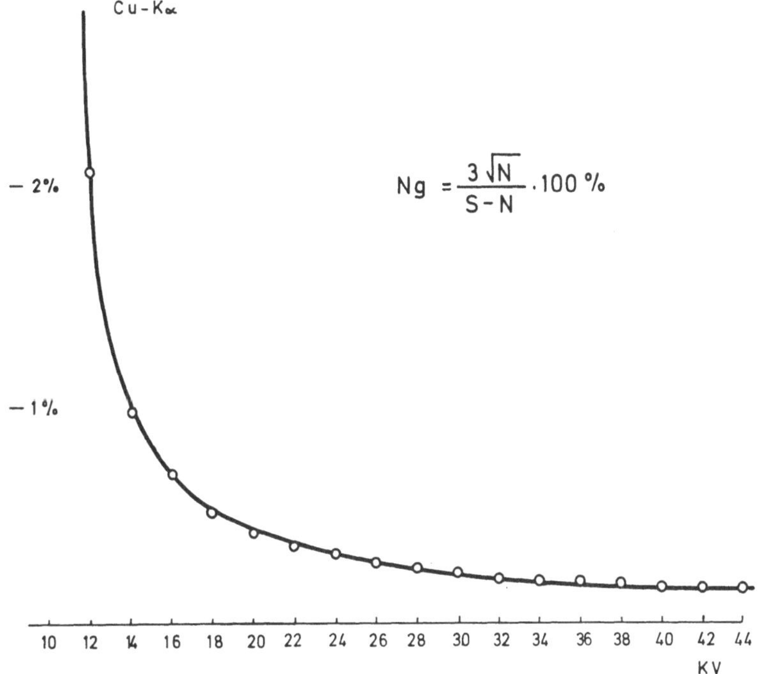

Abb. 6. „Nachweisgrenze" von reinem Cu-Standard bei verschiedenen Anregungsspannungen

Anstieg, nach unten hin ist die Kurve leicht gekrümmt, und es dürfte etwas unterhalb 10 KV keine meßbare $K\alpha$-Strahlung des Cu mehr registriert werden.

Die Kurve verläuft glatt und zeigt auch bei 44 KV noch keinerlei Abflachung, die auf ein sich anschließendes Maximum hindeuten würde.

Ebenso ist in der Kurve des Verhältnisses $\dfrac{S-N}{N}$, die ähnlich verläuft wie die vorher besprochenen bei den Röhren, kein Maximum, Wendepunkt o. ä. zu erkennen. Da die einzelnen Meßpunkte insbesondere bei den leichteren Elementen, bei denen nur geringe Impulszahlen erhalten werden, stärker schwanken, ziehen wir es vor, zum Vergleich die diesem Verhältnis umgekehrt proportionale Nachweisgrenze

$$NG = \frac{3 \cdot \sqrt{N}}{S - N} \cdot C_A$$

heranzuziehen. Dabei sagt selbstverständlich (Abb. 6) diese Nachweisgrenze nichts über die tatsächliche Empfindlichkeit aus. Will man

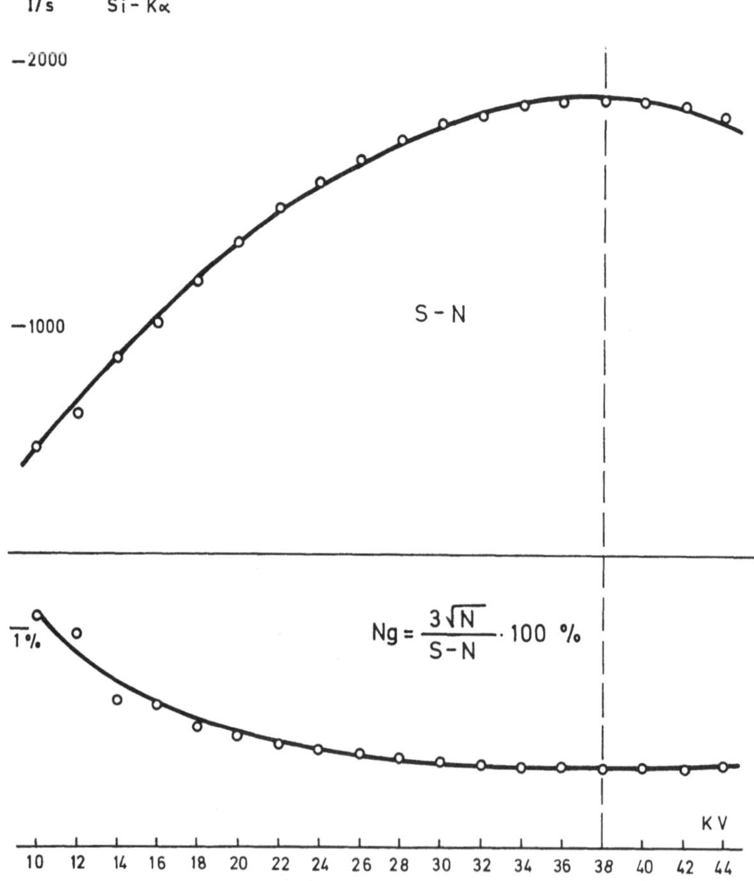

Abb. 7. Impulsausbeute und „Nachweisgrenze" in der Mikrosonde bei verschiedenen Anregungsspannungen mit Si-Standard

z. B. die wirkliche Nachweisgrenze von Si im Stahl bestmmen, so nimmt man eine Probe mit bekanntem, geringem (z. B. 2 %) Si-Gehalt. Die Matrixeffekte wirken hier auf die Nachweisgrenze mit ein. In den vorliegenden Untersuchungen soll die Nachweisgrenze jedoch nur eine Vergleichsmöglichkeit bieten und als solche ist sie bei den folgenden Untersuchungen zu verstehen.

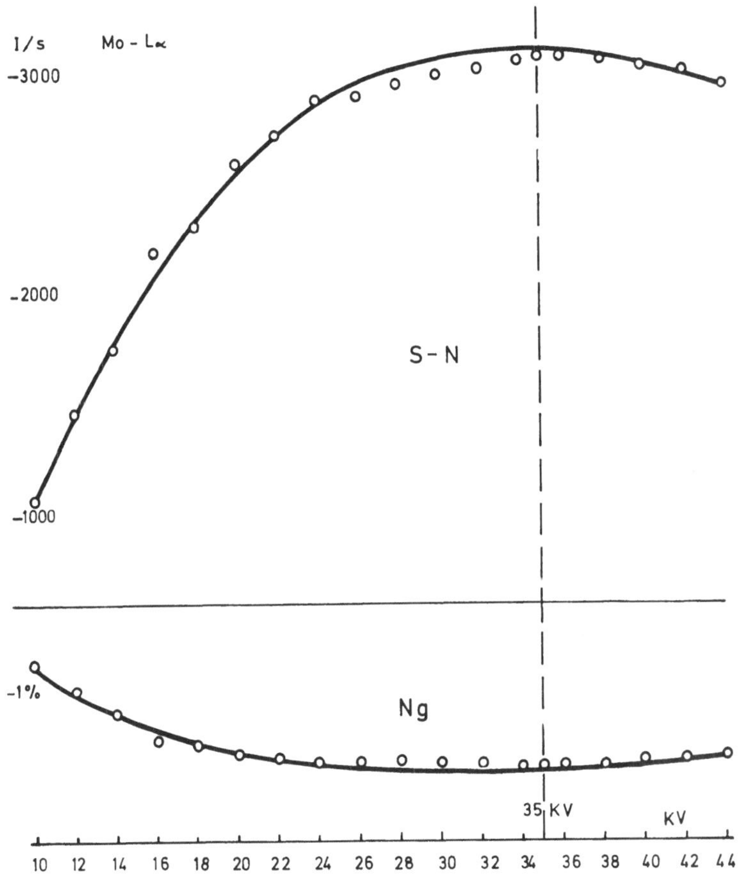

Abb. 8. Impulsausbeute und „Nachweisgrenze" in der Mikrosonde bei verschiedenen Anregungsspannungen mit Mo-Standard

Ähnliche Kurvenzüge wie Cu zeigen Mo, Nb, Zr, Zn, Ni, Co, Fe, Mn, Cr, V und Ti. Nur bei Ti macht sich im oberen Bereich eine leichte Abflachung bemerkbar.

Anders verhalten sich jedoch die Elemente Si, Al, Mg, von denen die Kurven der Nettoimpulse und der Nachweisgrenze von Si (Abb.7) als Beispiel dienen sollen. Bereits bei 10 KV wird ein verhältnismäßig hoher Nettoimpulspegel erzielt; der erste Teil der Kurve verläuft auch hier linear, aber etwa ab 21 KV flacht sich die Kurve ab und erreicht bei 38 KV ein Maximum. Umgekehrt findet sich in der

Kurve der Nachweisgrenze hier ein Minimum. Das bedeutet, daß die günstigste Anregungsspannung für reines Si bei 38 KV liegt. Bei Al und Mg finden sich ebenfalls Maxima bzw. Minima bei 34 bzw. 28 KV.

Die Kurven für die L-Linien zeigen bei kurzen Wellenlängen von Bi, Pb, W und Ta einen ähnlichen Verlauf für die Nettoimpulse bzw. Nachweisgrenze wie die früher gezeigten von Cu für $K\alpha$. Aber bereits Sb läßt nach einem linearen Anstieg eine starke Abflachung erkennen, die darauf hindeutet, daß kurz oberhalb 44 KV ein Maximum auftritt.

Sn besitzt in der Tat bereits bei 42 KV für die Nettoimpulse ein Maximum. Für die flach verlaufenden Kurven mit ihren Maxima für die Nettoimpulse bzw. Minima für die Nachweisgrenzen diene Mo als Beispiel (Abb. 8). Die ermittelten günstigsten Anregungsspannungen betragen für Cd 40, Ag 38, Mo 35, Nb 30 und Zr 30 KV.

Als einziges Beispiel für die M-Strahlung wurde U untersucht. Die aufgenommene Kurve zeigt einen ähnlichen Verlauf wie bei den Proben der L-Strahlung mit einem Maximum bei 38 KV.

In Tabelle 1 sind die gemessenen Werte für die günstigsten Anregungsspannungen, d. h. Maxima der S-N-Werte niedergelegt. Dividiert man diese Spannungen durch die jeweils kritischen Anregungs-

Tabelle 1. *Günstigste Anregungsspannungen bei reinen Elementen*

El.-Nr.	Element	Max.	V_{krit}	V_{max}/V_{krit}	
12	Mg	28 KV	1,30 KV	21,54	K-Serie
13	Al	34 KV	1,56 KV	21,79	K-Serie
14	Si	38 KV	1,84 KV	20,65	K-Serie
40	Zr	30 KV	2,55 KV	11,76	L-Serie
41	Nb	30 KV	2,71 KV	11,07	L-Serie
42	Mo	35 KV	2,88 KV	12,15	L-Serie
47	Ag	38 KV	3,81 KV	9,97	L-Serie
48	Cd	40 KV	4,02 KV	9,95	L-Serie
50	Sn	42 KV	4,46 KV	9,42	L-Serie
92	U	38 KV	5,50 KV	6,91	M-Serie

spannungen (critical absorption), so zeigt sich, daß bei den leichten Elementen mit den K-Serien die kritischen Anregungsspannungen mit den größten, bei U mit der M-Linie mit den geringsten Faktoren multipliziert werden müssen.

Trägt man die ermittelten Werte auf, so ergibt sich eine Hyperbel (Abb. 9). Bei Verwendung von doppeltlogarithmischem Papier erhält man eine Gerade, auf der praktisch alle Werte innerhalb der Meßgenauigkeit liegen. Wegen der guten Übereinstimmung scheint es gerechtfertigt zu sein, diese Kurven zu ziehen. Sie deuten darauf hin,

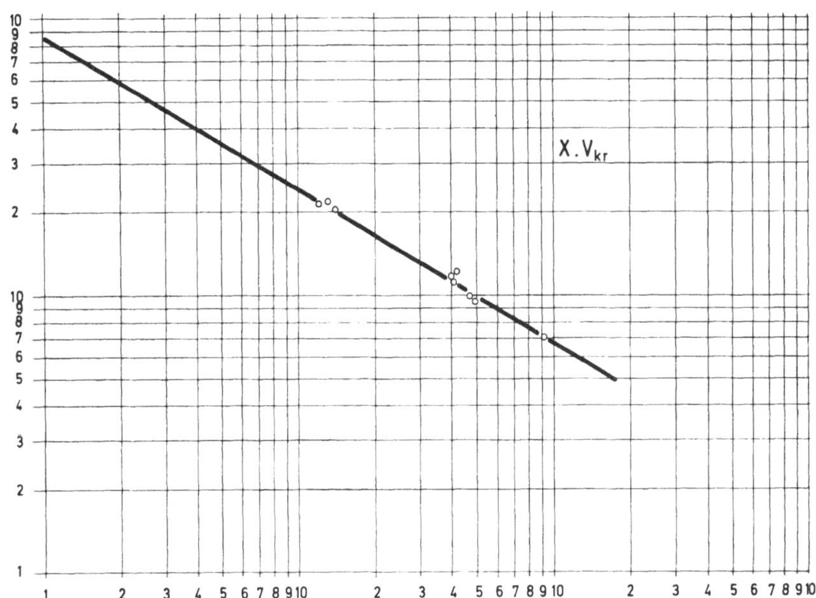

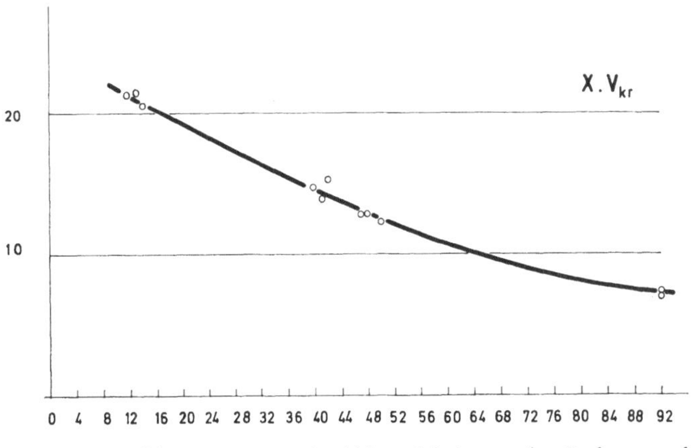

Abb. 9. V_{max}/V_{kr} in Abhängigkeit von der Ordnungszahl

daß die günstigsten Anregungsspannungen nicht von den angeregten bzw. gemessenen Serien sondern von den Atomnummern abhängig sind. Aus der Geraden auf doppeltlogarithmischem Papier läßt sich eine mathematische Lösung für die günstigste Anregungsspannung ableiten. Da im dekadischen Logarithmus aufgetragen wurde, ergibt sich

$$\lg y = -a \cdot \lg z + \lg b$$

wobei $b = 86$ der Abschnitt auf der Ordinate bei $z = 1$ bedeutet. z ist auf der Abszisse identisch mit der Ordnungszahl.

Aus der Kurve ist bei $z = 10$ für $y = 24{,}7$ zu entnehmen. Daraus berechnet sich

$$\lg 24{,}7 = -a \lg 10 + \lg 86$$

und somit für

$$a = \frac{\lg 86 - \lg 24{,}7}{\lg 10} = \frac{1{,}93 - 1{,}40}{1}$$

$$a = 0{,}53$$

Berücksichtigt man die Ungenauigkeiten der Einzelmessungen, der Kurve sowie die Ablesegenauigkeit, so läßt sich folgern, daß a einen Wert von

$$a \sim 0{,}5$$

annimmt.

Nunmehr läßt sich die günstigste Anregungsspannung für reine Elemente annähernd berechnen nach:

$$V_{max} = (z^{-1/2} \cdot 86) \cdot V_{kr} \quad \text{bzw.}$$

$$V_{max} = \left(\frac{1}{\sqrt{z}} \cdot 86 \right) \cdot V_{kr} = \frac{86}{\sqrt{z}} V_{kr}$$

Abhängigkeit der Röntgenintensitäten von verschiedenen Anregungsspannungen bei Legierungen und intermetallischen Verbindungen

Blöch[1] hatte bei seinen Mikrosonden-Untersuchungen auf Si, P und Mo in Stahl gefunden, daß die günstigste Anregungsspannung für diese Elemente etwa bei dem 7—10fachen Betrag der kritischen Anregungsspannung liegt. Abgesehen von Mo, das nach obigen Messungen ein Maximum bei etwa $12 \cdot V_{kr}$ zeigt, und damit in etwa dem von Blöch angegebenen Wert nahekommt, stimmen die Anregungsspannungen für Si und P mit unseren Messungen nicht überein. Wir fanden etwa doppelt so hohe Werte wie Blöch. Daher stellt sich die Frage, ob die anderen im Stahl vorhandenen Elemente, z. B. durch verstärkten Untergrund, Massenschwächung o. ä. die Maxima in den Kurven der Anregungsspannungen verschieben. Deshalb haben wir eine Reihe von Zwei- und eine Dreistofflegierung untersucht. In einer Ferromolydänprobe mit etwa 73 % Mo lagen Kristallite unterschiedlichen Mo-Gehalts vor. Für unsere Messungen suchten wir einen Kristalliten mit nicht zu hohem Mo-Gehalt aus. Eine quantitative Analyse erfolgte in diesem Rahmen nicht. Der erhaltene Kurvenzug von Fe verläuft ähnlich wie der des Fe-Standards: nach

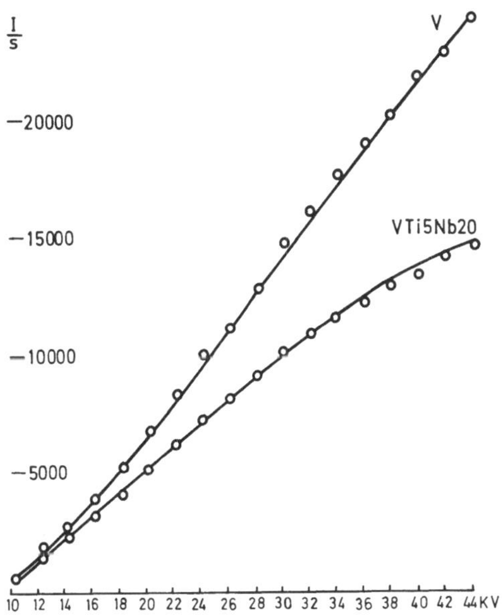

Abb. 10. Impulsausbeute der V-Strahlung bei Rein-V und VTi 5Nb20 bei verschiedenen Anregungsspannungen

einer leichten Anfangskrümmung erfolgt ein linearer Anstieg. Ebenfalls ähneln die Kurven des Mo in der Legierung denen des Mo im Standard. Während für den Standard ein Maximum bei 35 KV $\sim$ 12 · V_{kr} gefunden wurde, zeigte sich das Maximum in der anderen Kurve bei 28 KV $\sim$ 10 · V_{kr}. In etwa läßt sich also eine Übereinstimmung oder höchstens eine leichte Verschiebung des Mo-Maximums erkennen.

Eine noch bessere Übereinstimmung findet sich für Nb bei den Legierungen Nb50Ti50 und VTi5Nb20. Während das Maximum des Standards bei 30 KV $\sim$ 11 · V_{kr} gefunden wird, tritt es bei Nb50Ti50 ebenfalls bei 30 KV und bei VTi5Nb20 bei 28 KV $\sim$ 10 · V_{kr} auf. Der Unterschied von 2 KV liegt aber ohne weiteres innerhalb der Fehlergrenzen der Methode.

Bei Ti und V konnten in VTi5Nb20 keine Maxima erwartet werden. In der Tat treten sie auch nicht auf; aber in beiden Fällen zeigte sich eine Diskrepanz zur Kurve des Standards. Während die

Kurve des Rein-V (Abb. 10) nach einer leichten Anfangskrümmung linear ansteigt, läuft sie beim V der Probe von der Standardkurve weg. Es hat den Anschein, als ob bei einer Spannung oberhalb 50 KV ein Maximum auftritt, was aufgrund der Kurve des Standards nicht anzunehmen wäre.

Ti zeigt einen ähnlichen Effekt. Auch hier läuft die Kurve stärker von der Standardkurve fort. Ein Maximum muß ebenfalls nach dem Kurvenverlauf kurz oberhalb 50 KV erwartet werden.

Um das Verhalten leichter Elemente zu untersuchen, wurden Messungen an einer Fe-Al-Legierung durchgeführt, in der die Verbindungen FeAl und $FeAl_2$ auftreten. Für Fe zeigte sich bei beiden

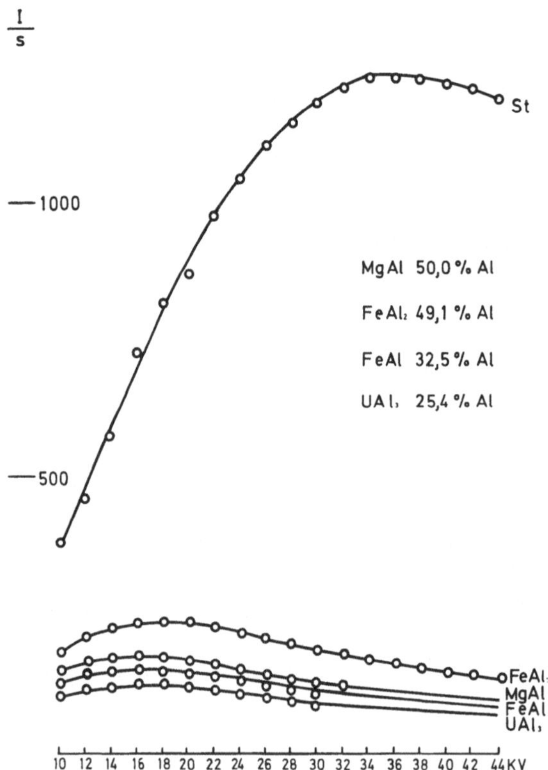

Abb. 11. Impulsausbeute der Al-Strahlung bei Rein-Al und Al-Legierungen bei verschiedenen Anregungsspannungen

Verbindungen der erwartete Verlauf: nach leichter Anfangskrümmung der Kurve ein linearer Anstieg bis 44 KV. Ein ganz anderes Bild ergibt sich jedoch für Al (Abb. 11). Für das reine Element wird das Maximum bei 34 KV $\sim 22 \cdot V_{kr}$ gefunden. Sowohl für $FeAl_2$ mit

49,1 % Al als auch für FeAl mit 32,5 % Al tritt das Maximum aber schon bei 16—18 KV auf, was 10—11 · V_{kr} entspricht. Nach diesen bei verhältnismäßig niedrigen Anregungsspannungen liegenden Maxima fallen die Kurven wieder ab und nähern sich fast asymptotisch einem unteren Wert. Die ermittelte günstigste Anregungsspannung stimmt demnach mit dem Wert überein, der auch von Blöch angegeben wurde.

Es stellt sich nun die Frage, ob das Gegenelement Fe einen besonderen Einfluß auf die Lage des Maximums ausübt. Zur Klärung wurde eine intermetallische Verbindung mit einem extrem schweren Element UAl_3 mit 25,4 % Al untersucht. Hier zeigt U mit einem Maximum bei 40 KV $\sim$ 7 · V_{kr} gegenüber dem Standard mit ebenfalls 38 bzw. 40 KV keinen Unterschied. Die Kurve des Al hingegen verläuft vollkommen analog den vorher bei FeAl und $FeAl_2$ gefundenen mit einem Maximum bei 16—18 KV. Auch ein leichtes Gegenelement führt zu dem gleichen Effekt. Bei einer Legierung mit etwa 50 Gew. % Mg wird das Maximum bei 14 KV $\sim$ 9 · V_{kr} gefunden. Demnach hat es den Anschein, daß das auftretende Maximum bei Al-Verbindungen und Legierungen unabhängig von den Begleitelementen bei etwa 10 · V_{kr} auftritt.

Die Al-Konzentration variiert bei den 4 Legierungen zwischen 25 und 50 %. Auch relativ große Konzentrationsschwankungen scheinen kaum Einfluß auf die Lage des Maximums auszuüben. Um die Wirkung unterschiedlicher Konzentrationen zu überprüfen, wurden Untersuchungen an erschmolzenen Proben aus Fe-Si mit 80, 60, 40 und 20 % Fe bzw. komplementär dazu Si durchgeführt.

Im System Fe-Si liegen mehrere intermetallische Verbindungen vor. Aus den Impulsmessungen ergab sich, daß bei den Proben mit 80 und 60 Gew. % Si die Verbindung

$$FeSi_3 \text{ mit etwa } 60 \% \text{ Si}$$

vorliegt. Bei den beiden anderen Schmelzen wurden jeweils die Si-ärmeren Phasen untersucht. Danach handelt es sich in der Probe mit 40 Gew. % Si um

$$FeSi \text{ mit } 33,5 \% \text{ Si}$$

und bei dem Regulus mit 20 Gew. % Si um

$$Fe_3Si \text{ mit } 14,3 \% \text{ Si.}$$

Für das schwere Element Fe wird in allen Fällen der erwartete Verlauf erhalten (Abb. 12). Die Kurven des Si hingegen (Abb. 13) zeigen wie die vorher besprochenen des Al ebenfalls Maximaverschiebung. Während beim Rein-Si das Maximum bei 38 bis 40 KV $\sim$ 21—22 V_{kr} auftritt, findet man es bei den 3 Verbindungen Fe_3Si, FeSi und $FeSi_3$ bei 20—22 KV $\sim$ 11—12 · V_{kr}.

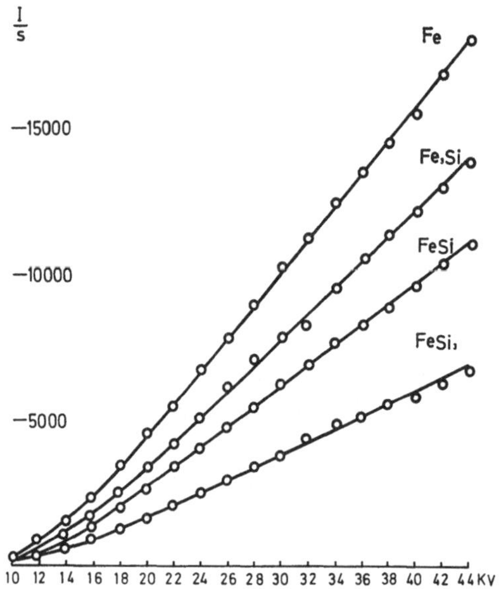

Abb. 12. Impulsausbeute der Fe-Strahlung bei Rein-Fe und Fe-Si-Legierungen bei verschiedenen Anregungsspannungen

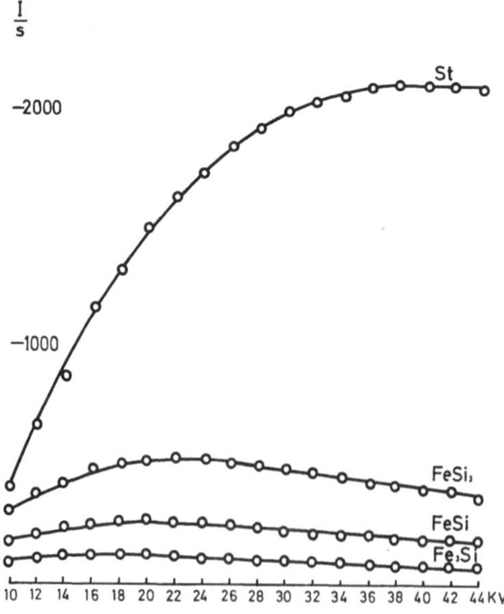

Abb. 13. Impulsausbeuten der Si-Strahlung bei Rein-Si und Fe-Si-Legierungen bei verschiedenen Anregungsspannungen

Die günstigste Anregungsspannung für Si in Legierungen und Verbindungen liegt nach diesen Ergebnissen ebenfalls nahe dem von Blöch angegebenen Wert. Außerdem zeigt sich noch, daß selbst große Konzentrationsunterschiede nur geringen Einfluß auf die Verschiebung des Maximums ausüben.

Bei den vorliegenden Untersuchungen war es wegen der in den Systemen auftretenden intermetallischen Verbindungen bzw. Mischkristall-Phasen nicht möglich, zu sehr großen oder kleinen Si-Gehal-

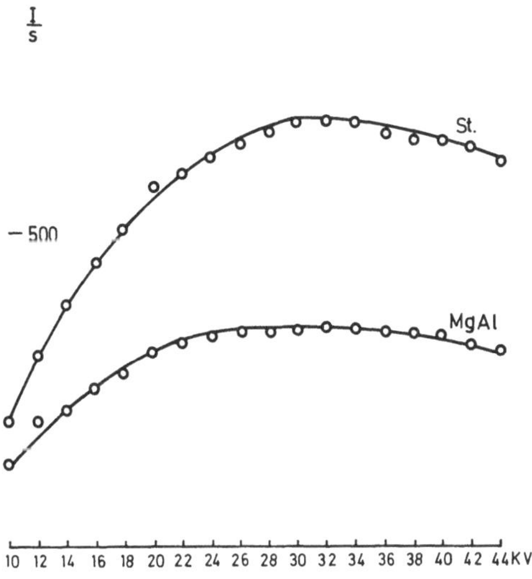

Abb. 14. Impulsausbeuten der Mg-Strahlung bei Rein-Mg und MgAl bei verschiedenen Anregungsspannungen

ten überzugehen, da dann immer die fast reinen Endphasen gemessen werden. Das Einsetzen der Maximaverschiebungen in Abhängigkeit von den Konzentrationen ist demnach an diesen Systemen nicht zu beobachten.

Oben wurde gezeigt, daß bei Al die 3 Gegenelemente Fe, U und Mg keinen deutlich verschiedenen Einfluß auf die Verschiebung des Maximums ausüben. In allen Fällen fand sich das Maximum bei etwa $10 \cdot V_{kr}$. Betrachtet man jedoch die Kurve des Mg im System Mg-Al (Abb. 14), so zeigt sich in diesem Falle keine Verschiebung des Maximums. Im Gegenteil, die Kurve des Mg der Verbindung MgAl verläuft vollkommen analog der Kurve des Rein-Mg. Die Maxima bei 32 KV stimmen überein. Dieses Ergebnis scheint den Befunden an Al und Si zu widersprechen; in der Diskussion wird auf diese Abweichung noch näher eingegangen.

Eine Zusammenfassung der auftretenden Maxima und ein Vergleich mit den Maxima der Rein-Elemente ist in Tab. 2 gegeben.

Tabelle 2. Günstigste Anregungsspannungen bei Verbindungen

Leg.	El.	V_{max}	ca. $x \cdot V_{kr}$	Standard V_{max}	ca. $x \cdot V_{kr}$	Versch.
FeMo	Mo	28	10	35	12	+
VTi5Nb20	Nb	28	10	30	11	−
Nb50Ti50	Nb	30	11	30	11	−
UAl_3	U	40	7	38/40	7	−
	Al	16/18	10/11	34	22	+
FeAl	Al	18	11	34	22	+
$FeAl_2$	Al	16	10	34	22	+
MgAl	Al	14	9	34	22	+
	Mg	30	22	28	22	−
$FeSi_3$	Si	22	12	38/40	21/22	+
FeSi	Si	20	11	38/40	21/22	+
Fe_3Si	Si	20	11	38/40	21/22	+

Diskussion der Ergebnisse

Röntgenröhren und reine Metalle

Bei Röntgenröhren besteht die Antikathode im allgemeinen aus einem reinen Metall. Insbesondere bei der Röntgenfeinstruktur-Analyse wird nicht das Bremsspektrum, sondern eine möglichst intensive charakteristische Strahlung benötigt. Man kann also die Bedingungen zur Erzeugung charakteristischer Strahlung in Röntgenröhren gleichsetzen mit denen bei reinen Metallstandards bei der Elektronenstrahl-Mikroanalyse. Der einzige Unterschied besteht in der stärkeren Fokussierung des erregenden Elektronenstrahls.

Über die Intensität der Emissionslinien schreibt Regler[6]: „Über den Zusammenhang zwischen der Intensität des charakteristischen Spektrums und der Höhe der an der Röhre liegenden Spannung kann es keine einheitlichen, allgemein gültigen Angaben geben. Einerseits ist nämlich die Eindringtiefe der Elektronen in die Anode selbst bei gleicher Energie vom Anodenmaterial abhängig, andererseits aber wird die im Innern der Anode entstehende charakteristische Strahlung auf ihrem Weg an die Oberfläche verschieden geschwächt. Dies ist auch die Erklärung dafür, daß eine Zunahme der Intensität der charakteristischen Eigenstrahlung mit der Röhrenspannung nur bis zu einer Spannung von $U \sim 10\,U_0$ erfolgt, wenn man mit U_0 die

Anregungsspannung der Serie bezeichnet. Bei weiterer Erhöhung der Röhrenspannung sinkt die Linienintensität wieder ab."

Diese Feststellung dürfte, nach unseren Ergebnissen zu urteilen, nur teilweise richtig sein. Bei der Bestimmung der Maximalintensität der charakteristischen Wellenlängen bei reinen Elementen stellte sich heraus, daß die günstigste Anregungsspannung nicht beim etwa 10fachen Betrag der kritischen Anregungsspannung liegt, sondern für jedes Element unterschiedlich ist. Aufgrund unserer Ergebnisse scheint eine Annäherungsformel

$$V_{\max} = \frac{86}{\sqrt{z}} \cdot V_{\mathrm{kr}}$$

gegeben zu sein. Die Zahl 86 kann schon aufgrund der ungenauen Zeichnung, der Meßfehler usw. nicht als absolut exakt, sondern nur als Annäherungswert angesehen werden. Es ist einleuchtend, daß dieser Wert u. a. sowohl von der Eindringtiefe des Elektronenstrahls in die Probe und damit von dessen Absorption (stopping power) als auch von den Massenschwächungskoeffizienten abhängig ist.

Für die Absorption des Elektronenstrahls (stopping power) gilt der Ausdruck:

$$\varsigma = \frac{\varrho \cdot z}{A}$$

wobei ϱ die Dichte, z die Atomnummer und A das Atomgewicht bedeuten. Demnach ist auch für die Absorption eine Abhängigkeit von der Atomnummer gegeben. Ebenfalls zeigt sie sich bei der Massenschwächung, für die der Ausdruck gilt:

$$\frac{\mu}{\varrho} = c \cdot \lambda^3 \cdot z^3$$

Diese beiden Formeln werden — eventuell neben weiteren — in den gefundenen Wert $\frac{86}{\sqrt{z}}$ eingehen.

Alles in allem scheint eine gesetzmäßige Abhängigkeit der emittierten Intensität von der Eindringtiefe, Massenschwächung u. ä. zu bestehen.

Diese vorstehenden Bemerkungen sollen nur einige Gedanken auf dem Wege zur quantitativen Erfassung der Intensitäts-Abhängigkeit von Anregungsspannung und anderen Parametern darstellen.

Legierungen und Verbindungen

Bei Legierungen und Verbindungen treten gegenüber den Rein-Elementen z. T. erhebliche Maximaverschiebungen auf. Sehr gut zu beobachten sind sie bei den leichten Elementen, deren Maxima unterhalb 44 KV liegen. Bei einer ganzen Reihe von Al- und Si-Legierungen stellen sich die Maxima bei einem Wert um $10 \cdot V_{kr}$ ein. Dieser Wert entspricht in etwa dem von Blöch[1] und auch von Regler[6] — hier allerdings für reine Röhren-Antikathoden — angegebenen. Dabei ist bemerkenswert, daß auch über große Konzentrationsbereiche hinweg höchstens geringfügige Änderungen um diesen Wert zu registrieren sind.

Eine Verschiebung des Maximums bei Fe mit einer V_{kr} von 7,1 KV konnte selbst bei $10 \cdot V_{kr}$ mit unserer apparativen Anordnung nicht beobachtet werden. Bei Mg und U zeigt sich jedoch, daß im Gegensatz zum komplementären Al keine Maximumverschiebung auftritt. Die Regel einer günstigsten Anregungsspannung bei etwa $10 \cdot V_{kr}$ gilt demnach nicht unbedingt. Es stellt sich die Frage, welche Faktoren für die Verschiebung bzw. Konstanthaltung der Maxima verantwortlich sind.

Tabelle 3. *Massenschwächungskoeffizienten in Bezug auf Maximaverschiebung*

Absorber	Strahlung			μ/ϱ		Max.-Versch.
Fe	Al	8,3	Å	3000		+
Al	Fe	1,94	Å		100	−
Mg	Al	8,3	Å	4100		+
Al	Mg	9,9	Å		643	−
U	Al	8,3	Å	4050		+
Al	U	3,9	Å		726	−
Fe	Si	7,1	Å	2110		+
Si	Fe	1,94	Å		116	−
Fe	Mo	5,4	Å	1090		(+)
Mo	Fe	1,94	Å		297	−

In Tabelle 3 sind die einzelnen Wellenlängen und ihre Massenschwächungskoeffizienten angegeben. Auf den ersten Blick ist zu erkennen, daß die Strahlung von Al, Si und eventuell Mo, also den Elementen, bei denen eine Maximumverschiebung beobachtet wird, stark von ihren Gegenelementen geschwächt wird.

Umgekehrt treten bei den Elementen, die ihre Maxima nicht verschieben wie U und Mg, nur geringe Massenschwächungskoeffizienten auf.

Diese Beobachtungen mögen vielleicht ein Hinweis sein, daß die Verschiebung der Maxima von den Massenschwächungskoeffizienten abhängt. Für nähere oder gar quantitative Untersuchungen reichen aber die wenigen Beispiele nicht aus. Es wären noch einige Arbeiten auf diesem Gebiet durchzuführen.

Bemerkungen zur quantitativen Analyse

Bei der Elektronenstrahl-Mikroanalyse werden für quantitative Untersuchungen die jeweils gemessenen Impulse eines Elementes zu denen reiner Standards in Beziehung gesetzt. Mit Hilfe verschiedener Korrekturrechnungen gelingt es in den meisten Fällen, gute quantitative Ergebnisse zu erzielen. Bei leichteren Elementen jedoch, wie Si und Al, die häufig in geologischen Proben, aber auch in metallischen Legierungen vorkommen, versagt diese Rechnung. Die Autoren, die über solche Diskrepanzen zwischen errechneten und wirklichen Werten berichten, geben verschiedene Gründe an, wie vor allem die Ungenauigkeit der Massenschwächungskoeffizienten u. ä.

Nach unseren Beobachtungen dürften die hauptsächliche Ursache der ungenauen quantitativen Analyse jedoch die auftretenden Maximaverschiebungen sein.

Ein gutes Beispiel hierfür sind unsere vorher besprochenen Untersuchungen an den Fe-Si-Legierungen. Für Fe (Abb. 12) verlaufen die Kurven der 3 intermetallischen Verbindungen ähnlich der des reinen Fe-Standards: auf eine Anfangskrümmung folgt etwa ab 20 KV ein linearer Anstieg. Bei Si hingegen (Abb. 13) tritt in allen 3 Fällen eine Verschiebung des Maximums auf. Während das Maximum beim Si-Standard bei 40 KV liegt, findet es sich bei den Verbindungen bei 20—22 KV. In einem Bereich, in dem die Standardkurve noch ansteigt, fallen die anderen Kurven bereits. Ein etwa linearer Anstieg zeichnet sich höchstens im unteren Teil der Kurven ab. Da Standard- und Probenkurven in ihrem Verlauf stark differieren, kann kaum damit gerechnet werden, daß exakte quantitative Werte zu erhalten sind. In erster Näherung ergibt sich die Konzentration aus den gemessenen Impulsen I dividiert durch die Impulse des Standards I_0

$$C \sim \frac{I}{I_0}$$

Betrachtet man diese Näherungswerte, so zeigt sich beim Fe (Abb. 15), daß unterhalb 16—20 KV, also in dem Bereich, in dem die Impulskurven gekrümmt sind, ein Anstieg erfolgt, der dann in eine fast horizontale Gerade übergeht. Die gemessenen Werte liegen z. T. nur sehr geringfügig unter den erwarteten. Mit Absicht haben wir hier auf die Anwendung einer der verschiedenen Korrekturrechnungen verzichtet.

Ein ganz anderes Bild ergibt sich für Si. Bei einer geringen Spannung wie 10 KV, also in einem Bereich, in dem für die Impulskurven eventuell noch ein linearer Anstieg zu erwarten ist, liegen die erhaltenen Werte nahe den wahren Gehalten. In den meisten Fällen dürfte eine normale Arbeitsspannung von 20—30 KV gewählt werden. Über diesen ganzen Bereich bis 44 KV erfolgt aber ein zu Anfang ziemlich starker kontinuierlicher Abfall der gemessenen Konzentration.

Aufgrund unserer Beobachtungen läßt sich vermuten, daß allgemein bei allen Elementen durch Impulszählung und Vergleiche mit den reinen Standards quantitative Analysen möglich sind. Jedoch muß dabei die Bedingung erfüllt sein, daß im linear ansteigenden

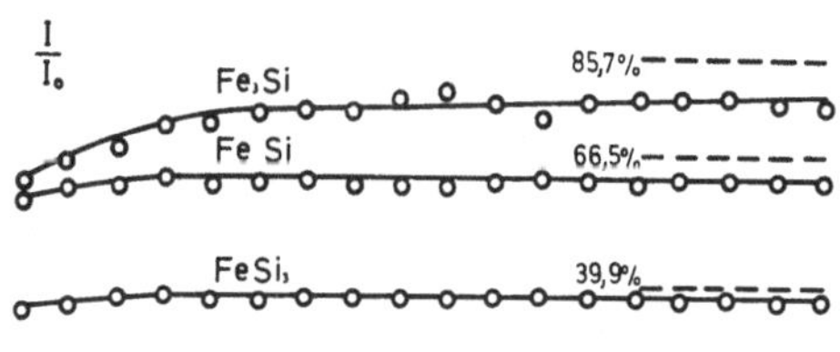
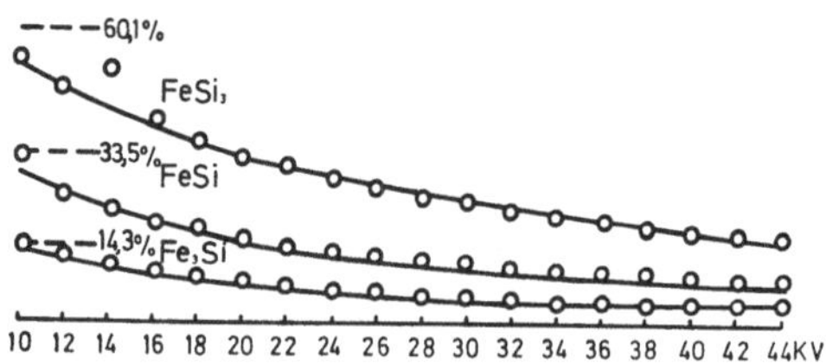

Abb. 15. I/I_0-Werte von Fe und Si bei Fe-Si-Legierungen

Bereich der Impuls-Anregungsspannungskurven gearbeitet wird. In den meisten Fällen wird das in dem hauptsächlich angewandten Arbeitsbereich von 20—30 KV der Fall sein. Bei leichten Elementen sind jedoch unter bestimmten Voraussetzungen wesentlich geringere Arbeitsspannungen erforderlich.

In Tübingen trugen Thoma und Höller[7] in ihrem Vortrag „Prüfung der Korrekturen für Ordnungszahl, Absorption und sekundäre Fluoreszenz an metallischen Zweistofflegierungen mit nur je einem Matrixeffekt" über ähnliche Untersuchungen vor, die z. T. auch die bei uns vorliegenden Systeme betrafen. Als Korrekturverfahren wandten sie an: für Ordnungszahl das von Duncumb angegebene Verfahren, zur Absorptionskorrektur die Philibertsche Formel, wobei für σ sowohl die von Philibert als auch die von Duncumb-Shields angegebenen Werte eingesetzt wurden.

Über die auch bei uns, nur in anderen Konzentrationen untersuchten Legierungen berichten sie: „Al in Mg. Der Abfall der gemessenen Konzentration mit steigender Anregungsspannung macht sich wegen des extrem hohen Massenabsorptionskoeffizienten hier wesentlich stärker bemerkbar als bei Ni und Fe. In Abhängigkeit von der Anregungsspannung ergeben sich systematische Abweichungen von den chemisch ermittelten Gehalten. Bei niedrigen Spannungen erhält man zu hohe, bei hohen Spannungen zu niedrige Gehalte. Die maximalen Abweichungen vom Sollwert sind mit σ nach Philibert 24 %, mit σ nach Duncumb-Shields 18 % relativ. Beide Korrekturverfahren liefern demnach nur unbefriedigende Ergebnisse.

Al in Fe, Si in Fe. Diese Legierungen verhalten sich bezüglich der Absorption wie Al in Mg. Hinzu kommt die Berücksichtigung des Ordnungszahleffektes."

Ferner in ihrer Diskussion der Ergebnisse: „Aus den Darlegungen folgt, daß besonders große systematische Fehler bei starker Absorption auftreten. Die an den Proben Al-Mg, Si-Fe und Al-Fe festgestellten systematischen Abweichungen der korrigierten Meßwerte von den chemisch ermittelten Gehalten lassen die Vermutung zu, daß die in die Absorptionskorrekturformel eingesetzten Werte für σ falsch sind."

Die Autoren berechnen dann aus der Al-Mg-Legierung einen σ-Wert. Dieser so ermittelte Wert ergibt jedoch bei der Al-Fe-Legierung keine bessere Übereinstimmung mit den chemischen Werten. Ebenso führen selbst stärkere Änderungen der Massenabsorptionskoeffizienten nicht zu besseren Ergebnissen. Daraus schließen sie, „daß die systematischen Fehler, die bei starker Absorption auftreten, nicht durch in die Korrekturformel eingehende falsche Parameter wie σ oder μ hervorgerufen werden, sondern dadurch, daß die Formel nach Philibert nicht richtig ist."

Betrachtet man die korrigierten Werte bei den 3 Legierungen, so zeigt sich, daß nach Duncumb-Shields die besten Werte bei etwa 25 KV erzielt werden, einer Spannung also, die in vielen Fällen als allgemeine Anregungsspannung dient.

Bei Anwendung des σ-Wertes von Philibert hingegen werden fast exakt quantitative Werte bei 10 KV erhalten, in einem Bereich demnach, in dem die von uns gemessenen Impuls-Anregungsspannungskurven noch einen linearen Anstieg zeigen. Ohne näher auf die Korrekturformel eingehen zu wollen, weisen unsere Beobachtungen entgegen der Annahme von Thoma und Höller darauf hin, daß die von Philibert angegebene Korrekturformel brauchbar ist; Voraussetzung ist nur der oben erwähnte Arbeitsbereich.

Zusammenfassung

Bei der Elektronenstrahl-Mikroanalyse wird häufig als günstigste Anregungsspannung, die die beste Nachweisempfindlichkeit ergibt, der etwa 3—4fache Betrag der kritischen Anregungsspannung angewandt. Andere Autoren sprechen sich für etwa $10 \cdot V_{kr}$ aus. Nach den vorliegenden Untersuchungen ergibt sich jedoch eine Differenzierung.

Bei reinen Elementen läßt sich die günstigste Anregungsspannung annähernd aus einer Gleichung bestimmen, die aufgrund von Messungen aus einer Geraden auf doppeltlogarithmischem Papier errechnet wurde. Die Untersuchung von Reinelementen erfordert aber kaum eine Maximal-Impulsausbeute wie bei Legierungen, in denen die gesuchten Elemente nur in geringer Menge vorhanden sind. Einige Elemente in Legierungen und Verbindungen zeigen teilweise ihre maximale Intensität bei Werten um $10 \cdot V_{kr}$. Andere Elemente wiederum zeigen keine Änderung gegenüber Reinelementen. Zur Bestimmung der günstigsten Anregungsspannung müssen daher Impulsmessungen in Abhängigkeit von der Anregungsspannung durchgeführt werden.

Sollen bei quantitativen Messungen Rein-Elemente zum Vergleich herangezogen werden, so dürfen die Anregungsspannungen nicht in die Bereiche gelegt werden, in denen die beiden Kurven im Impuls-Anregungsspannungs-Diagramm ein Maximum bilden, sondern dorthin, wo beide Kurven linear verlaufen.

Summary

On the Most Advantageous Excitation Voltage for Microprobe Analysis

For the X-ray microanalysis one applies frequently as most advantageous excitation voltage — that is the voltage which renders the best detection sensitivity — about 3—4 times critical excitation voltage. Other authors indicate a value of about $10 \cdot V_{kr}$. Test results show however a differentiation.

In pure elements a favourable excitation voltage can be approximately determined from an equation, which was calculated according to measurements from a straight line on double logarithmic paper. The examination of pure elements requires, however, hardly a maximum impulse yield as in alloys, in which the searched elements are only insignificantly available. Some elements in alloys and combinations show partly their maximum intensity in values about $10 \cdot V_{kr}$. Other elements again do not show a change in contrast to pure elements. For the determination of the most advantageous excitation voltage impulse measurements in dependence of the exitation voltage must therefore be carried out.

If pure elements are to be used as comparison in quantitative measurements, the excitation voltages may not be put into areas, in which the two curves in the impulse-excitation voltage diagram form a maximum, but into that area, where both curves take a linear course.

Literatur

[1] R. Blöch, Mikrochim. Acta [Wien] **1965**, 440.

[2] A. Jönnson, Physik **43**, 845 (1927).

[3] S. Rosseland, Phil. Mag. **45**, 65 (1923).

[4] R. Kuhlenkampf, Ann. Physik **69**, 548 (1922).

[5] R. A. Kramers, Phil. Mag. **46**, 836 (1923).

[6] F. Regler, Einführung in die Physik der Röntgen- und Gammastrahlen, München: K. Thiemig. 1967.

[7] Ch. Thoma und P. Höller, V. Internationaler Kongreß für Röntgenoptik und Mikroanalyse, Tübingen, 1968. Berlin-Heidelberg-New York: Springer-Verlag. 1969. S. 160 ff.

[8] R. Glocker, Materialprüfung mit Röntgenstrahlen, 5., erweiterte Aufl., Berlin—Heidelberg—New York: Springer-Verlag. 1971.

[9] H. Neff, Grundlagen und Anwendung der Röntgenfeinstrukturanalyse, München: Oldenbourg.

Anschrift des Verfassers: Dr. W. Hein, Bundesanstalt für Wasserbau. Hertzstraße 16, D-7500 Karlsruhe 21, Bundesrepublik Deutschland.

Mikrochimica Acta [Wien], Suppl. 5, 1974, 29—45

Institut für Metallphysik der Universität Göttingen

Zur Frage der Bestimmung des Untergrundes bei der quantitativen Mikroanalyse*

Von

Th. Hehenkamp und J. Böcker

Mit 12 Abbildungen

(Eingegangen am 15. Februar 1973)

Derzeit sind verschiedene Verfahren gebräuchlich, den von der gemessenen Linienintensität in Abzug zu bringenden Untergrund zu bestimmen. Das wohl wichtigste ist die Messung der Strahlungs-intensität in einem gewissen Wellenlängenbereich in der Nachbar-schaft einer charakteristischen Linie, wobei das Spektrometer ver-stellt werden muß. Der Untergrund wird dabei als Mittelwert aus zwei zu beiden Seiten der Linie gemessenen Intensitäten gewonnen. Dieses Verfahren ist in vielen Fällen nicht nur außerordentlich zeit-raubend, etwa dann, wenn eine große Zahl sukzessiver Messungen an einem Konzentrationsprofil ausgeführt werden muß, sondern es gibt auch Anlaß zu Meßfehlern. Diese resultieren einerseits aus dem Unvermögen, das Spektrometer bei Präzisionsmessungen exakt auf die zuvor eingestellte charakteristische Wellenlänge zurückzustellen, zum anderen aus einer gewissen Willkür, die Mittelwertbildung aus den zu beiden Seiten der gewöhnlich unsymmetrischen Linie erhal-tenen Untergrundimpulsen auszuführen. Insbesondere auch bei der energiedispersiven Analyse ist es schwierig, auf solche Weise einen Untergrund exakt zu definieren.

Während solche Betrachtungen bei der quantitativen Analyse höherer Gehalte bei der üblicherweise geforderten Genauigkeit in-

---

* Vortrag anläßlich des 6. Kolloquiums über metallkundliche Analyse mit besonderer Berücksichtigung der Elektronenstrahl-Mikroanalyse, Wien, 23. bis 25. Oktober 1972.

folge der meist geringen Untergrundintensität nicht so entscheidend sind, kommt ihnen bei der Analyse kleinerer Gehalte und bei hoher Präzision doch erhebliche Bedeutung zu. Bei extrem verdünnten Legierungen ist es in den meisten Fällen vollkommen ausreichend, zur Bestimmung des Untergrundes die Meßprobe durch den Reinmetallstandard der Legierungsmatrix zu ersetzen. Hierdurch wird es in diesem Grenzfall möglich, die oben erwähnten Fehler zu vermeiden, da das Spektrometer nicht verstellt werden muß und eine mehr oder weniger willkürliche Mittelwertbildung an einer unsymmetrischen Linie entfällt.

Es war das Ziel dieser Arbeit, zu prüfen, inwieweit ein solches wesentlich einfacheres und im Falle seiner Anwendbarkeit auch genaueres Verfahren zur Bestimmung des Untergrundes auch in konzentrierteren Legierungen angewendet werden kann.

Es ist leicht zu zeigen, daß Einflüsse der Höhenstrahlung, der Einstreuung von Elektronen oder nicht in der Meßprobe erzeugter Röntgenstrahlung, die zu einer direkten Zählrate ohne Meßobjekt führen, im allgemeinen als völlig unwesentlich vernachlässigt werden können. In einigen Fällen sind Reflexionen an den Haltern der Spektrometerkristalle zu beobachten. Diese sind jedoch auf die kurzwelligsten Enden des meßbaren Frequenzbereiches beschränkt. Ihr Beitrag läßt sich durch Impulshöhendiskriminierung weitgehend beseitigen. Die Hauptquelle des Untergrundes ist vielmehr die Bremsstrahlung. Nach Kramers[1] kann die in einem Frequenzbereich zwischen v und $v + dv$ entstehende Bremsstrahlung der Intensität I_v gut durch die Gl. (1)

$$I_v \, dv = i_0 \, \frac{8\,\pi}{3\,\sqrt{3}\,l} \, \frac{e^2 h}{m c^3} \, Z \, (v_0 - v) \, dv \qquad (1)$$

beschrieben werden, wobei i_0 die eingestrahlte Elektronenstromdichte und Z die Ordnungszahl des Anodenmaterials bedeuten. Der außer den Naturkonstanten e, h, m und c noch eingehende Zahlenfaktor l ergibt sich aus dieser Theorie zu etwa 6,6. Solange er als konstant anzusehen ist, sollte I_v bei vorgegebener Frequenz daher der Ordnungszahl Z der Probe direkt proportional sein. Eine Überprüfung dieses Zusammenhanges im Bereich der Mikroanalyse wurde zuerst von Rao-Sahib und Wittry[2] vorgenommen. Für eine Wellenlänge von 2,000 Å fanden diese Autoren für 17 Elemente den durch Gl. (1) beschriebenen Zusammenhang für eine Beschleunigungsspannung von 30 KV gut bestätigt. Abb. 1 zeigt die erhaltenen Meßwerte, die von diesen Autoren für die Absorption und Ordnungszahleffekte mit Verfahren korrigiert wurden, die für die Korrektur von Messungen mit charakteristischen Röntgenlinien üblich sind.

Ein solcher linearer Zusammenhang von Ordnungszahl und im eingestellten Frequenzintervall erhaltener Untergrundintensität würde es sehr einfach machen, ohne Verstellung der Spektrometer den Untergrund in einer beliebigen Probe zu bestimmen, indem man bei fester Wellenlänge einige Reinmetalle unterschiedlicher Ordnungszahl mißt und auf die mittlere Ordnungszahl beim gerade betrachteten Konzentrationswert interpoliert.

Die genauere Betrachtung der von Rao-Sahib und Wittry gefundenen Meßpunkte läßt jedoch einige Zweifel entstehen, ob dieser einfache lineare Zusammenhang zwischen Bremsstrahlungsintensität im eingestellten Meßkanal und Ordnungszahl wirklich mit der erfor-

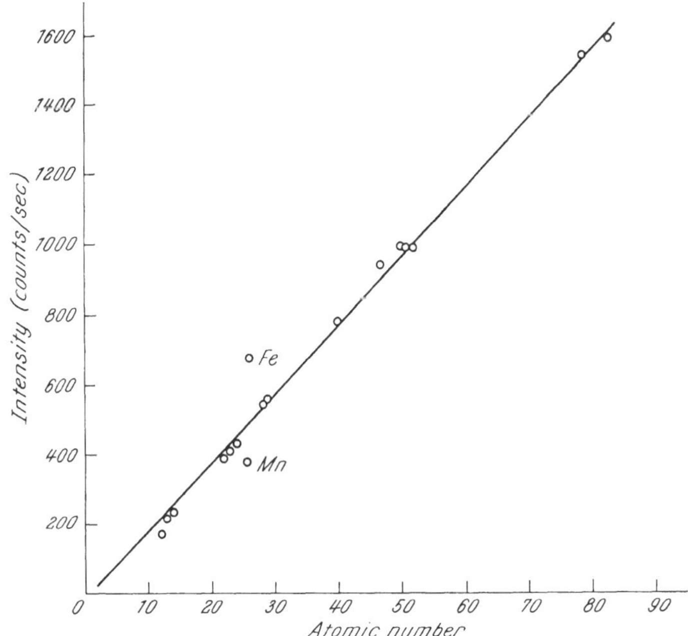

Abb. 1. Korrigierte Intensität der Bremsstrahlung bei 2,000 Å und 30 KV, aufgetragen gegen die Ordnungszahl (Rao-Sahib und Wittry[2])

derlichen Genauigkeit besteht. Einmal geht die von diesen Autoren eingezeichnete Gerade nicht durch den Nullpunkt — ein negativer Achsenabschnitt der Intensitätsachse ist physikalisch nicht erklärbar —, zum anderen liegen die Meßpunkte zwischen $Z = 12$ und $Z = 25$ alle systematisch unter der Geraden und für $Z = 30$ bis 50 ebenso systematisch oberhalb dieser. Bei hohen Ordnungszahlen existieren nur zwei Meßwerte. Daher scheint die Streuung der Meßpunkte nicht statistisch zu sein. Außerdem wurden, wie erwähnt, die ex-

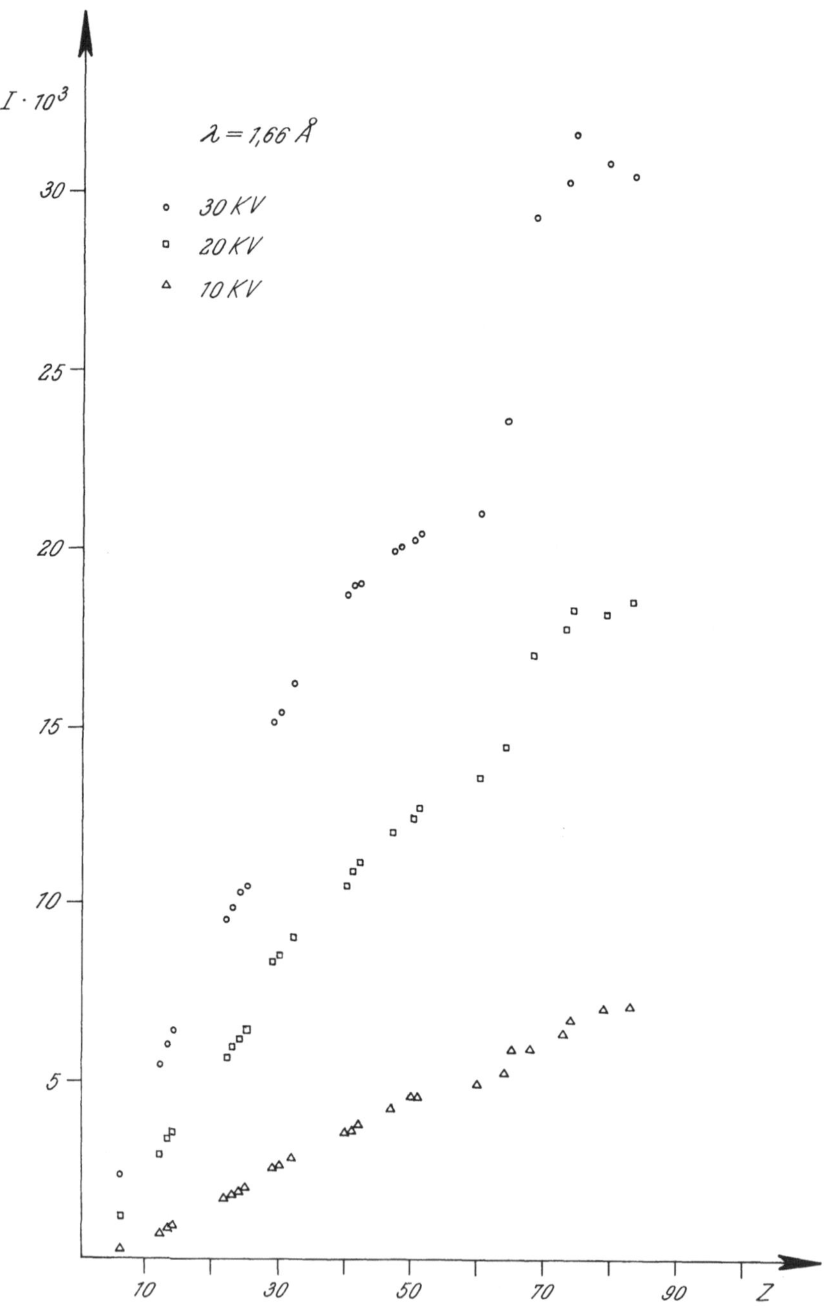

Abb. 2. Unkorrigierte Intensität der Bremsstrahlung bei 1,66 Å, aufgetragen gegen die Ordnungszahl

perimentellen Daten mit Verfahren korrigiert, die üblicherweise zur Korrektur von Messungen mit charakteristischer Strahlung angewandt werden. Diese Rechnungen können jedoch nicht ohne gewisse Modifikationen auf das Bremskontinuum übertragen werden, da es definierbare Unterschiede bei der Behandlung charakteristischer Strahlung und des Bremskontinuums geben sollte. Beispielsweise weicht bei konstanter Wellenlänge die kritische Anregungsspannung zur Erzeugung dieser Frequenz für den Bremsprozeß dadurch von der der frequenzgleichen charakteristischen Welle ab, daß hier gerade der Spannungsunterschied zwischen Absorption und Emission auftritt. Das bedeutet, daß bei konstant gehaltener Wellenlänge die Bremsstrahlung aus einer größeren Probentiefe kommt als eine frequenzgleiche charakteristische Strahlung. In den Korrekturformeln ist daher für die Korrektur der Bremsstrahlungsintensität die kritische Anregungsspannung für Emission, statt, wie bei charakteristischer Strahlung, für Absorption einzusetzen (z. B. für die Kupfer-K_α-Linie [1,542 Å] nicht 8,978 KeV, sondern nur 8,04 KeV).

Zur weiteren Prüfung wurden Messungen an etwa 30 Elementen von $Z = 6$ bis $Z = 83$ bei verschiedenen Beschleunigungsspannungen und Wellenlängen mit einem Strahlstrom von 0,55 μA vorgenommen, der mit einem Faradayzylinder gemessen wurde. Der Abnahmewinkel betrug 52,5° (ARL-EMX-SM). Streustrahlung und Reflexionen höherer Ordnung konnten durch Pulshöhendiskriminierung weitgehend unterdrückt werden. Die Diskriminierung läßt sich definiert einstellen, wenn als Meßwellenlänge eine charakteristische Linie herangezogen wird. Hier sind die K_α-Linien des Nickels (1,66 Å) und des Titans (2,75 Å) verwendet worden. Bei der Messung der Bremsstrahlung bleiben diese Elemente dann jeweils außer Betracht.

Abb. 2 und Abb. 3 zeigen eine Reihe direkt gewonnener, unkorrigierter Intensitäten als Funktion der Ordnungszahl für diese beiden Wellenlängen. Parameter ist die Beschleunigungsspannung. Während bei 10 KV der Verlauf noch weitgehend glatt ist, tritt bei steigenden Werten zunehmend der Einfluß des periodisch schwankenden Massenabsorptionskoeffizienten zutage. Der Faktor für die Absorptionskorrektur sollte bei Annäherung an die kritische Beschleunigungsspannung gegen 1 gehen, ebenso der Korrekturfaktor für das Rückstreuen von Elektronen aus der Probe, wie Bishop im einzelnen zeigt[3]. Der Einfluß der Wirkungsquerschnitte ist für Bremsstrahlung gegenüber der charakteristischen Strahlung noch zu wenig untersucht, um eine klare Aussage zu machen, so daß hier einstweilen angenommen sei, daß die Verhältnisse in beiden Fällen sehr ähnlich verlaufen. Aus diesen Betrachtungen heraus sollte man erwarten, daß man bei der Konvergenz der Beschleunigungsspannung gegen die kritische

Anregungsspannung noch am ehesten einen ungestörten und wenig zu korrigierenden Kurvenverlauf erhalten sollte, wie er der Kramersschen Formel entspricht. Die Kurve für 10 KV, Abb. 2, für die Wel-

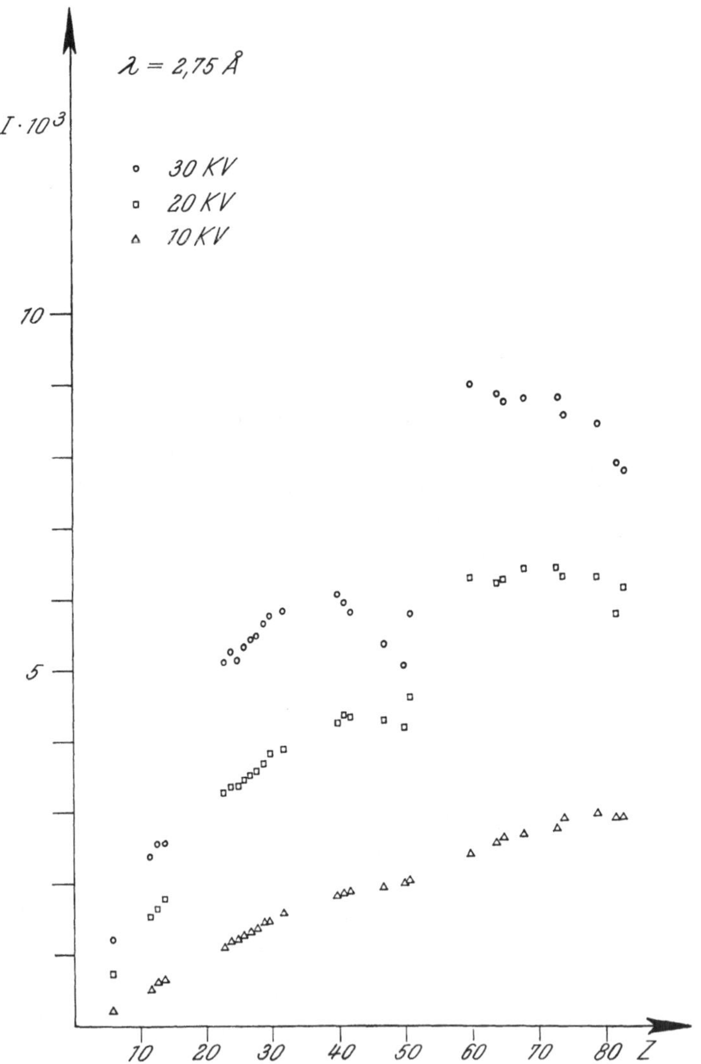

Abb. 3. Unkorrigierte Intensität der Bremsstrahlung bei 2,75 Å, aufgetragen gegen die Ordnungszahl

lenlänge von 1,66 Å läßt jedoch sowohl bei niedrigen als auch bei hohen Ordnungszahlen gewisse Abweichungen von der Linearität erkennen. Das gleiche gilt für die Wellenlänge von 2,75 Å (Abb. 3).

Dies deutet darauf hin, daß der Faktor l in Gl. (1) in Wirklichkeit keine Konstante ist, sondern selbst noch von der Ordnungszahl abhängt. Nach der Kramersschen Ableitung ist eine solche Variation von l auch zu erwarten, einmal als Funktion von Z, zum anderen, wenn auch in geringem Maße, als Funktion der Beschleunigungsspannung. In guter Übereinstimmung mit dieser Annahme einer Z-Abhängigkeit des Faktors l sind frühere Messungen von Terrill[4], der l-Werte für eine Reihe von Elementen bestimmt hat. Terrills Ergebnisse zeigen, daß man bei kleinen und großen Ordnungszahlen mit

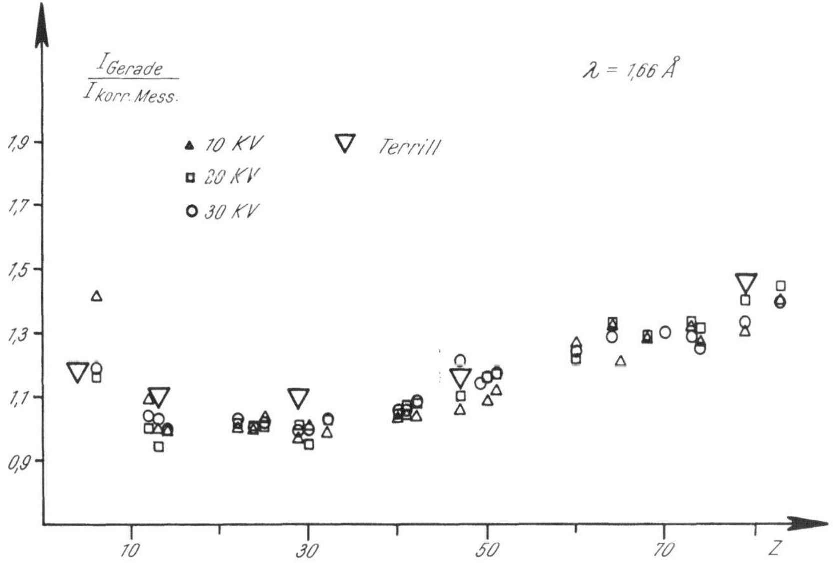

Abb. 4. l aus Gl. (1) nach Kramers[1] in Abhängigkeit von der Ordnungszahl. Vergleich normierter Meßwerte nach Terrill[4] mit eigenen Ergebnissen aus Colby-korrigierten Intensitäten bei 1,66 Å

Abweichungen von der Linearität rechnen kann, während l im Z-Bereich von etwa 20—40 konstant bleibt. Sieht man daher in diesem Bereich der eigenen Messungen die Kramerssche Beziehung als mit konstantem l erfüllt an, sollte man auch aus den eigenen Daten die l-Variation für kleine und große Z-Werte ermitteln können. Die so gewonnenen Ergebnisse sind in Abb. 4 bis Abb. 7 zusammen mit den Daten von Terrill eingetragen, jeweils für $\lambda = 1{,}66$ und 2,75 Å. Die eigenen Werte mußten insbesondere für die höheren Spannungen wegen der erwähnten, dort bereits stark erkennbaren Einflüsse der Absorption, der Elektronenrückstreuung und anderer Ordnungszahleffekte korrigiert werden. Wir verwendeten hierfür zwei verschiedene Rechenprogramme. Das Programm von Colby[5] (MAGIC, Version 3), bildet die physikalischen Vorgänge der Erzeugung und Absorption von Röntgenstrahlung nach. Das Programm von Büchner und Pitsch[6] beruht auf empirischen Beziehungen. Zur besseren Anpassung an die Korrektur von Bremsstrahlung statt charakteristischer Strahlung wurden, wie bereits erläutert, die kritischen Spannungen der Emission und nicht die der Absorption eingesetzt. Es stellte sich

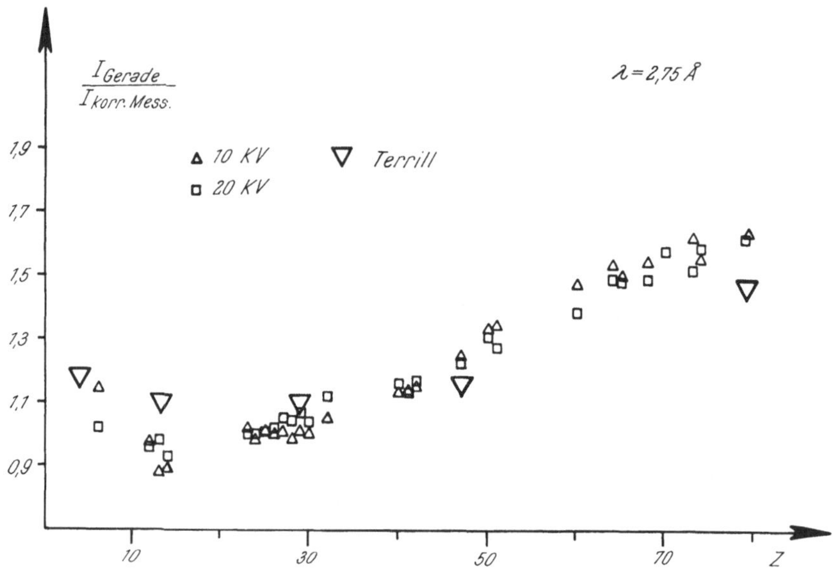

Abb. 5. I-Werte nach Terrill[4] und eigene aus Colby-korrigierten Intensitäten bei 2,75 Å, aufgetragen gegen die Ordnungszahl

aber heraus, daß die Unterschiede der kritischen Spannungswerte in keinem der Korrekturprogramme zu nennenswerten Änderungen der Ergebnisse führten.

Abb. 8 zeigt die mit der Originalversion 3 von MAGIC durchgeführte Korrektur für $\lambda = 1,66$ Å, die merkwürdige Unstetigkeiten im Intensitätsverlauf der korrigierten Bremsstrahlung erkennen läßt, während solche bei den Kurven von Büchner und Pitsch (Abb. 9 und Abb. 10) nicht auftreten. Ein genaues Studium des Korrekturprogramms von Colby, das nach der kritischen Zusammenstellung von Beaman und Isasi[7] zu den für metallanalytische Fragen bestgeeigneten zählt, hat ergeben, daß der Rückstreufaktor für Elektronen hier in einer nicht sehr günstigen Weise definiert worden ist. Eine bessere Definition läßt diese mysteriösen Unstetigkeitsstellen verschwinden, wie Abb. 11 und 12 zeigen. Auch bei der Anwendung der Colby-Korrektur auf Messungen an stöchiometrischen Legierungen mit hohen Unterschieden in der Ordnungszahl, z. B. AuAl und AuAl$_2$ erhielten wir jetzt erheblich bessere Analysenergebnisse.

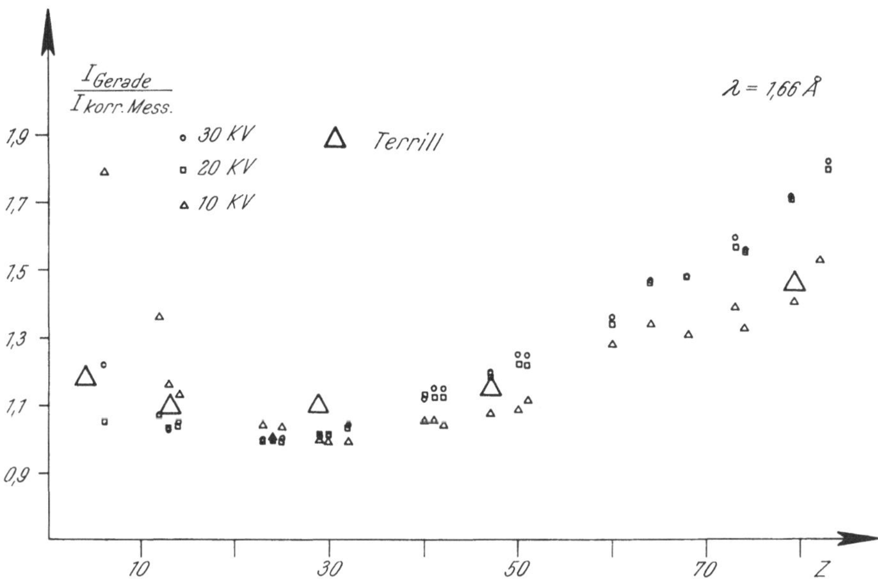

Abb. 6. I-Werte nach Terrill[4] und eigene aus Büchner-korrigierten Intensitäten bei 1,66 Å, aufgetragen gegen die Ordnungszahl

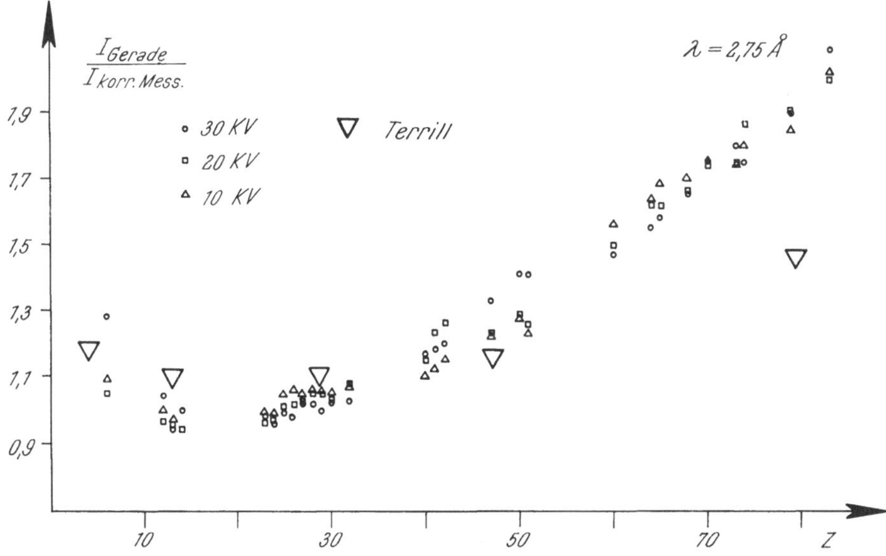

Abb. 7. I-Werte nach Terrill[4] und eigene aus Büchner-korrigierten Intensitäten bei 2,75 Å, aufgetragen gegen die Ordnungszahl

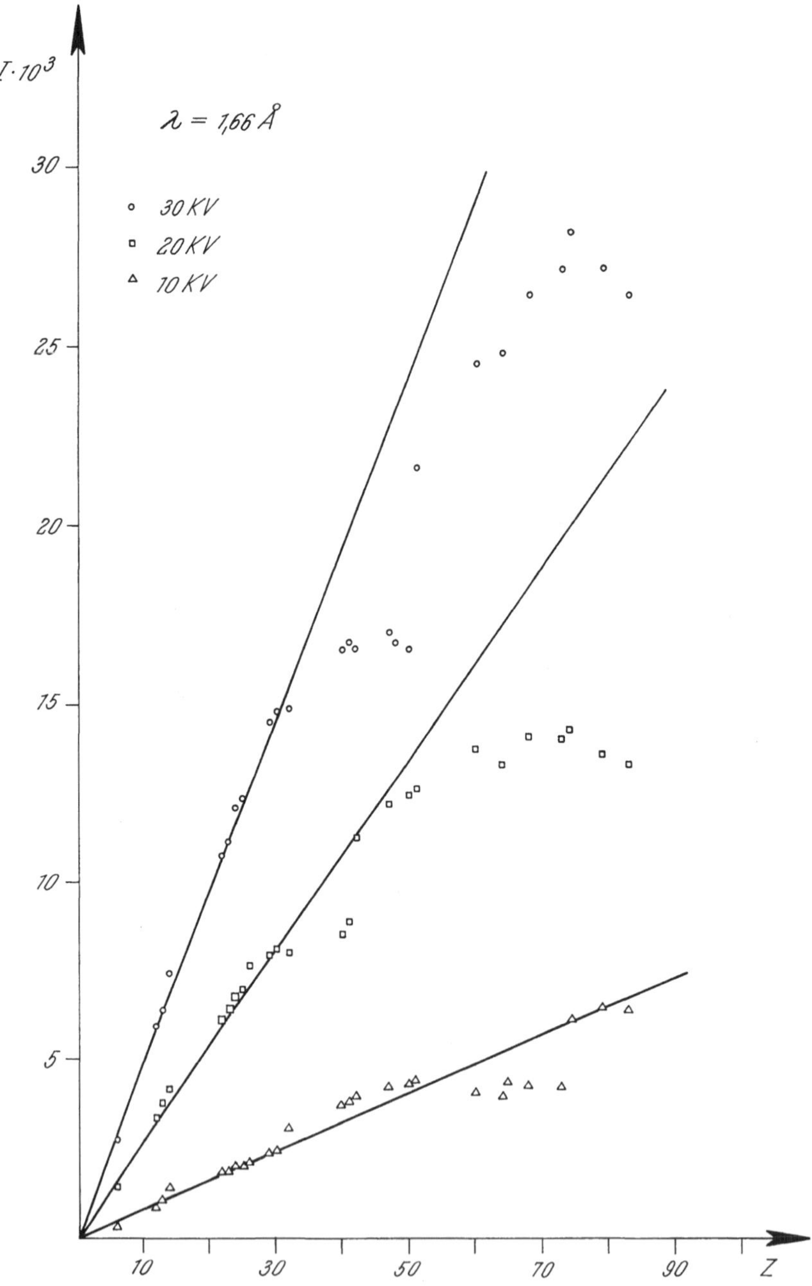

Abb. 8. Intensität der Bremsstrahlung bei 1,66 Å nach Colby-Korrektur mit dem originalen Korrekturprogramm (Magic, Version 3), aufgetragen gegen die Ordnungszahl

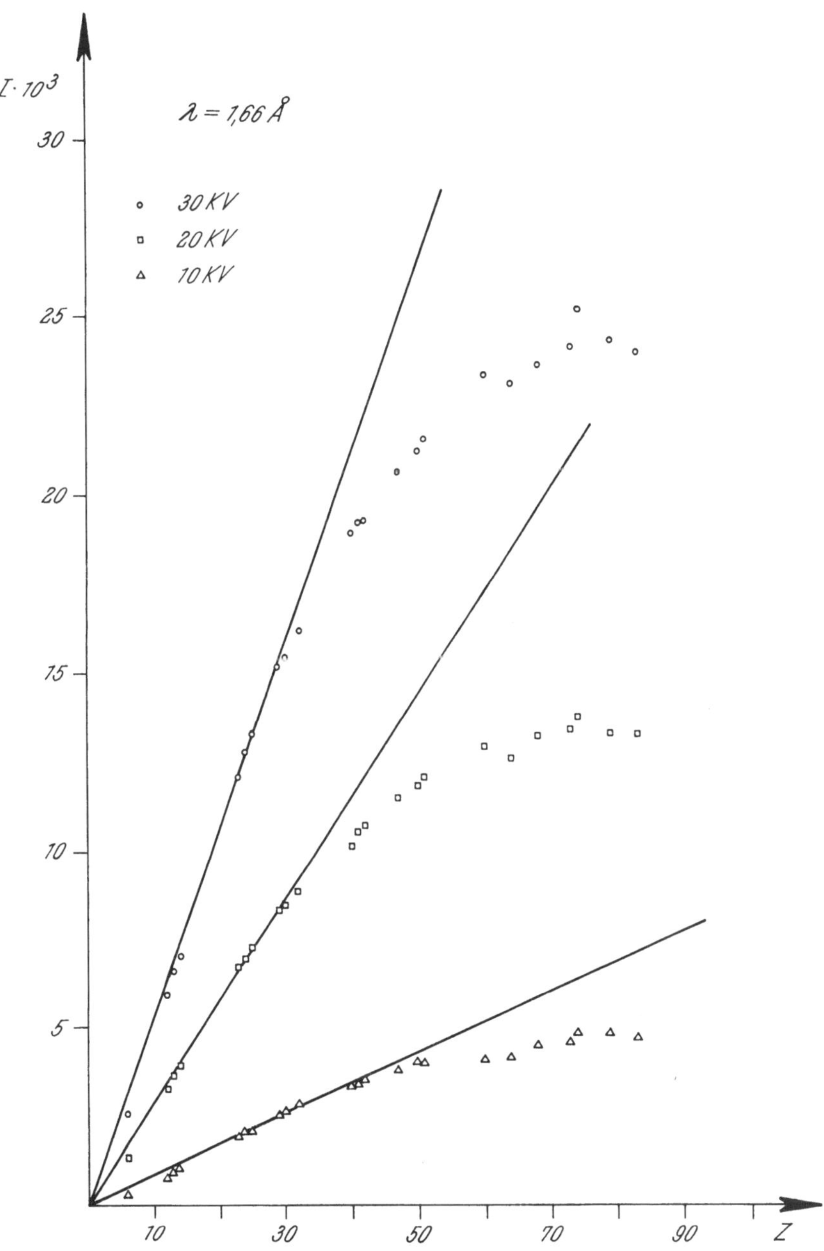

Abb. 9. Büchner-korrigierte Intensität der Bremsstrahlung bei 1,66 Å, aufgetragen gegen die Ordnungszahl

Die aus so korrigierten Messungen der Bremsstrahlung gewonnenen Werte für den Faktor *l* sind in der Abb. 4 bis Abb. 7 mit ein-

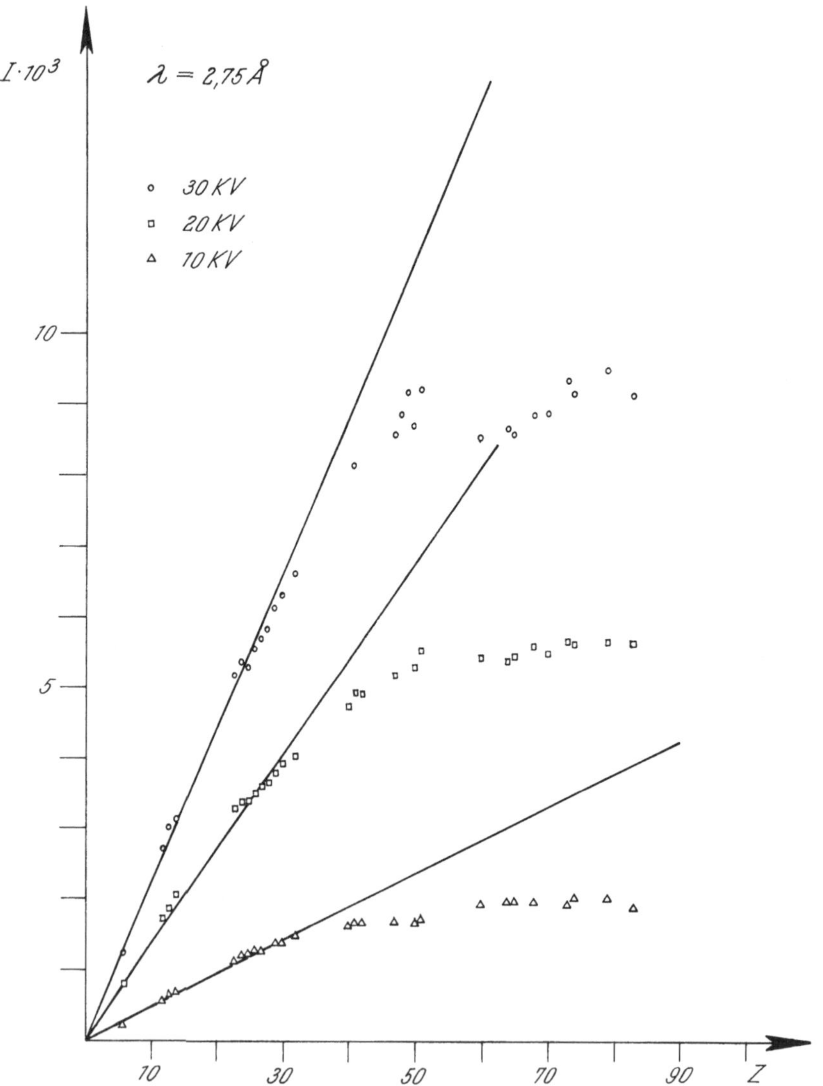

Abb. 10. Büchner-korrigierte Intensität der Bremsstrahlung bei 2,75 Å, aufgetragen
gegen die Ordnungszahl

getragen. Unsere Ergebnisse decken sich weitgehend mit denen von
Terrill.

Es kann festgestellt werden, daß im Gegensatz zur allgemein üblichen Beschreibung des Bremskontinuums, etwa bei der Korrektur für Kontinuumsfluoreszenz (Hénoc[8]), die Bremsstrahlung keine streng lineare Beziehung zur Ordnungszahl Z hat. Diese Aussage ist

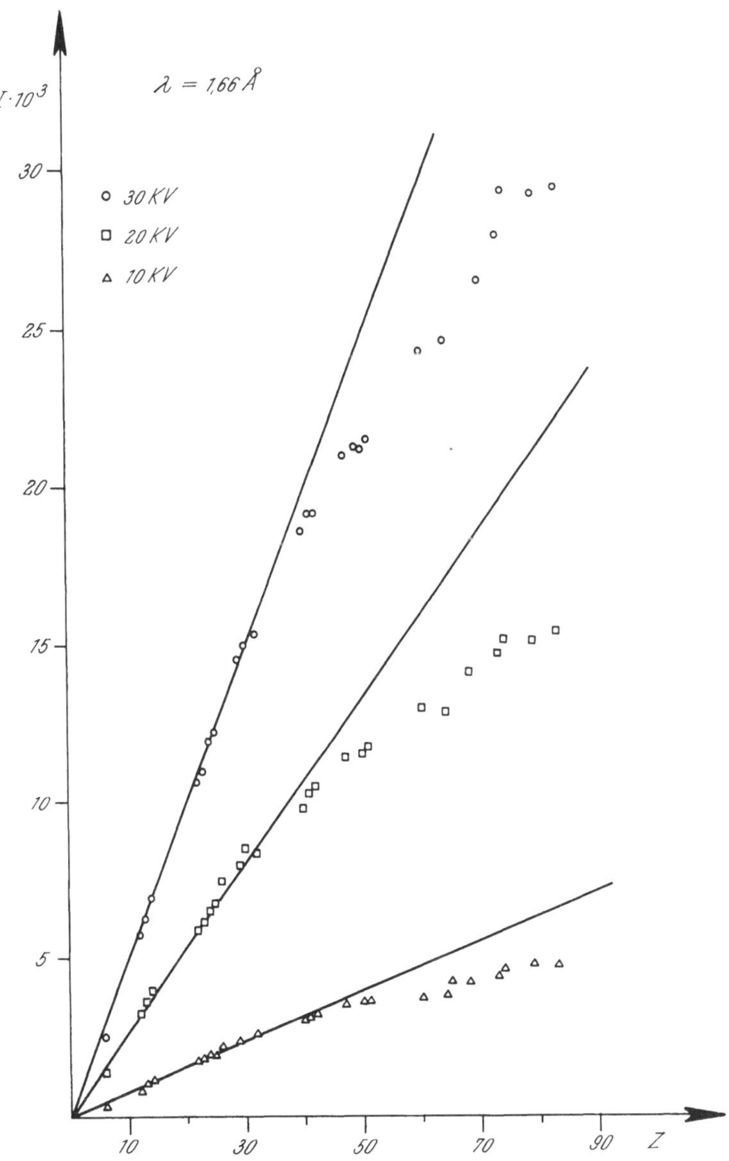

Abb. 11. Intensität der Bremsstrahlung bei 1,66 Å nach verbesserter Colby-Korrektur, aufgetragen gegen die Ordnungszahl

qualitativ weitgehend unabhängig davon, ob ein Korrekturverfahren, und welches herangezogen wird, da auch Werte bei sehr kleinen

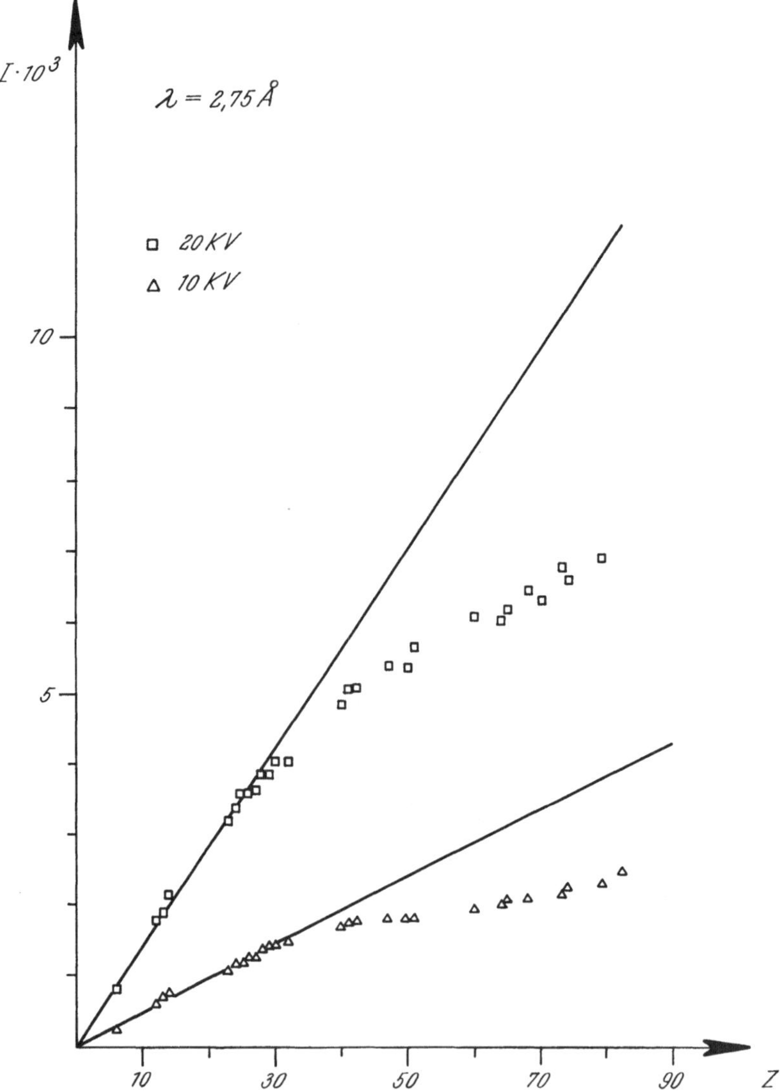

Abb. 12. Intensität der Bremsstrahlung bei 2,75 Å nach verbesserter Colby-Korrektur, aufgetragen gegen die Ordnungszahl

Überspannungen dieses Verhalten des Faktors l bereits erkennen lassen. Eine genauere Betrachtung zeigt, daß diese Übereinstimmung der Z-Abhängigkeit von l mit der von Terrill auf die direkte oder indirekte Mitverwendung der stopping-power-Korrektur in den erwähnten Korrekturprogrammen zurückzuführen ist. Über das Problem ihrer Zweckmäßigkeit und eine Verbesserung der Kramers-Gleichung, die zu anderen l-Werten führt, wird noch berichtet[9]. Eines ist jedoch schon jetzt festzustellen: die Korrektur von Messungen der Bremsstrahlung mit Verfahren für charakteristische Strahlung sollte, welche Methode auch verwendet wird, immer in der gleichen Weise entweder ein schon weitgehend richtiges oder ein wenigstens im gleichen Maße falsches Ergebnis bringen, d. h. die Intensitätsverteilungen des korrigierten Bremskontinuums sollten identisch sein, ob nun etwa mit Colby oder mit Büchner-Pitsch korrigiert wird.

Es ist leicht zu erkennen, daß bis zu Ordnungszahlen von etwa $Z = 52$ beide Verfahren in der Tat eine recht befriedigende Übereinstimmung zeigen, während das bei sehr hohen Ordnungszahlen nicht der Fall ist. Hier korrigieren Büchner und Pitsch wesentlich stärker als Colby. Eigene Messungen mit der Al-K_α-Linie an den stöchiometrischen Legierungen Al-Au und AuAl$_2$ bringen klar zum Ausdruck, daß die mit dem hier erwähnten besseren Rückstreuansatz im Colby-Programm gerechneten Korrekturen Fehler kleiner als 4 % liefern, während Büchner und Pitsch besonders für AuAl$_2$ im Spannungsbereich von 5—30 KV deutlich höher korrigieren. Daher kann man vermuten, daß das letztgenannte empirische Programm im Bereich hoher Ordnungszahlen eventuell noch besser angepaßt werden kann.

Während es daher noch weiterer Untersuchungen bedarf, um das Problem der einfachen Messung des Untergrundes zu lösen, hat sich gezeigt, daß das Verfahren vielleicht einige neuartige Hinweise auf Fehler in Programmen für die Korrektur charakteristischer Strahlung liefern kann und zu einem Vergleich solcher Programme in anderer Weise geeignet ist, als es beim üblichen Test mit Legierungen bekannter Zusammensetzung möglich ist. Solche Erscheinungen wie das Auftreten bestimmter Unstetigkeitsstellen (Colby) wären beim bisher üblichen Testverfahren wohl nie so klar zu erkennen gewesen. Nach Fertigstellung dieser Arbeit erhielten wir eine Bestätigung des Autors von MAGIC zur Änderung der Rückstreu-Korrektur. Seit 1971[10] existiert eine verbesserte Version 4 des Korrekturprogramms MAGIC, die diesen Punkt berücksichtigt.

Ferner kann gesagt werden, daß die in den unkorrigierten Daten noch so stark erkennbaren Einflüsse der periodisch schwankenden Massenabsorptionskoeffizienten in allen Fällen gut auskorrigiert werden. Von den eigenen unkorrigierten Messungen kleiner Überspannungen ausgehend ergibt sich auch kein nennenswerter Widerspruch mit den Meßdaten von Rao-Sahib und Wittry[2] mehr, wie es anfänglich erscheinen mag. Man muß nur die Intensitätskurve in anderer Weise durch die Meßpunkte hindurchlegen, als das in Abb. 1 geschehen ist. Berücksichtigt man die anfangs erwähnten systematischen Abweichungen, würden die beiden Meßpunkte mit der höchsten Ordnungszahl nach unten abweichen, so daß auch diese Messungen in ihrer Aussage den eigenen recht nahe kommen.

Zusammenfassung

Beim Versuch, die nach der gebräuchlichen Formel von Kramers mit konstanten Faktoren zu erwartende lineare Abhängigkeit der in einem Spektralbereich auftretenden Intensität des Bremskontinuums von der Ordnungszahl zu einer allgemeinen Bestimmung des Untergrundes ohne Verstellung der Spektrometer auszunutzen, konnte festgestellt werden, daß der Faktor l der Formel keine Konstante, sondern eine Funktion der Ordnungszahl und der Beschleunigungsspannung ist. Der relative Verlauf von l konnte für die Wellenlänge 1,66 Å und 2,75 A dadurch ermittelt werden, daß für die Absorptions- und Ordnungszahleffekte mit Programmen korrigiert wurde, die für charakteristische Strahlung entwickelt und für die Korrektur der Bremsstrahlung geringfügig modifiziert worden sind. Hierbei bietet sich vielleicht eine neuartige Methode, die Güte solcher Korrekturprogramme für die quantitative Mikroanalyse ohne die üblichen Testlegierungen zu prüfen. Die Variation des Faktors l mit Z befindet sich in guter Übereinstimmung mit älteren Messungen von Terrill. Weitere Untersuchungen werden gegenwärtig durchgeführt.

Summary

The Analysis of the Background in Quantitative Analysis

It was tried to employ the normally used linear relationship between atomic number Z and X-ray continuum intensity as proposed by the formula of Kramers for constant coefficients to determine the background for characteristic lines without shifting the spectrometers. It was observed, however, that the factor l in this formula is not constant but a function of atomic number Z and accelerating voltage. The relative change of l as function of Z was checked after correction of the intensities for absorption and atomic number effects by procedures developed for correction of characteristic lines which have been slightly modified for correcting continuous radiation. This provides perhaps some different means of checking such correction programs for quantitative microprobe analysis without the usual test alloys. The observed variation of l is in good agreement with older measurements by Terrill. The problem is currently further investigated.

Literatur

[1] H. A. Kramers, Phil. Mag. **46**, 836 (1923).

[2] T. S. Rao-Sahib und D. B. Wittry, Proc. 4th National Conference Electron Microprobe Analysis Pasadena, Calif. (1969) 2.

[3] H. E. Bishop, Brit. J. Appl. Phys., ser. 2, **1**, 673 (1968).

[4] H. M. Terrill, Phys. Rev. **21**, 476 (1923).

[5] J. W. Colby, Adv. X-ray Analysis **11**, 287 (1968).

[6] A. R. Büchner und W. Pitsch, Z. Metallkunde **62**, 392 (1971).

[7] D. R. Beaman und J. A. Isasi, Analyt. Chemistry **42**, 1540 (1970).

[8] J. Henoc, Quantitative Electron Probe Microanalysis, U. S. Dept. of Commerce, Special Publication Nr. 298 (1968) 197.

[9] Th. Hehenkamp und J. Böcker, demnächst.

[10] 6th National Conference on Electron Microprobe Analysis, Pittsburgh, Pa., 1971.

Anschrift der Verfasser: Prof. Dr. Th. Hehenkamp und Dipl.-Phys. J. Böcker, Abteilung für Metallkunde, Institut für Metallphysik der Universität Göttingen, Hospitalstraße 12, D-3400 Göttingen, Bundesrepublik Deutschland.

Mikrochimica Acta [Wien], Suppl. 5, 1974, 47—55

Mitteilung aus dem Institut für Härterei-Technik,
Bremen-Lesum, Abhandlung 156

Chemical Shift bei Verbindungsbestimmungen mit der Mikrosonde[*]

Von

O. Schaaber und H. Vetters[**]

Mit 9 Abbildungen

(Eingegangen am 15. Februar 1973)

An unserem Institut wurde bei der Analyse von Boridschichten an refraktären Metallen[1] mit der Mikrosonde der chemische Bindungseinfluß auf die Energie der Röntgenemissionslinien beobachtet. Zur Bestimmung gelangten borierte Proben aus Titan, Hafnium und Tantal. Abb. 1 zeigt die untersuchten Boridschichten an diamantpolierten Schliffen. Die Struktur der Schichten wurde röntgenographisch bestimmt. An der borierten Titanprobe (Abb. 1a) wurde am äußeren Rand die Phase TiB_2 und in der zahnförmigen Übergangszone TiB festgestellt. Bei der Hafniumprobe (Abb. 1b) und der Tantalprobe (Abb. 1c) treten die Phasen HfB_2 und TaB_2 auf. Mit der Mikrosonde wurde die Änderung der Röntgenspektralcharakteristik des Matrixelementes in den einzelnen Phasen der Randschicht untersucht. Als Meßgerät stand eine Mikrosonde zur Verfügung, die mit einem vollfokussierenden Kristallspektrometer (Durchmesser des Rowlandkreises: 500 mm) ausgerüstet ist.

Gemäß der Auflösungsbedingung:

$$\frac{d\Theta}{d\lambda} = \frac{n}{2d \cos \Theta}$$

---

[*] Vortrag anläßlich des 6. Kolloquiums über metallkundliche Analyse mit besonderer Berücksichtigung der Elektronenstrahl-Mikroanalyse, Wien, 23. bis 25. Oktober 1972.

[**] Vortragender.

wurde die Wellenlängenänderung $(d\lambda)$ bei möglichst großem Reflexionswinkel (Θ) an Linien höherer Ordnung (n) in Abhängigkeit von der Änderung der Winkellage $(d\Theta)$ des Analysatorkristalles (Gitterkonstante d) gemessen. Da geringe Meßeffekte zu erwarten waren, sind folgende Fehlerquellen zu beachten:

1. Der systematische Meßfehler ist für diese Untersuchung ohne Bedeutung, da ein relativer Vergleich der Röntgenlinienlagen innerhalb kleiner Winkelbereiche erfolgte. Die Linienmaxima des Reinelementes wurden nach Tabellenwerten[2] geeicht. Die Zwischengrößen wurden nach diesen Werten interpoliert.

2. Die einzelnen Röntgenemissionslinien wurden mit einem Schrittschaltwerk aufgenommen. Die Schrittweite zwischen zwei Zählungen der Röntgenimpulse betrug 1,2 Winkelminuten. Die Wiederkehrgenauigkeit unterliegt einem Fehler von ± 12 Winkelsekunden.

3. Da Defokussierungseigenschaften eine Veränderung der Linienlage hervorrufen[3], mußte die Strahlgeometrie während der Messung überprüft werden. Zu diesem Zweck wurde die Bildkonstanz des Elektronenrasterbildes durch den Vergleich der während

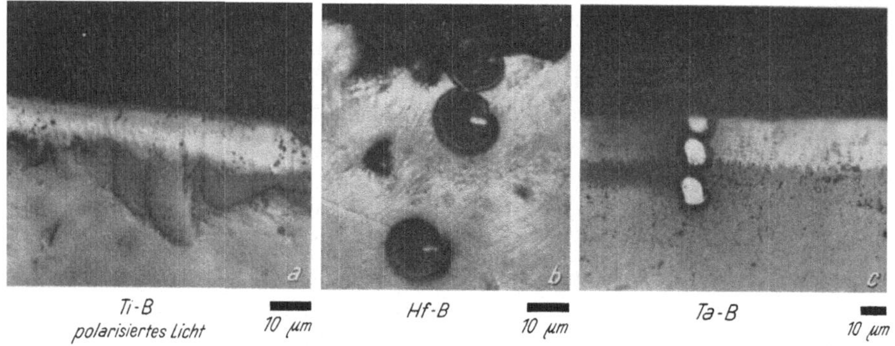

Abb. 1. Lichtoptische Aufnahmen:
a) Ti-B V = 900 : 1, b) Hf-B V = 900 : 1, c) Ta-B V = 500 : 1

der Messung gespeicherten Bilder getestet. Die Speicherung erfolgte auf einem zur Anzeigerröhre parallel geschalteten Speicheroszillographen. Außerdem wurde die Lage des Sondenstrahls bezüglich der Probe auf dem Speicherbild angezeigt.

Wie auf Abb. 1b und 1c ersichtlich, konnten dadurch die Meßpunkte optimal nebeneinander positioniert werden. Auf dem Oszillographenschirm wurden geschwindigkeitsmodulierte Elektronenrasterbilder[4] gespeichert. Die Aufnahme der borierten Titanprobe (Abb. 2) zeigt den Vergleich einer mit Fangspannung aufgenommenen Elektronenrastermikrographie mit dem V-modulierten Bild. Die Kontrasterhöhung, die durch die Änderung der Zeilengeschwindigkeit in Abhängigkeit von der registrierten Elektronendichte hervorgerufen wird,

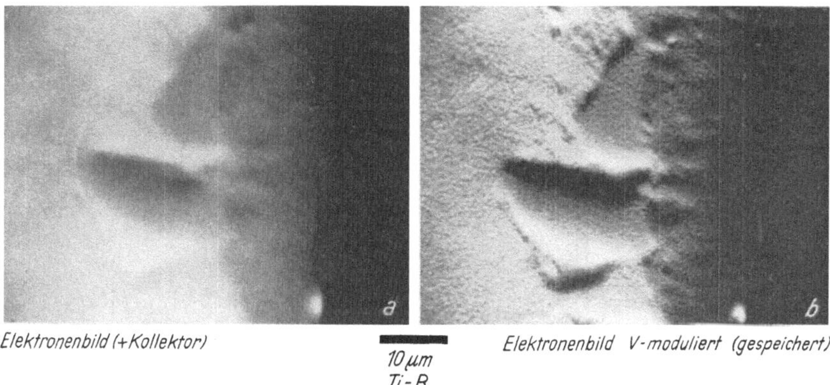

Abb. 2. Elektronenrastermikrographie der Titanboridschicht V = 1500 : 1
a) mit Fangspannung, b) V-moduliert

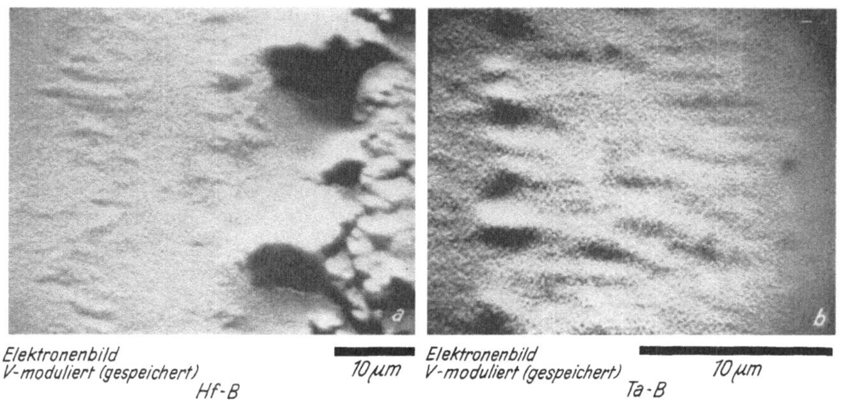

Abb. 3. V-modulierte Elektronenrastermikrographie
a) Hafniumboridschicht V = 1800 : 1, b) Tantalboridschicht V = 4400 : 1

täuscht allerdings topographische Effekte vor. Die untersuchte HfB_2- und TaB_2-Schicht zeigt Abb. 3, aufgenommen unter den während der Messung herrschenden Fokussierungsbedingungen.

4. Die Impulse wurden bei breitem Zählrohrspalt (Durchflußzähler, Ar-CO_2-Gemisch) integral gezählt.

5. Den Einfluß verschiedener Anregungsbedingungen auf die Linienlage zeigt Abb. 4. Bei höherem Strahlstrom tritt eine Verschiebung zu höheren Energien auf. Tatsächlich ist bei der Ta-L2α_1-Linie

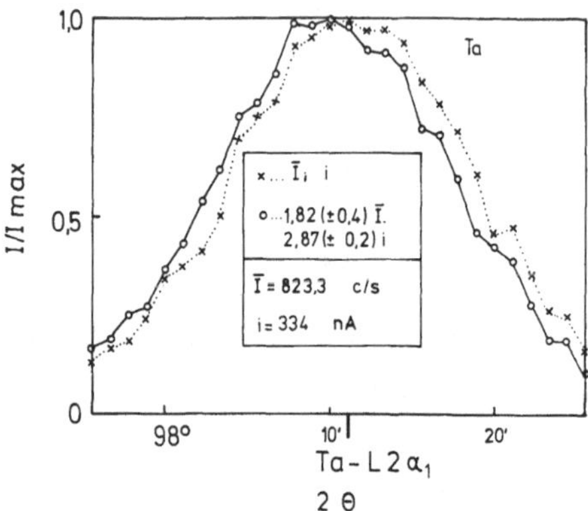

Abb. 4. Abhängigkeit der Linienverschiebung von Anregungsbedingungen

keine Änderung der Linienlage festgestellt worden (Abb. 8). Um Änderungen in den Anregungsbedingungen zu vermeiden, wurden die Proben ohne Unterbrechung in den einzelnen Durchgängen vermessen. Eine Zusammenstellung der Meßbedingungen bringt Tab. 1.

Die einzelnen Kurven (Abb. 5—9) zeigen die Abhängigkeit der relativen Impulshäufigkeit von dem Reflexionswinkel. Die aus den

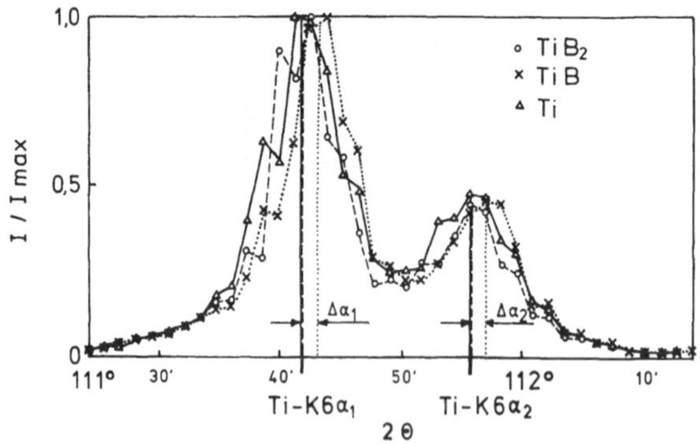

Abb. 5. Ti-K6$\alpha_{1,2}$, Glimmer, Linienverschiebung

einzelnen Durchgängen gemittelten Maximalintensitäten ($I_{\max}$) sind in Tab. 1 ebenfalls angeführt. Eine Trennung der Linienmaxima erfolgte nach Überlagerung der Meßwerte mit einer normalverteilten

Kurve durch den *t*-Test. Dabei wurde eine Wahrscheinlichkeit von 99,9 % zugrunde gelegt.

So läßt die Aufnahme der Ti-K$6\alpha_{1,2}$-Linien keine Trennung zwischen Ti und TiB_2 zu. Bei TiB verschiebt sich die Linie zu größeren

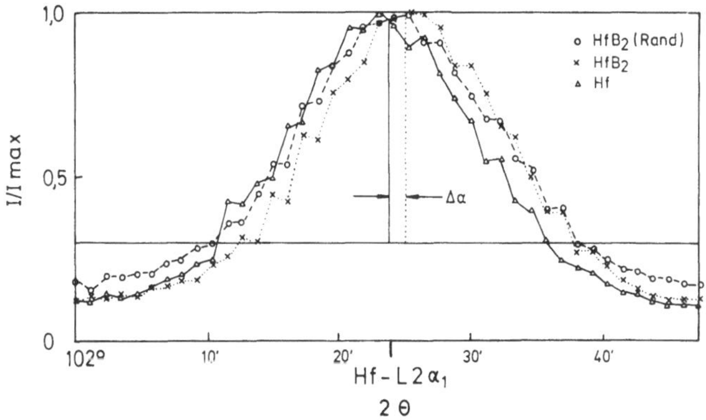

Abb. 6. Hf-L2α_1, LiF, Linienverschiebung

Wellenlängen. Bei HfB_2 konnte eine meßbare Verschiebung der Hf-L2α-Linie zu höheren Winkeln festgestellt werden (Abb. 6). Eine bessere Trennung gibt die Hf-M2α-Linie (Abb. 7). Während die Ta-L2α_1-

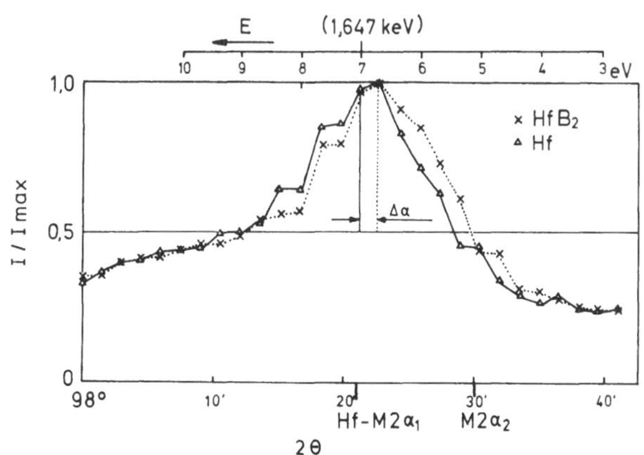

Abb. 7. Hf-M2α_1, Glimmer, Linienverschiebung

Linie keine Verschiebung für TaB_2 anzeigt (Abb. 8), ist eine deutliche Trennung zwischen Ta und TaB_2 bei der Ta-M2α-Linie durchführbar (Abb. 9). Die Werte der Energieverschiebung sind in Tab. 2

Tabelle 1. Gemessene Maximal-Intensitäten (Mittelwert)

Probe	Linie	U_{Anr} [KV]	Kristall	Zählzeit pro Punkt [sec]	Peak (10^4 Impulse)			Untergrund (10^2 Impulse)	Strahlstrom [n A]
					Kurve 1 (O)	Kurve 2 (×)	Kurve 3 (△)		
Ti-B	Ti-K6α_1 Ti-K6α_2	20	MICA	20	17,7	24,6	29,1	4,3	160
Hf-B	Hf-L2α_1	20	LiF	100	54,0	95,4	112,5	11,3	150
	Hf-M2α_1	20	MICA	20		14,9	16,7	18,4	200
Ta-B	Ta-L2α_1	20	LiF	20	19,4	23,9	26,4	18,9	334
	Ta-M2α_1	20	MICA	20		15,0	16,8	20	170

Tabelle 2. Chemical Shift bei binären Boriden refraktärer Metalle

Vb	Em. Linie	n	Kristall	$\Delta 2\,\Theta$int. [min]	$\Delta\lambda$ [10^{-6} nm]	Linienverschiebung [eV]	Linienverbreiterung [eV]
Ti B	Ti-Kα_1	6	MICA	1,0893	28,3	$-0,468 \pm 0,114$	—
	Ti-Kα_2	6	MICA	1,2820	33,3	$-0,550 \pm 0,182$	—
Ti B$_2$	Ti-Kα_1	6	MICA	—	—	—	—
	Ti-Kα_2	6	MICA	—	—	—	—
Hf B$_2$	Hf-Lα_1	2	LiF	0,7440	13,0	$-0,600 \pm 0,198$	$+0,032 \pm 0,02$
	Hf-Mα_1	2	MICA	1,9677	19,02	$-0,430 \pm 0,077$	$+0,04 \pm 0,02$
Ta B$_2$	Ta-Lα_1	2	LiF	—	—	—	$+0,25 \pm 0,04$
	Ta-Mα_1	2	MICA	0,9561	10,08	$-0,247 \pm 0,071$	$+0,10 \pm 0,05$

zusammengestellt. Für ihre Berechnung wurde die Winkelverschiebung $\Delta 2\Theta_{\text{int}}$ der Linienschwerpunkte verwendet. Die bei Hf und Ta

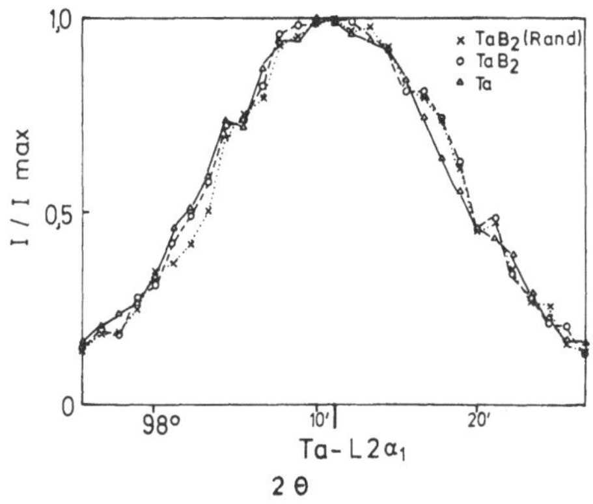

Abb. 8. Ta-L2α₁, LiF

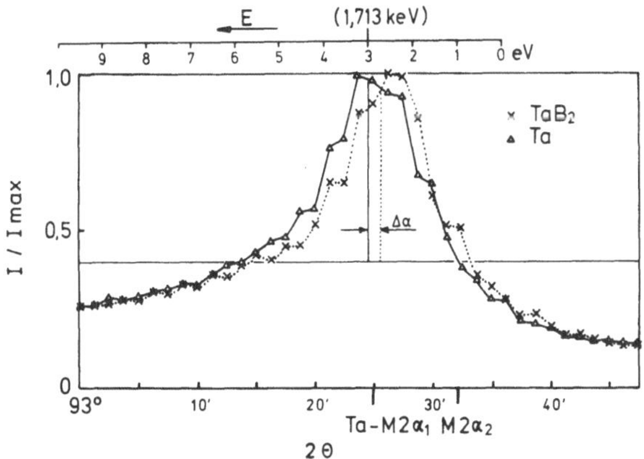

Abb. 9. Ta-M2α₁, Glimmer, Linienverschiebung

aufgetretene Änderung der Halbwertbreite, die an den normalverteilten Kurven bestimmt wurde, ist ebenfalls in Tab. 2 angegeben.

Diskussion

Untersuchungen der chemischen Linienverschiebung an Al-Verbindungen[5] und an T-Elementen niedriger OZ[6,7] zeigten, daß die Verschiebung der K-Spektren als Folge der sp- und dp-Hybridisierung anzusehen ist[7].

Die auf Grund dieser Messungen erzielten Annahmen einer direkten Abhängigkeit der Linienverschiebung von der effektiven Zahl der Valenzelektronen tritt nur in speziellen Fällen auf[8, 9] und kann nur bei den Linien festgestellt werden, deren Endniveau nahe der äußersten Hülle liegt. Das bei Heißanregung herrschende Intensitätsauflösungsvermögen erlaubt eine Vermessung der intensitätsstarken Linien höherer Serien[10]. Linien niedriger Serien, deren Endniveau in den äußeren Orbitalen liegt, werden durch den hohen Untergrund bei vorliegender Messung nicht erfaßt.

So wurde die Spektralcharakteristik von Linien bestimmt, die bei Übergängen aus kernnäheren Orbitalen entstehen. Die dabei gemessene Änderung in Abhängigkeit von der chemischen Bindung beruht im wesentlichen auf einer Kompensation der Überlappung der äußeren Bänder. Bei der Bestimmung der Titanboridschichten mit der Mikrosonde ist es gelungen, die Anregungsbedingungen so zu modifizieren, daß intensitätsschwache Übergänge aus äußeren Orbitalen gemessen werden konnten. Die Ti-$L\alpha_1$-Linie zeigt in der Verbindung TiB_2 eine Verschiebung zu niedriger Energie um 1,2 eV[11]. Ähnliche Ergebnisse erbrachte die Bestimmung der Ti-$K\beta_5$-Linie in Titanverbindungen mit Elementen der ersten Periode[7]. Die Verschiebung zu höheren Wellenlängen bei Ti-Verbindungen wird auch der Erhöhung der Konzentration der 3d-Elektronen zugeschrieben[6]. Legt man die Annahme zugrunde, daß die unterschiedliche Elektronenkonzentration auf unterschiedliches Atomvolumen zurückzuführen ist, so kann die stärkere Linienverschiebung des Hf in Vergleich zu Ta auf sein größeres Atomvolumen zurückgeführt werden. Bei TaB_2 zeigt sich daher die Metall-Metalloidwechselwirkung schwächer als bei HfB_2, da bei der Ta-$L\alpha_1$-Linie nur eine Verbreiterung und bei der Ta-$M\alpha_1$-Linie eine geringe Verschiebung und eine Verbreiterung gemessen wurde.

Zusammenfassung

Mit der Mikrosonde wurden Änderungen der Röntgenspektralcharakteristika von Ti, Hf und Ta in Abhängigkeit von ihrer Bindung an B untersucht. Zur Vermessung gelangten Linien der K-, L- und M-Serie. Da bei Heißanregung lediglich intensitätsstarke Linien erfaßt werden, ist nur eine indirekte Abhängigkeit von dem Bindungscharakter nachweisbar. Demgemäß wurden die Meßwerte als Kompensationseffekt der Überlappung äußerer Energiebänder bei chemischer Bindung interpretiert.

Summary

Chemical Shift in the Investigation of Compounds with the Microprobe

Changes in the X-ray spectra of Ti, Hf, and Ta as a function of their bonding to B were investigated. Lines of the K-, L-, and M-series were measured. Since only the lines of highest intensity are observed in heat-excitation, only an indirect dependence on the binding is demonstrable. For this reason, the values observed were interpreted as being due to the overlapping of the outer energy bands in chemical compounds.

Literatur

[1] H. Kunst, Härterei-Techn. Mitt. **28**, 105 (1073).

[2] K. Sagel, Tabellen zur Röntgen-Emissions- und Absorptions-Analyse Berlin—Göttingen—Heidelberg: Springer-Verlag. 1959.

[3] O. Schaaber, Mikrochim. Acta [Wien], Suppl. 1, **1966**, 117.

[4] O. Schaaber und H. Vetters, Mikrochim. Acta [Wien], Suppl. 5, **1974**, 99.

[5] M. Zyryanov und S. Nemnonov, Fizika metallov metalloved. **31**, 335 (1971).

[6] V. Nemoshalenko und Korkiško Groskiy, Fizika metallov metalloved. **31**, 634 (1971).

[7] S. A. Nemnonov und K. M. Kolobova, Fizika metallov metalloved. **22**, 680 (1966).

[8] P. A. Lange, Tagung der Firma C. H. F. Müller, Hamburg/Darmstadt, 1964, S. 133.

[9] S. A. Nemnonov und L. D. Finkel'štejn, Fizika metallov metalloved. **21**, 211 (1966).

[10] R. Klockenkämper, Spectrochim. Acta **9**, 547 (1971).

[11] H. Vetters, Härterei-Techn. Mitt. **28**, Nr. 4 (1973).

Anschrift der Verfasser: Prof. Dr. O. Schaaber und Dr. H. Vetters, Institut für Härterei-Technik, Postfach 770207, D-2820 Bremen 77, Bundesrepublik Deutschland.

Mikrochimica Acta [Wien], Suppl. 5, 1974, 57—68

Aus der Bundesanstalt für Materialprüfung (BAM), Berlin

Berührungslose Temperaturmessung an elektronenbestrahlten Targets in der Mikrosonde*

Von

Ch. Zaminer und B. Böttcher

Mit 8 Abbildungen

(Eingegangen am 15. Februar 1973)

1. Einleitung

Bei der Elektronenstrahlmikroanalyse tritt als unvermeidlicher Nebeneffekt eine Erwärmung des Targets durch den Elektronenstrahl auf. Diese Erwärmung ist bei massiven, gut wärmeleitenden und kompakten metallischen Proben relativ gering und führt erfahrungsgemäß zu keinen irreversiblen Veränderungen. Bei schlecht wärmeleitendem Material und dünnen Schichten können jedoch beträchtliche Temperaturen entstehen, die zu tiefgreifenden Veränderungen wie Diffusionen, Aufschmelzungen und Zersetzungen führen können. In solchen Fällen kann die Aussage der Elektronenstrahlmikroanalyse überhaupt fragwürdig werden.

Die Ermittlung der Temperaturen während der Elektronenbestrahlung wurde bisher nur in wenigen Fällen aus den auftretenden Schmelzerscheinungen erschlossen[1,2], während die direkte Temperaturmessung[3] auf Schwierigkeiten stieß. Es wurden auch Versuche unternommen, die Temperaturen elektronenbestrahlter Targets aus der absorbierten und in Wärme umgewandelten elektrischen Energie zu berechnen[2,5].

---

* Vortrag anläßlich des 6. Kolloquiums über metallkundliche Analyse mit besonderer Berücksichtigung der Elektronenstrahl-Mikroanalyse, Wien, 23. bis 25. Oktober 1972.

In der hier vorliegenden Arbeit wird versucht, die Temperatur elektronenbestrahlter Targets aus Infrarot-Strahlungsmessungen zu bestimmen.

Problematisch ist, wie bei allen Infrarotmessungen, der Einfluß des Emissionsfaktors des Meßobjektes und — wegen der hier ungünstigen Größenverhältnisse von heißem Fleck und Meßfleck des IR-Gerätes — der Einfluß der Meßgeometrie.

2. Meßanordnung

Die von uns benutzte Meßanordnung zeigt Abb. 1. Der durch den fokussierten Elektronenstrahl erwärmte Materialbereich emittiert Wärmestrahlung, die über ein infrarotdurchlässiges Fenster im Tubus der Mikrosonde und eine IR-Optik auf einen infrarotempfindlichen

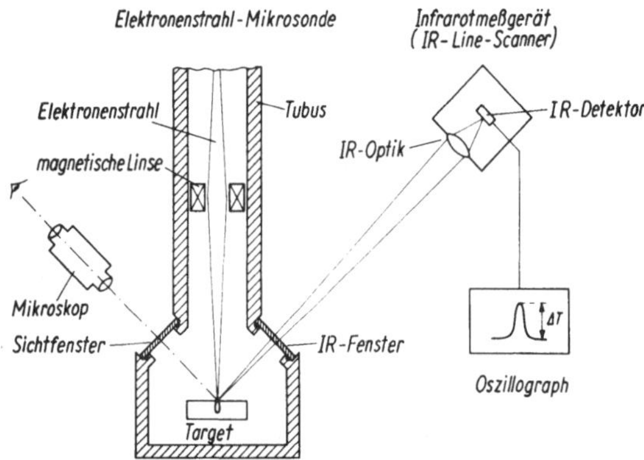

Abb. 1. Anordnung von Infrarot-Meßgerät und Mikrosonde

Detektor fällt. Nach Umwandlung des optischen Signals in ein elektrisches erscheint die Temperaturanzeige ΔT auf dem Oszillographenschirm des IR-Meßgerätes. Gleichzeitig kann das Target mit einem Mikroskop beobachtet werden.

Die Optik des uns leihweise zur Verfügung gestellten IR-Meßgerätes war, wie eingangs erwähnt, für die vorliegende Meßaufgabe nicht optimal einsetzbar. Bei dem minimalen Objektabstand von 100 cm wird nur ein Auflösungsvermögen von 2 mm × 0,5 mm, d. h. 1 mm², auf der Objektoberfläche erzielt. Der vom Elektronenstrahl erfaßte Bereich der Probe hatte jedoch bei ungerastertem Stahl nur eine Fläche von größenordnungsmäßig 1 μm², die also um den Faktor 10⁶ geringer ist. Vor allem wegen dieser ungünstigen Meßgeometrie resultierte ein großer Meßfehler, der z. B. mit einem uns bisher nicht zur Verfügung stehenden Infrarotmikroskop hätte vermieden werden können. Deshalb war es für die Ermittlung der wahren Temperatur notwendig, die Höhe des Meßsignals nicht nur als Funktion

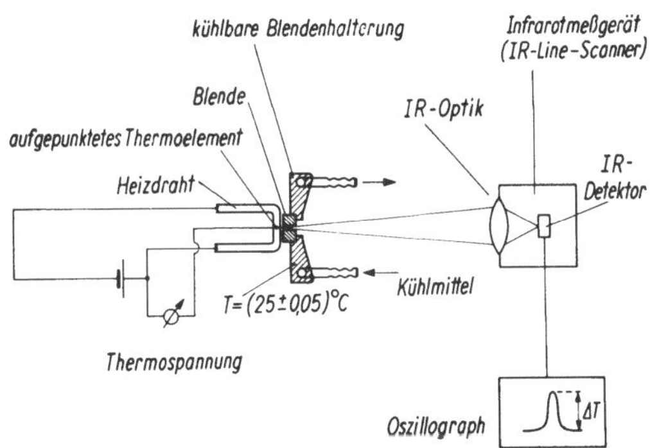

Abb. 2. Aufbau für Kalibrierungsmessungen an kleinen Flächen mit dem Infrarot-Meßgerät

der Temperatur, sondern auch als Funktion des Durchmessers des heißen Flecks zu kalibrieren. Wir haben dazu die in Abb. 2 dargestellte Kalibrierungseinrichtung aufgebaut.

3. Kalibrierung

Als Strahlungsquelle benutzten wir einen oberflächlich oxydierten NiCr-Heizdraht, dessen Emissionsfaktor nahezu 1 ist. Er ist gleichzeitig der positive Schenkel eines Thermoelementes. Die von diesem Heizdraht ausgehende Infrarotstrahlung wird von einer gekühlten, auf Außentemperatur thermostatisierten Blende mit dem gewünschten Lochdurchmesser begrenzt. Im gleichen Abstand wie bei der Meßanordnung an der Mikrosonde befindet sich auch hier das IR-Meßgerät. Die Temperatur des Drahtes wurde durch das in der Nähe der Blendenöffnung aufgepunktete Thermoelement — ein dünner Nickel-Draht — ermittelt.

Es wurden Kalibrierungsreihen mit Blendenöffnungen zwischen 20 und 800 μm Durchmesser aufgenommen. Für kleinere Blendenöffnungen als 20 μm versagte die experimentelle Methode, und wir waren gezwungen, die entsprechenden Werte durch Extrapolation aus den mit den größeren Blendenöffnungen gewonnenen Meßdaten abzuleiten.

Trägt man die gemessene Signalhöhe T_M als Funktion des Blendendurchmessers ϕ_B auf, wobei die wahre Temperatur T_X als Parameter variiert wird, so ergibt sich die in Abb. 3 dargestellte Kurvenschar. Bei konstanter Temperatur des Heizdrahtes nimmt die Meßanzeige T_M mit dem Blendendurchmesser ϕ_B zu. Wenn die Blendenöffnung das Auflösungsvermögen des IR-Gerätes erreicht hat, was weit außerhalb des dargestellten Bereiches liegt, sollten Meßanzeige und Objekttemperatur übereinstimmen.

Mit größer werdender Objekttemperatur T_X, aber konstantem Blendendurchmesser ϕ_B, nimmt die Meßanzeige ebenfalls zu. Abb. 4 zeigt die vor allem interessierende Abhängigkeit zwischen der wirklichen Oberflächentemperatur T_X und der Meßanzeige T_M des IR-Gerätes für kleine Blendendurchmesser. Dargestellt sind die gemessenen Kurven mit der 20-μm-Blende und die für 10 und 5 μm extrapolierten Kurven. Die dabei auftretende Fehlergröße wurde geschätzt. Es zeigte sich, daß mit kleiner werdendem Blendendurchmesser und abnehmender Temperatur T_X die Fehlergröße zunimmt.

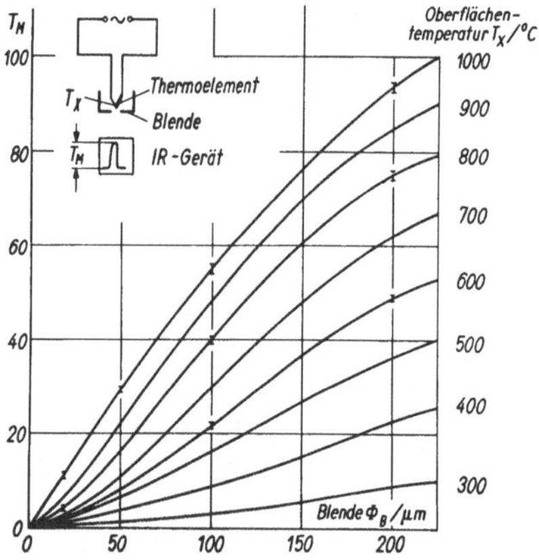

Abb. 3. Meßanzeige T_M als Funktion des Blendendurchmessers $\varnothing_B$. Parameter: wahre Oberflächentemperatur T_X

So ist das Fehlerintervall ΔT_F für einen Strahldurchmesser von 5 μm bei 1000°C und einem Meßsignal von $T_M = 3$ z. B. ±75°C, für die gleiche Temperatur und $T_M = 5{,}5$ nur ±50°C.

Bei den eben beschriebenen Kalibrierungsmessungen wird vorausgesetzt, daß der Wärmeemissionsfaktor des oxydierten NiCr-Heizdrahtes etwa gleich dem Wärmeemissionsfaktor der später untersuchten Objekte im spektralen Empfindlichkeitsbereich des IR-Gerätes von 6,5—5 μm ist, was jedoch nur näherungsweise zutrifft.

Da jedoch alle hier interessierenden Wärmeemissionsfaktoren über 0,8 liegen, sind die durch Wärmeemissionsunterschiede bedingten Meßfehler im Vergleich zu den „Kalibrierungsfehlern" zu vernach-

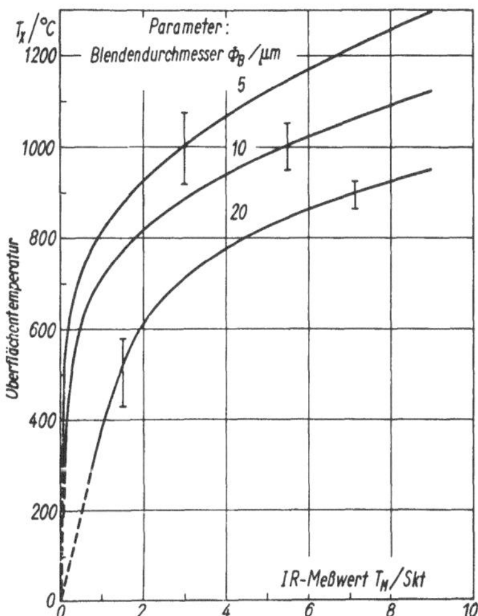

Abb. 4. Oberflächentemperatur T_X als Funktion der Meßanzeige T_M bei kleinen Blendendurchmessern $\varnothing_B$

lässigen. Bei Verwendung eines Infrarotmikroskopes ließen sich mit einfachen meßtechnischen Mitteln auch Fehler durch Wärmeemissionsunterschiede vermeiden.

4. Temperaturmessungen an dünnen Triafol-Folien

Dünne Folien aus Cellulose-Triacetat (Triafol) wurden mit einem fokussierten Elektronenstrahl in der Mikrosonde erwärmt. Diese organische Substanz mit der Dichte 1,4 ist ein schlechter Wärme- und elektrischer Leiter. Zur Vermeidung von Aufladungen wurden die Präparate mit einer dünnen Kohleschicht bedampft. Triafol läßt sich in Folien unter 1 µm Schichtdicke herstellen. An den auftretenden Interferenzfarben läßt sich die Schichtdicke nach einmaliger Eichung an jeder Stelle direkt ablesen.

Bei den Beschleunigungsspannungen im Bereich von 10 bis 40 KV wird nur ein relativ geringer Anteil des Elektronenstrahls in der Folie absorbiert. Abb. 5 zeigt den Anstieg des im logarithmischen Maßstab aufgetragenen normierten Probenstromes I/I_0 als Funktion der Schichtdicke bei zwei verschiedenen Beschleunigungsspannungen (12 und 18 KV). Die Abweichung von der Geraden läßt erkennen,

daß kein normales Absorptionsgesetz anwendbar ist. Der Verlauf der
Kurven weist darauf hin, daß hier mit zunehmender Schichtdicke der
Probenstrom stärker zunimmt als es bei einem exponentiellen Absorptionsgesetz zu erwarten wäre, was als Einfluß der Mehrfachstreuung der Elektronen gedeutet werden könnte. Im Schichtdickenbereich bis zu 1 μm wurden auch die Temperaturmessungen durchgeführt.

Für die Bestimmung der mittleren Temperatur aus den IR-Meßwerten ist nach Abb. 3 und 4 die Halbwertsbreite der Temperaturverteilung auf dem Target erforderlich. Eine visuelle Auswertung des
vom Elektronenstrahl erzeugten Heizfleckes bei höheren Temperaturen ergab im mikroskopischen Bild eine Halbwertsbreite von etwa

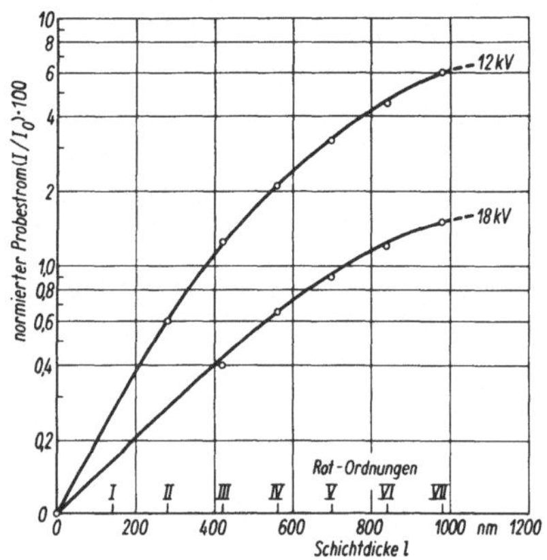

Abb. 5. Normierter Probenstrom I/I_0 als Funktion der Schichtdicke l bei Triafol-
Folien

10 ± 5 μm. Dieser Wert ist jedoch aus verschiedenen Gründen fragwürdig. Einmal war die Meßunsicherheit zu groß, außerdem konnte
nicht sichergestellt werden, daß aus dem Heizfleck nur „Temperaturstrahlung" emittiert wurde und andere Prozesse (z. B. Lumineszenz)
ausgeschlossen werden konnten. Aus diesen Gründen war auch eine
Temperaturmessung mit einem Pyrometer für den sichtbaren Spektralbereich nicht sinnvoll. Hinzu kommt, daß bei einem solchen
Pyrometer eine Messung erst ab etwa 600°C möglich ist und eine
Änderung der Farbe beim Durchtritt der Strahlung durch das Sichtfenster eintreten kann. Die visuell gemessene Halbwertsbreite sollte
daher durch eine Theorie zum Temperatur-Zeit-Verlauf im Target
abgestützt werden. Dies hat den Vorteil, daß auch der instationäre
Aufheizvorgang erfaßt wird.

4.1 Berechnung der Temperaturverteilung

Vereinfachend wird angenommen, daß ein Teil des Strahlstromes in einem — näherungsweise — kugelförmigen Bereich der Folie absorbiert und die kinetische Energie der Elektronen in Wärme umgesetzt wird (Abb. 6). Wärmeverluste an den Oberflächen der Folien

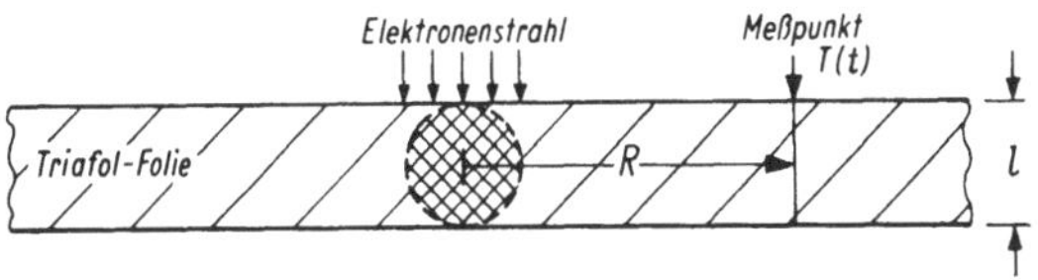

Abb. 6. Zur Berechnung der Temperaturverteilung an elektronenbestrahlten Folien: siehe Text

könnten infolge des hohen Vakuums von 10^{-5} Torr nur durch Abstrahlung von Wärmeenergie in den Außenraum auftreten. Derartige Verluste werden hier vernachlässigt, was die Rechnung stark vereinfacht.

Zur Berechnung der Temperaturverteilung an der vom Elektronenstrahl getroffenen Oberfläche wird die kugelförmige Wärmequelle zunächst als Punktquelle angesetzt, die aber nicht zum Beginn der Zeitzählung $t = 0$, sondern schon früher zur Zeit $t = -t_0$ eingeschaltet wurde und kontinuierlich Wärme abgibt[5]:

$$T(R, t) = \frac{Q}{4\,KR} \cdot erfc \frac{R}{\sqrt{4\,k\,(t+t_0)}} \tag{1}$$

Dabei bedeutet $T(R,t)$ = Temperatur zur Zeit t im unendlichen Medium und im Abstand R von der Punktquelle; Q = zugeführte Wärmemenge; K = Wärmeleitfähigkeit; k = Temperaturleitfähigkeit; t_0 = Einschaltdauer vor Beginn der Zeitzählung t.

Die Zeit t_0 wurde dabei so groß gewählt, daß die Wärmefront zu Beginn der Zeitzählung $t = 0$ den kugelförmigen Bereich der Wärmequelle gerade einschließt, so daß von einer kugelförmigen Wärmequelle gesprochen werden kann[5]:

$$t_0 = \frac{(l/2)^2}{2\,k} = \frac{l^2}{8\,k} \tag{2}$$

Das Temperaturfeld einer kontinuierlich wärmeemittierenden Punktquelle in einem unendlich ausgedehnten Medium wird im wesentlichen durch das Gaußsche Fehlerintegral* beschrieben.

---

* In der angelsächsischen Literatur wird das Gaußsche Fehlerintegral $\emptyset\,(Z)$ auch mit erf (Z) bezeichnet, wobei erfc $(Z) = 1 - $ erf (Z) bedeutet.

Um den Einfluß der Folienoberflächen auf das Temperaturfeld zu erfassen, wendet man ein aus der Elektrostatik zur Berechnung von Feldverteilungen bekanntes Spiegelungsverfahren an.

Hierzu wird die Punktquelle der Einfachheit halber zunächst im Zentrum der Folie an beiden Oberflächen der Folie gespiegelt, ebenso wie die dabei fortlaufend entstehenden „Spiegelquellen":

$$T(R,Z,t) = \frac{Q}{4\pi K} \sum_{n=-\infty}^{+\infty} \frac{erfc\sqrt{\frac{R^2+(Z-l/2-2nl)}{4k(t+t_0)}}}{\sqrt{R^2+(Z-l/2-2nl)^2}} +$$

$$+ \frac{erfc\sqrt{\frac{R^2+(Z+l/2-2nl)^2}{4k(t+t_0)}}}{\sqrt{R^2+(Z+l/2-2nl)^2}} \tag{3}$$

Z = Abstand des Meßortes von der Folienoberfläche in Strahlrichtung; n = Laufindex.

Für die Folienoberfläche mit $Z = 0$ folgt aus (3):

$$T(R,t) = \frac{Q}{4\pi k} \sum_{n=-\infty}^{+\infty} \frac{erfc\sqrt{\frac{R^2+(2n+1/2)^2 l^2}{4k(t+t_0)}}}{\sqrt{R^2+(2n+1/2)^2 l^2}} +$$

$$+ \frac{erfc\sqrt{\frac{R^2+(2n-1/2)^2 l^2}{4k(t+t_0)}}}{\sqrt{R^2+(2n-1/2)^2 l^2}} \tag{4}$$

wobei R der Abstand Meßort—Wärmequelle ist und $R^2 = (x-x_0)^2 + (y-y_0)^2 + (z-z_0)^2$, mit x, y, z Koordinaten für den Meßort und x_0, y_0, z_0 Koordinaten für den Ort der Wärmequelle bedeuten.

Hierbei liefert der zweite Term immer größere Werte als der erste, so daß dieser unter Umständen vernachlässigt werden kann. Die Temperaturfelder der Original- wie aller Spiegelquellen werden am Meßpunkt $T(t)$ aufsummiert. Auf diese Weise entstehen die oben angegebenen Formeln zur Berechnung der Temperaturverteilung*. Es ist klar, daß die eben diskutierte Ableitung starke Vereinfachungen enthält. Einmal wurde der Heizfleck als Punktquelle angesehen, was sicher falsch ist und im Zentrum des Elektronenstrahls

---

* Nachträglich stellte sich heraus, daß schon G. S. Almasi et al.[6] das eben praktizierte Spiegelverfahren zur Berechnung von Temperaturverteilungen an *massiven*, mit dünnen Aluminium-Folien bedeckten Proben in der Elektronenstrahl-Mikrosonde erfolgreich eingesetzt hatten. Infolge massiver, gut wärmeleitender Proben, traten bei ihnen — allerdings nicht gemessene — geringere Temperaturen als in unserem Falle auf.

zu hohe Temperaturen liefert. Außerdem wurden Wärmeverluste durch Abstrahlung vernachlässigt.

Für die Auswertung der Meß- und Kalibrierungskurven wesentlich ist aber die Halbwertsbreite der Temperaturverteilung an Folienoberflächen, die sich nach der bisherigen Modellvorstellung recht gut zu etwa 5 μm abschätzen ließ. Mit dieser Halbwertsbreite, die mit dem visuell gemessenen Wert leidlich gut übereinstimmt, lassen sich die Meßergebnisse auswerten. Wenn man damit in die Kalibrierungskurven geht, kommt man zu folgenden Ergebnissen:

In Abb. 7 ist die wahre Temperatur T_X als Funktion der absorbierten Leistung aufgetragen, wobei die Schichtdicke als Parameter variiert wird. Erwartungsgemäß sind die Temperaturen an den dün-

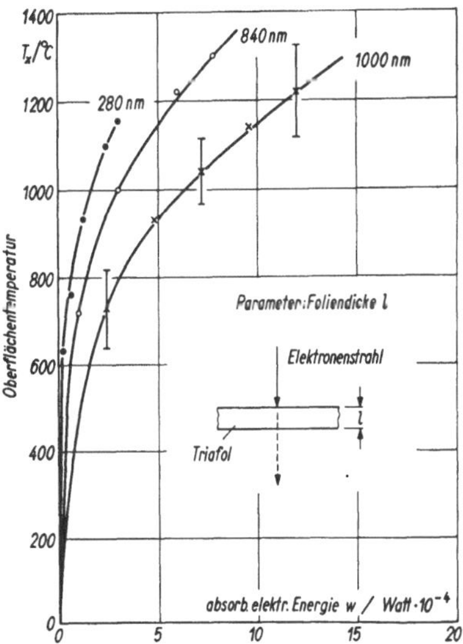

Abb. 7. Temperatur von Triafol-Folien als Funktion der absorbierten elektrischen Energie. Parameter: Schichtdicke l

nen Folien bei gleicher Leistungsaufnahme höher als an den dickeren. Außerdem steigt die Temperatur mit der aufgenommenen Leistung an. Nach der Theorie zur Berechnung des Aufheizungsvorganges sollte ein linearer Zusammenhang zwischen Oberflächentemperatur und absorbierter elektrischer Energie bestehen. Dies ist hier nicht der Fall. Bei höherer Leistungsaufnahme steigt die Temperatur nicht mehr linear an. Dies muß auf den Wärmeverlust durch Abstrahlung zurückgeführt werden.

Die ermittelten Temperaturen sind überraschend hoch. Betrachtet man die bestrahlte Stelle unter dem Lichtmikroskop, so zeigt die auftretende Weißglut, daß diese Temperaturen durchaus glaubwürdig sind. Das Folienmaterial ist bei diesen Temperaturen geschmolzen, die Adhäsionskräfte zur Umgebung sind jedoch noch so groß, daß es zu keinem Abtropfen, also zu keiner Lochbildung kommt.

Wird der Elektronenstrahl während der IR-Messung defokussiert oder über ein bestimmtes Feld innerhalb des Meßflecks des IR-Radiometers gerastert, so bleibt das Meßsignal ΔT unverändert, während die örtliche Temperatur selbstverständlich zurückgeht.

Soll die Temperatur bei defokussiertem oder gerastertem Elektronenstrahl ermittelt werden, muß mit einer entsprechend größeren Halbwertsbreite in die Kalibrierungskurven eingegangen werden. Für die Berechnung der Temperaturverteilung einer nicht kugelförmigen Wärmequelle ist ein geeignetes Berechnungsverfahren erst in Vorbereitung.

5. Temperaturmessungen an massiven Proben

Wie bei den dünnen Proben, so kann die IR-Strahlungsmessung auch bei massiven Proben zur Ermittlung der Oberflächentemperatur verwendet werden.

Das für die dünnen Folien entwickelte Aufheizmodell läßt sich durch Vergrößerung der Schichtdicke auch auf massive Körper übertragen, wenn dabei die Tiefenverteilung der absorbierten elektrischen Energie berücksichtigt wird.

In diesem Fall kann die Temperaturquelle in den Mittelpunkt der Elektronenstreubirne gelegt und in analoger Weise wie bei den dünnen Folien die Zeit t_0 ermittelt werden, bis zu der die Wärmefront die Probenoberfläche erreicht hat.

Mit diesem kugelförmigen Bereich als Wärmequelle kann dann die Temperaturverteilung parallel und senkrecht zur Targetoberfläche für den Extremfall des massiven Körpers berechnet werden. Man braucht nur eine genügend große Dicke l in die oben diskutierte Gleichung einzusetzen. Zur Ermittlung der Temperatur bei massiven Körpern wird zunächst der einfache Fall eines gerasterten Bereiches mit einer Diagonalen von 200 μm angenommen.

Bei massiven Metallen, wie z. B. bei Kupfer oder Messing, die sehr gut wärmeleitend sind, konnte bei unseren Versuchsbedingungen kein Temperatursignal registriert werden.

Erst bei Graphit, dessen Wärmeleitfähigkeit um fast eine Größenordnung unter derjenigen von Kupfer liegt, konnte eine Erwärmung bis zu 150⁰C festgestellt werden (Abb. 8). Die Erwärmung bei massivem Triafol ist bei gleicher Leistungsaufnahme noch größer. Hier konnte oberhalb von 500⁰C im Lichtmikroskop auch ein Glühen der bestrahlten Stelle beobachtet werden. Noch stärkere Erwärmung zeigte ein mit Alkalimetallen dotiertes, im Mikrobereich stark poröses und daher schlecht wärmeleitendes Katalysatormaterial aus Fe_2O_3.

Diese aus Abb. 8 ersichtlichen Maximaltemperaturen treten bei Mikrosondenuntersuchungen normalerweise nicht auf, da meist mit geringeren Strahlströmen gearbeitet wird. Nehmen wir jedoch einen

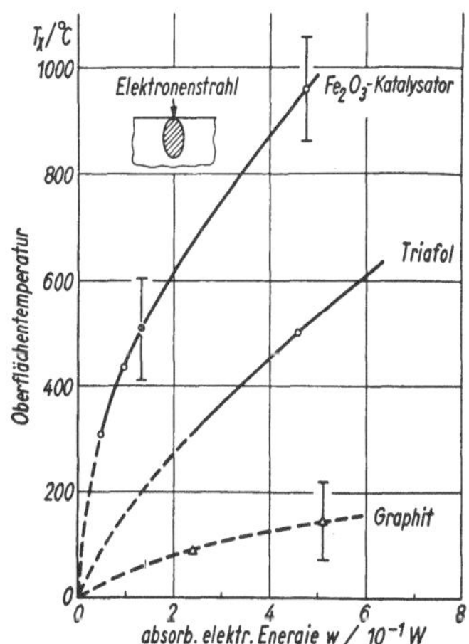

Abb. 8. Temperatur von massivem Material als Funktion der absorbierten elektrischen Energie

häufigen Fall an, bei dem mit einer Beschleunigungsspannung von 24 KV und einem Probenstrom von 100 nA gearbeitet und ein Bereich von 10×10 μm abgerastert wird, dann können bei einem schlecht wärmeleitenden Material wie Triafol durchaus Erwärmungen von einigen Hundert Grad auftreten.

Wir danken Herrn Ing. grad. D. Meyer und Herrn W. Vorwald für ihren Anteil an den experimentellen Arbeiten.

Ferner danken wir der AGA/Frankfurt für die Bereitstellung eines Infrarotgerätes vom Typ Linescanner.

Zusammenfassung

Durch die Versuche wurde die prinzipielle Eignung von Infrarotstrahlungsmessungen zur Temperaturbestimmung elektronenbestrahlter Targets gezeigt. Die noch unbefriedigende Meßgenauigkeit war durch die nicht optimale Meßgeometrie der Anordnung bedingt, was bei Verwendung von Infrarotmikroskopen nicht der Fall wäre.

Es wurden Temperaturmessungen an dünnen Triafol-Folien und an massivem Triafol, Graphit und porösem Fe_2O_3 durchgeführt. Bei fokussiertem Elektronenstrahl und Strahlleistungen, wie sie bei der Mikrosondenanalyse gebräuchlich sind, können Temperaturen bis zu mehreren Hundert Grad Celsius auftreten.

Summary

The Measurement of Temperature in Electron-irradiated Targets in Micro-probes without Touching Them

The experiments demonstrate that measurements of infra-red radiation are in principle suitable for the measurement of the temperature of electron-irradiated targets. The hitherto-unsatisfactory accuracy of the measurements has been caused by the sub-optimal geometry of the arrangement, which would not be true if an infra-red microscope were used.

Temperature measurements were performed on thin sheets of Triafol, and on massive specimens of Triafol, graphite, and porous Fe_2O_3. With focussed electron beams of the intensities which are used for microprobe analysis, temperatures of up to several hundred degrees Celsius can be attained.

Literatur

[1] R. Christenhusz und L. Reimer, Z. angew. Phys. **23**, 397 (1967).

[2] H. J. Dudek, Z. angew. Phys. **31**, 243, 331 (1971).

[3] L. Reimer, Z. Naturforsch. **12a**, 525 (1957).

[4] L. Reimer, Elektronenmikroskopische Untersuchungs- und Präparationsmethoden, 2. Aufl., Berlin — Heidelberg — New York: Springer-Verlag. 1967.

[5] H. S. Carslaw und J. C. Jaeger, Conduction of Heat in Solids, 2. Aufl., Oxford on the Clarendon Press, 1965, S. 261, 273.

[6] G. S. Almasi, J. Blair, R. E. Ogilvie und R. J. Schwartz, J. Appl. Phys. **36**, 1848 (1965).

Anschrift der Verfasser: Dr. Ch. Zaminer und Dr. B. Böttcher, Bundesanstalt für Materialprüfung (BAM), Unter den Eichen 87, D-1000 Berlin 45.

Mikrochimica Acta [Wien], Suppl. 5, 1974, 69—72

Aus den Chemischen Laboratorien und der Forschung der
August-Thyssen-Hütte AG in Duisburg-Hamborn

Die Bestimmung der Nachweisgrenze dünner Schichten auf einem Substrat*

Von

Siegfried Baumgartl, Peter L. Ryder und **Hans-Eugen Bühler**

Mit 3 Abbildungen

(Eingegangen am 15. Februar 1973)

Zur Ermittlung der Nachweisgrenzen dünner Schichten auf metallischen Festkörpern wurden Kohlenstoff, Aluminium, Chrom, Nickel, Yttrium, Silber und Gold auf eine polierte Eisenoberfläche im Vakuum aufgedampft und die Schichtdicke mit einem Schwingquarz bestimmt. Die Intensität der charakteristischen Röntgenstrahlung des Schichtwerkstoffes wurde bei verschiedenen Versuchsbedingungen in der Mikrosonde gemessen. Aus der linearen Abhängigkeit der Intensität von der Schichtdicke, Abb. 1, konnte mit Hilfe statistischer Methoden die Nachweisgrenze ermittelt werden. Um den Einfluß des Trägerwerkstoffes zu erfassen, wurden ferner Messungen an Nickelschichten auf Aluminium und Gold vorgenommen. Schließlich wurden einige Versuche mit schrägem Elektroneneinfallswinkel durchgeführt. Um vergleichbare Ergebnisse zu erhalten, wurden die Nachweisgrenzen auf die gleiche Meßzeit von 100 s und den gleichen Probenstrom von 100 nA umgerechnet.

Die Ergebnisse lassen sich wie folgt zusammenfassen:

1. Die Nachweisgrenzen waren von der Beschleunigungsspannung abhängig, Abb. 2, und zeigten bei einer bestimmten Spannung,

---

* Kurzfassung eines Vortrages anläßlich des 6. Kolloquiums über metallkundliche Analyse mit besonderer Berücksichtigung der Elektronenstrahl-Analyse, Wien, 23. bis 25. Oktober 1972; ausführlicher in einer Arbeit zum gleichen Thema, Z. Metallkunde, September 1973.

die für fast alle untersuchten Schichtwerkstoffe rd. 10 KV oberhalb der kritischen Anregungsenergie lag, ein Minimum.

2. Die bei der optimalen Beschleunigungsspannung gemessenen Nachweisgrenzen der untersuchten Schichtwerkstoffe lagen im Be-

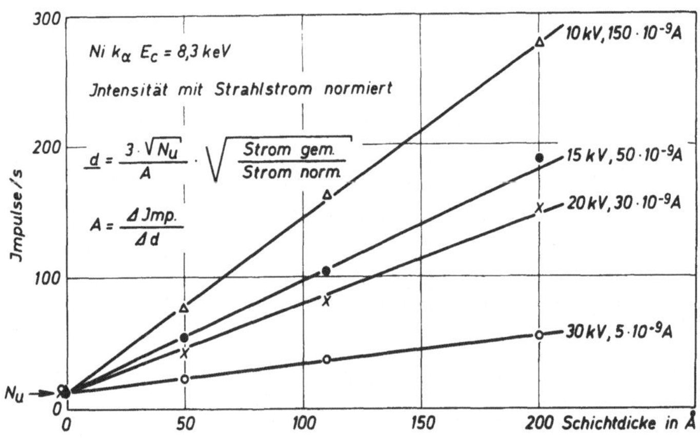

Abb. 1. Röntgenintensität in Abhängigkeit der Schichtdicke von Nickel auf Eisen bei verschiedenen Beschleunigungsspannungen

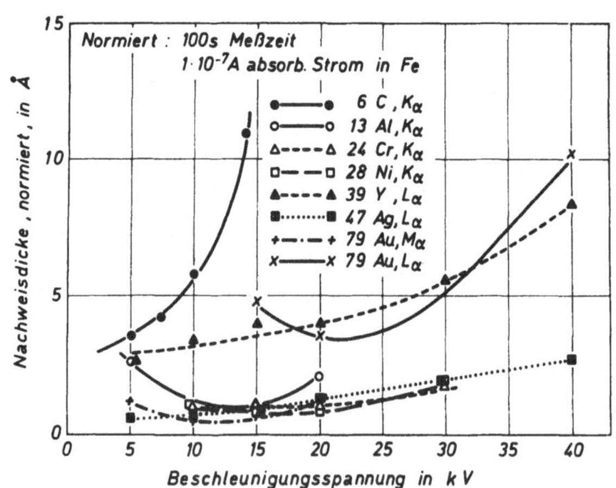

Abb. 2. Beziehung zwischen Nachweisgrenze verschiedener Schichtwerkstoffe auf Eisen und der Beschleunigungsspannung

reich zwischen rd. 3 und $10 \cdot 10^{-8}$ g · cm⁻², oder zwischen 1 und $3 \cdot 10^{-15}$ g im erfaßten Oberflächenbereich von rd. 3 μm², Abb. 3. Dies entspricht in den meisten Fällen einer mittleren Dicke von unter 1 Å, d. h. weniger als einer monoatomaren Schicht.

3. Die Nachweisgrenzen zeigten keine eindeutige Abhängigkeit von der Ordnungszahl des Schichtwerkstoffes oder von der Zusammensetzung der Unterlage.

4. Durch schrägen Einfall der Elektronen wurde eine Verbesserung der Nachweisgrenze erzielt.

Aus den an Schichten ermittelten Nachweisgrenzen läßt sich ableiten, daß auch diskrete Teilchen mit einem minimalen Durchmesser von rd. 0,05 μm noch analytisch erfaßt werden können.

Zur praktischen Erprobung des Verfahrens wurden Messungen an außenstromlos vernickelten Blechen aus unlegiertem weichen Stahl vorgenommen. Die Proben wurden poliert und anschließend nach

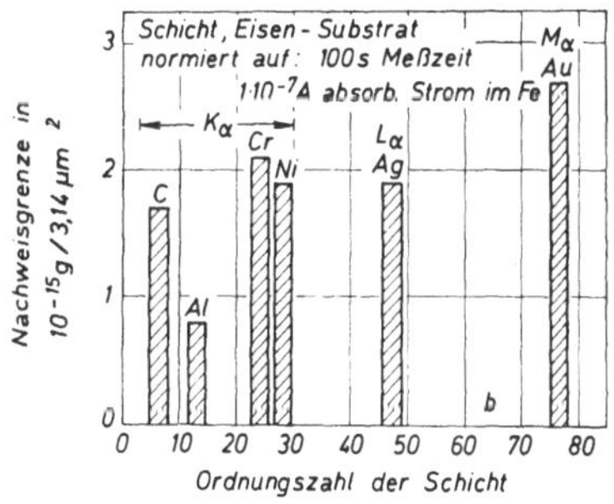

Abb. 3. Nachweisgrenzen verschiedener Elemente als Flächenbelegung auf Eisen

einem Verfahren, das bei der Direktweißemaillierung eingesetzt wird, außenstromlos vernickelt. Die bei Vernickelungszeiten zwischen 3 und 3000 s erzeugte Flächenbelegung konnte quantitativ mit der Mikrosonde zwischen 10^{-7} und $5 \cdot 10^{-5}$ g · cm^{-2} gemessen werden. Ferner ließ die Streuung der Meßwerte Aussagen über die Gleichmäßigkeit der Nickelauflage zu, die gute Übereinstimmung mit rasterelektronenmikroskopischen Beobachtungen zeigten.

Zusammenfassung

Zur Ermittlung der Nachweisgrenzen dünner Schichten auf einem Substrat fanden die verschiedenen Meßparameter der Elektronenstrahl-Mikrosonde Berücksichtigung. Untersucht wurden verschiedene Schicht- und Trägerwerkstoffe mit Ordnungszahlen von 6 bis 79. Die gefundenen Nachweisgrenzen betragen 3 bis $10 \cdot 10^{-8}$ g · cm^{-2} und zeigen keine Abhängigkeit von der chemischen Zusammensetzung der Auflage oder dem Substrat. Das Verfahren wurde am Beispiel außenstromlos vernickelter Eisenbleche mit Nickelauflagen zwischen 10^{-7} und $5 \cdot 10^{-5}\,\mathrm{g} \cdot \mathrm{cm}^{-2}$ mit dem Ziel erprobt, Aussagen über die Gleichmäßigkeit der Auflage zu erhalten.

Summary

The Determination of the Detection Limit of Thin Layers on a Substrate

In determining the detection limits of thin layers on a substrate the various measuring parameters of the electron micro probe were taken into account. Different layer and substrate materials with atomic numbers between 6 and 79 were investigated. The detection limits were found to be between 3 and $10 \cdot 10^{-8}\,\mathrm{g} \cdot \mathrm{cm}^{-2}$ and were almost independent of the chemical composition of the layer or the substrate. The technique was applied to investigate the homogeneity of electrolytically deposited nickel layers between 10^{-7} and $5 \cdot 10^{-5}\,\mathrm{g} \cdot \mathrm{cm}^{-2}$ on steel sheet.

Anschrift der Verfasser: S. Baumgartl, Dr. P. L. Ryder und Dr. H.-E. Bühler, August-Thyssen-Hütte AG, Postfach 67, D-4100 Duisburg-Hamborn, Bundesrepublik Deutschland.

Mikrochimica Acta [Wien], Suppl. 5, 1974, 73—98

Aus der Bundesanstalt für Materialprüfung (BAM), Berlin
Laboratorium 5.32

Zur quantitativen Bestimmung dünner Metall-aufdampfschichten mit der Elektronenstrahl-Mikrosonde*

Von

H. Hantsche und **P. Koschnick****

Mit 11 Abbildungen

(Eingegangen am 15. Februar 1973)

1. Einleitung und Aufgabenstellung

Die meisten handelsüblichen Geräte zur zerstörungsfreien Schicht-dickenmessung analysieren gewöhnlich nur in einem Dickenbereich von einigen Zehntel μ bis zu etwa 100 μm. Die dabei angewendeten Verfahren sind ganz verschieden. Bei nichtleitenden Oxidschichten von Al bestimmt man beispielsweise Scheinleitwerte und Verlust-faktor, bei Isolierschichten auf Nickel-Eisen-Metallen wird das Wir-belstromverfahren eingesetzt, in der Galvanotechnik werden vielfach magnetische Verfahren angewendet und in den letzten Jahren ge-wann auch das Betastrahlen-Rückstreuverfahren zunehmend an Be-deutung, weil es von den elektrischen und magnetischen Werten der Materialien praktisch unabhängig ist.

Bei der Herstellung von Kontakten und Leiterbahnen auf inte-grierten (MOS)-Schaltungen hat die Aufbringung von dünnen Schich-ten große Bedeutung erlangt. Dabei ist die rationelle Bestimmung der Dicke der aufgebrachten Ag-, Au-, Cu-, Sn-Schichten in zunehmendem Maße wichtig geworden. Neben den Metallaufdampfschichten spie-

---

* Vortrag anläßlich des 6. Kolloquiums über metallkundliche Analyse mit besonderer Berücksichtigung der Elektronenstrahl-Mikroanalyse, Wien, 23. bis 25. Oktober 1972.

** Jetzt: Technische Universität Berlin.

len in der Halbleitertechnologie auch durchsichtige Schichten von SiO$_2$ und Siliziumnitrid eine wichtige Rolle für die Diffusionshemmung.

Für diese Art von Schichten, die bis in den 100-Å-Bereich hinabreichen, werden optisch-interferometrische Verfahren zur Messung benutzt. Kann man voraussetzen, daß die Schichten homogen sind, dann stellt auch die Röntgenfluoreszenzanalyse eine geeignete Meßmethode dar, die den Vorzug hat, von der Art des Stoffes unabhängig zu sein.

Die Elektronenstrahl-Mikroanalyse eignet sich ebenfalls in besonderem Maße für die Bestimmung dünner Schichten, weil sie

1. zerstörungsfrei arbeitet,

2. im Prinzip unabhängig von elektrischen, magnetischen und optischen Eigenschaften von Schicht und Träger ist (wenn man davon absieht, daß eine ausreichende Oberflächenleitfähigkeit der Probe vorhanden sein muß),

3. Punktanalysen erlaubt und

4. eine hohe Nachweisempfindlichkeit hat.

Wie die Messungen gezeigt haben, können Schichten bis zu wenigen Å Dicke noch nachgewiesen werden. Mit „Dicke" ist in diesem Bereich, in dem es keine zusammenhängenden Schichten mehr gibt, sondern Inselbildung erfolgt, die der angegebenen Dicke äquivalente Massenbelegung m/F gemeint.

Diesen Vorzügen des Verfahrens steht der Nachteil gegenüber, daß zwischen der gemessenen Röntgenintensität und der Schichtdicke kein einfacher Zusammenhang besteht, sondern daß dieser von einer Reihe von Parametern abhängt, wie Beschleunigungsspannung, Ordnungszahlen von Schicht und Träger, Massenabsorptionskoeffizienten usw.

Von den verschiedenen möglichen Arten von Schichten (Reinelementschichten — Legierungsschichten, freitragende Schichten — Schichten auf Trägermaterialien, leitende Schichten — isolierende Schichten, Einzelschichten — Sandwichschichten) sind der einfachen Herstellung wegen zunächst metallische Aufdampfschichten auf metallischem Trägermaterial untersucht worden, wobei der Schichtdickenbereich zwischen 10 und 10000 Å interessierte. Das Ziel der Arbeit war, die Abhängigkeit der Röntgenimpulsrate (Signal) von der Schichtdicke und der angelegten Beschleunigungsspannung zu untersuchen und — wenn möglich — einen mathematischen Zusammenhang zwischen diesen Größen zu finden.

2. Experimentelles

Die Herstellung der Schichten erfolgte in einer großen Balzers-Bedampfungs-Apparatur vom Typ BA 360. Der Enddruck der Anlage liegt bei 1×10^{-6} Torr und sollte damit hinreichend gute Schichten garantieren.

Die Überwachung der aufgedampften Schichtdicke erfolgte nach der Schwingquarzmethode mit dem Schichtdickenmeßgerät QSG 101.

Das Substrat wurde dabei direkt auf dem Quarzhalter befestigt, so daß die geometrischen Verhältnisse gegenüber der Verdampferquelle als praktisch gleich zu betrachten sind.

Um sich nicht auf die zu dem Quarz mitgelieferten Eichfaktoren zu verlassen, wurden die erzielten Schichtdicken zunächst interferometrisch nachgemessen. Die Ergebnisse waren wenig befriedigend, so daß schließlich auf ein uraltes, aber bewährtes Verfahren zurückgegriffen wurde, nämlich auf die Wägung. Ein hauchdünnes Glasplättchen der Stärke 0,2 mm und der Kantenlänge 20 mm wurde erst gewogen, dann mit einer etwa 1000 Å starken Schicht bedampft und wieder gewogen. Aus der Differenz läßt sich dann der Eichfaktor des Schwingquarzes für ein bestimmtes Aufdampfmaterial ermitteln.

Als Schichtmaterialien wurden der Einfachheit halber zunächst Silber und Gold ausgewählt, die sich leicht aufdampfen lassen.

Die Mikrosondenmessungen wurden an der ELMI-Sonde durchgeführt, die zunächst mit semifokussierenden, später mit Linearspektrometern ausgerüstet war. Vor und nach jeder Messung einer Schicht wurde mit dem Reinstandard verglichen und der Untergrund auf beiden Seiten der Linie bestimmt.

Die auf konstanten Probenstrom bezogenen, untergrundkorrigierten Röntgenimpulsraten (I) der einzelnen Schichten wurden dann durch die ebenso korrigierte Zählrate des Standardmaterials (I_∞) dividiert, so daß man schließlich für die relative Intensität $i = I/I_\infty$ eine Prozentangabe erhält. Gleichzeitig wurde an denselben Schichten mit dem zweiten Spektrometer die Röntgenintensität des Trägermaterials gemessen. Die Spannungen wurden zwischen 8 und 40 KV in festen Stufen variiert.

3. Ergebnisse

Die Ergebnisse für die Schichten Ag auf Fe zeigt die Abb. 1. Die Intensitäts-Schichtdickenkurven beginnen scheinbar linear und streben für große Schichtdicken gegen 1 (Abb. 1a), d. h. gegen die Standardimpulsrate, weil die Eindringtiefe des Elektronenstrahls die größte noch meßbare Schichtdicke begrenzt. Demzufolge wird der

Grenzwert erst bei größeren Schichtdicken erreicht, wenn die Beschleunigungsspannung (und damit die Elektroneneindringtiefe) zunimmt.

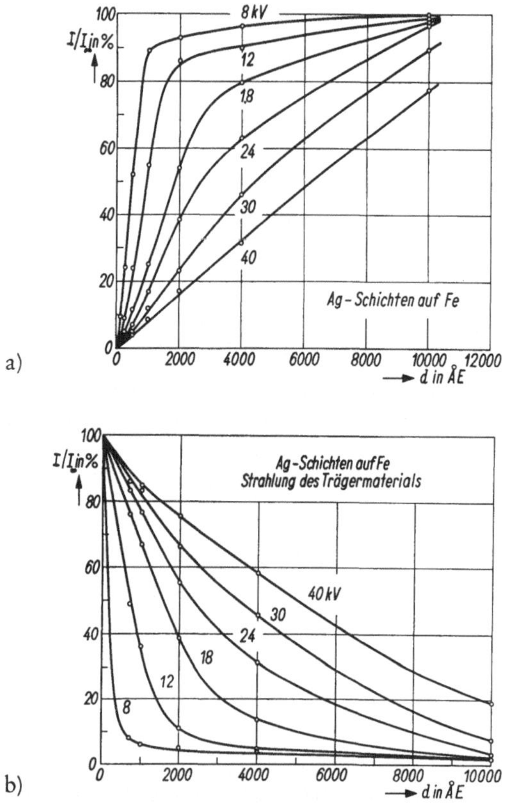

Abb. 1. a) Relative Röntgenintensität i der Ag-L$_\alpha$-Strahlung gegen die Schichtdicke d
b) Relative Röntgenintensität i der Fe-K$_\alpha$-Strahlung des Trägermaterials gegen die Schichtdicke d der Ag-Schichten. Parameter: Beschleunigungsspannung U

Für das Trägermaterial ergibt sich dementsprechend genau der umgekehrte Verlauf, die Intensitäts-Schichtdickenkurven approximieren den Grenzwert 0 (Abb. 1b).

Die Abb. 2 gibt den Kurvenverlauf bei Au-Schichten auf Al als Trägermaterial wieder*.

Aus der Abb. 2a ist deutlich zu entnehmen, daß der Intensitätsanstieg mit der Schichtdicke am Anfang nicht streng linear erfolgt.

---

* Bei den in Abb. 2a bei der Schichtdicke 1500 Å herausfallenden Meßpunkten handelt es sich um eine versehentlich zu hoch aufgedampfte Schicht. In späteren Abbildungen ist dieser Fehler korrigiert worden.

Die Kurven sind gekrümmt und scheinen einen Wendepunkt zu besitzen. Um sich davon zu überzeugen, daß es keinesfalls nur eine

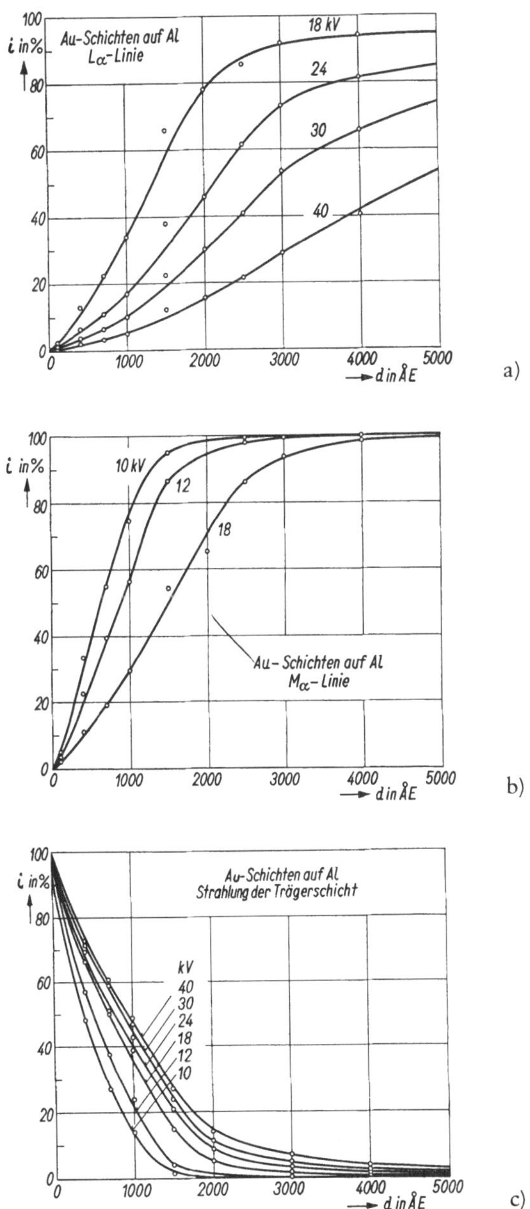

Abb. 2. Relative Röntgenintensität i der Au-Schichten auf Al als Trägermaterial in Abhängigkeit von der Schichtdicke d. Parameter: Beschleunigungsspannung U
a) Au-L$_\alpha$-Strahlung, b) Au-M$_\alpha$-Strahlung, c) Fe-K$_\alpha$-Strahlung des Trägermaterials

H. Hantsche und P. Koschnick:

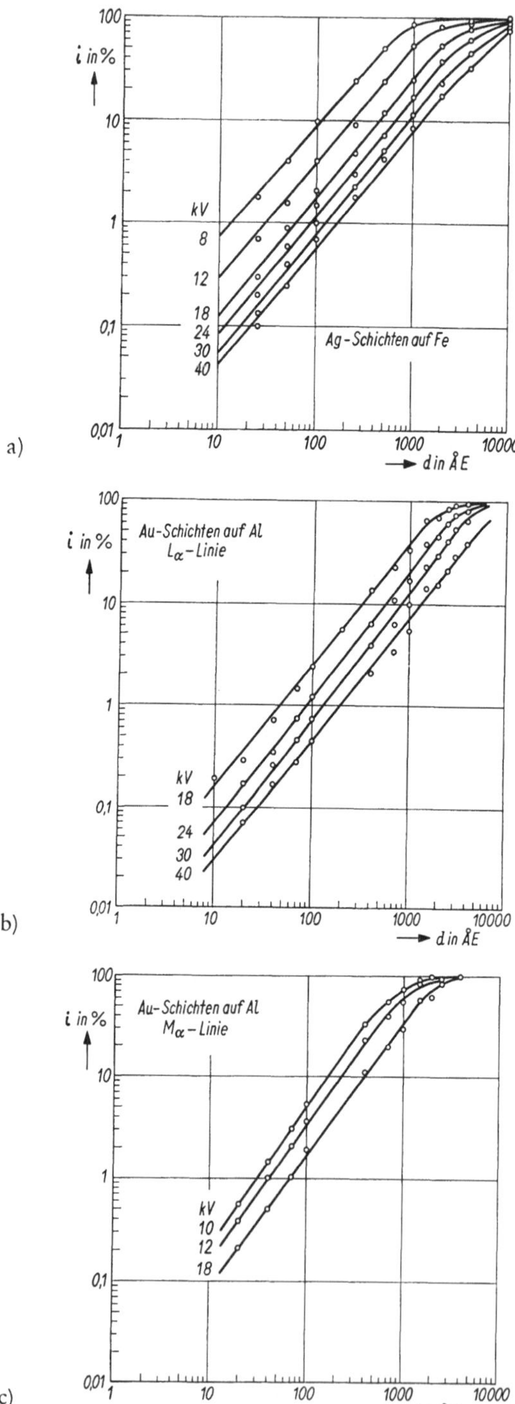

Frage ist, wie man die Meßpunkte miteinander verbindet, wurden die Kurvenscharen im doppeltlogarithmischen Maßstab aufgezeichnet. Dann ergeben sich in einem gewissen Bereich annähernd parallele Gerade (Abb. 3).

Da bekanntlich jede durch den Nullpunkt gehende Potenzfunktion vom Typ

$$y = a \cdot x^n$$

in dieser Darstellung als Gerade wiedergegeben wird, kann aus der Steigung der Exponent n ermittelt und damit festgestellt werden, inwieweit Abweichungen von einem linearen Verlauf vorliegen. Es ergab sich, daß n zwischen 1,2 und 1,3 lag.

Den Faktor a erhält man aus dem Achsenabschnitt. Er hängt mit der Beschleunigungsspannung wiederum durch eine Potenzfunktion zusammen.

Da dieser Weg in jedem Falle nur zu einer stückweisen mathematischen Bearbeitung der gemessenen Kurven geführt hätte, wurde er nicht weiterverfolgt.

4. Schichtdicke und Tiefenverteilungsfunktion

Erinnert man sich an die Elektroneneindringfigur bzw. an den Verlauf der Tiefenverteilungsfunktion $\Phi\,(\varrho z)$, die sich ergibt, wenn man die Elektronendichteverteilungsfunktion über x und y integriert, so daß nur die Abhängigkeit von der Tiefe z verbleibt, dann wird der zuvor beschriebene Verlauf der Intensitäts-Schichtdickenkurven sofort verständlich (Abb. 4).

Da die Tiefenverteilungsfunktion erst in einer gewissen Tiefe ihr Maximum erreicht, um dann wieder abzufallen, muß auch die Zahl der erzeugten Röntgenimpulse bis zu dieser Tiefe zunehmen und damit der Anstieg der Intensitäts-Schichtdickenkurven am Anfang stärker als linear sein.

Die Tiefenverteilungsfunktion beschreibt ja gerade die in der Tiefe (ϱz) von einer differentiellen Schicht der Dicke $d\,(\varrho z)$ erzeugte Röntgenintensität dI, die dann natürlich auf ihrem Weg zum Röntgendetektor durch die Schicht selbst geschwächt wird. Der mit dem Cosecans des Abnahmewinkels multiplizierte Massenabsorptionskoeffizient soll, wie üblich, mit χ bezeichnet werden.

Abb. 3. Relative Röntgenintensität i gegen Schichtdicke d im doppeltlogarithmischen Maßstab
a) für Ag-Schichten auf Fe, b) für Au-Schichten auf Al (Au-L$_\alpha$-Strahlung)
c) für Au-Schichten auf Al (Au-M$_\alpha$-Strahlung)

Da die Tiefenverteilungsfunktion nicht bekannt ist und auch keine differentiellen Schichten gemessen werden, die in der Tiefe des Materials liegen, muß der Zusammenhang zwischen den kompakten Schichten und der Tiefenverteilungsfunktion erst hergestellt werden.

Würde man die Tiefenverteilungsfunktion Φ kennen, so ergäbe sich die Gesamtintensität einer Schicht der Dicke s durch Multiplika-

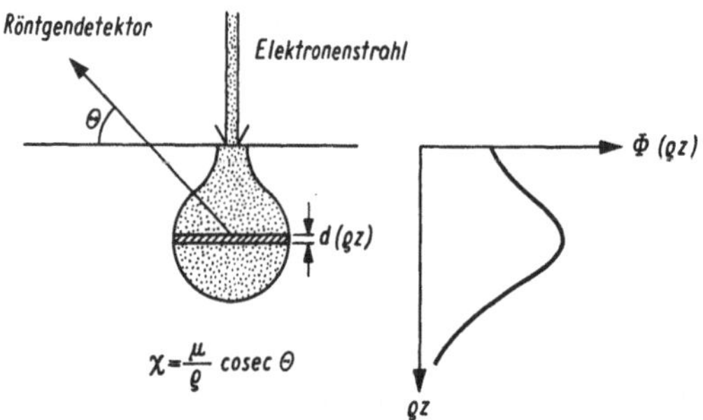

Abb. 4. Elektroneneindringfigur und Tiefenverteilungsfunktion $\Phi\,(\varrho z)$ (schematisch)

tion der Tiefenverteilungsfunktion Φ mit dem Absorptionsfaktor $e^{-\chi \varrho z}$ und anschließende Integration über die gesamte Dicke von 0 bis ϱs.

Die Röntgenintensität für den Reinstandard ergibt sich in gleicher Weise, nur daß jetzt bis ∞ integriert wird.

$$\frac{I_s}{I_\infty} = \frac{\int\limits_0^{\varrho s} \Phi\,(\varrho z) \cdot e^{-\chi \varrho z} \cdot d\,(\varrho z)}{\int\limits_0^\infty \Phi\,(\varrho z) \cdot e^{-\chi \varrho z} \cdot d\,(\varrho z)} = :F\,(\varrho s) \tag{1}$$

Der Quotient aus beiden Ausdrücken ist genau das, was experimentell gemessen wurde; die Funktion für variable Schichtdicke heiße $F\,(\varrho s)$.

Für die Differenz der Intensität zweier Schichten gilt nun:

$$I_{s_2} - I_{s_1} = \Delta I = \int\limits_{\varrho s_1}^{\varrho s_2} \Phi\,(\varrho z) \cdot e^{-\chi \varrho z} \cdot d\,(\varrho z) = \Delta \varrho s \cdot \Phi\,(\varrho s) \cdot e^{-\chi \varrho s} \tag{2}$$

wenn $\Delta \varrho s = \varrho \cdot (s_2 - s_1)$ ist. Das bedeutet, daß das Integral wegfällt, wenn sich die Schichten nur wenig, d. h. um $\Delta \varrho s$, voneinander unterscheiden. Führt man den Grenzübergang von Δ nach d durch, so erhält man:

$$dI = d\,(\varrho s) \cdot \Phi\,(\varrho s) \cdot e^{-\chi \varrho s} \tag{3}$$

oder unter Verwendung des Nenners in (1):

$$\frac{d}{d(\varrho z)}\left(\frac{I}{I_\infty}\right) = \frac{1}{I_\infty}\cdot\Phi\,(\varrho z)\cdot e^{-\varkappa\varrho z} \tag{3a}$$

Das bedeutet, daß die Differenzierten der gemessenen Intensitäts-Schichtdickenkurven unmittelbar mit der Tiefenverteilungsfunktion über einen konstanten Faktor und über die Absorption zusammenhängen.

Nun soll zunächst der konstante Faktor $1/I_\infty$ betrachtet werden: Normiert man die Tiefenverteilungsfunktion auf die in der Mathematik übliche Weise, indem man durch die Fläche unter der Kurve dividiert, so erhält man, wenn man die nun entstehende Funktion mit $\varphi\,(\varrho z)$ bezeichnet:

$$\varphi\,(\varrho z) = \frac{\Phi\,(\varrho z)}{\int\limits_0^\infty \Phi\,(\varrho z)\cdot d\,(\varrho z)} = \frac{\Phi}{I_\infty^{\,\text{anger.}}} \tag{4}$$

Man bezieht sich damit (durchaus sinnvollerweise) auf die gesamte in der Probe *angeregte* Röntgenintensität.

Da über den Nenner nichts bekannt und dieser meßtechnisch auch nicht direkt zugänglich ist, soll hier etwas anders verfahren werden, wobei die Frage offenbleiben soll, ob man dabei noch in mathematischem Sinne von Normierung sprechen kann oder nicht

Es sei:

$$\varphi_0\,(\varrho z) = \frac{\Phi\,(\varrho z)}{\int\limits_0^\infty \Phi\,(\varrho z)\cdot e^{-\varkappa\varrho z}\cdot d\,(\varrho z)} = \frac{\Phi}{I_\infty^{\,\text{gem.}}} \tag{5}$$

Damit wird die neue Funktion, die zur Unterscheidung von der vorher genannten mit dem Index 0 gekennzeichnet werden soll, auf die gesamte *gemessene* Intensität bezogen, also einschließlich der durch die Probe verursachten Absorption.

Durch diese Festsetzung fällt nun der Wert des unbekannten Integrals $1/I_\infty$ gerade heraus. Das ist sicher zulässig, wenn man sich dabei vergegenwärtigt, daß diese Funktion φ_0 jetzt von der Absorption $\varkappa$ abhängt und damit materialabhängig geworden ist. Da auch die Dichte ϱ für ein bestimmtes Material einen festen Wert hat, wird für $\varrho z =: x$ gesetzt, und man erhält das Ergebnis, daß sich die so definierte Tiefenverteilungsfunktion direkt aus den differenzierten Meßkurven ergibt, wenn zuvor mit dem Absorptionsfaktor multipliziert wird!

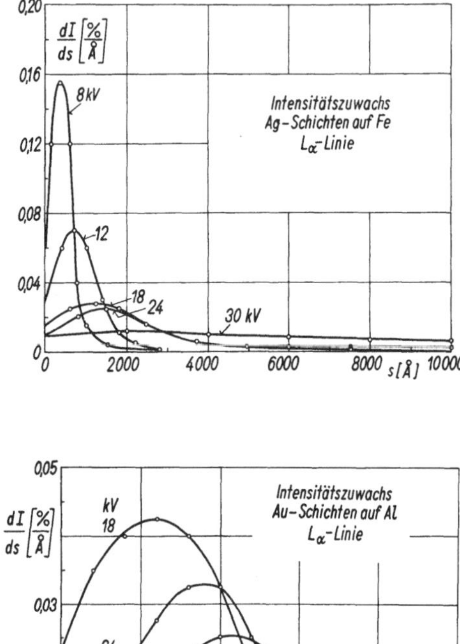

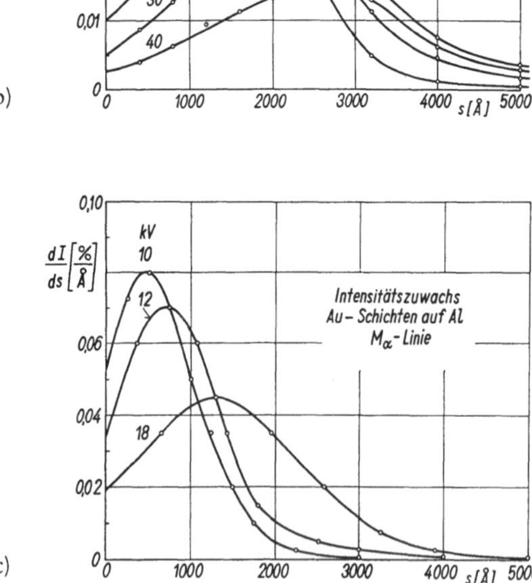

Abb. 5. Zunahme der relativen Röntgenintensität mit der Schichtdicke
a) Differenzierte der Kurven der Abb. 1a, b) Differenzierte der Kurven der Abb. 2a
c) Differenzierte der Kurven der Abb. 2b

Mit $\varrho z = : x$

$$\frac{d}{d(x)}\left(\frac{I}{I_\infty}\right) = \varphi_0(x) \cdot e^{-\chi x} = : \varphi_{\text{abs}}, y \tag{6}$$

Die aus den gemessenen Intensitäts-Schichtdickenkurven durch Differentiation nach der Schichtdicke neu entstehenden Kurven sollen zur Kennzeichnung, daß in ihnen noch die Absorption steckt, mit φ_{abs} bezeichnet werden und sind in Abb. 5 so dargestellt, wie sie graphisch ermittelt wurden.

5. Vorschlag für einen analytischen Ausdruck zur Beschreibung von Intensitäts-Schichtdickenkurven

Die in der Elektronenstrahl-Mikroanalyse üblicherweise angewendeten Korrekturverfahren führen im allgemeinen zu guten bzw. sehr guten Ergebnissen. Trotzdem gibt es in manchen Fällen erhebliche Abweichungen, und eine komplette Theorie für die quantitative Analyse steht immer noch aus. Die gegenwärtigen Korrekturverfahren erfordern erheblichen Rechenaufwand, wobei eine ganze Reihe von Parametern eingeführt werden muß, die experimentell bestimmt wurden und über deren genauen Wert noch keineswegs Einigkeit herrscht (z. B. α, σ, J, R usw.).

Unter diesen Umständen scheint es nicht ganz unangebracht zu sein, darauf zu verzichten, die gängige Korrekturrechnung auf das Problem der dünnen Schichten zu übertragen, und statt dessen zu versuchen, einen analytischen Ausdruck zur Beschreibung der gemessenen Intensitäts-Schichtdickenkurven zu finden.

Dazu einige Vorbemerkungen:

a) Zunächst einmal kann davon ausgegangen werden, daß bei den gemessenen Materialien die Ordnungszahlen von Schicht und Träger sehr verschieden sind. Demzufolge kann man von Fluoreszenzkorrekturen auf jeden Fall vollkommen absehen. Auch der Anteil von Fluoreszenzanregung durch das kontinuierliche Spektrum ist mit Sicherheit zu vernachlässigen.

b) Im Falle der Goldschichten auf Al braucht auch die Rückstreuung der Elektronen an der Grenzfläche zwischen Schicht und Träger nicht berücksichtigt zu werden, da die Ordnungszahl von Al sehr niedrig ist und damit auch das Elektronenrückstreuvermögen.

c) Somit bleibt als einziges die Absorption übrig, die korrigiert werden muß. In erster Näherung soll auch diese außer acht gelassen werden, obwohl das natürlich keinesfalls zulässig ist.

In diesem Falle ist: $\varphi(x) \equiv \varphi_0(x) \equiv \varphi_{\text{abs}}(x)$, und es sei:

$$\int_0^x \varphi_0(\xi)\, d\xi = : F_0(x) \tag{7}$$

Betrachtet man nun den Verlauf der graphisch ermittelten differenzierten Schichtdickenkurven, die naturgemäß nicht sehr genau sein können, darauf hin, mit welcher Funktion er sich beschreiben ließe, so denkt man natürlich gleich an die Gaußfunktion. Da sich diese aber nicht in geschlossener Form integrieren läßt, erscheint es nicht zweckmäßig, sie zu verwenden.

Es wird hier als analytischer Ausdruck die Funktion secans hyperbolicus x vorgeschlagen. Das ist gerade der Kehrwert der Funktion cosinus hyperbolicus, die allgemein als Kettenlinie bekannt ist. Die Funktion ist symmetrisch, sieht gaußähnlich aus, enthält vernünftigerweise die e-Funktion und hat den Vorzug, geschlossen integrierbar zu sein. Über die Zweckmäßigkeit eines solchen Ansatzes entscheidet allein das Experiment, deshalb wurde vorläufig noch kein Versuch unternommen, nach einer möglichen theoretischen Begründung für diesen Ansatz zu suchen.

$$\varphi_0(x) = \operatorname{sech} x = \frac{1}{\cosh x} = \frac{2\,e^x}{1+e^{2x}} \tag{8}$$

Das Integral dieser Funktion führt auf die Gütermansche Funktion gdx:

$$F_0(x) = \int\limits_0^x \frac{1}{\cosh \xi}\,d\xi = 2 \cdot \operatorname{arc\,tg} e^x - \frac{\pi}{2} = gdx \tag{9}$$

Um einen möglichst allgemeinen Ansatz zu machen und der Funktion keine Beschränkungen aufzuerlegen, müssen zunächst 3 Konstanten eingeführt werden:

Die Höhe des Maximums der Funktion wird durch eine Konstante b_0^* bestimmt, die Lage des Maximums auf der x-Achse durch c_0 und die Halbwertbreite der Kurve durch einen vor dem x stehenden multiplikativen Faktor a_0. Als günstigste Darstellungsform ergab sich folgender allgemeiner Ansatz:

$$\varphi_0(x) = \frac{b_0}{\cosh a_0\left(\dfrac{x}{c_0} - 1\right)}, \tag{10}$$

$a_0, b_0, c_0 = $ Konstanten, $[b_0 = f(a_0, c_0)]$

$$F_0(x) = 2\,B_0 \operatorname{arc\,tg} e^{a_0\left(\frac{x}{c_0} - 1\right)} + A_0, \tag{11}$$

$A_0, B_0 = $ Konstanten.

---

* Anmerkung: Der Index $_0$ an Konstanten und Funktionen soll darauf hinweisen, daß die Absorption vernachlässigt wurde oder schon eliminiert ist.

Zu der integrierten Funktion F_0 kommt noch eine Integrationskonstante A_0 hinzu. Der innere Zusammenhang dieser 5 Konstanten ist zunächst noch nicht bekannt und soll nun ermittelt werden:

1. Bei der Schichtdicke $x = 0$ soll das Röntgensignal ebenfalls 0 sein:

$$F_0(0) = 0$$

Daraus ergibt sich die Konstante A_0 zu:

$$A_0 = -2B_0 \cdot \operatorname{arc\,tg} e^{-a_0} \tag{12}$$

2. Gemäß der vorhin getroffenen Festsetzung über die Normierung soll die Funktion F_0 für große Schichtdicken gegen den Wert 1, d. h. gegen die Standardintensität gehen.

$$F_0(\infty) = 1$$

Damit ist die 2. Konstante B_0 ebenfalls bestimmt, und es wird für $a_0 > 0$:

$$B_0 = \frac{1}{\pi - 2 \cdot \operatorname{arc\,tg} e^{-a_0}} \tag{13}$$

Nennt man zur Abkürzung:

$$\operatorname{arc\,tg} e^{-a_0} =: C_0 \quad \text{bzw.} \quad a_0 = -\ln \operatorname{tg} C_0 \tag{14}$$

so erhält man:

$$F_0(x) = \frac{2}{\pi - 2C_0} \left(\operatorname{arc\,tg} e^{a_0\left(\frac{x}{c_0} - 1\right)} - C_0 \right) \tag{15}$$

$a_0, c_0, C_0 = $ Konstanten mit $C_0 = f(a_0)$.

Durch diese Festlegung ist automatisch der Maximalwert b_0 der Funktion φ_0 ebenfalls festgelegt, und es gilt die Beziehung:

$$\varphi_{\max} = b_0 = B_0 \cdot \frac{a_0}{c_0} \tag{16}$$

Somit wird:

$$\varphi_0(x) = \frac{a_0}{c_0} \cdot B_0 \cdot \frac{1}{\cosh a_0 \left(\dfrac{x}{c_0} - 1\right)} \tag{17}$$

Damit verbleiben von den 5 Konstanten nur noch 2:

c_0,　die Lage des Wendepunktes der integrierten Kurve bzw. die Lage des Maximums der Tiefenverteilungsfunktion sowie

a_0,　die sich zunächst noch nicht direkt aus dem Experiment ergibt.

Da der Wendepunkt bei dieser Funktion eine besondere Rolle spielt, wird die Ordinate am Wendepunkt eingeführt und d_0 genannt (siehe Abb. 6):

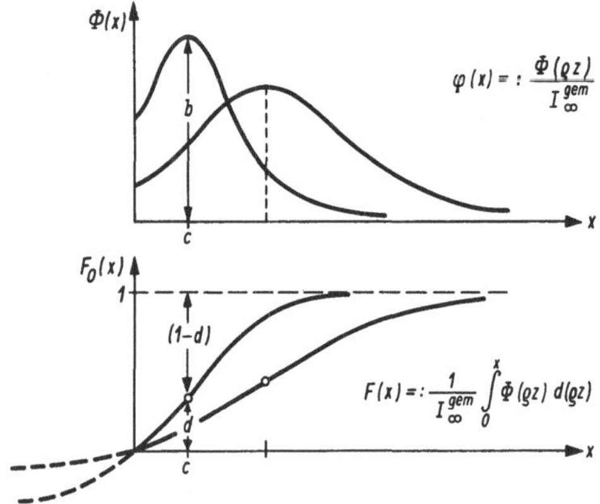

Abb. 6. Schematischer Verlauf der Tiefenverteilungsfunktion und ihrer integrierten Funktion; Bedeutung der Konstanten b, c, d

Es sei:

$$F_0(c_0) =: d_0 \tag{18}$$

Über C_0 kann dann mittels der Beziehung

$$d_0 = \frac{\pi - 4C_0}{2\pi - 4C_0} \quad \text{bzw.} \quad C_0 = \frac{\pi(1 - 2d_0)}{4(1 - d_0)} \tag{19}$$

der Zusammenhang zu a_0 hergestellt werden, wenn man Gl. (14) benutzt.

Damit lassen sich alle benötigten Größen errechnen, wenn man die Lage des Wendepunktes kennt bzw. experimentell ermitteln kann.

6. Berücksichtigung der Absorption

a) *Für die Tiefenverteilungsfunktion*

Zur Berücksichtigung der Absorption müssen die Formeln nun modifiziert werden. Für die Tiefenverteilungsfunktion ist das noch relativ einfach.

Es war:

$$\varphi_{\text{abs}}(x) = \frac{d}{dx}\left(\frac{I}{I\infty}\right) = \varphi_0(x) \cdot e^{-\varkappa x} \tag{6}$$

Durch Multiplikation von φ_0 mit dem Absorptionsfaktor erhält man aus (17):

$$\varphi_{\text{abs}}(x) = b \cdot \frac{2\,e^{a\left(\frac{x}{c_0} - \frac{\varkappa x}{a} - 1\right)}}{1 + e^{2\,a\left(\frac{x}{c_0} - 1\right)}} \tag{20}$$

An dieser Stelle muß darauf geachtet werden, daß einerseits φ_0 automatisch normiert ist und andererseits festgelegt wurde, daß φ_{abs} über das Integral normiert sein soll:

$$\int\limits_0^\infty \varphi_{\text{abs}}(x)\,dx = F(\infty) - F(o) = 1 \tag{6a}$$

Eine Änderung der Normierung ändert auch den Wert der Konstanten a_0 und b_0, deshalb sind in (20) beide durch die nun nicht mehr

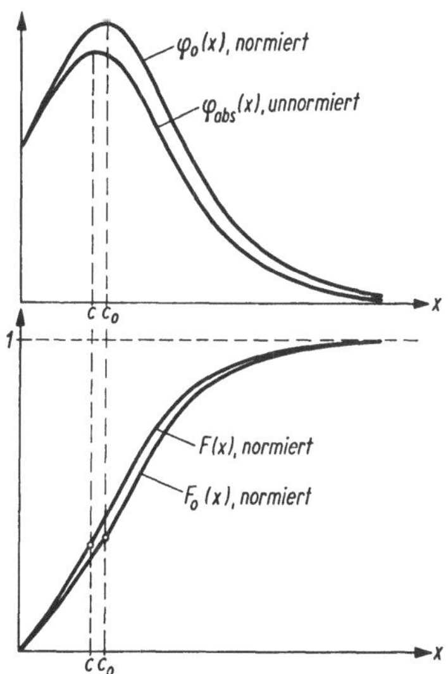

Abb. 7. Die Tiefenverteilungsfunktion und ihr Integral mit und ohne Absorption (schematisch)

bekannten Konstanten a und b ersetzt worden. Die Lage des Wendepunktes c_0 wird durch Normierungsfragen nicht berührt, wohl aber durch den Absorptionsfaktor.

Da sich die Absorption mit größeren Schichtdicken zunehmend bemerkbar macht, wird von der symmetrisch angenommenen Tiefenverteilungskurve auf der rechten Flanke mehr abgezogen als auf der linken Seite. Die Kurve wird dadurch unsymmetrisch und verschiebt ihr Maximum gegenüber φ_0 nach links (Abb. 7).

Durch Differenzieren und Nullsetzen der Gl. (20) ergibt sich für die neue Lage des Maximums:

$$c = c_0 \left(\frac{1}{2a} \cdot \ln \frac{1 - \dfrac{c_0 \chi}{a}}{1 + \dfrac{c_0 \chi}{a}} + 1 \right) \tag{21}$$

Da aus den gemessenen Intensitäts-Schichtdickenkurven nur die Lage des Wendepunktes c entnommen werden kann, nicht aber die von c_0, müßte Gl. (21) nach c_0 aufgelöst werden. Das ist nicht möglich.

Für kleine Werte von χ, d. h. für $\dfrac{c_0 \chi}{a} \ll 1$, kann man jedoch setzen:

$$\ln \frac{1 - \dfrac{c_0 \chi}{a}}{1 + \dfrac{c_0 \chi}{a}} = -2 \frac{c_0 \chi}{a}$$

und erhält aus (21):

$$c \approx c_0 \left(1 - \frac{c_0 \chi}{a^2} \right). \tag{21a}$$

Diese Gleichung läßt sich nun nach c_0 auflösen, und es ergibt sich:

$$c_0 = \frac{a^2}{2\chi} - \sqrt{\left(\frac{a^2}{2\chi} \right)^2 - \frac{a^2 c}{\chi}} \quad \left(\text{für} \frac{c_0 \chi}{a} \ll 1 \right) \tag{22}$$

Für die weiteren Rechnungen erweist sich die Wurzel als unhandlich. Man kann die Wurzel entwickeln und erhält dann:

$$c_0 \approx c \left[1 + \frac{c \chi}{a^2} + 2 \left(\frac{c \chi}{a^2} \right)^2 \right] \tag{22a}$$

b) *Integration durch Reihenentwicklung*

Die Integration der Funktion φ_{abs} führt auf die gemessenen Intensitäts-Schichtdickenkurven, so daß erst nach diesem Schritt ein direkter Vergleich mit den Meßwerten möglich wird.

Unter Benutzung der Reihendarstellung

$$\frac{1}{A' + \dfrac{1}{A'}} = \sum_{n=0}^{\infty} (-1)^n A'^{\pm(2n+1)} \qquad (A' < 1 : +,\ A' > 1 : -) \qquad (23)$$

läßt sich die Funktion Secans hyperbolicus wie folgt entwickeln, wenn man

$$A' = e^{a\left(\frac{x}{c}-1\right)} \qquad (24)$$

setzt:

$$\frac{1}{\cosh a\left(\dfrac{x}{c}-1\right)} = 2 \cdot \sum_{n=0}^{\infty} (-1)^n \cdot e^{\pm(2n+1)\cdot a\left(\frac{x}{c}-1\right)} \qquad (x < c : +,\ x > c : -) \qquad (25)$$

In der Nähe des Maximums c konvergiert die Reihe sehr langsam, für $x = c$ gibt es keine Konvergenz.

Nun wird die Reihe mit dem Absorptionsfaktor $e^{-\varkappa x}$ multipliziert und gliedweise die Integration durchgeführt, wobei der Punkt c selbst durch ein abgeschlossenes Intervall ausgeschlossen wird:

$$\int \frac{e^{-\varkappa x} \cdot dx}{\cosh a\left(\dfrac{x}{c}-1\right)} = 2e^{-\varkappa x} \cdot \sum_{n=1}^{\infty} (-1)^n \cdot \frac{e^{\pm(2n+1)u\left(\frac{x}{c}-1\right)}}{\pm(2n+1)\dfrac{x}{c} - \varkappa} + \text{Konst.} \qquad (26)$$

(für $x < c$: $+$- und $x > c$: $-$-Zeichen)

Näherungsweise Betrachtungen zeigen, daß auch am Wendepunkt $x = c$ der so integrierten Funktion ein Grenzwert angenommen werden kann. Für $\varkappa = 0$ und $a = 1$ beträgt dieser $\pm \pi/4$; die

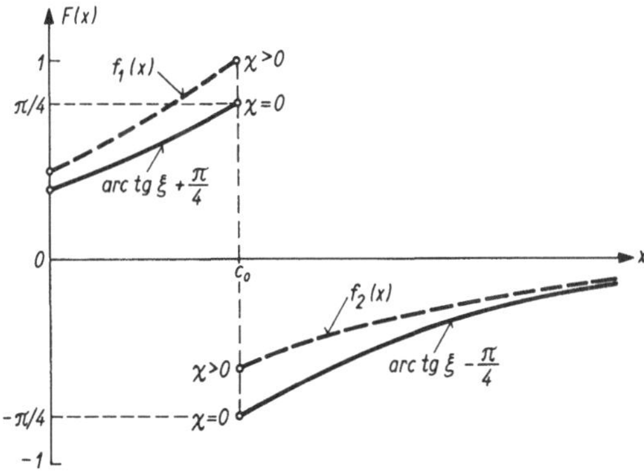

Abb. 8. Verlauf der Funktionen $f_1(x)$ und $f_2(x)$ an der Stelle c_0 (schematisch)

Reihe geht dann in die Leibniz-Reihe über. An der Stelle c hat
die Reihe eine Sprungstelle (siehe Abb. 8), die aber nur beseitigt
werden kann, wenn jedem der beiden mit f_1 und f_2 bezeichneten
Kurvenäste eine eigene Integrationskonstante A_1, A_2 zugeordnet
wird. Der Abb. 8 entnimmt man, daß für $\chi = 0$ (und $a = 1$) dem
rechten Kurvenzweig gerade die Integrationskonstante $\pi/2$ hinzu-
addiert werden muß, damit ein stetiger und differenzierbarer Übergang am Wendepunkt hergestellt wird. Für $\chi \neq 0$ hat die Integrationskonstante andere Werte.

c) *Konstantenbestimmung*

Nun sollen für die beiden Kurvenäste die voneinander verschiedenen Integrationskonstanten A_1 und A_2 sowie die Normierung (Konstante B) nach Gl. (11) so bestimmt werden, daß der Zusammenhang
mit den Meßkurven hergestellt werden kann. Mit der Bezeichnung

$$f_1(x) = : e^{-\chi x} \cdot \sum_{n=0}^{\infty} (-1)^n \cdot \frac{e^{+(2n+1)\,a\left(\frac{x}{c_0}-1\right)}}{+(2n+1)-\frac{c_0\chi}{a}} \tag{27a}$$

und

$$f_2(x) = : e^{-\chi x} \cdot \sum_{n=0}^{\infty} (-1)^n \cdot \frac{e^{-(2n+1)\,a\left(\frac{x}{c_0}-1\right)}}{-(2n+1)-\frac{c_0\chi}{a}} \tag{27b}$$

wird dann in Analogie zu Gl. (11):

$$F(x) \equiv \begin{cases} 2B \cdot f_1(x) + A_1 & \text{für } 0 \leq x \leq c_0 \\ 2B \cdot f_2(x) + A_2 & \text{für } c_0 \leq x \leq \infty \end{cases} \tag{28}$$

1. Für große Schichtdicken soll die relative Intensität gegen 1
streben:

Aus $F(\infty) = 1$ folgt:
$$A_2 = 1 \tag{29}$$

2. Für die Schichtdicke 0 muß die Röntgenintensität ebenfalls 0
sein:

Aus $F(o) = 0$ folgt:
$$A_1 = -2B \cdot f_1(o) \tag{30}$$

3. An der Sprungstelle $x = c_0$ sollen beide Teilkurven ineinander
übergehen, so daß gilt:

$$f_1(c_0) = f_2(c_0).$$

Daraus ergibt sich B zu:

$$2B = \frac{1}{f_1(c_0) - f_2(c_0) - f(0)} \tag{31}$$

Damit sind alle 3 Konstanten bestimmt. Für $\chi = 0$ ergibt sich Gl. (13).

d) *Berechnung von $f_1(c_0)$*

Für $\chi \neq 0$ ist der Grenzwert der Reihe

$$\sum_{n=0}^{\infty} (-1)^n \cdot \frac{1}{(2n+1) - \dfrac{c_0\chi}{a}}$$

zu bestimmen.

Ohne hier auf die Berechnung eingehen zu wollen, sei nur das Ergebnis mitgeteilt. Für $\dfrac{c_0\chi}{a} < 1$ ist:

$$\sum_{n=0}^{\infty} (-1)^n \cdot \frac{1}{(2n+1) - \dfrac{c_0\chi}{a}} = \tag{32}$$

$$= \frac{\pi}{4} + \left(\frac{c_0\chi}{a}\right) \cdot G + \left(\frac{c_0\chi}{a}\right)^2 \cdot \frac{\pi^3}{32} + \left(\frac{c_0\chi}{a}\right)^3 \cdot H + \ldots$$

wobei $\;G = 0{,}915965$ (Catalan'sche Konstante)

$\qquad H = 0{,}988944$ ist.

Für sehr kleine χ-Werte, d. h. für $\dfrac{c_0\chi}{a} \leqq 0{,}01$, genügt es, die ersten beiden Glieder zu berücksichtigen, wenn eine Genauigkeit der 2. Stelle nach dem Komma von ± 1 als ausreichend angesehen wird. Für $\dfrac{c_0\chi}{a} = 0{,}1$ muß das 3. Glied für die gleiche Genauigkeit hinzugenommen werden. Für das 5. und alle weiteren Glieder können die entsprechenden Potenzen von $\dfrac{c_0\chi}{a}$ selbst ohne die vorgesetzten Konstanten verwendet werden, da diese praktisch 1 betragen.

Die Summe der Restglieder ist:

$$\frac{\left(\dfrac{c_0\chi}{a}\right)^4}{1 - \dfrac{c_0\chi}{a}} \tag{32a}$$

Somit ergibt sich:

$$f_1(c_0) \approx e^{-c_0\chi} \cdot \left[\frac{\pi}{4} + \frac{c_0\chi}{a} G + \left(\frac{c_0\chi}{a}\right)^2 \cdot \frac{\pi^3}{32} \right] \qquad (33)$$

e) *Berechnung von $f_1(o)$*

Es ist der Grenzwert der Reihe

$$\sum_{n=0}^{\infty} (-1)^n \cdot \frac{e^{-a(2n+1)}}{(2n+1) - \dfrac{c_0\chi}{a}}$$

gesucht.

Für $\chi = 0$ beträgt dieser gerade arc tg $e^{-a} = C$ (s. Gl. (14)).

Für $\chi \neq 0$ ergab die Berechnung:

$$f_1(o) = \sum_{n=0}^{\infty} (-1)^n \cdot \frac{e^{-a(2n+1)}}{(2n+1) - \dfrac{c_0\chi}{a}} \approx$$

$$\approx \text{arc tg } e^{-a} + \frac{e^{-a} \cdot c_0\chi}{(a - c_0\chi)} - \frac{e^{-3a} \cdot c_0\chi}{3(3a - c_0\chi)} + \frac{e^{-5a} \cdot c_0\chi}{5(5a - c_0\chi)} \qquad (34)$$

Damit ist die Integration vollständig durchgeführt, und für die Funktion $F(x)$ ergibt sich unter Zusammenfassung der Gln. (28), (29), (30), (31) und (33):

$$F(x) \equiv \begin{cases} 2B \cdot [f_1(x) - f_1(0)] & \text{für } 0 \leq x \leq c_0 \\ 2B \cdot f_2(x) + 1 & \text{für } c_0 \leq x \leq \infty \end{cases}$$

$$\text{mit } B^{-1} = e^{-c_0\chi} \cdot \left[\pi + \left(\frac{c_0\chi}{a}\right)^2 \cdot \frac{\pi^2}{8} \right] - 2f_1(0) \qquad (35)$$

$f_1(o)$ läßt sich aus Gl. (34) berechnen.

f) *Wendepunkt*

Da aus den gemessenen Intensitäts-Schichtdickenkurven die für die Funktion $F(x)$ erforderlichen Konstanten a und c_0 nicht direkt entnommen werden können, erscheint es zweckmäßig, die Koordinaten des Wendepunktes (c, d) einzuführen. Es ist:

$$F(c) = d = 2B [f_1(c) - f(0)] \qquad (36)$$

Für $f_1(c)$ kann unter Verwendung von Gl. (21a) näherungsweise gesetzt werden:

$$f_1(c)=e^{-c\chi}\cdot\left[\operatorname{arc\,tg} e^{-\frac{c_0\chi}{a}}+e^{-\frac{c_0\chi}{a}}\cdot\left(\frac{c_0\chi}{a-c_0\chi}\right)-e^{-3\frac{c_0\chi}{a}}\cdot\frac{c_0\chi}{3(3a-c_0\chi)}\right]$$

$$(37)$$

7. Praktische Anwendung

Als Beispiel für das praktische Vorgehen werde der Rechnungsgang für die 18 kV-Au-L$_\alpha$-Kurve angedeutet (s. Abb. 2a). Nachdem zeichnerisch die beste Kurve durch die Meßpunkte gelegt wurde, schätzt man die Lage des Wendepunktes c ($=1100$ Å) der Kurve und liest die dazugehörige Ordinate d ($=0,385$) ab.

Aus Tabelle 1 ist der auf $\mathring{A}E$ bezogene Absorptionsfaktor χ zu entnehmen.

Tabelle 1

Linie	U_{krit} [kV]	$\varrho\left[\dfrac{g}{cm^3}\right]$	Z	μ/ϱ^* [cm^2/g]	λ [A]	μ [cm^{-1}]	χ [Å^{-1}]
Au-M$_\alpha$	3,352	19,3	79	1132	5,839	21848	0,00034083
Au-L$_\alpha$	11,92	19,3	79	127,5	1,276	2461	0,00003839
Ag-L$_\alpha$	2,307	10,5	47	521,9	4,154	5480	0,00008549

$\chi' = \mu/\varrho \cdot \operatorname{cosec} \Theta$; $\Theta = 40^0$, $\operatorname{cosec} \Theta = 1,56$, $\chi = \mu \cdot \operatorname{cosec} \Theta$

* Werte aus Sticklermanuskript, linear interpoliert auf die Wellenlängen der nächsten Spalte.

Da sich die Gln. (36, 37) nicht nach a auflösen lassen, kann der richtige Wert nur durch Iteration ermittelt werden. Mit Hilfe eines programmierbaren Tischrechners ist das leicht durchzuführen. Man berechnet mit einem willkürlich angenommenen Wert (z. B. $a=1$)

nach Gl. (22a) die Konstante c_0,

aus Gln. (34, 33, 37) die Werte von $f(o)$, $f_1(c_0)$, $f_1(c)$,

aus Gl. (31) den Faktor B und schließlich

aus Gl. (36) die Ordinate am Wendepunkt d.

Diesen Wert vergleicht man nun mit dem abgelesenen d-Wert aus der Meßkurve und ändert a so lange, bis der abgelesene Wert erreicht ist, was nach 3—4 Iterationen der Fall ist. Jede Iteration dauert an einem WANG 370-Tischrechner älterer Bauart weniger als 1 Minute und geht bei moderneren Rechnern entsprechend schneller. Die Bildung der Summen der unendlichen Reihen in Gl. (27) erfolgt eben-

Tabelle 2. Vergleich der Werte der errechneten Funktion $F(x)$ für Al/Au, 18 kV
$(c = 1100$ Å, $a = 1,32)$ mit den Meßpunkten

Schicht-dicke Å	$I/I\infty$ % Gemessen	$I/I\infty$ % Berechnet	Abweichung %
100	0,02$_4$	0,0242	+0,8
200	0,05$_0$	0,0503	+0,6
400	0,11$_6$	0,1096	−5,5
700	0,22$_8$	0,2169	−4,9
1000	0,34$_3$	0,3412	−0,5
1500	0,58$_9$	0,5651	−4,0
2000	0,76$_8$	0,7435	−3,2
2500	0,85$_6$	0,8560	0
3000	0,91$_8$	0,9206	+2,8
4000	0,94$_2$	0,9762	+3,6

falls verhältnismäßig rasch; nur in der unmittelbaren Nähe des Sprungpunktes c_0 ist die Konvergenz schlecht. Für verschwindendes χ ergibt sich die Arcustangensreihe.

Da sich der Wendepunkt nicht sehr genau bestimmen läßt, wiederholt man das Verfahren für 2 weitere Punkte, die z. B. ± 50 Å vom geschätzten Wendepunkt entfernt sind. Da die Kurven alle durch die Ordinate des Wendepunktes laufen müssen, ergeben sich für falsch

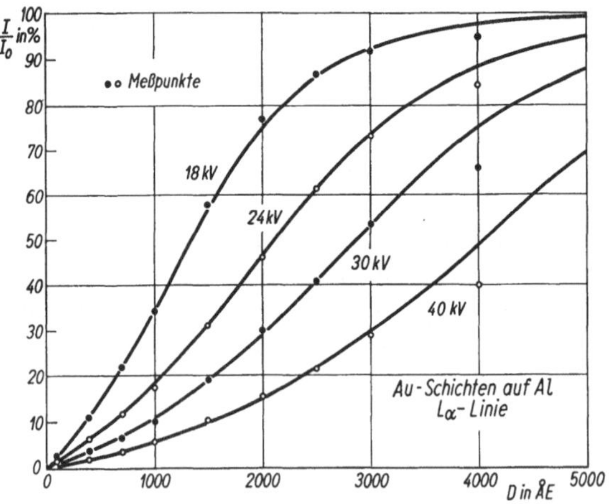

Abb. 9. Verlauf der Funktion $F(x)$ für 4 verschiedene Spannungen am System Au/Al mit eingezeichneten Meßpunkten

geschätzte Wendepunkte Abweichungen nur im unteren oder oberen Bereich der Kurve. Das Fehlerminimum gegenüber den Meßpunkten legt dann die endgültige Lage des wahren Wendepunktes fest. Tabelle 2 zeigt als Beispiel die Größe der Abweichungen für das System Au/Al bei 18 kV (L_α-Strahlung).

Für die anderen Beschleunigungsspannungen zeigt die Abb. 9 den Vergleich der errechneten mit den gemessenen Werten. Der Punkt bei der Dicke D = 4000 Å fällt bei allen Kurven heraus, so daß es sich wohl um eine systematische Abweichung handelt, die wahrscheinlich bei der Schichtdicke selbst zu suchen ist.

Allgemein kann zum gegenwärtigen Zeitpunkt über die Fehlergrenzen noch nichts gesagt werden, jedoch muß nachdrücklich darauf hingewiesen werden, daß keinesfalls nur mit dem Fehler gerechnet werden darf, der sich aus der Impulsstatistik der Mikrosondenmessungen ergibt. Vielmehr scheint die Hauptfehlerquelle in der Genauigkeit der aufgedampften Schichtdicke zu liegen.

8. Spannungsabhängigkeit

Erhöht man die Beschleunigungsspannung, so nimmt die Eindringtiefe der Elektronen zu, mithin verschiebt sich das Maximum der Tiefenverteilungsfunktion zu höheren Werten hin. Um den Zu-

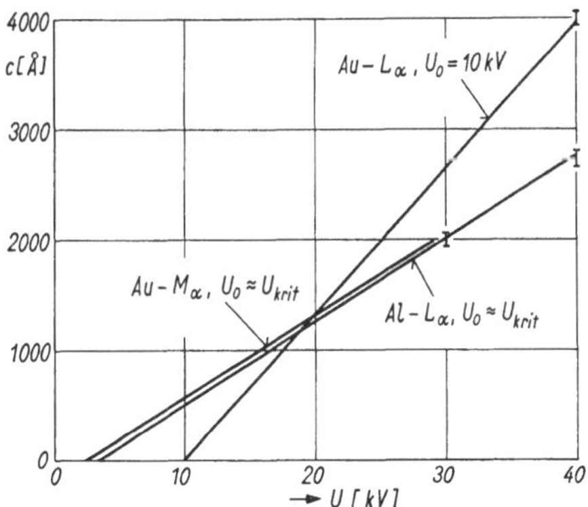

Abb. 10. Abhängigkeit der Konstanten c (Wendepunkt) von der Beschleunigungsspannung U

sammenhang zu ermitteln, wird nun c gegen U aufgetragen. Das Ergebnis zeigt die Abb. 10. Man findet einen linearen Zusammenhang mit der Spannung, und es gilt:

$$\boxed{c = k \cdot (U - U_0)} \quad \text{bzw.} \quad \boxed{c_0 = k' \cdot (U - U_0)} \tag{38}$$

U_0 hat etwa den Wert der kritischen Anregungsspannung, und k ist die Proportionalitätskonstante zwischen der Lage des Maximums in Å und der Beschleunigungsspannung in kV und bedeutet anschaulich, um wieviel die Eindringtiefe pro kV Spannungserhöhung zunimmt. Sie beträgt hier für das Beispiel der Au-Schichten auf Al 123 Å/kV.

U_0 ergab sich zu etwa 9,2 kV. Auch hier ist es sehr unsicher, mit welcher Genauigkeit die von den Mikrosondenherstellern angegebenen Beschleunigungsspannungen tatsächlich eingehalten werden.

Während die Konstante c_0 etwa dem Mittelwert μ bei der Gaußschen Normalverteilung entspricht, hängt die Konstante a bzw. der Wert $1/a^2$ mit der Streuung (Varianz) σ^2 zusammen.

Obwohl auf Grund des Bestimmungsverfahrens die Genauigkeit erwartungsgemäß nicht sehr groß sein kann, scheint doch ebenfalls ein linearer Zusammenhang zwischen a und der Beschleunigungsspannung U zu bestehen. Für das vorgenannte Beispiel (Au/Al) wurde folgende Gerade ermittelt: $a = 0{,}05\,U + 0{,}37$. Allgemein ist:

$$\boxed{a = k''\,(U + U_0')} \tag{39}$$

9. Die Tiefenverteilungsfunktion

Wenn a und c bekannt sind, können alle 4 interessierenden Funktionen $\varphi_0\,(x)$, $\varphi_{\mathrm{abs}}\,(x)$, $F_0\,(x)$, $F\,(x)$ dargestellt werden. Für die Tie-

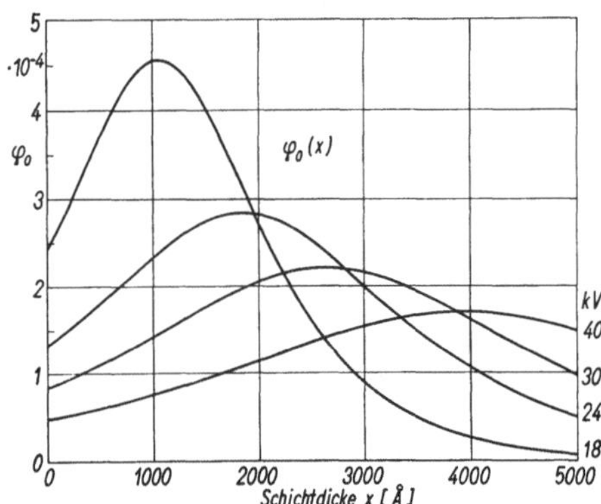

Abb. 11. Verlauf der normierten Tiefenverteilungsfunktion $\varphi_0\,(x)$.
Parameter: Beschleunigungsspannung

fenverteilungsfunktion nach Gl. (17) ergibt sich dann die in Abb. 11 wiedergegebene Kurvenschar.

10. Schichtdicke

Ursprünglich bestand nicht die Absicht, Tiefenverteilungsfunktionen zu ermitteln, — die als erfreuliches Nebenprodukt zu betrachten sind — sondern Schichtdicken zu bestimmen. Die bisher abgeleiteten Funktionen und Beziehungen für die Konstanten beschreiben alle den Verlauf der Röntgenintensität als Funktion der Schichtdicke. Die Aufgabe besteht nun darin, die gefundenen Beziehungen nach der Schichtdicke aufzulösen.

Mindestens für den Fall von vernachlässigbarer Absorption ($\chi = 0$) ist es möglich, die Gl. 15 umzukehren. Für die Schichtdicke D (in der Gl. mit x bezeichnet) ergibt sich dann als Funktion der relativen Röntgenintensität $i = I/I_\infty$ (in der Gl. F_0 genannt):

$$D = c_0(U) \cdot \left\{ \frac{1}{a_0(U)} \cdot \ln \operatorname{tg}\left[\frac{\pi - 2C_0}{2} \cdot \left(\frac{I}{I_\infty} \right) + C_0 \right] + 1 \right\} \tag{40}$$

Für $c_0(U)$ und $a_0(U)$ sind die Gln. (38) und (39) einzusetzen. Für den Fall, daß die Absorption berücksichtigt werden muß, läßt sich die Gl. (35) nicht ohne weiteres in gleicher Weise umkehren. An einer Näherungslösung wird noch gearbeitet.

Damit steht für eine erste Orientierung mit Gl. (40) eine einfache Formel zur Verfügung, die es gestattet, ohne tabellierte Funktionen und andere unhandliche oder mit Zweifeln behaftete Größen die Schichtdicke schnell auszurechnen.

11. Schlußbemerkungen

Das gegenwärtig zur Verfügung stehende Material an experimentellen Meßergebnissen läßt noch keine endgültige Entscheidung über die Brauchbarkeit der vorgeschlagenen Funktion zu, auch ist es noch nicht möglich, Fehlergrenzen anzugeben. Vordringlich ist deshalb die Herstellung genauerer Schichten. Dann sind die Formeln abzuleiten für die Intensitäten des Substrats und sollen für beliebige Ordnungszahlen Z verallgemeinert werden. Schließlich ist zu prüfen, ob und in welcher Weise der Einfluß der Elektronenrückstreuung an der Grenzfläche Schicht-Träger berücksichtigt werden muß.

Abschließend soll Herrn TRI Ing. grad. D. Meyer für seine zahlreichen Mikrosondenmessungen und Herrn Prof. Dr. W. Schwarz für unersetzliche Diskussionsbeiträge vielmals gedankt werden.

Zusammenfassung

Auf die Trägermaterialien Fe und Al wurden dünne Ag- und Au-Schichten von 10—10000 Å aufgedampft. Die Beschleunigungsspannung des analysierenden Elektronenstrahls wurde zwischen 8 und 40 kV variiert. Als analytischer Ausdruck für den gemessenen Intensitätsverlauf wird die Funktion $\operatorname{arctg} e^x$ vorgeschlagen und für die

Tiefenverteilungsfunktion 1/cosh x. Die Beziehungen zwischen den auftretenden Größen wurden abgeleitet, wobei die Absorptionskorrektur vollständig berücksichtigt wurde. Schließlich werden die errechneten Resultate mit den Meßergebnissen der Mikrosonde verglichen.

Summary

The Quantitative Determination of Thin Metallization Layers by Means of Micro Probe Analysis

Thin films of Ag and Au were evaporated on compact Fe and Al carriers in the range from 10 to 10000 Å. The accelerating voltage of the analyzing electron beam was varied from 8 to 40 kV. As analytical expression for the measured intensity curve the function arctg e^x is proposed and 1/cosh x for the function of the depth distribution of the produced X-rays. The relation between the rising parameters are developed and the correction for absorption is fully considered. Finally the calculated results are compared with the microprobe measurements.

Anschrift der Verfasser: Dr. H. Hantsche und P. Koschnick, Bundesanstalt für Materialprüfung (BAM), Unter den Eichen 87, D-1000 Berlin 45.

Mikrochimica Acta [Wien], Suppl. 5, 1974, 99—110

Mitteilung aus dem Institut für Härterei-Technik, Bremen-Lesum
Abhandlung 157

Einsatz der Probenstromsteuerung bei der Mikroanalyse von Brüchen*

Von

O. Schaaber und H. Vetters**

Mit 14 Abbildungen

(Eingegangen am 15. Februar 1973)

Nimmt man von Bruchoberflächen Röntgenrastermikrographien auf, so wird die Röntgenverteilung durch topographische Effekte ver-

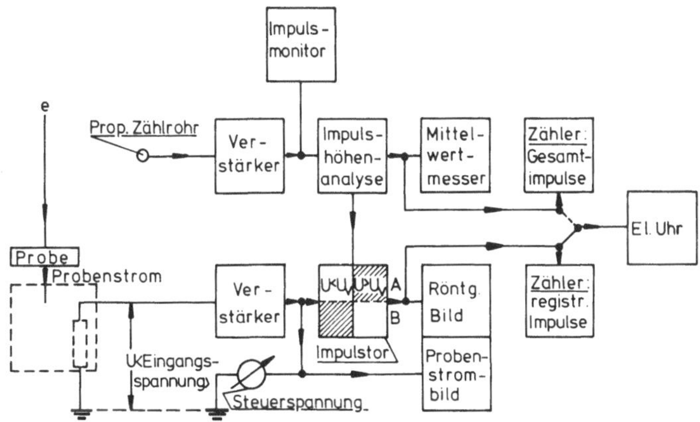

Abb. 1. Steuerung des Impulstores

fälscht. Wir verfolgten bei unseren Versuchen den Grundgedanken, bei der Aufnahme von Rasterbildern an Bruchflächen nur Stellen mit

---

* Vortrag anläßlich des 6. Kolloquiums über metallkundliche Analyse mit besonderer Berücksichtigung der Elektronenstrahl-Mikroanalyse, Wien, 23. bis 25. Oktober 1972.

** Vortragender.

        O. Schaaber und H. Vetters:

geringen topographischen Unterschieden zu registrieren und zu vergleichen.

Eine gute Möglichkeit, den Zählvorgang in Abhängigkeit von
der Topographie durchzuführen, bietet die Verwendung einer probenstromgesteuerten Torschaltung[1] (Abb. 1). Das Impulstor wird
durch die Spannungssignale der Probenstromschwankungen ange-

Abb. 2. Wirkung des probenstromgesteuerten Tores — V = 250 : 1
a) Lichtopt. Bild, b) Elektronenbild, c) inverses Probenstrombild, d) Tor B; CuKα_1,
e) Tor A; CuKα_1, f) Tor A-B; CuKα_1

steuert. Durch bekannte Schaltvorgänge können jeweils Röntgen-
impulse über oder unter einem Schwellwert in Abhängigkeit von der
Spannung des Steuersignals gezählt werden. Die Wirkung dieser
Schaltung illustriert Abb. 2 an einer Testprobe (Kupfernetz). Das
Schaltsignal ist die Intensitätsverteilung des inversen Probenstrom-

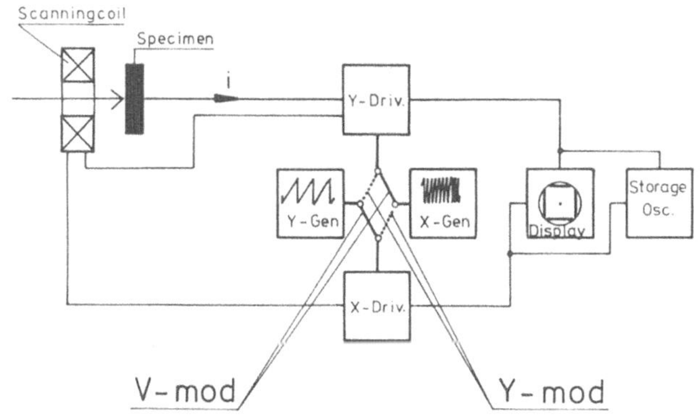

Abb. 3. Schaltung für die V-Modulation

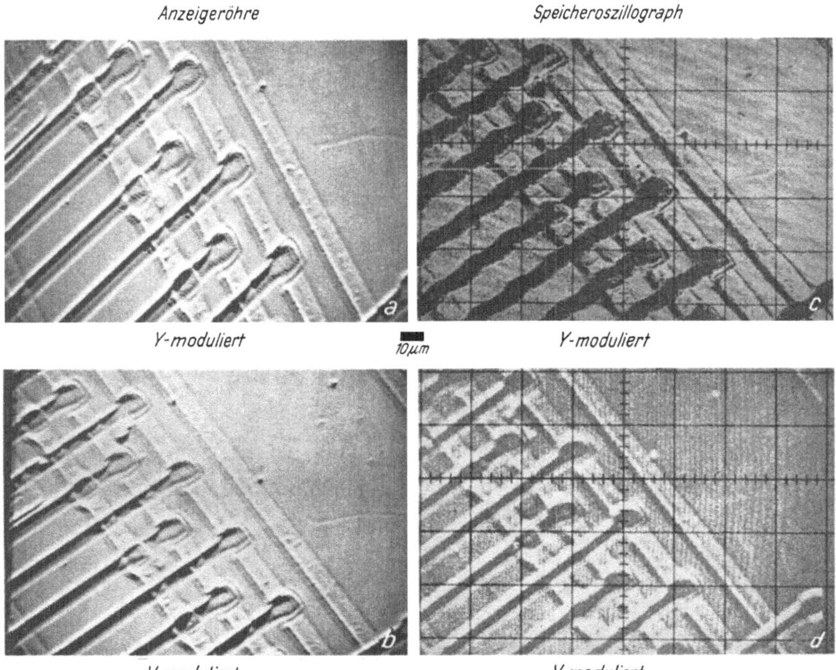

Abb. 4. Speicherung von Y- und V-modulierten Bildern
(Testobjekt: MOS Bauteil)   V = 520 : 1

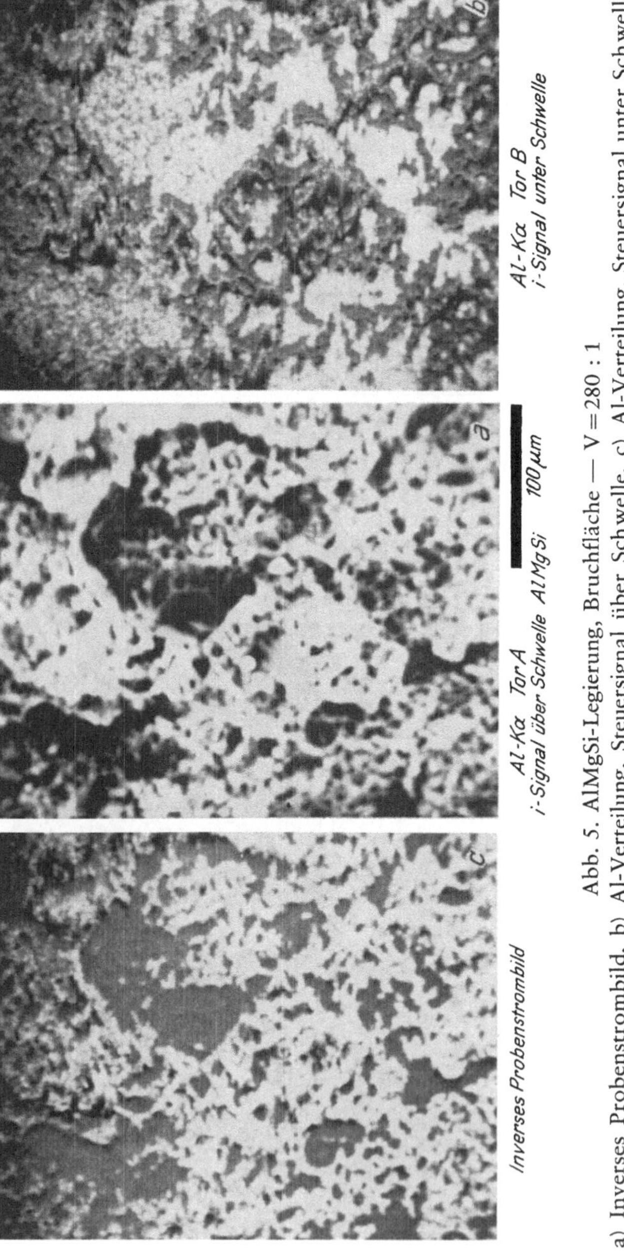

Abb. 5. AlMgSi-Legierung, Bruchfläche — V = 280 : 1

a) Inverses Probenstrombild, b) Al-Verteilung, Steuersignal über Schwelle, c) Al-Verteilung, Steuersignal unter Schwelle

bildes (Abb. 2c). Tor B registriert die Cu-Kα_1-Impulse in Abhängigkeit von der Höhe des Steuersignals unterhalb des vorgewählten Schwellwertes (Abb. 2d), Tor A jene überhalb der Schwelle (Abb. 2e). A—B gibt Differenzbereich von zwei vorgewählten Schwellwerten an (Abb. 2f).

Da bei der Mikrosonde im Vergleich zum Rastermikroskop eine schlechte Bildauflösung vorliegt, wurde nach zusätzlichen Bildinformationen gesucht. Eine weitere Möglichkeit, das Kontrastsignal auf-

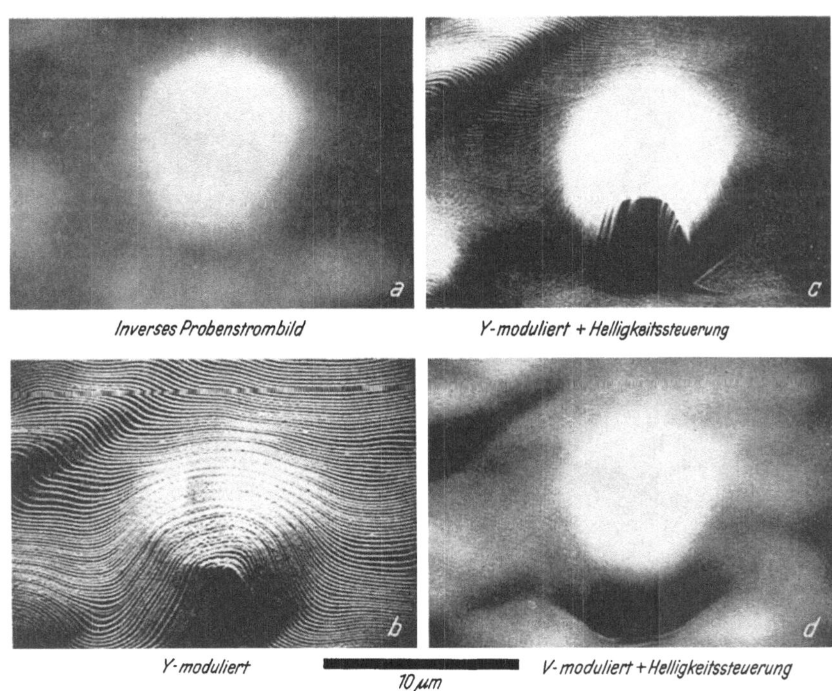

Abb. 6. Detail der Bruchfläche — V = 4400 : 1
a) Inverses Probenstrombild, b) Y-moduliertes Bild, c) Y-modulierte Helligkeitssteuerung, d) V-moduliert

zunehmen, bietet — wie bekannt — die Y-Modulation (Abb. 4a, c). Der Informationsgehalt ist bei dieser Aufnahme vollständiger, da die von der Helligkeitssteuerung unterdrückten geringen Intensitätsschwankungen hier registriert werden. Nachteilig ist die schlechtere Überdeckung[2] der Rasterfläche. Schaltet man nun, wie in Abb. 3 angegeben, den Zeilengenerator (X-Generator) an den Y-Driver und legt die Rastergeschwindigkeit an die X-Ablenkung (X-Driver), so wird die Zeilengeschwindigkeit mit dem von der Probe kommenden Intensitätssignal moduliert. Man erhält auf diese Weise das V-modu-

lierte Bild (Abb. 4 b). Da die Scanningspulen ebenfalls mit den X-
und Y-Driverstufen gekoppelt sind, wird auch die Geschwindigkeit
des Primärstrahles moduliert. Man ändert auf diese Weise die Überdeckung der untersuchten Fläche in Abhängigkeit von der Probenstromintensität. Die elektronische Einrichtung dieser Schaltung wurde
an unserem Institut von I. Giese entwickelt. Versuche zeigten, daß
diese Bilder infolge ihres durch unterschiedliche Überdeckung erzeugten Kontrastes, auf dem Bildschirm eines Speicheroszillographen
gespeichert werden können (Abb. 4 d). Markiert man, wie auf der
Anzeigeröhre, die Position des Primärstrahls mit dem Kathoden-

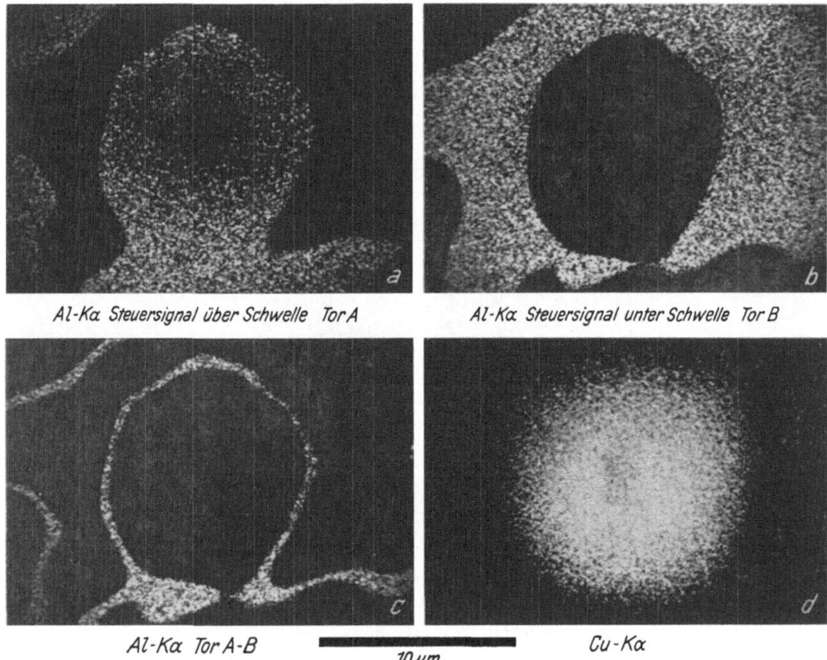

Abb. 7. Röntgenmikrographien, probenstromgesteuert — V = 4400 : 1
a) Al-Kα₁, Signal über Schwelle; b) Al-Kα₁, Signal unter Schwelle; c) Al-Kα₁, Signaldifferenz; d) Cu-Kα₁, Verteilung ohne Steuerung

strahl, so kann man den Analysenweg festhalten. Es wäre auch denkbar, auf diese Weise den Primärstrahl in Abhängigkeit von dem
Speicherbild zu steuern.

Die Anwendung des aus diesen beiden Verfahren kombinierten
Meßvorganges sei nun anhand der Bruchaufnahme einer Al-Mg-Si-
Legierung mit Cu-Zusatz demonstriert. Die Auflösung des inversen
Probenstrombildes in ein Gebiet überhalb und unterhalb des Schwel-

lenwertes zeigt die Übersichtsaufnahme (Abb. 5 a—c). Man überlagert dabei die Kontrastunterschiede durch Röntgenimpulse des Matrixelementes (Al-Verteilung). In einem Detail dieser Fläche (Abb. 6) wurde vorliegender Einschluß festgestellt. Die einzelnen Aufnahmearten sind in den Teilbildern (Abb. 6 a—c) festgehalten. Die umfassendste Bildinformation liefert das V-modulierte Bild (Abb. 6 c).

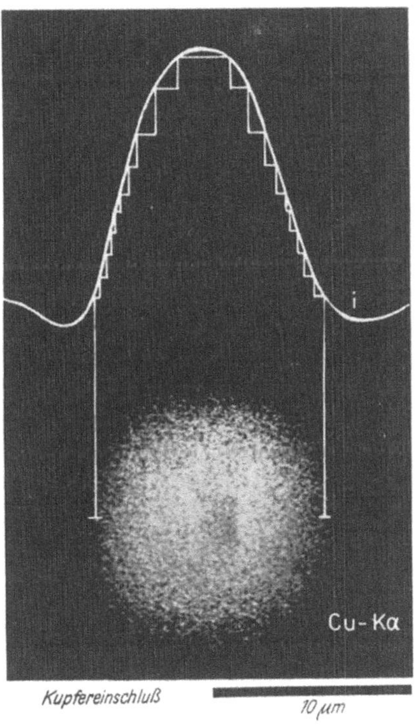

Abb. 8. Zerlegung der Cu-Kα_1-Mikrographie (V = 4400 : 1) in Abhängigkeit von dem Steuersignal. Die einzelnen Schaltschritte entsprechen der Treppenfunktion

Nimmt man nun die Röntgenmikrographie in Abhängigkeit von dem Probenstrom auf, so erhält man die in Abb. 7 angegebenen Verteilungen. Mit der Trennung oberhalb und unterhalb einer vorgegebenen Schwelle kann man die Stellen ungleichmäßiger Impulsdichte feststellen (Abb. 7 a). An diesen Stellen sind noch weitere topographische Effekte oder Elementunterschiede zu erwarten. Ein Kristallscan an dieser Stelle lieferte die Angabe von Cu. Die ohne Hilfsmittel aufgenommene Cu-Verteilung zeigt Abb. 7 d. Man kann aufgrund dieser Aufnahme keine Entscheidung über die Form des Einschlusses treffen, da sowohl topographische als auch Elementunterschiede vor-

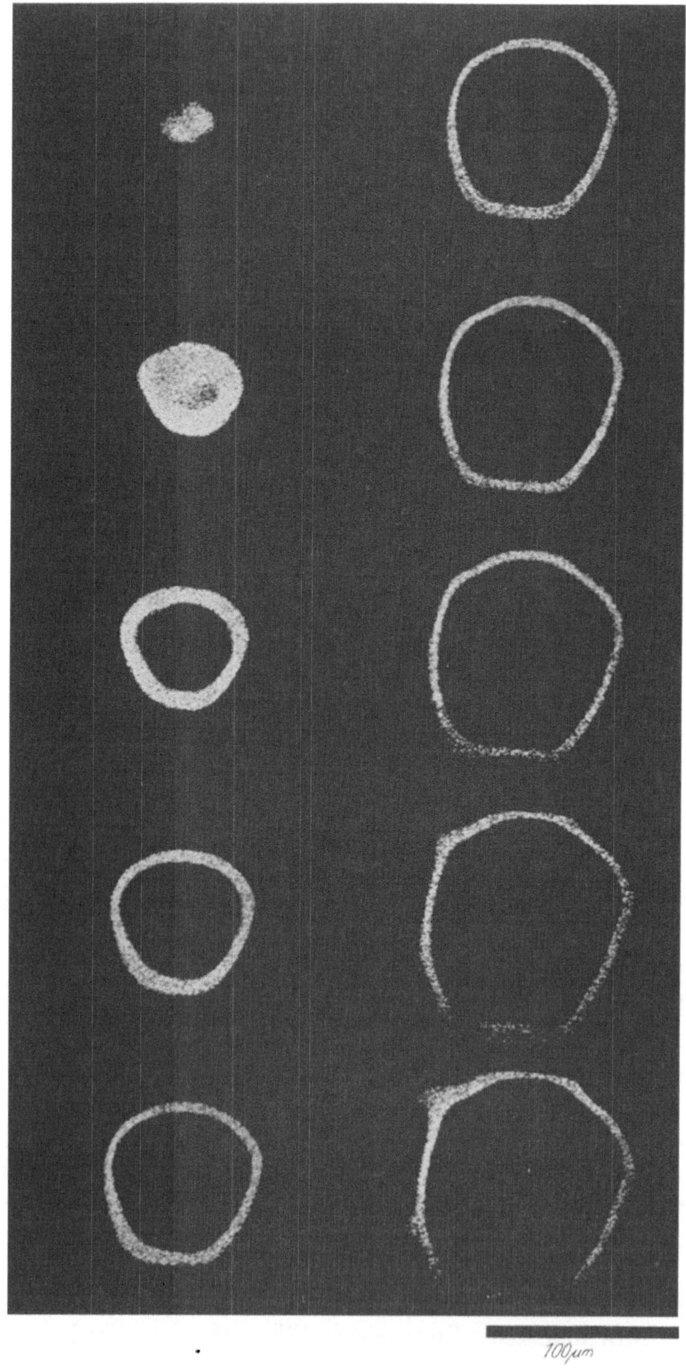

Abb. 9. Zerlegte Cu-Kα_1-Mikrographie — V = 4400 : 1

handen sein können. Daher wurde die Cu-Verteilung des Einschlusses in Abhängigkeit von der Probenstromintensität innerhalb differenzierter Stufen bestimmt (Abb. 8). Die einzelnen Zonen entsprechen der Stufenbreite der eingezeichneten Treppenkurve. Das Ergebnis dieses Verfahrens zeigt Abb. 9. Innerhalb der einzelnen Zonen lassen sich nun Intensitätsunterschiede der Röntgenverteilung feststellen. Man erkennt die Abnahme der Impulsdichte mit steigendem Querschnitt und bei den äußersten Zonen den Übergang in den Streubereich, der von der Topographie der Probe beeinflußt ist. Auf diese Weise erkennt man die Form des Einschlusses durch die Röntgendichteverteilung.

Abb. 10 zeigt die Verbesserung des Informationsgehaltes bei dem Vergleich des Probenstrombildes mit einem V-modulierten Bild, bei dem die Gebiete größter Probenstromintensität mit der angegebenen

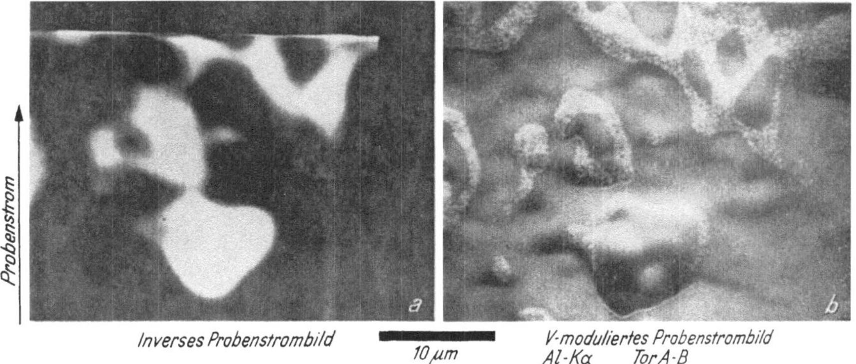

Abb. 10. Röntgenimpulsverteilung in Abhängigkeit von der Probenstromstärke
V = 2600 : 1
a) Inverses Probenstrombild; b) V-moduliertes Bild, Al-Verteilung (Signaldifferenz)

Al-Verteilung gekennzeichnet sind. Eine Trennung nach topographischen Unterschieden mit Hilfe der Al-Verteilung ist in Abb. 11 angegeben. Innerhalb des in Abb. 11a markierten Bereiches ist wieder ein Intensitätsunterschied feststellbar. Eine Analyse an dieser Stelle erbrachte Silizium. Die Verteilung ist in Abb. 12a innerhalb der begrenzten Bereiche angegeben. Man erkennt die stärkere Siliziumanreicherung im unteren begrenzten Gebiet. Eine deutlichere Aussage liefert die Messung bei V-Modulation. Vergleicht man die Intensitätsverteilung, die an den Stellen gleicher Helligkeit aufgenommen wurde, so erkennt man im rechten oberen Bereich die Untergrundintensität an der erheblich geringeren Flächendichte. In gleicher Weise wurde die Mg-Verteilung aufgenommen (Abb. 13). Hier zeigte sich

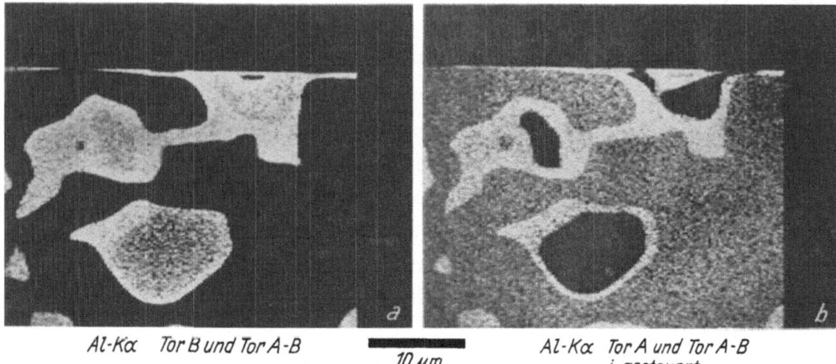

Abb. 11. Trennung der Al-Verteilung nach topographischen Unterschieden
V = 2600 : 1
a) Steuersignal über Schwelle, b) Steuersignal unter Schwelle

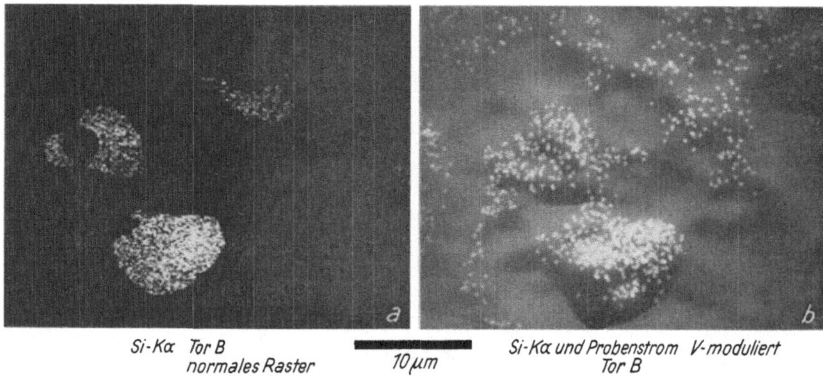

Abb. 12. Si-Verteilung, Steuersignal über Schwelle — V = 2600 : 1
a) Röntgenmikrographie, b) V-modulierte Aufnahme + SiKα₁

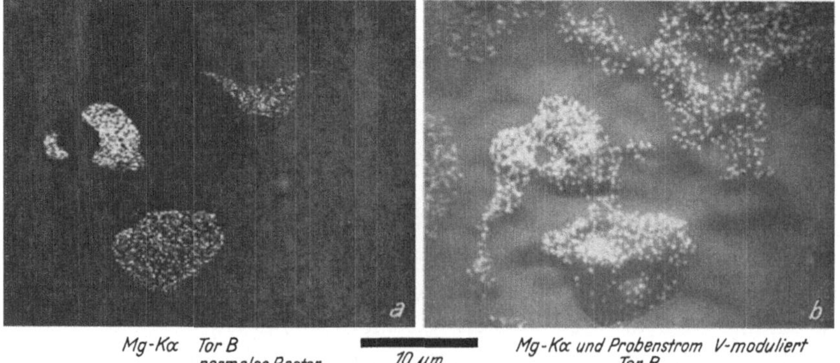

Abb. 13. Mg-Verteilung, Steuersignal über Schwelle — V = 2600 : 1
a) Röntgenmikrographie, b) V-modulierte Aufnahme + MgKα₁

eine erhöhte Impulsdichte im mittleren registrierten Gebiet. Der Linienscan der Elemente Mg und Si wurde bei gleich eingestellter

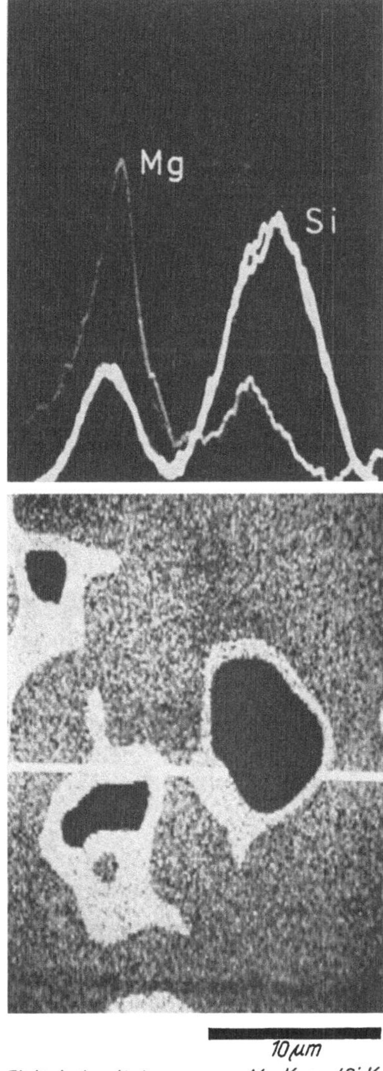

Abb. 14. Linienscan, die maximale Röntgenintensität ist für beide Elemente
10^3 Imp/sec. — V = 2600 : 1

Maximalintensität des Mittelwertmessers (10^3 Imp. max., Zeitkonstante 1 sec) in angegebener Weise (Abb. 14) aufgenommen. Die auf dem Si-reicheren Gebiet registrierte erhöhte Mg-Konzentration entspricht der topographischen Änderung. Die auf dem mit Mg angereicherten Gebiet angegebene Si-Erhöhung ist im Vergleich mit dem Si-Peak, der bei gleichen topographischen Bedingungen aufgenommen wurde, nicht auszuschließen.

Zusammenfassung

Eine Methode wurde beschrieben, Bruchanalysen mit der Mikrosonde anhand von Flächenrasterbildern durchzuführen. Um die Auflösung zu verbessern, wurde die Überdeckungsbedingung durch V-Modulation verbessert. Die Steuerung des Zählvorganges durch das Probenstromsignal und damit in Abhängigkeit von der Topographie erlaubt eine Registrierung topographisch äquivalenter Stellen. Nimmt man die gezählten Bereiche auf dem V-modulierten Bild auf, so erhält man eine gute Trennung von angereicherten Gebieten und dem Untergrund ohne topographische Verfälschungen.

Summary

Application of Control of Current from a Probe in the Microanalysis of Cracks

A method is described for analyzing cracks with a microprobe by means of surface screen pictures. In order to improve the resolution, the overlap was increased by V-modulation. Control of the counting by the signal current from the probe, i. e., as a function of the topography, permits one to record the equivalent locations. If one superimposes the counted regions on the V-modulated picture, one can obtain a good separation of the enriched regions from the background without being misled by topographic factors.

Literatur

[1] O. Schaaber und H. Vetters, Möglichkeiten der Aufnahme und Auswertung von Röntgenrastermikrographien. Beiträge elektronenmikr. Direktabb. Oberfl. Graz (1972), Bd. V.

[2] O. Schaaber, Scanning Electron Microscopy in Tools and Techniques in Physical Metallurgy, Ed. F. Weinberg, Vol. 2, New York: M. Dekker. 1970. S. 453.

Anschrift der Verfasser: Prof. Dr. O. Schaaber und Dr. H. Vetters, Institut für Härterei-Technik, Postfach 77 02 07, D-2820 Bremen 77, Bundesrepublik Deutschland.

Mikrochimica Acta [Wien], Suppl. 5, 1974, 111—127

Mitteilung aus den Forschungsanstalten der Edelstahlwerke
Gebr. Böhler & Co. Aktiengesellschaft, Kapfenberg

Untersuchungen an Fe-Cr-C-Legierungen mit Molybdänzusätzen*

Von

E. Staska, R. Blöch und **A. Kulmburg**

Mit 11 Abbildungen

(Eingegangen am 15. Februar 1973)

1. Einleitung

Über den Einfluß der carbidbildenden Elemente Vanadin und Titan bei einer Temperatur von 1100^0 C auf die Größe des γ-Raumes und die Lage der verschiedenen Carbidräume in technischen Fe-C-Cr-Legierungen mit Kohlenstoffgehalten bis 3 % und Chromgehalten bis 12 % sowie mit Vanadingehalten bis 4 % bzw. Titangehalten bis 2 % wurde bereits berichtet[1]. Nunmehr sollen die Ergebnisse der Untersuchung des Systems Fe-C-Cr-Mo mitgeteilt werden.

Im Hinblick auf Probleme bei der Wärmebehandlung und bei der Warmverformung von Chrom-Molybdän-Stählen sollten die in diesen Legierungen vorliegenden Carbidarten sowie die chemische Zusammensetzung der Carbide und der Matrix für eine Temperatur von 1100^0 C ermittelt werden. In der Literatur sind bereits isotherme Schnitte der drei ternären Randsysteme des Vierstoffsystems Fe-C-Cr-Mo für diese Temperatur vorzufinden[2-7]. Leider bestehen bei den Arbeiten über das ternäre Randsystem Fe-C-Mo größere Unterschiede hinsichtlich der Bereiche der Phasenräume und der im System auftretenden Carbidarten. Wegen der besseren Übereinstimmung

---

* Vortrag anläßlich des 6. Kolloquiums über metallkundliche Analyse mit besonderer Berücksichtigung der Elektronenstrahl-Mikroanalyse, Wien, 23. bis 25. Oktober 1972.

wurden für die vorliegende Arbeit die in der neueren Literatur von H. J. Osing[4] angegebenen Phasengrenzen zugrunde gelegt.

Die vorteilhafte Anwendung der Elektronenstrahl-Mikroanalyse bei Systemuntersuchungen gestattet die Ermittlung der Zusammensetzung der vorliegenden Phasen in situ. Nach einer selektiven Anätzung der Carbidphase mit einem Potentiostaten[8, 9] können günstigenfalls gezielte Mikrosondenmessungen durchgeführt werden und ist auf diese Weise rasch ein Überblick über die vorliegenden Carbidarten zu gewinnen. Die Identifizierung verschiedener Carbidarten muß aber letztlich aufgrund von Röntgenbeugungsmessungen erfolgen, die zweckmäßigerweise nach einer Isolierung an den Rückstands-Carbidkonzentraten vorgenommen werden.

2. Versuchsdurchführung

In einem 2-kg-Mittelfrequenzofen mit basischer Auskleidung wurden 25 Schmelzen der Legierungsbasis Fe-C-Cr-Mo erschmolzen. Dabei wurden technische Legierungen mit den bei Stählen üblichen Gehalten an den Begleitelementen Si, Mn, P und S hergestellt. Tabelle 1 enthält die chemischen Analysen der untersuchten Schmelzen. Die Si-Gehalte lagen in allen Fällen zwischen 0,15 und 0,30 %, die Mn-Gehalte zwischen 0,15 und 0,25 %. Die P- und S-Gehalte betrugen jeweils maximal 0,020 %.

Die Versuchsschmelzen wurden in Schamotterohre mit 38 mm Durchmesser abgegossen. Anschließend wurden aus dem Bodenteil der Versuchsblöckchen Querscheiben entnommen und einer Wärmebehandlung unterzogen. Die Wärmebehandlung der zum Schutz gegen Entkohlung in Papier eingewickelten Probenstücke erfolgte im Kammerofen bei 1100° C (nur die beiden chromfreien Schmelzen Nr. 24 und 25 von Tabelle 1 mußten wegen des niedrigen Schmelzpunktes bei 1000° C geglüht werden). Nach vierstündiger Glühung wurden die Probenstücke zur Einfrierung des Hochtemperaturzustandes in Öl abgeschreckt. Die Beseitigung der eventuell vorhandenen entkohlten Zone erfolgte durch Abschleifen einer 2 mm dicken Schicht.

Die Rückstandsisolierung der auf diese Weise vorbehandelten Probenstücke wurde mit einem Salzsäure-Methanol-Elektrolyten (5 Teile HCl + 95 Teile CH_3OH) bei einer Stromdichte von 2,5 mA/cm^2 vorgenommen, worauf an den Carbidisolaten nach der Röntgenbeugungsmethode Liniendiagramme zur Identifizierung der vorliegenden Carbidarten aufgenommen wurden. Aufgrund dieser Ergebnisse konnten sodann Schliffe von Parallelproben durch ausgewählte potentiostatische Ätzbehandlungen in der Weise geätzt

werden, daß die verschiedenen Carbidarten selektiv markiert wurden
und für die folgenden Mikrosondenmessungen geeignet vorbereitet
waren. Für die Anfärbung der molybdänreichen Mischcarbide vom
Typ M_6C wurde beispielsweise mit Natronlauge geätzt, während

Tabelle 1

Chemische Analysen der untersuchten Legierungen des Systems Fe-C-Cr-Mo

% C Soll	Legierung Nr.	Chemische Analyse in %		
		C_{Ist}	Cr	Mo
0,5	1	0,43	5,3	0,9
	2	0,56	5,3	5,3
	3	0,52	12,5	0,9
	4	0,54	12,5	5,4
1,0	5	0,80	4,1	1,5
	6	0,98	4,9	2,1
	7	1,03	5,2	3,6
	8	1,10	5,5	5,7
	9	1,02	5,3	8,1
	10	1,03	12,8	0,9
	11	1,00	12,0	3,8
	12	1,02	12,5	5,4
	13	1,02	12,1	8,0
2,0	14	2,08	5,3	0,9
	15	2,02	5,0	2,1
	16	1,98	5,1	3,7
	17	1,50	5,3	8,1
	18	2,12	12,4	2,0
	19	2,09	12,0	3,8
	20	2,09	12,4	8,2
2,5	21	2,51	6,8	9,0
	22	2,49	11,9	11,6
	23	2,56	15,5	13,7
Fe-C-Mo*	24	1,89	0,02	0,7
1,8 % C	25	1,70	0,02	6,0

* Wärmebehandlung der Proben des 3-Stoffsystems Fe-C-Mo bei 1000° C/4 h/Öl.

die chromreichen Carbide M_7C_3 und $M_{23}C_6$ mit Natriumcarbonat-
lösung potentiostatisch geätzt wurden[9]. Auf diese Weise konnten
bis zu 3 Carbidarten einer Probe gleichzeitig dargestellt werden.

Mit einer Mikrosonde[10] wurde der Gehalt der Legierungselemente Cr, Mo und Fe sowohl in den Carbiden als auch in der Matrix
der Versuchslegierungen ermittelt, wobei etwa 10 Punktmessungen
innerhalb einer bestimmten Phase für den endgültigen Meßwert
gemittelt wurden. Bei den Matrixmessungen mußte besonders darauf
geachtet werden, daß keine Verfälschung der Meßergebnisse durch
Miterfassung kleiner, in der Matrix eingebetteter Carbide zustande
kam.

Tabelle 2. Ergebnisse der Phasenanalyse von Legierungen des Systems Fe-C-Cr-Mo

Leg. Nr.	Röntgenbefund (Kurzbez.)	Metallogr. Befund (Kurzbez.)	Matrixanalyse in % Cr	Mo	Chromcarbid Typ	Analyse der Chromcarbide in % C^*	Cr	Mo	Fe	Analyse der M_6C-Carbide in % C^*	Cr	Mo	Fe	Bemerkungen
1	—	—	5,3	0,9	—									keine Carbide
2	M_6	M_6	4,8	4,9	keine Chromcarbide					2,8	5,5	47	44	
3	M_7	M_7	11,0	1,0	M_7C_3	8,8	48	5,7	45	keine M_6C-Carbide				
4	$M_6 + M_{23}$	$M_6 + M_{23}$	10,4	5,4	$M_{23}C_6$	5,5	(22)	(11)	(54)	2,8	(17)	(50)	(43)	sehr feine Carb.
5	—	—	4,1	1,5	—									keine Carbide
6	$M_7 + M_6$	$M_7 + M_6$	5,0	1,7	M_7C_3	8,8	28	13	53	2,8	17	30	52	
7	$M_7 + M_6$	$M_7 + M_6$	5,3	3,4	M_7C_3	5,5	35	14	52	2,8	n. b.	n. b.	n. b.	sehr feine M_6
8	$M_6 (+ M_{23})$	M_6	5,3	5,1	keine Chromcarbide					2,8	5,2	52	39	
9	M_6	$M_6 + M_{23}$	6,3	4,8	$(M_{23}C_6)$	5,5	26	12	n. b.	2,8	5,4	58	40	Spuren M_{23}
10	M_{23}	$M_7(+ M_{23})$	9,2	1,0	M_7C_3	8,8	51	4,0	38	keine M_6C-Carbide				sehr feine M_{23}
11	M_7	$M_7 + M_6$	9,9	2,4	M_7C_3	8,8	36	12	48	2,8	(13)	(43)	(47)	feine M_6
12	$M_{23} + M_6$	$M_{23} + M_6$	10,5	4,3	$M_{23}C_6$	5,5	n. b.	n. b.	n. b.	2,8	n. b.	n. b.	n. b.	sehr feine Carb.
13	$M_{23} + M_6$	$M_{23} + M_6$	10,7	4,7	$M_{23}C_6$	5,5	(26)	(18)	(37)	2,8	(17)	(33)	(47)	sehr feine Carb.

14	(M_7)	M_3	3,5	1,0	M_3C	6,7	16	2,4	75	keine M_6C-Carbide				diffuse Rg-Linien
15	(M_7+M_3)	M_3	3,5	1,9	M_3C	6,7	17	4,6	74	keine M_6C-Carbide				
16	(M_3+M_7)	M_3+M_6	3,2	2,9	M_3C	6,8	14	7,7	72	2,8	13	22	n. b.	
17	M_7+M_3'	M_7+M_6	3,8	3,1	M_7C_3	8,8	23	14	56	2,8	9,3	38	50	$M_3'=Fe_2MoC$
18	$M_7(+M_{23})$	$M_7(+M_6)$	8,3	2,1	M_7C_3	8,8	39 (45)	12 (4)	47 (47)	(2,8)	(8)	(35)	(50)	vereinzelt M_6, M_7 entmischt
19	$M_7 (+M_{23})$	M_7+M_6	9,3	3,0	M_7C_3	8,8	39 (44)	13 (7,5)	43 (42)	2,8	10	40	49	M_7 entmischt
20	$M_7+M_{23}+M_6$	$M_7+M_{23}+M_6$	9,7	3,8	M_7C_3+ $M_{23}C_6$	8,8 5,5	38 28	15 13	38 55	2,8	7,5	55	39	3 Carbide
21	n. b.	M_7+M_6	6,2	2,5	M_7C_3	8,8	24	12	42	2,8	8,8	31	42	
22	n. b.	M_7+M_6	9,6	3,4	M_7C_3	8,8	28	13	51	2,8	10	45	50	
23	n. b.	$M_7+M_{23}+M_6$	10,2	3,8	M_7C_3+ $M_{23}C_6$	8,8 5,5	46 29	12 10	30 53	2,8	7,5	46	35	3 Carbide
24	n. b.	$M_3+M_6(M_3')$	—	0,5	M_3C	6,7	—	5,5	95	—	—	25	73	System-Fe-C-Mo
25	n. b.	$M_6 (M_3')$	—	2,8	keine Chromcarbide					—	—	28	71	System-Fe-C-Mo

* Kohlenstoffgehalte der Chromkarbide gemäß Randsystem Fe-C-Cr näherungsweise angenommen, für das M_6C-Carbid wurden Mittelwerte aus dem Randsystem Fe-C-Mo herangezogen.

n. b. . . . nicht bestimmt.

3. Versuchsergebnisse

Die Ergebnisse der Phasenanalyse des Systems Fe-C-Cr-Mo, d. h. der Röntgenanalyse, metallographischen Beurteilung und Mikrosondenanalyse von Gußproben, die bei 1100° C/4 h/Öl wärmebehandelt wurden, enthält die Tabelle 2. In den Versuchslegierungen konnten demnach die Mischcarbide M_3C, M_7C_3, $M_{23}C_6$ und M_6C festgestellt werden, während kein Mo_2C-Carbid gefunden wurde. In einem Fall (Legierung Nr. 17) wurde anstelle des zu erwartenden Carbides M_6C ein ξ-Carbid M_3C' vom Typ Fe_2MoC röntgenographisch festgestellt. Nach Dyson und Andrews[11] handelt es sich um eine Überstruktur der Carbide M_3C und M_6C mit orthorhombischem Gitter, wobei die chemische Zusammensetzung (25—44,3 % Mo[11, 12]) in der Nähe des M_6C-Carbides liegt (Fe_4Mo_2C : 45 % Mo; Fe_3Mo_3C : 61 % Mo). In der vorliegenden Arbeit wurde dieses Übergangscarbid M_3C' wie ein M_6C-Carbid behandelt, da es von diesem bei gleicher Zusammensetzung nur durch Röntgenanalyse unterschieden werden kann.

In der Tabelle 2 sind vor allem die mit der Mikrosonde in den Carbiden und in der Matrix gemessenen Legierungsgehalte an Cr, Mo und Fe enthalten. Die Kohlenstoffgehalte der einzelnen Phasen

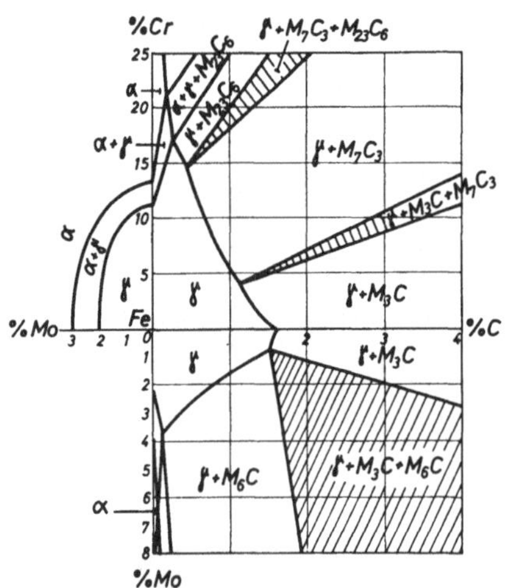

Abb. 1. Randsysteme Fe-C-Cr, Fe-C-Mo und Fe-Cr-Mo des Vierstoffsystems Fe-C-Cr-Mo im Bereich der Eisenecke bei 1100° C

wurden an einigen Versuchslegierungen mit einer Mikrosonde neuerer Bauart, die auch die Messung der leichten Elemente gestattet, stichprobenweise überprüft. Bei den Matrixmessungen ergaben sich aber Schwierigkeiten, weil die nicht in Lösung gebrachten, feinen, eingebetteten Carbide zu Mehrmessungen führten. Die in der Tabelle 2 für die Carbide angegebenen Kohlenstoffgehalte entsprechen Mittelwerten der Carbide gleichen Typs in den ternären Randsystemen Fe-C-Cr und Fe-C-Mo und sind deshalb nur als Näherungs-

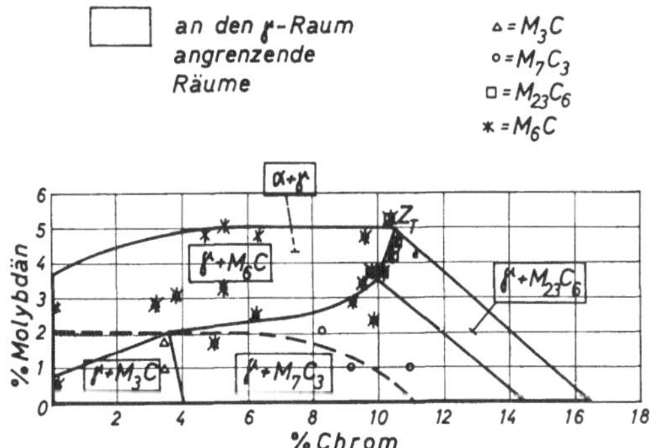

Abb. 2. γ-Raum im System Fe-C-Cr-Mo bei 1100° C, Projektion auf die Konzentrationsebene Cr-Mo

werte aufzufassen. Für die räumliche Festlegung der einzelnen Phasenräume sowie für die zu erstellenden Konzentrationsschnitte des Vierstoffsystems bedeutet diese Vereinfachung keine wesentliche Verfälschung.

Die Phasenräume des Vierstoffsystems können graphisch grundsätzlich nur für eine bestimmte Temperatur dargestellt werden, wobei man zweckmäßigerweise von der Eisenecke ausgehend ein rechtwinkeliges Achsenkreuz wählt. Auf den drei Achsen werden die Gewichtsanteile der Legierungselemente C, Cr und Mo aufgetragen. Abb. 1 zeigt die Randsysteme Fe-C-Cr, Fe-C-Mo und Fe-Cr-Mo im Bereich der Eisenecke für eine Temperatur von 1100° C in Form von aneinandergereihten Diagrammen. Mit Hilfe der in Tabelle 2 angeführten Ergebnisse der Phasenanalyse kann nunmehr, ausgehend von diesen Randsystemen, das Vierstoffsystem Fe-C-Cr-Mo für eine Temperatur von 1100° C räumlich aufgebaut werden.

Zunächst soll der *γ-Einphasenraum* dargestellt werden. Hiefür müssen die entsprechenden Phasengrenzlinien und Phasengrenzflächen der Randsysteme (Abb. 1) sinnvoll zusammengeführt werden. Abb. 2 zeigt eine Projektion des γ-Raumes auf die Konzentrationsebene Cr-Mo. In diesem Bild sind die Mikrosondenmeßwerte der Matrix (Cr und Mo) eingetragen. Die in der Legende angeführten Symbole kennzeichnen die in einer bestimmten Legierung in der Matrix vorliegenden Carbidarten. Diese Meßwerte ermöglichen eine

Zusammenführung der Grenzlinien des γ-Raumes. Der Punkt Z_T bei 10,5 % Cr / 5 % Mo / 0,4 % C, an welchen der Vierphasenraum $(\alpha + \gamma + M_{23}C_6 + M_6C)$ anschließt, wurde von E. Kunze[13] übernommen.

Die an den γ-Raum angrenzenden Zweiphasenräume sind in den entsprechenden Phasenflächen angeführt. Aus den Abb. 1 und 2 läßt sich zwanglos die räumliche Form des γ-Raumes konstruieren, Abb. 3. Durch die eingezeichneten Konzentrationsschnitte (für konstante Mo-Gehalte von 1 bis 4 %) erhält man eine bessere räumliche Vorstellung des γ-Körpers. Die an den γ-Raum angrenzenden Zweiphasenräume sind wiederum innerhalb der entsprechenden Flächen des γ-Raumes vermerkt. An den jeweiligen Schnittlinien zweier Grenzflächen des γ-Raumes schließen keilförmige Dreiphasenräume, an den Schnittpunkten von jeweils drei Begrenzungsflächen bzw. dreier Begrenzungslinien schließen spießkantige Vierphasenräume an

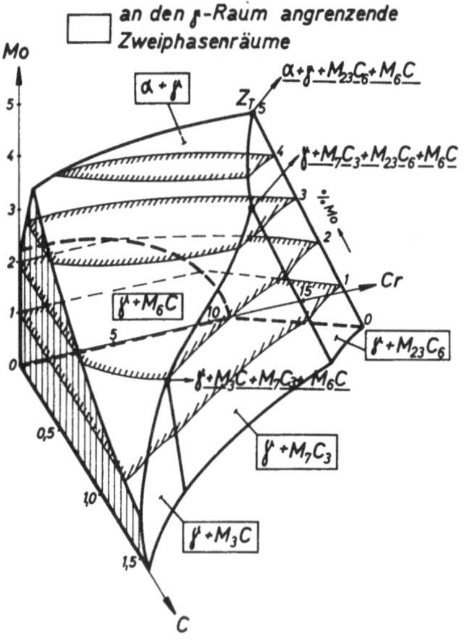

Abb. 3. Räumliche Darstellung des γ-Raumes im System Fe-C-Cr-Mo bei 1100° C

den γ-Raum an. Neben dem Punkt Z_T existieren noch zwei weitere solcher „Giebelpunkte", an welche die beiden Vierphasenräume $(\gamma + M_3C + M_7C_3 + M_6C)$ und $(\gamma + M_7C_3 + M_{23}C_6 + M_6C)$ anschließen. Für diese Giebelpunkte wurden an den zugehörigen Proben Kohlenstoffmessungen mit der Mikrosonde durchgeführt, so daß der in Abb. 3 dargestellte γ-Raum die Phasengrenzen weitgehend quantitativ wiedergibt. Die Verbindungslinien zwischen den Giebelpunkten sind hinsichtlich der Cr- und Mo-Koordinaten durch die Messungen exakt festgelegt, hinsichtlich der Kohlenstoff-Koordinaten wurde der wahrscheinliche Verlauf zwischen den Fixpunkten willkürlich festgelegt.

Abb. 4 zeigt eine Projektion des γ-Raumes auf die Konzentrationsebene C-Cr, die für die praktische Handhabung zur Beurteilung von Cr-Mo-Stählen sehr gut geeignet ist. In diesem Bild sind auch die Konzentrationsschnitte bei 1,0; 2,0; 3,0 und 4,0 % Mo als Höhen-

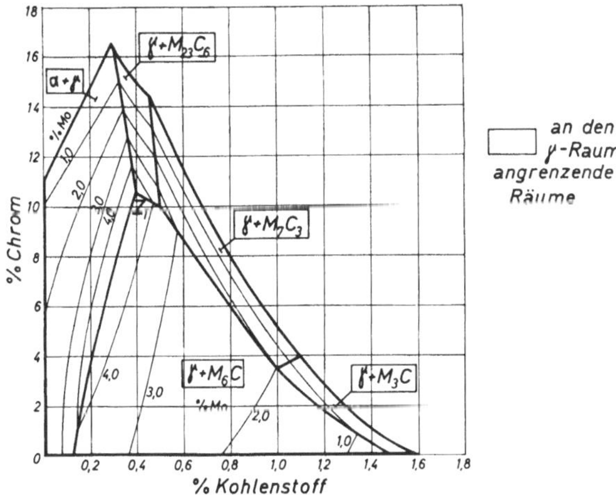

Abb. 4. γ-Raum im System Fe-C-Cr-Mo bei 1100° C, Projektion auf die Konzentrationsebene C-Cr

schichtenlinien in kotierter Projektion eingetragen. Ein Zusatz von Molybdän zu Fe-C-Cr-Legierungen bewirkt demnach eine Einengung des γ-Raumes. Die Phasengrenzlinien des γ-Raumes werden bei Mo-Zusatz zu vergleichsweise geringeren Cr- und C-Gehalten verschoben. Bei 4 % Molybdän ist der Austenit nur noch in einem engen Zwickel existent; die max. Löslichkeit für Molybdän beträgt 5 %, und zwar im Punkt Z_T.

Abb. 5 zeigt in räumlicher Darstellung den γ-Raum sowie vier an den γ-Raum angrenzende Mehrphasenräume in Form eines „exploded model". Die beiden Zweiphasenräume ($\gamma + M_3C$) und ($\gamma + M_6C$) stellen pyramidenstumpfförmige Körper dar, die an die Begrenzungsflächen des γ-Raumes anschließen. Der Dreiphasenraum ($\gamma + M_3C + M_6C$) weist eine Keilform auf und schließt entlang einer Begrenzungslinie an den γ-Raum an. Der spießkantförmige Vierphasenraum ($\gamma + M_3C + M_7C_3 + M_6C$) berührt den γ-Raum nur noch in einem Giebelpunkt.

Betrachtet man die in Abb. 5 dargestellten Phasenräume von der Rückseite in Richtung der C-Achse, so erhält man eine Projektion auf die Cr-Mo-Konzentrationsebene, wie dies Abb. 6 für die Carbidflächen zeigt. In diesem Bild sind die tatsächlich mit der Mikrosonde gemessenen Cr- und Mo-Werte der einzelnen Carbide mit entsprechenden Symbolen eingetragen. Für mehrere in einer Probe vorliegende Carbide wurden die Meßwerte durch Konoden verbunden. Im untersuchten Bereich treten zwei Vierphasenräume auf, nämlich $(\gamma + M_3C + M_7C_3 + M_6C)$ und $(\gamma + M_7C_3 + M_{23}C_6 + M_6C)$. Diese beiden Vierphasenräume werden durch dreieckige Carbidflächen $(M_3 + M_7 + M_6)$ und $(M_7 + M_{23} + M_6)$ begrenzt, die in der dargestellten Projektion schraffiert sind. Dabei ist zu beachten, daß die Carbidfläche $(M_7 + M_{23} + M_6)$ durch die Carbidfläche $(M_7 + M_6)$ des Dreiphasenraumes $(\gamma + M_7C_3 + M_6C)$ verdeckt wird und deshalb strichliert eingezeichnet wurde. Die Überdeckung kommt dadurch zustande, daß einerseits die Chrom- und Molybdängehalte der

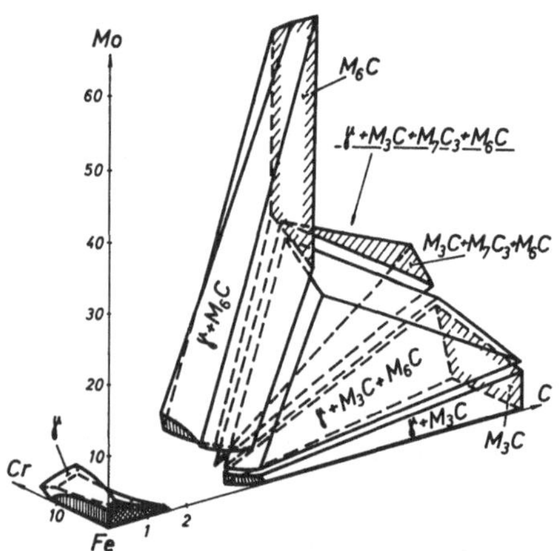

Abb. 5. Phasenräume des Systems Fe-C-Cr-Mo bei 1100° C (exploded model)

beiden Carbide M_7C_3 und $M_{23}C_6$ in etwa demselben Bereich liegen, andererseits die Kohlenstoffgehalte für das M_7C_3-Carbid bei etwa 8,8 %, für das $M_{23}C_6$-Carbid aber bei etwa 5,5 % liegen.

Die *Ergebnisse der Carbidanalyse* sollen nunmehr detailliert besprochen werden:

Die maximale Lösungsfähigkeit des Mischcarbides M_3C beträgt im ternären System Fe-C-Cr für das Carbid $(Fe, Cr)_3C$ etwa 18 % Cr und im ternären System Fe-C-Mo für das Carbid $(Fe, Mo)_3C$ etwa 5 % Mo. Im quaternären System Fe-C-Cr-Mo beträgt die maximale Aufnahmefähigkeit des Carbides $(Fe, Cr, Mo)_3C$ für Mo etwa 9 %

(bei 14 %/o Cr), d. h. die Lösungsfähigkeit des M_3C für Mo nimmt mit steigendem Cr-Gehalt des Carbides zunächst bis 14 %/o Cr zu und dann im Bereich bis 18 %/o Cr wiederum ab (Abb. 6).

Das Mischcarbid M_7C_3 kann etwas mehr Mo lösen als das M_3C-Carbid. Im Bereich von 22 bis 43 %/o Cr können etwa 13 %/o Mo vom Carbid $(Fe, Cr, Mo)_7C_3$ aufgenommen werden. Während im ternären

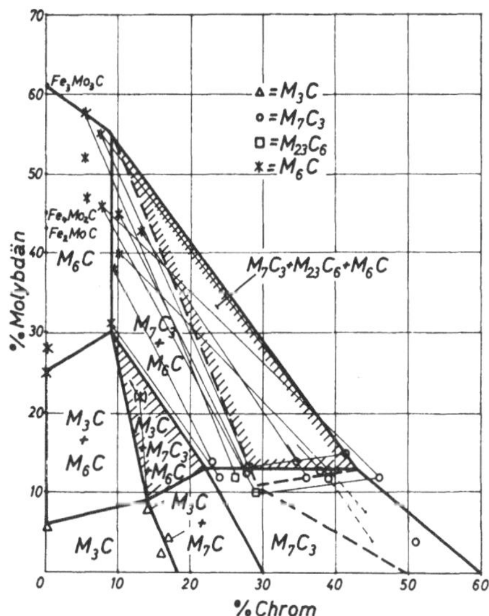

Abb. 6. Carbidflächen im System Fe-C-Cr-Mo bei 1100° C, Projektion auf die Konzentrationsebene Cr-Mo

System Fe-C-Cr die Beständigkeitsgrenzen des M_7C_3-Carbides zwischen 30 und 60 %/o Cr liegen, verschieben sich diese Grenzen durch Mo-Zusatz auf der Cr-armen Seite auf 22 %/o Cr und auf der Cr-reichen Seite auf 43 %/o Cr.

Das Mischcarbid $M_{23}C_6$, welches im ternären System Fe-C-Cr mehr als 50 %/o Cr enthält, kann etwa 11 %/o Mo lösen. Dabei wird die Beständigkeitsgrenze von 50 %/o Cr zu 29 %/o Cr verschoben. Außer diesem Grenzwert wurden im Rahmen der vorliegenden Arbeit keine weiteren Bestimmungen der chemischen Zusammensetzung des $M_{23}C_6$-Carbides vorgenommen.

Das Mischcarbid M_6C ist im Randsystem Fe-C-Mo im Bereich von 25 bis 61 %/o Mo existent. Durch Cr-Aufnahme bis maximal 9 %/o werden diese Bereichsgrenzen auf 30 bis 55 %/o Mo eingeschränkt. An dieser Stelle soll nochmals erwähnt werden, daß das röntgenographisch festgestellte ξ-Carbid hier dem M_6C-Carbid gleichgestellt wurde. Die Existenzgrenze des M_6C-Carbides unterhalb von 45 %/o

Mo dürfte auf den Ungleichgewichtszustand zurückzuführen sein, da theoretisch Legierungsgehalte über 45% erwartet werden. Mit dieser Annahme wäre auch der röntgenographisch festgestellte Überstruktureffekt des ξ-Carbides erklärbar. Die eben beschriebenen Verhält-

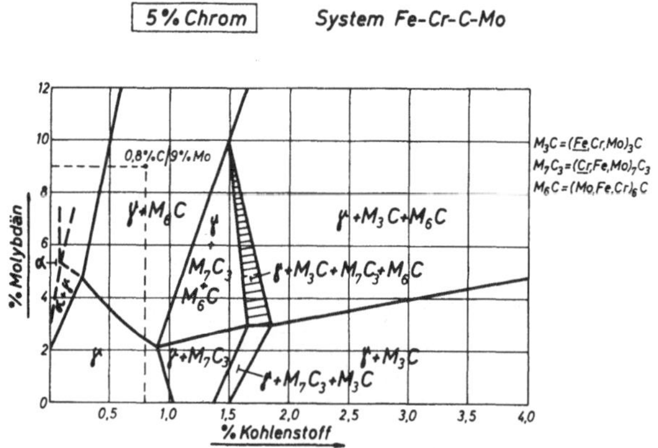

Abb. 7. Konzentrationsschnitt bei 5% Cr (1100° C)

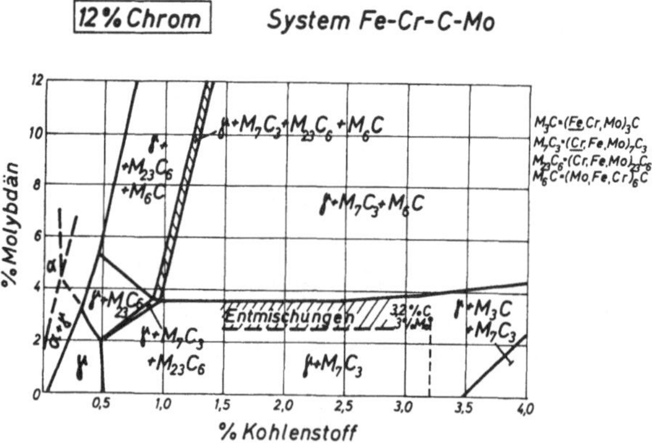

Abb. 8. Konzentrationsschnitt bei 12% Cr (1100° C)

nisse können deshalb ausschließlich für Gußproben mit 4-stündiger Wärmebehandlung bei 1100° C gelten, sind aber im Sinne der Aufgabenstellung für praktische Probleme der Stahlverarbeitung durchaus brauchbar.

Die Abb. 7 und 8 zeigen als Endergebnis zwei für die Praxis interessante *Konzentrationsschnitte* des Zustandsdiagrammes Fe-C-Cr-Mo bei 5% bzw. bei 12% Chrom für eine Temperatur von 1100° C. Beispielsweise besteht eine Legierung mit 0,8% C / 5% Cr /

9 % Mo, welche etwa einem Schnellarbeitsstahl entspricht, bei Warmformgebungstemperatur oder im Temperaturbereich der Härtetemperatur aus Austenit und M_6C-Carbiden (siehe Abb. 7). Eine herkömmliche Gußlegierung wiederum mit 3,2 % C / 12 % Cr / 3 % Mo besteht zufolge Abb. 8 bei 1100° C aus den beiden Phasen Austenit und M_7C_3-Carbid (dieses enthält etwa 13 % Mo). Da aber in solchen Legierungen nach der angewendeten Behandlung 1100° C/4 h zufolge des nicht erreichten Gleichgewichts noch große Entmischungen im M_7C_3-Carbid vorhanden sind (siehe unten), zeigen die Carbide keine konstante Zusammensetzung. Die Carbide weisen Gehalte von 4 bis 13 % Mo auf (vgl. Tabelle 2) und es treten in solchen Legierungen bereits vereinzelt Ausscheidungen von M_6C-Carbiden auf. Dieser Umstand wird durch den in Abb. 8 schraffiert eingezeichneten Legierungsbereich mit dem Hinweis „Entmischungen" berücksichtigt.

4. Diskussion der Ergebnisse

An Gußproben des Systems Fe-C-Cr-Mo, die nach einer Glühung bei 1100° C/4 h gehärtet worden waren, wurden qualitative und quantitative Phasenbestimmungen mit Hilfe der Methoden der Metallographie, der Röntgenbeugung und der Elektronenstrahlmikroanalyse vorgenommen. Aufgrund der Ergebnisse konnte der Beständigkeitsbereich des γ-Raumes und der auftretenden Carbidphasen abgegrenzt und für die Praxis brauchbare Konzentrationsschnitte angefertigt werden. Nunmehr sollen diese Ergebnisse kritisch betrachtet werden.

Die bei den C-reichen Legierungen angewendete Wärmebehandlung bei einer Temperatur knapp unterhalb der Solidustemperatur führt zwar zu einer weitgehenden Auflösung der sekundär ausgeschiedenen feinen Carbide, doch ist diese Auflösung nicht vollständig. Dadurch treten Schwierigkeiten bei Matrixmessungen mit der Mikrosonde auf und es kommt zu einer etwas größeren Meßwertstreuung. Bei der röntgenographischen Untersuchung der Isolierrückstände zeigen eben diese feinen Carbide oftmals besonders starke Reflexe, wodurch größere Mengenanteile vorgetäuscht werden. So wurden in den Isolaten fallweise $M_{23}C_6$-Carbide festgestellt, die wegen ihrer Feinheit mit der Mikrosonde nicht gemessen werden konnten.

Abb. 9 zeigt als Beispiel eine Gußlegierung mit 2,5 % C / 15,5 % Cr / 13,7 % Mo (Legierung Nr. 23), die durch spezifische Ätzbehandlungen so geätzt wurde, daß die drei Carbide M_6C, M_7C_3 und $M_{23}C_6$ nebeneinander sichtbar wurden. Die grob ausgebildeten eutektischen Carbide waren mit der Mikrosonde einfach zu messen. Die in der

Matrix eingebetteten, feinen, dunkelgrauen $M_{23}C_6$-Carbide konnten nicht gemessen werden. Sie sind aber bei Matrixmessungen besonders störend. Hinsichtlich der Festlegung der Carbidräume wurde verein-

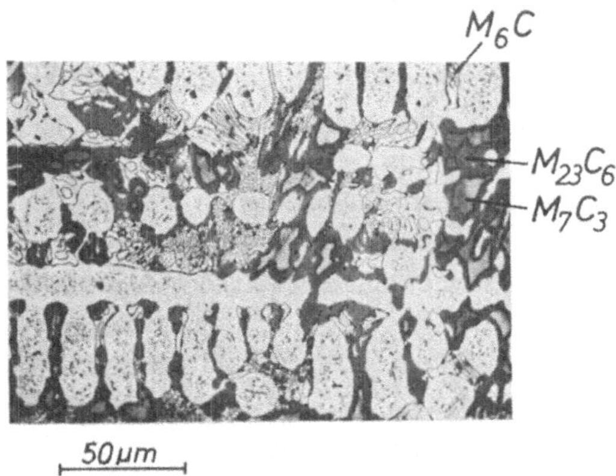

Abb. 9. Mikrogefüge einer Gußlegierung mit 2,5% C/15,5% Cr/13,7% Mo, potentiostatisch geätzt
Anfärbung: M_6C ... weiß (weiß), $M_{23}C_6$ ... braun (dunkelbraun)
M_7C_3... blau (hellgrau)

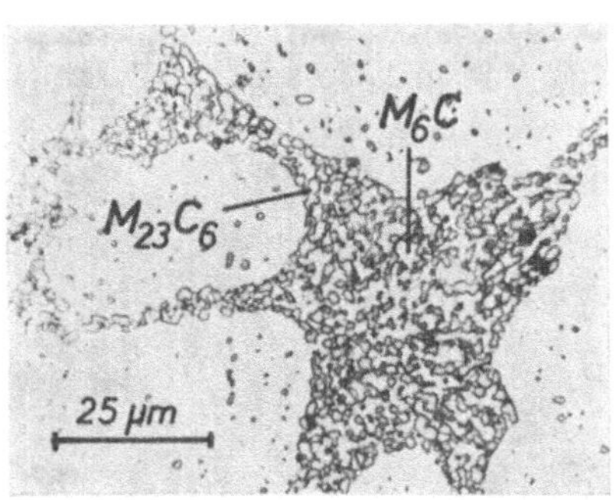

Abb. 10. Mikrogefüge einer Gußlegierung mit 1,0% C/12,1% Cr/8,0% Mo, potentiostatisch geätzt
Anfärbung: M_6C ... weiß (weiß), $M_{23}C_6$ ... braun (grau)

fachend unterstellt, daß diese feinen, sekundär ausgeschiedenen $M_{23}C_6$-Carbide mit den eutektisch ausgeschiedenen, groben $M_{23}C_6$-Carbiden zusammensetzungsmäßig etwa vergleichbar sind.

Ein weiteres Beispiel für meßtechnische Schwierigkeiten ist die Legierung Nr. 13 mit 1,0% C / 12,1% Cr / 8,0% Mo, Abb. 10.

Bei dieser Probe liegen die beiden Carbide $M_{23}C_6$ und M_6C in sehr feiner, eutektischer Anordnung vor. Durch die enge Vermengung der beiden Carbidarten und die Feinheit der Ausbildung ist eine quantitative Bestimmung der chemischen Zusammensetzung der Carbide mit der Mikrosonde nicht möglich. Bestenfalls kann hier eine halbquantitative Messung vorgenommen werden, die z. B. die Aussage gestattet, daß Cr-reiche und Mo-reiche Carbide mit bestimmten Mindestlegierungsgehalten vorliegen. Bei einer solchen Probe kann lediglich die Matrixzusammensetzung exakt ermittelt werden.

Ein anderes Problem stellen die bei großen, eutektischen Carbiden vom Typ M_7C_3 in den Legierungen Nr. 18 und 19 festgestellten Entmischungen dar. Diese innerhalb der Carbide der Gußproben

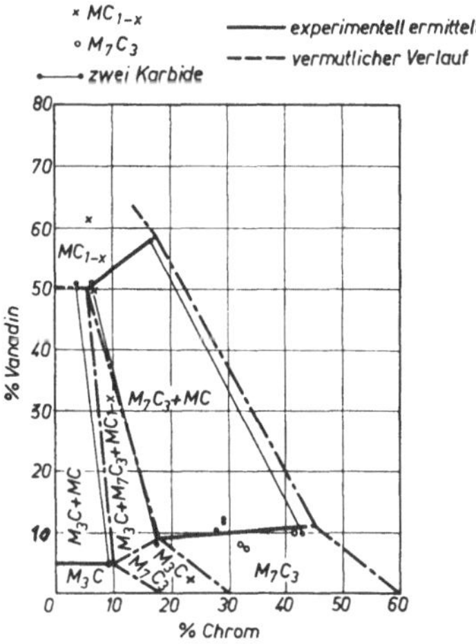

Abb. 11. Carbidflächen im System Fe-C-Cr-V bei 1100° C, Projektion auf die Konzentrationsebene Cr-V

feststellbaren Legierungsunterschiede, welche einen Bereich von z. B. 4 bis 13 % Mo überstreichen können (siehe Tabelle 2), sind durch die 4-stündige Glühung bei 1100° C bei weitem nicht auszugleichen, da die Diffusionsbedingungen unzureichend sind. Proben mit solchen Entmischungen weisen auch vereinzelt ausgeschiedene M_6C-Carbide auf, die nach dem Zustandsdiagramm aufgrund anderer Meßergebnisse noch nicht auftreten sollten. Dieser Umstand bewirkt eine gewisse Unsicherheit bei der Festlegung der Phasenbereichsgrenzen, wie dies in der Abb. 8 durch den schraffierten Bereich angegeben wurde.

Hinsichtlich der gewonnenen Ergebnisse ist festzustellen, daß im untersuchten Legierungsbereich nahe der Eisenecke die bekannten

Carbide M_3C, M_7C_3, $M_{23}C_6$ und M_6C beobachtet wurden. Bei allen diesen Carbiden handelt es sich um Mischcarbide, die erhebliche Mengen der Legierungselemente Cr und Mo in Lösung aufweisen. Die im quaternären System Fe-C-Cr-Mo auftretenden Phasenräume zeigen große Ähnlichkeit mit denjenigen des Systems Fe-C-Cr-V[1], wobei jedoch anstelle des Carbides MC im System mit V, im System mit Mo das Carbid M_6C in ähnlicher Weise Phasenräume bildet. Die Löslichkeit der Cr-hältigen Carbide M_3C und M_7C_3 für V bzw. für Mo ist etwa vergleichbar, wie aus einer Gegenüberstellung der Abb. 7 und 11 (Fe-C-Cr-V-System) zu sehen ist. In der folgenden Tabelle sind dic maximalen Legierungsgehalte von Phasen der Systeme Fe-C-Cr-Mo und Fe-C-Cr-V gegenübergestellt:

Phase im System Fe-C-Cr-X	Max. Legierungsgehalt in Gew.%	
	X = Mo	X = V
γ	5	2,2
M_3C	5,5—9	5
M_7C_3	13	10
$M_{23}C_6$	11	n. b.

Diese überraschende Ähnlichkeit im Verhalten der Elemente Mo und V kann durch die vergleichbare Größe der Atom- und Ionenradien erklärt werden.

Zusammenfassung

Untersuchungen über den Aufbau des Systems Fe-C-Cr-Mo im Bereich der Eisenecke bis zu 2,5 % C, 12 % Cr und 14 % Mo führten mit Hilfe der Mikrosonde, röntgenographischer sowie metallographischer Verfahren zur Ermittlung der Ausdehnung des γ-Raumes und der Carbidphasenräume des Zustandsdiagramms für 1100° C.

Summary

Investigations on Fe-Cr-C-alloys Containing Molybdenum

The structure of the system Fe-C-Cr-Mo in the region of the ironcorner up to 2,5% C, 12% Cr and 14% Mo was studied. With the aid of microprobe, röntgenographic and metallographic methods the extension of the gamma area and of the carbide phase area of the phase diagram for 1100° C was determined.

Literatur

[1] E. Staska, R. Blöch und A. Kulmburg, Mikrochim. Acta [Wien], Suppl. IV, **1970**, 62.

[2] K. Bungardt, E. Kunze und E. Horn, Arch. Eisenhüttenwes. **29**, 193 (1958).

[3] K. Bungardt, E. Kunze und E. Horn, Arch. Eisenhüttenwesen. **38**, 309 (1967).

[4] K. Bungardt, H. J. Osing u. a., DEW-Techn. Ber. **9**, 439 (1969).

[5] R. F. Campbell u. a., Trans. Amer. Soc. Metals **218**, 723 (1960).

[6] A. C. Fraker und H. H. Stadelmaier, Trans. Amer. Soc. Metals **245**, 847 (1969).

[7] W. Jellinghaus, Arch. Eisenhüttenwes. **39**, 705 (1968).

[8] F. K. Naumann und G. Langenscheid, Arch. Eisenhüttenwes. **38**, 463 (1967).

[9] P. Lichtenegger und R. Blöch, Arch. Eisenhüttenwes. **42**, 795 (1971).

[10] K. Swoboda, R. Blöch und E. Plöckinger, Berg- u. Hüttenm. Mh. **108**, 391 (1963).

[11] D. J. Dyson und K. W. Andrews, J. Iron Steel Inst. **1964**, 325.

[12] T. Sato, T. Nishizawa und K. Tamaki, Trans. Jap. Inst. Met. **3**, 196 (1962).

[13] E. Kunze, DEW-Techn. Ber. **10**, 69 (1970).

Anschrift der Verfasser: Dipl.-Ing. E. Staska, Österreichische Industrieverwaltungs-A. G., Kantgasse 1, A-1015 Wien, und Dr. R. Blöch, Dr. A. Kulmburg, Gebr. Böhler & Co. A. G., Edelstahlwerke, A-8605 Kapfenberg, Österreich.

Mikrochimica Acta [Wien], Suppl. 5, 1974, 129—136

Mitteilung aus den Forschungsanstalten der Edelstahlwerke
Gebr. Böhler & Co., Aktiengesellschaft, Kapfenberg

Einfluß der erstarrungsbedingten Chromseigerung auf die Kohlenstoffverteilung*

Von

R. Blöch, H. Straube und E. Plöckinger

Mit 2 Abbildungen

(Eingegangen am 15. Februar 1973)

Erstarrungsbedingte Seigerungen beeinträchtigen viele Gebrauchseigenschaften von Stählen. Mit der Verfügbarkeit der Elektronenstrahlmikrosonde wurde erstmals die quantitative Erfassung der Kristallseigerung von Legierungselementen ermöglicht[1]. Mikrohärtemessungen ergaben, daß in mit Kristallseigerungen behafteten technischen Stählen selbst bei Vorliegen eines metallographisch einheitlichen Gefüges starke Härteunterschiede bestehen[2]. Diese Härteschwankungen sind so groß, daß sie durch die seigerungsbedingt unterschiedlichen Gehalte der einzelnen Mikrobereiche an metallischen Legierungselementen schwerlich erklärt werden können.

Es lag vielmehr nahe anzunehmen, daß dafür der sich aus der Seigerung anderer Legierungselemente zwangsläufig ergebende örtliche Verlauf des Kohlenstoffgehaltes verantwortlich ist. Die örtlichen Unterschiede im Kohlenstoffgehalt ergeben sich daraus, daß die technisch üblichen Wärmebehandlungen in der Regel nicht für den Abbau der Kristallseigerungen der metallischen Legierungselemente ausreichen, wohl aber zur Beeinflussung der Kohlenstoffverteilung, da der Kohlenstoff einen um etwa drei Größenordnungen höheren Diffusionskoeffizienten aufweist. Bei entsprechenden Glüh-

---

* Vortrag anläßlich des 6. Kolloquiums über metallkundliche Analyse mit besonderer Berücksichtigung der Elektronenstrahl-Mikroanalyse, Wien, 23. bis 25. Oktober 1972.

zeiten und Temperaturen, die im Herstellungsablauf durchaus gegeben sind, wird bezüglich der Kohlenstoffverteilung im Austenit ein Gleichgewichtszustand erreicht, der dadurch gekennzeichnet ist, daß die Kohlenstoffaktivität in allen Teilbereichen gleich groß ist.

Über das Ausmaß der Kohlenstoffentmischung als Folge der Kristallseigerung anderer Legierungselemente lagen bisher noch keine experimentellen Untersuchungen vor. Dies kann darauf zurückgeführt werden, daß die Bestimmung leichter Elemente mittels der Mikrosonde überhaupt erst seit kurzem möglich ist[3] und daß die quantitative Bestimmung geringer Konzentrationen und Konzentrationsunterschiede, insbesondere des Kohlenstoffs, beträchtliche Schwierigkeiten verursacht.

In der vorliegenden Arbeit wird über die experimentelle Bestimmung der Kohlenstoffentmischung in Abhängigkeit von der Chromkonzentration im System Fe-Cr-C berichtet.

Probenherstellung und -vorbereitung

Das Probenmaterial wurde in einem 10-kg-MF-Ofen erschmolzen, wobei die Chrom- und Kohlenstoffgehalte der 6 Schmelzen so abgestuft wurden, daß auch die legierungsreichsten Bereiche der interdendritischen Restschmelze bei 1000^0 C noch im reinen γ-Gebiet zu liegen kamen[4]. Tabelle 1 enthält die chemische Zusammensetzung

Tabelle 1. Chemische Zusammensetzung der Versuchsschmelzen

Chg. Nr.	C (%)	Si (%)	Mn (%)	Cr (%)	Σ Al (%)
94672	0,81	<0,03	0,06	1,14	0,14
94673	0,52	<0,03	0,07	3,19	0,071
94674	0,22	0,03	0,06	5,06	0,096
94675	0,31	<0,03	0,05	5,02	0,11
94676	0,23	0,02	0,03	7,99	0,083
94677	0,16	0,03	0,03	11,32	0,14

der Versuchsschmelzen. Der Abguß erfolgte über Pfanne in Schamotteformen. Hiermit konnten annähernd die beim normalen Kokillenguß größerer Blöcke auftretenden Erstarrungsverhältnisse erzielt werden. Abb. 1 zeigt die Abmessungen der Gußteile, sowie die Lage der für die chemische Analyse und für die Mikrosondenuntersuchungen verwendeten Abschnitte. Die aus den Probenscheiben herausgetrennten Stäbchen der Abmessungen $30 \times 30 \times 65$ mm wurden in einem Kammerofen in rund 20 Minuten auf 1000^0 C erhitzt und anschließend eine Stunde bei dieser Temperatur gehalten. Dadurch wurde eine Gleichgewichtseinstellung des Kohlenstoffs bei 1000^0 C unter praktischer Beibehaltung der Kristallseigerungen des Chroms erzielt. Aus den anschließend in Wasser abgelöschten Stäbchen wurden Plättchen von $20 \times 20 \times 12$ mm gemäß der Skizze im Bild rechts unten herausgetrennt. Durch diese Art der Probenahme wurde gewährleistet, daß einerseits die Mitte des Probenplättchens etwa an

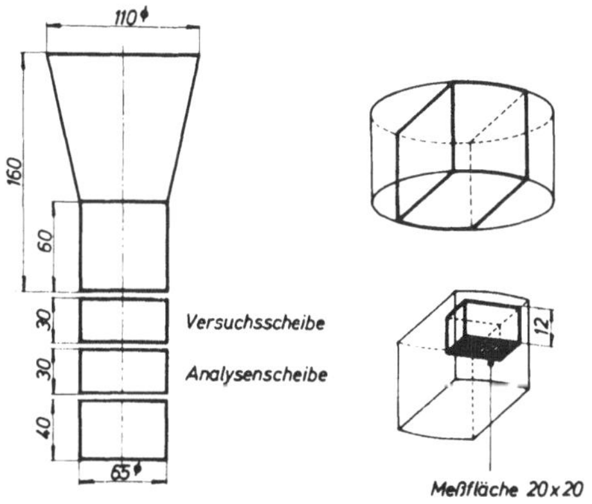

Abb. 1. Versuchsblock und Probenahme

der Position des halben Radius des Rundblocks zu liegen kam, wo die dendritische Erstarrung besonders gut ausgeprägt ist. Andererseits wurde die eigentliche Meßfläche in das Innere des ursprünglichen Stäbchens verlegt, um allfällige Entkohlungen, die zu Meßverfälschungen führen könnten, weitgehend auszuschalten.

Vor Beginn der Mikrosondenuntersuchung wurden sämtliche Proben metallographisch auf Entkohlungen und Fremdphasen untersucht. Dabei konnten nur minimale Randentkohlungen von wenigen, μm Dicke festgestellt werden. Sämtliche Proben waren carbidfrei, neben Tonerdeeinschlüssen traten in 2 Proben (Nr. 4 und 5 mit rund 5 % Chrom) vereinzelt Chromphosphide auf, die auch im ungeätzten Schliff bereits erkennbar sind. In Probe 2 wurde eine größere Anzahl von Mikrolunkern konstatiert.

Vorversuche dienten der Feststellung der optimalen Probenvorbereitung für Kohlenstoffmessung mit der Mikrosonde und führten schließlich zu folgender Arbeitsweise: Nach dem üblichen Naßschleifen wird mit Diamantpulver bis zu Körnung 1 μm poliert. Zum Diamantpolieren wird ein glyzerinhältiges Verdünnungsmittel, z. B. Diaplastol, verwendet. Da diese organische Deckschicht durch die anschließende Spülung mit Alkohol und destilliertem Wasser nicht hinreichend von der Probenoberfläche entfernt werden kann, erfolgt ein kurzzeitiges Tonerdepolieren, Zwischenspülen mit destilliertem

Wasser und anschließendes Trockenpolieren auf sauberem Samt. In Ermangelung der erforderlichen Einrichtungen mußte auf eine Probenreinigung durch Ionenbeschuß mit Sauerstoff verzichtet werden. Mit diesem Verfahren, bei dem durch eine Art kalter Verbrennung die organischen Deckschichten entfernt werden, sind eher noch bessere Ergebnisse zu erzielen.

Versuchsdurchführung

Die Messungen an einer JEOL-Mikrosonde JXA-5 A wurden bei 15 kV Beschleunigungsspannung mit 400 nA Probenstrom durchgeführt. Für die CK-Strahlung wurde Stearat und für die CrKα-Strahlung wurde LiF als Monochromator verwendet. Nahe dem Maximum der CK-Linie des Stearats tritt eine höhere Ordnung einer Cr-K-Linie auf, die von dem Glimmerträger herrührt. Da diese Linie nicht vollständig durch den Fensterverstärker wegdiskriminiert werden kann, wurde der Stearatkristall so justiert, daß bei nur minimal reduzierter Intensitätsausbeute der CK-Strahlung die Chromstrahlung unterdrückt wurde. Um die insbesondere bei niedrigen Kohlenstoffgehalten störende Kontamination weitgehend hintanzuhalten, wurde ein mit flüssigem Stickstoff gekühlter Kupferkühlfinger verwendet; hierbei konnte die Kontaminationsrate auf Stahl gegenüber normalem Betrieb um den Faktor 20 gesenkt werden.

Zur Kohlenstoff-Eichung wurden acht homogenisierte und gehärtete Fe-C-Standards mit Kohlenstoffgehalten zwischen 0,024 und 1,33 % verwendet, die in Sandwichanordnung in Woodmetall eingebettet waren. Am Anfang und am Ende jeder Meßreihe waren auf den Eichstandards je 3 Punktmessungen über 40 Sekunden vorgenommen und die zugehörigen Regressionsgeraden ermittelt worden. Die Meßergebnisse auf der Probe wurden bezüglich allfälliger Drift korrigiert.

Zur Erfassung des Zusammenhanges zwischen örtlicher Chrom- und Kohlenstoffkonzentration wurden die Versuchsproben mit einer Geschwindigkeit von 10 μm/Minute senkrecht zur mittleren Dendritenrichtung unter dem Elektronenstrahl bewegt. In Minutenabständen wurden über 40 Sekunden integrierende Intensitätsmessungen von Chrom und Kohlenstoff vorgenommen. Die gesamte Meßlänge der Konzentrationsprofile wurde so gewählt, daß mehrere gut ausgeprägte Chrom-Maxima erfaßt wurden, die den interdendritischen hochlegierten Restschmelzenbereichen entsprechen. Im Mittel wurden rund 100 Meßpunkte benötigt. Da beim kontinuierlichen Probenvorschub die Einstellung des dynamischen Kontaminationsgleichgewichtes meist einige Minuten erforderte, was sich in einer

Anfangsdrift der Kohlenstoffintensitäten äußert, mußten die ersten Meßwerte bei der späteren Auswertung eliminiert werden. Alle Proben wurden während der Messung ständig unter dem Mikroskop kontrolliert, um das Auftreten von Lunkern, Einschlüssen oder Be-

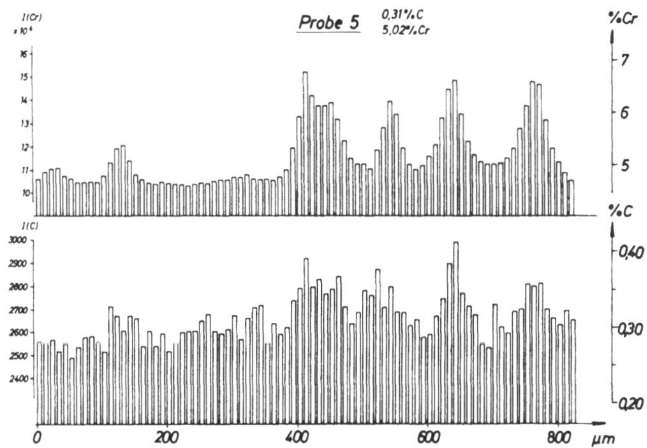

Abb. 2. Konzentrationsprofile für Cr und C in Probe 5

lägen entlang der Meßlinie zu registrieren. Auf jeder Probe wurden mehrere Konzentrationsprofile aufgenommen und nur jene zur weiteren Auswertung herangezogen, die bezüglich Drift und der anderen erfaßbaren Störeinflüsse befriedigten. Als Beispiel zeigt Abb. 2 den Konzentrationsverlauf der Elemente Chrom und Kohlenstoff in der Probe 5 mit 0,31 % Kohlenstoff und 5,02 % Chrom entlang einer Meßstrecke von rund 800 μm. Diese Abbildung zeigt deutlich den weitgehend gleichartigen Kurvenverlauf der Chrom- und Kohlenstoffkonzentrationen.

Diese Gleichsinnigkeit der Chrom- und Kohlenstoffprofile ist leicht zu erklären: Während die bei der Erstarrung eingetretene Seigerung des Chroms durch die Glühung bei 1000° C praktisch nicht verändert wird, strebt der leicht diffundierende Kohlenstoff einem Gleichgewichtszustand zu, bei dem die Kohlenstoffaktivität an allen Stellen gleich groß ist. Da im Austenit die Kohlenstoffaktivität durch Chrom vermindert wird, müssen die chromreichen Bereiche auch höhere Kohlenstoffgehalte aufweisen, damit die Bedingungen konstanter Kohlenstoffaktivität erfüllt sind. Die Kohlenstoffaktivität ist durch den mittleren Gehalt an Chrom und Kohlenstoff gegeben.

Die Kohlenstoffaktivität im reinen Austenit des Systems Fe-Cr-C bei 1000° C kann nach H. Schenck und H. Kaiser[5] berechnet werden. Trägt man die für den Gleichgewichtszustand geltenden berechneten

Kohlenstoffgehalte in Abhängigkeit vom Chromgehalt auf, so haben die sich ergebenden Isoaktivitätskurven nur eine sehr geringe Krümmung, so daß sie ohne größere Fehler über einen gewissen Bereich durch ihre Tangenten ersetzt werden können. Durch diese Linearisierung erhält man nun die Möglichkeit eines direkten Vergleichs zwischen experimentellen Ergebnissen und theoretischen Berechnunnungen.

Aus jeweils 70 bis 140 Wertepaaren der gemessenen Chrom- und Kohlenstoffkonzentrationen wurden für jede Probe die Regressionsgeraden errechnet, wobei Chrom wegen der vernachlässigbaren Meßstreuung als unabhängige Variable gewählt wurde. Die Steigung der Regression, ausgedrückt in % C/% Cr, ergibt unmittelbar die experimentelle Steigung der Isoaktivitätskurve; zusätzlich wurde auch das Streumaß der Steigung ermittelt. Vergleichsweise wurden unter Verwendung von Literaturwerten für die Kohlenstoffaktivität im γ-Gebiet von Fe-Cr-C-Legierungen bei 1000° C die theoretischen Steigungen der Isoaktivitätskurven für die 6 Proben in FOCAL auf einem Kleincomputer berechnet.

Tabelle 2 bringt die Gegenüberstellung der theoretisch und experimentell ermittelten Steigungen der Isoaktivitätskurven. Mit Ausnahme der Probe 2 ergibt sich innerhalb der experimentellen Meßgenauigkeit eine gute Übereinstimmung zwischen theoretischen und

Tabelle 2. Berechnete und gemessene Steigungen der Kurven $a_c = \text{const.}$

Probe	C (%)	Cr (%)	$\left(\dfrac{\partial C}{\partial Cr}\right)_{a_c}$ theor.	$\left(\dfrac{\partial C}{\partial Cr}\right)_{a_c}$ exp.
2	0,81	1,14	0,11526	$0,0758 \pm 0,0094$
3	0,52	3,19	0,07308	$0,0690 \pm 0,0065_7$
4	0,22	5,06	0,02950	$0,0346 \pm 0,0064$
5	0,31	5,02	0,04186	$0,0428 \pm 0,0035_6$
6	0,23	7,99	0,02862	$0,0281 \pm 0,0061_3$
7	0,16	11,32	0,01773	$0,0213 \pm 0,0050$

experimentellen Werten. Die bei Probe 2 festgestellte Abweichung von der theoretischen Erwartung hängt möglicherweise mit den beobachteten Mikrolunkern dieser Probe zusammen. Auch eine weitere Probe etwa gleicher Porigkeit aus derselben Schmelze lieferte ähnliche Resultate. Der γ-Bereich niedriger Chrom- und hoher Kohlenstoffkonzentrationen erfordert somit noch weitere Untersuchungen.

Für die vorliegende Arbeit wurde vom Bundesministerium für Handel, Gewerbe und Industrie ein Zuschuß gewährt, für den wir an dieser Stelle nochmals danken.

Zusammenfassung

Die sich als Folge der Kristallseigerung von Chrom im Dreistoffsystem Eisen-Chrom-Kohlenstoff einstellende Kohlenstoffverteilung wurde experimentell mittels Elektronenstrahlmikroanalyse untersucht. Die Zusammensetzung des Probenmaterials wurde so gewählt, daß alle Teilbereiche bei 1000° C im rein austenitischen Gebiet lagen. Durch Glühung der Proben bei 1000° C wurde unter Aufrechterhaltung der Chromseigerung eine Einstellung des Kohlenstoffs gemäß der Gleichgewichtsbedingung $a_c =$ konst. erreicht. Die abgeschreckten Proben waren carbidfrei und wiesen nur minimale Randentkohlungen auf. Die Mikrosondenmessung, deren Durchführung beschrieben wird, ergab einen gleichsinnigen Kurvenverlauf der Chrom- und Kohlenstoffkonzentrationen. Die Steigung der Regressionsgeraden für die über die gemessenen Chromgehalte angetragenen Meßwerte des Kohlenstoffs stimmt gut mit der Steigung der sich aus der Rechnung ergebenden Isoaktivitätskurven überein.

Summary

Effect on the Partition of Carbon of the Separation of Chromium Caused by Freezing

The distribution of carbon resulting from the separation of chromium crystals from the three-component system: iron-chromium-carbon was investigated by electron beam microanalysis. The composition of the sample was so chosen that at 1000° C all phases lay in the austenite region. When the samples were annealed at 1000° C, the chromium remained separated, and the carbon became distributed according to the equilibrium condition, $a_c =$ const. The quenched samples were free of carbides and exhibited only slight marginal decarburization. The microprobe measurements, the technique for the performance of which is described, showed that the chromium- and carbon concentrations varied in the same direction. The slope of the regression curves for the measured values of chromium on those of carbon agreed well with the slope of the calculated isoactivity curves.

Literatur

[1] C. Crussard, A. Kohn, C. de Beaulieu und J. Philibert, Rev. métallurg. **56**, 4, 395 (1959).

[2] A. Kulmburg, R. Blöch und K. Swoboda, Berg- und Hüttenm. Mh. **111**, 420 (1966).

[3] B. L. Henke, X-Ray Optics and Microanalysis, Paris: Hermann. 1966, S. 440—453.

[4] K. Bungardt, E. Kunze und E. Horn, Arch. Eisenhüttenwes. **29**, 193 (1958).

[5] H. Schenck und H. Kaiser, Arch. Eisenhüttenwes. **31**, 227 (1960).

Anschrift der Verfasser: Dr. R. Blöch, Dr. H. Straube und Prof. Dr. E. Plöckinger, Gebr. Böhler & Co., A.G., Edelstahlwerke, A-8605 Kapfenberg, Österreich.

Mikrochimica Acta [Wien], Suppl. 5, 1974, 137—146

Edelstahlwerk Witten AG, Witten

Die Anwendung der Mikrosonde und von Isolierungsverfahren zur Erfassung primärer und sekundärer calciumhaltiger Desoxydationsprodukte im Stahl*

Von

Joachim Bruch

Mit 4 Abbildungen

(Eingegangen am 15. Januar 1973)

In den nach üblichen Verfahren isolierten Oxiden aus Stählen, die mit calziumhaltigen Desoxydationsmitteln desoxydiert wurden, findet man relativ niedrige CaO-Gehalte, d. h. meist 2—6% (siehe Tabelle 1).

Hierauf verweisen auch A. Schöberl und Mitarbeiter[1], W. Koch[2] sowie E. Plöckinger und M. Wahlster[3]. Erstere berichten weiterhin über erhebliche Unterschiede zwischen den Ergebnissen der Mikrosonde, deren Gehalte wesentlich höher liegen, und denen der Isolierung. Sie erklären dies durch die unterschiedlichen, mit den beiden Verfahren untersuchten Bereiche. Die Ursache dieser niedrigen Gehalte in den isolierten Einschlüssen können metallurgisch, aber auch isolierungstechnisch bedingt sein.

Ein Anstoß für die im folgenden geschilderten Untersuchungen waren die Befunde bei Stahl 8. Neben der großen Differenz im Sauerstoffgehalt zwischen dem Ergebnis der Heißextraktion und der Berechnung aus Menge und Zusammensetzung der Isolate — einem Vergleich der oft nur mit Einschränkung zulässig ist — wurden mit der Mikrosonde größere Oxide mit hohen CaO-Gehalten ermittelt (Abb. 1). Unter den isolierten Oxiden konnten jedoch außer Korund

---

* Vortrag anläßlich des 6. Kolloquiums über metallkundliche Analyse mit besonderer Berücksichtigung der Elektronenstrahl-Mikroanalyse, Wien, 23. bis 25. Oktober 1972.

Tabelle 1. *Untersuchungsergebnisse an isolierten Oxiden aus mit Kalziumlegierungen desoxydierten Schmelzen*

Schmelze	Desoxid.	O in %		Analysen der Oxide in % [2]			Oxidphasen
		HE [1]	errechn.	CaO	Al_2O_3	SiO_2	
1	CaSi+Al	0,004	0,002	5	64	29	Silikatglas
2	CaSi+Al	0,005	0,003	6	59	32	Silikatglas
3	CaSi+Al	0,005	0,004	5	62	31	Silikatglas
4	CaSi+Al	0,006	0,004	5	59	33	Silikatglas
5	CaSi+Al	0,004	0,003	4	76	16	Korund u. Silikatglas
6	CaSi+Al	0,004	0,004	4	88	6	Korund u. $CaO \cdot 6Al_2O_3$
7	CaSi+Al	0,004	0,003	6	88	5	Korund u. $CaO \cdot 6Al_2O_3$
8 [3]	CaAl	0,008	0,004	2	79	9	Korund u. Spinell

[1] Heißextraktionswerte

[2] Ohne M_xO_y-Gehalte $<2\%$

[3] Oxide enthalten noch 7% MgO

und Spinell keine weiteren Verbindungen gefunden werden. Daher wurde vermutet, daß bei der Isolierung calziumhaltige Einschlüsse verlorengehen könnten.

Bei der Chlorierung, die einen wesentlichen Verfahrensschritt darstellt, kann zwar eine Bildung von Calziumchlorid möglich sein,

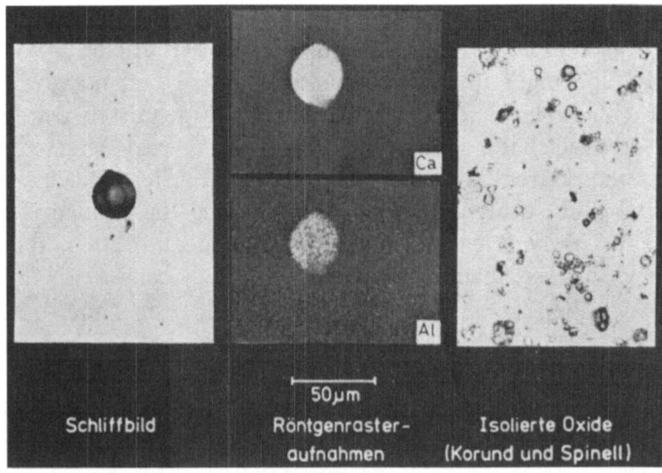

Abb. 1. Erscheinungsbilder von Oxiden der mit Ca desoxydierten Schmelze 8

das jedoch bei den angewendeten Temperaturen im Chlorierungsrückstand verbleiben würde und dort analytisch erfaßbar wäre.

Daher wurde die Einwirkung verschiedener Verfahren zur Matrixauflösung, die bei der Oxidisolierung verwendet werden, auf calziumhaltige Oxide untersucht, wobei zum kritischen Vergleich die Mikrosonde diente.

Folgende übliche Verfahren wurden angewendet:

1. Behandlung mit heißer Brom-Methanol-Lösung,
2. elektrolytische Isolierung in Salzsäure-Methanol-Lösung,
3. elektrolytische Isolierung in KBr-Natriumzitrat-Lösung.

Da wir in den Stählen aus der laufenden Produktion keine entsprechenden Einschlüsse fanden, versuchten wir zunächst ihre synthetische Herstellung. Es gelang, zwei Verbindungen in kristalliner Form herzustellen: $CaO \cdot Al_2O_3$ und $12\,CaO \cdot 7\,Al_2O_3$ mit der in Tabelle 2 wiedergegebenen Zusammensetzung. Sie wurden in mehreren Versuchen unmittelbar den genannten Isolierungsverfahren unter Einhaltung der für Stahlproben üblichen Bedingungen unterworfen.

Tabelle 2. Zusammensetzung synthetischer Calzium-Aluminate und Verhalten in verschiedenen Isolierungslösungen

A) Zusammensetzung

Struktur der Verbindungen	Anteile in %				
	Al_2O_3	CaO	M_9O	SiO_2	FeO
$CaO \cdot Al_2O_3$	63	36	0,6	< 1	< 1
$12CaO \cdot 7Al_2O_3$	50	49	0,8	< 1	< 1

B) Verluste der Calzium-Aluminate durch Behandlung mit verschiedenen Elektrolytlösungen und durch Chlorierung

Behandlungsart	Verluste in %	
	$CaO \cdot Al_2O_3$	$12CaO \cdot 7Al_2O_3$
2h 80 Vol.% Methanol u. 20 Vol.% Brom (heiß)	4—8	41—56
24h 90 Vol.% Methanol und 10 Vol.% HCL(D ~ 1,19) (kalt)	59—65	92—98
24h 5 Gew.% Na-Zitrat und 2 Gew.% K-Bromid in Wasser (kalt)	33—42	64—65
Chlorierung: 2 × 3/4h bei 350⁰ C	0,8	0,2

Wie in Tabelle 2 ersichtlich, wurde die Verbindung $12\,CaO \cdot 7\,Al_2O_3$ in Brom-Methanol-Lösung zur Hälfte, in alkoholischer Salzsäure praktisch vollständig aufgelöst. $CaO \cdot Al_2O_3$ hingegen wird in

Brom-Methanol-Lösung nur wenig angegriffen, jedoch durch KBr-haltige Zitratlösung zu mehr als einem Drittel und durch Methanol-Salzsäure zu fast zwei Drittel in Lösung gebracht. Wie vorherzusehen, tritt durch die Chlorierung praktisch kein Verlust auf.

Allgemein ist aus diesen Versuchen zu entnehmen:

1. Mit steigendem Al_2O_3-Gehalt wird die Löslichkeit der Oxide geringer.

2. Das Lösungsvermögen gegenüber Calziumaluminaten steigt in der Reihenfolge Brom-Methanol-Lösung, KBr-Natriumzitrat-Lösung, Methanol-Salzsäure.

3. Grundsätzlich besteht die Möglichkeit, daß durch Isolierungs-verfahren calziumhaltige Oxide verlorengehen, um so mehr, als die Löslichkeit nicht unabhängig von der Größe der Einschlüsse beurteilt werden kann.

Mit dem Ziel, möglichst höhere Gehalte und unterschiedliche Arten von Calziumverbindungen in Stählen zu erhalten, wurden in einem 6-kg-HF-Ofen drei unlegierte Schmelzen ohne Verwendung einer Schlacke hergestellt, mit CaSi, CaAl und AlSiCa desoxydiert und unmittelbar nach Zugabe der Desoxydationsmittel abgegossen. Derartig kleine Stahlmengen erstarren außerordentlich schnell.

Tabelle 3. Isolierungsergebnisse an Versuchsschmelzen

Schmelze und Desoxyd.	Isolierungs-bedingungen	O in % HE[1]	er-rechn.	Analysen der Oxide in %[2] CaO	Al_2O_3	SiO_2	Oxidphasen
1	Na-zitrat/KBr, elektrol.	0,014	0,015	6	86	5	Al_2O_3
Ca-Al	CH_3OH-HCl, elektrol.	0,014	0,013	5	89	4	und
	CH_3OH-Br	0,014	0,014	3	92	5	$CaO \cdot 6Al_2O_3$
2	Na-zitrat/KBr, elektrol.	0,018	0,014	4	88	7	Al_2O_3
Al-Si-Ca	CH_3OH-HCl, elektrol.	0,018	0,022	5	87	7	und
	CH_3OH-Br	0,018	0,017	6	84	9	$CaO \cdot 6Al_2O_3$
3	Na-zitrat/KBr, elektrol.	0,034	0,037	31	49	18	überwiegend
Ca-Si	CH_3OH-HCl, elektrol.	0,034	0,037	30	53	16	Glasphase
	CH_3OH-Br	0,034	0,030	32	46	19	

[1] Heißextraktionswerte
[2] Ohne M_xO_y-Gehalte $< 2\%$

Zur Isolierung der Oxide wurden Proben aus den drei Schmelzen mit den vorerwähnten Lösungen behandelt und der Rückstand chloriert. In Tabelle 3 ist der aus der Zusammensetzung der Oxide berechnete und der durch Heißextraktion bestimmte Sauerstoffgehalt aufgeführt. Es handelt sich um Mittelwerte aus mehreren Isolierungen bzw. Sauerstoffbestimmungen.

Die schwankenden Sauerstoffgehalte lassen keine Schlüsse auf Verluste zu, die durch die Isolierung entstanden sein könnten. Andererseits ist jedoch eine Tendenz erkennbar, daß bei Anwendung von Brom-Methanol-Lösung höhere CaO-Gehalte gefunden werden.

Die CaO-Gehalte der Desoxydationsprodukte der beiden ersten Stähle liegen im Rahmen des bisher Bekannten. Hier wurde neben

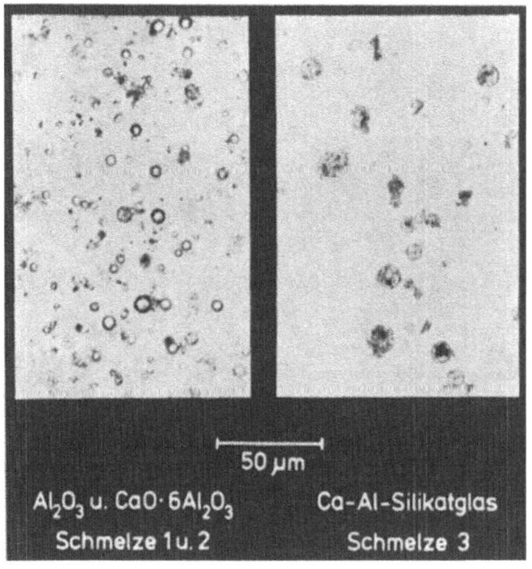

Abb. 2. Isolierte Oxide aus Versuchsschmelzen

Korund die Verbindung $CaO \cdot 6\,Al_2O_3$ festgestellt, eine Phase, die im Gitter von β-Tonerde kristallisiert. Sie ist dementsprechend sehr wenig löslich, was auch durch frühere Versuche bestätigt wurde, und tritt häufig als Desoxydationsprodukt auf.

Die Feststellung einer Glasphase als alleiniges Desoxydationsprodukt wie bei Stahl 3, die neben einem hohen CaO-Gehalt noch Al_2O_3 und SiO_2 enthält, haben wir erstmalig getroffen. Diese Phase wird zweifellos auch nur eine geringe Löslichkeit besitzen. Andere Verbindungen wurden nicht gefunden.

Abb. 2 zeigt mikroskopische Aufnahmen der isolierten Oxide. Korund und $CaO \cdot 6\,Al_2O_3$ lassen sich hier nicht voneinander unterscheiden, ihr Vorhandensein wurde durch Röntgenfeinstrukturanalyse ermittelt. Im Calzium-Aluminium-Silikatglas sind zahlreiche Ausscheidungen zu erkennen.

In den Schliffbildern (Abb. 3a typisch für alle 3 Schmelzen) wurden oxidische Einschlüsse unterschiedlicher Größe mit maximalen Durchmessern von 30 μm festgestellt.

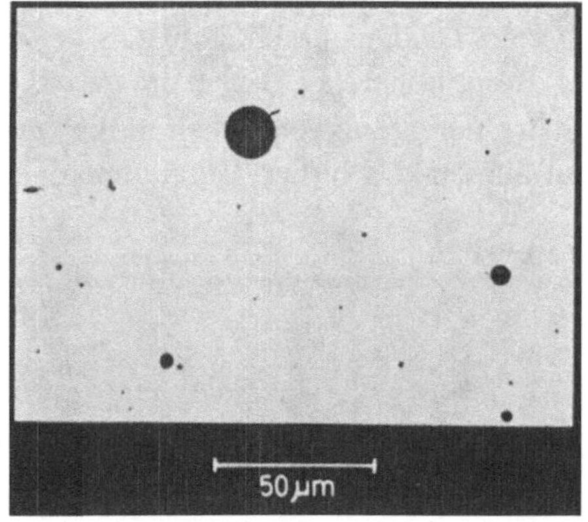

Abb. 3a. Schliffbild, typisch für Versuchsschmelzen

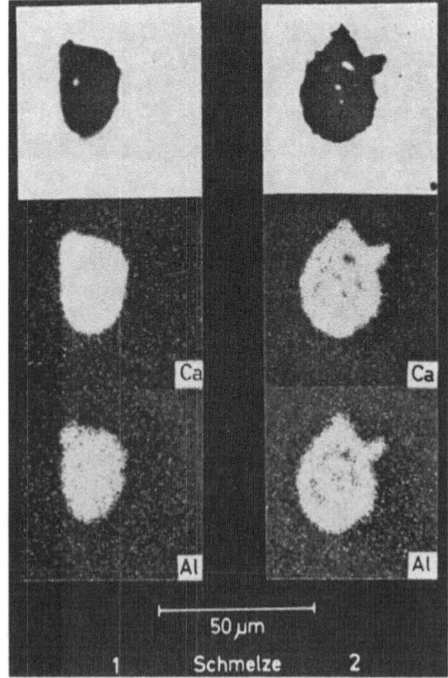

Abb. 3b. Elektronenrasterbilder der Oxide aus den Versuchsschmelzen 1 und 2

Eine deutliche Klärung der Sachlage konnte erst durch die Untersuchung mit der Mikrosonde erreicht werden. Rasteraufnahmen der großen Einschlüsse (Abb. 3b) der Stähle 1 und 2 lassen erkennen, daß es sich um Calzium-Aluminate mit höheren Calziumgehalten handelt, die bei der Isolierung nicht ermittelt wurden. Dagegen wer-

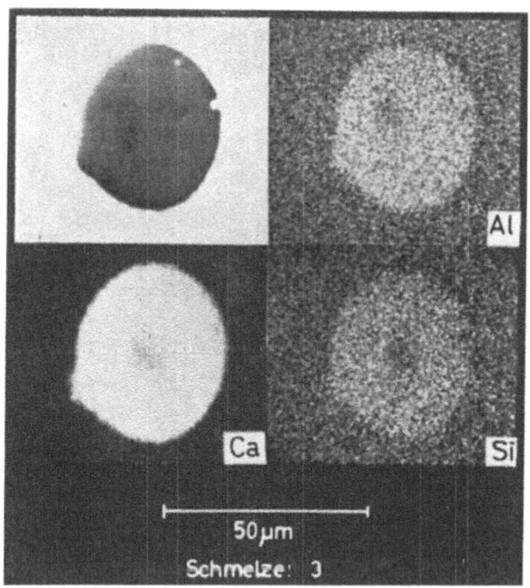

Abb. 4. Elektronenrasterbilder der Oxide aus der Versuchsschmelze 3

den die bei der Isolierung festgestellten Calzium-Aluminiumsilikate des Stahles 3 durch die Rasteraufnahmen (Abb. 4) bestätigt.

Detaillierten Einblick erhält man durch die quantitative Analyse der Einschlüsse mit der Mikrosonde (Tabelle 4). Die großen Oxide der Stähle 1 und 2 haben CaO-Gehalte, die weit über dem mittleren Gehalt der Isolate liegen und dort auch mikroskopisch nicht festgestellt wurden. Es handelt sich hauptsächlich um Calzium-Aluminate der Form $CaO \cdot Al_2O_3$, $CaO \cdot 2\,Al_2O_3$ und $3\,CaO \cdot 5\,Al_2O_3$. Diese Verbindungen scheinen bei der Isolierung überwiegend gelöst worden zu sein. Das bei der Isolierung ebenfalls gefundene $CaO \cdot 6\,Al_2O_3$, das sich in Form kleinerer Einschlüsse bis etwa 10 μm Durchmesser ausgeschieden hatte, wurde durch die Untersuchung mit der Mikrosonde ebenfalls festgestellt.

Die als Glasphase in Stahl 3 vorhandenen Calzium-Aluminium-Silikate zeigen eine ähnliche Tendenz wie die vorher erwähnten Oxide in dem Sinne, daß mit der Größe auch die Calziumgehalte ansteigen. Da hier kein Korund auftritt, kann man schließen, daß die kleineren Einschlüsse noch etwas niedrigere CaO-Gehalte aufweisen.

Die vorliegenden Ergebnisse erscheinen auch von metallurgischen Gesichtspunkten her verständlich zu sein. Bei der Bildung der primären Desoxydationsprodukte herrscht gegenüber dem gelösten

Tabelle 4. *Quantitative Analysen mit der Mikrosonde an Oxiden unterschiedlicher Größen der Versuchsschmelzen*

Schmelze	Einschluß-größe (μm)	Analysen der Oxide (%)			Errechnete Verbindung
		CaO $\bar{x}$	Al_2O_3 $\bar{x}$	SiO_2 $\bar{x}$	
1	~20	19	81 (Rest)		~$CaO \cdot 2Al_2O_3$
	~20	24	76 (Rest)		~$3CaO \cdot 5Al_2O_3$
	~6	9	91		~$CaO \cdot 6Al_2O_3$
2	~20	20	80 (Rest)		~$CaO \cdot 2Al_2O_3$
	~20	33	67 (Rest)		~$CaO \cdot Al_2O_3$
	~9	12	90		($CaO \cdot 4Al_2O_3$)
	~9	9	95		~$CaO \cdot 6Al_2O_3$
3	~30	36	27	29	Glasphase
	~30	40	27	30	Glasphase
	~7	23	36	39	Glasphase

Sauerstoff ein großes Angebot an Calzium, was teilweise über Zusammenballungen zur Bildung großer Oxide mit hohen Calziumoxidgehalten bis zu 40% führt.

Dieses durch die Analyse mit der Mikrosonde festgestellte Ergebnis steht im Gegensatz zu den Befunden von E. Plöckinger und M. Wahlster[3], die — ohne Angabe des Analysenverfahrens — bei der Desoxydation mit Calzium-Silizium in den primären Desoxydationsprodukten etwa 6% CaO, mit Kalzium-Aluminium meist unter 3% CaO fanden. Dagegen berichtet W. Koch[2] von wesentlich höheren Calziumgehalten der Blockschäume, d. h. der im Block noch aufgestiegenen Desoxydationsprodukte gegenüber den im Block verbleibenden Einschlüssen.

Die bei der vorliegenden Untersuchung gefundenen hohen CaO-Gehalte weisen auf eine starke Wirkung des Calziums als Desoxydationsmittel hin, was teilweise angezweifelt wurde[4,5]. Die kleineren Oxide entstehen überwiegend erst bei der Abkühlung und Erstarrung der Schmelze und — durch die sehr geringe Löslichkeit der Eisenschmelze für Calzium bedingt — mit geringeren CaO-Gehalten, wie z. B. $CaO \cdot 6\,Al_2O_3$.

Da die größeren Desoxydationsprodukte in technischen Schmelzen überwiegend schon in der Pfanne aus der Schmelze aufsteigen, wird aber auch verständlich, daß man nur selten Desoxydationsprodukte mit hohen Calziumgehalten in Stählen findet.

Zusammenfassung

Soweit es sich um Oxide handelt, die nicht als Calzium-Aluminium-Silikatglas vorliegen, haben die Untersuchungen an synthetischen und natürlichen Desoxydationsprodukten gezeigt, daß ein Teil calziumhaltiger Einschlüsse mehr oder weniger bei der Isolierung gelöst wird, wobei unter den in die Untersuchung einbezogenen Verfahren das zur Lösung der metallischen Matrix benutzte Verfahren mit Brom-Methanol am schonendsten ist. Das korundähnliche $CaO \cdot 6\,Al_2O_3$ scheint demgegenüber bei der Isolierung stabil zu sein.

Mit der Mikrosonde können dagegen derartige Einschlüsse untersucht werden. Im vorliegenden Fall wurde auf diese Weise eindeutig nachgewiesen, daß die Primäroxide der Desoxydation mit calziumhaltigen Desoxydationsmitteln teilweise sehr hohe CaO-Gehalte aufweisen. Die Grenzen der Anwendbarkeit der Mikrosonde sind durch die Größe der Einschlüsse gezogen.

Häufig wird nur die Kombination mehrerer Verfahren zu richtigen Ergebnissen führen, da — wie beschrieben — die Art und Zusammensetzung großer und kleiner Einschlüsse sehr verschieden sein kann. Wesentlich ist, die Möglichkeiten und Grenzen der Verfahren zu kennen.

Summary

The Use of Microprobes and of Separation Procedures to Investigate Primary and Secondary Calcium-containing Deoxidation Products in Steel

The investigations of synthetic and natural deoxidation products have shown that so far as oxides which are not present as calcium-aluminium silicate glass are concerned, a part of the calcium-containing inclusions are more or less dissolved during the isolation. Of the methods used in this investigation, the procedure for dissolving the metallic matrix with bromine and methanol is the gentlest. On the other hand, the corundum-like substance $CaO \cdot 6\,Al_2O_3$ appears to be stable during the isolation. The microprobe permits the investigation of all types of inclusions, however. In this way it has been proved beyond doubt that the primary products of deoxidation with calcium-containing deoxidizers have very high CaO contents in some cases. The limits of application of the microprobe are set by the size of the inclusions.

In many cases correct results are obtained only by a combination of several procedures, since — as is described — the nature and composition of large and small inclusions can be extremely varied. It is important to recognize the potentialities and limits of the procedures.

Literatur

[1] A. Schöberl, E. Horst und W. Schwarz, Radex-Rdsch. **3**, 170 (1960).
[2] W. Koch, Stahl und Eisen **81**, 1592 (1961).

[3] E. Plöckinger und M. Wahlster, Stahl und Eisen **80**, 659 (1960).

[4] H. Höfges und J. Willems, Stahl und Eisen **71**, 754 (1951).

[5] C. E. Sims und C. W. Briggs, J. Metals **11**, 815 (1959).

Anschrift des Verfassers: Dr. J. Bruch, Edelstahlwerk Witten AG, D-5810 Witten, Bundesrepublik Deutschland.

Mikrochimica Acta [Wien], Suppl. 5, 1974, 147—148

Die Bestimmung von Calzium-Silikat-Einschlüssen im Stahl

Diskussionsbeitrag zum Vortrag von J. Bruch

Von H.-J. Spies

Mit 2 Abbildungen

Die Beobachtung, daß CaO-haltige Einschlüsse durch die Rückstandsisolierung nur bedingt nachweisbar sind, deckt sich mit Erfahrungen des Edelstahlwerkes Freital. Untersuchungen an den Stahlmarken 20 MnCr 5 und 100 Cr 6 ergaben für verschiedene Desoxydationsvarianten nach der Rückstandsisolierung CaO-Gehalte zwischen 0 und 8 %. Durch die Elektronenstrahl-Mikroanalyse wurden dagegen an den gleichen Proben vorwiegend CaO-haltige Einschlüsse nachgewiesen. Hauptsächlich traten die folgenden zwei Formen oxydischer Einschlüsse auf:

1. Runde, durchsichtige, zweiphasige Einschlüsse (Abb. 1). Der Anteil der 2. Phase und parallel dazu die Eigenschaften veränderten

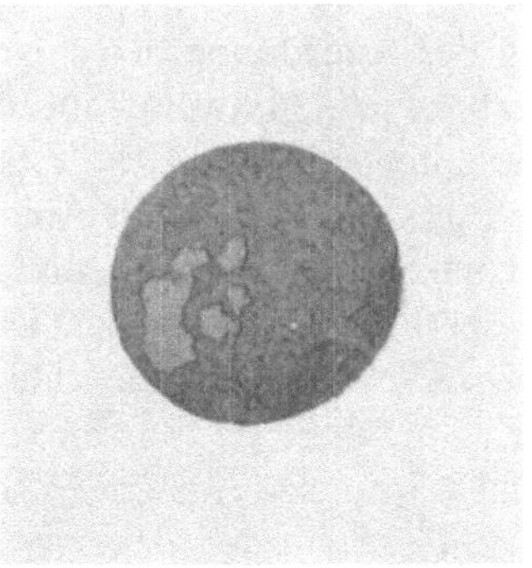

Abb. 1. Erscheinungsformen kugelförmiger Einschlüsse mit hohem CaO- und Al₂O₃-Gehalt. V = 500 : 1

sich von Einschluß zu Einschluß in weiten Grenzen. Die Grundmasse der Einschlüsse enthält vorwiegend CaO und Al_2O_3 sowie wachsende Gehalte an SiO_2. Die Phasen im Einschlußinneren weisen einen hohen

Al_2O_3-Gehalt auf. Bei einigen Einschlüssen konnte nachgewiesen werden, daß diese Phasen kein CaO und SiO_2, sondern nur Al_2O_3 und MgO neben Spuren von MnO enthalten.

2. Körnige Einschlüsse unregelmäßiger Form mit hohem Al_2O_3-Gehalt, geringem CaO-Gehalt und z. T. Spuren von MgO. Nach Reliefpolieren bzw. bei Untersuchung im Interferenzkontrast ist auch bei diesen Einschlüssen deutlich ein mehrphasiger Aufbau zu erken-

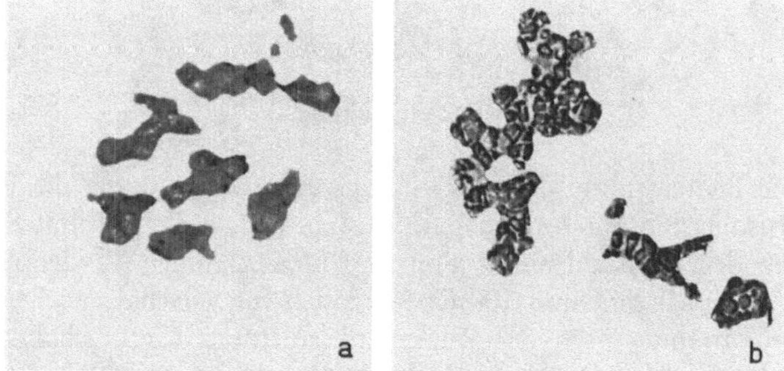

Abb. 2. Erscheinungsformen hoch Al_2O_3-haltiger Einschlüsse. $V = 500 : 1$

nen (Abb. 2). Sie bestehen offensichtlich aus miteinander „verkitteten" Einschlußkörnern, deren Größe zwischen 2 und 10 μm schwankt. Die Masse zwischen den einzelnen Körnern besteht hauptsächlich aus Al_2O_3.

Aus der Ermittlung der Anordnung der einzelnen Einschlüsse im Erstarrungsgefüge ergaben sich Hinweise auf den Zeitpunkt ihres Entstehens und ihr Verhalten während des Erstarrens. Die Entwicklung des Erstarrungsgefüges erfolgte durch Anlaßätzung von gehärteten Schliffen. Bei der nachfolgenden Einschlußauszählung war deshalb eine Zuordnung der Einschlüsse zu den Dendritenachsen bzw. den Restfeldern möglich. Die kugeligen Einschlüsse traten bevorzugt in den Dendritenachsen auf, d. h. sie müssen schon vor Beginn des Erstarrens in der flüssigen Schmelze entstanden sein. Die hoch Al_2O_3-haltigen, körnigen Einschlüsse wurden dagegen überwiegend in den Restfeldern gefunden. Auf Grund ihrer Menge können diese Einschlüsse nicht nur als sekundäre Desoxydationsprodukte entstanden sein. Vielmehr muß angenommen werden, daß es sich hier z. T. um primäre Einschlüsse kritischer Größe handelt, die auf Grund ihrer Grenzflächeneigenschaften nicht als Kristallisationskeim wirken und sich deshalb in der Restschmelze anreichern.

Mikrochimica Acta [Wien], Suppl. 5, 1974, 149—160

Institut für Werkstoffwissenschaften III (Glas und Keramik) der Technischen
Fakultät der Universität Erlangen-Nürnberg

Eine Methode zur Verhinderung unzulässiger Probenerwärmung, zur Verbesserung der Zählstatistik sowie ein Korrekturverfahren zur Bestimmung kleiner Diffusionskoeffizienten bei Mikrosondenmessungen*

Von

Heinrich Engelke und Gerhard Tomandl

Mit 6 Abbildungen

(Eingegangen am 15. Januar 1973)

Die Ermittlung chemischer Diffusionskoeffizienten ist für das Fachgebiet Glas und Keramik ebenso von wissenschaftlichem wie von technischem Interesse. Unter den vielen sich anbietenden Methoden zur Ermittlung von Konzentrationsprofilen nach dem Diffusionsprozeß zeichnet sich die Elektronenstrahl-Mikrosonde in der Regel durch folgende Vorteile aus:

1. Die Messung praktisch aller in Frage kommenden Elemente ist möglich;

2. die Probe kann im Anschliff relativ schnell vermessen werden, eine aufwendige Abtragung der Probe in dünnen Schichten ist nicht erforderlich und

3. die örtliche Auflösung ist recht hoch, d. h. es können noch relativ kleine Diffusionskoeffizienten bei gleicher Diffusionszeit bestimmt werden.

Im vorliegenden Fall sollte die chemische Diffusion an alkalireichen Gläsern gemessen werden; dabei waren zwei Aufgaben zu

---

* Vortrag anläßlich des 6. Kolloquiums über metallkundliche Analyse mit besonderer Berücksichtigung der Elektronenstrahl-Mikroanalyse, Wien, 23. bis 25. Oktober 1972.

lösen: einerseits mußte eine Methode gefunden werden, um Konzentrationsmessungen an diesen Gläsern vornehmen zu können, ohne daß sich die Zusammensetzung der Probe unter der Einwirkung des Elektronenstrahls ändert. Weiterhin war es zur Ermittlung kleiner Diffusionskoeffizienten notwendig, das gemessene Konzentrationsprofil bezüglich der Breite und Form der mit dem Elektronenstrahl analysierten Zone zu entfalten.

1. Methode zur Vermeidung unzulässiger Probenerwärmung und zur Verbesserung der Zählstatistik

Die Diffusionsproben, an denen die Konzentrationsprofile ermittelt werden sollten, waren als Sandwichproben aus zwei Glasstücken verschiedener chemischer Zusammensetzung zusammengefügt und dem Diffusionsprozeß unterworfen worden. Die chemische Zusammensetzung der beiden Glassorten ist in Tabelle 1 wiedergegeben.

Tabelle 1. *Chemische Zusammensetzung der Gläser für die Diffusionsproben*

	Glas A (Gew.-%)	Glas B (Gew.-%)	Glas A (Mol.-%)	Glas B (Mol.-%)
SiO_2	73,95	73,97	78,07	79,53
K_2O	15,42	19,49	10,38	13,36
CaO	9,94	5,92	11,24	6,82
Al_2O_3/Fe_2O_3	0,09	0,08	0,06	0,05
MgO	0,07	0,07	0,11	0,11
Na_2O	0,14	0,12	0,14	0,12
Glühverlust 550—600° C	0,25	n. b.	—	—

Wie man sieht, wurde bei den Gläsern im wesentlichen K_2O gegen CaO ausgetauscht. Nach dem Diffusionsprozeß wurde eine derartige Probe in üblicher Weise gesägt, geschliffen, poliert und mit Kohle bedampft.

Messungen mit einer Mikrosonde (JEOL JXA-3 A) mit 25 kV Beschleunigungsspannung, 200 nA Strahlstrom und etwa 1 μm Strahldurchmesser brachten Ergebnisse, wie sie als Schreiberdiagramm in Abb. 1 wiedergegeben sind. Dabei wurde die Probe mit 20 μm/min in Diffusionsrichtung bewegt und die Kalium- und Calcium-Kα-Strahlung registriert.

Das gemessene Konzentrationsprofil steht auch nach den üblichen Sondenkorrekturrechnungen im Widerspruch zu den wirklich vorliegenden Konzentrationen: Im Schreiberdiagramm fallen registrierte Kalium- und Calcium-Kα-Strahlung in derselben Richtung ab, während in den Ausgangsgläsern K_2O gegen CaO ausgetauscht wurde und diese Konzentrationsverhältnisse wenigstens in genügendem Abstand von der Diffusionszone vorgefunden werden müßten.

Der auftretende systematische Fehler konnte auf ein Verschwinden des Kaliums aus der gerade analysierten Zone unter der Ein-

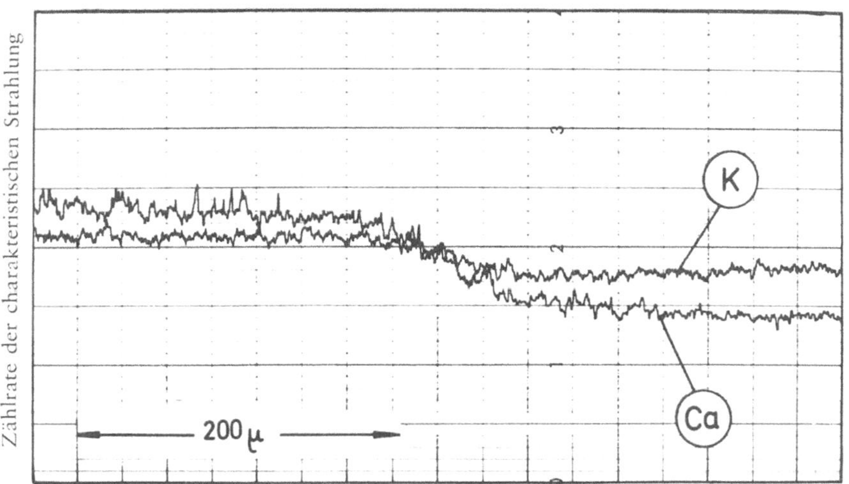

Abb. 1. Diffusionsprofil über eine Glasprobe mit systematisch falsch wiedergegebenem Kaliumgehalt (Näheres im Text)

wirkung des Elektronenstrahls zurückgeführt werden. Einen Beweis hierfür liefert das in Abb. 2 gezeigte Schreiberdiagramm. Bei dieser Messung wurden Kalium- und Calcium-Kα-Strahlung von homogenem Glasmaterial der Zusammensetzung des Glases B der Tabelle 1 registriert. Dabei wurde die Probe zunächst mit 20 μm/min bewegt und dann plötzlich angehalten (Pfeil). Die nach Anhalten der Probe registrierte Intensität an Kalium-Kα-Strahlung fällt unmittelbar stark ab, während die nachgewiesene Menge an Calcium leicht ansteigt: Nach Verschwinden des Kaliums ist im gerade analysierten Probenbereich relativ mehr Calcium vorhanden als vorher.

Für dieses Verschwinden des Kaliums aus der gerade analysierten Zone lassen sich besonders für Gläser und Mineralien mit höherem K_2O-Gehalt Hinweise in der Literatur finden[1,2,3,4]. Interessant ist jedoch im vorliegenden Fall, daß bei den verwendeten Glasproben die Verminderung des nachgewiesenen Kaliumgehalts im K_2O-reichen Glas so rasch vor sich ging, daß aus diesem Glas im Endeffekt weniger Kalium-Kα-Strahlung registriert wurde, als aus dem an K_2O-ärmeren Glas.

Um das Verschwinden des Kaliums unter der Einwirkung des Elektronenstrahls aus der gerade analysierten Zone zu verhindern, bieten sich mehrere Wege und deren Kombinationen an: Man kann

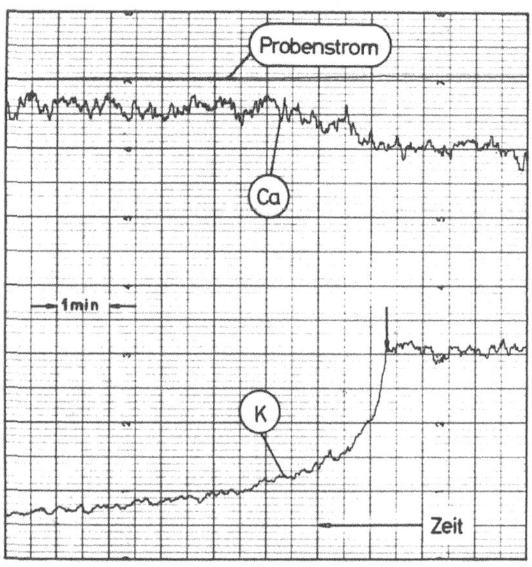

Abb. 2. Zeitliche Änderung der registrierten Konzentration durch die Einwirkung des Elektronenstrahls auf die Probe

einerseits versuchen, durch Aufbringen einer geeigneten Aufdampfschicht wenigstens das Verschwinden des Kaliums durch die Probenoberfläche zu vermeiden bzw. zu verhindern. Andererseits ist auch eine Verminderung der Belastung der Probenoberfläche durch den Elektronenstrahl möglich und zwar durch einen größeren Elektronenstrahldurchmesser an der Probenoberfläche oder durch kleinere Beschleunigungsspannung des Elektronenstrahls oder durch einen kleineren Strahlstrom. Bei entsprechenden Versuchen ergab sich, daß entweder der Durchmesser des Elektronenstrahls auf etwa 25 μm vergrößert werden mußte oder daß die Beschleunigungsspannung auf 10 kV oder der Strahlstrom auf weniger als etwa 10 nA herabgesetzt werden mußten, wenn man das Verschwinden des Kaliums bei kohlebedampften Proben vermeiden wollte.

Durch eine solche Verminderung von Beschleunigungsspannung oder Strahlstrom wurden die Zählraten derart klein und die Meßzeiten entsprechend lang — der Faktor war in der Größenordnung von 30 —, daß diese Methoden nicht in Betracht gezogen werden konnten. Ebensowenig kam eine Vergrößerung des Elektronenstrahldurchmessers auf etwa 25 μm in Frage wegen der auftretenden kleinen Diffusionskoeffizienten und damit verbundener Forderung nach hoher örtlicher Auflösung.

Quantitative Messungen an den vorliegenden Glassandwiches wurden schließlich möglich durch die Wahl einer geeigneten Aufdampfschicht (etwa 400 nm Aluminium) und durch eine spezielle Meßmethode, die im folgenden beschrieben werden soll.

Die Meßmethode macht davon Gebrauch, daß sich bei Diffusionsproben der beschriebenen Art (Sandwichproben) die Konzentration der diffundierenden Elemente nur in Diffusionsrichtung ändert; senkrecht zu ihr, auf Geraden parallel zur ehemaligen Trennfläche herrscht überall die gleiche Konzentration. Über eine solche Gerade läßt man nun den Elektronenstrahl schnell rastern, indem man die Sonde in der Betriebsart „Flächenscann" betreibt, aber den elektronischen Zeilenvorschub abstellt, so daß eben nur eine Linie immer wieder abgerastert wird. Bei der verwendeten JEOL-Sonde können so Linien von 40, 80, 160 bzw. 320 μm Länge mit 50 Hz durchfahren werden. Wie in Abb. 3 zu sehen ist, wird nun der Weg, über den der scharfe Elektronenstrahl rastert, parallel zur ehemaligen

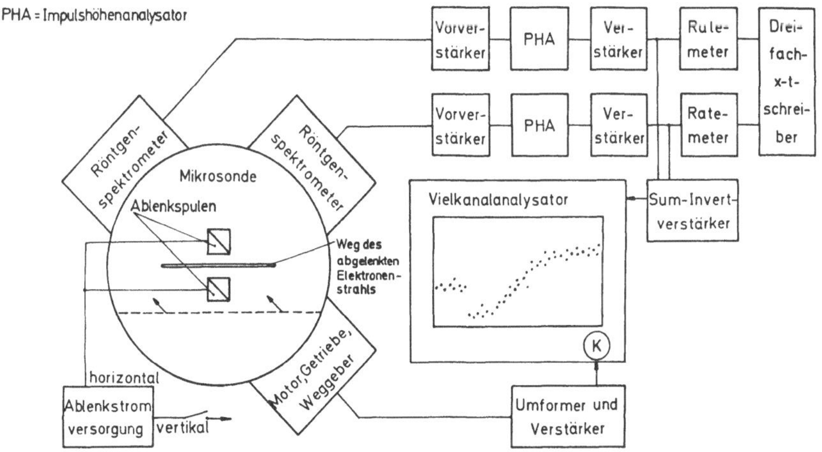

Abb. 3. Blockschaltbild zum verwendeten Meßverfahren

Trennlinie der verschiedenen Glassorten (gestrichelte Linie) gelegt. Wegen der Abweichung des Elektronenstrahls bei seinem Weg über die abzurasternde Gerade aus den Schnittpunkten der Rowland-Kreise der Röntgenspektrometer werden zwar von den Enden der abgerasterten Geraden weniger Impulse der charakteristischen Strahlung in die Spektrometer gelangen als aus der Mitte der Geraden um den Schnittpunkt der Rowland-Kreise herum. Das geschieht jedoch in

gleicher Weise für alle nacheinander in Abhängigkeit von der Ortskoordinate in Diffusionsrichtung durchzumessenden Geraden, über
die der Elektronenstrahl jeweils schnell rastert. So muß dieser Effekt
nicht korrigiert werden. Für die Aufnahme der Konzentrationsprofile
wird nun die Probe wie bei einer Messung mit stehendem Strahl
langsam mechanisch bewegt. Im Fall der verwendeten JEOL-Sonde
war das nur unter einem Winkel von 45⁰ zur Diffusionsrichtung
möglich; so müssen die Vorschubwege durch Multiplikation mit
$1/\sqrt{2}$ in Längen in Diffusionsrichtung umgerechnet werden.

Es kamen nun zwei Registriermöglichkeiten in Frage: Einmal
wurden die gemessenen Impulsraten über ein Ratemeter auf einen

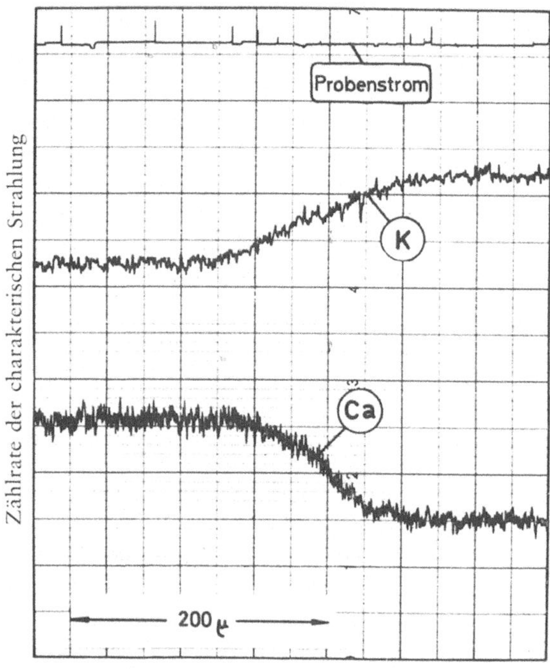

Abb. 4. Konzentrationsverläufe in einer Diffusionsprobe

Schreiber gegeben. Ein so registriertes Ergebnis zeigt die Abb. 4. Der
Konzentrationsverlauf wird richtig wiedergegeben in Übereinstimmung mit den naßchemischen Analysen der beiden Standards, die in
jeder Probe in Form der nicht durch Diffusion veränderten Ausgangs-
gläser vorhanden sind.

Die zweite Registriermethode ist in Abb. 3 bereits skizziert: Um
eine bessere Statistik zu erhalten, soll die Meßstrecke mehrmals

durchlaufen und sollen die Impulsraten aufaddiert werden. Diese Addition geschieht durch Verwendung eines Vielkanalanalysators. Dieses handelsübliche Gerät (z. B. Victoreen/Tullamore PIP 400) wurde über einen Weggeber mit dem mechanischen Probenvorschub gekoppelt. Man kann so die Strecke, längs der die Konzentration

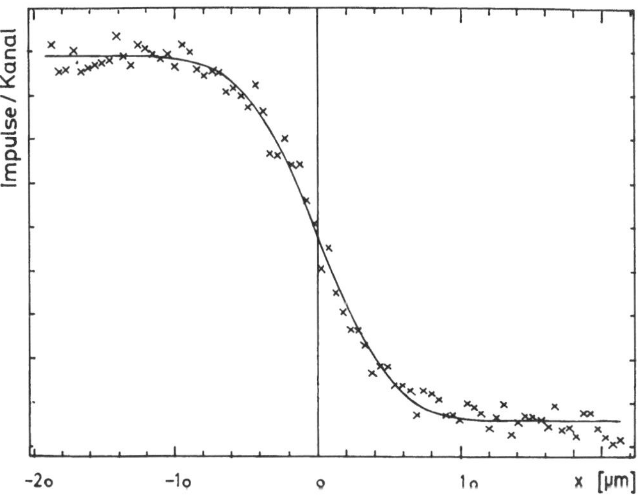

Abb. 5. Gemessenes Konzentrationsprofil für Calcium (Kreuzchen) mit approximierter Kurve. Diffusionstemperatur 690°C, Diffusionszeit 6,69 Tage

ermittelt werden soll, in bis zu 400 äquidistante Abschnitte zerlegen und jedem Abschnitt ein eigenes elektronisches Addierwerk zuordnen, in dem die aus diesem Abschnitt kommenden Röntgenimpulse addiert werden. So ist es möglich, für jedes Streckenstück die Zählraten beliebig vieler Durchläufe der Meßstrecke zu registrieren. Da mit einem Vielkanalanalysator nur die Zählrate für ein Element verarbeitet werden kann, wurden beide Röntgenspektrometer der Mikrosonde auf das gleiche Element eingestellt und die Summe der Impulse dem Vielkanalanalysator zugeführt. Die Ausgabe der Impulszahlen erfolgt numerisch; eine so aufgenommene Konzentrationskurve ist in Abb. 5 wiedergegeben: die eingezeichneten Kreuzchen sind die ausgegebenen Zählraten. Die numerische Ausgabe der Impulszahlen legt eine Weiterverarbeitung über einen Elektronenrechner nahe: die ausgezogene Kurve stellt eine nach der Methode der kleinsten Fehlerquadrate optimal durch die Meßpunkte gehende Funktion entsprechend der Lösung der Diffusionsgleichung bei den gegebenen Anfangs- und Randbedingungen dar, es handelt sich um ein Fehlerintegral. Aus einer solchen Kurve kann der zugehörige Diffusionskoeffizient direkt bestimmt werden, wenn die Breite der mit

dem Elektronenstrahl analysierten Zone klein gegen die Eindringtiefe der diffundierenden Komponenten ist; andernfalls muß unten
beschriebene Methode zur Berücksichtigung der Breite der analysierten Zone angewandt werden.

Die oben beschriebene Methode zur Verbesserung der Statistik
ist trivialerweise auch mit einem stillstehenden Elektronenstrahl
möglich, unter dem die Probe gleichmäßig bewegt wird, um so die
Konzentrationsverläufe längs einer Linie zu bestimmen. Vom Vielkanalanalysator aus gesehen kann man auch den Elektronenstrahl
z. B. mit 50 Hz elektronisch über die Meßstrecke rastern lassen; die
Zuordnung der Impulse zu den entsprechenden Teilstücken wird
auch bei dieser Frequenz noch sicher vorgenommen. Wegen der stark
absinkenden Zählraten beim Weggehen des Elektronenstrahls aus
dem Schnittpunkt der Rowland-Kreise ist dieses Verfahren jedoch
bei der verwendeten Sonde wenig sinnvoll.

2. Entfaltung von effektivem Strahlendurchmesser und zu messendem Konzentrationsverlauf

Die in der Probe gestreuten schnellen Elektronen haben in einem
wesentlich größeren Bereich, als es dem Durchmesser des Elektronenstrahls entspricht, noch genügend Energie, um charakteristische Strahlung anzuregen[5]. Für die Messung örtlich eng begrenzter Konzen-
trationsänderungen ist es notwendig, den effektiven Strahlendurch-
messer oder genauer die Form und Breite der auf diese Weise analysierten Zone zu ermitteln. Die gemessenen Konzentrationsprofile
stellen nämlich eine Faltung der wahren Konzentrationsprofile mit
der analysierten Zone dar und müssen gegebenenfalls entfaltet werden. Für Mikrosondenmessungen liegen in der Literatur nur Betrachtungen vor, bis zu welchen Breiten der effektive Strahldurchmesser
keinen Einfluß auf die Bestimmung von Diffusionskoeffizienten
hat[6], genauere Angaben über die Form der analysierten Zone werden nicht gemacht.

Zur Bestimmung des Profils der analysierten Zone kann man
günstigerweise so vorgehen, daß man sich eine echte Konzentrationsstufe herstellt und diese dann mit der Sonde ausmißt. Das Ergebnis
ist ein Profil, das die Faltung von analysierter Zone mit einer Stufen-
funktion darstellt, und aus dem man die Form der analysierten
Zone durch Differentiation erhalten kann. Als Probe mit stufenför-
migem Konzentrationsverlauf diente bei den vorliegenden Messungen eine Diffusionsprobe, bei der Diffusionsdauer und -temperatur
so gewählt waren, daß die Eindringtiefe der interessierenden Komponenten unter 0,2 μm lag. Das Ergebnis einer Messung über diese

Probe sind die in Abb. 6 als Kreuzchen wiedergegebenen Meßpunkte. Sie lassen sich gut durch ein Fehlerintegral (ausgezogene Kurve) approximieren. Durch Differentiation erhält man aus dieser Kurve

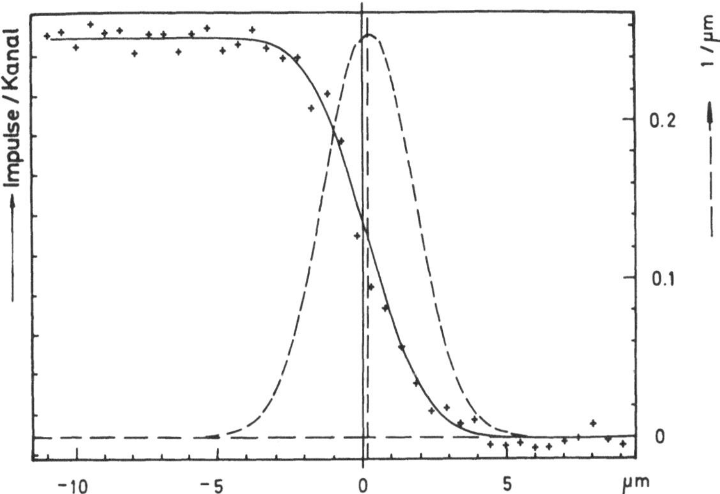

Abb. 6. Meßkurve über eine Konzentrationsstufe (Meßpunkte und approximierte, ausgezogene Kurve) und daraus berechnete Form der analysierten Zone (gestrichelt)

die gestrichelt eingezeichnete Form der analysierten Zone. Es ist eine Gaußfunktion, im vorliegenden Fall beträgt die Halbwertbreite knapp 4 μm.

Der über die Konzentrationsstufe gemessene Konzentrationsverlauf täuscht durch die Einwirkung des Profils der analysierten Zone einen Diffusionsvorgang und ein entsprechendes $(D_a t_a)^*$ vor, welches der Meßkurve einfach entnommen werden kann. Für den Fall, daß man die Sandwichprobe behandeln kann, als ob sie aus zwei halbunendlichen Teilen bestünde, und falls der Diffusionskoeffizient konzentrationsunabhängig ist, gilt mit oben ermittelter Form der analysierten Zone dann die einfache Korrekturvorschrift:

$$D t = D_g t - (D_a t_a) \tag{1}$$

D = Diffusionskoeffizient

t = Diffusionszeit

D_g = aus Meßkurven direkt ermittelte, unkorrigierte Größe

$(D_a t_a)$ = entsprechende Größe aus Messungen über eine Konzentrationsstufe = Breitenparameter der analysierten Zone.

---

* Indizierung und Klammern sollen daran erinnern, daß es sich hier um eine einzige Größe handelt, die auf den Breitenparameter der analysierten Zone zurückgeht und sinnvoll nicht in ein D_a und t_a zerlegt werden kann.

Der Beweis für die Korrekturformel befindet sich im Anhang.

Damit braucht man im behandelten Fall neben den durch Diffusion entstandenen Konzentrationsprofilen nur einmal eine Messung über eine Konzentrationsstufe durchzuführen, um mit dem daraus ermittelten Parameter $(D_a t_a)$ alle Diffusionskoeffizienten nach obiger Formel korrigieren zu können. Als Beispiel werde nun die in Abb. 5 für die Calciumdiffusion wiedergegebene Meßkurve behandelt. Ohne Korrektur ergibt sich ein Diffusionskoeffizient, D_g, von $14,5 \cdot 10^{-14}$ cm²/s. Aus der in Abb. 6 wiedergegebenen Meßkurve über eine Konzentrationsstufe ergibt sich ein $(D_a t_a)$ von $1,23 \cdot 10^{-8}$ cm². Nach der Korrekturformel (1) folgt damit ein korrigierter Diffusionskoeffizient von $12,4 \cdot 10^{-14}$ cm²/s. Obwohl die Eindringtiefe der betrachteten Komponente deutlich größer ist als die Breite der analysierten Zone ergibt sich dennoch eine Korrektur von 17%.

Produkte von Diffusionskoeffizient und Diffusionszeit, $D \cdot t$, die genau so groß wie $(D_a t_a)$ sind, lassen sich unter Verwendung der Korrekturformel (1) noch zuverlässig bestimmen. Damit sind bei den vorliegenden Verhältnissen und einer Diffusionszeit von 10^6 Sekunden noch Diffusionskoeffizienten von etwa $1 \cdot 10^{-14}$ cm²/s zuverlässig zu bestimmen. Für Diffusionsmessungen bei den meisten Metallen dürften die Verhältnisse infolge weniger ausgedehnter analysierter Zonen noch günstiger liegen.

Die Verfasser danken Herrn Prof. Dr. H. J. Oel für wertvolle Diskussionen und sein förderndes Interesse, sowie Frau B. Schaeffer für die Durchführung der chemischen Analysen.

Anhang

Für einen konzentrationsunabhängigen Diffusionskoeffizienten lautet die Lösung des zweiten Fickschen Gesetzes für eine Sandwichprobe bei gleicher Löslichkeit der diffundierenden Komponenten in beiden Teilsystemen, wenn diese als halbunendlich behandelt werden können, bei den gegebenen Anfangs- und Randbedingungen:

$$c\,(x) = c_0 + c_1 \left[1 + \Phi \left(\frac{x - x_0}{2 \sqrt{Dt}} \right) \right]$$

$c\,(x)$ = Konzentration der diffundierenden Komponente in Abhängigkeit von der Ortskoordinate x in Diffusionsrichtung,

c_0 = $c\,(-\infty)$,

c_1 = $^1/_2 \left[c\,(\infty) - c\,(-\infty) \right]$,

x_0 = Lage der ehemaligen Trennfläche,

$\Phi\,(x)$ = Fehlerintegral = $\dfrac{2}{\sqrt{\pi}} \displaystyle\int_0^x \exp\,(-z^2)\,dz$,

D = Diffusionskoeffizient, t = Diffusionszeit.

Gemessen wird die Faltung dieses Konzentrationsverlaufs mit dem Profil der analysierten Zone, $P(y)$, das ermittelt wurde als:

$$P(y) = \frac{1}{\sqrt{4\pi (D_a t_a)}} \exp\left[-y^2/4 (D_a t_a)\right], \text{ mit: } (D_a t_a) = \text{Breitenparameter.}$$

Bezeichnet man die gemessene Konzentration mit $c_g(x)$, und führt man zur Abkürzung ein:

$$A_a = 4 (D_a t_a); \quad A = 4 Dt,$$

so gilt:

$$c_g(x) = \int_{-\infty}^{+\infty} P(z-x) \, c(z) \, dz = \int_{-\infty}^{+\infty} P(y) \, c(y+x) \, dy, \text{ mit: } y = z - x.$$

$$\frac{dc_g(x)}{dx} = \int_{-\infty}^{+\infty} P(y) \, c'(y+x) \, dy = \frac{2c_1}{\pi \sqrt{A_a A}} \int_{-\infty}^{+\infty} \exp\left\{ \frac{y^2}{A_a} - \frac{(y+x-x_0)^2}{A} \right\} dy.$$

Mittels quadratischer Ergänzung folgt daraus:

$$\frac{dc_g(x)}{dx} = \frac{2c_1}{\pi \sqrt{A_a A}} \int_{-\infty}^{+\infty} \exp\left\{ -\frac{A_a + A}{A_a A}\left(y + \frac{A_a(x-x_0)}{A_a + A}\right)^2 - \frac{(x-x_0)^2}{A_a + A} \right\} dy =$$

$$= \frac{2c_1}{\sqrt{\pi (A_a + A)}} \exp\left(-\frac{(x-x_0)^2}{A_a + A}\right).$$

Nach Integration folgt:

$$c_g(x) = c_0 + \frac{2c_1}{\sqrt{\pi (A_a + A)}} \int_{-\infty}^{x} \exp\left(-\frac{(z-x_0)^2}{A_a + A}\right) dz = c_0 + c_1\left[1 + \Phi\left(\frac{x-x_0}{A_a + A}\right)\right]$$

Die Integrationskonstante c_0 taucht wegen der Bedingung $c_g(-\infty) = c_0$ wieder auf.

Damit ist die Faltungsfunktion $c_g(x)$ vom gleichen Typ wie der Konzentrationsverlauf $c(x)$, nur mit einer veränderten Konstanten: $A_a + A$. Bei Auswertung der $c_g(x)$-Kurven wird diese Größe direkt als $A_g = 4 D_g t$ gewonnen, mit: $D_g =$ direkt ermittelter, unkorrigierter Diffusionskoeffizient. Aus dem Zusammenhang: $A_g = A_a + A$ folgt durch Ersetzen der Abkürzung direkt die im Hauptteil angegebene Korrekturformel: $Dt = D_g t - [(D_a t_a)]$.

Zusammenfassung

Zur Ermittlung von Diffusionskoeffizienten in Gläsern wurden an Sandwichproben mit der Mikrosonde Konzentrationsprofile gemessen. Dazu war es einerseits erforderlich, dafür zu sorgen, daß unnötige Probenerwärmung und daraus resultierende Änderungen der Konzentrationen vermieden wurden. Das konnte durch einen schnell senkrecht zur Diffusionsrichtung über eine Gerade rasternden

Elektronenstrahl erreicht werden, der sich wie ein langer schmaler Elektronenstrahl auswirkte. Außerdem wurde eine Methode angewandt, die es gestattet, bei mehrmaligem Durchlaufen der Meßstrecke die Impulsraten aufzuaddieren, um so eine günstigere Zählstatistik zu erhalten. Weiterhin wurde zur Ermittlung kleiner Eindringtiefen ($\sqrt{Dt}$) die Form und Breite der mit dem Elektronenstrahl analysierten Zone bestimmt. Für die Entfaltung von Diffusionsprofil und analysierter Zone konnte für den vorliegenden Fall eine sehr einfache Formel angegeben werden.

Summary

An EMPA Technique for the Prevention of Undesirable Heating of Samples, for the Improvement of Counting Statistics, and a Correction Procedure for Small Diffusion Coefficient Measurements

Diffusion coefficients in glasses were determined by performing measurements on sandwich specimens using an electron probe microanalyser. Undesirable heating of the samples and the possible resulting concentration changes were prevented by using a rapidly line-scanned electron beam which ran perpendicular to the diffusion direction and which operated like a long thin electron beam. In addition, a method was utilized which allowed the impulses from multiple traverses of the measurement line to be accumulated in order to obtain favorable statistics. For the determination of small depths of penetration ($\sqrt{Dt}$), the form and width of the zone which was analysed by the electron beam were measured. A simple formula was developed, which, with knowledge of the analysed zone, could be used to calculate the actual diffusion coefficients from the measured ones.

Literatur

[1] A. K. Varshneya, A. R. Cooper und M. Cable, J. Appl. Phys. **37**, 2199 (1966).

[2] G. Kurat und H. H. Arlt, Mikrochim. Acta [Wien], Suppl. 1, **1966**, 222.

[3] M. P. Borom und R. E. Hannemann, J. Appl. Phys. **38**, 2406 (1967).

[4] L. F. Vassamillet und V. E. Caldwell, J. Appl. Phys. **40**, 1637 (1969).

[5] J. A. Belk in: "Electron Microscopy and Microanalysis of Metals" (Belk and Davis, Editors). Amsterdam, London, New York: Elsevier. 1968. S. 185.

[6] D. Bergner, Mikrochim. Acta [Wien], Suppl. 3, **1968**, 19.

Anschrift der Verfasser: Dr.-Ing. H. Engelke und Dr. G. Tomandl, Institut für Werkstoffwissenschaften III, Universität Erlangen-Nürnberg, Martensstraße 5, D-8520 Erlangen, Bundesrepublik Deutschland.

Mikrochimica Acta [Wien], Suppl. 5, 1974, 161—180

Analytisches Laboratorium der Metallgesellschaft AG, Frankfurt/M., und
Klaus Schaefer, Gesellschaft für Verfahrenstechnik mbH, Neu-Isenburg

Aufbau und Anwendung
einer Elektronenstrahlmakrosonde*

Von

H.-M. Lüschow und K. Schaefer

Mit 13 Abbildungen

(Eingegangen am 15. Februar 1973)

A. Aufbau der Apparatur

Die Röntgenspektralanalyse mit der Makrosonde nimmt in vieler
Hinsicht eine Mittelstellung zwischen der konventionellen Röntgen-
fluoreszenz- und der Elektronenstrahlmikroanalyse ein. Einen detaillierten Vergleich Mikrosonde—Makrosonde haben bereits Malissa
und Grasserbauer vorgenommen[1].

Abb. 1 zeigt einen schematischen Querschnitt durch den Spektrometerteil der Telsec Makrosonde: Ein stabilisierter Elektronenstrahl
wird durch eine einfache elektromagnetische Linse auf der geerdeten
Probe fokussiert, wobei der Brennfleck zwischen etwa 0,1 und 1 mm
Durchmesser variiert werden kann. Der Strahl wird von zwei Scanningspulen automatisch abgelenkt, so daß ein zwischen etwa 1 mm²
und 2 cm² beliebig einstellbarer rechteckiger Ausschnitt der Probenoberfläche bestrichen wird.

Die Elektronenbeschleunigungsspannung ist zwischen 4 und
15 kV variierbar. Man kann also noch etwa bis zum Element Zink
die K-Strahlung genügend anregen und muß bei schwereren Elementen zur L- bzw. M-Strahlung übergehen. Die verhältnismäßig niedrige Anregungsspannung von 15 kV erklärt sich aus der ursprüng-

---

* Vortrag anläßlich des 6. Kolloquiums über metallkundliche Analyse
mit besonderer Berücksichtigung der Elektronenstrahl-Mikroanalyse, Wien,
23. bis 25. Oktober 1972.

lichen Konzeption dieser Makrosonde, bei der vorwiegend an die Bestimmung leichter Elemente gedacht war. Die Stromstärke des Strahles ist zwischen 0,1 und 1 mA einstellbar.

Die von der Probe ausgesandte Röntgenstrahlung wird in bekannter Weise durch ebene Analysatorkristalle zerlegt und mit einem Durchflußzähler gemessen. Bei vielfach wechselnden Aufgabenstellungen empfiehlt sich die Verwendung der Goniometerausführung der Makrosonde. Diese besitzt einen Kristallwechsler, der mit bis zu 6 Kristallen bestückt werden kann. Eine Besonderheit der Goniometerausführung ist in dem verwendeten Doppelgasdurchflußzähler zu sehen. Der zuerst von der Strahlung getroffene Zähler hat die dünnere Fensterfolie, wird von Reinmethan unter etwa 200 Torr durchströmt und dient der Messung der leichten Elemente vom Bor

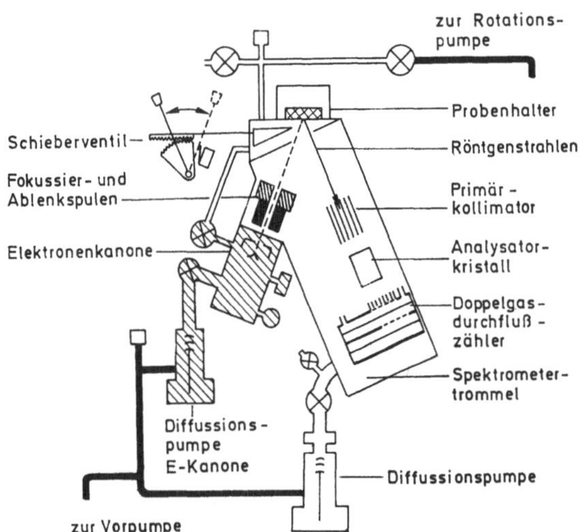

Abb. 1. Schematischer Querschnitt durch den Spektrometerteil der Makrosonde

bis zum Fluor. Am besten bewährt hat sich hier eine 1-μ-Polypropylenfolie. Die härtere Strahlung schwererer Elemente etwa von Phosphor an wird im ersten Zähler kaum absorbiert und erreicht den zweiten Zähler, der mit Argon/Methan betrieben wird. In dem Übergangsgebiet von Ordnungszahl 11 bis 14 (Na bis Si) werden beide Zähler gleichzeitig verwendet.

Bei gleichbleibendem Arbeitsprogramm, wie es meist bei der Produktionskontrolle der Fall ist, setzt man am besten die Mehrkanalausführung der Makrosonde ein, die mit bis zu 12 Festkanälen ausgestattet werden kann. Das Mehrkanalmodell B 200 arbeitet sequentiell, die Meßbedingungen, wie Diskriminatoreinstellung und

Zählzeit, werden für jedes Element über eine Programmiereinheit eingestellt. Die Zähleinheit wird der Reihe nach automatisch auf den Eingang jedes Detektors umgeschaltet und druckt dann die Intensität jedes Röntgenkanals aus. Die Gesamtmeßzeit für 12 Elemente

Abb. 2. Goniometereinsatz für die Spektrometertrommel

beträgt dann etwa 3 min, wenn für jedes Element 10 sec Zählzeit veranschlagt werden. Ein Wechsel von der Goniometer- zur Mehrkanalversion ist durch den Austausch des Spektrometereinsatzes leicht möglich (Abb. 2 und 3).

Ist die äußerste Schnelligkeit der Analyse entscheidend, so kann man für jedes Element einen eigenen Zählkanal einbauen und simultan statt sequentiell arbeiten. Die Ausgabe der Analysendaten erfolgt bei diesem Gerätetyp nach dem Fernschreiberprinzip. Man kann auch über ein kommerzielles Interface on-line z. B. mit einem PDP-8-Rechner arbeiten. Diese Kombination ergibt einen sehr schnellen Probendurchsatz.

Die Telsec Makrosonde zeichnet sich durch ihr besonders zweckmäßig unterteiltes Vakuumsystem aus. In der Elektronenkanone herrscht ein Druck von etwa 10^{-5} Torr, so daß eine Lebensdauer der Glühkathode von etwa 20 mA-Std. gewährleistet ist. Die Spektrometertrommel, in der ein Druck von 10^{-3} Torr herrscht, ist mit der Elektronenkanone nur durch eine Apertur von 0,4 mm ϕ verbunden, die gerade zum Durchtritt des Elektronenstrahls ausreicht. Die Probenkammer kann durch ein Schieberventil vom Spektrometerraum getrennt werden und wird nach jedem Probenwechsel von einer eigenen Pumpe evakuiert. Die Wartezeit vom Einlegen einer Probe bis zum Beginn der Meßbereitschaft beträgt infolge dieser Dreiteilung des Vakuumsystems nur etwa 25 sec, ist also mit der Wartezeit bei der Röntgenfluoreszenzanalyse der Vakuumelemente vergleichbar. Da die Probe nicht in das Hochvakuum eingeführt zu werden braucht, hat man kaum Schwierigkeiten mit Entgasungserscheinungen.

Zum Vakuumsystem wäre im allgemeinen zu sagen, daß es sich um eine konventionelle Anordnung mit Öldiffusionspumpen handelt. Trotzdem ist wegen der hohen Zählraten durchaus die Messung von Kohlenstoff, z. B. in Gußeisenproben, möglich und wird in der Praxis angewandt. Wenn es sich aber um kleine Kohlenstoffmengen

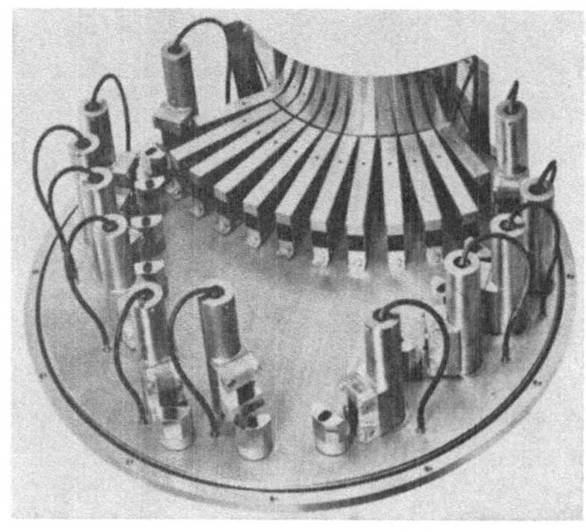

Abb. 3. Mehrkanaleinsatz für die Spektrometertrommel

handelt, macht sich auf die Dauer die Kontamination der Proben mit Kohlenwasserstoffen aus den organischen Dichtringen und durch Rückströmung aus den Öldiffusionspumpen bemerkbar. Dies führt bei langen Meßzeiten zu Crackprodukten an der Probenoberfläche. Zur völligen Vermeidung dieser Erscheinung wäre eine Ultrahochvakuum-Bauweise, d. h. die Verwendung metallischer Dichtungen und eines völlig kohlenwasserstoff-freien Vakuumsystems (Stickstoffkühlfallen oder Molekularpumpe bzw. Ionengetterpumpe) erforderlich. Eine solche Ausführung bietet keine grundsätzlichen technischen Probleme, wird aber von den Geräteherstellern wegen des erheblichen Mehrpreises nicht kommerziell angeboten.

Entscheidend für die Meßgenauigkeit mit der Makrosonde ist die Stabilisierung des Elektronenstrahls. Die von der Kathode ausgehenden Elektronen werden durch ein einfaches Gitter fokussiert, damit sie die erwähnte Apertur passieren können. Ohne besondere Maßnahmen würde man daher auf der Probe eine Abbildung der Kathode finden, die von Lageveränderungen, Abnutzung der Kathode usw.

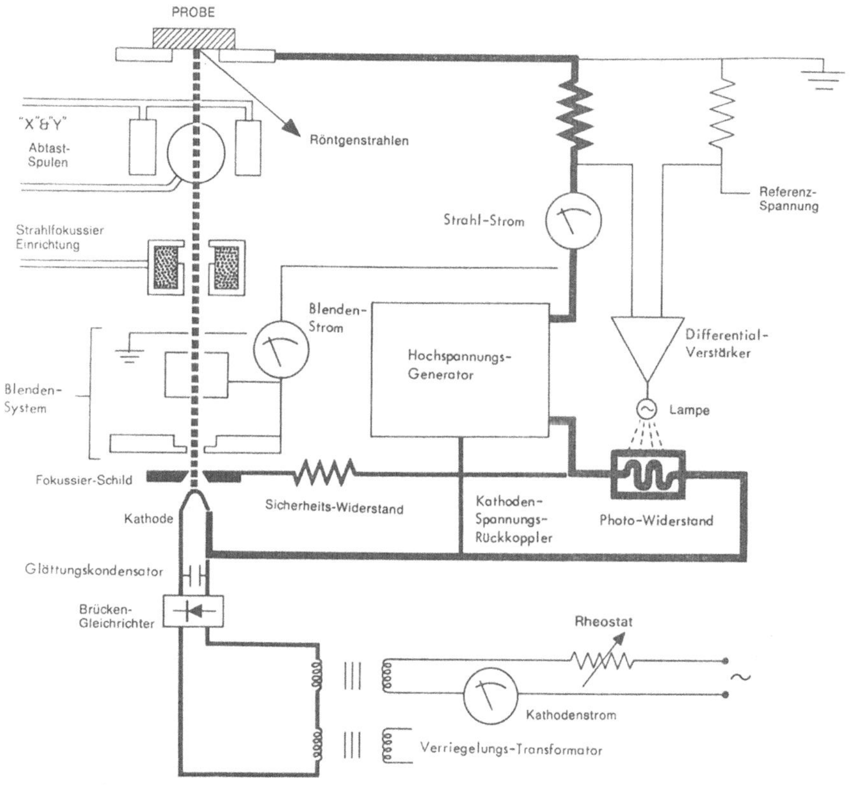

Abb. 4. Schema des Stabilisierungssystems für den Elektronenstrahl

extrem abhängig wäre. Die Elektronen werden deshalb durch ein einfaches Linsensystem zu einem Brennfleck von etwa 1 mm $\varnothing$ (zu verkleinern auf etwa 0,2 mm $\varnothing$) fokussiert. Der Elektronenstrom wird durch das in Abb. 4 gezeigte Servo-System stabilisiert. Er wird hierbei mit dem Vergleichsstrom einer getrennten Spannungsquelle verglichen, eventuelle Abweichungen werden über einen Differential-Verstärker zur Änderung der Stromstärke in einer Lichtquelle benutzt, die wiederum einen photoempfindlichen Widerstand beleuchtet. Die Änderung des Stroms in diesem Photowiderstand wird in einer Rückkoppelungsschaltung zur Regelung des Elektronenstrahls benutzt. Auf diese Weise wird die pro Zeiteinheit auf die Probenfläche auftreffende Zahl der Elektronen und damit die wesentliche Bedingung der Primäranregung konstant gehalten.

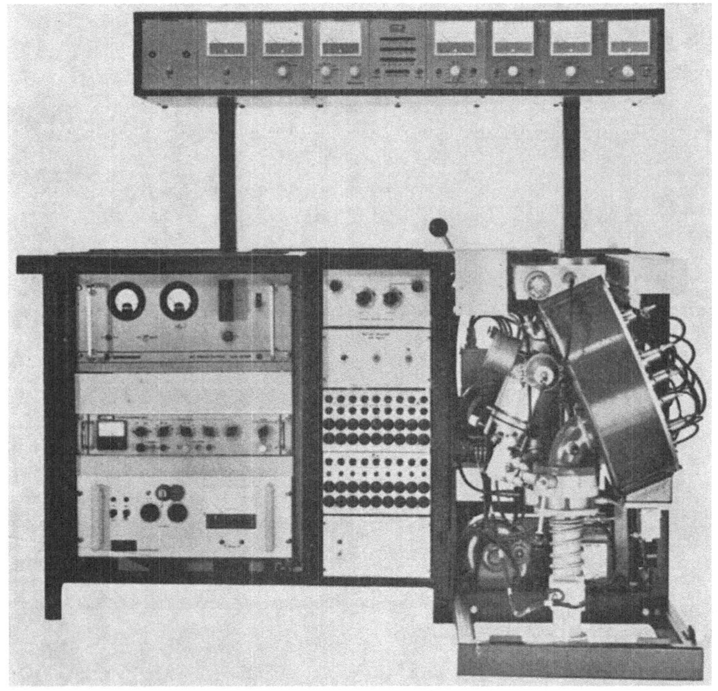

Abb. 5. Gesamtansicht der Makrosonde

Abb. 5 gibt eine Ansicht der Makrosonde nach Entfernung der Verkleidungen wieder. Man erkennt rechts die Spektrometertrommel mit der Elektronenkanone.

Abb. 6 zeigt eine Aufsicht auf die Probenkammer. Das Spektrometer wurde für diese Aufnahme mit einer Glasscheibe verschlossen, die von unten vom Elektronenstrahl getroffen wird. Dort, wo der Strahl auftrifft, leuchtet das Glas hellblau auf, so daß man die Größe der abgetasteten Fläche beobachten und einstellen kann.

Neben der Probenkammer sind einige Bleischeiben zu erkennen, wie sie bei der Herstellung von Pulverpreßlingen für die Makrosonde verwendet werden. Diese Technik geht auf A. Poole (Queen Mary College, London) zurück.

B. Analytische Anwendungen

In der industriellen Praxis dient die Telsec Makrosonde hauptsächlich als Ergänzung bzw. Alternative für die Verwendung von Röntgenfluoreszenzgeräten, zum Teil auch von optischen Emissions-

Abb. 6. Aufsicht auf die Probenkammer

spektrometern. Die Vorteile der Röntgenspektralanalyse mit Elektronenstrahlanregung gegenüber der Fluoreszenzanregung lassen sich folgendermaßen zusammenfassen:

1. Die direkte Anregung mit Elektronen ist besser für die Bestimmung leichter Elemente geeignet, d. h. für F bis Si. Die Bestimmung der Elemente Bor bis Sauerstoff ist überhaupt nur bei Primäranregung möglich.

Hier ist allerdings die Einschränkung zu machen, daß die Nachweisgrenzen für Bor so hoch liegen, für B in Al z. B. bei etwa 0,1 %, daß ihre Bestimmung mit der Makrosonde nur in Materialien mit Bor als Hauptbestandteil in Frage kommt. Viele technisch interessante Aufgaben, wie die Bestimmung von Bor in Reaktoraluminium, bleiben nach wie vor der Emissionsspektralanalyse vorbehalten.

Auf ein Beispiel für die Anwendung der Makrosonde zur Bestimmung von Sauerstoff, und zwar in den Schmelzen der Aluminiumschmelzflußelektrolyse wird später noch kurz eingegangen werden.

Der 2. Vorteil der Primäranregung besteht darin, daß Matrixeffekte schwächer als bei der Röntgenfluoreszenz in Erscheinung treten, da Elektronen weniger von der Probenzusammensetzung beeinflußt werden und infolge der geringen Eindringtiefe des Elektronenstrahls die emittierte Röntgenstrahlung kürzere Wege zurückzulegen hat. Lucas-Tooth und Banks[2] haben diesen Vorteil bei der Chrombestimmung in hochlegierten Stählen der verschiedensten Typen demonstriert.

3. Wegen der geringen Eindringtiefe der Elektronen, die bei der maximalen Anregungsspannung der Telsec Makrosonde je nach der Matrix bei etwa 0,5 bis 1,5 μm liegt, stellt diese Art der Anregung eine wertvolle Technik für die Reinheitsuntersuchung von Oberflächen bzw. für die Analyse dünner Schichten dar.

4. Da der Ausschnitt der Probenoberfläche, der vom Elektronenstrahl bestrichen wird, zwischen etwa 1 mm² und 2 cm² beliebig einstellbar ist, kann man bei der Telsec Makrosonde in besonders günstiger Weise die Größe der bestrahlten Fläche der Aufgabenstellung anpassen. Das gilt vor allem für kleine oder unregelmäßig geformte Proben, die so mit verfügbaren größeren Standardproben verglichen werden können, ohne daß man an Intensität oder Genauigkeit verliert.

5. Bei Elektronenstrahlanregung gibt es weder störende Koinzidenzen durch die charakteristischen Linien einer Röntgenröhre, noch durch die Linien von Verunreinigungen der Anode, wie z. B. Cu.

Diesen Vorteilen des Arbeitens mit Elektronenstrahlanregung stehen folgende Nachteile gegenüber:

1. Nichtmetallische Proben müssen durch Zumischung von Graphit- oder Metallpulver elektrisch leitend gemacht werden. (Vom Fluor an abwärts im Periodensystem ist ein Leitmittelzusatz nicht unbedingt erforderlich, ja es kann sogar günstiger sein, ohne Leitmittelzusatz zu arbeiten.)

Über die Verwendung von Metallgittern wurde von Strasheim und Mitarbeitern[3] berichtet. Mit der bei der Mikrosonde gebräuchlichen Technik des Bedampfens mit Graphit haben wir bei der Makrosonde keine günstige Erfahrung gemacht, was quantitative Analysen angeht. Das mag an den höheren Stromstärken gegenüber der Mikrosonde liegen.

2. Die Erwärmung an der Auftreffstelle des Elektronenstrahls kann bei nichtmetallischen Proben zur Zersetzung führen.

3. Wegen der geringen Eindringtiefe des Elektronenstrahls geht die Oberflächenbeschaffenheit der Probe im allgemeinen stärker ein als bei der Röntgenfluoreszenz. Das bedeutet jedoch nicht, daß eine genaue Analyse erst bei metallographischer Oberflächenfeinheit mög-

lich ist. Bei Aluminium- und Kupferbasislegierungen hat sich z. B. das Feinabdrehen als ausreichend erwiesen.

4. Da das Bremskontinuum ebenfalls angeregt wird, ist der Untergrund bei Elektronenanregung höher als bei der Fluoreszenzanregung.

Nach diesem Überblick über die Besonderheiten der Elektronenstrahlanregung soll auf einige Anwendungen etwas näher eingegangen werden. Es liegen bereits eine Reihe von Untersuchungen über den Einsatz der Telsec Makrosonde für die Analyse metallischer und nichtmetallischer Stoffsysteme vor.

Fluor

Die konventionelle Röntgenfluoreszenzanalyse konnte in den vergangenen Jahren ihren Einsatzbereich über Na und Mg hinaus bis zum Fluor erweitern. Ein Vergleich von Primär- und Sekundäranregung ist daher gerade für dieses Element von Interesse, das den Berührungspunkt beider Methoden bildet.

Der Vergleich wurde an AlF_3-haltigem Al_2O_3 durchgeführt, die Röntgenfluoreszenzmessungen wurden mit einem Sequenzspektrometer neuester Bauart vorgenommen[4].

Im einzelnen ist zu den in der Tabelle 1 oben angeführten Meßbedingungen zu sagen: Die Anregung der Chromröhre liegt mit 50 kV und 48 mA an der oberen Grenze des Möglichen, die Anregung bei der Makrosonde ist mit 8 kV und 0,2 mA bei defokussiertem Strahl niedrig gewählt, um Zersetzungserscheinungen durch den Elektronenstrahl möglichst herabzusetzen.

Um die Fluorintensitäten vergleichen zu können, war es wesentlich, daß Analysatorkristall und Zählerfenster in beiden Geräten übereinstimmten. Als Zählergas mußten die verfügbaren Gase genommen werden. Es ist jedoch anzunehmen, daß für die Absorption der F-Kα-Strahlung kein wesentlicher Unterschied zwischen Methan und Propan besteht. Die übliche Meßzeit für Fluor beträgt bei der Makrosonde 20 sec, beim RF-Spektrometer 100 sec. Kristall und Zählerfolie sind gleich.

Die Meßempfindlichkeit in Imp./% Fluor/sec ist bei der Makrosonde fast 200mal größer als mit Sekudäranregung. Trotz des höheren Untergrundes erhält man bei Elektronenstrahlanregung das günstigere Linie-zu-Untergrund-Verhältnis. Entsprechend besser ist auch die Nachweisgrenze, selbst bei nur 20 sec Meßzeit.

Der besseren Meßempfindlichkeit bei Primäranregung stehen, wie erwähnt, als Nachteil Intensitätsänderungen durch Verdampfungs-

Tabelle 1. Vergleich Fluoreszenzanregung — Elektronenstrahlanregung für das Element Fluor

	Anregungs-leistung	Kristall	Zählergas	Zählerfolie	Zähler-spannung	Diskriminator	Meßzeit
Elektronen-anregung	8 kV; 0,2 mA	KAP	Methan $\sim$200 Torr	1μ Polypropylen	1930 V	Basislinie 0,4 V Kanalbreite 2,75 V	20 sec
Fluoreszenz-anregung	50 kV; 48 mA (Chromröhre)	KAP	Propan $\sim$760 Torr	1μ Polypropylen	2900 V	Basislinie 1,0 V Kanalbreite 0,9 V	100 sec

Material: AlF_3-haltiges Al_2O_3

	Nettoimpulse pro sec pro %	Untergrund Imp./sec	$\dfrac{I_{Linie}}{I_{Untergr.}}$ bei 1% F	$C_{äq}$ Untergr.	Nachweisgrenzen
Elektronenanregung	631	140	4,5	0,22	0,05% F in 20 sec
Fluoreszenzanregung	3,4	7,0	0,5	2,1	0,33% F in 100 sec

bzw. Zersetzungserscheinungen gegenüber. Als Beispiel sei das Verhalten von Kryolith angeführt, der unter Zusatz von 20 % Cu-Pulver verpreßt worden war (Abb. 7). Der Abnahme der Fluorintensität geht eine Zunahme der Metallintensitäten parallel. Natürlich bedeutet dieser unterschiedliche Intensitätsverlauf nicht, daß die Probe nur Fluor verliert und sich die Metalle anreichern.

Bei der Röntgenfluoreszenzanregung ist dagegen selbst bei mehreren Stunden Bestrahlungszeit keine Intensitätsabnahme für Fluor zu beobachten.

Die Intensitätsänderungen bei Primäranregung stellen kein grundsätzliches Hindernis für die Verwendung der Makrosonde dar, wenn man für jede Messung eine frische Stelle der Probenoberfläche nimmt.

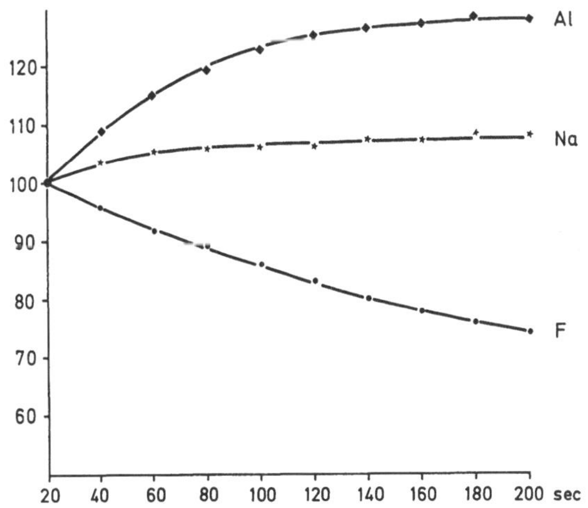

Abb. 7. Intensitätsänderungen mit der Bestrahlungszeit bei Kryolith

Es sei auch hier wieder als Beispiel technischer Kryolith angeführt, wo man für die Hauptbestandteile F, Na und Al Reproduzierbarkeiten von 0,5 % rel. erreicht[5].

Ergänzend zum Thema Fluor in technischen Produkten sei noch erwähnt, daß die Analyse von Flußspat bzw. fluorhaltigen Schlacken mit der Makrosonde seit etwa 2 Jahren in einigen Laboratorien routinemäßig durchgeführt wird.

Im Gegensatz zum technischen Kryolith treten bei der Fluorbestimmung in Flußspat mit den Hauptbegleitern SiO_2, $CaCO_3$ und $BaSO_4$ stärkere Interelementeffekte auf, wobei schwankende Ca-Gehalte am meisten ins Gewicht fallen. Die hohe Meßempfindlichkeit der Makrosonde erlaubt hier die Anwendung des sonst in der RF-Analyse gebräuchlichen Schmelzaufschlusses. Bewährt hat sich ein Aufschluß von 1 Teil Flußspat (bzw. 1 Teil der fluorhaltigen Schlacken) mit 4 Teilen Lithiumtetraborat. Abb. 8 zeigt eine Eichkurve für Flußspat. Die Schmelzen wurden unter Graphitzusatz gemahlen und in Bleischeiben gepreßt. Die Anregungsbedingungen las-

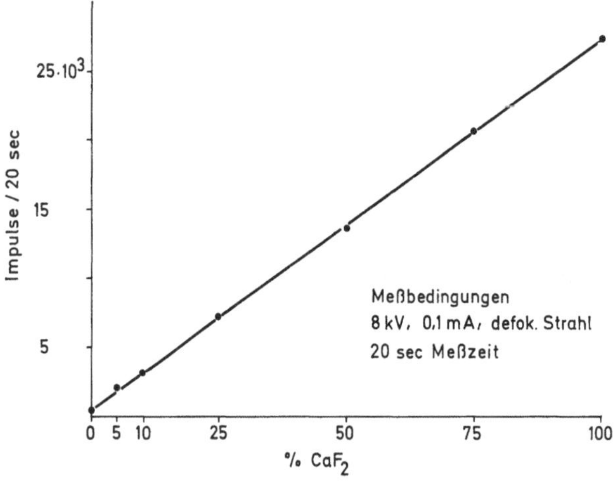

Abb. 8. Eichkurve für Flußspat

sen sich so einstellen, daß keine Intensitätsänderungen beim Messen auftreten. Bei dem bei 1050⁰ in Graphittiegeln ausgeführten Borataufschluß wurden keine Fluorverluste beobachtet.

Sauerstoff

Als weiteres Beispiel für die besondere Eignung der Makrosonde für die Analyse leichter Elemente sei auf die Sauerstoffbestimmung etwas näher eingegangen.

Eine technologisch interessante Anwendung stellt auch hier wieder die Aluminiumschmelzflußelektrolyse dar, wofür man ein Gemisch von Kryolith, AlF_3, CaF_2 und Al_2O_3 einsetzt. Um eine Verarmung der Schmelze an Al_2O_3 zu vermeiden, muß dessen Gehalt laufend kontrolliert werden, was bisher auf chemischem Weg oder durch Röntgendiffraktion geschieht.

Abb. 9 zeigt das mit einem KAP-Kristall aufgenommene Sauerstoffspektrum von Al_2O_3-haltigem Kryolith. Der O-Kα-Linie ist auf der langwelligen Seite die Na-Kα-Linie 2. Ordnung benachbart.

Bei Verwendung eines KAP- oder, wie wir noch sehen werden, eines RbAP-Kristalls wird die Sauerstoff-Kα-Linie auf der kurzwelligen Seite von einer Linie begleitet, die wahrscheinlich durch die besonderen Reflexionsbedingungen am sauerstoffreichen Phthalat-Kristall entsteht. Es handelt sich dabei nicht um eine echte Satellitenlinie, da bei Aufnahmen mit einem Gitterspektrometer nur eine einzige Sauerstoff-Linie auftritt.

Für die Sauerstoffmessung in nichtmetallischen Proben ist die Zumischung eines Leitfähigkeitsmittels nicht erforderlich, da die sich vor der Probe bildende negative Raumladung nicht stört. Im Gegen-

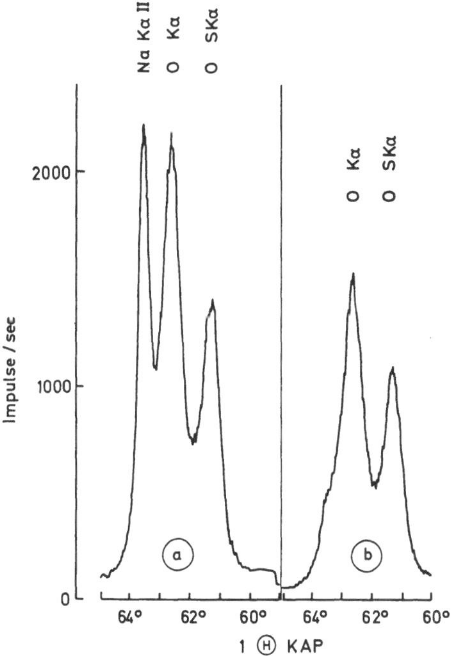

Abb. 9. Sauerstoffspektrum von Al_2O_3-haltigem Kryolith

teil, es ist sogar von Vorteil, ohne Leitmittel zu arbeiten, da dann die Intensität der Na-Kα-Strahlung nur noch etwa 25 % des Wertes beträgt, den man bei Cu- oder Graphitzusatz zum Kryolith erhält. Dieser Rest an Na-Strahlung ist praktisch vollständig mit dem Diskriminator zu unterdrücken, wie Abb. 9b zeigt.

Bezüglich weiterer Einzelheiten der Kryolithanalyse mit der Makrosonde sei auf eine im Druck befindliche Arbeit in der Zeitschrift Aluminium verwiesen[5], außerdem auf Untersuchungsberichte der BNF[6] in London.

Eine wesentliche Verbesserung der Meßempfindlichkeit der Makrosonde für Sauerstoff erzielt man, wenn man statt des KAP-Kristalls einen RbAP-Kristall verwendet.

Abb. 10 zeigt das Verhältnis der mit den beiden Phthalat-Kristallen erhaltenen Nettointensitäten in Abhängigkeit von der Wellenlänge. Erfreulicherweise findet man mit dem RbAP etwa die vierfache Intensität für Sauerstoff.

Die Abb. 11 zeigt diesen Unterschied bei der Messung des Sauerstoffspektrums eines blanken Aluminiumblechs. (Links mit einem KAP, rechts mit einem RbAP aufgenommen.) Bei Verwendung des

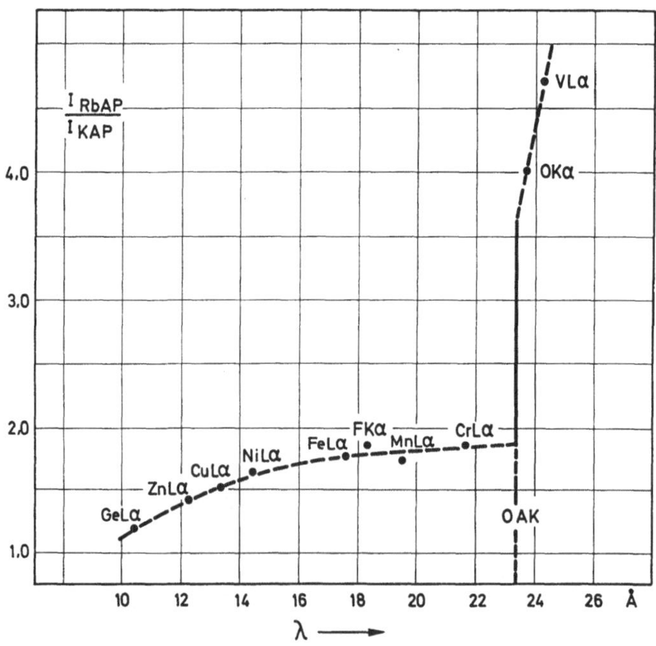

Abb. 10. Vergleich der Nettointensitäten für die Kristalle KAP und RbAP in Abhängigkeit von der Wellenlänge

RbAP-Kristalls stört die auf der kurzwelligen Seite der O-Kα-Linie auftretende Nebenlinie (vergleiche hierzu die Ausführungen in[5]) kaum noch.

Da bereits die natürliche Oxidhaut von Metallen ein gut meßbares Sauerstoff-Signal liefert, bietet die Makrosonde z. B. die Möglichkeit, die Wirksamkeit von Beizverfahren für Metallproben zu kontrollieren, deren Sauerstoffgehalt etwa nach dem Heißextraktionsverfahren bestimmt werden soll. Hierüber wird zu gegebener Zeit berichtet werden.

Andere nichtmetallische Materialien

Man hat die Einsatzmöglichkeit der Makrosonde außer bei der Kryolithanalyse bereits bei einer Reihe anderer nichtmetallischer Stoffsysteme untersucht. Dazu gehören z. B. Sande und Zementrohmehle[7]. Bei der Sandanalyse, wo es um die Bestimmung kleiner Ge-

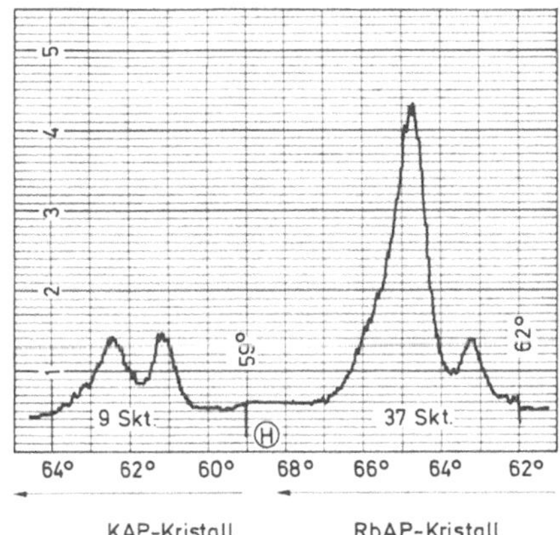

Abb. 11. Sauerstoffspektrum der Oxidhaut eines Al-Bleches mit den beiden Phthalatkristallen

halte an Na, Al, K, Ca, Ti und Fe geht, sind besonders die kurzen Meßzeiten für diese verhältnismäßig leichten Elemente hervorzuheben. Die feingemahlenen Sandproben werden mit 15 % Graphit vermischt und zwischen zwei gehärteten Stahlplatten in die schon erwähnten Bleischeiben gepreßt. Wesentlich ist dabei, daß die Oberfläche des Preßlings anschließend mit Siliciumcarbidpapier (Körnung 600) poliert wird, um das beim Pressen von den Stahlplatten in die Probe gelangte Eisen zu entfernen. Anderenfalls findet man um etwa 0,1 % erhöhte Eisenwerte, was bei den vorhandenen niedrigen Eisengehalten bereits ein ganz falsches Ergebnis bedeuten kann.

Ferner muß die Möglichkeit einer Kontaminierung der Probe beim Mahlen in der Scheibenschwingmühle beachtet werden. Diese Präparationsprobleme sind dieselben wie bei der konventionellen Röntgenfluoreszenzanalyse.

Erwähnenswert ist noch, daß selbst bei den niedrigen Konzentrationen, in denen die genannten Elemente in den Sanden vorliegen, noch starke Matrixeffekte zu berücksichtigen sind, man also nur Sande gleichen Ursprungs miteinander vergleichen darf.

Zu einem positiven Ergebnis führte auch der Versuch, Zement-rohmehle mit der Makrosonde zu analysieren. Die Bestimmung der bei etwa 40% liegenden CaO-Gehalte ist mit einem Variations-koeffizienten von etwa 0,3% möglich. Die übrigen Haupt- und Ne-benbestandteile des Rohmehles, wie SiO_2, Al_2O_3, Fe_2O_3, Na_2O, K_2O, MgO und SO_3, sind ebenfalls mit guter Genauigkeit zu bestimmen.

Metallanalyse

Nach diesem knappen Streifzug durch die Anwendungen der Makrosonde auf dem Gebiet der nichtmetallischen Stoffsysteme soll noch ein kurzer Überblick über den derzeitigen Einsatz im Metall-bereich gegeben werden.

Obwohl die Makrosonde ursprünglich für die Bestimmung der Elemente der ersten und zweiten Periode konzipiert war, waren die Meßergebnisse bei schwereren Elementen noch so günstig, daß man das Gerät seit etwa 2 Jahren in einigen Betriebslaboratorien routine-mäßig für die Analyse von Legierungen einsetzt. Die Telsec Makro-sonde ist damit im Begriff, ausgehend von Forschungslaboratorien, wie z. B. dem Atomforschungszentrum Harwell oder der BNF in London, allmählich in der industriellen Produktionskontrolle Eingang zu finden.

Besonders erwähnt werden soll die Analyse von Cu-Legierungen[7] auf die in Tabelle 2 angeführten Elemente und in den hier angegebe-

Tabelle 2. Analyse von Kupferlegierungen (nach einem Telsec-Bericht)

Ele-ment	Bereich %	Linie	Kristall	Meß-zeit	Nachwgr.	Impulse/ sec/%	$C_{äq}$ Untergr.
Al	1—5	$K\alpha$	EDDT	10 sec	—	12400	0,26
Si	0,05—0,2	$K\alpha$	EDDT	10 sec	0,005%	7030	0,15
Mn	0,01—3	$K\alpha$	LiF 110	20 sec	0,005%	5160	0,46
Fe	0,005—1,3	$K\alpha$	LiF 110	60 sec	0,005%	3520	0,71
Ni	0,01—1,8	$K\alpha$	LiF 110	10 sec	0,015%	2340	0,97
Cu	51—90	$K\beta$	LiF 110	50 sec	—	131	—
Zn	10—48	$K\alpha$	LiF 110	20 sec	—	733	—
Sn	0,01—2	$L\alpha$	NaCl	10 sec	0,005%	11000	0,55
Pb	0,01—4,7	$M\alpha$	NaCl	20 sec	0,005%	14100	0,62

Anregung 15 kV; 0,5 mA

nen Konzentrationsbereichen. Wie bei der RF-Analyse wird die Cu-$K\beta$-Linie verwendet, um die bekannte Auswertung nach Bäckerud[8] durchzuführen. Wegen der verhältnismäßig geringen Anregungs-energie von 15 kV wird nicht ganz die Genauigkeit der RF-Analyse für Cu erreicht. Bei der Makrosonde in 12-Kanalausführung, wie sie zur Zeit im 24-Stunden-Betrieb in einer Kupfergießerei arbeitet, wurde eine Stabilität von $<0,2\%$ pro Std. beobachtet. Wegen der P-Bestimmung in Cu-Legierungen sei auf [9] verwiesen.

Die längsten Zählzeiten hat man bei Fe wegen der geringen Gehalte, und bei Cu wegen der erforderlichen hohen Genauigkeit. Die Meßempfindlichkeit (Imp./sec/%) nimmt erwartungsgemäß bei den K-Linien mit steigender Ordnungszahl stark ab (Al-Cu), um beim Übergang zu den L- bzw. M-Linien wieder anzusteigen. In der letzten Spalte kommt der verhältnismäßig hohe Untergrund bei Elektronenstrahlanregung zum Ausdruck.

Weiterhin liegen Erfahrungen mit der Analyse von Aluminiumlegierungen vor[7]. Die in Tabelle 3 enthaltenen Angaben beruhen noch

Tabelle 3. Analyse von Aluminiumlegierungen (nach einem Telsec-Bericht)

Element	Bereich	Linie	Kristall	Impulse/%	Nachwgr.	$C_{\text{äq Untergr.}}$
Mg	$\leq$ 0,8%	Kα	ADP	80 800	0,002%	0,11
Si	$\leq$13,4%	Kα	EDDT	23 300	0,005%	0,13
Ti	$\leq$ 0,2%	Kα	LiF 110	91 800	0,003%	0,12
Mn	$\leq$ 1,6%	Kα	LiF 110	7 640	—	0,68
Cu	$\leq$ 8,5%	Lα	KAP	19 800	—	0,41
Zn	$\leq$ 4,5%	Lα	KAP	26 900	—	0,38

Anregung 10 kV; 0,5 mA (Si 0,2 mA); Meßzeit 10 sec.

auf der älteren Ausführung der Makrosonde mit nur 10 kV Anregungsspannung, wobei Cu und Zn noch über die Lα-Linien bestimmt werden mußten.

Eine neuere Untersuchung beschreibt die Bestimmung der Elemente B (0,1—2%), Si (0,3—6%) und Cr (7—33%) in Co- und Ni-Basislegierungen[10]. Man erhält je nach dem Basismetall Bor-Eichgeraden mit verschiedener Steigung.

Kleine Proben, dünne Schichten

Die erwähnte leichte Anpassung der Makrosonde bei kleinen oder unregelmäßigen Proben sei an folgendem Beispiel veranschaulicht:

Beim Bau von Stahlkonstruktionen im Anlagenbau ist es oft erforderlich, Stähle schnell zu identifizieren, die miteinander verschweißt wurden bzw. die Zusammensetzung der Schweißnaht festzustellen. Mit der Makrosonde ist dies ein Leichtes. Die Variationsmöglichkeit der Größe der bestrahlten Fläche und die Möglichkeit, den Brennfleck als Ganzes beliebig zu verschieben, gestatten den Einsatz von Metallstücken, die in einem RF-Spektrometer nicht analysiert werden können.

Als typisches Anwendungsbeispiel zeigt Abb. 12 eine Schweißnaht zwischen einem 18/10 Stahl und einem Stahl mit 35 % Ni und 25 %

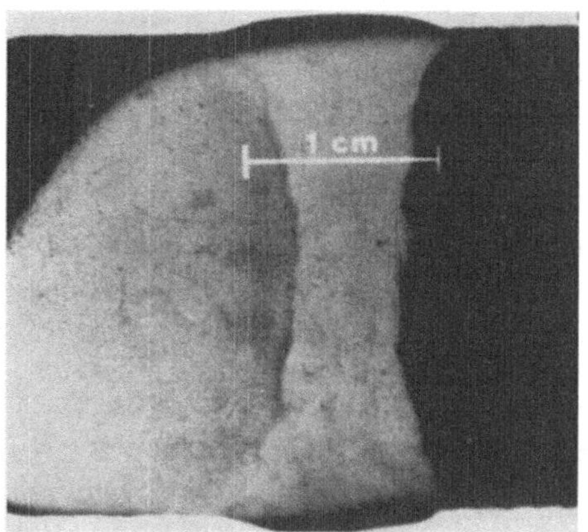

Abb. 12. Schweißnaht

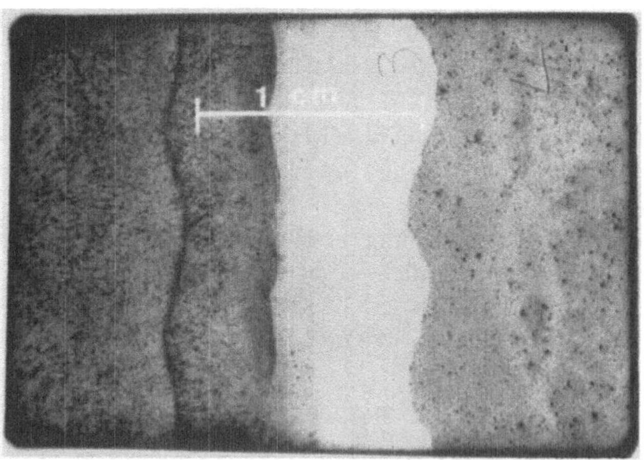

Abb. 13. Mehrfache Aufschweißung von Stählen

Cr. („Supertherm" GX40NiCrCoW 352514). Abb. 13 zeigt eine aus einer ganzen Reihe von Schichten bestehende Aufschweißung. Die Zusammensetzung der einzelnen, jeweils nur einige mm dicken Schichten läßt sich mit der Makrosonde leicht feststellen.

Während bei kleinen Proben die Variierbarkeit der abgetasteten Fläche die bequeme Verwendung größerer Eichproben ermöglicht, gestattet die geringe Eindringtiefe des Elektronenstrahls die Analyse dünner Schichten (Größenordnung einige μ) unter Verwendung kompakter Vergleichsproben ähnlicher Zusammensetzung. Zwar stehen Oberflächenuntersuchungen mit Hilfe von Photo- und Augerelektronenspektroskopie zur Zeit stark im Brennpunkt des Interesses, viele technisch bedeutsame Oberflächenschichten nehmen jedoch mehr als nur einige Atomlagen ein und können daher mit der Makrosonde untersucht werden.

Diese Beispiele mögen zur Andeutung der vielseitigen Einsatzmöglichkeiten der Makrosonde genügen.

Es wäre verfrüht, das weite Feld der Anwendung der Röntgenspektrometrie mit Elektronenstrahlanregung vollständig abgrenzen zu wollen. Schon heute steht jedoch fest, daß dem Analytiker hiermit eine wertvolle Erweiterung und Ergänzung der herkömmlichen Röntgenspektrometrie zur Verfügung steht.

Zusammenfassung

Es werden die konstruktiven Besonderheiten der Telsec Makrosonde (Vakuumsystem, Stabilisierung) erläutert und ein Überblick über die derzeitigen Anwendungen gegeben, zunächst durch den Vergleich von Primär- und Sekundäranregung für das Element Fluor. Als weiteres Beispiel für die besondere Eignung der Makrosonde für die Analyse leichter Elemente wird auf die Sauerstoffbestimmung, speziell in Kryolith, eingegangen. Weitere nichtmetallische Stoffsysteme, über die Erfahrungen mit der Makrosonde vorliegen, sind Flußspat, Sande und Zementrohmehle. Auf dem Gebiet der Metalle wird kurz über den Einsatz des Gerätes zur Analyse von Stahl, Kupfer- und Aluminiumlegierungen berichtet. Beispiele für die Analyse kleiner Proben und dünner Schichten veranschaulichen die vielseitigen Einsatzmöglichkeiten der Makrosonde.

Summary

Construction and Use of an Electron-Beam Macroprobe

The special features in the construction of the Telsec Macroprobe (vacuum- and stabilizing systems) are explained, and a survey is given of the current uses of the probe, particularly by a comparison of the primary- and secondary excitation of the element fluorine. As a second example of the special suitability of the macroprobe for the analysis of light elements, the determination of oxygen, especially in Kryolith, is discussed. Other non-metallic systems which have been studied with the macroprobe, are fluorspar, sands, and cement mixtures. As far as metals are concerned, a short report is given on the use of the apparatus for the analysis of steel, copper- and aluminum alloys. Examples of the analysis of small samples and thin layers indicated the wide applicability of the macroprobe.

Literatur

[1] H. Malissa und M. Grasserbauer, Mikrochim. Acta [Wien] **1970**, 914.

[2] H. J. Lucas-Tooth, Proceedings of the 14th Colloquium Spectroscopicum Internationale, Hungary, 1967, S. 1503; M. Banks und H. H. Lucas-Tooth, 15th Denver X-ray Conference.

[3] A. Strasheim, F. T. Wybenga und M. P. Brandt, Spectrochim. Acta **24 B**, 363 (1969).

[4] Für die Ausführung dieser Messungen sind wir Frau Dr. Beitz, Siemens AG, Karlsruhe, zu Dank verpflichtet; siehe auch U. Jecht, Chem.-Ztg. **96**, 104 (1972).

[5] H. M. Lüschow, Aluminium **48**, Heft 12 (1972).

[6] D. W. Haylett, The British Non-Ferrous Metals Research Association, Research Reports A 1752 (1970) und A 1824 (1972).

[7] Anwendungstechnische Berichte von Telsec, Oxford, erhältlich durch Klaus Schaefer, Gesellschaft für Verfahrenstechnik mbH, D-6078 Neu-Isenburg.

[8] L. Bäckerud, Appl. Spectroscopy **21**, 315 (1967).

[9] D. W. Haylett, Metallurgia **53**, 77 (1969).

[10] Telsec-Bericht Nr. 72004, Januar 1972.

Anschriften der Verfasser: Dr. H.-M. Lüschow, Metallgesellschaft AG, Postfach 3724; D-6000 Frankfurt/Main 1; Dipl.-Ing. Dipl.-Chem. K. Schaefer, Hermannstraße 54, D-6078 Neu-Isenburg, Bundesrepublik Deutschland.

Mikrochimica Acta [Wien], Suppl. 5, 1974, 181—206

Mitteilung aus den Forschungsanstalten der Edelstahlwerke
Gebr. Böhler & Co., Aktiengesellschaft, Kapfenberg

Möglichkeiten zur Darstellung des Gefügeaufbaues*

Von

Alfred Kulmburg

Mit 13 Abbildungen

(Eingegangen am 15. Februar 1973)

1. Einleitung

Mitglieder eines Ausschusses der American Society for Metals untersuchten zu Beginn dieses Jahrzehnts die Entwicklungstendenzen, die auf den Gebieten der Metallurgie und der Werkstoffkunde in den nächsten 40 Jahren möglich sein könnten[1]. In dieser futurologischen Zusammenstellung wird angenommen, daß es mit Computern möglich sein dürfte, für bestimmte Verwendungszwecke den geeigneten Werkstoff auszuwählen und insbesondere die Mikrostruktur eines Metalls den Anforderungen genau anzupassen.

Dies setzt voraus, daß außer der chemischen Zusammensetzung und den technologischen Eigenschaften auch der Gefügezustand durch Zahlen oder Zahlengruppen beschrieben werden kann. Während aber die chemische Zusammensetzung und die technologischen Werte zahlenmäßig angegeben werden können, bestehen zur Zeit noch beträchtliche Schwierigkeiten, den Gefügezustand durch Zahlen oder Zahlengruppen genau zu charakterisieren; doch ist dieses Problem bereits seit längerem Gegenstand von Überlegungen und Untersuchungen[2-8].

---

* Vortrag anläßlich des 6. Kolloquiums über metallkundliche Analyse mit besonderer Berücksichtigung der Elektronenstrahl-Mikroanalyse, Wien, 23. bis 25. Oktober 1972.

2. Aufbau des Gefüges

Wie Schema 1 zeigt, ist das Gefüge aus verschiedenen Gefügebestandteilen aufgebaut, die sich hinsichtlich ihrer Art entweder
durch ihre Zusammensetzung (Fremdatome, Seigerungen), ihre Struktur (Gitterfehler) oder beides (verschiedene Phasen) voneinander

Schema 1. Gefügekennzeichnende Begriffe und Größen

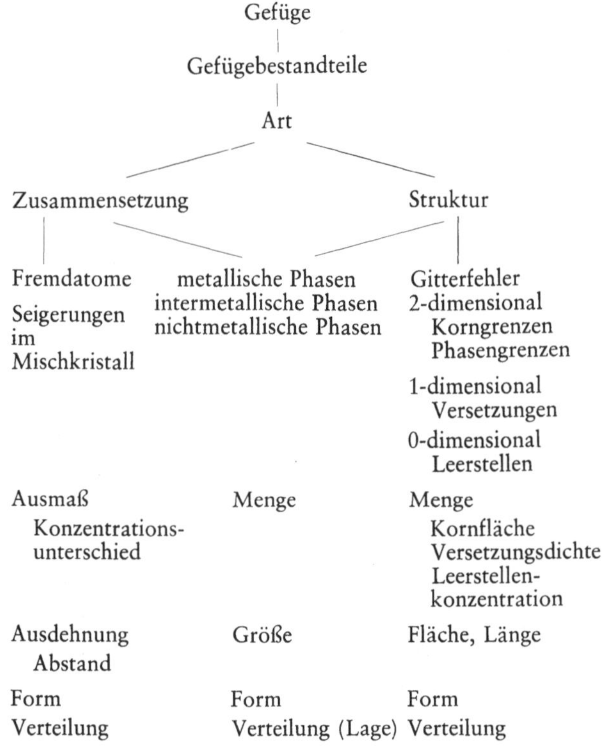

unterscheiden. Die verschiedenen Arten der Gefügebestandteile sind
durch ihre Menge oder ihr Ausmaß, ihre Größe oder Ausdehnung,
Fläche und Länge, ihre Form und ihre Verteilung am Gefügeaufbau
beteiligt.

3. Aufgabenstellung

Um mit Hilfe eines Computers die Mikrostruktur den Anforderungen genau anpassen zu können, müssen folgende Probleme gelöst
werden:

1. Beschreibung des Gefüges[9, 10] durch zahlenmäßige Angaben über Art, Menge, Größe, Form und Verteilung der Gefügebestandteile;

2. Erstellung von Schaubildern oder Zahlenmatrizen, in denen der Zusammenhang zwischen Gefügezustand und technologischen Eigenschaften beschrieben ist.

3. Erstellung von Schaubildern oder Zahlenmatrizen, in denen Veränderungen der unter Punkt 1 angeführten Werte in Abhängigkeit von Temperatur, Zeit und Verformung zusammenfassend dargestellt sind, um einen gewünschten Gefügezustand bzw. bestimmte technologische Eigenschaften sicher und reproduzierbar einstellen zu können.

In der vorliegenden Arbeit soll nun dargestellt werden, inwieweit zur Zeit die drei genannten Probleme gelöst werden können. Zur Erfüllung dieser Aufgabe stehen in erster Linie die Methoden der metallkundlichen Analyse und der Metallographie zur Verfügung. Während der metallkundlichen Analyse in ihrem weitesten Sinn die Bestimmung der Atomart (chemische Analyse) und der Kristallstruktur der Gefügebestandteile obliegt[11], befaßt sich die Metallographie mit der optischen Untersuchung des Gefüges mit dem Ziel einer qualitativen und quantitativen Beschreibung[10, 12]. Die stereometrische Analyse wäre nach dieser Aufgabenstellung der Metallographie zuzuordnen, es ist aber klar, daß zwischen den beiden großen Arbeitsgebieten Überschneidungen auftreten, die hier jedoch nicht diskutiert werden sollen.

4. Verfahren zur Beschreibung des Gefüges

Der Wunsch, das Gefüge in seiner Gesamtheit zahlenmäßig beschreiben zu können, setzt voraus, daß Verfahren zur Verfügung stehen, mit denen Art, Menge, Größe, Form und Verteilung der Gefügebestandteile meßtechnisch erfaßt und zahlenmäßig dargestellt werden können.

Zur Ermittlung der *Art der Gefügebestandteile* ist es erforderlich, Verfahren heranzuziehen, mit denen die Bestimmung der Zusammensetzung oder Struktur der einzelnen Gefügebestandteile möglich ist. Abb. 1 gibt eine Übersicht über die räumlichen Grenzen einer Reihe von Verfahren, mit denen die Zusammensetzung bzw. Struktur der verschiedenen Gefügebestandteile ermittelt werden kann.

In der linken Spalte ist in Anlehnung an die Vorschläge von R. Mitsche[2] sowie H. Malissa und K. Swoboda[4] die Länge und das Volumen in Vielfachen von m bzw m^3 angegeben. Zusätzlich ist noch eine Skala mit der Homogenitätsklasse angegeben, die mit dem Logarithmus des reziproken Wertes des m^3-Volumens der durchschnittlichen Korngröße eines Gefügebestandteiles identisch ist. Im Gegensatz zu H. Malissa und K. Swoboda wurde aber als Ausgangs-

Länge m	Volumen m³	Homog Klasse	Art — Zusammensetzung	Art — Struktur
10^{-2} cm	10^{-6}	6		
		7		
		8		
10^{-3} mm	10^{-9}	9	Makrosonde	
		10	Lasersonde	
		11		
10^{-4}	10^{-12}	12		
		13		
		14	Mikrosonde	
10^{-5}	10^{-15}	15	Mikroreflexionsmessung	
		16		
		17		Röntgenbeugung
10^{-6} μm	10^{-18}	18		Channelingdiagramm
		19		Elektronenbeugung (Durchstrahlung)
		20		
10^{-7}	10^{-21}	21		
		22		
		23		
10^{-8}	10^{-24}	24		
		25	Ionensonde (Eindringtiefe!)	Elektronenbeugung (Reflexion-Eindringtiefe!)
		26		
10^{-9}	10^{-27}	27		
		28		
		29		
10^{-10} Å	10^{-30}	30		

Abb. 1. Verfahren zur lokalen Untersuchung der Art der Gefügebestandteile

größe nicht ein Zentimeter sondern mit Rücksicht auf das neue internationale Einheitssystem ein Meter gewählt. Dividiert man in diesem Fall die Homogenitätsklasse durch drei, so erhält man den negativen Logarithmus der Länge in Meter.

Vergleicht man die Verfahren, mit denen die Zusammensetzung ermittelt werden kann, miteinander, so findet man, daß für die unmittelbare Bestimmung der Zusammensetzung derzeit die routinemäßig erzielbare Grenze bei etwa 10^{-6} m also 1 μm liegt. Mit der Mikroreflexionsmessung kann man noch etwas kleinere Teilchen messen, sie ergibt aber Werte, mit deren Hilfe nur durch Vergleich auf die Zusammensetzung geschlossen werden kann. Ähnliches gilt für die hier nicht angeführten Methoden der Mikro- bzw. Autoradiographie. Mit der Ionensonde lassen sich kleinste Abmessungen nur durch Erfassung sehr dünner Oberflächenschichten untersuchen.

Zur lokalen Ermittlung der Struktur stehen ebenfalls mehrere Verfahren zur Verfügung. Mit Hilfe der Elektronenbeugung gelingt es sogar, in den Bereich von etwa 100 Å vorzustoßen, doch bereitet hier die Präparation schon bedeutende Schwierigkeiten. Für die

Elektronenbeugung mit Reflexion gilt sinngemäß das gleiche wie für die Ionensonde.

In Schema 2 ist eine Reihe von Verfahren zusammengestellt, mit denen die *Menge der Gefügebestandteile* bestimmt werden kann. Bei den Gefügebestandteilen, die nur als Bereiche unterschiedlicher Zusammensetzung am Gefügeaufbau beteiligt sind, wie z. B. die Seigerungen, soll statt des Begriffes „Menge" der Begriff „Ausmaß" verwendet werden. Bei der Angabe der Menge einer bestimmten Phase

Schema 2. Verfahren zur Ermittlung der Menge von Gefügebestandteilen

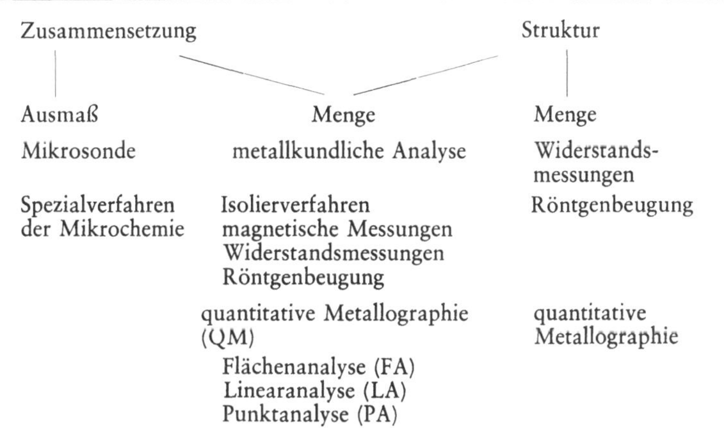

ist gegebenenfalls der Wert Teilchenanzahl/Volumeneinheit von Interesse. Für die Bestimmung der Menge bzw. des Ausmaßes der Gefügebestandteile stehen physikalische, chemische und metallographische Verfahren miteinander in Konkurrenz. Welches Verfahren im Einzelfall das beste ist, hängt vor allem davon ab, mit welcher Genauigkeit und Schnelligkeit die Mengenangabe gewünscht wird, und weiters, ob außer der Menge noch andere Werte, wie z. B. Angaben über Größe, Form oder Verteilung gewünscht werden, die z. B. mit Hilfe der Linearanalyse in einem einzigen Meßdurchgang zu erhalten sind.

Zur Ermittlung der *Größe, Form und Verteilung eines Gefügebestandteiles* müssen seine Abmessungen bzw. seine Abstände zu benachbarten Gefügebestandteilen ermittelt werden, wobei für die Längenmessung optische, elektronische und konzentrationsabhängige Signale verwendet werden können und vorausgesetzt werden muß, daß das Meßsystem eine ausreichende Auflösung besitzt. In Abb. 2 sind die Größenbereiche der verschiedenen Gefügebestandteile dem Auflösungsvermögen einer Reihe von Geräten gegenübergestellt. Aus

186 A. Kulmburg:

dieser Gegenüberstellung ist zu sehen, daß der Bereich der mit optischem Signal arbeitenden Geräte von der Makroskopie bis in die Größenordnung der Atome reicht. Das bedeutet, daß der gesamte Bereich der Materie, in dem überhaupt ein Gefüge auftreten kann, sichtbar zu machen ist[10]. Der Auflösungsbereich der Geräte, die

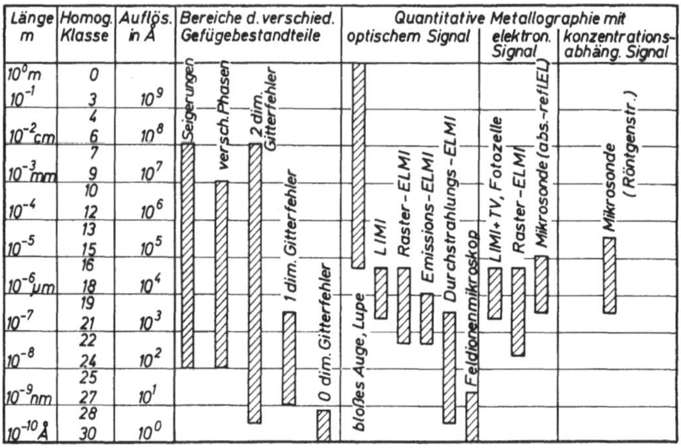

Länge m	Homog. Klasse	Auflös. in Å	Bereiche d. verschied. Gefügebestandteile	Quantitative Metallographie mit optischem Signal	elektron. Signal	konzentrations-abhäng. Signal
10^0 m	0					
10^{-1}	3	10^9				
	4					
10^{-2} cm	6	10^8				
	7					
10^{-3} mm	9	10^7				
	10					
10^{-4}	12	10^6				
	13					
10^{-5}	15	10^5				
	16					
10^{-6} µm	18	10^4				
	19					
10^{-7}	21	10^3				
	22					
10^{-8}	24	10^2				
	25					
10^{-9} nm	27	10^1				
	28					
10^{-10} Å	30	10^0				

Abb. 2. Verfahren zur Untersuchung der Größe, Menge, Form und Verteilung der Gefügebestandteile

direkt ein elektronisches Signal liefern, sei es auch unter Verwendung eines ursprünglich optischen Signals, reicht nur in den Auflösungsbereich von einigen hundert Ångström; noch geringer wird die Auflösung, wenn ein konzentrationsabhängiges Signal verwendet wird, wie dies bei der Verwertung der charakteristischen Röntgenstrahlung einer Mikrosonde der Fall ist.

Soferne es möglich ist, die Größe eines Gefügebestandteiles und seine Anordnung im Gefüge mit Hilfe der angeführten Methoden meßtechnisch zu erfassen, bietet die quantitative Metallographie mit ihren Meß- und Zählverfahren, der Flächen-, Linear- und Punktanalyse, die Möglichkeit, Größe, Menge, Form und Verteilung der Gefügebestandteile numerisch zu erfassen und die räumliche Beschaffenheit einer Probe zu kennzeichnen[8, 13−15].

5. Beschreibung des Gefüges durch Zahlenwerte

Zur zahlenmäßigen Beschreibung des Gefüges liegt bereits eine Reihe von Vorschlägen vor. Im besonderen sei neben der grundlegenden Arbeit von S. A. Saltykov[13] auf die Arbeiten von R. Mitsche[2], H. Malissa und K. Swoboda[4], Swoboda und Mitarbeiter[6, 7],

H. E. Exner und H. F. Fischmeister[16], A. Rose[17] sowie G. Dörfler[18] verwiesen. Diese Arbeiten beschäftigten sich in erster Linie mit der Darstellung des Mengenanteiles, der mittleren Korngröße oder Korngrößenverteilung verschiedener Gefügebestandteile, aber auch damit, in welcher Weise die Verteilung z. B. von Phasen in einer metallischen Matrix zahlenmäßig dargestellt werden kann.

Von Mitsche bzw. Malissa und Swoboda werden zur Einordnung der Gefügebestandteile fünf Heterogenitätsgrade bzw. 24 Homogenitätsklassen vorgeschlagen. Mit Hilfe dieser 24 Homogenitäts-

Schema 3. Homogenitätsbegriffe zur Kennzeichnung von Gefügemerkmalen nach [4]

| Homogenitätsklasse (HK) |

Durchschnittliche Korngröße

$$HK = \log \frac{1}{V} = 0 \text{ bis } 24$$

V .... durchschnittliches Kornvolumen

| Konzentrationshomogenität |

Mengenanteil (Vol.%) und Homogenitätsklasse (0 bis 24)

| Lagehomogenität |

Anordnung der Gefügeelemente

klassen wird die durchschnittliche Korngröße gekennzeichnet (Schema 3). Durch die Angabe der Homogenitätsklasse und den Mengenanteil ist die sogenannte Konzentrationshomogenität bestimmt. Darüber hinaus wurde noch der Begriff der Lagehomogenität vorgeschlagen, durch den die Anordnung der Gefügeelemente beschrieben werden kann.

Eine besondere Rolle bei der Beurteilung des Gefügezustandes spielt die Größe des betrachteten Bereiches, da ein bei makroskopischer Betrachtung homogenes Gefüge (Abb. 3) z. B. bei Betrachtung im Lichtmikroskop durchaus nicht mehr homogen erscheint (Abb. 4) und sich z. B. ein im Lichtmikroskop homogen erscheinendes Gefüge bei Betrachtung im Elektronenmikroskop sehr inhomogen erweisen kann (Abb. 5). Besonders zu beachten ist dabei die Verteilung der Gefügebestandteile; denn bei sonst gleichen Werten für Art, Menge,

Größe und Form der Gefügeelemente können sich allein aufgrund von deren unterschiedlicher Verteilung Werkstoffe in ihren technologischen Eigenschaften ganz beträchtlich voneinander unterscheiden.

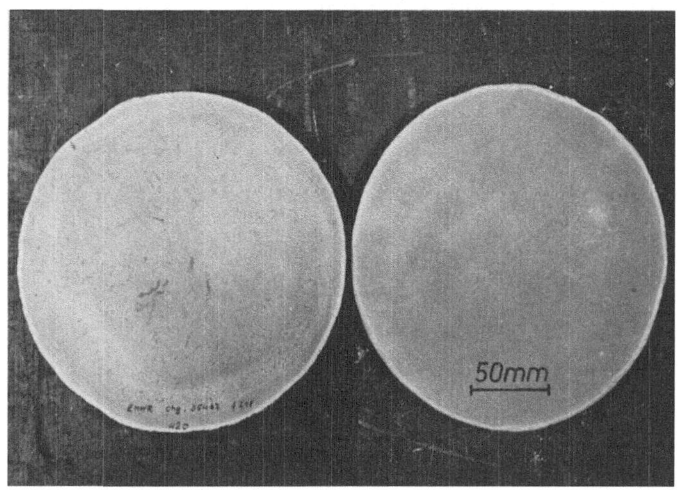

Abb. 3. Ätzscheibe mit makroskopisch inhomogenem (links) und homogenen Gefüge (rechts)

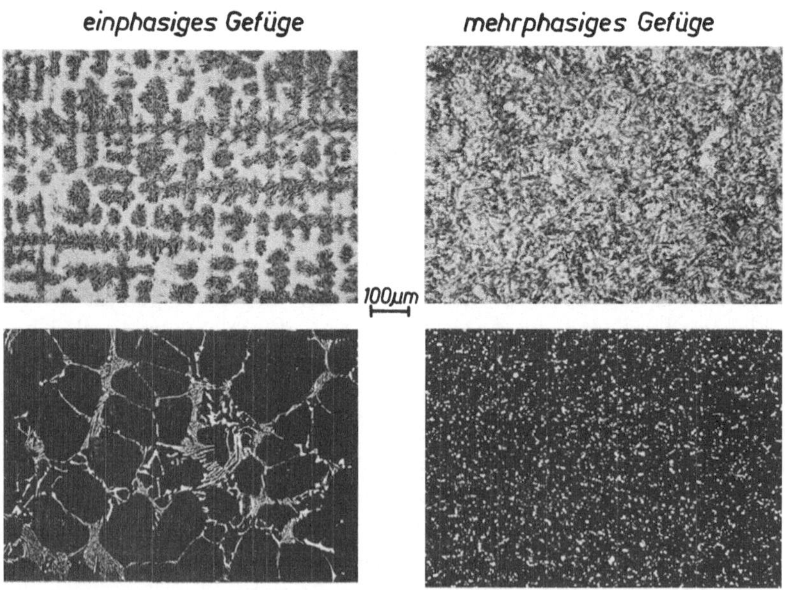

Abb. 4. Gefügebilder von Proben mit verschiedenem Homogenitätszustand

Schema 4 zeigt zusammenfassend, durch welche Angaben die Art, Menge, Größe, Form und Verteilung der einzelnen Gefügebestandteile charakterisiert werden können. Ergänzend sind noch Methoden

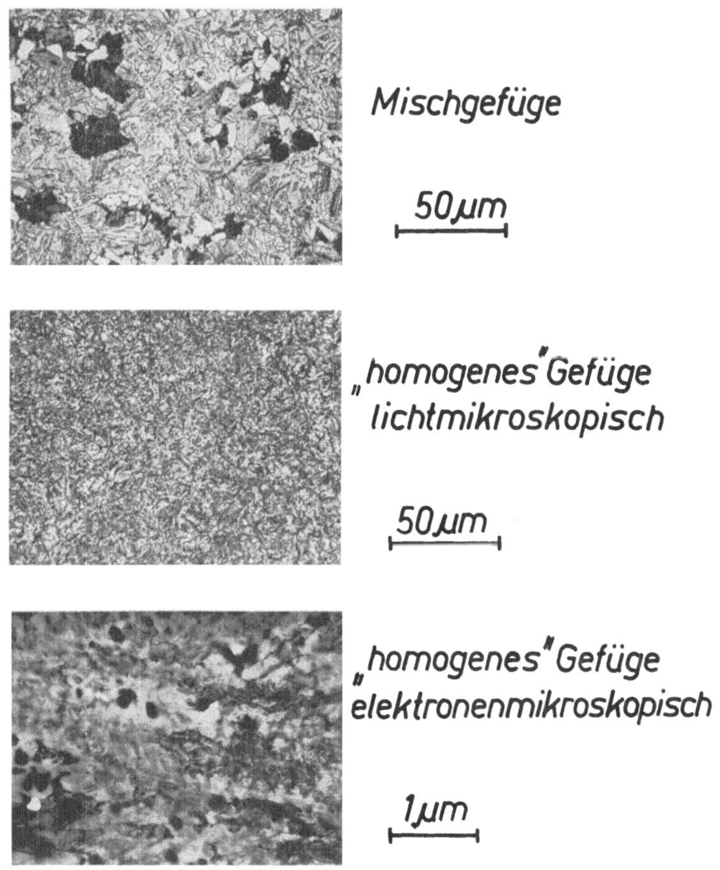

Abb. 5. Gefügebilder von Proben mit verschiedenem Homogenitätszustand

angeführt, die zur Ermittlung dieser charakteristischen Angaben herangezogen werden können.

Seigerungen

Eine Seigerung stellt eine Konzentrationsentmischung dar, die über viele einzelne Kristallite reichen kann. Seigerungen sind zwar im wesentlichen ungleichmäßige Verteilungen von Legierungsatomen und könnten auch als Summenwirkung 0-dimensionaler Gitterfehler betrachtet werden, sie sollen aber aus praktischen Erwägungen als

Schema 4. Charakteristische Angaben zur Kennzeichnung des Gefügezustandes

Gefüge-bestandteil	Art — Zusammensetzung	Art — Struktur	Menge Ausmaß	Größe	Form	Verteilung (Lage)
Seigerungen	C_{max} C_{min}	—	Seigerungsgrad $\dfrac{C_{max}}{C_{min}} = S$ $\dfrac{C_{max} - C_{min}}{C_{0_{max}}\, C_{0_{min}}} = I_s$ RR	Schnittlängen-verteilungskurven RR PA, LA, FA	Schnittlängen-verteilungskurven RR LA	Schnittlängen-verteilungskurven RR LA
Phasen (metallisch, intermetallisch, nichtmetallisch)	% A % B	AB $A_x B_y$ Orientierung	Phasenanteil metallkundl Analyse physikal. Messungen QM (PA, LA, FA) RR	Korngrößenver-teilungskurven RR LA (FA)	Schnittlängen-verteilungskurven Polfiguren RR LA	Schnittlängen-verteilungskurven Polfiguren (RR)
2-dimensionale Gitterfehler (Korngrenzen, Phasengrenzen)		Kohärenz Inkohärenz Orientierung	Kornfläche PA LA	Korngrenzenlänge LA	Schnittlängen-verteilungskurven LA	Schnittlängen-verteilungskurven LA
1-dimensionale Gitterfehler (Versetzungen)		Stufenvers. Schraubenvers.	Versetzungsdichte PA LA	Versetzungslänge Maschenweite des Versetzungszellwerk PA LA	Schnittlängen-verteilungskurven LA	Schnittlängen-verteilungskurven LA
0-dimensionale Gitterfehler	Leerstellen Zwischengitterat. substituierte Atome		Leerstellenkonzentr. Fremdatomkonzen-tration	Einfach-, Mehrfach-leerstellen	Schottky-, Frenkel-defekte	

Legende: RR Richtreihe QM Quantitative Metallographie PA Punktanalyse LA Linearanalyse FA Flächenanalyse

eigene Gefügebestandteile betrachtet werden. Das Ausmaß einer Seigerung wird nach Messung der maximalen und minimalen Konzentration (C_{max}, C_{min}) durch Angabe des *Seigerungsgrades* $S = \dfrac{C_{max}}{C_{min}}$ oder des *Restseigerungsindex* $I_s = \dfrac{C_{max} - C_{min}}{C_{0_{max}} - C_{0_{min}}}$ charakterisiert, wobei $C_{0_{max}}$ und $C_{0_{min}}$ die maximale und minimale Konzentration im Ausgangszustand (z. B. Gußzustand) bedeuten.

Zur Kennzeichnung der Größe der geseigerten Bereiche werden der Abstand der Seigerungsmaxima oder der Abstand der Dendritenarme 2. Ordnung angegeben, aus deren Werten Schlüsse auf die Abkühlungsbedingungen bei der Erstarrung[19, 20] oder auf das Ausmaß vorausgegangener Verformungsvorgänge gezogen werden können. Angaben über die Form und Verteilung der geseigerten Bereiche, im besonderen über die verschiedenen Formen der Dendriten oder über eine mehr oder weniger starke Zeiligkeit, ermöglichen gleichfalls Schlüsse auf die Erstarrungsbedingungen bzw. auf den Verformungsgrad[20]. Während die Angabe des Seigerungsgrades und des Seigerungsabstandes vor allem bei einphasigen Stählen üblich ist, wird bei zwei- und mehrphasigen Stählen, z. B. bei Schnellarbeitsstählen, in ertser Linie die Breite der Carbidzeilen beurteilt. Dafür stehen, wie im Bild angedeutet, Richtreihen (RR) zur Verfügung[21]. Prinzipiell lassen sich aber auch Verfahren der quantitativen Metallographie anwenden, in erster Linie die Linearanalyse. Bei mehrphasigen Stählen wird durch die Seigerungen im allgemeinen die Verteilung der Phasen beeinflußt, so daß bei solchen Stählen z. T. das Ausmaß der Seigerungen, insbesondere aber die Größe, Form und Verteilung der Seigerungen, durch Angaben über die Verteilung der Phasen beschrieben werden kann.

Phasen

In Metallen können metallische, intermetallische und nichtmetallische Phasen auftreten.

Als metallische Phasen sollen Mischkristalle (AB) ohne stöchiometrische Zusammensetzung z. B. Austenit, Ferrit usw. verstanden werden, als intermetallische Phasen Verbindungen (A_xB_y) mit vorwiegend metallischer Bindung aus verschiedenen Metallatomen (z. B. Laves-Phasen) oder aus Metallatomen mit Nichtmetallatomen (z. B. Carbide, Nitride), als nichtmetallische Phasen Verbindungen (A_xB_y) von Metallatomen mit Nichtmetallatomen ohne metallische Bindung (z. B. Oxide)[22].

Von den im Gefüge vorhandenen Phasen ist im allgemeinen nur deren Zusammensetzung und Struktur bekannt. In die Angaben über die Struktur sollen aber auch Angaben über die Orientierung einbezogen werden. Als Darstellungsmöglichkeit seien hier die Polfiguren genannt, mit denen z. B. Verformungstexturen gekennzeichnet werden. Die Menge der einzelnen Phasen kann durch Angabe des Phasenanteiles oder durch Angabe der Teilchenanzahl je Volumeneinheit zusammen mit der durchschnittlichen Größe dieser Teilchen beschrieben werden. Neben den in Schema 2 gezeigten Meßverfahren können die Phasenanteile auch durch Vergleich des Gefügebildes der Probe mit Richtreihenbildern (RR) ermittelt werden.

Auch zur Einordnung der Phasen hinsichtlich ihrer Größe, Form und Verteilung gibt es die bekannten und allgemein verwendeten Richtreihen (RR). Die Beurteilung nach Richtreihen liefert im allgemeinen aber nur eine Wertzahl, die mit den tatsächlichen Größenwerten nicht immer in einem unmittelbaren Zusammenhang steht, so daß die Bewertung durch Richtreihen in zunehmendem Maß im Brennpunkt der Kritik steht.

Um genaue Angaben über die tatsächlichen räumlichen Größen (mittlerer Korndurchmesser, Korngröße, Kornform, Abstand der Teilchen voneinander usw.) machen zu können, müssen die Phasen ausgemessen werden, wozu die Linearanalyse vor allem bei Anwendung von automatischen Geräten wohl am besten geeignet ist. Die Größenverteilung einer bestimmten Phase kann durch Angabe der Schnittlängen- oder Korngrößenverteilungskurve charakterisiert werden, die Form einfach geformter Teilchen eventuell durch Angabe des Streckungsgrades oder der in zwei aufeinander senkrechten Richtungen aufgenommenen Korngrößenverteilungskurven. Die quantitative Beschreibung der Form von Gefügebestandteilen stellt eines der schwierigsten Probleme der quantitativen Metallographie dar, das bisher nur für spezielle Fälle gelöst werden konnte.

Eine Lücke bestand bis vor kurzem noch hinsichtlich der Beschreibung der Lage oder Verteilung z. B. von Phasen im Gefüge, obwohl gerade die Verteilung der Gefügebestandteile einen besonderen Einfluß auf die Werkstoffeigenschaften hat. Zur Beschreibung der Verteilung der Gefügebestandteile, ihrer Lagehomogenität, wurde von K. Swoboda und Mitarbeitern[6,7] der Vorschlag gemacht, die Lage von Phasenteilchen in einer Matrix durch die Häufigkeitsverteilung der in verschiedenen Richtungen gemessenen Schnittlängen in der Matrix, also durch die Abstände zwischen den einzelnen Phasenteilchen zu beschreiben. Theoretische Untersuchungen an Modellbildern verschiedener zweiphasiger Gefügeanordnungen[7] sowie Untersuchungen an realen Gefügen[23] haben gezeigt, daß dieser Weg durchaus gangbar ist und verschiedene Phasenverteilungen deutlich unterscheidbar sind.

Im folgenden soll kurz die Vorgangsweise zur Ermittlung der Schnittlängenverteilungen erläutert und die praktische Anwendbarkeit am Beispiel von zwei realen Gefügen gezeigt werden.

In Abb. 6 sind die mit Hilfe der Linearanalyse erzielbaren Ergebnisse schematisch dargestellt. Beim Ausmessen von zweiphasigen Gefügen erhält man sowohl Schnittlängen für die helle Phase (L) als auch für die dunkle Phase (Ld). Das prinzipielle Aussehen der Schnitt-

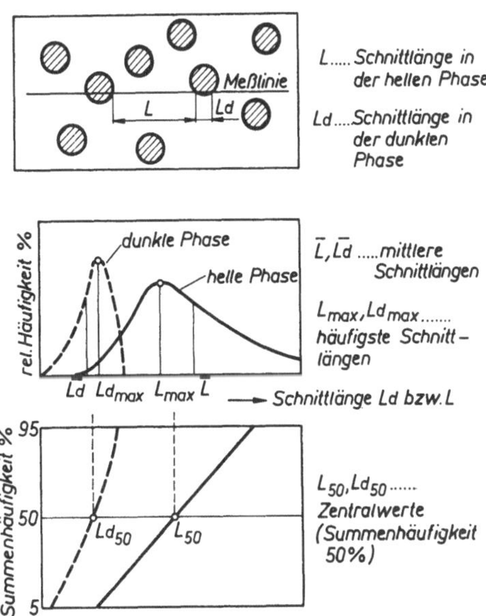

Abb. 6. Meßgrößen der Linearanalyse und Schnittlängenverteilungskurven zweiphasiger Gefügeanordnungen

längenverteilungskurven zeigen das mittlere und das untere Teilbild. Bei der Darstellung der relativen Häufigkeit über den Schnittlängen ergeben sich mehr oder weniger gut ausgebildete Glockenkurven für die beiden Phasen, während bei der Summenhäufigkeitsdarstellung bei geeigneter Abszissenteilung oft weitgehend gerade Linien entstehen.

Als praktisches Beispiel zeigt Abb. 7 die Ergebnisse derartiger Schnittlängenmessungen an einer im Gußzustand vorliegenden Probe des ledeburitischen Cr-Stahles X 210 Cr 12. Bei der Beurteilung des Gußgefüges ledeburitischer Stähle interessiert vor allem die Maschenweite des Ledeburitnetzwerkes und die Breite der Ledeburitbereiche. Bei den vorliegenden Untersuchungen, die mit dem digitalen Meß-

system „Digiscan" der Fa. Kontron in Verbindung mit dem Phasenintegrator und einem Gruppendiskriminator durchgeführt wurden,
war die Größe des Meßfeldes so eingestellt (7 μm), daß in den Lede-

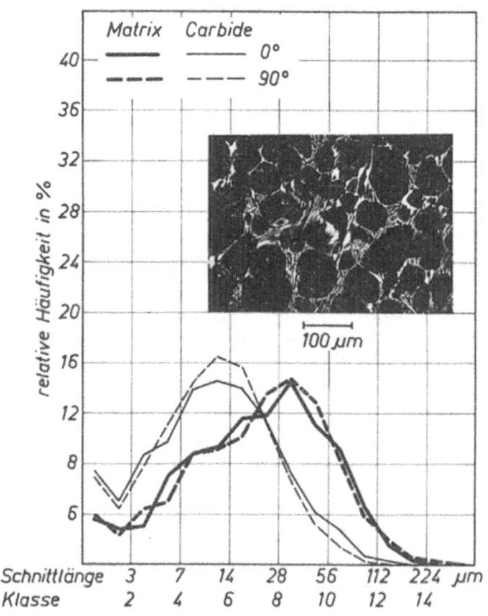

Abb. 7. Schnittlängenverteilungskurven zur Kennzeichnung der Korngrößenverteilung der Carbide (dünn ausgezogene Kurven) sowie deren Verteilung in der Matrix
(dick ausgezogene Kurven) für den Stahl X 210 Cr 12 im Gußzustand (Meßfelddurchmesser 7 μm)

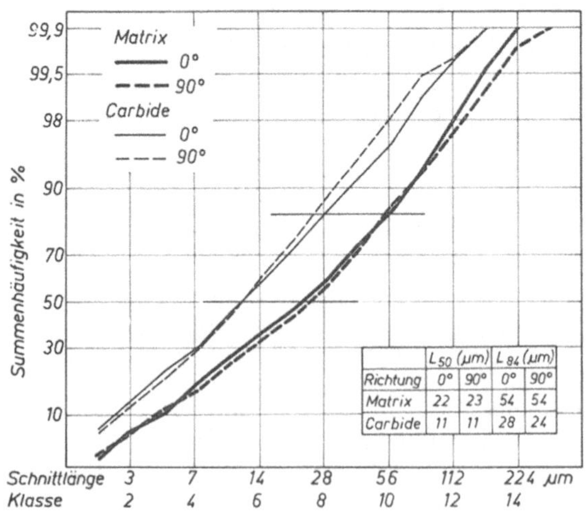

Richtung	L_{50} (µm) 0°	90°	L_{84} (µm) 0°	90°
Matrix	22	23	54	54
Carbide	11	11	28	24

Abb. 8. Schnittlängenverteilung für den Stahl X 210 Cr 12 im Gußzustand wie
Abb. 7, jedoch in Form von Summenhäufigkeitskurven dargestellt

buritbereichen nicht die einzelnen Carbide erfaßt wurden, sondern der gesamte Ledeburitbereich als eigene Phase gemessen wurde. Die Messung der Schnittlängen erfolgte in zwei zueinander senkrechten Richtungen, wobei die Schnittlängen in der Matrix und im Ledeburit in einem Durchgang ermittelt wurden.

Wie aus der Darstellung der Meßergebnisse zu ersehen ist, decken sich die Häufigkeitskurven der in 0°- (durchgezogene Linie) und 90°-Richtung (unterbrochene Linie) ermittelten Schnittlängen sowohl der Matrix (dicke Linie) als auch des Ledeburits (dünne Linie) fast

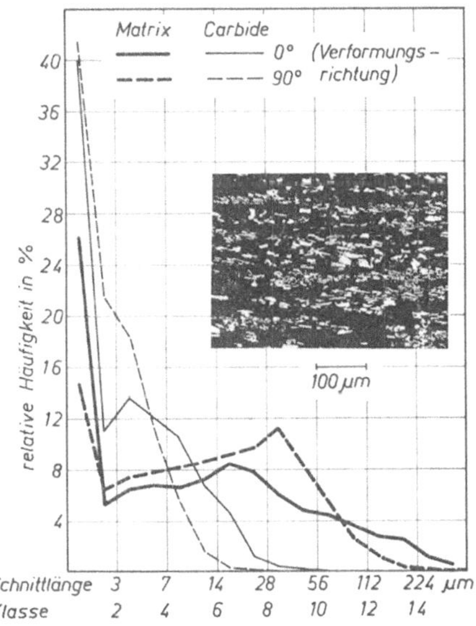

Abb. 9. Schnittlängenverteilungskurven zur Kennzeichnung der Korngrößenverteilung der Carbide (dünn ausgezogene Kurven) sowie deren Verteilung in der Matrix (dick ausgezogene Kurven) für den Stahl X 290 Cr 12 im verformten Zustand (Meßfelddurchmesser 1,8 μm)

vollständig, was darauf schließen läßt, daß ein Gefüge ohne Vorzugsrichtung vorliegt. Das Auftreten von jeweils nur einem Häufigkeitsmaximum zeigt, daß einerseits das Netzwerk aus weitgehend gleich großen Maschen besteht und andererseits die Ledeburitbereiche keine großen Unterschiede hinsichtlich der Breite bzw. Dicke aufweisen. Ähnliche Schlüsse lassen sich aus dem Verlauf der Summenhäufigkeitskurven (Abb. 8) ziehen.

Abb. 9 zeigt als weiteres Beispiel die an einer im verformten Zustand vorliegenden Probe aus dem Stahl X 290 Cr 12 ermittelten Meßergebnisse. Die Schnittlängen in der Matrix und in den Carbiden wurden wieder in zwei zueinander senkrechten Richtungen gemessen,

wobei die 0^0-Richtung mit der Verformungsrichtung übereinstimmt.
Der Durchmesser des Meßfeldes wurde in diesem Fall so klein gewählt (1,8 μm), daß auch feine Carbide noch einzeln erfaßt werden
konnten. Die Kurvenverläufe für Matrix und Carbid zeigen, daß in
der Verformungsrichtung die Schnittlänge in den Carbiden größer
ist und somit in Verformungsrichtung gestreckte Carbide angezeigt
werden.

Die zeilenförmige Anordnung der Carbide läßt sich aus den
Kurven dadurch ablesen, daß in der Verformungsrichtung bei kleinen
Schnittlängen ein Maximum vorliegt, das auf die kleinen Abstände
zwischen den Carbiden innerhalb der Zeilen schließen läßt; weiters
ist die Häufigkeit der großen Schnittlängen in Verformungsrichtung

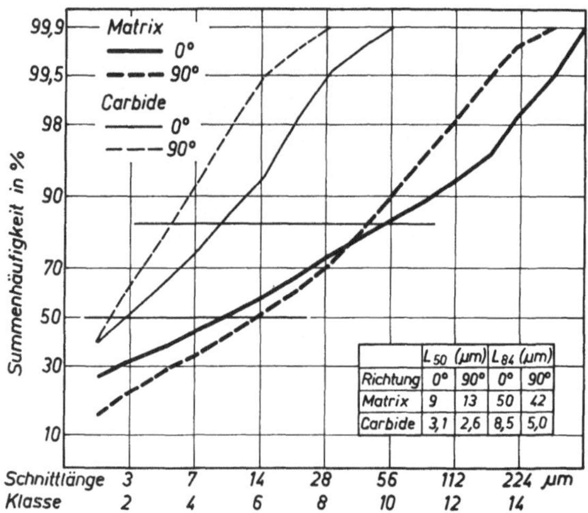

		L50 (μm)		L84 (μm)	
Richtung		0°	90°	0°	90°
Matrix		9	13	50	42
Carbide		3,1	2,6	8,5	5,0

Abb. 10. Schnittlängenverteilung für den Stahl X 290 Cr 12 im verformten Zustand
wie Abb. 9, jedoch in Form von Summenhäufigkeitskurven dargestellt

größer als quer dazu, was auf die großen Abstände zwischen den
Carbiden im Bereich der carbidarmen Zeilen schließen läßt. Aus dem
Verlauf der Häufigkeitsverteilung für die 90^0-Richtung lassen sich
Schlüsse auf den Abstand der Zeilen ziehen. Die im Gefüge vorliegende Vorzugsrichtung wird, wie Abb. 10 zeigt, durch die Summenhäufigkeitskurven noch deutlicher als durch die Einzelhäufigkeits-
kurven angezeigt.

Die Häufigkeitskurven können durch eine Zahlenmatrix in der
Form charakterisiert werden, daß entweder Lage und Höhe der Ex-
tremwerte der Schnittlängenverteilungskurven oder Median (L_{50}) und
Streuung ($\pm\sigma$; L_{84}, L_{15}) der Summenkurven angegeben werden
(Abb. 10).

Es kann angenommen werden, daß die angegebene Darstellungsweise sinngemäß z. B. auch für die Kennzeichnung von Versetzungsstrukturen und ähnlichen Gefügeanordnungen herangezogen werden kann.

Zweidimensionale Gitterfehler

Sie stellen die Grenzen zwischen den einzelnen Phasen dar und ermöglichen dadurch die Bestimmung der Größe und Form, z. T. auch der Menge und Verteilung der Phasen. Die bei solchen Messungen, für welche sich die Linearanalyse besonders eignet, hauptsächlich anfallende Meßgröße ist die Schnittlänge zwischen zwei Korn- bzw. Phasengrenzen.

Ein- und nulldimensionale Gitterfehler

Von besonderer Bedeutung sind hier die Versetzungsdichte, die Versetzungsanordnung und die Leerstellenkonzentration. Mit Hilfe linearanalytischer Methoden müßte es möglich sein, aus der Versetzungsdichte und Versetzungsanordnung Schlüsse auf das Werkstoffverhalten, insbesondere auf verschiedene technologische Eigenschaften (Festigkeit, Verfestigung usw.) zu ziehen.

6. Darstellung des Zusammenhanges zwischen Gefügezustand und technologischen Eigenschaften

Der Umstand, daß sich technologische Eigenschaften zumeist wesentlich leichter zahlenmäßig erfassen lassen als Gefügezustände, dürfte die Ursache sein, daß es verhältnismäßig wenig Darstellungen gibt, in denen Werkstoffeigenschaften in Abhängigkeit vom Gefügezustand dargestellt sind[24].

Als Beispiel zeigt Abb. 11 die Abhängigkeit der Brucheinschnürung des Stahles X 40 CrMoV 51 im vergüteten Zustand vom Seigerungsgrad des Molybdäns[25]. Weiters sei noch auf Schaubilder verwiesen, in denen z. B. der Zusammenhang zwischen Korngröße und Streckengrenze bzw. Kerbschlagübergangstemperatur, der Zusammenhang zwischen Korngröße und Streckgrenze im Zusammenhang mit den Verformungsbedingungen oder der Zusammenhang zwischen Umwandlungsgefüge und Festigkeit dargestellt sind[26]. Weiters sei hier noch der Zusammenhang zwischen der Härte des Perlits und dessen Lamellenabstand sowie zwischen Carbidmenge und Verschleißwiderstand[27] genannt. Besonders erwähnt sei aber eine Arbeit von A. Rose und Mitarbeitern[28] aus der jüngsten Zeit, in

der der grundsätzliche Zusammenhang zwischen dem Umwandlungs-
ablauf, dem Gefügeaufbau und den mechanischen Eigenschaften am
Beispiel des Vergütungsstahles 50 CrMo 4 dargestellt wird.

Mit Ausnahme jener Arbeiten, in denen z. B. die Austenit- oder
Ferritkorngröße durch Zahlenwerte gekennzeichnet ist, wird das Gefüge zumeist aber nur durch die Entstehungsbedingungen und z. T.
durch die Menge der Gefügebestandteile gekennzeichnet. Praktisch

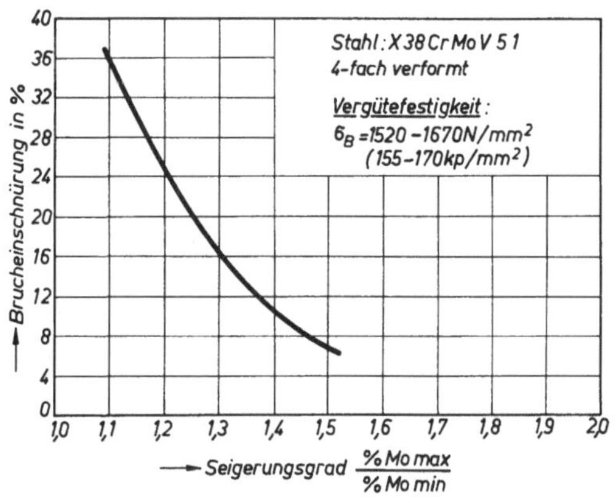

Abb. 11. Abhängigkeit der Brucheinschnürung von Querproben des Stahles X 38
CrMoV 51 vom Seigerungsgrad des Molybdäns (nach Kroneis, Krainer und Kreitner)

keine Angaben werden hingegen über Größe, Form oder Verteilung
der Gefügebestandteile gemacht.

Es ist jedoch zu überlegen, welche Werte zur zahlungsmäßigen
Kennzeichnung des Gefüges überhaupt erforderlich sind, gegebenenfalls könnte z. B. zur Angabe „obere" oder „untere Zwischenstufe"
die Angabe einer einzigen Kennzahl genügen.

7. Darstellung des Gefügezustandes in Abhängigkeit von Zeit, Temperatur oder Verformung

Nach dem Übergang vom flüssigen in den festen Zustand kann
der Gefügezustand eines metallischen Werkstoffes im allgemeinen
nur durch Verformung und Wärmebehandlung beeinflußt werden.
Um die Wirkung dieser Einflußgrößen anschaulich darstellen und
beurteilen zu können, wurde eine Reihe von Schaubildern entwickelt, in denen der Einfluß einer oder mehrerer dieser drei Faktoren auf das Gefüge dargestellt ist. In Schema 5 sind die Bezeich-
nungen einer Reihe solcher Schaubilder angegeben, durch welche

Veränderungen der Gefügebestandteile hinsichtlich ihrer Art, Menge, Größe, Form und Verteilung beschrieben werden.

Schema 5. Möglichkeiten zur Darstellung der Veränderung gefügekennzeichnender Größen in Abhängigkeit von Zeit, Temperatur und Verformung

Gefüge-bestandteil	Art, Zusammen-setzung, Struktur	Menge	Größe	Form	Verteilung
Seigerungen	Seigerungsab-baukurven	Seigerungsab-baukurven	—	—	—
		Zeit-Temperatur-Homogenisie-rungsschaubild			
Phasen	Zustandsschau-bilder	Zustandsschau-bilder	RKS	—	(Schnittlängen-verteilungs-kurven)
	ZT-Auflösungs-Schaubild	ZT-Auflösungs-Schaubild			
	ZT-Ausscheid.-Schaubild	ZT-Ausscheid.-Schaubild			
	ZTU-Schaubild	ZTU-Schaubild Gefügemengen-schaubild			
Gitterfehler					
2-dimensional		Rekristallisa-tions-Schaubild	RKS	—	—
1-dimensional					
0-dimensional	(Diffusions-kurven)	(RKS)			

Seigerungen

Seigerungen können durch Diffusionsvorgänge abgebaut und ausgeglichen werden. Die Verminderung des Seigerungsgrades in Abhängigkeit von Temperatur und Zeit wird durch Seigerungsabbaukurven dargestellt. Abb. 12 zeigt als Beispiel zwei übliche Darstellungsarten. Im Bild oben ist nach Werten von M. C. Flemings und Mitarbeitern[29] die Abnahme des Seigerungsgrades von Chrom $S_{Cr} = \dfrac{Cr_{max}}{Cr_{min}}$ in Guß-proben aus dem Stahl 100 Cr 6 in Abhängigkeit von der Glühzeit und Glühtemperatur angegeben. Aus dem Verlauf ist zu ersehen, daß der Seigerungsgrad im Ausgangszustand offensichtlich infolge des hohen C-Gehaltes sehr groß ist, und der Seigerungsabbau trotz des sehr kleinen Dendritenarmabstandes und der vergleichsweise hohen Temperatur nur sehr langsam vor sich geht. Der Nachteil dieser Dar-stellung besteht darin, daß der Abbau der Seigerungen verschiedener Legierungselemente, die bekanntlich auch unterschiedlich stark sei-gern, nur schwer miteinander verglichen werden kann.

Für solche Vergleiche besser geeignet ist dafür die im Bild unten aus einer Arbeit von R. G. Ward[30] entnommene Darstellung, in welcher der Abbau der Manganseigerungen in Gußproben aus dem Stahl 14 NiCr 18 mit 0,4 % Mn dargestellt ist. Das Ausmaß der Seigerungen ist durch den Restseigerungsindex

$$I_s\,(S_n) = \frac{Mn_{max} - Mn_{min}}{Mn_{0_{max}} - Mn_{0_{min}}}$$

angegeben, wobei Mn_{max} und Mn_{min} die maximale und minimale Konzentration nach einer bestimmten Wärmebehandlung, $Mn_{0_{max}}$ und $Mn_{0_{min}}$ die maximale und minimale Konzentration im Ausgangszustand bedeuten. Die beiden im Bild angegebenen Geraden geben den rechnerisch unter Zugrundelegung einer sinusförmigen Konzentrationsverteilung ermittelten Seigerungsabbau wieder, die

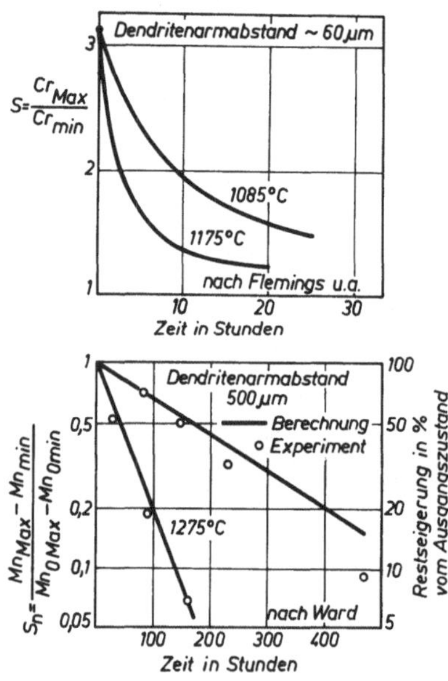

Abb. 12. Möglichkeiten zur Darstellung des Seigerungsabbaues in Abhängigkeit von Zeit und Temperatur

Punkte wurden experimentell durch Auswertung autoradiographischer Aufnahmen gefunden. Aus dem Verlauf des Seigerungsabbaues ist zu ersehen, daß bei dem vorliegenden großen Dendritenarmabstand selbst bei sehr hohen Temperaturen außerordentlich lange Zeiten erforderlich sind, um z. B. die Seigerungen auf die Hälfte abzubauen.

Der Vorteil dieser Darstellung besteht darin, daß der Seigerungsabbau verschiedener Legierungselemente miteinander verglichen werden kann, ein Nachteil ergibt sich dadurch, daß nicht festgestellt werden kann, welches Element im Ausgangszustand am stärksten seigert. Die beiden in der Abb. 12 gezeigten Schaubilder gelten jeweils nur für den angegebenen Abstand der Seigerungsmaxima, jede Änderung dieses Abstandes verursacht eine Änderung der Abbaukinetik; wie aus den Diffusionsgesetzen zu ersehen ist, benötigt man z. B. bei einer Verdoppelung des Abstandes der Seigerungsmaxima bei gleicher Temperatur die vierfache Zeit, um den gleichen Seigerungsabbau zu erzielen.

Zur Darstellung des Homogenitätszustandes einer Legierung bietet sich außer den Seigerungsabbaukurven noch eine weitere Darstellung an, die auf dem bekannten Zeit-Temperatur-Auflösungs-(ZTA)-Schaubild[31, 32] aufbaut. Die im ZTA-Schaubild eingetragenen Kurven begrenzen die Beständigkeitsbereiche der Mehrphasengebiete, z. B. Ferrit + Carbid, Austenit + Ferrit + Carbid, Austenit + Carbid und Austenit. Die Grenzlinie zwischen den Bereichen Austenit + Carbid und Austenit besagt nur, daß im Austenit kein Carbid mehr nachweisbar ist, wobei diese Grenze unter Berücksichtigung des jeweils verwendeten Nachweisverfahrens fließend sein kann; es wird aber nichts über Homogenität des Austenits hinsichtlich seiner Zusammensetzung ausgesagt.

Geht man von der Annahme aus, daß zur Festlegung des Ausgangszustandes das Ausmaß von Seigerungen, um Felsmessungen zu vermeiden, im carbidfreien Gefügezustand gemessen werden soll[33], so kann entlang der Bereichsgrenze Austenit + Carbid/Austenit der Seigerungsgrad $S = \dfrac{C_{0_{max}}}{C_{0_{min}}}$ der verschiedenen Legierungselemente eingetragen werden. Vereinfacht wird diese Eintragung, wenn statt des Seigerungsgrades S der Restseigerungsindex I_s verwendet wird, der dann für alle Legierungselemente an dieser Grenze als gleich 1 angenommen werden soll.

Wird der Abbau der Seigerungen eines Legierungselementes in der in Abb. 12 unten gezeigten Form aufgetragen, so lassen sich daraus im ZTA-Schaubild Linien gleichen Seigerungsabbaues (z. B.: $I_s = 0,8, 0,5$ usw.) konstruieren. Aus dem Verlauf dieser Linien kann dann der Homogenitätszustand des Austenits hinsichtlich seiner Zusammensetzung abgelesen werden. Ein solches Schaubild könnte als *Zeit-Temperatur-Homogensierungs-(ZTH)-Schaubild* bezeichnet werden. Begrenzt wird das Schaubild nach oben durch die Solidustemperatur, die sich jedoch unter dem Einfluß zunehmender Homogenisierung verändern kann[34, 35].

Da der Seigerungsabbau vor allem vom Abstand der Konzentrationsmaxima abhängig ist, muß im Schaubild noch angegeben werden, für welchen Abstand die Werte gelten. Mit Hilfe des zweiten Fickschen Gesetzes können die Werte in einfacher Weise für andere Abstände umgerechnet werden.

Abb. 13 zeigt als Beispiel das Zeit-Temperatur-Homogenisierungs-Schaubild des Stahles 100 Cr 6, in dem der Seigerungsabbau von Cr eingetragen ist. Im Ausgangszustand (Gußzustand) besteht

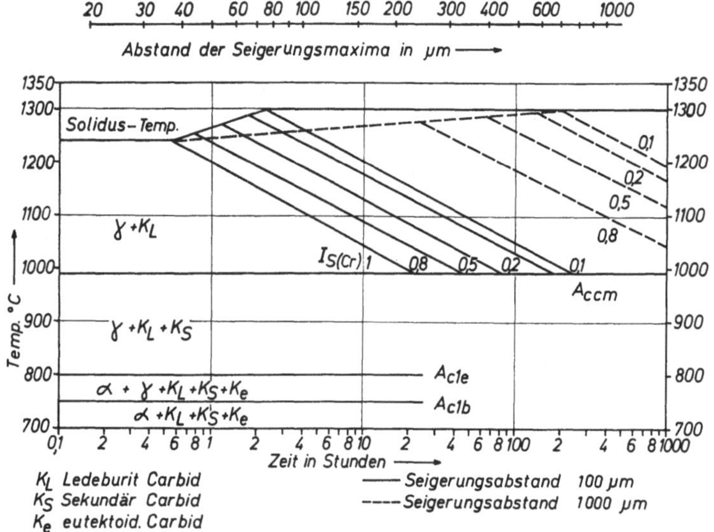

Abb. 13. Zeit-Temperatur-Homogenisierungsschaubild des Stahles 100 Cr 6

das Gefüge aus Ferrit, sowie eutektoid, sekundär und pseudoledeburitisch[36] entstandenen Carbiden. Mit steigender Temperatur werden der A_{clb}-, A_{cle}- und A_{ccm}-Punkt überschritten, oberhalb dessen nur noch Austenit mit einigen pseudoledeburitischen Carbiden beständig ist. Diese Carbide lösen sich nach Angaben von W. Peter und Mitarbeitern[36] nach Glühung bei 1150° C/2 h bzw. 1200° C/1 h auf, so daß diese Grenze als Ausgangszustand mit $I_{s\,(Cr)} = 1$ angenommen wird. Die Kurven gleichen Seigerungsabbaues wurden für einen Abstand der Seigerungsmaxima von 100 und 1000 µm unter der vereinfachten Annahme eines sinusförmigen Konzentrationsverlaufes berechnet. Entsprechend den Diffusionsgesetzen ergeben sich parallele Gerade, deren Steigung vom Diffusionskoeffizienten des Legierungselementes bei den einzelnen Temperaturen abhängt. Am oberen Bildrand ist eine Skala angegeben, mit Hilfe derer der Seigerungsabbau bei Änderung des Abstandes der Seigerungsmaxima ermittelt werden kann. Für den Fall, daß zur Erzielung eines carbidfreien Ausgangszustandes eine Glühbehandlung erforderlich ist, muß jene Zeitspanne, in der der Ausgangszustand erreicht wird, bei Umrechnung auf andere Abstände berücksichtigt werden. Bei Stählen, die im Ausgangszustand bereits einphasig sind, fällt dies weg.

Die Solidustemperatur steigt mit zunehmender Homogenisierung von 1240^0 C auf 1300^0 C an.

Phasen und Gitterfehler

Zur Beschreibung der Änderung der Art und Menge der Phasen existieren bereits eine Reihe bekannter, sehr übersichtlicher Darstellungen (Schema 5), wie z. B. Zustandsschaubilder, die jedoch strenggenommen nur für den Gleichgewichtszustand gelten, sowie die Zeit-Temperatur-Auflösungs-, Ausscheidungs- und Umwandlungsschaubilder, durch welche Ungleichgewichtszustände beschrieben werden. Genaue und übersichtliche Angaben über die Menge der entstehenden oder sich auflösenden Phasen liefern Gefügemengenschaubilder. Eine Vorstellung über die Änderung der Größe von Phasen in Abhängigkeit von Verformungsgrad und Temperatur wird durch die Rekristallisationsschaubilder vermittelt, die auch für Änderungen der zweidimensionalen Gitterfehler herangezogen werden können.

Zur Darstellung der Änderung von Verteilung bzw. Lage der Gefügebestandteile können charakteristische Werte der Schnittlängenverteilungskurven herangezogen werden.

Zusammenfassung

Überlegungen auf dem Gebiet der Werkstoffauswahl und Werkstoffentwicklung zielen dahin, mit Computern Werkstoffe für bestimmte Verwendungszwecke auszuwählen bzw. die Mikrostruktur eines Metalles den Anforderungen genau anzupassen. Dies setzt voraus, daß außer der chemischen Zusammensetzung und den technologischen Eigenschaften des Werkstoffes auch dessen Gefügezustand durch Zahlen oder Zahlengruppen beschrieben werden kann.

Ausgehend von der Definition des Begriffes „Gefüge“ werden Verfahren beschrieben, mit deren Hilfe zahlenmäßige Angaben über Art, Menge, Größe, Form und Verteilung der Gefügebestandteile zu erhalten sind.

Die größten Schwierigkeiten bestehen zur Zeit darin, Form und Verteilung der Gefügebestandteile durch Zahlenwerte zu beschreiben. Aufbauend auf einem Vorschlag, die Verteilung von Phasenteilchen in einer Matrix durch die Häufigkeitsverteilung der in verschiedenen

Richtungen gemessenen Schnittlängen in der Matrix zu kennzeichnen, konnte gezeigt werden, daß verschiedene reale Gefügeausbildungen durch Schnittlängenverteilungskurven zahlenmäßig beschrieben werden können.

Die vollständige zahlenmäßige Kennzeichnung von Werkstoffen setzt weiters voraus, daß sowohl der Zusammenhang zwischen Gefügezustand und technologischen Eigenschaften durch Zahlen beschrieben werden kann als auch Schaubilder oder Zahlenmatrizen vorliegen, durch welche Veränderungen von Art, Menge, Größe, Form und Verteilung der Gefügebestandteile in Abhängigkeit von Temperatur, Zeit und Verformung gekennzeichnet sind. Wie in einem Beispiel gezeigt wird, kann der Einfluß von Temperatur und Zeit auf das Ausmaß der Kristallseigerungen durch ein Zeit-Temperatur-Homogensierungsschaubild dargestellt werden.

Die aufgezeigten Möglichkeiten lassen hoffen, daß der Gefügezustand metallischer Werkstoffe zahlenmäßig erfaßt werden kann, wobei die quantitative Metallographie als Meßverfahren eine Schlüsselstellung einnimmt.

Summary

The Representation of Structural Constitution

Considerations relating to the selection and development of materials lead to the possibility of using computers to select materials for particular applications, and also to the possibility of suiting the microstructure of a metal to the demands to be placed upon it. This presupposes that it is possible to describe by numbers, or groups of numbers, not only the chemical composition and the technological properties of the substance, but also its structural constitution.

Starting with the definition of the concept of "structure", procedures are described which make it possible to make quantitative statements about the type, quantity, size, form, and distribution of the structural components.

At present, the form and distribution of the structural components are the most difficult to describe by means of numbers. On the basis of a proposal to characterize the distribution of the microphases in a matrix by the frequency distribution of the lengths of their cross-sections when cuts are made in various direction in the matrix, it was possible to show that various actual structures could be described numerically by such distribution curves.

The complete numerical characterization of materials further assumes that the connection between structural constitution and technological characteristics can be described by numbers, and that diagrams, or matrices of numbers, are available which give the changes in nature, quantity, size, form, and distribution of the components as functions of temperature, time, and deformation. An example is given of the manner in which the effects of time and temperature on the extent of separation of crystals can be represented on a time-temperature-homogeneity diagram.

The possibilities pointed out give reason to hope that the structural constitution of metallic materials can be represented numerically; quantitative metallography would then be the key analytical method.

Literatur

[1] G. Gentzsch, Draht-Welt **1969**, 245.

[2] R. Mitsche, Radex-Rdsch. **1953,** 229.

[3] M. Kroneis, Radex-Rdsch. **1961,** 694.

[4] H. Malissa und K. Swoboda, Radex-Rdsch. **1963,** 494.

[5] R. Mitsche, Radex-Rdsch. **1965,** 538.

[6] K. Swoboda, R. Mitsche und H. Malissa, Radex-Rdsch. **1966,** 233.

[7] K. Swoboda, A. Kulmburg und E. Staska, Prakt. Metallographie, Sonderband **3,** 317 (1972).

[8] H. E. Exner und G. Petzow, Gefügeuntersuchungen mit neuen Methoden der stereometrischen Anyalse, Bundesmin. wiss. Forschg. Bericht K 67—92, 1967.

[9] E. Hornbogen, Prakt. Metallogr. **5,** 51 (1968).

[10] E. Hornbogen und G. Petzow, Z. Metallkunde **61,** 81 (1970).

[11] W. Koch, Metallkundliche Analyse, Düsseldorf und Weinheim/Bergstraße: Verlag Stahleisen und Verlag Chemie. 1965.

[12] A. G. Guy, Metallkunde für Ingenieure, Frankfurt/M.: Akadem. Verlagsgesellschaft. 1970.

[13] S. A. Saltykov, Stereometrische Metallographie, Moskau: Staatl. Techn. Wissensch. Verlag der Lit. f. Schwarz- und Buntmetallurgie. 1958.

[14] H. F. Fischmeister, Prakt. Metallographie **2,** 251 (1965).

[15] E. E. Underwood, Quantitative Stereology, Menlo Park, London, Ontario: Addison-Wesley. 1970.

[16] H. E. Exner und H. F. Fischmeister, Prakt. Metallographie **3,** 18 (1966).

[17] A. Rose, H. A. Mathesius und H. P. Hougardy, Arch. Eisenhüttenwes. **40,** 323 (1969).

[18] G. Dörfler, Radex-Rdsch. **1967,** 781.

[19] T. Z. Kattamis und M. C. Flemings, Trans. Met. Soc. AIME **233,** 992 (1965).

[20] Kristallisation, Vortragssammlung, Leipzig: VEB Deutscher Verlag f. Grundstoffindustrie. 1969.

[21] Z. B. Stahl-Eisen Prüfblatt 1615—59.

[22] E. Hornbogen und H. Warlimont, Metallkunde, Berlin, Heidelberg, New York: Springer-Verlag. 1967.

[23] A. Kulmburg, Prakt. Metallographie **10,** 183 (1973)

[24] D. Aurich, M. Pfender und K. Wobst, Amts- und Mitteilungsblatt d. Bundesanstalt f. Materialprüfung 2, 50 (1972).

[25] M. Kroneis, E. Krainer und F. Kreitner, Berg- u. Hüttenmänn. Mh. 113, 416 (1968).

[26] E. Macherauch, Z. Metallkunde 59, 669 (1968).

[27] H. Bühler, F. Pollmar und A. Rose, Arch. Eisenhüttenwes. 41, 989 (1970).

[28] A. Rose, A. Krisch und F. Pentzlin, Stahl u. Eisen 91, 1001 (1971).

[29] M. C. Flemings, D. R. Poirier, R. V. Barone und H. D. Brody, J. Iron Steel Inst. 208, 371 (1970).

[30] R. G. Ward, J. Iron Steel Inst. 203, 930 (1965),

[31] A. Rose und W. Strassburg, Stahl u. Eisen 76, 976 (1956).

[32] E. G. Fuchs und A. Roósz, Z. Metallkunde 63, 211 (1972).

[33] A. Kulmburg und K. Swoboda, Mikrochim. Acta, Suppl. I, 1966, 159.

[34] A. Kulmburg und K. Swoboda, Härterei-Techn.-Mitteilungen 26, 34, (1971).

[35] A. Kulmburg und K. Swoboda, Prakt. Metallographie, Sonderband 3, Fortschritte in der Metallographie, 413.

[36] W. Peter, H. Finkler und E. Kohlhaas, Arch. Eisenhüttenwes. 41, 749 (1970).

Anschrift des Verfassers: Dr. A. Kulmburg, Gebr. Böhler u. Co., AG, Edelstahlwerke, A-8605 Kapfenberg, Österreich.

Mikrochimica Acta [Wien], Suppl. 5, 1974, 207—208

Möglichkeiten zur Darstellung der Gefügehomogenität

Diskussionsbeitrag zum Vortrag von A. Kulmburg

Von H.-J. Spies

Mit 2 Abbildungen

Die Kenntnis der Zusammenhänge zwischen Struktur und Eigenschaften ist zu einer wichtigen Voraussetzung für die Erzeugung qualitativ hochwertiger Stähle geworden. Auch nach den Erfahrungen des Edelstahlwerkes Freital ist dabei den erstarrungsbedingten Inhomogenitäten im Mikrobereich eine vorrangige Bedeutung beizumessen. Untersuchungen an dem Stahl 38 CrMoV 21.14, der mit dem von A. Kulmburg erwähnten Stahl X 40 CrMoV 5.1 praktisch identisch ist, ergaben z. B., daß neben der durch den Seigerungskoeffizienten definierten Höhe der Konzentrationsunterschiede die räum-

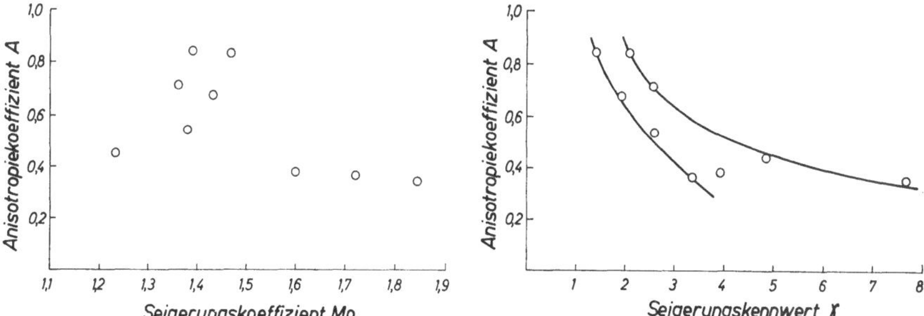

Abb. 1. Beziehung zwischen mechanischer Anisotropie A und dem Seigerungskoeffizienten des Molybdäns (a) sowie dem Seigerungskennwert des Molybdäns (b); Stahlmarke 38 Cr Mo V 21.14, Vergütungsstufe 180—190 kp/mm²

liche Konzentrationsverteilung von besonderer Bedeutung ist. Wie Abb. 1 zeigt, ergibt sich nur zwischen einem aus dem Produkt von Seigerungskoeffizienten und Seigerungsabstand gebildeten Seigerungskennwert γ^* ein Zusammenhang mit der mechanischen Aniso-

---

* γ = Seigerungskoeffizient · Seigerungsabstand (μm).

tropie A^{**}. Zwischen dem Seigerungskoeffizienten allein und der mechanischen Anisotropie besteht diese Beziehung nicht.

Als ein weiteres Beispiel für den Zusammenhang zwischen Kristallseigerung und Eigenschaften sei die Polierfähigkeit angeführt. Die Polierfähigkeit von Blechen aus nichtrostendem Stahl ist z. B. trotz einer über 150fachen Umformung mit mehrfacher Zwischenerwärmung noch in hohem Maße von der Kristallseigerung abhängig. Abb. 2 zeigt hierzu die Oberflächenbeschaffenheit einer Probe

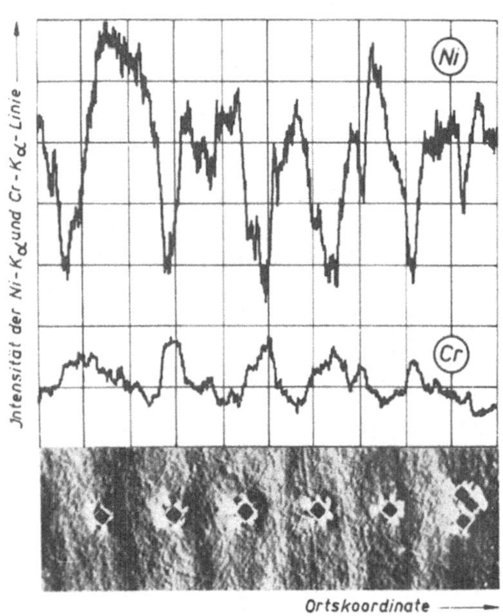

Abb. 2. Oberflächenbeschaffenheit und Kristallseigerung einer Probe des ausenitischen Strahles X 105 Cr Ni 18.10; Interferenzkontrast. V = 150 : 1

des austenitischen Stahles X 5 CrNi 18.10 im Interferenzkontrast und den entlang einer durch Mikrohärteeindrücke markierten Spur gemessenen Konzentrationsverlauf. Ein ähnlicher Zusammenhang zwischen der Polierfähigkeit und der Kristallseigerung wurde bei früheren Untersuchungen auch an niedriglegierten Stählen ermittelt[1].

Literatur

[1] H.-J. Eckstein und H.-J. Spies, Neue Hütte **11**, 286 (1966).

$$** \quad A = \frac{1}{2}\left[\frac{\text{Brucheinschnürung — quer}}{\text{Brucheinschnürung — längs}} + \frac{\text{Kerbschlagzähigkeit — quer}}{\text{Kerbschlagzähigkeit — längs}}\right].$$

Mikrochimica Acta [Wien], Suppl. 5, 1974, 209—231

Sektion Physik der Technischen Universität Dresden, DDR

Fortschritte auf dem Gebiet der Kossel-Technik

Von

Hans-Jürgen Ullrich und **Hartmut Schreiber**

Mit 5 Abbildungen

(Eingegangen am 15. Februar 1973)

Die von W. Kossel entdeckten „Röntgeninterferenzen aus Gitter-quellen" werden seit Mitte der sechziger Jahre häufiger zur Unter-suchung kristalliner Festkörper eingesetzt. Eingeleitet wurde dieser Trend durch die Entwicklung von Kossel-Kameras für Elektronen-mikroskope und Elektronenstrahl-Mikroanalysatoren. Mit letzteren stehen leistungsfähige Geräte zur Verfügung, um die Vorteile, welche die Kossel-Interferenzen im Vergleich zu anderen Beugungsverfahren besitzen, in vollem Umfang auszunutzen. In Tabelle 1 werden die Vor- und Nachteile der Kossel-Technik aufgeführt.

Um die Vorteile des Verfahrens anzuwenden und seine Nachteile zu überwinden, wurden in letzter Zeit zahlreiche Versuche unter-nommen. Deshalb erscheint es angebracht, die erzielten Fortschritte auf dem Gebiet der Kossel-Technik zusammenzufassen, wobei wir uns vor allem auf die Darstellung eigener Ergebnisse beschränken.

1. Apparative Möglichkeiten

1.1. *Treffsicherheit und kleinstes Beugungsvolumen*

Das Scanningsystem von Elektronenstrahl-Mikroanalysatoren erlaubt es, die zu untersuchenden Bereiche treffsicher aufzusuchen. Mit der feinen Elektronensonde sollten deshalb prinzipiell von klein-sten Volumina Kossel-Interferenzen aufgenommen werden können. Wie interferenztheoretische Abschätzungen zeigten[1], läßt sich an kompakten Proben das zur Beugung beitragende Volumen nicht auf $1 \mu m^3$ herabsetzen, sondern es liegt z. B. bei Eisenwerkstoffen über

Tabelle 1. Kossel-Technik

Vorteile	Nachteile
1. großer Informationsgehalt	1. geringer Kontrast Linie/ Untergrund ($\sim$ einige %)
1.1 aus der Linienlage werden bestimmt	
1.1.1 Gitterkonstanten — bei kubischen Substanzen meist ohne umfangreiche Rechnungen — relative Genauigkeiten von 10^{-5} erreichbar	2. als Speichermaterial müssen photographische Platten bzw. Filme verwendet werden
1.1.2 kristallographische Orientierung — zeitlich schnell — Genauigkeit $\pm 0{,}05^0$ erreichbar für Orientierungsunterschied zweier benachbarter Körner	3. das Verhältnis angeregte Wellenlänge : Gitterkonstante ist nicht frei wählbar (substanzbedingt) und muß in einem günstigen Bereich liegen ($0{,}3 < \lambda/a < 0{,}7$)
1.1.3 Symmetrieelemente — z. B. kleine Abweichungen von der kubischen Symmetrie (tetragonale Verzerrungen)	4. bei geringen plastischen Deformationen ($\sim 2\%$) heben sich die diffus gewordenen Linien nicht mehr vom Untergrund ab
1.1.4 Ausdehnungskoeffizienten und	
1.1.5 Mechanismen der Phasenumwandlung durch Messung der Eigenschaften 1.1.1—1.1.3 in Abhängigkeit von der Temperatur (Tief- und Hochtemperaturexperimente)	5. komplizierte rechnerische Auswertung bei nichtkubischen Substanzen
1.2 aus der Intensität der Kossel-Linien und ihrer Feinstruktur sollten sich ermitteln lassen	
1.2.1 Aussagen über die physikalische Realstruktur	
1.2.2 Phasen der gestreuten Wellen	
1.2.3 Gitterschwingungen einzelner Atomsorten (durch Tief- und Hochtemperaturexperimente)	
2. kleine Beugungsvolumina an kompakten Proben ($> 100~\mu\text{m}^3$)	
3. nur geringe Probenpräparation erforderlich	
4. kurze Belichtungszeiten (einige 10 Sekunden bis wenige Minuten)	
5. vom gleichen Probenort gleichzeitig ESMA-Messungen und Kossel-Untersuchungen möglich	

$100~\mu\text{m}^3$. Experimentell gelang es, von Carbonyleisenpulver mit einem Teilchendurchmesser von $5~\mu$m noch das vollständige Reflexsystem zu registrieren. Der Durchmesser der Elektronensonde betrug dabei $0{,}5~\mu$m.

1.2. Kontrast, Sichtbarmachung der Interferenzen, Wellenlängenbereiche

Bei der ursprünglichen Kossel-Methode wird eine Röntgenpunktquelle in das Innere eines Kristalls verlagert. Dabei ist es gleichgültig, ob die charakteristische Röntgenstrahlung durch fokussierte Elektronen bzw. Protonen oder durch ausgeblendete Röntgenstrahlung angeregt wird. Den größten Anteil der Schwärzung auf dem Film liefert immer die aus dem Kristall austretende, nicht gebeugte Strahlung. Nur ein geringer Teil der charakteristischen Röntgenstrahlung der Punktquelle wird von den Atomen in Interferenzrichtungen gestreut und verläßt auf den sogenannten Kossel-Kegeln in Rückstrahlrichtung den Kristall und liefert auf dem Film eine zusätzliche Schwärzung, die sich nur gering vom intensitätsreichen Untergrund abhebt.

Während man in Durchstrahlrichtung über die Dicke des Präparats — bei Teilchenanregung auch mit der Arbeitsspannung — den Kontrast der Linien etwas beeinflussen kann[2], ist dies in Rückstrahlrichtung in noch geringerem Maße möglich. Neben der günstigsten Arbeitsspannung bedient man sich hier vor allem des Sachverhalts, daß die Intensität der Linie proportional mit dem Abstand Punktquelle — Film, der Untergrund aber quadratisch mit dieser Größe abnimmt (solange sich dabei die Dispersion in der Linienbreite noch nicht bemerkbar macht).

Die Wahl der Anregungsart läßt auch nur geringe Verbesserungen zu. Im Vergleich zur Anregung mit Elektronenstrahlen tritt bei Röntgenstrahlanregung der Bremsstrahluntergrund nicht auf. Dafür vergrößern sich die Belichtungszeiten (Größenordnung Stunden) und das Beugungsvolumen. Die Treffsicherheit verschlechtert sich. Weiterhin läßt sich das vollständige Reflexsystem der Kossel-Linien bei dieser Anregungsart nur an wenigen Substanzen registrieren (z. B. Fe, Fe$_3$Al, FeAl mit Cu-Röntgenröhre).

Eigene Versuche mit Ionenanregung schlugen fehl, Versuche mit Protonenstrahlen sind noch nicht bekannt geworden. Hier stehen dem im Vergleich zur Elektronenanregung geringeren Bremsstrahluntergrund die größere Temperaturerhöhung im Brennfleck und die merkbar werdende Strahlenschädigung entgegen.

Infolge des geringen Linienkontrastes und der Tatsache, daß der größte Teil der Untergrundintensität von der gleichen Wellenlänge herrührt wie die Beugungsinterferenzen, bestehen für eine direkte Beobachtung der Kossel-Linien über bildverstärkende Apparaturen (Diskriminierung, Bildverstärker für weiche Röntgenstrahlung, Kanalplatte) nur geringe Aussichten. Bisher sind alle Versuche in dieser Richtung, die in verschiedenen Laboratorien ausgeführt wurden, gescheitert. Bildverstärker könnten sowieso nicht für Präzisionsgitterkonstantenbestimmungen sondern nur für Orientierungsbestimmungen eingesetzt werden. Deshalb bleibt die photographische Schicht weiterhin das wichtigste Speichermaterial.

Die Arbeiten zur Kontraststeigerung von Kossel-Aufnahmen brachten es mit sich, daß der Wellenlängenbereich beträchtlich ausgedehnt werden konnte[3]. Während von anderen Laboratorien nur Substanzen mit Wellenlängen zwischen Fe-Kα (1,94 Å) und Zn-Kα (1,43 Å) untersucht wurden, ist unser Gerät für Wellenlängen bis Al-Kα (8,34 Å) ausgelegt. Damit besteht für eine große Zahl von mehrkomponentigen Substanzen die Möglichkeit, das Reflexsystem der günstigsten Wellenlänge auszusuchen. So gelang es erstmals, mit der S-Kα-Strahlung Präzisionsgitterkonstantenmessungen vorzunehmen. An FeS$_2$ ergaben sich mit den S-Kα-Reflexen höhere Genauigkeiten als mit dem Fe-Kα-Reflexsystem (3.1). Die Verwendung großer Wellenlängen bietet weiterhin den Vorteil kleiner Arbeitsspannungen (geringe Strahlbelastung), außerdem wird das Reflexsystem übersichtlicher und der Linienkontrast verbessert sich aufgrund des erhöhten Reflexionsvermögens ($\sim \lambda^3$). Das Auftreten von Kossel-Reflexen wird durch die Bedingung $\lambda < 2d$ ($d =$ Netzebenenabstand der ersten reflexionsfähigen Netzebene) begrenzt. Damit wird die Kossel-Technik mit großen Wellenlängen eine Untersuchungsmethode für Minerale, die größere Gitterkonstanten als die herkömmlichen metallischen Werkstoffe aufweisen.

Auf der kurzwelligen Seite ($\lambda <$ Ge-Kα) wird die Anfertigung von kontrastreichen Kosselaufnahmen durch zwei Bedingungen eingeschränkt. Einmal steigt die Reflexanzahl so stark an, daß die Linien nur schwer zu trennen sind, andererseits geht das Reflexionsvermögen stark zurück, so daß sich selbst die niedrigindizierten Reflexe kaum vom Untergrund abheben.

1.3. *Pseudo-Kossel-, Pseudo-Kikuchi-Verfahren*

Beim sogenannten Punkt-Pseudo-Kossel-Verfahren befindet sich die Röntgenquelle nicht mehr im Gitter des kompakten Kristalls sondern in einer dünnen Metallschicht, die auf die zu untersuchende Probenstelle aufgebracht wurde[4]. Dadurch kann die Wellenlänge dem Gitter angepaßt werden und das zur Beugung beitragende Kristallvolumen bleibt bei Rückstrahluntersuchungen weiterhin „punktförmig". Durch den geringen Abstand Quelle — Kristall ($\approx \mu$m) bilden die Interferenzen auf einem ebenen Film in guter Näherung noch Kegelschnittlinien, so daß der mathematische Formalismus der Kossel-Interferenzen ohne Einschränkung angewendet werden kann.

Vergrößert man den Abstand Quelle — Kristall, so liegen im Rückstrahlbereich die Interferenzen nicht mehr auf Kegelflächen, sondern auf Flächen höherer Ordnung. Der wesentliche Bestandteil der experimentellen Anordnung dieses Pseudo-Kossel-Verfahrens besteht in der Hohlanodenröntgenröhre mit kleinem Spitzendurchmesser. Da die direkte Strahlung von der Quelle nicht mehr auf den Film gelangt, sind die Aufnahmen sehr kontrastreich. Hier sind die Voraussetzungen gegeben, um über elektronische Bildverstärker die Interferenzen sichtbar zu machen. Allerdings ist der „punktförmige" Charakter des Kossel- und Punkt-Pseudo-Kossel-Verfahrens verlorengegangen, da die Interferenzen von Oberflächenschichten herrühren, die einen Durchmesser von 1 mm und mehr besitzen. Für die Elektronenstrahl-Mikroanalyse haben Punkt-Pseudo-Kossel- und Pseudo-Kossel-Interferenzen (im deutschen Sprachgebrauch auch mit Weitwinkel-Interferenzen bezeichnet) weniger Bedeutung, da vom interessierenden Probengebiet nicht gleichzeitig das Röntgenspektrum aufgenommen werden kann.

Neuerdings finden in der Scanningmikroskopie und in der Elektronenstrahl-Mikroanalyse die sogenannten Pseudo-Kikuchi-Interferenzen (oder Channeling-Diagramme) Anwendung. Sie können direkt auf der Oszillographenröhre der Rastereinrichtung sichtbar gemacht werden und gestatten, mit dem Rockingverfahren Volumina unter $1\,\mu$m zu untersuchen. Sie sind damit für schnelle Orientierungsbestimmungen prädestiniert, liefern aber für Gitterkonstanten nur grobe Angaben[5] (relative Genauigkeiten von 10^{-2}).

Wie in Tabelle 1 angegeben, wird die Ausbildung von Kossel-Interferenzen durch plastische Deformation, d. h. durch die Zunahme der Versetzungsdichte, verhindert. Theoretisch[6] und experimentell[1] konnte gezeigt werden, daß Kossel-Interferenzen bis zu Versetzungsdichten ϱ_{vs} von 10^9—10^{10} cm^{-2} beobachtet werden können. Weitwinkel-Interferenzen konnten an bestimmten Substanzen noch bei Verformungsgraden ε bis zu 40% aufgenommen werden[7]. Für Pseudo-Kikuchi-Interferenzen liegen Angaben über Ni ($\varepsilon = 10{,}2\%$, $\varrho_{vs} = 2\cdot 10^{10}$ cm^{-2}) und austenitischem Stahl ($\varepsilon = 20\%$, $\varrho_{vs} = 10^{12}$ cm^{-2}) vor[5].

Für den auf dem Gebiet der Elektronenstrahl-Mirkoanalyse tätigen Experimentator ergibt sich daraus in Verbindung mit Tabelle 1: Kossel- und Pseudo-Kikuchi-Verfahren (Rockingfall) bilden einander ergänzende Methoden[8]. Sie liefern ohne zusätzlichen Aufwand wichtige kristallphysikalische Parameter, welche die chemischen Konzentrationsmessungen nicht nur ergänzen, sondern die für bestimmte Anwendungsbeispiele (Phasenumwandlung, Abweichung von der Vegardschen Regel, gerichtete Diffusion) neue Aussagen gestatten.

2. Stand der Auswertungstechnik

Einer der Hauptgründe, warum die Kossel-Technik in den sechziger Jahren nur zögernd in die Laboratorien Eingang fand, lag in der „relativ komplizierten Auswertung". In den letzten Jahren wurden

neue Varianten zur einfachen Auswertung erarbeitet und schließlich
der Formalismus zur Computerauswertung aufgestellt und mit zahlreichen Beispielen erprobt.

2.1. *Theorie der Vielfachschnitte und ihre Anwendung*

Vektoriell wird die Beugung am Raumgitter durch die Laue-Be-
dingung

$$\vec{s} - \vec{s}_0 = \lambda \vec{h}$$
$$|\vec{s}| = |\vec{s}_0| = 1$$

beschrieben. Es bedeuten

$\vec{s}_0$　　Einfallrichtung

$\vec{s}$　　gebeugter Strahl

$\vec{h}$　　Vektor im reziproken Gitter.

Durch Quadrieren erhält man die Gleichung des Kossel-Kegels

$$2(\vec{s}\,\vec{h}) = \lambda \vec{h}^2,$$

wo $\vec{h}$ die Kegelachse (Netzebenennormale), und $\vec{s}$ einen Vektor in
der Mantelfläche darstellen.

Die Kossel-Interferenzen bilden ein System solcher Kegel, das
fest mit dem Kristallgitter verbunden ist und auch die gleichen Sym-
metrieverhältnisse aufweist wie dieses. Wenn in eine bestimmte
Raumrichtung $\vec{s}$ Interferenzen von verschiedenen Netzebenen $\vec{h}$ auftreten, d. h. verschiedene Kegel eine gemeinsame Mantellinie besitzen,
dann schneiden sich die Spuren auf dem Film in einem Punkt. Derartige Vielfachschnitte sind häufig auf Kosseldiagrammen zu beobachten. Es soll hier diskutiert werden, welche Schlußfolgerungen aus
dem Auftreten dieser Schnitte gezogen werden können.

Wird für das vollständige Reflexsystem

$$2(\vec{s}\,\vec{h}_i) = \lambda_i \vec{h}_i^2$$

die Richtung eines Vielfachschnittes gesucht, so bedeutet dies das
Auffinden eines gemeinsamen Vektors $\vec{s}'$ und demnach die Lösung
des Gleichungssystems

$$(\vec{h}_i\,\vec{s}') - \lambda_i/2\ \vec{h}_i^2 = 0$$

oder

$$||H||\ \vec{s}' - \vec{h}' = 0.$$

Ist $i > 3$, so ist das Gleichungssystem überbestimmt. Lösungen existieren nur dann, wenn die überzähligen Gleichungen linear abhängig sind. Daher beschränkt sich die weitere Betrachtung auf drei Reflexe. Das Gleichungssystem ist inhomogen, daher lauten die Lösungsbedingungen:

1. $\det H \neq 0$

Das Gleichungssystem ist lösbar und besitzt genau eine Lösung.

2. $\det H = 0$

Das Gleichungssystem besitzt nur Lösungen, und zwar dann unendlich viele, falls Rang $H = $ Rang H^* ist. Die Matrix H^* ist die durch den Vektor $\vec{h}'$ erweiterte Matrix H.

2.1.1. Schnitte 1. Art ($\det H = 0$)

In einer ganz bestimmten Raumrichtung $\vec{s}$ tritt ein Schnitt der drei Kegel auf. Die Vektoren $\vec{h}_i$ sind nicht komplanar, $\vec{s}$ wird eindeutig durch die $\vec{h}_i$ (abhängig von den kristallographischen Indizes und den Gitterparametern) und die Wellenlängen λ_i bestimmt. Sind die Indizes und Wellenlängen der Linien, die einen solchen Schnitt bilden, bekannt, so können daraus die Gitterkonstante (kubischer Fall) bzw. Beziehungen zwischen Gitterparametern bestimmt werden. Falls n Gitterparameter bestimmt werden sollten, wären entsprechend n Schnitte 1. Art notwendig.

Eine Berührung zweier Kosselkegel liefert die gleichen Aussagen wie ein Schnitt 1. Art. Die für die Lösung des Gleichungssystems notwendige dritte Gleichung stellt die Bedingung dar, daß $\vec{h}_1$, $\vec{h}_2$ und $\vec{s}$ in einer Ebene liegen. Ein Beispiel für die Gitterparameterbestimmung über eine solche Berührung ist in[9] angegeben (Cu-Hochtemperaturuntersuchung, Berührung der 042- und 024-Reflexe). Im folgenden werden die Gleichungen zur Berechnung von Gitterparametern an Schnitten 1. Art für die einzelnen Kristallsysteme mitgeteilt und für einige Beispiele die Ergebnisse der Rechnungen zusammengestellt. Die Vektoren $\vec{h}$ sind in Komponentenschreibweise h, k, l angegeben. Die Fehlerschätzung erfolgte über eine Abschätzung aus der Linienbreite. Bei mehrparametrigen Kristallsystemen werden mehrere Schnitte 1. Art zur vollständigen Bestimmung benötigt, sonst lassen sich nur Beziehungen zwischen den Gitterparametern angeben. Die Normierung lautet in allen Fällen

$$s_1{}^2 + s_2{}^2 + s_3{}^2 = 1.$$

Neben den kristallographischen Indizes der drei Relfexe (bzw. zwei bei Berührung) sind die erzeugenden Wellenlängen angegeben.

a) kubisch, Gleichungssystem:

$$\frac{h_i}{a}s_1 + \frac{k_i}{a}s_2 + \frac{l_i}{a}s_3 = \frac{\lambda_i}{2a^2}(h_i^2 + k_i^2 + l_i^2) \quad i = 1,2,3$$

Beispiele:

Substanz	Reflexe	Wellenlänge	$a \pm \Delta a / \text{Å}$	
Fe_3O_4	008	$FeK\alpha_1$	8.399	
(Kossel-Aufnahme in [3])	535	$FeK\alpha_1$	± 0.002	
	355	$FeK\alpha_1$		
W	123	$NiK\alpha_2$	3.1659	Berührung
(Punkt-Pseudo-Kossel-	132	$NiK\alpha_2$	0.0008	bei $T = 20^0$ C
Aufnahme)				
Ge	131	$CrK\alpha_2$	5.657	
(Punkt-Pseudo-Kossel-	324	$CrK\alpha_2$	0.001	
Aufnahme)	311	$CrK\alpha_2$		
Cu	024	$CuK\alpha_1$	3.6311	Berührung
(Kossel-Aufnahme in [9])	042	$CuK\alpha_1$	0.0002	bei $T = 262^0$ C

b) tetragonal, Gleichungssystem:

$$\frac{h_i}{a}s_1 + \frac{k_i}{a}s_2 + \frac{l_i}{c}s_3 = \frac{\lambda_i}{2}\left(\frac{h_i^2}{a^2} + \frac{k_i^2}{a^2} + \frac{l_i^2}{c^2}\right) \quad i = 1,2,3$$

Beispiel:

$CuAl_2$	$02\bar{2}$	$CuK\alpha_1$	
	022	$CuK\alpha_1$	$a = \lambda\sqrt{9 + \left(1 + \dfrac{a^2}{c^2}\right)^2}$
	600	$CuK\alpha_1$	

Mit $a/c = 1.2443$ aus anderer Messung folgt
$a \equiv (6.064 \pm 0.001)$ Å

c) rhombisch, Gleichungssystem:

$$\frac{h_i}{a}s_1 + \frac{k_i}{b}s_2 + \frac{l_i}{c}s_3 = \frac{\lambda_i}{2}\left(\frac{h_i^2}{a^2} + \frac{k_i^2}{b^2} + \frac{l_i^2}{c^2}\right) \quad i = 1,2,3$$

d) hexagonal, Gleichungssystem:

$$\left(\frac{2k_i + k_i}{a}\right)s_1 + \frac{k_i}{b}s_2 + \frac{l_i}{c}s_3 = \frac{\lambda_i}{2}\left[\frac{(2h_i + k_i)^2}{a^2} + \frac{k_i^2}{a^2} + \frac{l_i^2}{c^2}\right] \quad i = 1,2,3$$

Beispiele:

MgZn$_2$	Schnitt 1	$60\bar{6}0$	ZnKα_1	a = (5.221 $\pm$ 0.002) Å
		$42\bar{6}5$	ZnKα_2	c = (8.546 $\pm$ 0.002) Å
		$6\bar{2}\bar{4}5$	ZnKα_2	a/c = 0.6109
	Schnitt 2	$60\bar{6}0$	ZnKα_1	
		$42\bar{6}5$	ZnKα_1	ZnKα_1* ist eine über den Dublett-
		4224	ZnKα_1*	abstand interpoliert Wellen-
				länge
NbFe$_2$		$20\bar{2}5$	FeKα_1	Mit a/c = 0.6125
		$02\bar{2}1$	FeKα_1	(aus anderer Messung) folgt
		$12\bar{3}3$	FeKα_1	a = (4.811 $\pm$ 0.0009) Å

2.1.2. Schnitte 2. Art (det $H = 0$)

Aus dem Verschwinden der Determinante folgt, daß die Vektoren h_i komplanar sind.

Es soll nun die Lösbarkeitsbedingung Rang H = Rang H^* für Rang $H = 2$ untersucht werden (Rang $H = 3$ entspricht Schnitt 1. Art und Rang $H = 0,1$ sind trivial).

Versteht man unter

$$A_{ijkl} = (h_{ik} h_{jl} - h_{il} h_{jk})$$

die zweireihigen Unterdeterminanten der Matrix $\|H\|$, so kann die Bedingung det $H = 0$ bei Entwicklung nach der letzten Spalte in der Form

$$h_{13} A_{2312} - h_{23} A_{1312} + h_{33} A_{1212} = 0$$

geschrieben werden.

Rang $H^* = 2$ bedeutet, daß alle dreireihigen Unterdeterminanten von H^* verschwinden müssen, d. h. die zweite Bedingung lautet:

$$\lambda_1 \vec{h}_1{}^2 A_{23\,ij} - \lambda_2 \vec{h}_2{}^2 A_{13\,ij} + \lambda_3 \vec{h}_3{}^2 A_{12\,ij} = 0 \qquad \begin{aligned} &i, j = 1,2 \\ &i, j = 1,3 \\ &i, j = 3,1 \end{aligned}$$

Mit Hilfe dieser Gleichungen kann nachgeprüft werden, ob ein Schnitt 2. Art vorliegt. Da das Gleichungssystem unendlich viele Lösungen besitzt, können aus den Indizes und Wellenlängen keine Gitterparameter bestimmt werden. Es kann aber gezeigt werden, daß über diese Schnitte, die nach v. Laue als exakte Schnitte bezeichnet werden, Aussagen über das Kristallsystem möglich sind, insbesondere soll die Auflösung dieser Schnitte untersucht werden.

Im kubischen Kristallsystem treten Schnitte 2. Art nur für $\lambda_1 = \lambda_2 = \lambda_3$ auf. Sie treten für eine Wellenlänge immer paarweise auf, da die Normierung eine quadratische Gleichung ist. In der Originalaufnahme erkennt man sie auch daran, daß, im Gegensatz zu Schnitten 1. Art, gleichzeitig für α_1- als auch α_2-Reflexe Schnitte vorhanden sind. Im reziproken Gitter lassen sich Schnitte 2. Art folgendermaßen anschaulich erklären.

Liegen drei Vektoren $\vec{h}_i$ in einer Ebene und zusätzlich auf dem Kreis, den diese Ebene mit der Ewald-Kugel bildet, so schneiden sich die zu den $\vec{h}_i$ gehörenden Kossellinien in einem Punkt. Findet durch eine Verzerrung des Gitters eine Symmetrieerniedrigung statt, so können die Reflexe zwar noch in einer Ebene liegen, aber die $\vec{h}_i$ genügen nicht mehr der zweiten Bedingung. Diese läßt sich nur unter Zulassung verschiedener Wellenlängen erfüllen. Das bedeutet aber, erzeugt man durch geeignete Variation der Wellenlängen (Abschätzung über den Dublettabstand) theoretisch wieder einen Schnitt 2. Art, so können die oben angeführten Gleichungen verwendet und die Größe der Verzerrungen daraus direkt berechnet werden (Beispiel in[4]). Dieser Fall soll als aufgelöster Schnitt 2. Art bezeichnet werden.

Beispiele:

Die Bedingung det $H = 0$ läßt sich schreiben als

$$\Sigma\, c_i h_i = \Sigma\, c_i k_i = \Sigma\, c_i l_i = 0.$$

Die Werte c_i ergeben sich aus den Unterdeterminanten A durch Division mit einem gemeinsamen Teiler n ($c = A/n$).

Die weiteren Lösbarkeitsbedingungen müssen nach den Kristallsystemen unterschieden werden. Sie lassen sich nur erfüllen, wenn die Reflexe die gleiche Wellenlänge besitzen ($\lambda_i \equiv \lambda$).

In den Formeln wird trotzdem die Wellenlänge λ_i geschrieben, da sie auch für aufgelöste Schnitte 2. Art verwendet werden und hierbei die Wellenlänge der einzelnen Reflexe unterschiedlich sein kann.

a) kubisch:
$$\Sigma\, c_i \lambda_i \, (h_i^2 + k_i^2 + l_i^2) = 0$$

Cu: Dreischnitte der Cu-Kα-Linien: 024
$$222$$
$$\bar{2}02$$

Fe, FeAl, Fe$_3$Al, ferritische Stähle:

Fünferschnitt der Fe-Kα-Linien: 022
$$112$$
$$101$$
$$\bar{1}10$$
$$\bar{1}21$$

b) tetragonal:

$$\Sigma\, c_i\lambda_i \left(h_i{}^2+k_i{}^2+l_i{}^2\frac{a^2}{c^2}\right)=0$$

$CuAl_2$: Dreierschnitt der $Cu\text{-}K\alpha$-Linien:

    402
    462   (Bedingung $l_1=\pm l_2,\ l_3=0$)
    060

c) rhombisch:

$$\Sigma\, c_i\lambda_i \left(h_i{}^2+\frac{a^2}{b^2}k_i{}^2+\frac{a^2}{c^2}l_i{}^2\right)=0$$

(Bedingung (kkl), $(hk0)$, (001))

d) hexagonal:

$$\Sigma\, c_i\lambda_i \left(h_i{}^2+h_i\,k_i+k_i{}^2+\frac{3}{4}\frac{a^2}{c^2}l^2\right)=0$$

2.1.3. Aufgelöste Schnitte 2. Art

a) $CuAl_2$

Betrachtet man das tetragonale System als Verzerrung des kubischen in einer Achsenrichtung, so existieren Reflexe, die im kubischen Fall einen Schnitt 2. Art bilden, im tetragonalen jedoch aufgelöst sind.

Beispiel: $\bar{1}21$, 022, 112.

Mit

$$\|H\|=\begin{pmatrix}\bar{1} & 2 & 1\\ 0 & 2 & 2\\ 1 & 1 & 2\end{pmatrix}$$

$\det H=0$ und

$$A_{2312}=-2$$
$$A_{1312}=-3$$
$$A_{1212}=-2$$

läßt sich die Bedingung 2.1.2.a (kubisch) erfüllen, jedoch nicht mehr b (tetragonal).

b) FeAl

Abb. 1 zeigt eine Kossel-Aufnahme von FeAl.

Die für das kubisch raumzentrierte Gitter typischen Funterschnitte (2.1.2.a) sind aufgelöst. Damit ist das Gitter nicht mehr kubisch.

1. Die Schnitte vom Typ

$$S_1 \quad \begin{matrix} 022 \\ 020 \\ 002 \end{matrix} \quad \text{und} \quad S_2 \quad \begin{matrix} 020 \\ 121 \\ 101 \end{matrix}$$

sowie kristallographisch entsprechende sind erhalten geblieben. Da

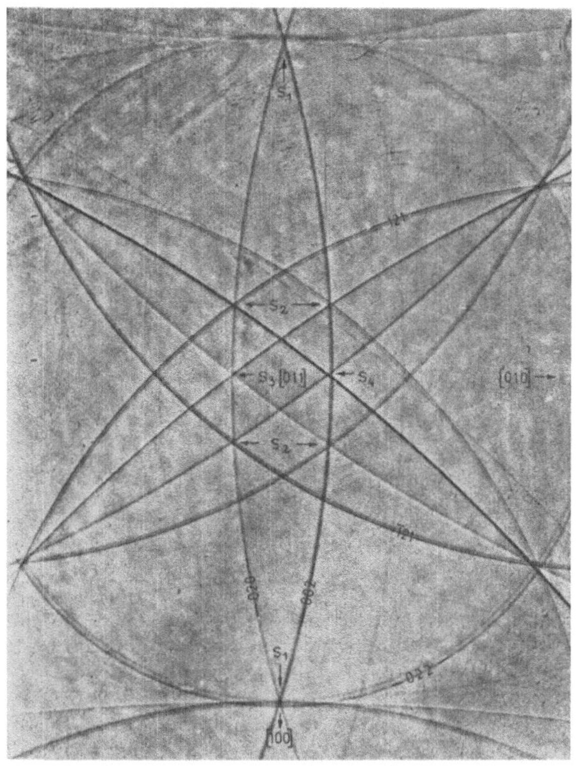

Abb. 1. Kossel-Aufnahme von FeAl am [011]-Pol mit aufgelösten Vielfachschnitten

diese auch in einem rhombischen Kristallsystem erhalten bleiben, bedeutet es, daß das Basissystem rechtwinkelig geblieben ist.

2. Der Schnitt S_3 020 (b-empfindlich) ist erhalten, während

$$\begin{matrix} 101 \\ \overline{1}01 \end{matrix}$$

der Schnitt S_4 002 (c-empfindlich) aufgelöst ist.

$$\begin{matrix} 110 \\ \overline{1}10 \end{matrix}$$

Dies bedeutet eine tetragonale Verzerrung in c-Richtung.

3. Durch Abschätzung über den Dublettabstand und Interpolation wurde theoretisch ein Schnitt 2. Art erzeugt und daraus nach den in 2.1.2 angegebenen Bedingungen das Achsenverhältnis c/a bestimmt.

Ergebnis: $c/a = 1 + \alpha$ $\alpha = (4{,}5 \pm 0{,}6) \cdot 10^{-3}$.

In einer Arbeit von Hälbig u. a.[10] sind Kosseldurchstrahldiagramme von Austenit und Martensit veröffentlicht. Die Martensitaufnahme zeigt die gleiche Aufspaltung von Vielfachschnitten, die

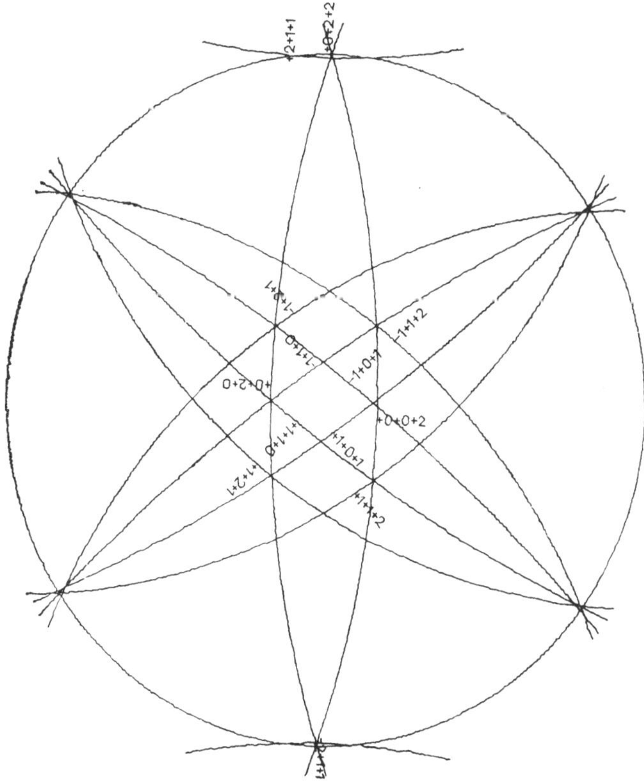

Abb. 2. Stereographische Projektion der Fe-Kα_1-Kossel-Linien von FeAl (tetragonal verzerrt) am [011]-Pol

nach der hier gegebenen Theorie auf eine tetragonale Verzerrung zurückzuführen ist. Sie wurden von den Autoren nicht diskutiert. Quantitative Aussagen werden sich allerdings nur einer Originalaufnahme entnehmen lassen.

2.2. *Computergesteuertes Zeichnen stereographischer Projektionen*

Voraussetzung jeder quantitativen Auswertung von Kossel-Aufnahmen bildet die Indizierung der Linien. Hierzu haben sich stereographische Projektionen bewährt, die mit dem Computer gezeichnet werden [11-15]. Eine Variante unseres Programmes[14] gestattet, Ausschnittsstereogramme anzufertigen, mit denen Kossel-Aufnahmen simuliert werden können.

So zeigt Abb. 2 solch ein Ausschnittsstereogramm von FeAl, bei dem eine tetragonale Verzerrung in c-Richtung angenommen wurde. Sie enthält die gleichen aufgespaltenen Vielfachschnitte (2.1.3. b) wie die Kossel-Aufnahme. An diesem Beispiel wird ersichtlich, daß Kossel-Aufnahmen in Verbindung mit genau gezeichneten Projektionen des Reflexsystems vorteilhaft zum Studium von Phasenumwandlungen herangezogen werden können. Die gnomonische Projektion[15] ist dem Problem noch besser angepaßt.

2.3. *Automatische Auswertung von Kossel-Aufnahmen*

In den letzten Jahren wurden eine Reihe von Verfahren veröffentlicht[12, 13, 16-20], die mit Datenerfassungs- und Datenverarbeitungsanlagen Kossel-Aufnahmen auszuwerten gestatten. Das von uns erarbeitete Auswertungsverfahren sollte folgende Forderung erfüllen:

1. Es galt, ein breites Anwendungsgebiet bezüglich der Kristallsysteme anzustreben.

2. Eine hohe Genauigkeit für Gitterkonstantenmessungen und Orientierungsbestimmungen mit sinnvoller kritischer Fehlerbetrachtung sollte erreicht werden.

3. Es sollte den experimentellen Bedingungen unserer Apparatur und den geometrischen Bedingungen der Elektronenstrahl-Mikroanalysatoren angepaßt sein.

4. Die Reflexe sollte der Computer selbst indizieren, so daß keine stereographischen Projektionen benötigt werden.

Im folgenden wird das Programm[21] nur kurz beschrieben. Eine ausführlichere Veröffentlichung ist vorgesehen.

2.3.1. Datenerfassung und Bestimmung der Kegelparameter

Als Koordinatensystem, in dem die Linien ausgemessen werden sollen, wird das sogenannte Filmkoordinatensystem benutzt, dessen z-Achse die Normale vom Fokus auf die Filmebene (Zentrum der Aufnahme) darstellt und dessen Fläche $z=0$ parallel zur Filmebene liegt. Der Normalendurchstoßpunkt auf dem Film und der Film-Fokus-Abstand müssen zunächst experimentell bestimmt werden (2.3.5). Nachdem Koordinatenursprung und x- bzw. y-Richtung auf dem Film festgelegt sind, werden die Linien punktweise mit dem Einstellmikroskop des Koordinatenmeßgerätes Stecometer vom VEB Carl Zeiss, Jena, angefahren und die Meßdaten auf einem Lochstreifen ausgegeben.

Mit den Koordinaten x, y und dem zusätzlich eingegebenen Film-Fokus-Abstand t werden über eine Ausgleichsrechnung, die für den Kosselkegel entscheidenden Bestimmungsstücke θ (Braggwinkel) und die Normalenrichtung sowie die zugehörigen Fehler bestimmt.

2.3.2. Indizierung

Sie wird nach dem Ausschließungsverfahren vorgenommen, wobei der Computer die experimentell bestimmten θ- und ψ-Werte (Winkel zwischen zwei Kegelachsen) mit den Werten vergleicht, die er sich aus den eingegebenen ungefähren Kristallparametern und der Wellenlänge berechnet.

2.3.3. Gitterparameterbestimmung

Aus den indizierten Linien, den dazugehörigen Braggwinkeln und der bekannten Wellenlänge werden die Gitterparameter berechnet.

a) kubisch

Bei einem kubischen Kristall liefert jeder Reflex einen Wert für die Gitterkonstante a. Diese Werte sind mit unterschiedlichen Fehlern behaftet und werden einzeln ausgedruckt. Zusätzlich wird aus den Einzelwerten ein gewichteter Mittelwert mit Fehler berechnet.

b) mehrparametrige Kristallsysteme

Beim hexagonalen und tetragonalen Kristallsystem werden zwei, beim orthorhombischen drei Reflexe benötigt, um über ein lineares Gleichungssystem die Gitterparameter zu bestimmen. Das Programm benutzt alle Zweier- bzw. Dreierkombinationen, die ein lösbares Gleichungssystem liefern. Über eine gewichtete Mittelung ergeben sich die Mittelwerte der Gitterparameter mit den Fehlern.

2.3.4. Orientierungsbestimmung

Bei der Orientierungsbestimmung kommt es darauf an, die räumlichen Beziehungen zwischen dem Kristallgitter (beschrieben im Kristallkoordinatensystem) und dem makroskopischen Kristall (Kristalloberflächenkoordinatensystem) zu ermitteln. Um das zu erreichen, wird neben dem Filmkoordinatensystem noch ein Kristalloberflächenkoordinatensystem zugelassen. Zur vollständigen Orientierungsbestimmung genügt es nun, die Transformation zwischen Kristall- und Filmkoordinatensystem zu ermitteln. Die Ergebnisse der Orientierungsbestimmung können entsprechend den vielfältigen Anforderungen in folgenden Formen dargestellt werden:

1. Bestimmung der kristallographischen Indizierung einer makroskopischen Richtung $\vec{r}$.

2. Bestimmung der Winkel zwischen der makroskopischen Richtung und den Richtungen des Grunddreiecks.

$\vec{r}$ wird wieder in das Gitter transformiert. Nach Abbildung auf das Standardgrunddreieck werden über Skalarprodukte die Winkel berechnet.

3. Berechnung der stereographischen Projektion von $\vec{r}$ im Grunddreieck.

4. Berechnung der stereographischen Projektion markanter kristallographischer Pole bezüglich Probennormale und Vorzugsrichtung (Polfigurendarstellung).

2.3.5. Optimierung

Von dem beschriebenen Auswertungsverfahren wird die genaue Kenntnis des Film-Fokus-Abstandes und des Zentrums der Kossel-Aufnahme verlangt. Um von diesen experimentell einschneidenden Bedingungen unabhängig zu werden, wurden verschiedene Varianten erprobt, die das Filmkoordinatensystem nachträglich korrigieren. Auf diese Weise konnte die Genauigkeit noch gesteigert werden.

3. Anwendungsbeispiele

3.1. *Gitterkonstantenbestimmung an FeS₂*

Es wurden drei S-Kα-Kossel-Linien in der Umgebung des 4-zähligen Poles vermessen.

Die Meß- und Registrierzeit betrug 20 Minuten (20 Punkte pro Linie). Zur Indizierung benötigte der Automat weniger als 1 Minute, zur Gitterkonstantenberechnung 1,5 Minuten. Der Mittelwert beträgt

$$a = (5{,}41906 \pm 0{,}00022)\ \text{Å}.$$

Damit wurde erstmalig die langwellige S-Kα-Strahlung ($\lambda = 5{,}37196\text{Å}$) zur Gitterkonstantenbestimmung verwendet.

Wird die Gitterkonstante mit dem Fe-Kα-Reflexsystem berechnet, so liegt der Fehler bereits in der zweiten Dezimale.

3.2. *Gitterkonstantenbestimmung an FeCo*

An der Kossel-Aufnahme (Abb. 3) wurden zunächst fünf Linien des Fe-Kα_1-Reflexsystems am [110]-Pol ausgewertet und danach die 310-Co-Kα_1-Linie hinzugenommen.

Die Zeiten für die einzelnen Auswertungsschnitte liegen bei 30 Minuten (Meß- und Registrierzeit), 2 Minuten (Indizierung) und

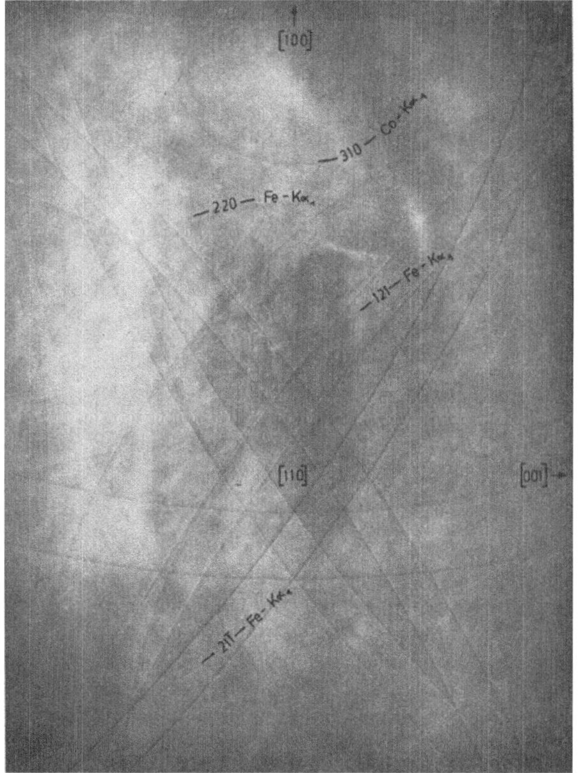

Abb. 3. Kossel-Aufnahme von FeCo am [110]-Pol

1 Minute (Auswertung). Der gewichtete Mittelwert der 5 Fe-Reflexe beträgt

$$a = (2{,}85776 \pm 0{,}00032)\ \text{Å}.$$

Wird die Co-Linie mitberücksichtigt, so ergibt sich

$$a = (2{,}85784 \pm 0{,}00012)\ \text{Å}.$$

Die relative Genauigkeit verbessert sich dabei um eine halbe Größenordnung von $1{,}1 \cdot 10^{-4}$ auf $4{,}2 \cdot 10^{-5}$.

3.3. *Gitterparameterbestimmung an MgZn₂*

Das ZnKα-Reflexsystem von $MgZn_2$ weist eine sehr große Linien-
zahl auf. Am [10$\bar{1}$0]-Pol wurden 5 Linien vermessen. Die Zeiten für
die einzelnen Auswertungsschritte betrugen 50, 8 bzw. 3,5 Minuten.
Mit $\lambda = (1{,}43510 \pm 0{,}00005)$ Å ergaben sich

$$a = (5{,}22018 \pm 0{,}00009) \text{ Å}$$
$$c = (8{,}5506 \pm 0{,}0087) \text{ Å}.$$

3.4. *Gitterparameterbestimmung am kubischen und verzerrten FeAl*

Aus einer Kossel-Aufnahme von FeAl (Abb. 4 in[4] Beobachtungs-
pol [011]), die keine aufgelösten Vielfachschnitte (2.1.2.a) aufwies,
errechnete sich die Gitterkonstante zu

$$a = (2{,}9068 \pm 0{,}0001) \text{ Å}.$$

Von der Kossel-Aufnahme (Abb. 1) mit aufgelösten Vielfachschnitten
ergab die Computerauswertung folgendes:

Läßt man zunächst die Theorie der Vielfachschnitte außer Acht
und setzt als tiefsymmetrisches Gitter das orthorhombische an, dann
liefert die Computerrechnung

$$a = (2{,}9003 \pm 0{,}0033) \text{ Å}$$
$$b = (2{,}9021 \pm 0{,}0011) \text{ Å}$$
$$c = (2{,}9139 \pm 0{,}0011) \text{ Å}.$$

Berücksichtigt man die Ergebnisse von (2.1.3.b), nach denen ein
tetragonales Gitter vorliegen muß, so ergibt sich

$$a = (2{,}9016 \pm 0{,}0008) \text{ Å}$$
$$c = (2{,}9136 \pm 0{,}0013) \text{ Å}.$$

An diesem Beispiel wird ersichtlich, welche Vorteile die Kombination Computerauswertung/Theorie der Vielfachschnitte bietet, insbesondere wenn kleine Abweichungen von der kubischen Symmetrie
— wie sie bei Phasenumwandlungen vorkommen können — ermittelt werden sollen.

3.5. *Kossel-Untersuchungen an ferritischen Stählen*

3.5.1. X 10 CrAl 18

Es wurden von 6 nebeneinander liegenden Körnern die Gitterkonstanten vermessen und in Abb. 4 eingetragen. Danach weisen die

Körner unterschiedliche Gitterkonstanten auf. Korn Nr. 3 liefert nicht so scharfe Interferenzlinien wie die anderen Körner. Dement-

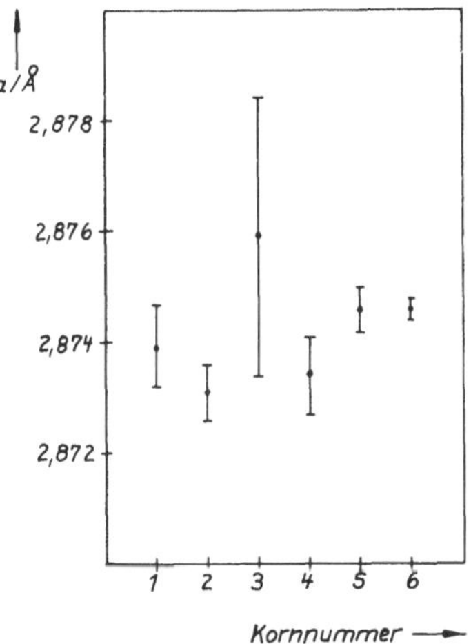

Abb. 4. Gitterkonstanten von X 10 CrAl 18

sprechend ist die Gitterkonstante im Beugungsvolumen nicht so genau definiert.

3.5.2. X 20 Cr 13

Abb. 5 enthält 43 Gitterkonstantenmessungen von 2 Proben. Auch hieran wird ersichtlich, wie die Gitterparameter der Körner

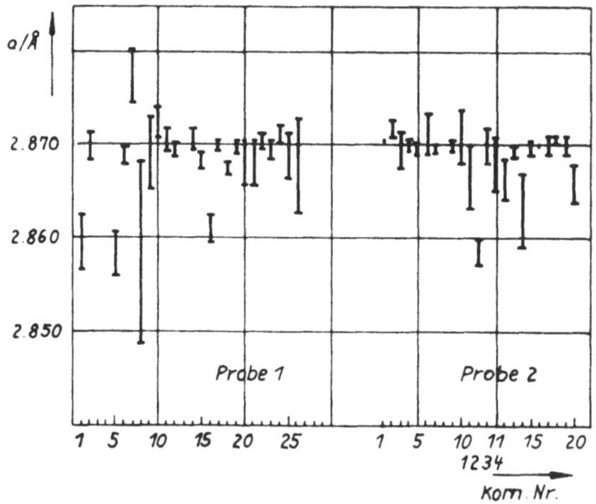

Abb. 5. Gitterkonstanten zweier Proben von X 20 Cr 13

voneinander abweichen. Die Kossel-Methode ist das derzeit einzige Verfahren, welches diese Unterschiede zu messen gestattet. Es wäre interessant, die Auswirkungen der Gitterkonstantenschwankungen auf die Materialeigenschaften zu untersuchen.

Die an den gleichen Körnern durchgeführten Orientierungsbestimmungen ergaben, daß die optische Reflexionsfähigkeit der Kornflächen vom 2-zähligen zum 4-zähligen Pol abnahm.

3.6. *Kossel-Untersuchungen an austenitischen Stählen*

An Körnern der Stahlsorten X 5 CrNiTi 18.10, X 5 CrNi 18.9, X 5 CrNiMoCu 18.18 und X 5 CrNiMoTi 18.10 wurden Orientierungsbestimmungen und Gitterkonstantenmessungen vorgenommen. Über Ergebnisse der Gitterkonstantenmessungen soll näher berichtet werden.

Wie an ferritischen Stählen, so konnte hier ebenfalls nachgewiesen werden, daß die Gitterkonstanten verschiedener Körner unterschiedliche Werte aufweisen. An X 5 CrNiTi 18.10 schwanken sie um einige Einheiten der 3. Dezimale. Auch hier wäre es interessant zu untersuchen, mit welchen werkstoffphysikalischen Eigenschaften die Schwankungen der Gitterkonstanten korrelieren.

Unterschiedliche Probenbehandlungen liefern selbstverständlich unterschiedliche Gitterkonstanten, wie Tabelle 2 zeigt. Die Ursachen

Tabelle 2. Gitterkonstanten von Körnern austenitischer Stähle

Stahl	Probenbehandlung		$(a \pm \Delta a)/\text{Å}$
X5CrNiTi 18.10	2 Stunden bei 1250°C	und in Öl abgeschreckt	$3{,}5911 \pm 5 . 10^{-4}$
	unter Ar geglüht	und im Ofen abgekühlt	$3{,}5896 \pm 5 \cdot 10^{-4}$
	ohne Glühbehandlung		$3{,}5906 \pm 5 \cdot 10^{-4}$
X5CrNi 18.9	2 Stunden bei 1250°C	und in Öl abgeschreckt	$3{,}5984 \pm 5 \cdot 10^{-4}$
	unter Ar geglüht	und im Ofen abgekühlt	$3{,}5938 \pm 5 \cdot 10^{-4}$
X5CrNiMoCuTi 18.18	2 Stunden bei 1250°C unter Ar geglüht	und im Ofen abgekühlt	$3{,}5942 \pm 5 \cdot 10^{-4}$
	warm geschmiedet und deshalb feinkristalline Probe		$3{,}5920 \pm 5 \cdot 10^{-4}$
X5CrNiMoTi 18.10	2 Stunden bei 1250°C geglüht		$3{,}5932 \pm 5 \cdot 10^{-4}$

können darin bestehen, daß ein reines austenitisches Gefüge nur dann erhalten wird, wenn die Proben oberhalb der Carbidlöslichkeitslinie geglüht und schnell abgekühlt werden. Ansonsten entstehen Ausscheidungen von Chromcarbiden, und der das Gitter weitende gelöste Kohlenstoffanteil wird geringer. Auch hier zeigt sich ein Ansatzpunkt für gezielte Untersuchungen mit der Kossel-Technik.

An der Ausführung der Experimente waren maßgeblich beteiligt: Dipl.-Phys. S. Däbritz, Dipl.-Phys. U. Weber, Hochschulphysiker F. Feldhofer, Dipl.-Phys. U. Siegel und Dipl.-Ing. K. Schimmangk. Ihnen gilt unser besonderer Dank.

Zusammenfassung

Eine Übersicht über den gegenwärtigen Stand der Gerätetechnik, der Auswertungsmethodik und der Anwendungsmöglichkeiten der Kossel-Interferenzen wird gegeben.

Gerätetechnik: Mit den Kossel-Kameras für Elektronenstrahl-Mikroanalysatoren stehen leistungsfähige Geräte zur Verfügung, um die Informationen zu verwerten, die sich aus der Linienlage der Kossel-Interferenzen gewinnen lassen (Gitterkonstanten, Orientierung, Symmetrieelemente). Die in der Intensität und Feinstruktur der Linien enthaltenen Aussagen (Realstruktur, Wärmeschwingungen, Kristallstruktur) können — wegen des geringen Kontrastes im Rückstrahlbereich — nur schwer quantitativ erfaßt werden. Weil sich auch mit verbesserten Geräten in naher Zukunft kaum größere Fortschritte erzielen lassen, können die neuen Aspekte[22] kaum Anwendung finden.

Auswertungsmethodik: Zur rechnerischen Auswertung von Kossel-Aufnahmen liegen eine Reihe leistungsfähiger Verfahren vor. Mit der Theorie der Vielfachschnitte und der Computerauswertung wurde die Kossel-Technik zu einem wertvollen werkstoffphysikalischen Untersuchungsverfahren.

Anwendungsmöglichkeiten: Die erfolgversprechendsten Einsatzgebiete des Kossel-Verfahrens sind Gitterkonstanten-, Symmetrie- und Orientierungsbestimmungen insbesondere an mikroskopisch kleinen Gebieten kompakter kristalliner Proben. Eigene Beispiele zur Gitterkonstantenbestimmung und Ermittlung von tetragonalen Verzerrungen belegen diesen Sachverhalt. Ergebnisse von Orientierungsbestimmungen sind an anderer Stelle veröffentlicht[23]. Obwohl neben den reinen Metallen und intermetallischen Verbindungen auch für Minerale und Stahlsorten einsetzbar, bildet das Haupthindernis für eine erneute Anwendungserweiterung der geringe Linienkontrast bzw. das Ausbleiben der Interferenzen bei höheren Versetzungsdichten (10^9—10^{10} cm^{-2}).

Summary

Advances in the Field of the Kossel Method

The present state of instrumentation, methods of interpretation, and fields of application of the Kossel interference method are reviewed.

Instrumentation: Along with the Kossel Cameras for electron-beam microanalysis, there are available powerful tools for interpreting the information which can be obtained from the geometry of the Kossel interference patterns (lattice constants, orientation, symmetry elements). Because of the meager contrast in the reflection region, the information contained in the intensity and fine structure of the lines (actual structure, thermal vibrations, crystal structure) is difficult to obtain quantitatively. Since it is unlikely that even the introduction of better equipment will permit much progress in the near future, the new features will hardly find any application[22].

Interpretation: A number of powerful methods are available for the computation of the results of Kossel experiments. As a result of the theory of multiple sections and computer calculations, the Kosseltechnique has become a valuable method for the physical investigation of materials.

Fields of Application: The most promising fields of application of the Kossel procedure are the determination of lattice constants, symmetry, and orientation, especially in microscopic regions of compact, crystalline samples. This is demonstrated by several examples of the determination of lattice constants, and the demonstration of tetragonal distortions. The results of studies of orientation have been published elsewhere[23]. Although the method can be used for minerals and steels, as well as for pure metals and intermetallic compounds, the chief obstacle to a further extension of the field of application is the slight contrast of the lines or the complete absence of interference at elevated dislocation densities (10^9—10^{10} cm^{-2}).

Literatur

[1] F. Feldhofer, Dissertation, TU Dresden, 1972.

[2] H. Yakowitz, J. Appl. Phys. 37, 4455 (1966).

[3] H.-J. Ullrich und G. E. R. Schulze, Mikrochim. Acta [Wien], Suppl. III 1968, 188.

[4] H.-J. Ullrich und G. E. R. Schulze, Kristall und Technik 7, 207 (1972).

[5] B. Weiss, C. W. Hughes und R. Stickler, Praktische Metallographie 8, 477 (1972).

[6] W. Blau, Diplomarbeit, TU Dresden, 1965.

[7] S. Ivanov (Polytechn. Institut Leningrad) persönliche Mitteilung (1971) über Experimente an Mo.

[8] D. C. Joy, G. R. Booker, E. O. Fearon und M. Bevis, Proc. Fourth Annual Scanning Electron Microscope Symposium, Chikago, 1971.

[9] H.-J. Ullrich, S. Däbritz und H. Schreiber, Proc. Vth Congr. X-ray Optics and Microanalysis, Berlin—Heidelberg—New York: Springer-Verlag. 1969. S. 406.

[10] H. Hälbig, H. Kessler und W. Pitsch, Acta Metall. 15, 1894 (1967).

[11] J. Frazer und G. Arrhenius, Proc. IVth Congr. X-ray Optics and Microanalysis, Paris: Hermann. 1966. S. 516.

[12] W. G. Morris, J. Appl. Phys. 39, 1813 (1968).

[13] R. Tixier und C. Wache, J. Appl. Cryst. 3, 466 (1971).

[14] H.-J. Ullrich, K. Thiele, S. Däbritz, H. Schreiber, K. Götze und F. Feldhofer, Kristall und Technik 7, 1153 (1972).

[15] E. Preiss, „Rechenverfahren und Computerprogramme zur Auswertung von Laue- und Kossel-Diagrammen", Berichte der Kernforschungsanlage Jülich 821 (1972).

[16] J. Z. Frazer, K. Keil und A. M. Reid, American Mineralogist 54. 554 (1969).

[17] M. Bevis, E. O. Feoron und P. C. Rowlands, Physica Status Solidi (a) 1, 653 (1970).

[18] A. I. Pekarjev, J. P. Milaschenko und J. D. Tschistjakov, Zav. Lab, 37, 1104 (1971).

[19] N. Harris und A. J. Kirkham, J. Appl. Cryst. 4, 232 (1971).

[20] D. G. Fisher und N. Harris, J. Appl. Cryst. 3, 305 (1970).

[21] H.-J. Ullrich, H. Schreiber, S. Däbritz, F. Feldhofer, J. Steps, U. Weber, K. Kleinstück, U. Siegel und K. Schimmangk, Wiss. Zeitschrift der TU Dresden 21, 19 (1972).

[22] W. Blau, D. Stephan, H.-J. Ullrich und G. E. R. Schulze, „Helldunkel-Struktur der Kossel-Interferenzen und Kristallstrukturbestimmung" (in Vorbereitung).

[23] W. Schatt und S. E. Heinrich, Planseebericht für Pulvermetallurgie 18, 7 (1970).

Anschrift der Verfasser: Doz. Dr. H.-J. Ullrich und Dr. H. Schreiber, Sektion Physik, Technische Universität Dresden, DDR-8027 Dresden, Deutsche Demokratische Republik.

Mikrochimica Acta [Wien], Suppl. 5, 1974, 233—256

Analytisches Institut der Universität Wien, A-1090 Wien, Währingerstraße 38

Korrekturprogramm für quantitative Elektronenstrahlmikroanalyse

Von

H. H. Weinke, H. Malissa jun., F. Kluger und **W. Kiesl**

Mit 2 Abbildungen

(Eingegangen am 15. Februar 1973)

1. Einleitung

Bei der Untersuchung mineralogischer Probleme mit der Elektronenstrahl-Mikrosonde hat der Analytiker in vielen Fällen die Schwierigkeit zu bewältigen, daß Standards geeigneter Zusammensetzung und guter Homogenität nicht zur Verfügung stehen. Er ist dann gezwungen, auf Vergleichssubstanzen auszuweichen, in denen das zu messende Element in anderer Konzentration sowie mit anderen Begleitelementen als in der Probe auftritt. Als Beispiel seien Untersuchungen an extraterrestrischem Material angeführt, wobei es häufig erforderlich ist, die chemische Zusammensetzung von Mineralien zu ermitteln, für die es kein irdisches Analogon gibt[1-4]. In solchen Fällen ist die Anwendung komplizierter und umfangreicher Korrekturverfahren notwendig.

Wir haben in der wissenschaftlich-mathematisch orientierten Programmiersprache FORTRAN IV ein Programm erstellt, das die Rechenarbeit für den komplexen Zusammenhang zwischen den gemessenen Röntgenimpulsraten und dem Konzentrationsverhältnis zwischen Probe und Standard mit großer Genauigkeit und Geschwindigkeit durchführt.

2. Korrekturberechnung

Das Problem der Berechnung der Korrekturwerte besteht darin, ausgehend von der gemessenen Impulsrate I_g die wahre Gewichtskonzentration des Elements $i\,c_i$ zu bestimmen, und zwar über die aus der Oberfläche austretende Intensität I_k und die primär in der Probe erzeugte I_e. Die folgende Übersicht stellt den Ablauf der Elektronenstrahlmikrosondenkorrektur dar:

I_g digital angezeigte Röntgenimpulsrate

Auflösungszeitkorrektur

Driftkorrektur

Hintergrundkorrektur

I_k austretende Intensität/Zeit

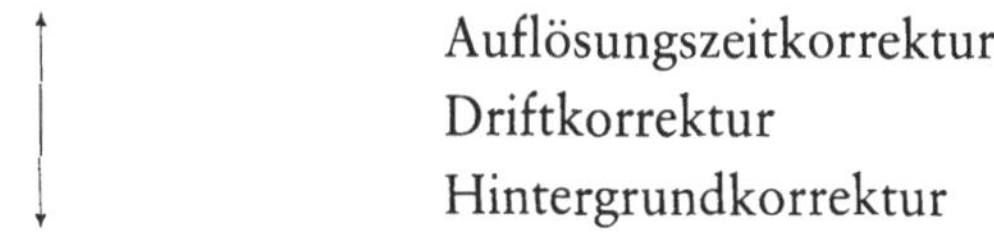

Absorptionskorrektur

Fluoreszenzkorrektur

I_e primär erzeugte Intensität/Zeit

Atomnummernkorrektur

Konzentration

Um die Analyse einer unbekannten Probe für eine bestimmte Anzahl von Elementen zu erhalten, sind folgende Meßwerte erforderlich:

1. Impulsrate jedes Elements i in der Probe,

2. Impulsrate des Elements in einem Standard vor und nach der Messung der Probe,

3. Impulsrate des Hintergrunds.

Außer dem Hintergrund wird auch der Einfluß der Auflösungszeit von Zählrohr und Elektronik eliminiert. Mit der Messung der Impulsrate eines Elements auf einem Standard vor und nach der Messung auf der Probe wird eine eventuell auftretende, langsame, zeitliche Änderung des elektronischen Systems berücksichtigt. Gewöhnlich ist diese sogenannte Drift bei gut arbeitenden Geräten und kurzen Meßzeiten sehr klein und meist unter einem Prozent. Die Drift wird im vorliegenden Programm in jedem Fall korrigiert, wobei ein zeitlich linearer Verlauf angenommen wird. Bei größeren Differenzen in den Standardimpulsraten vor und nach der Messung auf der Probe liegt es im Ermessen des Analytikers und seinen Genauigkeitsansprüchen an die Analyse, diese Unterschiede der Drift zuzuschreiben und zu korrigieren oder eventuell die Messung zu wiederholen.

Castaing[5] folgend wird der Gesamtkorrekturfaktor in folgende Einzelfaktoren aufgespalten:

Die *Absorptionskorrektur* berücksichtigt die Absorption der primär erzeugten Röntgenstrahlung in der Analysensubstanz. Die Berechnung der Absorptionsfunktion $f(\chi)$ erfolgt im vorliegenden Programm nach Philibert[6], modifiziert von Duncumb und Shields[7]. Dieses Verfahren wird allgemein als zufriedenstellend angesehen, vor allem dann, wenn die Bedingung $0,8 \leq f(\chi) \leq 1,0$ erfüllt ist. Dabei werden die Massenabsorptionskoeffizienten in den meisten Fällen nach Heinrich[8] berechnet, sie können jedoch auch eingelesen werden. Die sogenannten Lerouxschen Parameter[9] C und N sind Funktionen der Ordnungszahl und des Wellenlängenbereichs. Ihre Berechnung kann außerdem nach Theisen[10, 11] oder Frazer[12] erfolgen. Ferner sind zur Absorptionskorrektur für ein Element noch seine Ordnungszahl und sein Atomgewicht, zur Errechnung der Lenardschen Konstante die Beschleunigungsspannung und die kritische Anregungsspannung des Elements sowie der Abnahmewinkel des Gerätes erforderlich. Duncumb[13] zeigt, daß die Konstanten in der auch in unserem Programm verwendeten Gleichung für die Lenardsche Konstante von Heinrich[14] mit den Werten $4,5 \cdot 10^5$ und $1,65$ optimal bestimmt wurden.

Die Absorptionskorrektur muß für jedes Element gesondert berechnet werden. Es wurde jedoch darauf hingewiesen[15], daß bei der Analyse der leichten Elemente ($Z < 11$) mit Abweichungen zu rechnen ist und die Korrekturformel dafür modifiziert werden sollte.

Die *Fluoreszenzkorrektur* berücksichtigt die zusätzliche Intensität, welche durch die charakteristische Röntgenstrahlung anderer Elemente, deren Röntgenlinien energiereicher sind als die Absorptionskante des zu messenden Elements, erzeugt wird. Ebenso ist stets ein Teil des kontinuierlichen Spektrums energiereicher.

Die Fluoreszenzkorrektur bezüglich der charakteristischen *und* der kontinuierlichen Röntgenstrahlung ist gegeben:

$$f_{f,i} = 1 + \sum_{j=1}^{n} \gamma_{i,j} + \varphi_i \tag{1}$$

$\gamma_{i,j}$ = Zuwachs durch charakteristische Fluoreszenzanregung des Elements i durch das Element j; φ_i = Zuwachs durch Fluoreszenzanregung des Elements i durch das Kontinuum.

Im vorliegenden Programm ist die von Castaing[5] entwickelte und durch Wittry und Reed[16−18] modifizierte Korrektur für die charakteristische Fluoreszenz eingebaut. Die Korrektur ist für K-K-, K-L-, L-K- oder L-L-Fluoreszenz anwendbar. Dabei berücksichtigt der Faktor $\bar{r}_i$ das Verhältnis der Massenabsorptionskoeffizienten des Elements i beiderseits der Kanten. Für Fluoreszenzanregung der K-Strahlung kann der Wert von $\bar{r}_i$ entweder aus dem Absorptionssprungverhältnis[19] an der K-Kante des Elements i oder als Funktion der Ordnungszahl[15, 20] berechnet werden.

Für Anregung der L-Strahlung wird $\bar{r}_i$ nach Reed[18] durch einen konstanten, auf Daten von Sagel[21] basierenden Mittelwert von 0,75 oder als Funktion der Ordnungszahl nach Springer[15] angenähert.

Weitere Parameter für die Korrektur der charakteristischen Fluoreszenz sind die Beschleunigungsspannung und die kinetischen Anregungsspannungen von i und j, die Massenabsorptionskoeffizienten der angeregten und der anregenden Strahlung in der Probe sowie der Abnahmewinkel und die Lenardsche Konstante. Für die Fluoreszenzausbeute der anregenden Strahlung sind Werte nach Fink et al.[22] eingesetzt, sie kann aber auch nach einer von Green[23] empirisch ausgearbeiteten Formel berechnet werden.

Der Intensitätszuwachs durch die vom energiereicheren Teil des kontinuierlichen Spektrums angeregte Fluoreszenzstrahlung eines Elements i wird in diesem Programm nach einer auf Untersuchungen von Henoc[24] und Green[23] beruhenden und von Springer[15, 25, 26] in der Literatur beschriebenen Formel berechnet.

Besteht zwischen Probe und Standard eine Differenz der mittleren Ordnungszahlen, so verbleibt jeweils ein anderer Bruchteil der primär eintretenden Elektronen zur Anregung der Röntgenstrahlung, da sowohl die Eindringtiefe als auch die Rückstreuung Funktionen der mittleren Ordnungszahlen sind. Aus diesem Grunde ergibt die für Adsorption sowie Fluoreszenz korrigierte Impulsrate immer noch nicht die wahre Konzentration des zu analysierenden Elements. Die *Atomnummernkorrektur* wird durch das Verhältnis von Rückstreuzu Abbremskraft ausgedrückt und berücksichtigt damit nach einem Ansatz von Duncumb und Reed[27] sowohl den Verlust an Elektronenanregung durch Rückstreuung, gegeben durch den Rückstreufaktor $\bar{R}$ aller Elemente in einem Target, als auch den Energieverlust der Elektronen durch Wechselwirkung mit der Matrix ohne Röntgenanregung, gegeben durch den Abbremsfaktor $\bar{S}$ des Targets.

Basierend auf Arbeiten von Bishop[28, 29] wurden die einzelnen Rückstreukoeffizienten von Duncumb und Reed[27] als Funktion der Ordnungszahl Z und der Überspannung U_i tabelliert. Aus diesen Werten wird für jede Ordnungszahl und Überspannung der aktuelle R-Wert linear interpoliert.

Zur Ermittlung der Abbremsfaktoren verwendeten Duncumb und Reed den Ansatz von Bethe[30]. Zur Berechnung des hiezu erforderlichen mittleren Ionisationspotentials stehen im vorliegenden Programm eine einfache Näherung als lineare Funktion der Ordnungszahl oder eine von Duncumb, Shields und Da Casa[13] empirisch ermittelte Formel zur Auswahl.

Das gemessene Intensitätsverhältnis ist nach Anwendung obiger Korrekturen durch folgende Gleichung gegeben:

$$K_i = \frac{I_i}{I_i{}^*} = \frac{c_i \cdot f_z \cdot f_{a,i} \cdot f_{f,i}}{c_i{}^* \cdot f_z{}^* \cdot f_{a,i}{}^* \cdot f_{f,i}{}^*} \tag{2}$$

$f_{a,i}$ und $f_{a,i}{}^*$ = Absorptionskorrekturfaktor des Elements i in Probe und Standard; $f_{f,i}$ und $f_{f,i}{}^*$ = Fluoreszenzkorrekturfaktor des Elements i in Probe und Standard; f_z und $f_z{}^*$ = Atomnummernkorrekturfaktor von Probe und Standard.

3. Korrekturprogramm

3.1 Allgemeines über den Rechenprozeß

Wenn sich die Anzahl der zu bestimmenden Elemente, der Standards und der gewünschten Meßpunkte vergrößert, werden die Berechnungen extrem umfangreich. Selbst wenn man durch Näherungen die benötigten empirischen Korrekturformeln so vereinfacht, daß sie sich mit einer Tischrechenmaschine bewältigen lassen, bleibt die Ermittlung der Korrekturen ohne Hilfe einer digitalen elektronischen Datenverarbeitungsanlage mühsam und zeitraubend. Dies wird besonders deutlich, wenn man bedenkt, daß zur Bestimmung der Korrekturen die Kenntnis der Probenzusammensetzung selbst erforderlich ist, also der Größe, die erst ermittelt werden soll. Man wird daher die Korrektur für eine Reihe von Näherungswerten der Zusammensetzung berechnen müssen, um durch Interpolation die wahre Zusammensetzung zu erhalten. Die Verwendung eines Computers gestattet es, die dabei notwendigen und zum Teil sehr aufwendigen Berechnungen in kurzer Zeit und mit einer sonst unerreichbaren Genauigkeit zu erledigen.

In der vorliegenden Arbeit wird ein in der wissenschaftlich-technischen Sprache FORTRAN IV verfaßtes Programm zur Korrektur der mit der Elektronenstrahlmikrosonde erhaltenen Meßdaten für eine IBM 360/44 Rechenanlage beschrieben.

FORTRAN IV hat gegenüber anderen Computersprachen den Vorteil, daß es einerseits leicht erlernbar ist und andererseits in fast jeder mittleren und großen Rechenanlage ein FORTRAN-Compiler zur Verfügung steht. Außerdem kann bei Verwendung von FORTRAN IV die Ein- und Ausgabe der Daten so übersichtlich gehalten werden, daß ein Analytiker nicht erst zum Programmierspezialisten

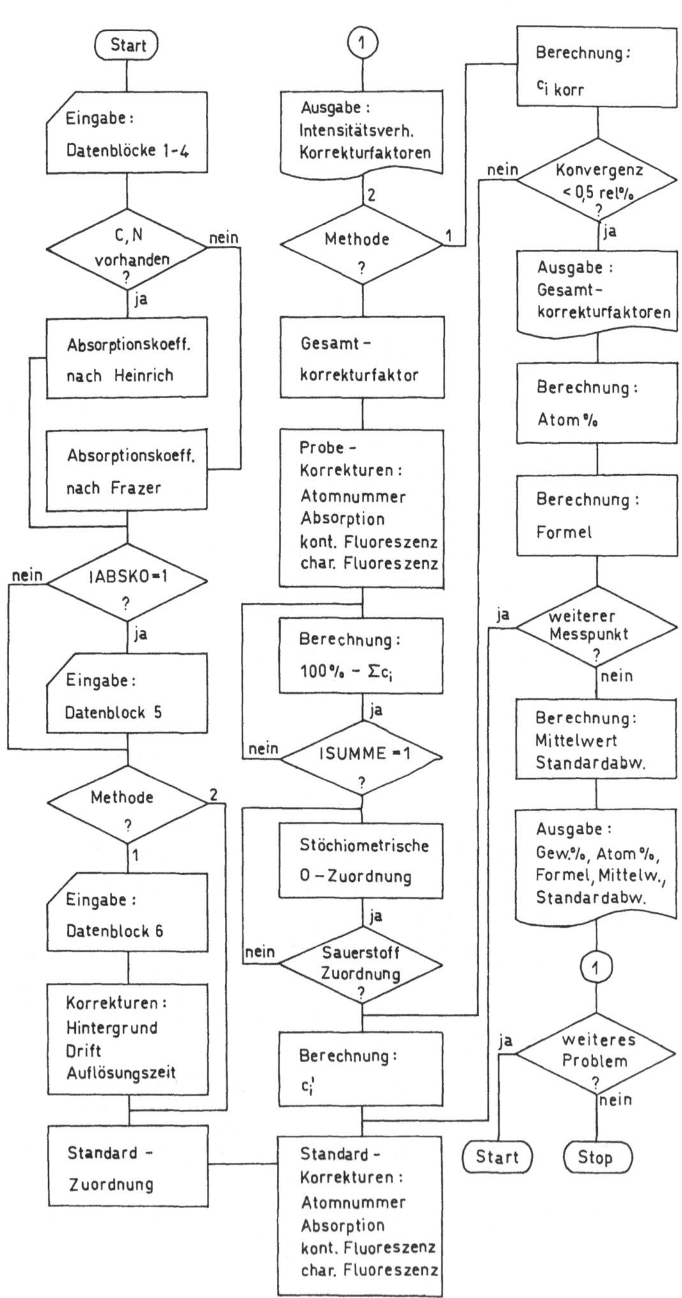

Abb. 1. Flußdiagramm des Korrekturprogramms für die quantitative Elektronen-strahlmikroanalyse

ausgebildet sein muß, um die Korrektur durch eine Datenverarbeitungsanlage ausführen lassen zu können.

Als Grundlage diente ein von Goldstein und Comella[31] konzipiertes Korrekturprogramm. Dieses wurde erweitert und verbessert; einerseits, um die Präzision zu erhöhen, andererseits, damit es den verschiedenartigen Erfordernissen der analytischen Praxis leicht und schnell angepaßt werden kann. Dadurch wurde jedoch das FORTRAN-Listing derart umfangreich, daß es nicht möglich ist, im Rahmen dieser Arbeit einen vollständigen Programmausdruck vorzulegen*.

Das Programm ist übersichtlich in 31 Unterprogramme aufgegliedert. Dies erlaubt den weiteren Einbau verbesserter Rechenverfahren, ohne dabei die Struktur des ganzen Programms ändern zu müssen. Außerdem ist es möglich, zu Vergleichszwecken Berechnungen nach verschiedenen Verfahren in einem Arbeitsgang auszuführen. Abb. 1 veranschaulicht den Programmablauf in einem Flußdiagramm.

Gegenwärtig sind folgende Korrekturen eingebaut:

Absorptionskorrektur nach Philibert[8] sowie Duncumb und Shields[9], modifiziert durch Heinrich[10]. Korrektur für charakteristische Fluoreszenz nach Reed[20]. Korrektur für kontinuierliche Fluoreszenz nach Springer[17]. Atomnummernkorrektur nach Duncumb und Reed[29].

Die einzelnen Unterprogramme werden nach Erfordernis für Standards bzw. Probe aufgerufen. Eine Entscheidung darüber, ob eine charakteristische Fluoreszenz auftritt, trifft das Programm anhand der Fluoreszenzbedingung für K_α- K_β- und L_α-Strahlung.

Für oxidische Minerale wird der Sauerstoff in der Berechnung als Matrixelement betrachtet und mit der für jedes Kation stöchiometrisch errechneten Menge in der Korrektur berücksichtigt oder aber als Differenz auf 100 Gew.-% erhalten. Selbstverständlich kann der Sauerstoff bei Vorliegen entsprechender Meßwerte wie jedes andere Element behandelt werden.

Methode 1 (siehe Abb. 1) erlaubt die Berechnung der Zusammensetzung der Probe aus den gemessenen Impulsraten. Die mit Methode 2 bezeichnete Variante gestattet es, aus einer vorgegebenen Zusammensetzung der Probe die zu erwartenden Intensitätsverhältnisse zwischen Probe und Standards zu errechnen.

In einem Rechenvorgang können in einer unbekannten Probe maximal 12 Elemente, wovon 10 als Mikrosondenmeßdaten eingegeben werden, und bis zu 10 Standards (mit maximal je 10 Elementen) behandelt werden. Zwischen Anfangs- und Endmessung der

---

* Ein solcher Programmausdruck wird auf Wunsch gerne zugesandt.

verschiedenen Standards für die Driftkorrektur können bis zu 50 Meßpunkte einer Phase eingegeben werden; weitere Punkte können unbeschränkt durch Anfügen einer Fortsetzungskarte folgen. Für die Korrektur jedes Elements ist es möglich, mehrere Standards zu verwenden, um damit die Übereinstimmung der Ergebnisse zu überprüfen.

Aus den Formeln für die einzelnen Korrekturen geht hervor, daß zur Berechnung aller Korrekturfaktoren die Kenntnis der Konzentration selbst erforderlich ist. Man erhält das gesuchte wahre Intensitätsverhältnis I_i/I_i^* und daraus die Konzentration des gesuchten Elements durch den in Gl. (2) dargestellten multiplikativen Ansatz mit allen Korrekturfaktoren, der iterativ durchgerechnet wird. Man geht dabei von den gemessenen, auf Hintergrund, Auflösungszeit und Drift korrigierten Impulsraten aus, setzt das Intensitätsverhältnis von Probe und Standard dem Konzentrationsverhältnis gleich und berechnet mit dieser vorläufigen Konzentration die Korrekturfaktoren. Nach dem oben erwähnten Verfahren werden korrigierte Impulsraten erhalten, daraus eine korrigierte Konzentration ermittelt, und mit dieser wird der Rechenvorgang wiederholt. Die Iterationsschritte werden so lange ausgeführt, bis die Konzentrationsänderung einen vorgegebenen Grenzwert unterschreitet (siehe Gl. 5). Darüber hinaus ist im Programm die Möglichkeit gegeben, statt der Meßwerte geschätzte oder bekannte Konzentrationen einzusetzen und zur Bestimmung der Korrekturen heranzuziehen. Im entwickelten Computerprogramm werden die einzelnen Korrekturen nicht nacheinander berechnet, sondern gleichzeitig mit demselben Näherungswert für die Konzentration. Obwohl die Maschine öfter iterieren muß, ist der Rechenvorgang wesentlich einfacher.

3.2 *Erläuterungen der einzelnen Routinen*

MAIN44   Scheinprogramm zum Ausschreiben der Programmüberschrift im Fortran Listing bei mehreren Compiler-Läufen; bewirkt nur den Aufruf der ersten Subroutine WEINKE. Nach Abschluß der Berechnung erfolgt keine Rückkehr in das Hauptprogramm

WEINKE   steuert den gesamten Rechenverlauf

DATEGB   bewirkt die Eingabe des Datenblocks 1 sowie die Ermittlung einiger Rechenparameter

ELPREG   bewirkt die Eingabe der Datenblöcke 2 und 3 entweder vom Band oder von Lochkarten

DTBRNG   ordnet, wenn nicht anders eingegeben, jedem Element eine Beschleunigungsspannung und Emissionslinie zu und ermittelt die Größen J, $\bar{r}_i$, ω_i und E_x aus den Ordnungszahlen

PRSTHG   veranlaßt die Eingabe des Datenblocks 4, die Umwandlung der Gewichtsprozente in Gewichtsanteile und kontrolliert, ob für alle Elemente entweder Impulsraten oder Konzentrationen vorgegeben sind

DTAGB   bewirkt den Ausdruck der mit den Datenblöcken 1, 2 und 3 eingelesenen Daten

OXIDPR   wenn Sauerstoff in der Probe enthalten ist, wird hier die an jedes Kation gebundene Menge durch Vorgabe des Oxydationsgrades berechnet, zum Beispiel:

$$OXY(FE) \text{ bei } FeO = 2$$
$$Fe_2O_3 = 3$$

ABSKO   steuert die Berechnung der Massenabsorptionskoeffizienten für alle in der Probe und in den Standards vorkommenden Elemente sowohl für die K_α-, K_β-, L_α-, L_β-, M_α-, M_β- und die kurzwellige Seite der K- und L_l-Kante. Fehlen die Eingabeparameter zur Berechnung eines bestimmten Massenabsorptionskoeffizienten, so wird dieser gleich null gesetzt. Alle Koeffizienten können durch die im Datenblock 5 eingelesenen Werte überspeichert werden.

ABSKGB   in diesem Unterprogramm erfolgt die Berechnung der Massenabsorptionskoeffizienten, im Programmteil ENTRY HEINRI nach der durch Heinrich[8] beschriebenen Methode, im auf ENTRY FRAZER folgenden Teil nach dem Verfahren von Frazer[12]. Weitere Berechnungsmethoden, unter anderen die von Leroux[9], Kelly[32] und Theisen[11], wurden bereits programmiert, können jedoch infolge des beschränkten Speicherplatzes im Computer (128 k) nicht mitkompiliert werden; ein Einbau auf der Basis eines Mehrphasenprogramms ist geplant

MITWRT   bildet bei Vorliegen mehrerer Meßpunkte die Mittelwerte der Gewichts- und Atomprozente sowie der Formelindizes und berechnet die Standardabweichung

MALISS   setzt alle für die Meßwerte verwendeten Felder gleich null und ruft Unterprogramm SONDE auf

SONDE   bewirkt die Ein- und Ausgabe des Datenblocks 6, ordnet für jedes gemessene Element die Standard- und Hintergrundintensität sowie die Meßzeiten in die vorgesehenen Felder ein und berechnet für jeden Meßwert die Zählrate in $Imp \cdot sec^{-1}$

KLUGER   berechnet für jeden Elementstandard die Driftkorrektur und für Standard- und Probenimpulsraten die Totzeit- und Hintergrundkorrektur

STKORR   berechnet die Gesamtkorrekturfaktoren aller Standards

DUNCUM   errechnet für die Standards und die Probe den Atomnummernkorrekturfaktor aus den Rückstreukoeffizienten und den Abbremsfaktoren aller Elemente eines Targets

INTPOL interpoliert linear zwischen den tabellierten Werten von R nach Duncumb und Reed[29], um die Rückstreukoeffizienten zu erhalten; diese sind Funktionen der Ordnungszahl des interessierenden Elements und des Reziprokwertes der Überspannung:

$$\frac{1}{U_i} = \frac{E_{x,i}}{E_{o,i}} < 1 \tag{3}$$

ABSKOR berechnet für jedes Element in Standard und Probe den Absorptionskorrekturfaktor

FLUKOR ermittelt den Fluoreszenzkorrekturfaktor für Probe und Standard aus den Anteilen der charakteristischen und kontinuierlichen Fluoreszenz

REED ermittelt die durch K_α-, K_β- und L_α-Strahlung aller Elemente in der Probe und im Standard auftretende charakteristische Fluoreszenzkorrektur für die gemessene Strahlung. Der vollständige Korrekturfaktor wird durch Bildung der Summe über alle Elemente im Target erhalten (siehe Gl. 1)

FLUBED entscheidet durch Vergleich der K_α-, K_β- und L_α-Strahlung aller anderen Elemente des Targets mit der K- oder L_{III}-Kante des zu messenden Elements, ob charakteristische Fluoreszenz berücksichtigt werden muß oder nicht

SPRING ermittelt den durch das Röntgenkontinuum zusätzlich erzeugten Anteil der Fluoreszenz

CASTNG bestimmt für jede Intensitätsmessung eines Elements der Probe den zugehörigen Standard und errechnet damit einen Näherungswert für die Konzentration, mit der das Korrekturverfahren ausgeführt wird

ENDAGB bewirkt am Ende der Berechnung die Ausgabe der Zusammensetzung in Gewichts- und Atomprozenten sowie als chemische Formel. Für weitere Berechnungen können diese Endergebnisse auch auf Lochkarten ausgestanzt werden

SUMME berücksichtigt bei speziellen Problemen ein weiteres Element, so daß als Summe 100 Gew.-% erhalten werden. In oxidischen Proben wird die Differenz als Oxid dieses zusätzlichen Elements berechnet. Die folgenden Rechenschritte sorgen dafür, daß bei der Atomnummern-, Absorptions- und Fluoreszenzkorrektur aller gemessenen Elemente der Probe auch dieses zusätzliche Element berücksichtigt wird

ITERTN Die Rechnung wird nach einer vorgegebenen Anzahl von Iterationsschritten beendet, auch wenn die Konvergenzbedingung (siehe Gl. 5) noch nicht erfüllt ist. Die jeweiligen Näherungswerte für die Zusammensetzung werden ausgedruckt

KFKAGB bewirkt die Ausgabe der Korrekturfaktoren von Probe und Standard

KIESL ergibt eine neue Näherung für die Zusammensetzung der unbekannten Probe nach jedem Iterationsschritt nach folgender Formel:

$$c_i{}^n = \frac{K_i{}^{gem}}{K_i{}^{ber}} \cdot c_i{}^{n-1} \tag{4}$$

REICH Test auf Konvergenz aller in ITERTN errechneten scheinbaren Konzentrationen jedes mit der Mikrosonde gemessenen Elements der unbekannten Probe. Tritt Konvergenz für alle Elemente ein, wird Subroutine ITERTN verlassen und die Korrekturwerte sowie die Zusammensetzung der Probe werden ausgeschrieben. Auf Konvergenz wird nach folgender Formel geprüft:

$$\left| \frac{K_i{}^{gem}}{K_i{}^{ber}} - 1 \right| < 5.10^{-3} \tag{5}$$

ATPRZ ermittelt durch Normierung auf 100 Atom.-% die Endzusammensetzung in Atomprozenten

FORMEL erstellt die chemische Formel durch Normierung eines Elements oder einer Elementgruppe. Der Formeltyp muß durch eine zusätzliche Eingabe festgelegt sein

BRGVRT steuert analog „SUBROUTINE WEINKE" den gesamten Rechenablauf bei Problemen, in denen einzelne Korrekturen unterbunden oder nach verschiedenen Verfahren ermittelt werden sollen. Als Eingabe treten hier nur Datenblock 1 und, wenn in diesem angegeben, Datenblock 3 und 5 auf

4. Ein- und Ausgabestruktur

4.1 Dateneingabe

Im hier beschriebenen Computerprogramm ist die Dateneingabe sehr einfach zu beherrschen. Es müssen alle notwendigen physikalischen Parameter und Angaben über die Zusammensetzung enthalten sein, um die Korrekturberechnung ausführen zu können.

Die Eingabe für jedes einzelne Problem ist in sechs Datenblöcke unterteilt, wobei Nr. 1 im Unterprogramm DATEGB, Nr. 2 und 3 im Unterprogramm ELPREG, Nr. 4 im Unterprogramm PRSTHG, Nr. 5 im Unterprogramm ABSKO und Nr. 6 im Unterprogramm SONDE eingelesen werden.

Datenblock 1: Daten-File

Dieser Datenblock beschreibt das zu berechnende Problem und die Betriebsbedingungen der Elektronenstrahlmikrosonde. Er wird in Form einer NAMELIST eingegeben. Jedes Problem beginnt mit der

Tabelle 1. Bedeutung der Parameter des Daten-Files

Parameter	Bedeutung	vorgegebener Wert
V0	Beschleunigungsspannung (kV)	20
E0(10)	Feld der Beschleunigungsspannungen, ist nur einzulesen, wenn in einer Verbindung die einzelnen Elemente mit verschiedenen Spannungen gemessen werden	E0(i) = 20
TAU(2)	Auflösungszeiten der Spektrometer 1 und 2 (Zählrohr + Elektronik) (sec)	$2 \cdot 10^{-6}$
THETA	Abnahmewinkel (grd)	15
STD(10)	ordnet dem Element i den Standard j zu: STD(i) = j	—
NSTD(10,10)	analoge Zuordnung für mehrere Standardkombinationen k: NSTD(i, k) = j	$\text{NSTD}(i, k) = \begin{cases} \text{STD}(i) & f \cdot k = 1 \\ 0 & f \cdot k \neq 1 \end{cases}$
METH	Berechnungsart nach Methode 1 oder 2	1
SPEK(10)	Zuordnung jeden Elements zu einem Spektrometer. Braucht bei gleicher Auflösungszeit nicht eingegeben zu werden	1
LINIE(10)	zeigt für jedes Element die gemessene Linie an und hat folgende Bedeutung: $K_\alpha = 1$, $L_\alpha = 2$, $M_\alpha = 3$	1 für $Z < 40$ 2 für $Z \geqq 40$
HGSTD(10)	ordnet dem Element i die Hintergrundmessung j zu: HGSTD(i) = j	0
BER(10)	ermöglicht Berechnungen eines Problems ohne mehrmalige, aufwendige Eingabe der Parameter. Damit können einzelne Korrekturgrößen nach unterschiedlichen Verfahren ermittelt werden	1
BER(1) = 0	keine Absorptionskorrektur	
BER(1) = 1	Absorptionskorrektur nach Philibert[6], Duncumb und Shields[7] und Heinrich[8]	
BER(2) = 0	keine Korrektur für charakteristische Fluoreszenz	
BER(2) = 1	Fluoreszenzkorrektur nach Reed[18]	
BER(3) = 0	keine Korrektur für kontinuierliche Fluoreszenz	
BER(3) = 1	Fluoreszenzkorrektur nach Springer[15]	
BER(4) = 0	keine Atomnummernkorrektur	
BER(4) = 1	Atomnummernkorrektur nach Duncumb und Reed[27]	
BER(5) = 1	Wegsteinsche Konvergenzmethode[33]	
BER(5) = 2	hyperbolische Konvergenzmethode[33]	
BER(6) = 1	Massenabsorptionskoeff. nach Heinrich[8]	
BER(6) = 2	Massenabsorptionskoeff. nach Frazer[12]	
BER(6) = 3	Massenabsorptionskoeff. nach Leroux[9]	

Tabelle 1. Fortsetzung

Parameter	Bedeutung	vorgegebener Wert
$BER(6)=4$	Massenabsorptionskoeff. nach Theisen[10, 11]	
$BER(6)=5$	Massenabsorptionskoeff. nach Kelly[32]	
$BER(7)=1$	Berechnung von h nach $h = \Sigma\, a_i\, h_i$	
$BER(7)=2$	Es wird in der Gleichung für h statt Atomkonzentration die Gewichtskonzentration eingesetzt	
$BER(8)=1$	J_i nach Duncumb und Da Casa[13]	
$BER(8)=2$	Berechnung von J_i nach $J_i = 11{,}5 \cdot Z_i$	
$BER(9)=1$	$\bar{r}_i$ aus r_k, für L-Strahlung $= 0{,}75$	
$BER(9)=2$	$\bar{r}_i$ als Funktion der Ordnungszahl	
$BER(10)=1$	Fluoreszenzausbeute ω_i nach Fink[22]	
$BER(10)=2$	ω_i als Funktion der Ordnungszahl nach Green[23]	
IRD	bestimmt, ob mehrere Berechnungsarten mit unterschiedlichen BER-Werten ausgeführt werden	0
$IRD=0$	keine nachfolgende Berechnung	
$IRD=1$	mindestens eine nachfolgende Berechnung mit den gleichen Rechenparametern. Es dürfen hier nur BER(10), IRD, IWRITE, IABSKO und IELDAT in der NAMELIST DATEN eingegeben werden	
ISUMME	gibt an, ob ein Element durch Differenzbildung auf 100 Gew.-% berücksichtigt wird: $ISUMME=1$	
MITTEL	zur Berechnung des Mittelwertes und der Standardabweichung: $MITTEL=1$	0
ITER	maximale Anzahl der Iterationsschritte	20
ITNEND	damit ist die geforderte Genauigkeit nach Gl. (5) einzulesen	$5 \cdot 10^{-3}$
IFORM	Berechnung der chemischen Formel: $IFORM=1$. Dafür muß zusätzlich die Formelkarte in Datenblock 4 eingelesen werden	1
IR	definiert die Geräteadresse für die Eingabe der Elementparameter des Datenblocks 2	2
$IR=2$	Bandeinheit	
$IR=5$	Lochkartenleser	
IWRITE	setzt die gewünschte Menge der Ausgabedaten fest (siehe Tabelle 3)	8
IWRT2	setzt die Menge der Ausgabedaten für Meßserien ab dem zweiten Meßpunkt fest	5
IABSKO	bewirkt das Einlesen weiterer Massenabsorptionskoeffizienten mit der NAMELIST ABSKO: $IABSKO=1$	0
IELDAT	dient zur Überspeicherung der Parameter des Datenblocks 2: $IELDAT=1$	0

Karte &DATEN, was den Vorteil hat, daß vorhergehende, irrtümlich vorhandene Karten — bei vorzeitigem Abbruch einer Berechnung infolge eines Eingabefehlers — ohne Programmunterbrechung überlesen werden. Für die in Tabelle 1 angegebenen Parameter gelten die Vorschriften des FORTRAN IV für die NAMELIST-Anweisung. Diese Parameter sind mit Standardwerten, die sich zur Berechnung der meisten Probleme als vorteilhaft erwiesen haben, vorgegeben und brauchen nur dann mit Werten belegt zu werden, wenn die Betriebsbedingungen von den vorgegebenen Daten abweichen. Die Felder STD(10) beziehungsweise NSTD(10,10) müssen auf jeden Fall eingelesen werden. Das Feld HGSTD(10) ist bei Vorhandensein von Hintergrundmessungen anzugeben. Eine Erläuterung über die Bedeutung der einzelnen Parameter findet sich in Tabelle 1.

Datenblock 2: Element-File

Alle Elemente eines Problems sind in diesem Datenblock zu beschreiben. Für die Bestimmung der Elemente muß eine einzige Lochkarte eingegeben werden: auf dieser werden die Elemente in folgender Reihenfolge angeordnet:

mit der Mikrosonde gemessene Elemente analog der Reihenfolge bei der Eingabe der Intensitätswerte,

weitere, in der Probe vorhandene Elemente, deren Konzentration vorgegeben ist,

mitzukorrigierendes Element der Probe, dessen Anteil durch Differenzbildung auf 100 Gew.-% ermittelt wird,

Sauerstoff in oxidischen Proben,

zusätzliche Elemente der Standards.

Für jedes Elementsymbol stehen zwei Spalten der Karte zur Verfügung, das Symbol muß rechtsbündig geschrieben werden. Alle elementspezifischen Parameter befinden sich auf Band und werden von dort eingelesen. Es besteht aber auch die Möglichkeit, diese Daten von Lochkarten einzulesen. Dafür werden pro Element sechs Karten benötigt.

Folgende Elementparameter sind zur Korrektur erforderlich und stehen auf Band oder Lochkarten für die Berechnung zur Verfügung: Atomnummer, Atomgewicht, kritische Anregungsspannung für K- und L-Strahlung, mittleres Ionisationspotential, Verhältnis der Massenabsorptionskoeffizienten an der K-Kante, häufigste positive Oxydationsstufe, K- und L-Fluoreszenzausbeute, K_α-, K_β-, L_α-, L_β-, M_α- und M_β-Wellenlängen, K-, L_I-, L_II-, L_III-, M_I-, M_II-, M_III-, M_IV-, M_V- und N_I-Kanten[21,34], Absorptionsparameter nach Heinrich[8] (C_k, n_k,

C_{kl}, C_{l1}, C_{l2}, n_{kl}, C_{lm}, C_{m1}, C_{m2}, C_{m3} und C_{mn}) sowie die Absorptionsparameter nach Leroux[9] (C_k bis C_{mn}).

Datenblock 3: Elementdaten-File

Wenn in Datenblock 1 IELDAT $= 1$ gesetzt ist, dient dieser Datenblock zur Überspeicherung von Elementparametern des Datenblocks 2 in Form der NAMELIST ELDAT. Darin kann zum Beispiel die vorgegebene Oxydationstsufe dem Problem angepaßt werden: Für Eisen wird die Oxydationsstufe 2 vom Band eingelesen und kann hier nach Bedarf durch 3 überspeichert werden.

Datenblock 4: Zusammensetzungs-File

Darin ist eine Beschreibung von Probe und Standards sowie deren Zusammensetzung in folgender Anordnung gegeben:

Titelkarte des Problems,

Zusammensetzung der Probe: bei METH $= 1$ wird für die mit der Mikrosonde gemessenen Elemente sowie für Sauerstoff und das durch Differenzbildung zu bestimmende Element die Zahl null eingelesen.

Vorgabe der chemischen Formel, wenn in Datenblock 1 IFORM $= 1$ gesetzt ist.

Drei Lochkarten für jeden Standard, und zwar:

Titelkarte,

Anzahl der Elemente und deren chemische Symbole,

Zusammensetzung der Standards in Gewichtsprozent.

Datenblock 5: Absorptionskoeffizienten-File

Wird in Datenblock 1 IABSKO $= 1$ gesetzt, so sind mit der NAMELIST ABSKO weitere Massenabsorptionskoeffizienten einzulesen.

Datenblock 6: Mikrosondenmeßdaten-File

Dieser Datenblock wird nur dann eingelesen, wenn die Berechnung nach Methode 1 ausgeführt wird. Er enthält die mit der Elektronenstrahl-Mikrosonde gemessenen Impulsraten und einige zur Spezifikation der Meßwerte notwendige Parameter: ITYP, NUMMER, MEST, ISERIE, MTWRT, LETZT und IEND. Deren Bedeutung ist in Tabelle 2 erklärt.

Jedes Problem beginnt mit einer &DATEN-Karte. Nach Bedarf folgen aneinandergereiht die Datenblöcke 1 bis 6. Den Abschluß bildet bei Methode 1 eine Meßdatenkarte mit der Zahl 1 in den Spalten 12 und 14 oder bei Methode 2 mit der Zusammensetzung des letzten Standards.

Tabelle 2. Bedeutung der Meßwertparameter im Datenblock 6

Parameter	Wert	Beschreibung
ITYP		Art des gemessenen Targets
	1	unbekannte Probe
	2	Standard
	3	Hintergrund
NUMMER		Zuordnung der Meßwerte zu den vorhandenen Standards oder Hintergrundmessungen, bzw. zu den Meßpunkten einer Serie
	≤ 50	Es sind bis zu 50 Meßpunkte der Probe möglich
	≤ 10	Es sind bis zu 10 Standard- bzw. Hintergrundmessungen möglich
MEST		Reihenfolge der Messungen auf einem Standard
	1	Anfangsmessung
	2	Schlußmessung. Wenn diese fehlt, erfolgt keine Driftkorrektur
ISERIE		Angabe der Elementserie
	1	Messung der ersten 5 Elemente
	2	Messung an den weiteren Elementen
MTWRT		Dient zur Auswahl der Meßpunkte für die Mittelwertbildung und Standardabweichung
	0	Meßpunkt wird im Mittelwert nicht berücksichtigt
	1	Meßwert wird zu Mittelwertbildung und Standardabweichung herangezogen
LETZT	1	Datenende einer Meßserie. Beginnend mit einer neuen Titelkarte können weitere Meßserien desselben Problems folgen
IEND	1	Datenende eines Problems. Es folgt entweder eine neue &DATEN- oder eine /*-Karte

Die Lochkarten der verschiedenen Probleme werden zusammengefügt und mit einer /*-Karte abgeschlossen. Jeder JOB wird mit zwei /*-Steuerkarten beendet.

4.2 Datenausgabe

Die Ausgabe der Daten mit dem Schnelldrucker und dem Lochkartenstanzer kann durch den Eingabeparameter IWRITE (Datenblock 1) derart gesteuert werden, daß der zeitraubende Ausdruckvorgang möglichst rationell gestaltet wird.

Tabelle 3 gibt einen Überblick über die möglichen Kombinationen von Ausgabedaten für verschiedene Werte der Variablen IWRITE.

Tabelle 3. Ausgabedaten für verschiedene Werte von IWRITE

Ausgabeblock	IPUNCH			IWR									
	1	2	3	1	2	3	4	5	6	7	8	9	0
1				+	+	+	+	+	+	+	+	+	+
2									+	+	+	+	
3											+	+	
4									+	+	+	+	
5											+	+	
6					+	+	+	+	+	+	+	+	
7a									+	+	+	+	
7b										+	+	+	
8									+	+	+	+	
9								+	+	+	+	+	
10a												+	
10b									+	+	+	+	
11a	+		+	+	+	+	+	+	+	+	+	+	
11b		+	+			+	+	+	+	+	+	+	
11c							+	+	+	+	+	+	
12				+	+	+	+	+	+	+	+	+	+

Mit + sind die in der Programmausgabe erscheinenden Rechenergebnisse bezeichnet.

IWR = Einerstelle von IWRITE, IPUNCH = Zehnerstelle von IWRITE

Die Trennung der Variablen IWRITE in die beiden Variablen IWR und IPUNCH ist notwendig, um die Zusammensetzung der Probe in Gew.- und Atom-% auch auf Lochkarten ausgeben zu können. Beispiel: IWRITE = 15 bedeutet IPUNCH = 1 und IWR = 5. Damit erfolgt der Ausdruck der Ausgabeblöcke 1, 6, 9, 11a, 11b, 11c und 12 sowie des Ausgabeblockes 11a auf einer Lochkarte.

Folgende Angaben können nach Wahl (siehe Tabelle 3) ausgedruckt werden:

1. Problemtitel
2. Parameter des Datenblocks 1
3. Parameter des Datenblocks 2
4. vorgegebene Zusammensetzung der Probe
5. Matrix der Massenabsorptionskoeffizienten
6. eingelesene unkorrigierte Röntgenimpulsraten
7. Beschreibung für jeden Standard
7a. Standardnummer und -titel sowie Anzahl der darin vertretenen Elemente und ihrer Konzentrationen

7 b. Atomnummernkorrekturfaktor
      Absorptions- und Fluoreszenzkorrekturfaktor für jedes gemessene Element
8.   Standardkombination
9.   Probenzusammensetzung für jeden Iterationsschritt
10. Korrekturfaktoren der Probe
10 a. für jeden Iterationsschritt
10 b. für die letzte Iteration
11. Probenzusammensetzung, ausgedrückt in
11 a. Gewichtsprozent
11 b. Atomprozent
11 c. chemischer Formel
12. Mittelwert und Standardabweichung der in Gew.-% und Atom-% sowie chemischer Formel dargestellten Probenzusammensetzung

Nach dem ersten Meßpunkt wird in einer Meßserie vom Programm her IWRITE = IWRT2 gesetzt; dieses ist mit 5 vorgegeben und bewirkt so die Ausgabe der oben beschriebenen Punkte 1, 6, 9 und 11. Für sehr große Meßserien ist die Herabsetzung von IWRT2 auf einen Wert ≤ 3 empfehlenswert.

Eine weitere, aber indirekte Steuerung des Ausgabevorganges erfolgt über die Eingabeparameter IFORM und MITTEL (Datenblock 1), da in diesem Fall Teile des Programms nicht benötigt werden.

Zusammenfassung

Trotz der Vorschläge verschiedener Autoren[5, 6, 13, 18, 24], den Einfluß der Absorption, Fluoreszenz und Atomnummer auf die gemessene Röntgenstrahlungsintensität zu korrigieren, setzten durch den großen Rechenaufwand bedingte Vereinfachungen in den einzelnen Korrekturverfahren die Genauigkeit der Analysen auf ungefähr zwei Relativprozent fest. Vergleiche zwischen gemessenen und berechneten Intensitätsverhältnissen von gut analysierten Standards unterstützten die Forderung nach möglichst genauen Korrekturverfahren, die aber dann nur mittels digitaler elektronischer Datenverarbeitungsanlagen berechenbar sind.

In der vorliegenden Arbeit sind zunächst die im Programm verwendeten Korrekturfaktoren zur Umwandlung der gemessenen Röntgenimpulsraten in Konzentrationswerte beschrieben. Die zur Korrektur von Auflösungszeit, Drift und Hintergrund sowie zur Ermittlung der Absorptions-, char. Fluoreszenz-, kontin. Fluoreszenz- und Atomnummernkorrekturfaktoren eingesetzten Gleichungen werden nicht angeführt, sondern jeweils die Originalliteratur zitiert.

Ein in der wissenschaftlich-technischen Sprache FORTRAN IV verfaßtes Computerprogramm zur Korrektur der mit der Elektronenstrahl-Mikrosonde erhaltenen Meßdaten für eine IBM 360/44-Rechenanlage wird beschrieben. Der Programmablauf ist in einem Flußdiagramm veranschaulicht. Der Aufbau besteht aus 31 Unterprogrammen, die bei Bedarf leicht und schnell ausgewechselt werden können, ohne die Struktur des ganzen Programms zu zerstören. Die Funktionen der einzelnen Unterprogramme sowie die Ein- und Ausgabestruktur werden beschrieben. Das Bestreben, das Programm so vielseitig wie möglich zu erstellen, führte zu einem derart umfangreichen FORTRAN-Listing, daß eine detaillierte Vorlage eines vollständigen Programmausdruckes im Rahmen dieser Arbeit nicht möglich ist. Zur Erläuterung der Datenein- und -ausgabe ist ein Beispiel angefügt.

Summary

A Computer Program for Correction of Electron Microprobe Data

Comparison between calculated and measured intensity ratios of precisely analysed standards shows, that the application of accurate correction methods without any simplification is essential. In this case the use of a computer for data reduction is required.

In this paper the correction factors used for conversion of measured X-ray intensity ratios into chemical composition are described. Mathematical expressions for dead-time, drift and background and also for absorption, fluorescence and atomic number correction are not given in detail, but the reader is referred to the literature.

A computer program written in the FORTRAN IV language for correction of electron microprobe data is described. It has been run on an IBM 360/44 computer. The program is built up of 31 subroutines which can be changed quickly without destruction of the whole program design. The subroutines and the input-output operations are discussed. The effort of writing the programm as versatile as possible made the FORTRAN-Listing too extensive to present it in this paper. An example is given in the appendix to illustrate the data handling.

Anhang

Die Ein- und Ausgabestruktur des hier beschriebenen Korrekturprogramms soll anhand eines Beispiels erläutert werden: Bei der Analyse eines Augits wurden sieben Elemente Ca, Al, Si, Mg, Fe, Ti und Mn mit der Elektronenstrahlmikrosonde gemessen, der Na-Gehalt ist mit 0,685 Gew.-% bekannt und Sauerstoff ist stöchiometrisch jedem Element entsprechend seiner vorgegebenen Oxydationsstufe zuzuordnen. Als Standards stehen die Minerale Anorthit, Diopsid und Ilmenit zur Verfügung. In Tabelle 4 sind nun alle zur Berechnung dieses Problems erforderlichen Daten in der notwendigen Reihenfolge zusammengestellt, wobei jeder Zeile eine Lochkarte entspricht.

Tabelle 4. Karteneingabe

```
Datenblock 1  ⎧ &DATEN
              ⎨ STD=1,1,1,2,2,3,3,3*0, IWRITE=4
              ⎩ &END

Datenblock 2    CA AL SI MG FE TI MN NA  O/CR*

              ⎧ A U G I T
              ⎪    0.    0.    0.    0.    0.    0.    0.    0.685
              ⎪    0.
              ⎪ (CA  NA) (FE  MG  TI  MN) AL  SI  O  6
              ⎪ ANORTHIT
              ⎪    6 CA  AL  SI  FE  NA  O
Datenblock 4  ⎨    13.57   18.93   20.58   0.46    0.48    46.04
              ⎪ DIOPSID
              ⎪    7 CA  MG  FE  AL  CR  SI  O
              ⎪    17.69   10.59   1.68    0.19    0.04    25.48   43.71
              ⎪ ILMENIT
              ⎪    8 FE  TI  MG  CA  AL  MN  SI  O
              ⎩    37.21   24.57   2.74    0.05    1.05    0.12    0.1   30.05

              ⎧ 2 1 1 1 0 0 0   60 31040  76690 102730
              ⎪ 2 2 1 1 0 0 0   60                    14230   4420
              ⎪ 1 1 1 1 0 0 0   60 39210  47560  78180  4010  15820
              ⎪ 2 1 2 1 0 0 0   60 30360  75950  99250
Datenblock 6  ⎨ 2 2 2 1 0 0 0   60                    14120   4410
              ⎪ 2 3 1 2 0 0 0   60 98190   1120
              ⎪ 1 1 1 2 0 0 0   60   700    640
              ⎩ 2 3 2 2 0 1 1   60 97160   1140
```

Im Datenblock 1 drückt die Angabe des Parameters STD, die auf jeden Fall erfolgen muß, in dieser Form folgendes aus: Die Elemente 1, 2 und 3 (Ca, Al, Si) sind dem Standard Nr. 1 (Anorthit), die Elemente 4 und 5 (Mg, Fe) dem Standard Nr. 2 (Diopsid) und die Elemente 6 und 7 (Ti, Mn) dem Standard Nr. 3 (Ilmenit) zugeordnet. IWRITE=4 bewirkt den Ausdruck des Problemtitels, der eingelesenen Röntgenimpulsraten sowie des Resultats der Berechnung in Form von Gewichtsprozenten, Atomprozenten und der chemischen Formel. Der Ausdruck von Mittelwert und Standardabweichung würde beim Vorliegen mehrerer Meßwerte ebenfalls erfolgen.

Alle weiteren Parameter dieses Datenblocks stimmen mit den vorgegebenen Werten überein (siehe Tabelle 1) und müssen daher nicht gesondert eingelesen werden. So betrug die Anregungsspannung bei der Messung 20 kV, der Abnahmewinkel war 15⁰; es soll kein Element durch Differenzbildung auf 100 Gew.-⁰/₀ berechnet werden usw.

Da jedes Element nur auf einem Standard gemessen wurde, braucht auch das Feld NSTD(i, k) nicht eingelesen zu werden. Ferner sind alle Röntgenimpulsraten bereits auf Hintergrund korrigiert. Es entfällt daher auch die Angabe des Feldes HGSTD(i).

Wenn sich, wie in unserem Beispiel, alle elementspezifischen Parameter auf Band befinden, besteht der Datenblock 2 nur aus einer Lochkarte. Darauf werden die Symbole der gemessenen Elemente in der gleichen Reihenfolge wie bei der Eingabe ihrer Intensitätswerte aufgezählt (Ca bis Mn), ferner Elemente, deren Konzentration vorgegeben ist (Na) sowie Sauerstoff. Außerdem sind nach dem Schrägstrich zusätzliche Elemente der Standards, die bei der Korrektur ebenfalls zu berücksichtigen sind, anzuführen (Cr). In dieser Reihenfolge werden nun für jedes Element die spezifischen Parameter vom Band eingelesen.

Der Datenblock 3 entfällt hier. Er ist nur dann zu verwenden, wenn die in Datenblock 2 eingelesenen elementspezifischen Konstanten durch andere zu überspeichern sind.

Der Datenblock 4 enthält eine Karte für die Überschrift des Problems, eine weitere Karte mit der vorgegebenen Zusammensetzung, wobei für die Elemente, deren Konzentration aus den Meßdaten zu berechnen ist, sowie auch für Sauerstoff der Wert 0 eingelesen wird. Es folgt eine Karte zur Festlegung des Typs der chemischen Formel, wobei die Indizes nur nach Normierung auf eine Atomart, hier z. B. auf 6 Sauerstoffatome, berechnet werden können. Für jeden Standard sind drei Karten mit Titel, Anzahl und Art der Elemente und deren Konzentrationen vorgesehen.

Eine Eingabe des Datenblocks 5 ist bei diesem Problem ebenfalls nicht erforderlich, da keine Massenabsorptionskoeffizienten zusätzlich eingelesen werden.

Mit dem Datenblock 6 werden die mit der Mikrosonde gemessenen Impulsraten eingelesen. Die Bedeutung der in den Spalten 1 bis 14 angeführten Zahlen zur Spezifikation der Meßwerte ist der Tabelle 2 zu entnehmen. Es ist darauf zu achten, daß hier die Reihenfolge der Elemente dieselbe ist wie bei der Elementkarte in Datenblock 2 und bei der Zusammensetzungskarte in Datenblock 4. Jeder Meßwert eines Elements auf der Probe ist zwischen zwei Standard-

```
A N A L Y S E   V O N
==================                 A   U G I T


EINGABE DER MESSWERTE
======================================================

TYP NR MG IS MW LZ IE  ZEIT      CA       AL       SI        MG       FE        TI        MN
ST   1  1  1  0  0  0   60     31040    76690   102730
ST   2  1  1  0  0  0   60                               14230     4420
PR   1  1  1  0  0  0   60     39210    47560    78180     4010    15820
ST   1  2  1  0  0  0   60     30360    75950    99250
ST   2  2  1  0  0  0   60                               14120     4410
ST   3  1  2  0  0  0   60                                                   98190      1120
PR   1  1  2  0  0  0   60                                                     700       640
ST   3  2  2  0  1  1   60                                                   97160      1140


ZUSAMMENSETZUNG --- GEWICHTSPROZENT
=================================================
     CA       AL       SI       MG       FE       TI       MN       NA        O      SUM
   16.89    14.38    16.32     3.31     5.93    0.226    0.071    0.685    42.17    99.98


ZUSAMMENSETZUNG --- ATOMPROZENT
=================================================
     CA       AL       SI       MG       FE       TI       MN       NA        O      SUM
    9.47    11.98    13.06     3.06     2.39    0.106    0.029    0.669    59.24   100.00


ZUSAMMENSETZUNG --- CHEMISCHE FORMEL
=================================================
```

$$(CA_{0.959}\ NA_{0.068})(FE_{0.242}\ MG_{0.310}\ TI_{0.011}\ MN_{0.003})\ AL_{1.213}\ SI_{1.322}\ O_{6.000}$$
$$\underbrace{\phantom{(CA_{0.959}\ NA_{0.068})}}_{1.027}\qquad\qquad\qquad\qquad\underbrace{\phantom{AL_{1.213}}}_{0.565}$$

Abb. 2. Computerausdruck

meßwerten eingeschlossen. Statt des einen Impulswertes, wie im Beispiel der Tabelle 4, können an dieser Stelle jedoch bis zu 50 Impulswerte von jedem Element eingelesen und nacheinander berechnet werden.

Abb. 2 zeigt das Resultat der Berechnung so, wie es von der Rechenanlage nach den in Tabelle 4 eingegebenen Werten ausgedruckt wird.

Literatur

[1] K. Keil und Ch. A. Andersen, Nature **207**, 745 (1965).

[2] K. Keil und K. G. Snetsinger, Science **155**, 451 (1967).

[3] L. H. Fuchs, Science **153**, 166 (1966).

[4] L. H. Fuchs, American Mineralogist **51**, 949 (1966).

[5] R. Castaing, Off. Nat. d'Études et de Rech. Aéronaut. 55, 27 (1952).

[6] J. Philibert, Proc. 3. Intern. Symp. X-Ray Optics and Microanalysis Stanford 1962, Academic Press 379 (1963).

[7] P. Duncumb und P. K. Shields in: The Electron Microprobe 284, New York: Wiley. 1966.

[8] K. F. J. Heinrich in: The Electron Microprobe 296, New York: Wiley. 1966.

[9] J. Leroux in: Adv. in X-Ray Analysis 5, 153, Univ. of Denver, Plenum Press, N. Y. (1962).

[10] R. Theisen und D. Vollath, Tabellen der Massenschwächungskoeffizienten von Röntgenstrahlen, Düsseldorf: Verlag Stahleisen. 1967.

[11] R. Theisen, K. Tögel und D. Vollath, Mikrochim. Acta, Suppl. 2, **1967**, 16.

[12] J. Z. Frazer, S. I. O. Reference Nr. 67—29 (1967).

[13] P. Duncumb, P. K. Shields und Da Casa in: Proc. 5. Intern. Congress on X-Ray Optics and Microanalysis, Tübingen, 1968.

[14] K. F. J. Heinrich, The Absorption Correction Model in Microprobe Analysis, Second National Conference on Microprobe Analysis, Boston, 1967.

[15] G. Springer, Fortschr. Miner. **45**, 103 (1967).

[16] D. B. Wittry, Univ. South Calif. Rep. **84**, 204 (1962).

[17] D. B. Wittry in: Adv. in X-Ray Analysis 7, 395, New York: Wiley. 1963.

[18] S. J. B. Reed, Brit. J. Appl. Phys. **16**, 913 (1965).

[19] J. W. Colby, Report NLCO-916, AECRD Report (1964).

[20] M. A. Blochin, Physik der Röntgenstrahlen, Berlin: VEB Verlag Technik. 1957.

[21] K. Sagel, Tabellen zur Röntgen-Emissions- und Absorptions-Analyse, Berlin—Göttingen—Heidelberg: Springer-Verlag. 1959.

[22] W. R. Fink, R. C. Jopson, H. Mark und C. D. Swift, Rev. Mod. Phys., **38,** 513 (1966).

[23] M. Green, Dissertation, Cambridge (1962).

[24] M. J. Hénoc, Centre Nat. d'Ét. des Télécommun. **665** (1962).

[25] G. Springer und B. Rosner in: Proc. 5. Intern. Congress on X-Ray Optics and Microanalysis, Tübingen, 170 (1968).

[26] G. Springer, N. Jb. Miner. Abh. **106**, 241 (1967).

[27] P. Duncumb und S. J. B. Reed in: Quantitative Electron Probe Microanalysis 133, NBS Special Publ. **298** (1968).

[28] H. E. Bishop, Dissertation, Univ. of Cambridge (1966).

[29] H. E. Bishop, Brit. J. Appl. Phys., **Ser. 2/1,** 673 (1968).

[30] M. S. Livingstone and H. A. Bethe, Rev. Mod. Phys. **9**, 263 (1937).

[31] J. I. Goldstein and P. A. Comella, G. S. F. C. Report X-642-69-115 (1969).

[32] T. K. Kelly, Trans. Inst. Mining Met. **B 75**, 59 (1966).

[33] D. R. Beaman and J. A. Isasi, Analyt. Chemistry **42**, 1540 (1970).

[34] J. A. Bearden, Rev. Mod. Phys. **39**, 78 (1967).

Anschrift der Verfasser: Dr. H. H. Weinke, Dr. H. Malissa jun., F. Kluger und Doz. Dr. W. Kiesl, Analytisches Institut der Universität Wien, Währingerstraße 38, A-1090 Wien, Österreich.

Mikrochimica Acta [Wien], Suppl. 5, 1974, 257—266

Aus dem Untersuchungslaboratorium der Hoesch Hüttenwerke AG.,
Dortmund

Automatische Datenausgabe und Datenverarbeitung an einer Elektronenstrahlmikrosonde*

Von

K. Täffner und **G. Voß**

Mit 3 Abbildungen

(Eingegangen am 15. Februar 1973)

1. Einführung

Die starke Inanspruchnahme der Elektronenstrahlmikrosonden in vielen Prüflabors macht Überlegungen über einen rationelleren Einsatz dieser Geräte notwendig. Dabei kann die Aufgabenstellung unterschiedlich sein. Müssen z. B. viele gleichartige Proben nach gleicher Methode untersucht werden, so kann eine weitgehend automatische Steuerung der Mikrosonde sinnvoll sein. Bei den Hoesch Hüttenwerken AG wird dagegen die Mikrosonde zur Lösung ständig wechselnder Untersuchungsaufgaben eingesetzt. Eine wirtschaftlichere Auslastung der Mikrosonde bezüglich Personalaufwand und Betriebszeit des Gerätes war daher durch eine Automatisierung der Datenausgabe und Datenverarbeitung anzustreben.

Im einzelnen waren an das Datenverarbeitungssystem, welches an eine Mikrosonde des Typs Jeol JXA 5 A angeschlossen werden sollte, folgende Anforderungen zu stellen:

1. Die anfallenden Impulszahlen sowie die Meßzeit sollten durch ein entsprechendes Ausgabesystem im Klartext ausgeschrieben sowie gleichzeitig auf einen für einen Rechner geeigneten Datenträger (Lochkarte oder Lochstreifen) gestanzt werden.

---

* Vortrag anläßlich des 6. Kolloquiums über metallkundliche Analyse mit besonderer Berücksichtigung der Elektronenstrahl-Mikroanalyse, Wien, 23. bis 25. Oktober 1972.

2. Diese Datenträger sollten an einer Großrechenanlage off-line verarbeitet werden. Ein entsprechendes Programm, welches die Berechnungen und Korrekturen bis dahin zur Angabe in Gew.-% durchführt, war zu erstellen.

3. Um die Korrekturrechnungen durchführen zu können, war es notwendig, in den Datenträger zusätzliche Angaben von Hand einzugeben. Der Umfang dieser manuellen Dateneingabe war auf ein Minimum zu beschränken.

4. Da die Mikrosonde des öfteren zur Aufnahme von Konzentrationsprofilen eingesetzt wird, war eine Step-scan-Einrichtung mit der unter 1. und 2. beschriebenen Datenausgabe zu verbinden. Das Rechenprogramm sollte in der Lage sein, ebenfalls diese Daten zu verarbeiten.

2. Aufbau des Datenausgabesystems

In Abb. 1 ist das Schaltschema der Datenausgabe wiedergegeben. Das System beginnt mit der Steuereinheit, welche an die zur Standardausrüstung der Mikrosonde gehörenden Zähler angeschlossen ist. Bei einer normalen Punktanalyse werden die zu den beiden

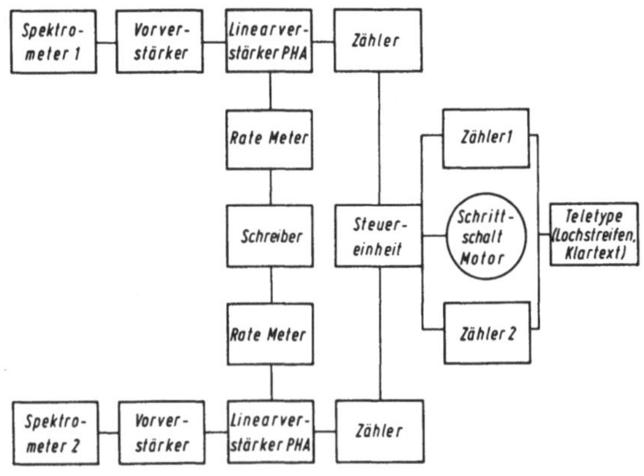

Abb. 1. Schaltschema für die Datenausgabe

Meßkanälen gehörenden Zähler mit Druckerausgang 1 und 2 durch diese Einheit angesteuert. Nach Ablauf der Meßzeit gibt die Einheit den Befehl zum Ausdrucken des Ergebnisses auf einem Teletype-Gerät. Ausgedruckt werden Impulszahlen und Meßzeit in Sekunden. Die Meßzeiten sind in üblicher Weise in weiten Bereichen vorwählbar. Das Teletype-Gerät druckt die Ergebnisse im Klartext aus und stanzt gleichzeitig einen 8-Kanal-Lochstreifen (Code ASC II). Außerdem wird das Teletype-Gerät zur Eingabe des die Analyse kennzeichnenden Textes sowie des manuellen Datensatzes benötigt. Dem Teletype-Gerät, mit Ausgabe der Daten auf einem Lochstreifen, wurde gegenüber Geräten mit Ausgabe auf Lochkarten wegen des geringeren finanziellen Aufwandes der Vorzug gegeben.

Wird die Mikrosonde zur Aufnahme von Konzentrationsprofilen eingesetzt, so schaltet die Steuereinheit einen Schrittschaltmotor, welcher die Probe in stufenweise vorwählbaren Schritten von 1 bis 500 μm unter dem Elektronenstrahl bewegt. Die Steuereinheit erlaubt die Vorwahl einer bestimmten Anzahl von Schritten, innerhalb der der Meßvorgang, bestehend aus Probenbewegung, Messung und Ausdrucken des Ergebnisses schrittweise automatisch abläuft.

Das Datenausgabesystem wurde in Zusammenarbeit mit der Firma Canberra von der Fa. Kontron, München, angefertigt.

3. Korrekturprogramm

Keines der in einer Zusammenstellung von D. R. Beaman und Mitarbeitern[1] diskutierten 40 Korrekturprogramme genügt den gestellten Anforderungen. Die Notwendigkeit zur Erstellung eines eigenen Programmes war daher gegeben. Dabei sollte jedoch weitgehend auf bereits vorliegende Programme zurückgegriffen werden. Das in der Zusammenstellung von Beaman günstig beurteilte Programm von Duncumb und Jones[2] kam den gestellten Forderungen nahe, so daß es als Grundlage für die eigenen Arbeiten ausgewählt wurde.

Diese Entscheidung wurde nachträglich durch eine Untersuchung von P. M. Martin und D. M. Poole[3] gestützt. In dieser Arbeit werden die den verschiedenen Korrekturverfahren zugrunde liegenden physikalischen Zusammenhänge diskutiert. Nach einer Gegenüberstellung der verschiedenen Methoden kommen die Verfasser zu dem Schluß, daß die im Programm von Duncumb und Jones verwendeten physikalischen Korrekturmethoden (Absorption nach Philibert[4], Duncumb, Shields-Mason und Da Casa[5], Heinrich[6] / Ordnungszahlen nach Duncumb, Reed[7], Duncumb, Shields-Mason, Da Casa[5] / Fluoreszenz nach Reed[8]) für Ordnungszahlen der korrigierten Elemente >12 die besten Ergebnisse liefern.

Das Programm wurde in FORTRAN 4 geschrieben. Die benötigte Maschinengröße beträgt $\sim$100 k. Abb. 2 zeigt das Programmschema. Aufbau und Aufgaben der einzelnen Programmteile sollen kurz erläutert werden.

Im Hauptprogramm STREIF werden die einzelnen Unterprogramme aufgerufen. Außerdem werden Prüfungen auf Vollständigkeit der Daten, eine statistische Kontrolle und Mittelwertbildungen einzelner Impulszahlen sowie die Berechnung der gemittelten Impulsraten durchgeführt. Die Unterprogramme LESZEI, LESEIN, LSAUTO

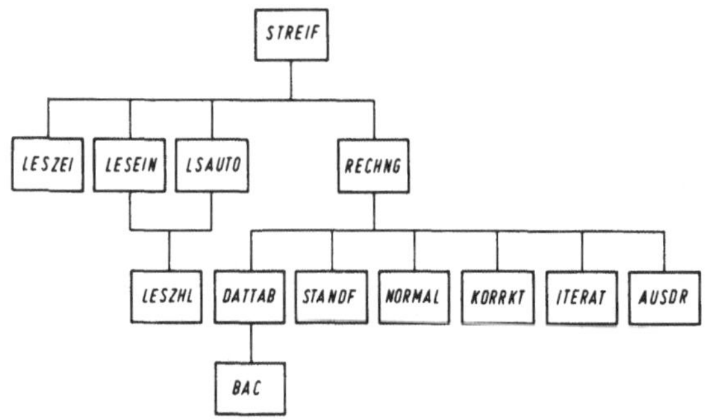

Abb. 2. Aufbau des Korrekturprogramms

und LESZHL lesen und deuten den Inhalt des eingegebenen Lochstreifens.

Mit dem Programmteil RECHNG beginnt die eigentliche Korrekturrechnung. Zunächst werden Totzeit- und Untergrundkorrektur
durchgeführt und die 1. Näherung der Konzentration c_{gemessen} ermittelt. Die Unterprogramme DATTAB, BAC und STANDF stellen
die zur Korrekturrechnung benötigten Konstanten und abgeleitete
Größen zur Verfügung. Alle diese Daten sind gespeichert oder werden berechnet. Sie müssen während des Programmlaufs auf einem
Datenträger mit direktem Zugriff abgespeichert sein.

Auf folgende Einzelheiten soll hingewiesen werden:

1. Massenschwächungskoeffizienten nach J. Z. Frazer[9].

2. Berechnung der Rückstreukoeffizienten R nach P. Duncumb
und E. M. Jones[2], nach experimentellen Daten von H. E. Bishop[10].

3. Lenard-Koeffizient $\sigma = \dfrac{4{,}5 \cdot 10^5}{E_0^{1,65} - E_k^{1,65}}$ nach K. F. J. Heinrich[6].

4. Daten zusammengesetzter (komplexer) Standards sind gespeichert und werden nach Kennummern abgerufen.

Im Programmteil NORMAL wird vor jedem Iterationsschritt
eine Normalisierung der C_i auf 1 durchgeführt, wobei 3 Wahlmöglichkeiten bestehen:

1. Alle Elemente werden gemessen

$$C_i^{\text{normal}} = \frac{C_i}{\Sigma\, C_i}$$

Tabelle 1. Schema des manuellen Datensatzes

* Kennzeichen zu Beginn des manuellen Datensatzes

Zahl Nr.	Kenn-zeichen	Bedeutung
1	1—99	Seriennummer; bis zu 50 Analysen, die mit denselben Standards gemessen werden, sind zu einer Serie zusammengefaßt. Standard-Messung ist nicht für jede Analyse notwendig
2		Art des Targets
	1—50	50 gleichartige Analysenpunkte
	0000	Standard zu Beginn der Serie
	9999	Standard am Ende der Serie (kann ausfallen)
3		Linie / Untergrund
	1	Untergrund +
	2	Untergrund −
	3	Linie
		Meßkanal 1:
4	5—100	Ordnungszahl des zu messenden Elements
5		Strahlung:
	1	K-Linie
	2	L-Linie
	3	M-Linie
6		Art des Standards
	0	Reines Element
	1—30	Nummer des komplexen Standards
7		Kennzeichnung der Probe
	1	Alle Elemente gemessen
	2	Oxid (Konzentration von Sauerstoff wird errechnet)
	3—100	Ordnungszahl eines fehlenden Elements
		Meßkanal 2:
8		Ordnungszahl des zu messenden Elements
9		Strahlung
10		Art des Standards
11		Kennzeichnung der Probe
12		Anregungsspannung in kV
13		Analysenverfahren
	0	Punktanalyse mit statistischer Kontrolle
	99	Punktanalyse ohne statistische Kontrolle
	1	Step-scan-Messung

Kennzeichnung am Ende des Datensatzes:
+ in Ordnung
− falsch, Wiederholung folgt

2. Oxide

$$C_{\text{Sauerstoff}} = \Sigma\, K_i \cdot C_i \qquad K_i = \text{Oxidanteilkonstante}$$

$$C_i{}^{\text{normal}} = \frac{C_i}{\Sigma\, C_i + C_{\text{Sauerstoff}}}$$

3. Ein Element nicht gemessen

$$C_{xx} = 1 - \Sigma\, C_i$$

In KORRKT wird nach dem ZAF-Verfahren (Ordnungszahl[5,7], Absorption[4,5,6], Fluoreszenz[8]) korrigiert. Auf eine Korrektur der Fluoreszenz durch Bremsstrahlung wurde verzichtet, da der Einfluß weniger als 1% beträgt[3]. Als Iterationsverfahren wurde die sogenannte Wegstein-Iteration (R. H. Cavett[11], Programmteil ITERAT) gewählt. Schließlich wird durch AUSDR die Ausgabe der errechneten Werte vorgenommen.

4. Durchführung von Analysen

Das Datenband beginnt im allgemeinen mit einem Text, welcher Angaben über Herkunft der Probe, Art des Problems, Ort der Analyse, Sachbearbeiter, Datum usw. enthält. Jede Zeile dieses Textes (als Zeile gilt eine Zeile des Klartextes des Teletype-Gerätes mit max. 70 Stellen) beginnt mit einem Apostroph.

Hierauf folgt der manuelle Datensatz, eingeleitet durch einen Stern, welcher alle die für die Korrekturrechnung benötigten Angaben enthält. Er besteht aus insgesamt 13 Kennzeichen, deren Begriffsinhalt in Tabelle 1 zusammengestellt ist. Den Abschluß des manuellen Datensatzes bildet ein Kennzeichen, welches die Richtigkeit dieses Datensatzes bestätigt oder ihn verwirft.

Im allgemeinen beginnt die Analyse mit der Messung der Linienintensität auf den Standards. Bei allen folgenden Messungen, also Linienmessung auf der Probe, Untergrundmessungen auf Probe und Standard oder Wiederholungsmessungen der Standardwerte werden nur noch die ersten 3 Zahlen des manuellen Datensatzes zur Kennzeichnung des folgenden automatischen Datensatzes benötigt.

5. Beispiele

Tabelle 2 zeigt einen Ausschnitt aus dem Meßprotokoll der Analyse eines zunderbeständigen, austenitischen Stahles. Es enthält die Impulszahlen und Meßzeiten für Linie und Untergrund an Standard und Probe der Elemente Eisen (Kanal 1) und Silizium (Kanal 2).

Das Ergebnis der Korrekturrechnung ist in Tabelle 3 dargestellt. Es enthält Seriennummer, Analysennummer sowie für die gemessenen

Tabelle 2. Beispiel für ein Meßprotokoll

Probe 140, Cr Ni-Stahl, Re 22
Analyse der Oberfläche, Pl

```
*1 0000 3 26 1 0 1 14 1 0 1 20 0 +
120648   000400   000000   000400
120623   000400   000000   000400
000000   000400   652458   000400
000000   000399   651566   000400

*1 1 3 +
074999   000400   007248   000400
077091   000399   007011   000400

* 1 1 1 +
000153   000400   000763   000400
000164   000400   000804   000400

* 1 1 2 +
000154   000399   000538   000400
000148   000399   000576   000400

*1 0000 1 +
000161   000400   000000   000400
000173   000399   000000   000400
000000   000400   001024   000400
000000   000400   001158   000400
```

Im-pulse	Zeit in sec × 10	Im-pulse	Zeit in sec × 10
Kanal 1		Kanal 2	

Elemente Eisen, Silizium, Mangan, Chrom und Nickel die unkorrigierten gemessenen Konzentrationen, die Korrekturfaktoren für

Tabelle 3. Beispiel für das Protokoll des Rechners

Probe 140, Cr Ni-Stahl, Re 22
Analyse der Oberfläche, Pl

Serien-Nr. 1					Analysen-Nr. 2			
El	OZ	Gemess. Konz.	Korrektur-Faktoren			Korr.	Errechn. Konz.	Chemische Analyse
			Z	ABS	FLU			
Fe	26	62,718	0,994	0,965	1,012	0,971	64,620	
Si	14	0,932	1,046	0,495	1,000	0,518	1,798	2,01
Mn	25	1,279	0,989	0,996	1,009	0,994	1,287	1,27
Cr	24	22,408	0,996	0,990	1,148	1,132	19,799	19,30
Ni	28	9,209	0,998	0,902	1,000	0,901	10,226	10,50

6 Iterationsschritte   Summe 97,731.

Tabelle 4. Korrektur von Oxidanalysen
(homogene Gläser, 15 kV)

Prüfmethode	Probe	Zusammensetzung in Gew.-%		
		SiO_2	Al_2O_3	MnO
Röntgenfluorezenz		47,0	14,6	39,2
Mirkosonde Mn, Si, Al Standards ...	1	47,7	15,4	36,1
Mirkosonde Mn, SiO_2, Al_2O_3, Standards		49,5	16,6	36,2
Röntgenfuorezenz		43,7	40,2	14,5
Mirkosonde Mn, Si, Al, Standards ..	2	43,1	39,8	14,5
Mikrosonde Mn, SiO_2, Al_2O_3, Standards		44,8	42,9	14,5

Ordnungszahl Z, Absorption ABS und Fluoreszenz FLU, den gesamten Korrekturfaktor sowie als Endergebnis die errechneten korrigierten Konzentrationen. Außerdem wird die Anzahl der Iterationsschritte sowie Summe aller Konzentrationen ausgedruckt. Ein Vergleich der errechneten Konzentrationen mit der gleichfalls eingetragenen naßchemisch ermittelten Zusammensetzung zeigt, daß das

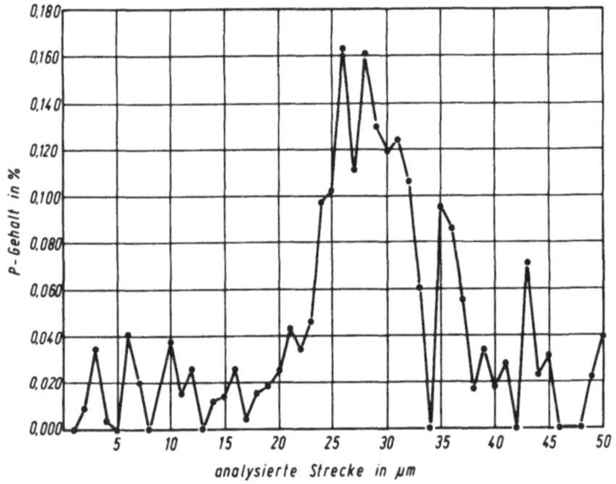

Abb. 3. Beispiel für eine Step-scan-Messung
P-Seigerung in R 37 RO mit 0,025% P Schmelzanalyse

Programm zufriedenstellend arbeitet. Der Analysenfehler von rund 10 Relativprozent bei der Messung des Siliziums kann andere Ursachen haben.

Die Ergebnisse von Mikroanalysen an Oxidphasen zeigt Tabelle 4. Über die Herstellung der verwendeten Proben 1 und 2 wurde bereits berichtet[12]. Es wird deutlich, daß die Verwendung von SiO_2

und Al_2O_3 als Standards anstelle der Reinelemente Silizium und Aluminium keine Vorteile bringt. Bei diesen Analysen wurde außerdem der Unterschied zwischen den beiden Rechenmethoden — Errechnung des O-Gehaltes über stöchiometrische Faktoren und Ergänzung des O-Gehaltes auf 1 — geprüft. Es traten maximale Abweichungen der korrigierten Oxidkonzentrationen von 0,1% auf. Dies bedeutet, daß beide Rechenarten zulässig sind. Insgesamt kann das bei einer Anregungsspannung von 15 kV erhaltene Ergebnis der Mikroanalyse als befriedigend angesehen werden.

In Abb. 3 ist schließlich als Beispiel für eine Step-scan-Messung das Konzentrationsprofil einer Phosphorseigerung in einem fehlerhaften Blech wiedergegeben. Die Probe wurde in $1\text{-}\mu$m-Schritten bei 15 kV abgetastet. Die Meßzeit je Punkt betrug 40 sec. Im nicht geseigerten Bereich schwanken die Meßwerte um den Wert der Stückanalyse von 0,025%, während in der Seigerung Werte bis 0,160% festgestellt wurden. Die Streuung der Meßwerte ist statistisch bedingt und hätte sich durch Erhöhung der Meßzeit verringern lassen; sie ist jedoch für die vorliegende Aufgabenstellung ohne Bedeutung.

Die Verfasser sind Herrn P. Duncumb für die Überlassung des Computer-Programms zu Dank verpflichtet.

Zusammenfassung

Der Aufbau eines Datenausgabesystems für eine Mikrosonde des Typs Jeol JXA 5 A wurde beschrieben, das die Ausgabe der Meßdaten auf einen Lochstreifen und gleichzeitig im Klartext durchführt. Weiterhin wurde ein Rechenprogramm vorgestellt, das die unmittelbare Verarbeitung der Daten des Lochstreifens in einem Großrechner erlaubt. Als Ergebnis dieser Berechnungen werden die Gewichtskonzentrationen der gemessenen Elemente ermittelt, wobei mit Ausnahme der Korrekturrechnung für Fluoreszenz durch Bremsstrahlung alle üblichen Korrekturverfahren zur Anwendung kommen. Das Programm erlaubt die Verarbeitung von Step-scan-Messungen. Er setzt die Abspeicherung aller für die Rechnungen erforderlichen Konstanten voraus. Das Programm wurde in FORTRAN 4 geschrieben; die benötigte Maschinengröße beträgt $\sim$100 k. Die mit Hilfe dieser Rechnungen erreichte Genauigkeit wird an drei Beispielen gezeigt; sie ist besser als 5 Relativprozent. Durch die Einführung dieser Datenverarbeitung wird eine um $\sim$30% bessere Auslastung der Mikrosonde sowie eine Freistellung der Sachbearbeiter von sehr zeitraubenden Auswertungsarbeiten erzielt.

Summary

The Automatic Display and Working-Up of Data from an Electron-Beam Microprobe

The Construction of a data display system for a microprobe of the Jeol JXA 5 A type is described; the data are transferred to a punched tape and at the same time printed out in type. A computer program is also presented which permits the immediate working up of the tape data in a large computer. The results of the computation are the concentrations (by weight) of the elements measured; all the usual corrections are included, except that for the fluorescence caused by Bremsstrahlung. The program enables one to work up Step Scan measurements. It assumes that the constants required for the calculations are stored in the computer. The program is written in FORTRAN IV; the core size required is approx 100 k. The accuracy attained by this calculation is illustrated by three examples; it is better than 5%. The introduction of this method of working up the data has led to a 30% improvement in the utilization of the microprobe, and relieved the operator of the very time-consuming calculations.

Literatur

[1] D. R. Beaman und J. A. Isasi, Analyt. Chemistry **42**, 1540 (1970).

[2] P. Duncumb und E. M. Jones, TI Research Laboratories Report 260 22/12/1969.

[3] P. M. Martin und D. M. Poole, Met. Mater. Metallurg. Rev. **5**, 3, 19 (1971).

[4] J. Philibert, X-Ray Optics and X-ray Microanalysis, New York und London: Academic Press. 1963. S. 379 ff.

[5] P. Duncumb, P. Shields-Mason und C. Da Casa, 5th int. Congr. X-Ray Optics and X-ray Microanalysis, Berlin—Heidelberg—New York: Springer-Verlag. 1969. S. 146 ff.

[6] K. F. J. Heinrich, „Quantitative Electron Probe Microanalysis" National Bureau of Standards, Special Publication Number 298.

[7] P. Duncumb und S. J. B. Reed, TI Research Laboratories Report 221 26/5/1967.

[8] S. J. B. Reed, Brit. J. Appl. Phys. **16**, 913 (1965).

[9] J. Z. Frazer, University of California, La Jolla, California S. I. O., Reference Number 67-29.

[10] H. E. Bishop, Brit. J. Appl. Phys. **2**, 673 (1968).

[11] R. H. Cavett, Proc. Petroleum Institute **43**, 57 (1963).

[12] K. Täffner, Hoesch-Berichte **6**, 75 (1971).

Anschrift der Verfasser: Dr. Ing. K. Täffner und Dr. G. Voß, Hoesch Hüttenwerke AG, Postfach 902, D-4600 Dortmund, Bundesrepublik Deutschland.

Mikrochimica Acta [Wien], Suppl. 5, 1974, 267—272

Mineralogisch-Petrographisches Institut der Universität Wien

PETRDATA — ein Programmiersystem zur Korrektur von Mikrosonden-Silikatanalysen und Berechnung von mineralischen und petrographischen Daten[*]

Von

W. Cadaj

(Eingegangen am 15. Februar 1973)

In den Gebieten der Petrologie, Mineralogie und Geologie wird die Elektronenstrahl-Mikrosonde in immer größerem Ausmaß eingesetzt, um Informationen über Mineralkomponenten von Gesteinen zu erhalten; vor allem werden Aussagen über genetische Beziehungen auf chemischer Basis untermauert.

In den meisten Fällen handelt es sich dabei um die Bestimmung des Chemismus von Silikaten. Gemessen wird gegen einen der Probe möglichst ähnlichen Standard oder eine Kombination von Standards. In fast allen Silikaten treten in ihren Absorptions- und Fluoreszenzverhalten sehr verschiedene Elemente nebeneinander auf. Die erhaltenen Meßwerte müssen daher gegen diese Effekte korrigiert werden.

Zwei Gruppen von Faktoren, die die Intensität der gemessenen Röntgenstrahlung beeinflussen, müssen berücksichtigt werden:

1. Beeinflussung der Röntgenintensität durch die Meßanordnung

1.1 Drift: Zu verschiedenen Zeiten gemessene Eichwerte weisen durch nicht völlig konstantes Arbeiten der Meßanordnung eine Drift auf. Die dadurch über längere Meßperioden auftretenden Fehler werden korrigiert, indem die jeweiligen Messungen linear auf die zeitlich zuletzt aufgetretene Eichmessung bezogen werden.

---

[*] Vortrag anläßlich des 6. Kolloquiums über metallkundliche Analyse mit besonderer Berücksichtigung der Elektronenstrahl-Mikroanalyse, Wien, 23. bis 25. Oktober 1972.

1.2 Detektortotzeit: Die wahre Impulszahl liegt bei hohen Zählraten und großen Detektortotzeiten höher als die gemessene. Die Korrektur dafür erfolgt nach $I_c = I_0/(1 - t \cdot I_0)$, wobei I_c die wahre Impulsrate, t die Detektortotzeit und I_0 die gemessene Impulsrate darstellen.

1.3 Untergrundkorrektur: Der Untergrund stammt im wesentlichen von der Anregung des kontinuierlichen Spektrums in der Probe. Die daher rührende Röntgenintensität muß vom betrachteten Meßwert abgezogen werden (nach Korrektur gegen Drift und Totzeit für beide Werte), um zur tatsächlichen Röntgenintensität zu kommen. Die Untergrundstrahlung kann entweder auf einem Untergrundstandard gemessen werden, der chemisch wie die Probe zusammengesetzt ist, ohne aber das zu messende Element zu enthalten — bei Silikaten kann ein Standard mit etwa der gleichen mittleren Ordnungszahl wie die der Probe verwendet werden — oder sie wird auf der Probe selbst, durch Änderung des Braggwinkels des Zählers gemessen.

2. Beeinflussung der Röntgenintensität durch Absorption, Fluoreszenz und Atomnummer

2.1 Absorption: Die Absorptionsfaktoren $f(x)$ werden nach der Funktion von Philibert[1], in der von Duncumb und Shields[2] modifizierten Form berechnet. In den meisten Silikaten trägt diese Korrektur die größten Anteile zum endgültigen Korrekturfaktor der Gruppe 2 bei.

2.2 Fluoreszenz: Diese Korrektur muß angebracht werden, wenn die Probe Elemente enthält, bei denen die Energien der charakteristischen Linien höher liegen als die kritische Anregungsenergie der zu messenden Linien. Die charakteristische Fluoreszenz wird nach Castaing[3] und Reed[4] korrigiert. Die Korrektur für die Anregung durch das Kontinuum erfolgt nach Springer[5].

2.3 Atomnummer: Sowohl Rückstreukoeffizient als auch „stoppingpower" sind Funktionen der Atomnummer. Die entsprechende Korrektur wird nach Duncumb und Reed[6] durchgeführt.

Aus den gegen Drift, Detektortotzeit und Untergrund korrigierten Rohimpulswerten werden Rohkonzentrationen errechnet nach $C_{pr} = C_{st} \cdot (I_{st}/I_{pr})$, wobei C die Konzentrationen für Probe und Standard, I die Impulswerte darstellen. Diese Rohkonzentrationen werden in den Korrekturen 2.1 bis 2.3 für die notwendigen Konzentrationswerte verwendet. Für Probe und Standard werden die entsprechenden

Korrekturwerte und aus deren Verhältnis jeweils ein Korrekturfaktor für jedes gemessene Element errechnet. Mit diesen Faktoren werden die Rohkonzentrationswerte verbessert und daraus wiederum neue Faktoren errechnet usw.

Zur Durchführung dieser Berechnungen wurde das System PETRDATA entwickelt. Es besteht aus zwei Gruppen von Programmen.

1. Die Dienstprogramme haben die Aufgabe Datenbestände zu erstellen und zu verwalten.

2. Die berechnungsintensiven Routinen greifen auf die standardisierten Datensätze zu und verarbeiten die darin enthaltenen Informationen.

Die Steuerung des Systems erfolgt mit einer einfachen Kontrollsprache, die es erlaubt, die einzelnen verarbeitenden Phasen aufzurufen, Parameter für diese Phasen zu setzen (etwa die Menge der ausgegebenen Informationen zu steuern) und den Routinen Datensätze zuzuordnen. Das System wurde so entwickelt, daß die einzelnen Phasen leicht austauschbar sind — etwa zum Testen anderer Korrekturverfahren — ohne das Gesamtkonzept des Systems ändern zu mussen. Alle Routinen zur Berechnung der Sondenkorrekturen — sowie die daran anschließenden Phasen — brauchen als Eingabe einen sequentiellen Datensatz, der die Informationen über die Zusammensetzung (Rohkonzentrationen oder echte Konzentrationen nach der Korrektur) der Meßpunkte in mehreren aufeinanderfolgenden Datenblöcken enthält. In einem Datenblock sind folgende Informationen in einem Standardformat enthalten:

1. Die Ordnungszahl und Rohkonzentration des gemessenen Elementes.

2. Die Nummer des Standards (innerhalb der Standardtabelle) auf den die Korrektur bezogen werden soll.

3. Die sequentielle Nummer, den Namen und eine Identifikationsnummer des Meßpunktes.

4. Eine gruppenmäßige Zuordnung eines Meßpunktes zu bestimmten (Mineral-)Gruppen.

Beschreibung der Programmphasen:

RAWCON liest einen primären Datenstrom (Lochstreifen oder Lochkarten), der die vom BCD-Ausgang der Sonde erstellten Informationen über Meßwerte und Zählzeiten enthält. Der Benutzer fügt Informationen hinzu, die angeben, auf welchen Punkt sich die jeweiligen Messungen beziehen, sowie Angaben über Meßkonstanten

(z. B. Anregungsspannungen). Dieser Datenstrom ist nicht record-orientiert, sondern stream-orientiert, ähnlich der Organisation der Eingabe für PL/1-Leseroutinen. Er ist durch Sonderzeichen und Worte, die RAWCON interpretieren kann, unterbrochen. RAWCON erstellt gemeinsam mit der Phase COMBINE (Variable Zuordnung von Standards zu Meßpunkten) den für die Korrekturroutinen notwendigen Standard-Input-Datensatz.

SMCRSERV verwaltet den Standard-Input-Datensatz. Mit dieser Phase kann man Datenblöcke hinzufügen, aus dem Satz herausnehmen, einzelne Blöcke verändern, oder die Daten nach anderen Gesichtspunkten ordnen.

CONSTS. Häufig gebrauchte Konstanten (Atomgewichte, Oxidgewichte, kritische Anregungsenergien usw.) werden nicht in tabellarischer Form im Programm gespeichert, sondern stehen auf drei DASD-Datensätzen zur Verfügung: Der Elementfile enthält alle notwendigen Informationen über die Elemente — der File MYRO enthält eine Tabelle der Massenschwächungskoeffizienten — der Standardfile die Ordnungszahlen und Elementkonzentrationen der Standardtabelle. CONSTS erstellt und verwaltet diese Datensätze. Sie brauchen nur einmal erstellt zu werden und können für jeden Korrekturlauf wieder verwendet werden.

Alle anderen Phasen greifen auf diese standardisierten Datensätze zu, sind also in ihrem I/O-Aufbau einfach gehalten.

SIMPCO führt die Korrektur der Rohkonzentrationen gegen Absorption, Fluoreszenz und Atomnummer unter Benützung der eingangs zitierten Algorithmen durch. Die Korrekturfaktoren werden in einem zyklischen Verfahren verbessert. Als Grenze für dieses Iterationsverfahren gelten maximal 10 Zyklen pro Element, oder die Änderung eines Faktors ist kleiner als 0,1 % von einem Zyklus zum nächsten. (Auch diese Parameter können mit der Kontrollsprache verändert werden.) Wenn das Programm Konstanten braucht, wird jeweils geprüft, ob sich diese bereits im Kernspeicher befinden. Ist das nicht der Fall, wird versucht, diese Parameter von den Konstanten-Datensätzen einzulesen. Sind sie auch dort nicht zu finden, wird — wenn möglich — eine Berechnung dieser Werte durchgeführt (Absorptionskoeffizienten nach Heinrich[7], Wellenlängen nach der Ordnungszahl). Ist auch eine Berechnung nicht möglich, wird die Korrektur für diesen Punkt abgebrochen und mit dem nächsten Meßpunkt fortgefahren. Als Ausgabe produziert diese Phase ein Protokoll und — wenn verlangt — einen wiederum im Standardformat organisierten Datensatz, der die korrigierten Werte enthält. Es kann so verfahren werden, daß bei der Korrektur von Silikaten der Sauerstoff immer automatisch über die Oxide der anderen Elemente errechnet wird oder daß mit den Atomkonzentrationen aller in der Probe vorhandenen Elemente gerechnet wird.

MINFORM berechnet Mineralformeln für die einzelnen Meßpunkte. Dafür müssen über die Kontrollsprache die isomorphen Gruppierungen der Mineralsorten (Gruppenmerkmal) angegeben werden.

PETRA und SEDMIN berechnen aus Einzelmineralanalysen und Pauschalchemismen von Gesteinen quantitative Mineralbestände.

RATIOS berechnet mineral- und gesteinschemische Parameter, die für genetische Aussagen von Bedeutung sind, wie die Verteilungskoeffizienten der Elemente oder Kristallisationsindizes.

TRACER berechnet aus einer Vielzahl von Analysen statistische Werte (Korrelationen, Streuung und Mittelwerte; Regressionen). Für die Berechnung können mit Hilfe der Kontrollsprache aus dem Standard-Datensatz einzelne Elemente und Gruppen von Meßpunkten ausgewählt und untereinander willkürlich verknüpft werden. Das Programm stellt die errechneten Zusammenhänge graphisch dar. Vor allem für geochemische Aussagen bietet dieses Programm die Möglichkeit, eine Vielzahl von Datenverknüpfungen beliebig variieren zu können. Der Benutzer braucht nur einige wenige Kontrollinformationen (Art der zu verwendenden Elemente und Gruppen und deren Zusammenhang in Form einer Gleichung) anzugeben.

Dieses Programmsystem wurde an folgenden Mineralgruppen getestet und lieferte zufriedenstellende Ergebnisse: Feldspate, Granate, Pyroxene, Amphibole, Glimmer, Zoisite, Titanite, Rutile und Magnetite. Die Mikrosondenmessungen führte W. Richter vom Mineralogisch-Petrographischen Institut durch. Seine Ergebnisse wurden veröffentlicht[8]. Rechenzeiten für die Entwicklung dieses Systems stellte das Rechenzentrum der Universität Wien (IBM 360/44) zur Verfügung.

Zusammenfassung

Das Programmsystem PETRDATA ermöglicht die Verarbeitung standardisierter Informationen, die durch beliebige Meßverfahren gewonnen werden, nach petrologisch-geologischen und statistischen Gesichtspunkten. Ein wesentlicher Teil davon erfaßt die für Silikate (und auch Sulfide) notwendigen Korrekturen von Mikrosondenanalysen nach Absorption, Fluoreszenz und Ordnungszahl.

Summary

PETRDATA — A Program for Correcting Silicate Analyses by Microprobes, and Calculating Mineralogical and Petrographic Data

The Program PETRDATA makes it possible to work up standard data, which can be obtained in any desired manner, from the petrological-geological and statistical points of view. A significant part of the program deals with the corrections for absorption, fluorescence, and atomic number which are required in the microprobe analysis of silicates (and sulfides).

Literatur

[1] J. Philibert, X-Ray Optics and X-Ray Microanalysis, New York: Academic Press. 1963. S. 379.

[2] P. Duncumb und P. K. Shields, The Electron Microprobe, Herausgeb.: T. D. McKinley, K. F. J. Heinrich und D. B. Wittry, New York: Wiley. 1966. S. 284.

[3] R. Castaing, Diss. Univ. Paris, 1951. O. N. E. R. A. Publ. Nr. 55.

[4] S. J. B. Reed, Brit. J. Appl. Phys. **16**, 913 (1965).

[5] N. Springer, N. Jb. Min. Abh. **106**, 241 (1967).

[6] P. Duncumb und S. J. B. Reed (1968): Quantitative Electron Probe Microanalysis, Herausgeber: K. F. J. Heinrich, National Bureau of Standards, Special Publication 298, S. 133.

[7] K. F. J. Heinrich: The Electron Microprobe. New York: Wiley. 1966. S. 296.

[8] W. Richter, Tschermaks Min. Petr. Mitt., **19**, 1 (1973).

Anschrift des Verfassers: Dr. W. Cadaj, Mineralogisch-Petrographisches Institut der Universität Wien, Dr.-Karl-Lueger-Ring 1, A-1010 Wien, Österreich.

Mikrochimica Acta [Wien], Suppl. 5, 1974, 273—290
© by Springer-Verlag 1974

Aus dem Laboratorium für Metallkunde, Gebr. Sulzer AG, Winterthur,
Schweiz, und der Eidgen. Materialprüfungs- und Versuchsanstalt, Düben-
dorf/Schweiz

Der Nachweis von Spurenelementen mit der Elektronenstrahl-Mikrosonde am Beispiel von Eisen-Kohlenstoff-Legierungen*

Von

W. Wintsch und **W. Muster**

Mit 14 Abbildungen

(Eingegangen am 15. Februar 1973)

1. Einführung

In vielen Fällen der Stahlanalyse stellt sich das Problem, an lokal
begrenzten Stellen Anreicherungen von Spurenelementen quantitativ
festzustellen, die entweder als Verunreinigung auftreten oder mit
Absicht beigegeben wurden oder gegebenenfalls eine Nachweisgrenze
dafür anzugeben. In der vorliegenden Arbeit wird experimentell die
Nachweisgrenze von Spurenelementen mit einer Ordnungszahl $Z > 12$
bezüglich der günstigsten Beschleunigungsspannung optimiert. Dabei wurden auch die wegen Matrixeffekten eintretenden Fehler der
ermittelten Elementgehalte korrigiert. Die berechneten Korrekturfaktoren gestatten eine schnelle Angabe der Gehalte aus den Signal-
verhältnissen von Probe und Standard. Eine Herleitung der Formel
für die Nachweisgrenze wird eingangs gegeben.

Die Betrachtung gilt in erster Linie für Ferrit, wird des weiteren
aber auch auf Zementit und Graphit ausgedehnt.

Der experimentelle Teil dieser Arbeit wurde mit einer Mikrosonde vom Typ Cameca MS-46 an der Eidgen. Materialprüfungs-
und Versuchsanstalt in Dübendorf, Schweiz, durchgeführt.

---

* Vortrag anläßlich des 6. Kolloquiums über metallkundliche Analyse
mit besonderer Berücksichtigung der Elektronenstrahl-Mikroanalyse, Wien,
23. bis 25. Oktober 1972.

2. Herleitung der Formel für die Nachweisgrenze

In der Literatur werden verschiedene Formeln für die Nachweis-grenze angegeben, die sich entweder in der Definition oder in der gewählten statistischen Sicherheit unterscheiden[1,2]. Als Neuerung werden an dieser Stelle ein Korrekturfaktor für Matrixeffekte und eine praxisnähere Messung des Untergrundes vorgeschlagen.

Es werde während einer bestimmten Zeit T bei einem Strahlstrom I für die charakteristische Röntgenstrahlung eines bestimmten Ele-mentes, dessen Gehalt ermittelt werden soll, bei der Analyse auf der zu untersuchenden Probe die Impulszahl N gemessen. Der entspre-chende Untergrund betrage N_u. Dann ergibt sich aus der Differenz

$$N_c = N - N_u \tag{1}$$

die dem Gehalt c entsprechende Röntgenimpulszahl N_c.

Sowohl N als auch N_u sind mit einem statistischen Fehler behaf-tet, der am besten mit Hilfe der Poisson-Fehlerstatistik approximiert wird. Der mittlere Fehler läßt sich für N einfach angeben:

$$\sigma_N = \sqrt{N} \tag{2}$$

Bei N_u liegt das Problem insofern etwas komplizierter, als diese Größe im allgemeinen nicht durch direkte Messung (sofern nicht als Vergleich reine Phasen für die Messung zur Verfügung stehen), son-dern durch Interpolation von Meßwerten in der Nähe der dem festen Element entsprechenden Spektrallinie erhalten wird. Näherungsweise kann für den mittleren Fehler von N_u die Formel

$$\sigma_{N_u} = \sqrt{\frac{N_u}{m}} \tag{3}$$

geschrieben werden, wobei m die Anzahl Meßwerte bedeutet. Somit ergibt sich nach dem Fehlerfortpflanzungsgesetz für den Fehler von N_c

$$\sigma_{N_c} = \sqrt{N + \frac{N_u}{m}} \tag{4}$$

Wünscht man eine statistische Sicherheit von 99,7%, daß N_c sich innerhalb eines bestimmten Impulsintervalles befinden soll, so ist dessen halbe Breite gegeben durch

$$3\sigma_{N_c} = 3 \cdot \sqrt{N + \frac{N_u}{m}} \tag{5}$$

Um einen prozentualen Vergleich mit einem bestimmten Standard unseres zu messenden Elementes zu erhalten und damit die Nachweisgrenze quantitativ festzulegen, müssen wir in unseren Betrachtungen auch die Reinstandard-Impulswerte in Rechnung stellen. Zwecks Beibehaltung des allgemeinsten Falles drängt sich die Auf-

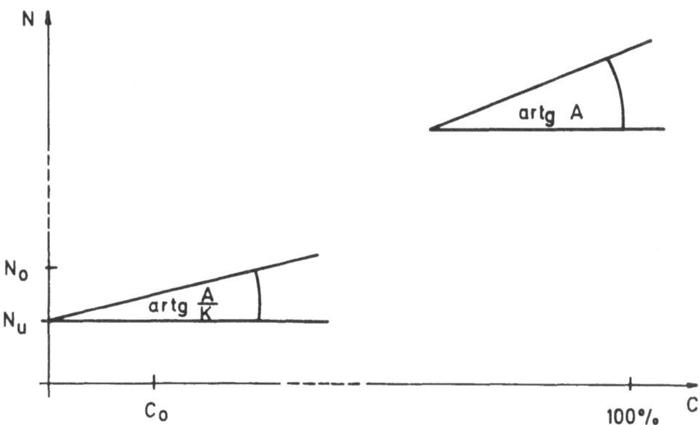

Abb. 1. Darstellung des Diagramms N = N(C) in der Nähe der Nachweisgrenze [nach Formel (6)] und bei 100%

zeichnung des Diagrammes $N = N(c)$ auf (Abb. 1). In der Nähe der Nachweisgrenze darf, da das Spurenelement die Matrix praktisch nicht beeinflußt, ein linearer Verlauf angenommen werden:

$$N = N_u + A/k \cdot c \tag{6}$$

(A = Steigung der Geraden ohne Berücksichtigung von Korrekturen [Reinstandard]; k = Korrekturfaktor, siehe Abschnitt 3.3).

Die Nachweisgrenze soll durch die Ungleichung

$$N_c = N_0 - N_u \geqq 3\,\sigma_{Nc_0} \tag{7}$$

definiert werden. Das heißt also, daß die auf c_0 zurückzuführende Impulszahl größer sein soll als die betreffende Unsicherheit, wobei für das Gleichheitszeichen der Fehler beliebig groß werden kann (N_0 bedeutet die Impulszahl an der Nachweisgrenze, c_0 der Gehalt am entsprechenden Element).

Daraus kann für den noch nachweisbaren, minimalen Gehalt die Formel

$$c_0 = k \cdot \frac{3 \cdot \sqrt{N_0 + \dfrac{N_u}{m}}}{A} \tag{8}$$

abgeleitet werden.

Bisher wurden nur reine Impulszahlen betrachtet und keine Impulsraten. Die Werte von N_0, N_u usw. sind jedoch von der unter Umständen langen Meßzeit T sowie von der Größe des Strahlstromes I abhängig. Vergleicht man A, N_0 und N_u mit den bei einem meist geringeren Strom i (hier kann sich die Totzeit störend bemerkbar machen!) während einer kurzen Meßzeit t gemessenen Werten von a, n_0 sowie n_u, die beide vorzugsweise für die Messung auf dem Standard gelten sollen, so ergeben sich die Relationen

$$A = a \cdot I/i \cdot t/T = a \cdot I' \cdot T'$$
$$N_0 = n_0 \cdot I' \cdot T'$$
$$N_u = n_u \cdot I' \cdot T' \tag{9}$$

(I' und T' sind als Verhältniszahlen dimensionslos). Damit errechnet sich für den gerade noch feststellbaren Grenzgehalt:

$$c_0 = k \cdot \frac{3 \cdot \sqrt{n_0 + \dfrac{n_u}{m}}}{a \cdot \sqrt{I' \cdot T'}} \tag{10}$$

oder mit $n_{\text{Stand.}} = a \cdot c_{\text{Stand.}}$ für den Reinstandard (unter Vernachlässigung des betreffenden Untergrundes) und unter der Annahme von $n_0 \approx n_u$ sowie $m > 1$ die Nachweisgrenze:

$$c_0 \approx k \cdot \frac{3\,(1 + 1/2m) \cdot \sqrt{n_u}}{n_{\text{Stand.}} \cdot \sqrt{I' \cdot T'}} \cdot c_{\text{Stand.}} \tag{11}$$

Für die Anwendbarkeit dieser Formel können sich für bestimmte Elemente Einschränkungen wegen Koinzidenzen mit Röntgenlinien von Matrixelementen (auch ausgefallene Nebenlinien können hier eine Rolle spielen) ergeben.

3. Diskussion der Formel für die Nachweisgrenze

Formel (11) soll bezüglich der Größen k, n_u sowie $n_{\text{Stand.}}$ optimiert werden. Eine Zusammenfassung über die in kommerziellen Mikrosonden mehr oder weniger frei wählbaren Parameter und deren Einfluß auf die drei Größen gibt Tabelle 1.

3.1 *Linienintensitäten der Reinelemente ($n_{\text{Stand.}}$)*

Hier spielt neben der Abhängigkeit von physikalischen Größen wie dem Reflexionsvermögen des Beugungskristalles und der Ansprechwahrscheinlichkeit des Gasdurchflußzählers von der betreffen-

Tabelle 1. Abhängigkeit der Größen k, n_u und $n_{Stand.}$ von verschiedenen Mikro-sonden-Parametern

Parameter	Abhängigkeit kommt zum Ausdruck in		
	k	n_u	$n_{Stand.}$
Beschleunigungsspannung	x	x	x
Röntgenlinie (aus K-, L- oder M-Schale)	x	x	x
Abnahmewinkel der Röntgenstrahlen und Einfallswinkel der Elektronen	x	x	x
Beugungskristall (Reflexionsvermögen, Abstand von der Probe, usw.)		x	x
Zählvorrichtung (Gasdurchflußzähler [Gas, Druck] oder Halbleiterkristall).		x	x
Diskriminator („Schwelle", „Fenster") ..		x	x
Zusammensetzung der Probe	x	x	x
Untersuchtes Element	x	x	x

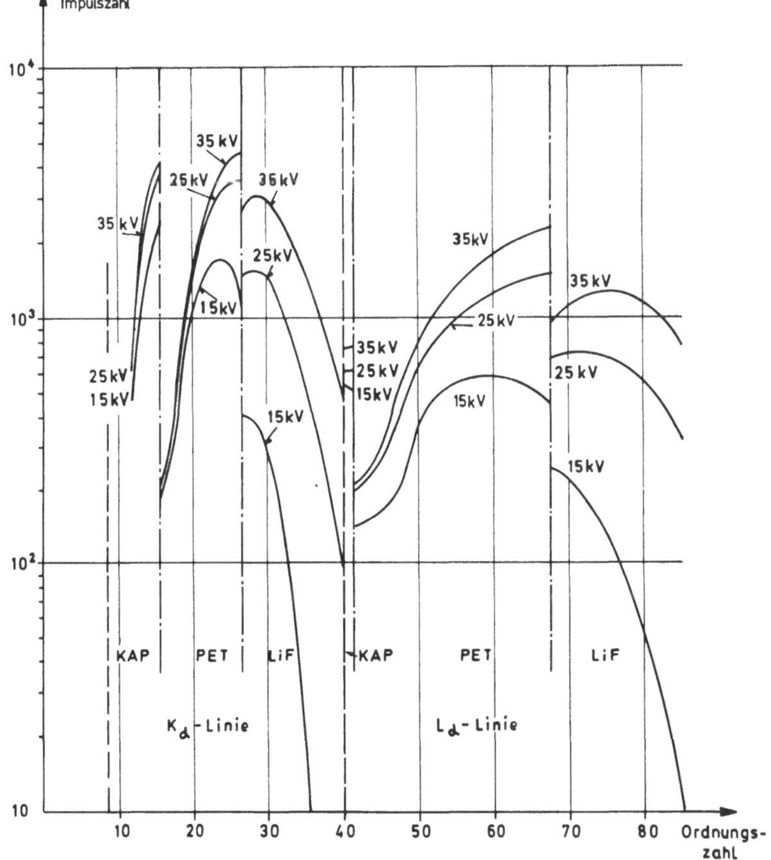

Abb. 2. Impulsraten von Reinelementen bei verschiedenen Beschleunigungsspannungen (i = 10 nA, t = 1 sec)

den Röntgenstrahlung usw. der Abstand dieser beiden von der Probe und natürlich die Beschleunigungsspannung bzw. das Überspannungsverhältnis eine überragende Rolle.

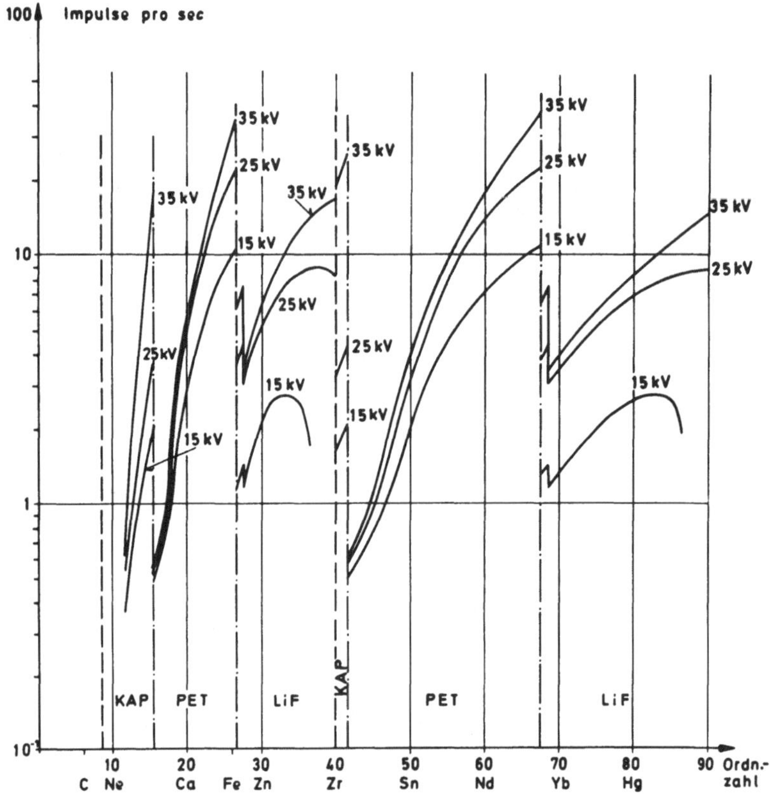

Abb. 3. Impulsraten des Untergrundes bei verschiedenen Beschleunigungsspannungen, in Funktion der Wellenlänge der Elemente (auf Fe-Matrix) $i = 10\,nA$

Die gemessenen Linienintensitäten sind in Abb. 2 aufgetragen (falls nichts anderes angegeben, beziehen sich in der Folge alle Dia-

Tabelle 2. Zusammenstellung der in dieser Arbeit verwendeten Beugungskristalle

Kristall	Netzebenenabstand	erfaßter Elementbereich unter Benützung der K-Linie	der L-Linie
KAP	13,3164 Å	Mg — P	Zr — Nb
PET	4,375 Å	S — Fe	Mo — Ho
LiF	2,0138 Å	Co — Y	Er — U

gramme auf Cameca-Mikrosonden mit einem Abnahmewinkel von 18⁰), wobei die Beugungskristalle von Tabelle 2 benützt wurden.

Die Untersuchung beschränkte sich in der vorliegenden Arbeit auf *K*- (Elemente mit Ordnungszahl 12—39) und *L*-Linien (ab Ordnungszahl 40).

Ein Vergleich mit der Formel von Cosslett und Green[3] für die theoretische Photonenausbeute in Funktion der Ordnungszahl und der Beschleunigungsspannung kann in diesem Zusammenhang nicht ohne weiteres durchgeführt werden.

3.2 *Untergrundintensitäten auf Eisen und Graphit (n_u)*

In Formel (11) geht die Größe n_u, die auf einem Reinsteisen- und einem Graphitstandard in Funktion der Wellenlänge experimentell bestimmt wurde, im Zähler mit der Wurzel ein. Abb. 3 und 4 zeigen

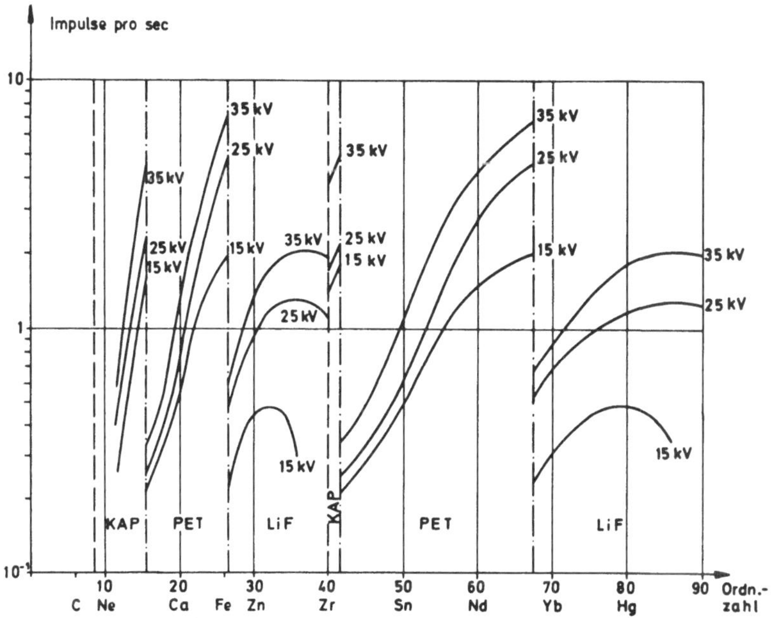

Abb. 4. Impulsraten des Untergrundes bei verschiedenen Beschleunigungsspannungen, in Funktion der Wellenlänge der Elemente (auf Graphit-Matrix) i = 10 nA

die in Reinsteisen und Graphit ermittelten Untergrund-Impulsraten, die allerdings nicht in Funktion der Wellenlänge, sondern in Analogie zu den *K*- bzw. *L*-Linien von Abb. 2 nach der Ordnungszahl desjenigen Elementes, dessen charakteristische Röntgenstrahlung sich an dieser Stelle des Untergrundspektrums befindet, gemessen wurden.

Nach der Formel[4]

$$U = \text{konst.} \cdot Z\left(\frac{E_0}{E_1} - 1\right), \tag{12}$$

die Absorptionseffekte nicht berücksichtigt, nimmt der Untergrund U mit steigender Ordnungszahl Z des mit Elektronen beschossenen Targets und größerem Verhältnis Beschleunigungsspannung E_0/Spannung E_1, die der betreffenden Wellenlänge entspricht, zu.

Wiederum ist eine Überprüfung von (12) mit einigen Schwierigkeiten verbunden; immerhin zeichnet sich die erwartete Tendenz in Abb. 3 und 4 deutlich ab.

In diesem Zusammenhang sei auf die ausführlichen Untersuchungen des Signal/Untergrund-Verhältnisses von Reed und Albert[5, 6] hingewiesen.

3.3 Der Korrekturfaktor k

Üblicherweise wird bei Mikrosonden-Korrekturrechnungen in drei Schritten vorgegangen, indem man hintereinander die Fluoreszenz-, die Absorptions- und die Ordnungszahlkorrektur ausführt:

$$c_1 = \frac{I_1{}^P}{I_1{}^1} \cdot f_F \cdot f_A \cdot f_0 \tag{13}$$

Hier bedeuten c_1 den korrigierten Gehalt der Probe P an Element 1, $I_1{}^1$ die Intensität der charakteristischen Röntgenstrahlung des Reinelementes 1, $I_1{}^P$ jene der Probe (beide auf den Untergrund sowie die Zählertotzeit korrigiert) und die verschiedenen f die drei oben erwähnten Korrekturen (in dieser Reihenfolge). Für die *Fluoreszenzkorrektur* wurde in dieser Arbeit das Verfahren nach Reed/Castaing verwendet[7]:

$$f_F = \frac{1}{1 + k_f} \tag{14}$$

k_f bedeutet das Verhältnis zwischen jenem durch Fluoreszenz angeregten Anteil I_f und jenem durch die Elektronen erzeugten Anteil I_e der Röntgenstrahlung:

$$k_f = \frac{I_f}{I_e} = c_{\text{Fe}} \cdot \frac{1}{2} \cdot \frac{r_1 - 1}{r_1} \cdot \omega_{\text{Fe}} \cdot \frac{\lambda_{\text{Fe}}}{\lambda_1} \cdot \frac{\left(\dfrac{\mu}{\varrho}\right)_{\text{Fe}}^1}{\left(\dfrac{\mu}{\varrho}\right)_{\text{Fe}}^{\text{Fe}}} \cdot \frac{A_1}{A_{\text{Fe}}} \cdot \left[\frac{\ln(1+u)}{u} + \frac{\ln(1+v)}{v}\right] \tag{15}$$

mit

$$u = \frac{\left(\dfrac{\mu}{\varrho}\right)_1^{Fe}}{\left(\dfrac{\mu}{\varrho}\right)_{Fe}^{Fe}} \cdot csc\ 18^0 \qquad (16)$$

$$v = \frac{\sigma_{Fe}}{\left(\dfrac{\mu}{\varrho}\right)_{Fe}^{Fe}} \qquad (17)$$

(hier speziell auf den Fall des Nachweises von Spurenelement 1 in Fe-Matrix angewandt). r_1 steht hier für das Kantensprungverhältnis des Spurenelementes, ω_{Fe} für die Fluoreszenzausbeute von Fe, λ und A für die entsprechenden Wellenlängen der charakteristischen Strahlung bzw. Atommassen, sowie (μ/ϱ) für den Massenschwächungskoeffizienten (nach Heinrich) der betreffenden Linie (unterer Index)

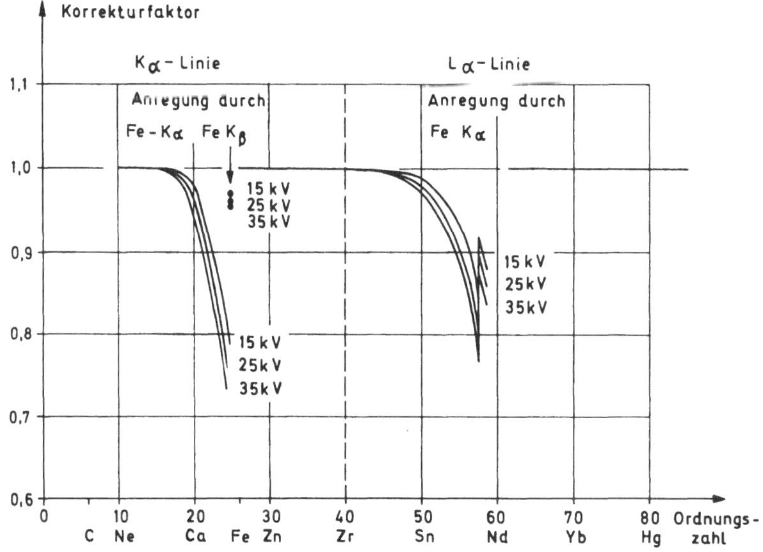

Abb. 5. Fluoreszenz-Korrekturfaktor bei Nachweis von Spurenelementen in Fe-Matrix bei verschiedenen Beschleunigungsspannungen (Fluoreszenzkorrektur nach Reed-Castaing)

im entsprechenden Element (oberer Index). (σ_{Fe} siehe Absorptionskorrektur). Für die Anregung der L-Schale wurde in Formel (15) die verschiedene Emissionswahrscheinlichkeit berücksichtigt.

Abb. 5 zeigt den Verlauf von f_F in Funktion der Ordnungszahl bei drei Beschleunigungsspannungen unter der Annahme sehr kleiner Gehalte, so daß gilt

$$c_{Fe} \approx 100\% . \tag{18}$$

In der vorliegenden Arbeit wurde von den verschiedenen möglichen Verfahren für die *Absorptionskorrektur* jenes von Philibert-Heinrich[8] durchgeführt:

$$f_A = \frac{F_1\,(\chi_1)}{F_{Fe}\,(\chi_{Fe})} \tag{19}$$

mit

$$F_1\,(\chi_1) = \frac{1 + h_1}{\left(1 + \dfrac{\chi_1}{\sigma_1}\right) \cdot \left[1 + h_1 \cdot \left(1 + \dfrac{\chi_1}{\sigma_1}\right)\right]} \tag{20}$$

wobei

$$h_1 = 1,2 \cdot \frac{A_1}{Z_1^2} \tag{21}$$

$$\chi_1 = \left(\frac{\mu}{\varrho}\right)_1^1 \cdot csc\ 18^0 \tag{22}$$

$$\sigma_1 = \frac{425\,000}{E_0^{1,68} - E_1^{1,68}}\ (E_0\ \text{und}\ E_1\ \text{in kV}) \tag{23}$$

bedeuten. $F_{Fe}\,(\chi_{Fe})$ ist in analoger Weise zu berechnen für die Absorption des Elementes 1 in Fe.

f_A für eine Eisenmatrix ist in Abb. 6 dargestellt.

Für die Korrektur des *Ordnungszahleffektes* (Abb. 7) schließlich wurde die Methode nach Duncumb-Reed[9] gewählt, welche für ihr Verfahren auch eigene Werte für das Bremsvermögen S und die Rückstreukoeffizienten R angeben. Der daraus resultierende Korrekturfaktor f_0 ist in Abb. 7 aufgetragen.

Zu sämtlichen Korrekturfaktoren ist zu bemerken, daß sie nur konstant bleiben, falls die ermittelten Spurenelementgehalte insgesamt wesentlich unter 1% liegen.

In Abb. 8 ist der Totalkorrekturfaktor für eine Fe-Matrix und in Abb. 9 jener für eine Graphitmatrix aufgezeichnet. Sehr deutlich sind in Abb. 8 die Absorptionskanten sowie die Fluoreszenzeffekte zu sehen, die beide von Fe herrühren. Vor allem bei den leichten Elementen muß mit sehr starken Absorptionen gerechnet werden, deren Betrag wesentlich vom flachen Abnahmewinkel des verwendeten Mikrosondentyps herrührt.

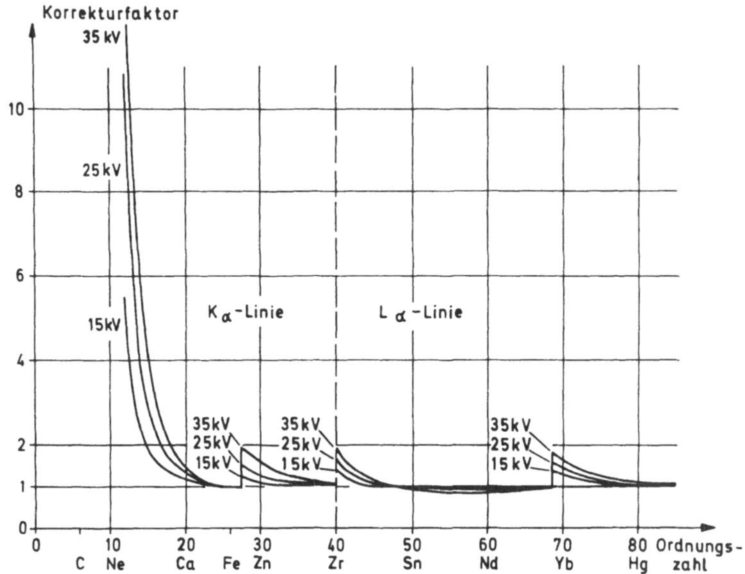

Abb. 6. Absorptions-Korrekturfaktor bei Nachweis von Spurenelementen in Fe-Matrix bei verschiedenen Beschleunigungsspannungen (Absorptionskorrektur nach Philibert-Heinrich)

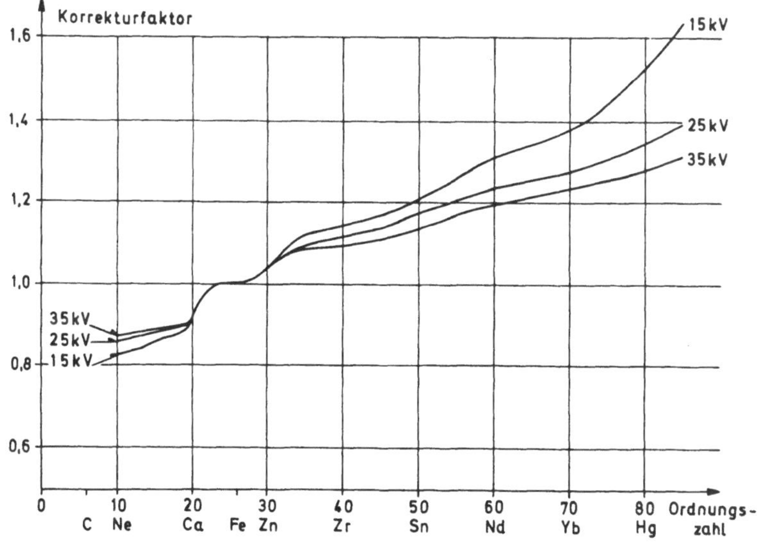

Abb. 7. Korrekturfaktor für Ordnungszahleffekte bei Nachweis von Spurenelementen in Fe-Matrix bei verschiedenen Beschleunigungsspannungen

W. Wintsch und W. Muster:

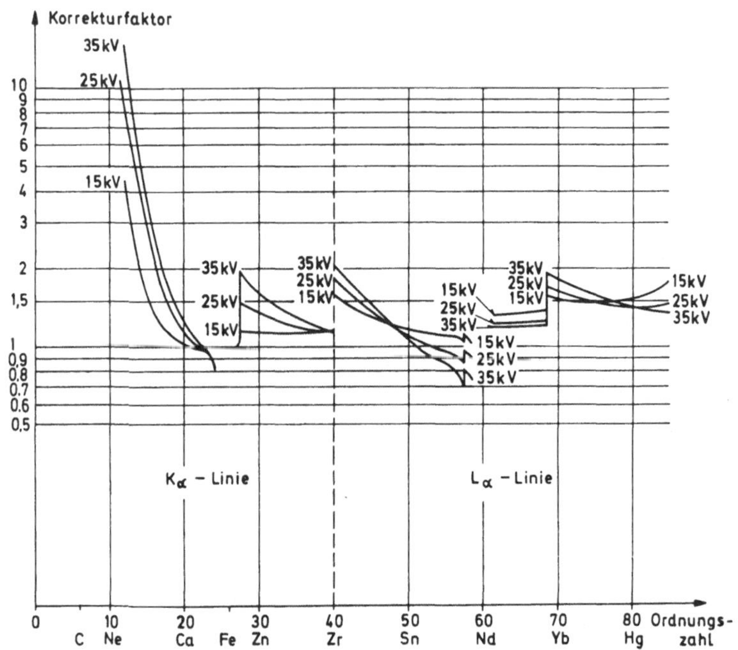

Abb. 8. Totalkorrekturfaktor bei Nachweis von Spurenelementen in Fe-Matrix bei verschiedenen Beschleunigungsspannungen

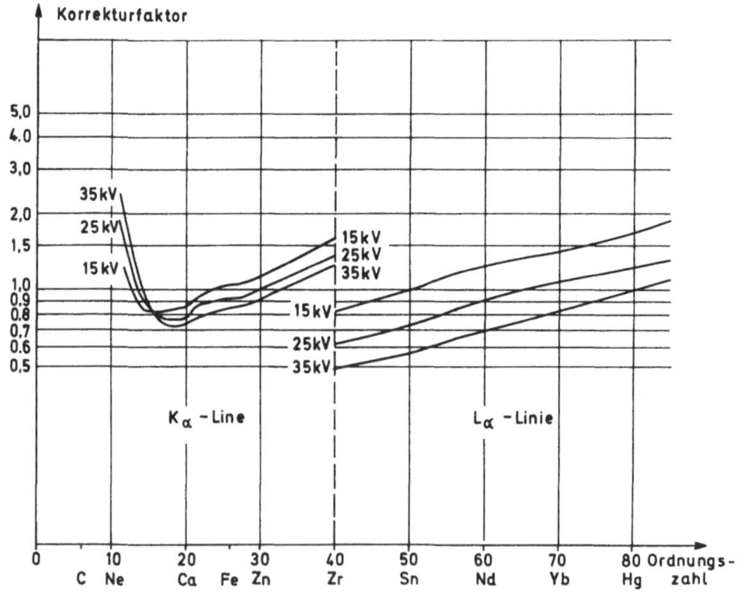

Abb. 9. Totalkorrekturfaktor bei Nachweis von Spurenelementen in Graphit bei verschiedenen Beschleunigungsspannungen

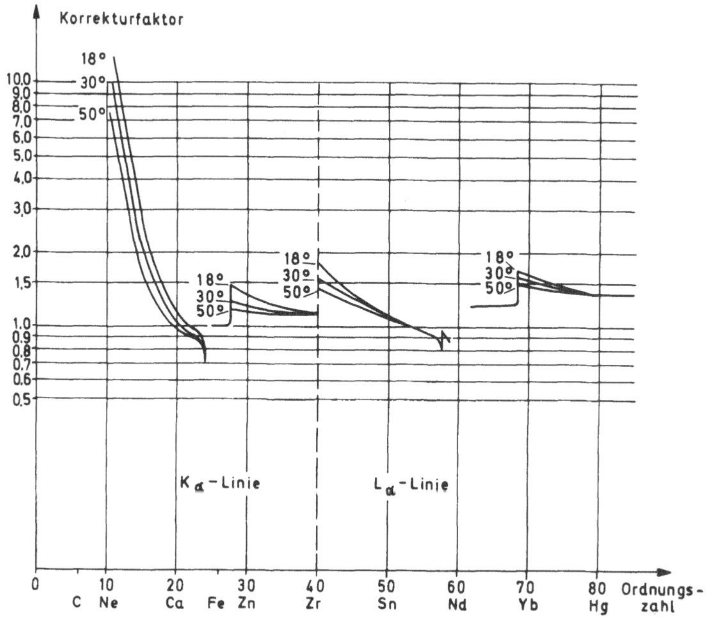

Abb. 10. Totalkorrekturfaktor bei Nachweis von Spurenelementen in Fe-Matrix bei verschiedenen Abnahmewinkeln (Beschleunigungsspannung = 25 kV)

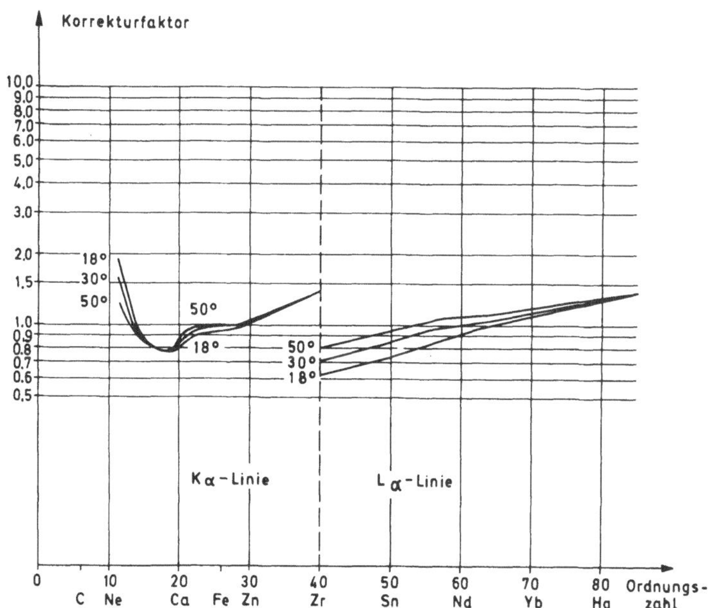

Abb. 11. Totalkorrekturfaktor bei Nachweis von Spurenelementen in Graphit bei verschiedenen Abnahmewinkeln (Beschleunigungsspannung = 25 kV)

In Abb. 10 und 11 wurde der Totalkorrekturfaktor vergleichsweise für verschiedene Abnahmewinkel (18⁰, 30⁰, 50⁰) aufgetragen. Abb. 12 schließlich gibt einen Vergleich der Totalkorrekturfaktoren im System Eisen/Kohlenstoff.

4. Nachweisgrenzen im System Eisen/Kohlenstoff

Gemäß Formel (11) wurde nun mit Hilfe der ermittelten Impulsraten und Korrekturfaktoren die Nachweisgrenze in Eisen und Graphit bestimmt. Für Zementit ergeben sich nur geringfügig von den

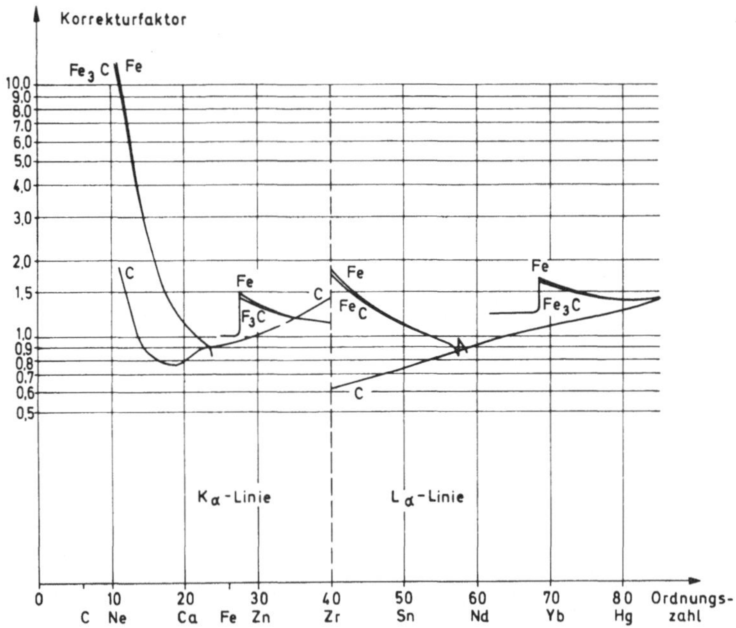

Abb. 12. Totalkorrekturfaktor bei Nachweis von Spurenelementen in Ferrit, Zementit und Graphit (Beschleunigungsspannung = 25 kV)

Eisenwerten abweichende Zahlen. In den entsprechenden Abb. 13 und 14 wurde für die Spurenelementbestimmung eine Meßzeit von $T = 100$ sec bei einem Strahlstrom von $I = 150$ nA gewählt. Hier handelt es sich um Werte, die eher zu klein gewählt sind; insbesondere läßt sich durch Erhöhung des Stromes auf 1,5 μA die Nachweisgrenze um einen Faktor $\sqrt{10}$ verbessern. In diesem Zusammenhang muß auf die Vorteile einer Makrosonde hingewiesen werden, die bezüglich der Nachweisgrenze natürlich die besten Resultate zu erbringen vermag.

5. Wahl der optimalen Meßbedingungen und Einschränkungen

Bei relativ großen Strahl-Strömen ist es notwendig, daß insbesondere für den Nachweis leichter Elemente eine Probenkontamination verhindert wird. Dies kann durch Aufblasen von Sauerstoff und gleichzeitiger Kühlung mit flüssigem Stickstoff erfolgen.

Die Verwendung langer Meßzeiten verursacht unter Umständen Schwierigkeiten in der Stabilität der Größen Probenstrom, Strahl-

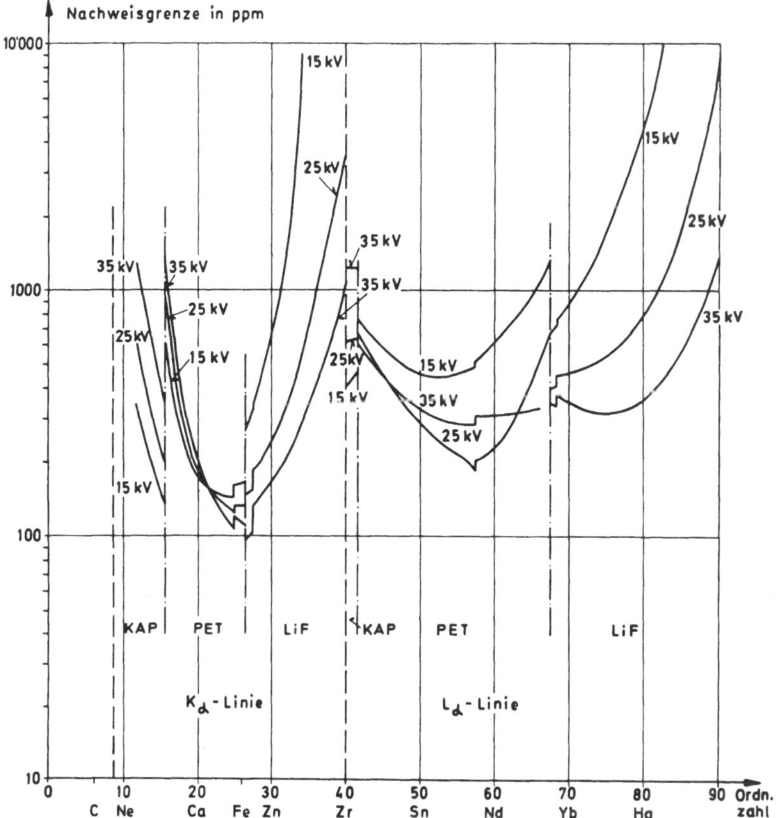

Abb. 13. Nachweisgrenze in ppm in Funktion der Ordnungszahl von in einer Fe-Matrix nachzuweisenden Spurenelementen bei verschiedenen Beschleunigungsspannungen (Abnahmewinkel 18^0, Meßzeit $T=100$ sec, Strahlstrom $I=150$ nA)

spannung, Zählerspannung, sowie nach Bedarf des Diskriminators. Für eine Schwankung des Strahlstromes während der Messung um 2% beispielsweise sollte für die statistische Messungenauigkeit als Grenze der Wert

$$\frac{3 \cdot \sqrt{N_u}}{N_u} \leq 0{,}02 \tag{24}$$

gesetzt werden, was zu einer Limitierung der Untergrundimpulse und damit des Zeit-Strom-Produktes führt. Im vorliegenden Fall soll also nur bis zu einer Untergrund-Impulszahl von ca. 20 000 aufgezählt werden. Es kann sich unter Umständen als günstiger erweisen, an-

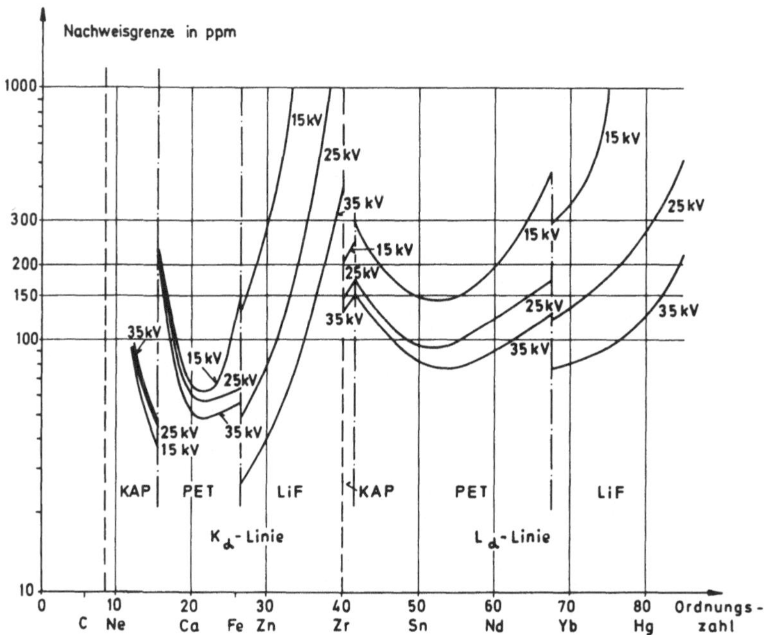

Abb. 14. Nachweisgrenze in ppm in Funktion der Ordnungszahl von in einer Graphitmatrix nachzuweisenden Spurenelementen bei verschiedenen Beschleunigungsspannungen (Abnahmewinkel 18°, Meßzeit T = 100 sec, Strahlstrom I = 150 nA)

stelle einer Impulszählung während einer bestimmten Zeit eine Sekundenzählung für die Erreichung einer vorgegebenen Impulszahl vorzunehmen.

Auf die Frage des Impulshöhendiskriminators wurde bis jetzt nicht eingegangen. Immerhin sei bemerkt, daß sich bei Benutzung kleiner „Fenster" relativ schlechte Zählstatistiken ergeben können, die auf Instabilitäten in der Verstärkung zurückgeführt werden. Bei Koinzidenzen mit Linien höherer Beugungsordnung muß jedoch eine solche Diskriminierung natürlich unbedingt vorgenommen werden.

Andere Mikrosondentypen geben mit anderen geometrischen Anordnungen von Beugungskristall und Zähler für einzelne Elementebereiche bessere oder schlechtere Signal/$\sqrt{\text{Untergrund}}$-Verhältnisse, so daß die Nachweisgrenze sich dementsprechend ändern kann. Aus praktischen Gründen läßt sich jedoch nicht für alle Elemente ein Optimum erreichen.

Bei den schweren Elementen können unter Umständen mit der Wahl der *M*-Linien anstelle der *L*-Linien bessere Nachweisgrenzen erzielt werden. Wegen Schwierigkeiten in der diesbezüglichen theoretischen Behandlung der Fluoreszenzkorrektur wurde hier auf eine Diskussion der *M*-Linien verzichtet.

Zusammenfassung

In der vorliegenden Arbeit wurde eine Diskussion einzelner Faktoren einer im ersten Teil entwickelten Formel für die Nachweisgrenze von Spurenelementen in Eisen/Kohlenstoff-Legierungen und eine Optimierung bezüglich der zu wählenden Beschleunigungsspannung vorgenommen. Ausführlich behandelt wurde das Problem der entsprechenden Korrekturfaktoren, die für einzelne Elemente wesentlich in jene Formel eingehen, aber besonders für den Analytiker auch bei Stahluntersuchungen von besonderem Interesse sind, ermöglichen sie doch in vielen Fällen rasch eine Aussage über den Gehalt vorhandener Spurenelemente.

Summary

The Detection of Trace Elements in Iron-Carbon Alloys by Means of an Electron-Beam Microprobe

This paper undertakes a discussion of the individual factors of the formula developed for the limits of detection of trace elements in iron-carbon alloys, and deals with the optimization of the accelerating voltage. An extensive discussion is given of the correction factors which are required in the formula for each element, but are especially important in analytical chemistry and in research on steel, since they often lead to a rapid determination of the content of trace elements.

Literatur

[1] H. de Laffolie und G. Lennartz, Arch. Eisenhüttenwes. 37, 291 (1966).

[2] P. Ryder und S. Baumgartl, Arch. Eisenhüttenwes. **42**, 635 (1971).

[3] M. Green und V. E. Cosslett, Brit. J. Appl. Phys. (J. Phys. D.) Ser. 2, **1**, 425 (1968).

[4] N. A. Dyson, Proc. Phys. Soc. (London) **73**, 924 (1959).

[5] S. J. B. Reed, 5th Internat. Congr. X-Ray Optics and Microanalysis, Tübingen 1968; Berlin—Heidelberg—New York: Springer-Verlag. 1969. S. 80.

[6] L. Albert, 5. Kolloquium der Arbeitskreise Mikrosonde und Elektronenmikr. Direktabbildung von Oberflächen, Graz 1972.

[7] S. J. B. Reed, Brit. J. Appl. Physics **16**, 913 (1965).

[8] K. F. J. Heinrich, 2nd. Nat. Conf. on Electron Microprobe Analysis, Boston, Mass. 1967.

[9] P. Duncumb und S. J. B. Reed, TIRL Technical Report No. 221 (1967).

Anschrift der Verfasser: W. Wintsch, Metallkunde 1511, Gebr. Sulzer AG, CH-8404 Winterthur; W. Muster, Eidgen. Materialprüfungs- und Versuchsanstalt, CH-8600 Dübendorf, Schweiz.

Mikrochimica Acta [Wien], Suppl. 5, 1974, 291—302
© by Springer-Verlag 1974

Metallwerk Plansee AG, A-6600 Reutte

Bedeutung der Spurenphasenanalyse
in der Pulvermetallurgie*

Von

E. Lassner und F. Benesovsky

Mit 15 Abbildungen

(Eingegangen am 15. Februar 1973)

Bei den Ausgangsmaterialien der Pulvermetallurgie, also Metall-
pulvern oder chemischen Verbindungen, aus denen Metallpulver
hergestellt werden, muß man streng zwischen homogenen und heterogenen Spurenverunreinigungen unterscheiden. Während der Gehalt an homogenen Verunreinigungen im gesamten Ausgangsroh-
stoff gleichmäßig verteilt ist, handelt es sich bei heterogenen Spurenverunreinigungen um mehr oder weniger große Fremdteilchen, die
meist ganz ungleichmäßig in der Pulvermasse verteilt sind.

Diese Spurenverunreinigungen können beispielsweise bei Rohstoffen für die Erzeugung hochschmelzender Metalle entweder direkt
aus dem Ausgangserz (Oxide, Silikate, Phosphate, unaufgeschlossene
Erzteilchen usw.) stammen oder aber es handelt sich um Metall-
flitter oder feinteilige Korrosionsprodukte (Rost), durch Verschleiß
abgeriebene Metallteilchen usw., die aus den Apparaturen der Erz-
aufbereitung oder den Einrichtungen der Weiterverarbeitung zu
Metallpulver (Reduktionsöfen, Siebe, Mischer usw.) kommen.

Darüber hinaus sind noch organische Stoffe zu finden, meist
Fasern unterschiedlicher Art, die Filtergeweben oder Emballagen ent-
stammen. Diese vielfältigen heterogenen Spurenverunreinigungen
können, wie im folgenden gezeigt wird, bei der Verarbeitung bei-

---

* Vortrag anläßlich des 6. Kolloquiums über metallkundliche Analyse
mit besonderer Berücksichtigung der Elektronenstrahl-Mikroanalyse, Wien,
23. bis 25. Oktober 1972.

spielsweise hochschmelzender Metalle zu sehr schwerwiegenden Materialfehlern führen.

In der Schmelzmetallurgie werden Fremdpartikel beim Niederschmelzen gelöst und dabei mehr oder weniger homogen in der Legierung verteilt. Dadurch bleibt die Konzentration der Verunreinigungen in der gesamten Schmelze gering. Bei der pulvermetallurgischen Herstellungsweise hingegen ist dies nicht der Fall, denn hier werden Preßlinge des betreffenden heterogen verunreinigten Metallpulvers unterhalb der Schmelztemperatur gesintert. Die bei der Sinterung ablaufenden Vorgänge sind auf Diffusionsprozesse zurückzuführen; sic sind bei einer bestimmten Sintertemperatur zeitabhängig. Als Folge davon werden heterogene Verunreinigungen während der Sinterung bei den technischen Sinterzeiten nur wenig verteilt, d. h. sie bleiben lokal in relativ höherer Konzentration im Matrixmetall erhalten. In diesen Bereichen erfolgt eine starke Veränderung der Eigenschaften des Grundmetalls und damit meist auch des gesamten Werkstoffes.

An einem speziellen Beispiel — der Verunreinigung von Molybdäntrioxid mit Korrosionsprodukten eines Chrom-Nickel-Stahls — soll dies näher erläutert werden.

Abb. 1 zeigt einen Materialfehler in einem Molybdän-Feindraht.

Durch Spurenphasenanalyse — auf die spezielle Methode wird später eingegangen — wurde festgestellt, daß der Rohstoff kleine dunkle Teilchen enthält, die teils oxidisch, teils metallisch und durchwegs magnetisch waren.

Abb. 2 zeigt einen Anschliff solcher isolierter Teilchen. Aus dem durch Wasserstoffreduktion erzeugten Molybdän-Metallpulver konnte ebenfalls magnetisches Fremdmaterial isoliert werden. Abb. 3 zeigt ein Schliffbild dieses Isolates, während in den Abb. 4—10 Rasterbilder gezeigt werden, die mittels Elektronenstrahl-Mikrosonde aufgenommen wurden.

Diese lassen deutlich die Struktur und Zusammensetzung des Materials erkennen. Die Abb. 11—14 zeigen die Ergebnisse einer Elektronenstrahl-Mikrosonden-Untersuchung an einer Fehlstelle des Molybdän-Feindrahtes.

Man erkennt, daß die im Isolat identifizierten Eisenlegierungsteilchen als Ursache für den Fehler angesehen werden können. Durch Diffusionsvorgänge bei der Sinterung ist der Verunreinigungsbereich im Grundmetall bedeutend vergrößert worden (1 : 50 bis 1 : 100).

Im einzelnen kann man sich die Fehlerentstehung folgendermaßen vorstellen:

Bereits unter der Schmelztemperatur des Eisens tritt im festen Zustand Oberflächendiffusion über die benachbarten Molybdän-

Kristallite ein. Oberhalb des Schmelzpunktes diffundiert dann das Eisen samt den Legierungsbestandteilen sehr rasch in die Molybdän-Kristallite ein. Als Folge davon entstehen keine verlaufenden Dif-

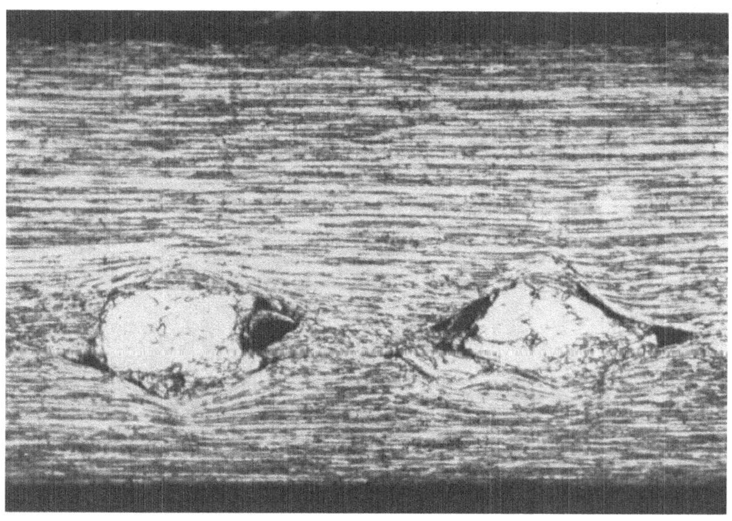

Abb. 1. Fehlstellen in einem Molybdändraht. x 200

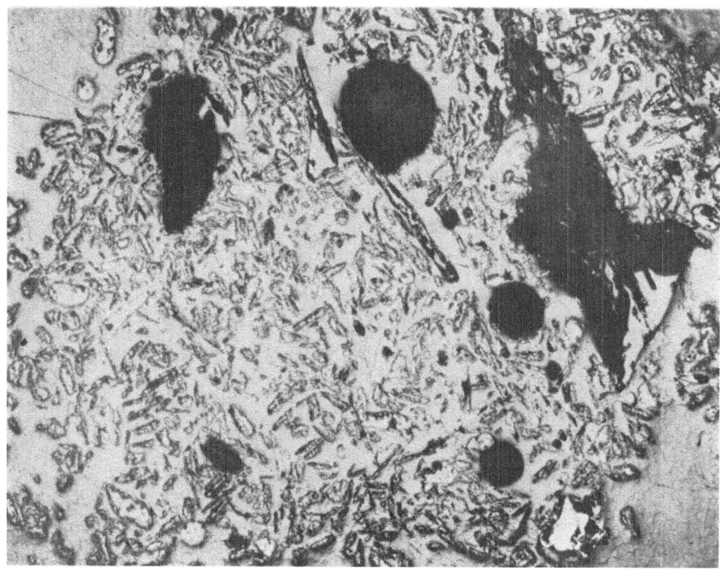

Abb. 2. Anschliff des Isolates aus einem heterogen verunreinigten Molybdän-Roh-
stoff. x 30

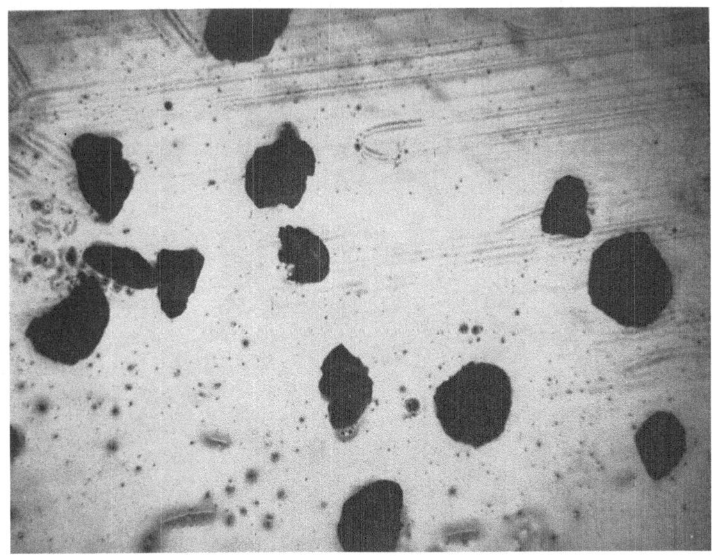

Abb. 3. Magnetisches Isolat aus Molybdän-Pulver. x 25

Abb. 4. ESMA-Bilder eines Isolàtteilchens aus einem heterogen verunreinigten
Molybdän-Pulver. x 465
Rückgestreute Elektronen

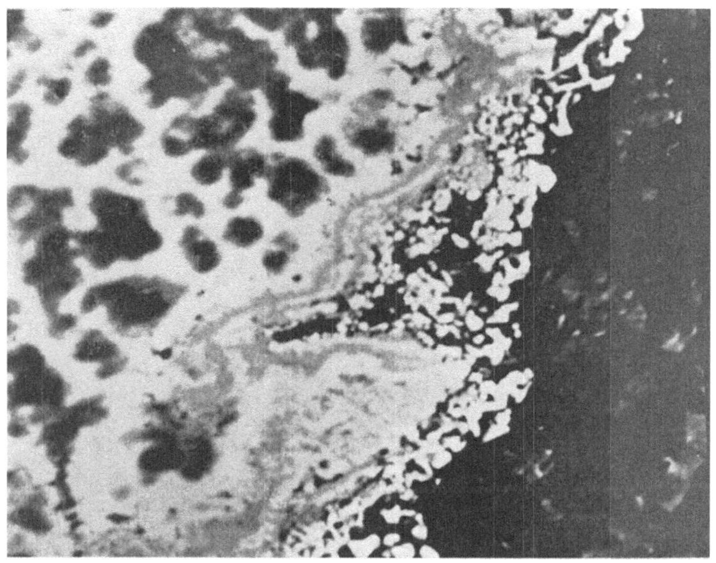

Abb. 5. Wie Abb. 4, Ordnungszahlbild

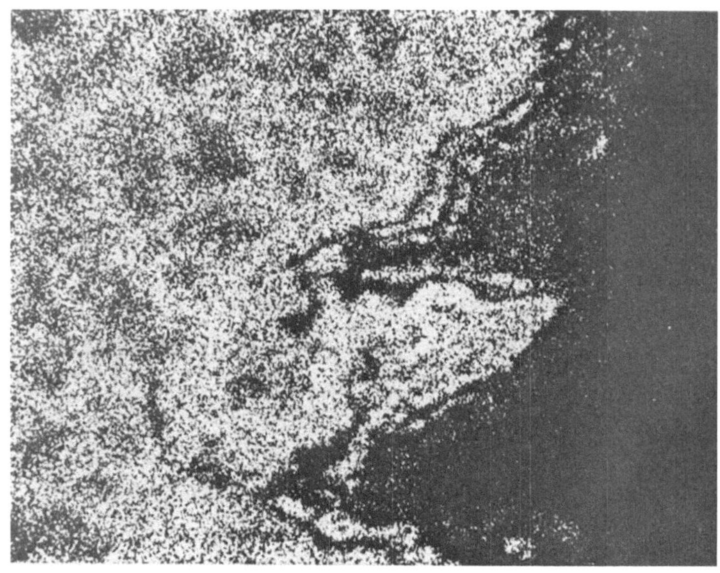

Abb. 6. Wie Abb. 4, Röntgenrasterbild Fe

 E. Lassner und F. Benesovsky:

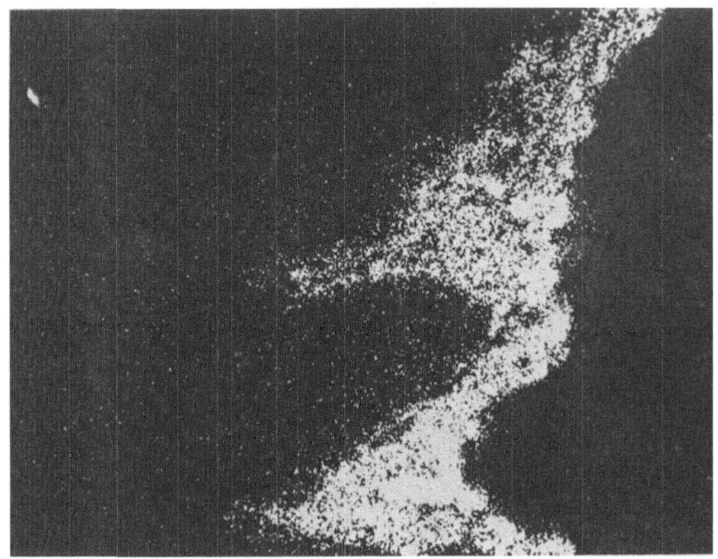

Abb. 7. Wie Abb. 4, Röntgenrasterbild Mo

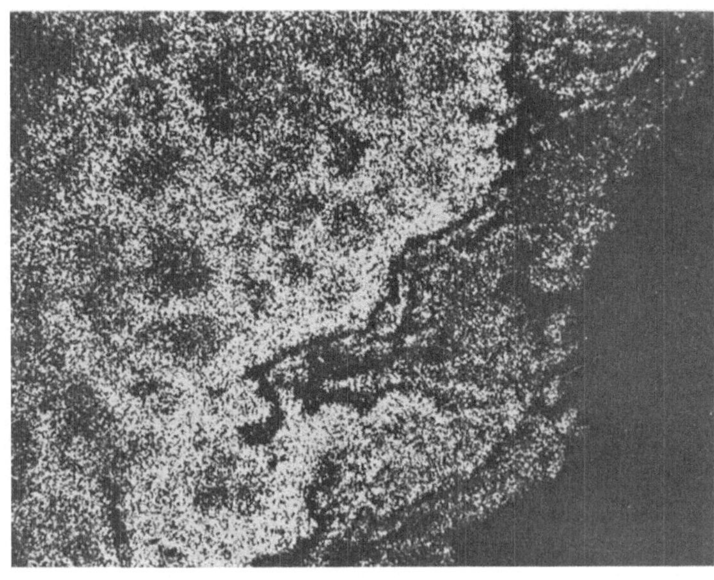

Abb. 8. Wie Abb. 4, Röntgenrasterbild Ni

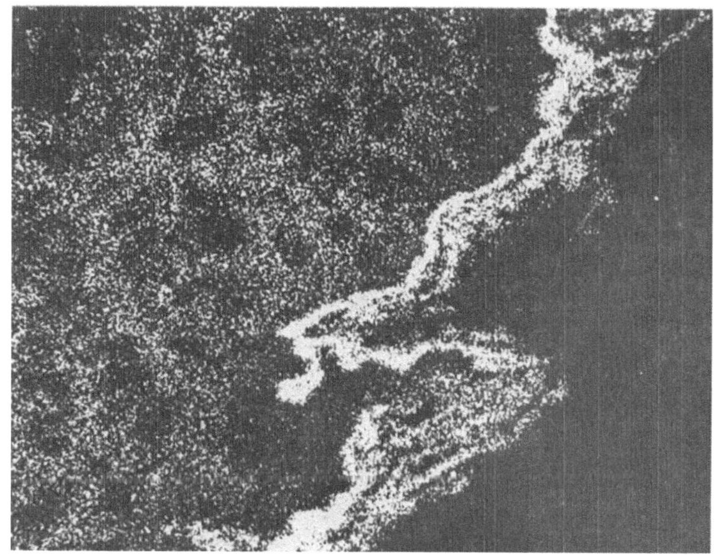

Abb. 9. Wie Abb. 4, Röntgenrasterbild Cr

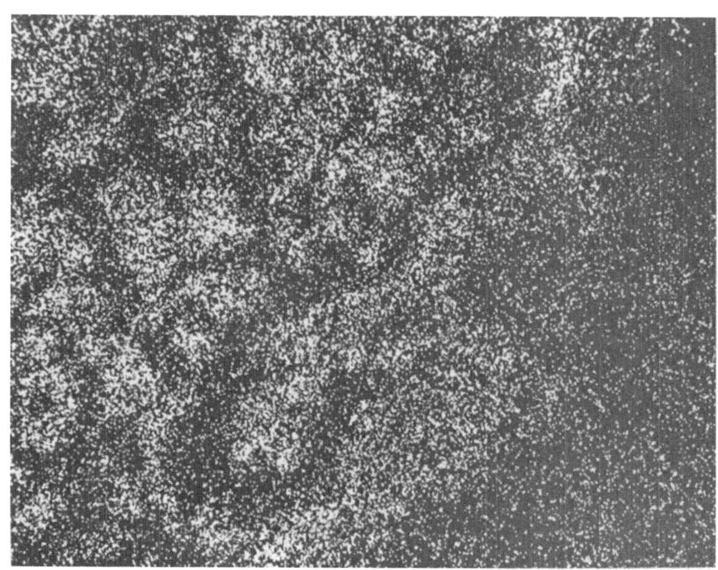

Abb. 10. Wie Abb. 4, Röntgenrasterbild O

              E. Lassner und F. Benesovsky:

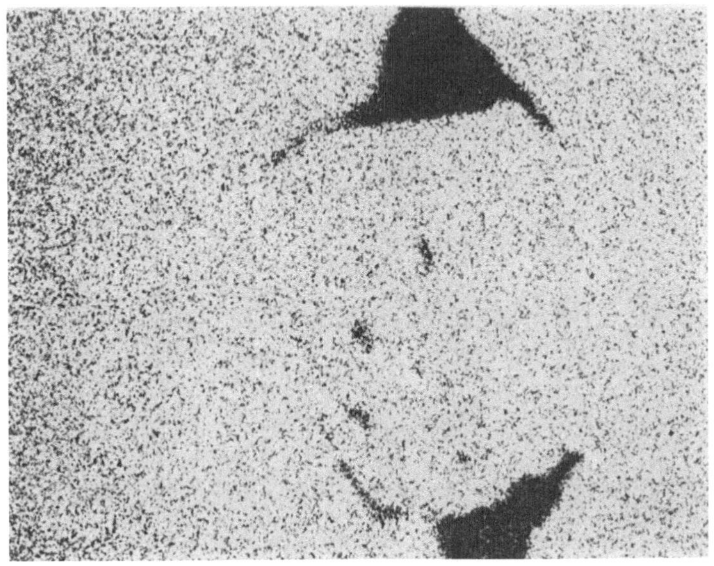

Abb. 11. ESMA-Bilder einer Fehlstelle gemäß Abb. 1. x 465
Röntgenrasterbild Mo

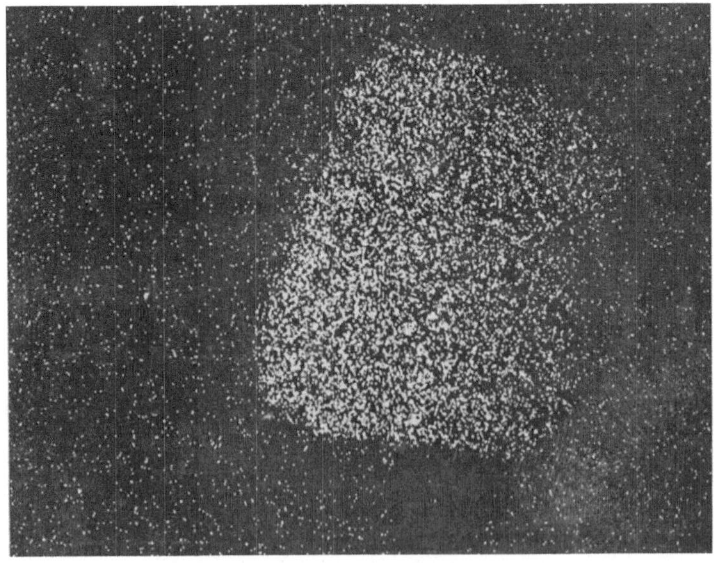

Abb. 12. Wie Abb. 11, Röntgenrasterbild Fe

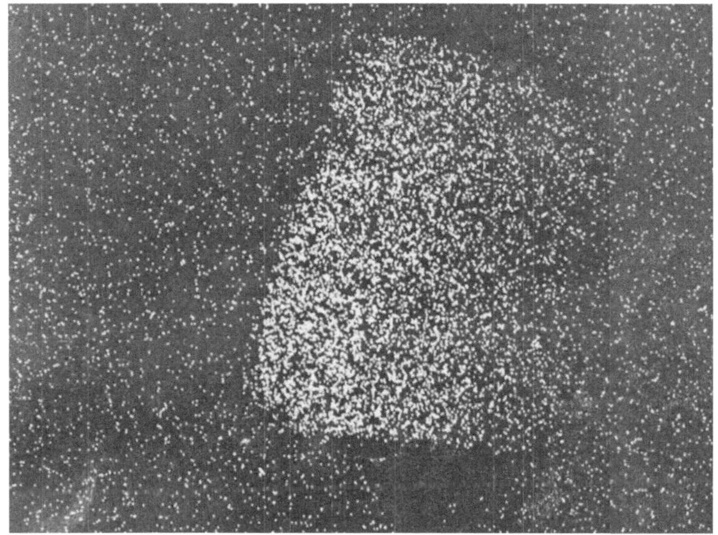

Abb. 13. Wie Abb. 11, Röntgenrasterbild Cr

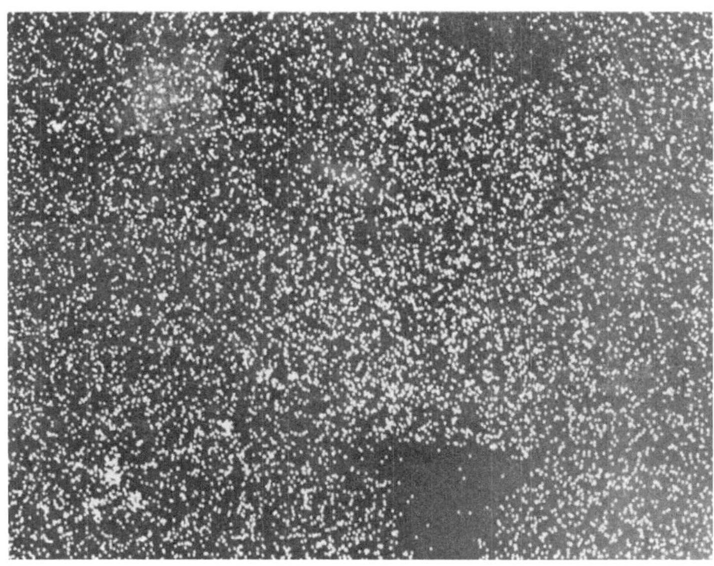

Abb. 14. Wie Abb. 11, Röntgenrasterbild Ni

fusionszonen, sondern entsprechend der vorhandenen Diffusionszeit scharf abgegrenzte Bereiche, die im wesentlichen aus Molybdän bestehen, das mit einigen Prozent Eisen, Nickel und Chrom legiert ist. Diese Legierungsteilchen sind sehr viel schwerer verformbar als das Grundmetall, was auf die größere Härte zurückzuführen ist (700 kp/mm² gegen 500 kp/mm²). Darüber hinaus ist auch das Rekristallisationsverhalten völlig verändert. Die Folge dieser Erscheinungen ist ein Herauslösen des Legierungsteilchens aus der Grundmasse während des Verformungsvorganges.

Die konventionelle Spurenanalyse ist nicht geeignet, Aufschluß über das Vorhandensein heterogener Verunreinigungen zu geben. Vor allem hat sie einen Nachteil, der sehr häufig übersehen wird und der zu völlig falschen Analysenresultaten führt — nämlich die kleine Einwaage. Bei den üblichen naßchemischen Verfahren liegt sie im Bereich zwischen 0,1 und 2 g und bei der gerade in der Spurenanalyse weit verbreiteten Emissions-Spektroskopie sogar im Bereich von einigen Milligramm. Auch bei bester Homogenisierung bieten solche Einwaagen beim Vorhandensein heterogener Spurenverunreinigungen nicht die erforderliche statistische Sicherheit. Das folgende Rechenbeispiel möge zur Erläuterung dienen:

Ein Wolframtrioxid sei heterogen durch Fe_2O_3 verunreinigt. Es wird angenommen, daß eine gleichmäßige, kugelige Teilchengröße von 2 μm vorliegt und der Fe_2O_3-Gehalt 50 ppm beträgt. Unter Berücksichtigung obiger Annahmen wiegt ein WO_3-Teilchen 30 μg,

Tabelle 1. Streuung von Analysenergebnissen in Abhängigkeit von der Einwaage

Einwaage in g	Streuung in Anzahl Partikel Fe_2O_3	Streuung in ppm Fe_2O_3	Streuung in % rel. bezogen auf 50 ppm Fe_2O_3
100	± 1	0,2	0,4
10	± 1	2	4
1	± 1	20	40
0,1	± 1	200	400
0,01	± 1	2000	4000

ein Fe_2O_3-Teilchen 21 μg. 1 g WO_3 besteht daher aus etwa 33 300 Teilchen, die 2,4 Teilchen Fe_2O_3 enthalten. Dies bedeutet, daß pro Kilogramm gefertigtem Wolframdraht 3020 Fehler vorhanden sind. Betrachten wir nun einen Draht von 1 mm ϕ, so wird im Durchschnitt alle 1,6 m ein Fehler auftreten. Dies zeigt, daß 0,005% einer heterogenen Verunreinigung katastrophale Auswirkungen haben können, während eine gleiche Konzentration bei homogener Verteilung in Wolfram noch zu keinen wesentlichen Änderungen der Materialeigenschaften führt.

In Tabelle 1 wird nun gezeigt, wie stark die Analysenstreuung durch die Erfaßbarkeit eines Fe_2O_3-Teilchens in Abhängigkeit von der Einwaage schwankt. Man erkennt, daß sie bei den üblichen Einwaagen der Naßanalyse nicht ausreichend ist und bei der Emissions-Spektralanalyse zu Fehlmessungen führt. Berechnet man nun, wie groß die Einwaage gewählt werden muß, damit mit 99 % statistischer Sicherheit der Wert von 50 ppm nicht mehr als ± 10 % relativ streut, so erhält man als Resultat 50—100 g.

Abschließend wird in Abb. 15 gezeigt, wie es möglich ist, einmal heterogene Spurenverunreinigungen in Wolfram- bzw. Molybdän-

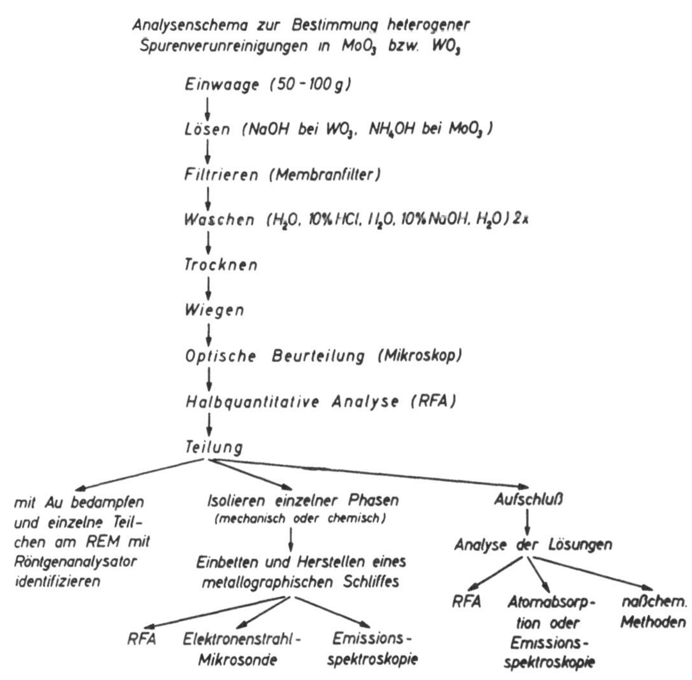

Abb. 15. Spurenphasenanalyse

oxid zu isolieren und in ihrer Gesamtheit zu bestimmen; zum zweiten werden Möglichkeiten aufgezeigt, die einzelnen Verunreinigungen qualitativ und quantitativ zu untersuchen*.

---

* Eine genauere Beschreibung des Analysenganges erfolgt demnächst in einer gesonderten Publikation.

Es muß betont werden, daß gerade MoO_3 und WO_3 Materialien sind, die eine Abtrennung von Verunreinigungen leicht machen, da sie in alkalischen Medien löslich sind[**].

Zusammenfassung

Anhand eines Beispiels aus der pulvermetallurgischen Praxis und anhand theoretisch-statistischer Überlegungen wird auf die Bedeutung der genauen Kenntnis heterogener Spurenverunreinigungen in den Rohstoffen zur Wolfram- und Molybdänproduktion hingewiesen. Es werden Wege aufgezeigt, diese heterogen verteilten Spuren sowohl qualitativ als auch quantitativ und phasenanalytisch mit hinreichender statistischer Sicherheit zu erfassen.

Summary

On the Importance of Trace Phase Analysis in Powder Metallurgy

Based on an example from powdermetallurgical practice and theoretical-statistical considerations, the importance of an accurate knowledge of heterogeneous trace impurities in the raw materials for the production of tungsten and molybdenum is stressed. Methods are indicated permitting qualitative, quantitative and phase analysis of these impurities with adequate statistical certainty.

Anschrift der Verfasser: Doz. Dr. E. Lassner und Dr. F. Benesovsky, Metallwerk Plansee AG, A-6600 Reutte, Österreich.

[**] Für die Untersuchungen mittels Elektronenstrahlmikrosonde sei an dieser Stelle Herrn Dr. Kegel und Frau Hartl vom Laboratorium für Werkstoffuntersuchungen, München, herzlich gedankt. Herrn Dipl.-Ing. Christ danken wir für die Hilfe bei statistischen Berechnungen.

Mikrochimica Acta [Wien], Suppl. 5, 1974, 303—306

Kernforschungszentrum Karlsruhe und Institut für analytische Chemie und Mikrochemie der Technischen Hochschule, Wien

Elektrochemische Sauerstoffbestimmung und Thermodynamik der Löslichkeit in flüssigen Metallsystemen[*]

Von

H. Sundermann

Mit 1 Abbildung

(Eingegangen am 15. Februar 1973)

In der metallkundlichen Analyse ist die quantitative analytische Bestimmung in Mikrobereichen ausgeschiedener Phasen eine immer wieder anfallende Aufgabe, die durch die Methoden der Phasenanalyse[1,2] und selektive Isolierungs- und Anreicherungsverfahren[3,4] zum Teil bis zur serienmäßigen Durchführung erleichtert wurde.

Neben dieser Phasenanalyse bleibt die Bestimmung der gelösten Komponenten dieser Phasen für die Erfassung des kinetischen Ablaufes[5] eine weitere, oft schwierigere Aufgabe. Im letzteren Zusammenhang wurde die Thermodynamik der Löslichkeit nichtmetallischer, relativ wenig löslicher Komponenten untersucht.

Im Hinblick auf Sauerstoff, dessen Konzentration z. B. für die Desoxydation bei der Stahlerzeugung eine ebenso entscheidende Kenngröße darstellt wie für die Korrosion in Reaktorkühlkreisläufen, z. B. Na-K-Kühlung, wurde ferner nach Klärung der thermodynamischen Zusammenhänge eine Methode zur Bestimmung des gelösten Sauerstoffs entwickelt, die nicht nur seine Aktivität, sondern seine analytisch wesentlich interessantere Konzentration — auch in Gegenwart ternärer Komponenten — der unmittelbaren Messung zugänglich macht.

---

[*] Vortrag anläßlich des 6. Kolloquiums über metallkundliche Analyse mit besonderer Berücksichtigung der Elektronenstrahl-Mikroanalyse, Wien, 23. bis 25. Oktober 1972.

Da sich Komponenten hinreichend geringer Löslichkeit in idealer Verdünnung befinden, ist das Henrysche Gesetz weitgehend erfüllt. Demnach gilt:

$$K = \frac{a_0{}^2}{p} = \frac{(c_{0,1} \cdot \gamma_{0,1})^2}{p} = \frac{(c_{0,2} \cdot \gamma_{0,2})^2}{p} = \frac{(c_{0,t} \cdot \gamma_{0,t})^2}{p} \tag{1}$$

mit den Henryschen Bedingungen:

$$\gamma_{0,1}; \gamma_{0,2} \text{ bzw. } \gamma_{0,t} = \text{Konst. für } c_0 \leqq c_{0,s} \ll 1.$$

(K = Verteilungskonstante, a = Sauerstoffaktivität, p = Sauerstoffpartialdruck, γ = Aktivitätskoeffizienten, Index s = Sättigung, c_0 = Sauerstoffkonzentration im Metall 1 bzw. 2 bzw. t = ternär in $1 + 2$.)

Für Sättigung existiert eine temperaturunabhängige Verteilungskonstante K_s:

$$K_s = \frac{p_s}{c_s{}^{\frac{\beta}{\delta}}} \text{ mit } \beta = -T^2 \frac{d \lg p_s}{dT} \text{ und } \delta = -T^2 \frac{d \lg c_s}{dT} \tag{2}$$

Der Einfluß ternärer Komponenten auf die Sättigungskonzentration kann aus binären Daten berechnet werden. Die thermodynamische Untersuchung liefert die Näherung:

$$c_{0,t} = \gamma_{1,2} \cdot c_{1,2} \cdot c_{0,1} + \gamma_{2,1} \cdot c_{2,1} \cdot c_{0,2} \tag{3}$$

Für die Wechselwirkungskoeffizienten

$$\varepsilon_0{}^{(2)} = \frac{\partial \ln \gamma_{0,t}}{\partial c_{0,1}} \bigg|_{T,\, p = \text{Konst.}}$$

ergibt sich:

$$\varepsilon_0{}^{(2)} = \frac{\gamma_{1,2} \cdot \gamma_{0,2} - \gamma_{2,1} \cdot \gamma_{0,1}}{c_{1,2} \cdot \gamma_{1,2} \cdot \gamma_{0,2} + c_{2,1} \cdot \gamma_{2,1} \cdot \gamma_{0,1}} \tag{4}$$

(Der erste Index bezieht sich jeweils auf das Gelöste, der zweite auf das Lösungsmittel.)

Die ternäre Sättigungskonzentrationen $c_{0,t,s}$ erhält man, wenn die Gleichgewichtspartialdrucke $p_s = p_s (\varDelta G_{\text{oxid}}\, i\, c_{2,1})$ und Gleichung (3) in Gleichung (1) verwendet werden.

Aufgrund dieses Zusammenhangs wurde eine Festelektrolytsonde zur Sauerstoffbestimmung in Gasen und Schmelzen entwickelt, die es erlaubt, durch *EMK*-Messung in der Schmelze oder in der zugehörigen Gasphase die zugehörige Sauerstoffkonzentration in der Schmelze über den thermodynamischen Zusammenhang direkt zu bestimmen. Untersuchungen zeigen, daß die *EMK* sowohl in gesättigten wie untersättigten Schmelzen eine lineare Funktion der Temperatur T ist. Die Anstiege dieser *EMK-T*-Geraden bei Sättigung (s) bzw. Untersättigung (u) sind durch folgende Beziehung verknüpft

$$m_u\,(T^*) = m_s + \frac{D\,R\,\delta}{2\,F\,T^*}\,; \quad \delta = -\,\frac{\lambda}{R\,D} \quad \lambda = \text{Lösungswärme} \qquad (5)$$

wobei $D \cdot \lg = \ln$, $R = $ Gaskonstante, $F = $ Faradaykonstante und T^* durch $c_s\,(T^*) = c_u\,(T) = $ const. für $T^* \leq T$ definiert ist.

Die extrapolierten *EMK-T*-Geraden bei Übersättigung schneiden sich bei $T = 0$, vgl. Abb. 1, und zwar gilt:

$$EMK\,(T=0) = \frac{D \cdot R}{4\,F}\,(\beta - 2\delta) \qquad (6)$$

Die funktionellen Zusammenhänge erweitern die Möglichkeiten des Einsatzes von Festelektrolytsonden, der bisher lediglich auf Aktivitätsbestimmungen beschränkt war, bis zur Bestimmung von

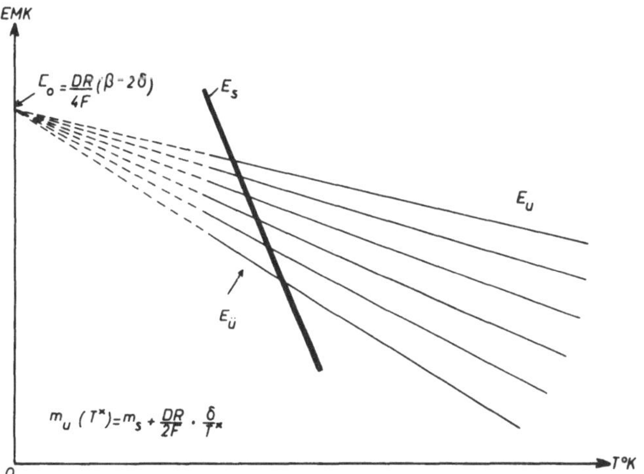

Abb. 1. Temperaturabhängigkeit der *EMK* bei Sättigung (s), Untersättigung (u) und Übersättigung (ü)

Sauerstoffkonzentrationen, selbst wenn dritte Komponenten die Aktivität verändern. Die Theorie läßt ferner die Berechnung ternärer Sättigungskonzentrationen und damit Phasengrenzen in Systemen M_I-M_{II}-O_2, N_2, C, S oder P bei geringer Löslichkeit für letztere Komponenten zu. Über die Untersuchungen und Entwicklungen zur Analyse und Reinigung von Schmelzen zwecks Sauerstoffbestimmung wird im einzelnen berichtet werden.

Zusammenfassung

Zur unmittelbaren Bestimmung von Sauerstoffkonzentrationen mittels *EMK*-Messung wurde für Metallschmelzen die Thermodynamik der Löslichkeit untersucht und der aktivitätsverändernde Einfluß multinärer Komponenten auf gelöste nicht-metallische Komponenten bestimmt. Mit Hilfe der thermodynamischen Relationen lassen sich *EMK*-Werte direkt in die gegenüber der Konzentration analytisch stärker interessierenden Konzentrationswerte überführen. — Für jede Schmelze besitzen die vom Sauerstoffgehalt abhängigen *EMK*-Temperaturgeraden einen gemeinsamen, nur von der Lösungswärme abhängigen Schnittpunkt am Nullpunkt der Temperatur. — Die theoretischen Zusammenhänge wurden in Natrium- und Kupferschmelzen mit verschwindendem Fehler experimentell bestätigt.

Summary

The Electrochemical Determination of Oxygen, and the Thermodynamics of its Solubility in Liquid Metal Systems

For direct determination of oxygen concentrations through EMF-measurements the thermodynamics of solubility was investigated for metallic melts and the influence of multinary components on dissolved non-metallic components accompanied by a change of activity was assessed. In addition to the transfer of activity, the thermodynamic relationships allow to transfer EMF-values to the analytically more interesting concentration values. With respect to each melt, the straight EMF-temperature lines dependent on oxygen content possess one common intersection at zero point of temparature, which is dependent only on the heat of solution. The theoretical relationships were confirmed experimentally in sodium and in copper melts with negligible error.

Literatur

[1] W. Koch und H. Sundermann, J. Iron Steel Inst. **190**, 373 (1958).

[2] H. Sundermann, Stahl und Eisen **79**, 726 (1959).

[3] H. Sundermann, Mém. scient. revue Métall. **58**, 655 (1961). Vgl. EUR-46 f. Communauté Européenne de l'Energie Atomique sowie Freiberger Forschungsheft C 103, Berlin: Akademie-Verlag, 1962.

[4] H. Sundermann, Kernforschungszentrum Karlsruhe, KfK-Bericht Nr. 692, April 1968.

[5] H. Sundermann, Kernforschungszentrum Karlsruhe, KfK-Bericht Nr. 748, Juli 1968.

Anschrift des Verfassers: Priv.-Doz. Dr. H. Sundermann. Erasmusstraße 15, D-7500 Karlsruhe 1, Bundesrepublik Deutschland.

Mikrochimica Acta [Wien], Suppl. 5, 1974, 307—318

Zentralinstitut für Festkörperphysik und Werkstofforschung
der Akademie der Wissenschaften der DDR, Dresden

Einsatz der elektrochemischen Phasenisolierung zum Studium der Aushärtevorgänge einer martensitischen Fe-Ni-Mn-Legierung[*]

Von

W. Schuffenhauer

Mit 5 Abbildungen

(Eingegangen am 15. Februar 1973)

1. Einleitung

In den letzten Jahren wurden Stähle entwickelt, die große Härte und hohe Festigkeit mit guter Dehnung verbinden (siehe z. B. Weigel[1]). Die günstigen Eigenschaften solcher Stähle, die unter der Bezeichnung „maraging steels" bekanntgeworden sind, werden durch die Kopplung von Umwandlungs- und Ausscheidungsvorgängen erzielt. Dabei wird der bereits bei Luftabkühlung entstehende Fe-Ni-Martensit durch weitere Legierungsbestandteile wie z. B. Co, Mo, Ti, Al, Mn nach Anlassen im Temperaturgebiet von 200 bis 600° C durch Ausscheidungsvorgänge ausgehärtet.

Wegen der technischen Bedeutung dieser Stähle gibt es eine große Anzahl von Arbeiten, die sich mit Aushärtevorgängen von „maraging steels" befassen (z. B. Reisdorf[2], Fleetwood u. a.[3] und Mihalisin und Bieber[4]). Da in der Praxis angewandte Stähle Ti enthalten, wird allgemein angenommen, daß die Aushärtung über verschiedene kohärente und teilkohärente Stufen abläuft, die im überhärteten Zustand schließlich in eine intermetallische Phase vom Typ Fe_2Ti übergehen.

---

[*] Vortrag anläßlich des 6. Kolloquiums über metallkundliche Analyse mit besonderer Berücksichtigung der Elektronenstrahl-Mikroanalyse, Wien, 23. bis 25. Oktober 1972.

Weitere Legierungsbestandteile ersetzen nach den Literaturangaben jeweils einen Teil des Fe.

In titanfreien Legierungen wurden nach sehr langdauernden Auslagerungen auch Ausscheidungen einer Phase vom Typ Fe_7Mo_6 gefunden.

Von Bürger[5] und Paul[6] wurde die Martinsitaushärtung unter dem Gesichtspunkt untersucht, inwieweit das Ni durch Mn im Dreistoff-System Fe-Ni-Mn ersetzt werden und unter welchen Bedingungen eine Aushärtung in diesem System stattfinden kann. Für die Aufklärung der Aushärtevorgänge setzten die Verfasser licht- und elektronenmikroskopische Untersuchungen, Elektronen- und Röntgenbeugung sowie indirekte Verfahren, wie magnetische Messungen und Messungen des spezifischen elektrischen Widerstandes ein. In ergänzenden Untersuchungen (Tobisch u. a.[7]) wurden darüber hinaus noch Neutronenbeugungs- und Mösbauerspektrometriemessungen durchgeführt. Als Ergebnis wurde festgestellt, daß die Aushärtung von kohärenten Ausscheidungen einer Ordnungsphase innerhalb der Martensitmatrix verursacht wird, ohne daß Angaben über die Morphologie der Ausscheidungen erhalten werden konnten. Diese Ergebnisse waren Ausgangspunkt für Untersuchungen mit dem Ziel, die im Verlaufe der Aushärtung u. U. gebildeten Phasen elektrochemisch zu isolieren und die Eigenschaft der isolierten Phasen zu charakterisieren.

2. Ermittlung der elektrochemischen Bedingungen zur Phasenisolierung

Bei der elektrochemischen Isolierung intermetallischer Phasen aus einer metallischen Matrix bereiten die geringen Unterschiede in der elektrischen Leitfähigkeit und im Verhalten gegenüber Säuren zwischen intermetallischen Phasen und Matrix große Schwierigkeiten. Wie gezeigt werden konnte[8], ist deshalb die separate Messung des Polarisationsverhaltens aller zu erwartenden Legierungsbestandteile erforderlich. Über die anzuwendenden Elektrolyte liegen noch nicht genügend Erfahrungen und über die Auflösungsmechanismen nur unzureichende theoretische Kenntnisse vor. Deshalb ist stets mit einem großen experimentellen Aufwand zu rechnen, um optimale Auflösebedingungen zu finden. Die Messungen der Stromdichte-Potential-Kurven erfolgten potentiostatisch (quasistationär) an zylindrischen Proben mit einer Meßfläche von $5\ cm^2$.

Die Proben, deren Zusammensetzung Tab. 1 enthält, wurden durch Vakuuminduktionsschmelzen und Vakuumgießen in eine Cu-

Kokille hergestellt. Probe 1 stellt die eigentliche Untersuchungsprobe dar, an der nach entsprechenden Wärmebehandlungen die Ausscheidungsvorgänge studiert wurden. An den Proben 2 bis 4 sollten die Auswirkungen ermittelt werden, die eine Konzentrationsveränderung in der Matrix infolge Ausscheidung verursachen kann. Die Proben 5

Tabelle 1. Zusammensetzung der untersuchten Legierungen

Proben-bezeichnung	Konz. der Legierungselemente in Masse-%		
	Ni	Mn	Fe
1	10	5	Rest
2	10	2,5	Rest
3	20	0,5	Rest
4	5	5,5	Rest
5	75	25	—
6	50	50	—

und 6 sind die bereits in der Einleitung genannten intermetallischen Phasen, die bei der Wärmebehandlung erwartet wurden. (Die gewünschte Struktur beider Phasen wurde durch entsprechende Wärmebehandlung erhalten und röntgenographisch überprüft.)

Als Elektrolytgrundlage für die Isolierung intermetallischer Phasen kommen nach den bisherigen Erfahrungen nur organische Säuren und/oder Neutralsalze in Betracht, da Mineralsäuren die intermetallischen Phasen sehr stark angreifen können.

Es kamen etwa 45 verschiedene Elektrolytvarianten zum Einsatz, bei denen Oxalsäure, Weinsäure, Zitronensäure, Essigsäure oder Alkalihalogenide in wäßriger Lösung als Grundlage dienten und die durch z. T. gegenseitigen Austausch, Zusatz von Askorbinsäure, Kaliumthiocyanat, Äthylendiamintetraessigsäure sowie durch pH-Wert-Änderungen variiert wurden. In Abb. 1 sind als charakteristische Beispiele die Stromdichte-Potential-Kurven in drei verschiedenen Elektrolyten für die Probe 1 und die intermetallischen Phasen (Proben 5 und 6) dargestellt. Die Elektrolyte auf der Basis der genannten organischen Säuren, die alkalihalogenidfrei sind oder nur geringe Mengen Alkalihalogenide (≤ 1 g/l) enthalten, zeigen passivierendes Verhalten, wobei das transpassive Durchbruchspotential der Matrix stets zwischen NiMn und Ni_3Mn liegt. Für eine Phasentrennung ist dieses Verhalten ungeeignet. Bei Konzentrationen ≥ 3 g KCl/l (das gilt etwa auch für andere Alkalihalogenide) kommt es nicht mehr zur Passivierung und das Durchbruchpotential der Matrix ist gering-

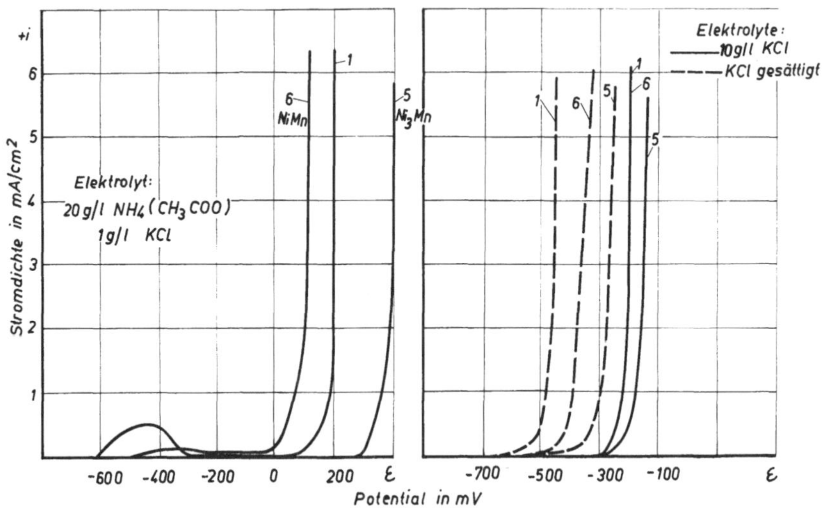

Abb. 1. Der Einfluß verschiedener Elektrolyte auf die elektrochemische Phasentrennung in Fe-Ni-Mn-Legierungen

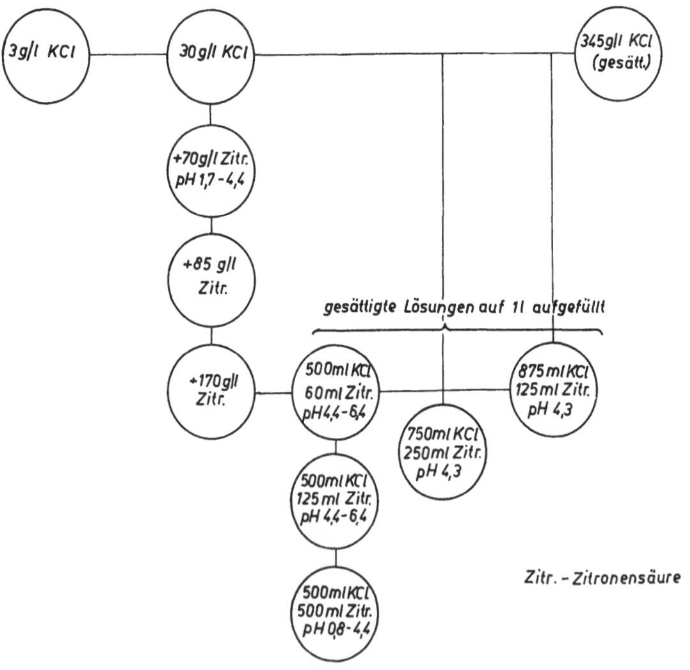

Abb. 2. Variationsschema eines KCl-Elektrolyten zur Ermittlung optimaler Bedingungen für die elektrochemische Phasenisolierung im System Fe-Ni-Mn

fügig negativer als das der beiden intermetallischen Phasen. Erst
eine starke Erhöhung der KCl-Konzentration (Abb. 1b) läßt eine
einwandfreie Phasentrennung erwarten, jedoch ist die Auflösung
sehr ungleichmäßig.

Nach dem in Abb. 2 skizzierten Schema wurden schließlich durch
Veränderung der KCl- und der Zitronensäure-Konzentration sowie
des pH-Wertes Bedingungen gefunden, die die Phasenisolierung gestatten. Die Messungen in der besten Elektrolytvariante sind in
Abb. 3a wiedergegeben. Bei pH 4,4 ist eine ausreichende Potential-

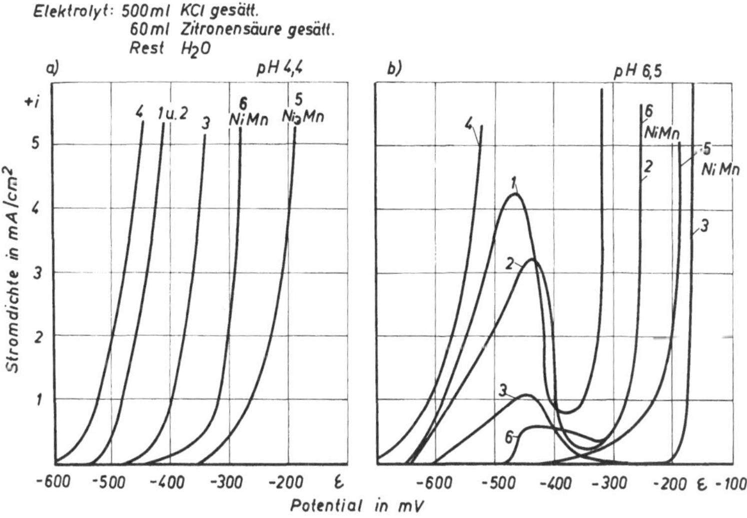

Abb. 3. Der Einfluß der Matrixzusammensetzung und des pH-Wertes auf den Verlauf der Stromdichte-Potential-Kurven von Fe-Ni-Mn-Legierungen

differenz zwischen den Proben 1 und 5 bzw. 6 vorhanden. Um den
Einfluß veränderter Matrixzusammensetzung zu erfassen, wurden
außerdem die Proben 2 bis 4 in die Untersuchung mit einbezogen.
Dabei zeigte sich, daß eine Nickelverarmung der Matrix die Isolier-
möglichkeiten verbessert (Probe 4). Eine Verringerung des Mangan-
gehaltes auf die Hälfte des ursprünglichen Wertes bleibt hier noch
ohne Einfluß (Probe 2) auf die Polarisierbarkeit. Nickelanreicherun-
gen in der Matrix, etwa durch Diffusionshöfe, bringen dagegen un-
günstigere Verhältnisse, wenn diese Anreicherungen sehr stark sind
(Probe 3). Bei pH-Werten um den Neutralpunkt führt das erhöhte
Sauerstoffangebot im Elektrolyten insbesondere bei höheren Ni- und
niedrigeren Mn-Gehalten wieder zu Passivierungserscheinungen
(Abb. 3b), wobei dann auch der Mn-Gehalt Einfluß auf das Polari

sationsverhalten gewinnt (Probe 2). Nach den oben beschriebenen Untersuchungen lassen sich Phasenisolierungen im System FeNiMn 10.5 in folgendem Elektrolyten durchführen:

500 ml KCl (gesättigt)

  60 ml Zitronensäure (gesättigt)

Rest Wasser/l

pH 4,4

Wegen der relativ geringen Potentialunterschiede muß die Isolierung unbedingt potentiostatisch bei -450 mV (gemessen gegen gesättigtes Kalomel) erfolgen.

3. Versuchsdurchführung

Um die Aushärtevorgänge zu verfolgen, wurde die Probe 1 (FeNiMn 10.5) bei 360, 420 und 480°C Anlaßbehandlungen von 0,25; 2,5; 10; 100 und 500 Stunden Dauer unterzogen. Für die Anlaßbehandlung lagen die Proben im martensitischen, homogenen Zustand mit einem Restaustenitgehalt $<1\%$ (nach Angaben in [6]) vor, der durch Wärmebehandlung (850°C; 0,5 h) in Wasserstoffatmosphäre und anschließendes Abschrecken in Wasser erhalten werden konnte. Die Prüfung der Vickershärte (HV 10) und die Isolierung erfolgte an Rundproben (15 $\phi \times$ 100 mm), die vorher zur Entfernung der Oxidschichten überschliffen worden waren. Die elektrochemische Phasenisolierung wurde in einer ähnlichen Zelle durchgeführt, wie sie Koch[9] für Carbidisolierungen benutzte. Anoden- und Kathodenraum sind in unserer Anordnung durch ein kollodiumgetränktes Piacryl-Sinterdiaphragma getrennt, wodurch gesichert ist, daß der pH-Wert im Anodenraum unverändert bleibt (Kontrolle jeweils vor und nach der Elektrolyse). Die Isolate hafteten fest an den Proben und mußten durch Ultraschall abgetrennt werden. Das in dest. Wasser und unvergälltem Äthanol mittels Ultraschall gereinigte Isolat konnte dann als alkoholische Suspension für die elektronenmikroskopischen Teilchenaufnahmen unmittelbar auf Kupfernetze präpariert werden. Für Röntgenstrukturuntersuchungen kam das Guinier-Verfahren zur Anwendung, bei dem etwa 5 mg vakuumgetrocknetes Isolat mittels $Cr\text{-}K_\alpha$-Strahlung untersucht wurden. Die Ermittlung der chemischen Zusammensetzung erfolgte aus Einwaagen von etwa 5 mg Isolat auf mikrochemischem und spektralanalytischem Wege.

4. Diskussion der Versuchsergebnisse

Die Phasenisolierung im o. g. System erwies sich als schwierig, da die Isolationsausbeuten gering (0,1 bis maximal 3 %) waren und deshalb mit einer größeren Streuung der Ergebnisse zu rechnen war. Außerdem zeigte sich, daß die Ausbeuten von der Isolierdauer abhingen, denn nach einer vierstündigen Isolierung waren sie deutlich höher als nach 68 Stunden Isolierdauer. Daher muß mit Isolatverlusten infolge chemischer und elektrochemischer Korrosion gerechnet werden, so daß Werte für die Isolatausbeuten nicht als quantitativ angesehen werden können. Analysen der Isolate aller Wärmebehandlungen nach 4, 16, 20 und 68 Stunden Isolierdauer erbrachten jedoch den Nachweis, daß es sich nicht um ein selektives Lösen einzelner Elemente handelt, sondern daß die Zusammensetzung der Isolate von der Isolierdauer unabhängig ist. Weitere Untersuchungen zeigten, daß die chemische Zusammensetzung der Isolate von der Wärmebehandlung der Proben abhängt, jedoch keine Unterschiede in den Ausbeuten bei gleicher Isolierdauer auftreten.

Der Einsatz der magnetischen Isolattrennung (Eigenbaugerät nach Angaben von Koch[9]) ergab unterschiedliche Ausbeuten hinsichtlich der magnetischen und unmagnetischen Anteile und ließ damit einen Zusammenhang mit der Wärmebehandlung erkennen. In Abb. 4 sind die Aushärtekurven für die angewendeten Temperaturen (360, 420, 480°C) den Ergebnissen der metallkundlichen Analyse an magnetisch getrennten und röntgenographisch untersuchten Isolaten gegenübergestellt. Der Verlauf der Härtekurven stimmt mit früheren Untersuchungen[6, 7] überein, wonach mit steigender Anlaßtemperatur das Härtemaximum zu kürzerer Anlaßdauer verschoben wird, bei längerer Anlaßdauer eine Überhärtung, d. h. ein Härteabfall auftritt und bei 400 bis 450°C eine maximale Härte erreicht wird.

Wie Abb. 4 weiter zu entnehmen ist, steigt der isolierbare unmagnetische Phasenanteil mit der Anlaßdauer an und ist im Härtemaximum bei allen 3 Anlaßtemperaturen annähernd gleich groß, während der isolierbare magnetische Phasenanteil konstant bleibt (480°C) bzw. etwas abnimmt (420, 360°C). Die angegebenen Isolatenausbeuten sind Mittelwerte aus mindestens 10 bis 15 Isolationen, die mit Rücksicht auf die durchzuführenden Untersuchungen zur Gewinnung größerer Absolutmengen bei einer Isolationsdauer von etwa 60 Stunden erhalten wurden. Die Werte lassen aus diesem Grunde nur einen relativen Vergleich zu.

Im überhärteten Zustand ist der Anteil an unmagnetischer Phase deutlich größer.

Abb. 4 enthält außerdem die Ergebnisse der röntgenographischen Phasenanalyse der Isolate. Danach handelt es sich bei der magnetischen Phase um eine krz-Zelle (α-Phase), die dem Martensitgrundgitter entspricht. Der unmagnetische Phasenanteil ändert jedoch seine Zusammensetzung. Im homogenisierten, martensitischen Zustand ist neben geringen Anteilen MnS eine kfz-Phase (γ_1-Phase) mit einer Gitterkonstanten $a_0 = 3{,}59$ bis $3{,}61$ Å nachweisbar. Ihr Anteil wird geringer zugunsten einer zweiten kfz-Phase (γ_2-Phase) mit einer Gitterkonstanten $a_0 = 3{,}56$ bis $3{,}58$ Å. Im Härtemaximum ist γ_1 nahezu

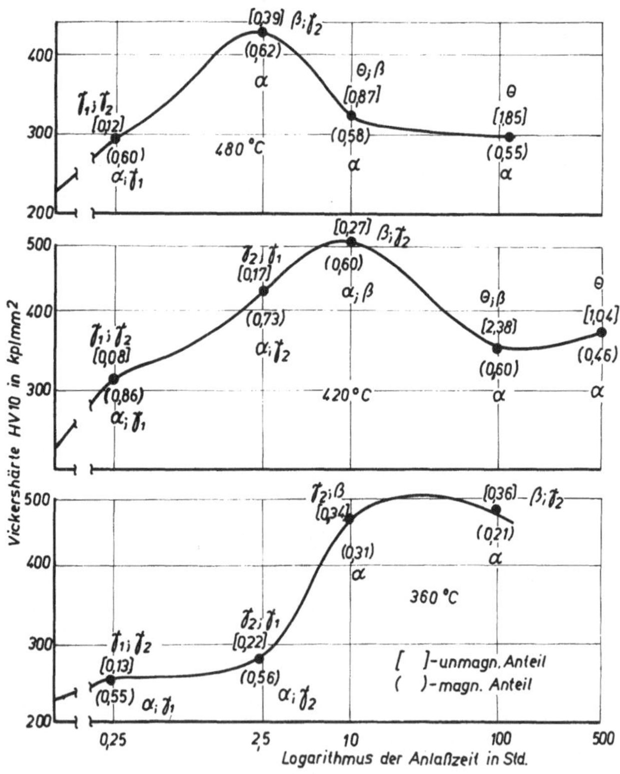

Abb. 4. Vergleich der Aushärtekurven von FeNiMn 10.5 mit den Ergebnissen der metallkundlichen Analyse

verschwunden und eine kubische Phase (β), die der Hochtemperaturmodifikation von NiMn (nach Angaben von Tsiuplakis u. a.[10]) entspricht, ist im Isolat nachzuweisen. Im überhärteten Zustand geht der Anteil der γ_2- und β-Phasen zurück und es ist fast ausschließlich die tetragonale Normaltemperaturphase von NiMn (Θ-Phase) nachzuweisen. Wie Abb. 4 zeigt, sind diese Vorgänge eindeutig mit dem Härteablauf in Verbindung zu bringen, so daß daraus auf den Aushärtemechanismus geschlossen werden kann. Für die Temperatur

Tabelle 2. Mikrochemische Isolatanalysen und röntgenographische Phasenanalysen nach verschiedenen Anlaßdauern bei 420° C

| Anlaßzeit in h | unmagnetischer Isolatanteil | | | | | | |
| | Zusammensetzung in Masse-% | | | | Phasenanalyse | | |
	Fe	Ni	Mn	Cu	viel	mittel	wenig
homogen	—	—	—	—	γ_1		α
0,25	30,2	10,4	5,0	54,4	γ_1	γ_2	α
2,5	28,4	13,3	8,3	50,1	γ_2	γ_1	α
10	21,0	24,3	14,0	40,7	β	γ_2	α, γ_1
100	14,3	38,7	28,6	18,4	Θ	β	α, γ_2
500	8,9	36,4	29,0	25,7	Θ		α, γ_2

| Anlaßzeit in h | magnetischer Isolatanteil | | | | | | |
| | Zusammensetzung in Masse-% | | | | Phasenanalyse | | |
	Fe	Ni	Mn	Cu	viel	mittel	wenig
homogen	63,3	11,1	5,6	20,0	α		γ_1
0,25	66,6	9,7	5,4	18,6	α	γ_1	γ_2
2,5	65,6	12,2	6,6	15,7	α	γ_2	γ_1
10	38,3	20,6	11,9	29,2	α	β	γ_2
100	19,9	33,4	22,5	24,2	α		γ_2, β
500	32,7	23,9	15,9	27,5	α		γ_2, β

$\gamma_1 \rightarrow$ kfz $a_0 = 3{,}59 - 3{,}61$ Å $\beta \rightarrow$ kub. $a_0 = 2{,}97$ Å (NiMn)
$\gamma_2 \rightarrow$ kfz $a_0 = 3{,}56 - 3{,}58$ Å $\Theta \rightarrow$ tetrag. $a_0 = 3{,}74$ Å $c/a = 0{,}95$ (NiMn)
$\alpha \rightarrow$ krz $a_0 = 2{,}87$ Å (Martensit)

420° C sind in Tab. 2 die Ergebnisse der mikrochemischen Analysen und der Phasenanalysen für die verschiedenen Aushärtedauern dargestellt.

Betrachtet man zunächst den unmagnetischen Isolatanteil, so fällt der hohe Cu-Gehalt des Isolates auf. Die Bilanz für Cu im unmagnetischen und magnetischen Isolatanteil zeigt, daß das gesamte in der Legierung enthaltene Cu ($\approx 0{,}25$ Masse-%) im Isolat wiedergefunden wird. Da der Phasenanteil γ_1 mit dem Cu-Gehalt korreliert ist, kann angenommen werden, daß dieser Anteil aus Cu-reichen Mischkristallen besteht, die jedoch nicht zur Aushärtung führen. Der Anteil der zweiten kfz-Phase (γ_2) nimmt zunächst zu. Aus den Gitterparametern, dem magnetischen Verhalten und der chemischen Analyse kann geschlossen werden, daß es sich dabei nicht um die anfangs vermutete ferromagnetische Ni_3Mn-Phase handelt. In Übereinstimmung mit Tobisch u. a.[7] muß angenommen werden, daß diese Phase durch eine geringe Reaustenitisierung entsteht und durch eine von der Matrix abweichende Zusammensetzung bzw. ihren u. U. geringeren Verspannungsgrad isolierbar wird. Es ist aber auch denkbar, daß sie das erste Stadium der spinodalen Entmischung darstellt, die zur Bildung der kubischen β-Phase von NiMn führt, da diese Phase den Hauptanteil im Härtemaximum bildet. Im weiteren Verlauf der

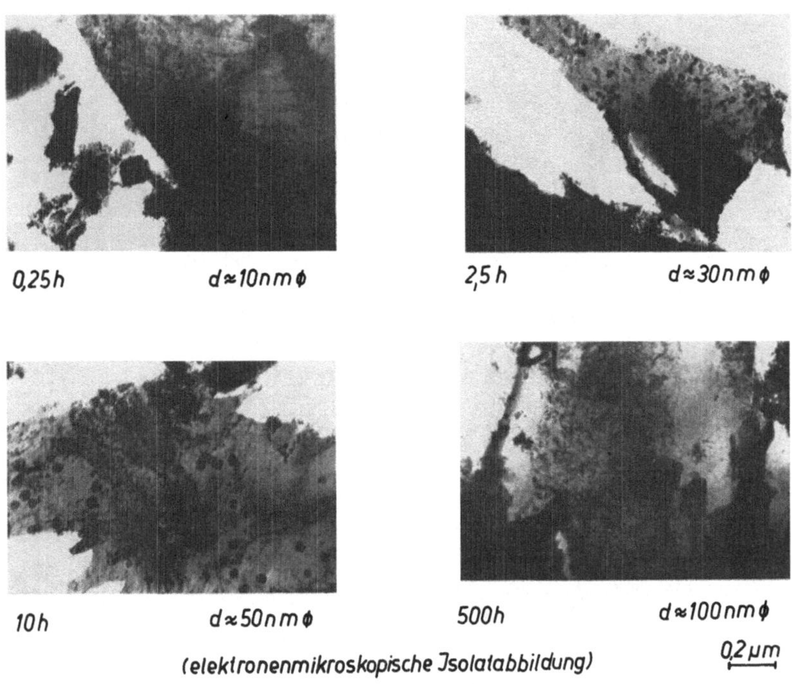

Abb. 5. Ausscheidungswachstum in einer martensitischen Fe-Ni-Mn-Legierung bei 420° C Anlaßtemperatur und verschiedenen Anlaßdauern

Aushärtung bzw. der Überhärtung nimmt der Fe-Gehalt des Isolates stark ab, und Ni sowie Mn reichern sich an, wobei annähernd ein Verhältnis 1 : 1 erreicht wird. Mit dieser Anreicherung ist das Auftreten der tetragonalen Θ-Phase von NiMn verbunden.

Der magnetische Isolatanteil, der bei allen Aushärtedauern aus der krz-α-Phase besteht, ändert ebenfalls seine Zusammensetzung mit fortschreitender Dauer und zeigt gleichfalls eine, wenn auch geringere Anreicherung von Ni und Mn. Dieses Verhalten ist damit erklärbar, daß die zur Aushärtung führende NiMn-Phase auf den Martensitlamellen wächst und durch die Ultraschallbehandlung bzw. durch die Magnettrennung beide Phasen nicht vollständig trennbar sind. In Abb. 5 sind die elektronenoptischen Teilchenaufnahmen von Martensitlamellen bei verschiedenen Anlaßdauern dargestellt. Es ist deutlich erkennbar, daß bereits nach 0,25 h Ausscheidungen von etwa 10 nm Durchmesser vorhanden sind, der im Härtemaximum bis auf etwa 50 nm ansteigt.

Erst bei der im Härtemaximum vorhandenen Teilchengröße und den dabei isolierbaren Anteilen unmagnetischer Phasen liefert die röntgenographische Phasenanalyse der Isolate Hinweise auf die NiMn-Phase (β). Die Ausscheidungen lassen bei genauer Betrachtung gewisse Vorzugslagen (parallele Ausrichtung der Teilchenkanten) erkennen, so daß epitaktische Beziehungen zwischen Ausscheidung und Martensit wahrscheinlich sind. Ein exakter Nachweis gelang jedoch nicht.

Die Ergebnisse der metallkundlichen Analyse zeigen, daß die Aushärtung des Martensits in einer Fe-Ni-Legierung durch geringe Anteile einer metastabilen krz-Phase (β) von NiMn verursacht wird, die sich im überhärteten Zustand zur tetragonalen Gleichgewichtsphase (Θ-NiMn) umbildet. Die Teilchengrößen im Härtemaximum liegen bei etwa 50 nm.

Den Herren Dr. Henke und Dr. Edelmann soll an dieser Stelle für die röntgenographischen und elektronenoptischen Untersuchungen ebenso gedankt werden wie Fräulein Hübner und Herrn Zieger für die gewissenhafte Durchführung der experimentellen Arbeiten.

Zusammenfassung

Über Ergebnisse der metallkundlichen Analyse beim Studium der Aushärtung einer martensitischen Fe-Ni-Mn-Legierung wurde berichtet. Durch systematische Untersuchungen konnten Bedingungen ermittelt werden, die die elektrochemische Phasenisolierung der am Aushärtevorgang beteiligten Phasen ermöglichen. Durch Kombination röntgenographischer, elektronenmikroskopischer und mikrochemischer Untersuchungen an Isolaten, die von Proben verschiedener Anlaßbehandlung erhalten wurden, konnten die Ausscheidungsvorgänge weitestgehend aufgeklärt werden. Danach erwies sich die Ausscheidung von metastabilen Ni-Mn-Teilchen kubischer Struktur mit einer Teilchengröße von etwa 50 nm bei einem Volumenanteil von $<3\%$ als Ursache der Aushärtung des Martensits.

Summary

Application of Electrochemical Isolation of Phases to the Study of the Precipitation-Hardening of a Martensitic Fe-Ni-Mn Alloy

The results of a metalurgical study of the precipitation-hardening of a martensitic Fe-Ni-Mn alloy are reported. Systematic investigations revealed the conditions which make possible an electrochemical isolation of the phases involved in the process of dispersion hardening. The precipitation processes can be largely explained by a combination of X-ray, electron-microscopic, and microchemical investigations of phases isolated from samples which had been tempered in various ways. The cause of the precipitation hardening of martensite turned out to be the precipitation of cubic, metastable Ni-Mn particles with a diameter of approximately 50 nm, and comprising less than 3 % by volume.

Literatur

[1] Z. Weigel, Wirtschaftl. Fertigung **60**, 453 (1965).

[2] B. G. Reisdorf, Trans. ASM **56**, 783, (1963).

[3] M. J. Fleetwood, G. M. Higginson und G. P. Miller, Brit. J. Appl. Phys. **16**, 645 (1965).

[4] J. R. Mihalisin und G. G. Bieber, J. Metals **18**, 1033 (1966).

[5] R. Bürger, Dissertation TU Dresden, 1968.

[6] H. Paul, Dissertation TU Dresden, 1968.

[7] J. Tobisch, R. Bürger, H. Paul und K. Kleinstück, Kristall und Technik **6**, 417 (1971).

[8] W. Schuffenhauer und W. Förster, Neue Hütte **16**, 756 (1971).

[9] W. Koch, Metallkundliche Analyse, 1. Aufl. Düsseldorf: Verlag Stahleisen; Weinheim/Bergstr.: Verlag Chemie. 1965.

[10] K. Tsiuplakis und E. Kneller, Z. Metallkunde **60**, 433 (1969).

Anschrift des Verfassers: Dr. W. Schuffenhauer, Helmholtzstraße 20, DDR-8027 Dresden, Deutsche Demokratische Republik.

Mikrochimica Acta [Wien], Suppl. 5, 1974, 319—331
© by Springer-Verlag 1974

Institut für Technische Physik der Technischen Hochschule Wien

Photoelektronenspektrometrische Untersuchungen an auf Glas aufgedampften Metallschichten*

Von

Maria F. Ebel und **Horst Ebel**

Mit 5 Abbildungen

(Eingegangen am 15. Februar 1973)

Einleitung

Die Röntgenphotoelektronenspektrometrie kann im Zusammenhang mit dünnen Aufdampfschichten zur Untersuchung von Dünnschichtphänomenen, wie Inselbildung und Dichtedefekt herangezogen werden[1]. Weitere Anwendungen ergeben sich im Zusammenhang mit der theoretischen Behandlung der Photoelektronenausbeute unter vorgegebenen Bedingungen[2]. Daraus resultiert die Möglichkeit der Bestimmung von inelastischen Elektronenstreukoeffizienten[1, 3−5], oder die bisher noch nicht behandelte Bestimmung der Massenbelegung dünner Schichten bzw. die Konzentrationsbestimmung an dünnen Legierungsschichten. Der erfaßbare Schichtdickenbereich erstreckt sich dabei von Null bis maximal 10 nm. Die folgenden Ausführungen beschäftigen sich mit dieser neuartigen Anwendung der Röntgenphotoelektronenspektrometrie.

Theorie

Aus Analogiebetrachtungen[2] zwischen der Röntgenfluoreszenzanalyse und der Röntgenphotoelektronenspektrometrie wurde für

---

* Vortrag anläßlich des 6. Kolloquiums über metallkundliche Analyse mit besonderer Berücksichtigung der Elektronenstrahl-Mikroanalyse, Wien, 23. bis 25. Oktober 1972.

die Photoelektronenzählrate einer dünnen Reinelementschicht der
folgende Ausdruck abgeleitet:

$$n_{ii}^{a}=n_a\cdot A\cdot\tau_{aj}\cdot\frac{S_{qj}-1}{S_{qj}}\cdot\frac{\Omega}{4\pi}\cdot\varphi(\Theta,\Psi)\cdot\varkappa_i^a\cdot\frac{1-\exp\left(-\dfrac{\sigma_{ii}^{a}}{\cos\beta}\cdot\dfrac{m}{F}\right)}{\sigma_{ii}^{a}}\cdot\cos\beta \tag{1}$$

Ähnlich lautet die Beziehung für eine dünne Legierungsschicht:

$$n_{jc}^{a}=n_a\cdot A\cdot c_j\cdot\tau_{aj}\cdot\frac{S_{qj}-1}{S_{qj}}\cdot\frac{\Omega}{4\pi}\cdot\varphi(\Theta,\psi)\varkappa_i^a\cdot$$

$$\cdot\frac{1-\exp\left(-\dfrac{\sigma_{jc}^{a}}{\cos\beta}\cdot\dfrac{m}{F}\right)}{\sigma_{jc}^{a}}\cdot\cos\beta \tag{2}$$

Schließlich wird für die weiteren Ausführungen auch noch die
Photoelektronenzählrate einer dicken Reinelementreferenzprobe benötigt. Die Bezeichnung „dick" ist bereits auf Probendicken von
mehr als 20 nm anwendbar.

$$N_{ii}^{a}=n_a\cdot A\cdot\tau_{aj}\cdot\frac{S_{qj}-1}{S_{qj}}\cdot\frac{\Omega}{4\pi}\cdot\varphi(\Theta,\psi)\cdot\varkappa_{ja}\cdot\frac{1}{\sigma_{ii}^{a}}\cdot\cos\beta \tag{3}$$

Vor der eigentlichen Behandlung der hier interessierenden Probleme seien noch die in den Gleichungen verwendeten Symbole
definiert:

$n_{12}^{3},\,N_{12}^{3}$　　Photoelektronenzählrate, wobei Kleinbuchstaben Dünnschichtproben und Großbuchstaben dicke Proben charakterisieren.
Der Index 1 gibt an, von welchem Element die Photoelektronen
herrühren. Der Index 2 besagt, ob es sich um eine Reinelement-
oder Legierungsprobe (c) handelt. Der Index 3 beschreibt die
zur Auslösung der Photoelektronen verwendete charakteristische Röntgenstrahlung.

n_a　　Anzahl der charakteristischen a-Röntgenquanten, die, von der
Röntgenröhre kommend, die Flächeneinheit normal zur Fort-
pflanzungsrichtung in der Zeiteinheit durchsetzen.

A　　Gemeinsame Menge der Probenflächen, die einerseits von der
Röntgenstrahlung getroffen und andererseits vom Spektrometersystem erfaßt werden.

c_j　　Konzentration des Elementes j in Gewichtsanteilen
($100\cdot c_j$ ergibt Gewichtsprozent).

τ_{aj} — Massenphotoschwächungskoeffizient der charakteristischen Röntgenstrahlung a im Element j.

$(S_{qj} - 1)/S_{qj}$ — Absorptionskantensprung für das q-Niveau des Elementes j.

$\Omega/4\pi$ — Vom Spektrometersystem erfaßter Raumwinkelanteil.

$\varphi\,(\Theta, \psi)$ — Faktor, der die Korrelation der Photoelektronenverteilung mit der Röntgenstrahlrichtung und auch die Abhängigkeit von der Polarisation der Röntgenstrahlung beschreibt.

$\varkappa_j^a$ — Verhältniszahl der gemessenen zu der Anzahl der in das Spektrometersystem eintretenden Photoelektronen des Elementes j, die von der charakteristischen a-Röntgenstrahlung ausgelöst wurden.

σ_{12}^3 — Inelastischer Elektronenmassenstreukoeffizient. Der Index 1 gibt an, von welchem Element die Photoelektronen herrühren, der Index 2 besagt, in welchem Element oder in welcher Legierung (c) die Streuung der Photoelektronen erfolgt und der Index 3 kennzeichnet schließlich die die Photoelektronen auslösende Röntgenstrahlung.

β — Winkel zwischen der Beobachtungsrichtung der Photoelektronen und dem Lot auf die Probenoberfläche.

m/F — Gesamtmassenbelegung der dünnen Schicht — also bei Legierungsschichten für die Gesamtheit der Elemente.

Die relative Photoelektronenzählrate r_{jj}^a einer Reinelementschicht

$$r_{jj}^a = n_{jj}^a / N_{jj}^a = 1 - \exp\left(-\frac{\sigma_{jj}^a}{\cos\beta} \cdot \frac{m}{F} \right) \qquad (4)$$

gestattet bei bekannten Streukoeffizienten σ_{jj}^a bereits die Bestimmung der Massenbelegung

$$\frac{m}{F} = \frac{\cos\beta}{\sigma_{jj}^a} \cdot \ln\frac{1}{1 - r_{jj}^a}. \qquad (5)$$

Um die eingangs getroffene Aussage über den erfaßbaren Schichtdicken- oder besser Massenbelegungsbereich zu veranschaulichen, zeigt Abb. 1 die Abhängigkeit der Massenbelegung dünner Goldschichten von der mit Al Kα-Strahlung angeregten relativen Au N_{VII}-Photoelektronenzählrate. Für Idealschichten entspricht einer Massenbelegung von $2\ \mu g \cdot cm^{-2}$ eine Schichtdicke von 1 nm. Der für das Diagramm verwendete Wert des inelastischen Elektronenmassenstreukoeffizienten beträgt $\sigma_{AuAu}^{Al} = 1{,}2 \cdot 10^5\ cm^2 \cdot g^{-1}$ und der Beobachtungswinkel $\beta = 45^0$.

Selbstverständlich können auch die Photoelektronen eines der im Träger enthaltenen Elemente (z. B. das Element m) zur Messung der

Massenbelegung der j-Reinelementschicht verwendet werden. In diesem Falle lautet die relative m-Photoelektronenzählrate

$$\bar{r}^a_{m\bar{c}} = \frac{\overline{N}^a_{m\bar{c}}}{N^a_{m\bar{c}}} = e^{-\frac{\sigma^a_{mj}}{\cos\beta} \cdot \frac{m}{F}} \tag{6}$$

$\bar{c}$ steht hier für die Zusammensetzung des Trägermaterials. $\overline{N}^a_{m\bar{c}}$ ist die m-Photoelektronenzählrate des mit dem Element j beschichteten Trägers und N_{mc} die des unbeschichteten Trägers. Der Anwendungs-

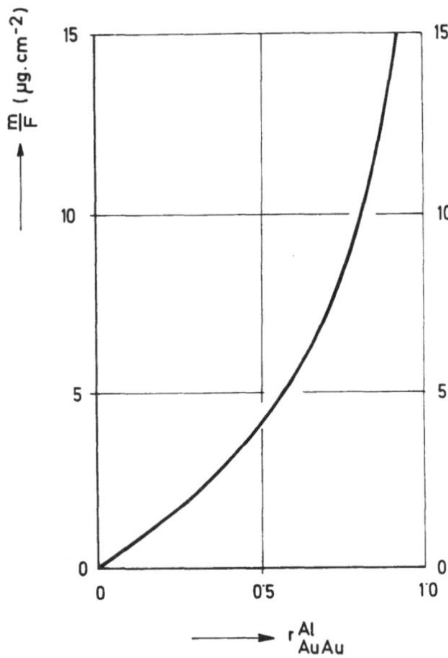

Abb. 1. Abhängigkeit der Massenbelegung dünner Goldschichten von der mit Al Kα-Strahlung angeregten relativen Au N$_{VII}$-Photoelektronenzählrate

bereich ist mit jenem, der sich aus der Gl. (4) ergibt, durchaus vergleichbar. Die Massenbelegung der j-Reinelementschicht folgt dann bei bekanntem σ^a_{mj} aus

$$\frac{m}{F} = \frac{\cos\beta}{\sigma^a_{mj}} \cdot \ln\frac{1}{\bar{r}^a_{m\bar{c}}} . \tag{7}$$

Für Legierungsschichten lautet die relative Photoelektronenzählrate r^a_{jc}

$$r^a_{jc} = \frac{c_j \cdot \sigma^a_{jj}}{\sigma^a_{jc}} \cdot \left[1 - \exp\left(-\frac{\sigma^a_{jc}}{\cos\beta} \cdot \frac{m}{F} \right) \right] \tag{8}$$

In Gl. (8) sind neben den Streukoeffizienten, die sich für eine Legierung gemäß

$$\sigma_{jc}^a = \sum_{k=1}^n c_k \cdot \sigma_{jk}^a \tag{9}$$

aus den Elementstreukoeffizienten σ_{jk}^a der in der Probe enthaltenen n Elemente zusammensetzen, zwei unbekannte Größen enthalten.

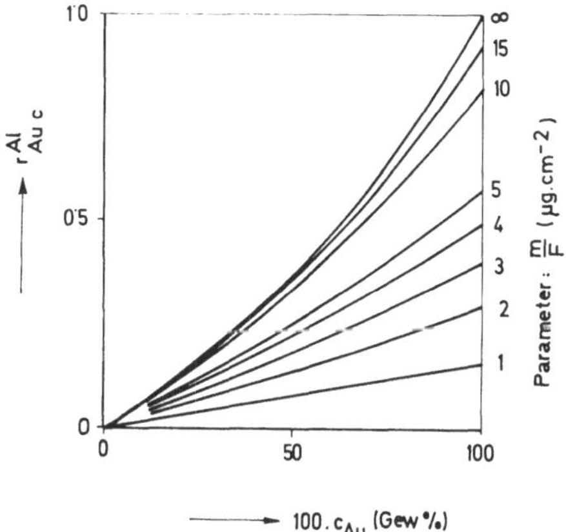

Abb. 2. Abhängigkeit der relativen Photoelektronenzählrate $r_{Au\,c}^{Al}$ in dünnen Ag-Au-Legierungsschichten von der Goldkonzentration mit der Massenbelegung der Schichten als Parameter ($\sigma_{Au\,Au}^{Al} = 1{,}2$ cm·g^{-1}, $\sigma_{Au\,Ag}^{Al}/\sigma_{Au\,Au}^{Al} = 1{,}74$, $\beta = 44^0$, Au-N_{VII}-Niveau, Al-Kα-Strahlung)

Es sind dies die Konzentration — für ein Zweistoffsystem — und die Massenbelegung. Daher kann nicht nur mit einer relativen Photoelektronenzählrate das Auslangen gefunden werden. Hier bieten sich zwei Lösungswege an, wobei für die Auswertung der Versuchsergebnisse nur einfache Rechenbehelfe erforderlich sein sollen.

a) Betrachten wir die in Abb. 2 für die Ag-Au-Legierungsschichten gezeigte Abhängigkeit $r_{Auc}^{Al} = f(c_{Au}, m/F)$, so sehen wir, daß für Massenbelegungen bis zu 2 μg · cm^{-2} Linearität zwischen r_{Auc}^{Al}, c_{Au} und m/F besteht. Dies folgt auch aus Gl. (8) mit der für kleine Exponenten gültigen Näherung

$$r_{ic}^a = \frac{c_j \cdot \sigma_{jj}^a}{\cos\beta} \cdot \frac{m}{F}. \tag{10}$$

Wir bedürfen daher z. B. für eine binäre Legierungsschicht nur mehr der Messung der relativen Photoelektronenzählrate des zweiten Elementes (dieses sei durch den Index i gekennzeichnet).

$$r_{ic}^a = \frac{(1-c_j) \cdot \sigma_{ii}^a}{\cos\beta} \cdot \frac{m}{F} \tag{11}$$

Aus den Gln. (10) und (11) können wir die Konzentrationen

$$c_j = \frac{r_{jc}^{a} \cdot \sigma_{ii}^{a}}{r_{ic}^{a} \cdot \sigma_{jj}^{a} + r_{jc}^{a} \cdot \sigma_{ij}^{a}} \qquad (12)$$

$$c_i = 1 - c_j$$

und die Massenbelegung

$$m/F = \frac{\cos\beta \cdot r_{jc}^{a}}{c_j \cdot \sigma_{jj}^{a}} \qquad (13)$$

errechnen. Da sich die in den Gln. (10) und (11) durch die Näherung eingeführten Fehler in den Gln. (12) und (13) nahezu aufheben, ist der Gültigkeitsbereich der hier entwickelten Methode auf Massenbelegungen bis 10 μg $\cdot$ cm^{-2} zu erstrecken.

b) Als zusätzliche Informationsquelle können ebenso die Photoelektronen des Trägermaterials verwendet werden. Wählen wir das Element m aus dem Träger, so gilt die Photoelektronenzählrate ohne

$$\overline{N}_{m\bar{c}}^{a} = n_a \cdot A \cdot c_m \cdot \tau_{am} \cdot \frac{S_{qm}-1}{S_{qm}} \cdot \frac{\Omega}{4\pi} \cdot \varphi'(\Theta,\psi) \cdot \varkappa_m^{a} \cdot \frac{\cos\beta}{\sigma_{m\bar{c}}^{a}} \qquad (14)$$

und mit darüberliegender Legierungsschicht

$$\overline{N}_{m\bar{c}}^{a} = n_a \cdot A \cdot c_m \cdot \tau_{am} \cdot \frac{S_{qm}-1}{S_{qm}} \cdot \frac{\Omega}{4\pi} \cdot \varphi'(\Theta,\psi) \cdot \varkappa_m^{a} \cdot \frac{\cos\beta}{\sigma_{m\bar{c}}^{a}} \cdot$$
$$\cdot \exp\left(-\frac{\sigma_{mc}^{a}}{\cos\beta} \cdot \frac{m}{F}\right) \qquad (15)$$

Daraus errechnet sich die relative Photoelektronenzählrate $\bar{r}_{m\bar{c}}^{a}$

$$\bar{r}_{m\bar{c}}^{a} = \frac{\overline{N}_{m\bar{c}}^{a}}{N_{m\bar{c}}^{a}} = \exp\left(-\frac{\sigma_{mc}^{a}}{\cos\beta} \cdot \frac{m}{F}\right). \qquad (16)$$

Die Massenbelegung der Legierungsschicht aus Gl. (16) in Gl. (18) eingesetzt, ergibt für ein binäres System:

$$r_{jc}^{a} = \frac{c_j \cdot \sigma_{jj}^{a}}{c_j \cdot \sigma_{jj}^{a} + (1-c_j) \cdot \sigma_{ii}^{a}} \cdot \left[1 - \exp\left(-\frac{\sigma_{jc}^{a}}{\sigma_{mc}^{a}} \cdot \ln\frac{1}{\bar{r}_{m\bar{c}}^{a}}\right)\right] \qquad (17)$$

Vor kurzem wurde darüber berichtet[5], daß sich die freien Weglängen Λ von Photoelektronen mit einer Energie im keV-Bereich in ein- und derselben Probe so wie

$$\Lambda_1 : \Lambda_2 = E_1^{1/2} : E_2^{1/2} \qquad (18)$$

verhalten. Da Λ mit σ entsprechend

$$\sigma = \frac{1}{\Lambda \cdot \varrho} \quad (\varrho \ldots \text{ Dichte des Probenmaterials}) \tag{19}$$

zusammenhängt, gilt für den Quotienten

$$\frac{\sigma_{jc}^{a}}{\sigma_{mc}^{a}} = \sqrt{\frac{E_{ma}}{E_{ja}}} \,, \tag{20}$$

da durch die Indizes m und a, bzw. j und a die kinetische Energie der Photoelektronen gegeben ist. Wird Gl. (20) in Gl. (17) eingesetzt, so errechnen sich die Konzentrationen zu:

$$\frac{1}{c_j} = 1 - \frac{\sigma_{jj}^{a}}{\sigma_{jc}^{a}} \left\{ 1 - \frac{1}{r_{jc}^{a}} \cdot \left[1 - \exp\left(- \sqrt{\frac{E_{ma}}{E_{ja}}} \cdot \ln \frac{1}{\bar{r}_{m\bar{c}}^{a}} \right) \right] \right\} \tag{21}$$

$$c_i = 1 - c_j$$

Die Massenbelegung folgt aus den Gln. (8) und (9) durch Einsetzen von c_j und c_i. Abb. 3 zeigt für auf Glasträger aufgedampfte binäre Ag-Au-Schichten die aus Gl. (21) berechnete Abhängigkeit

$$r_{Auc}^{Al} = f(c_{Au}, r_{Al}^{Sic}).$$

Mit Hilfe von Abb. 3 kann aus den gemessenen relativen Photoelektronenzählraten des Goldes im Schichtmaterial und des Siliziums im Glasträger direkt die Zusammensetzung der dünnen Ag-Au-

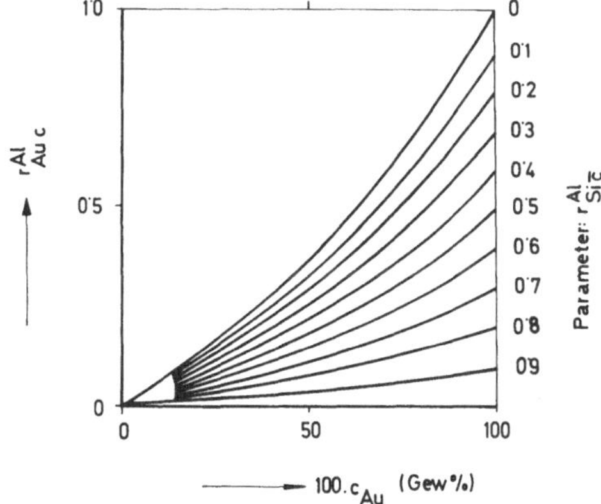

Abb. 3. Abhängigkeit der durch Al-Kα-Strahlung angeregten relativen Au-N$_{\text{VII}}$-Photoelektronenzählrate dünner Ag-Au-Legierungsschichten von der Goldkonzentration mit der vom Glasträger herrührenden relativen Si-L$_{\text{II,III}}$-Photoelektronenzählrate als Parameter

Schicht gefunden werden. Zur Vereinfachung der Auswertung ist noch in Abb. 4 die Abhängigkeit der Massenbelegung von der rela-

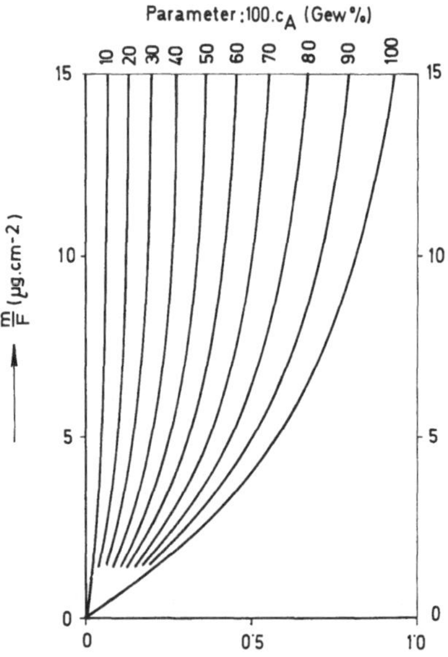

Abb. 4. Die Massenbelegung der binären Ag-Au-Schichten als Funktion von der gemessenen relativen Au-N_{VII}-Photoelektronenzählrate mit der aus Abb. 3 gefundenen Goldkonzentration als Parameter

tiven Au N_{VII}-Photoelektronenzählrate mit der Goldkonzentration als Parameter dargestellt.

Damit kann auch auf graphischem Wege die Massenbelegung der Ag-Au-Schichten gefunden werden.

Zum Abschluß der theoretischen Betrachtungen sei noch als Ergänzung zu Gl. (8) die relative Photoelektronenzählrate des Elementes i in der Legierungsschicht angeschrieben:

$$r_{ic}^a = \frac{n_{ic}^a}{N_{ii}^a} = \frac{c_i \cdot \sigma_{ii}^a}{\sigma_{ic}^a} \cdot \left[1 - \exp\left(- \frac{\sigma_{ic}^a}{\cos\beta} \cdot \frac{m}{F} \right) \right]. \tag{22}$$

Wird die Massenbelegung aus Gl. (22) in Gl. (8) eingesetzt, so ergibt sich für die Bestimmung der Konzentration c_j der binären Legierungsschicht die nur mit einem Computer lösbare transzendente Gleichung

$$r_{ic}^a = \frac{c_j \cdot \sigma_{jj}^a}{(1-c_j)\cdot\sigma_{ii}^a + c_j\cdot\sigma_{jj}^a} \cdot \left\{ 1 - \exp\left[\sqrt{\frac{E_{ia}}{E_{ja}}} \cdot \ln\left(1 - r_{ic}^a \cdot \frac{(1-c_j)\cdot\sigma_{ii}^a + c_j\cdot\sigma_{ii}^a}{(1-c_j)\cdot\sigma_{jj}^a} \right) \right] \right\} \tag{23}$$

In allen Fällen reicht zur Konzentrations- bzw. Massenbelegungsbestimmung unter der Annahme einer Mindestmassenbelegung von $1\ \mu g \cdot cm^{-2}$ und einer Mindestfläche von $0,1\ cm^2$ eine Probenmasse von $0,1\ \mu g$. Die Photoelektronenspektrometrie ergänzt somit die Röntgenfluoreszenzanalyse[6] in idealer Weise im Bereiche dünnster Schichten.

Experiment

Um die theoretischen Überlegungen experimentell zu verifizieren, wurden dünne Gold-, Silber- und Gold-Silber-Aufdampfschichten unterschiedlicher Massenbelegung, bzw. Zusammensetzung herge-

Tabelle 1

Schicht		Aufdampfbedingung	Massenbelegung $\mu g \cdot cm^{-2}$	n_{Au}	n_{Ag}
Ag	1	Träger auf RT	1	—	14
	2		2		12
	3		3		28
	4		5		34
	5		7		50
	6		10		64
Ag	7	Träger auf N_2	1	—	16
	8		2		23
	9		3		36
	10		5		33
	11		7		37
	12		10		50
Au	1	Träger auf RT	2	29	—
	2		4	62	
	3		6	61	
	4		10	95	
	5		14	133	
	6		20	120	
Au	7	Träger auf N_2	2	24	—
	8		4	60	
	9		6	72	
	10		10	87	
	11		14	75	
	12		20	79	
Ag + Au I		Träger auf RT	$1,9_7$ Ag	—	22
			$1,9_3$ Au	13	—
Ag + Au II		Träger auf RT	$1,0_5$ Ag	—	16
			$1,6_5$ Au	24	—
Ag + Au III		Träger auf RT	$1,3_7$ Ag	—	10
			$1,3_3$ Au	14	—
Ag-Referenz		—	∞	—	52
Au-Referenz		—	∞	117	—

stellt. Die Bedampfung erfolgte im Hochvakuum (besser als 10^{-5} mm Hg) und die Bestimmung der Massenbelegung aus der Verstimmung eines Schwingquarzes. Da die bei Raumtemperatur aufgedampften Schichten für Massenbelegungen unterhalb 20 μg cm^{-2} Gold bzw. 10 μg cm^{-2} Silber Inselcharakter aufweisen[1], wurden zur Hintanhaltung dieses Effektes auch bei einer Trägertemperatur entsprechend flüssigem Stickstoff Schichten hergestellt. Dieser Vergleich sollte zeigen, inwieweit die Inselbildung das Ergebnis der Photoelektronenmessung beeinflußt. Die Zweikomponentenschichten wurden — um Legierungen zu erhalten — gleichzeitig bedampft, wobei sich die Träger auf Raumtemperatur befanden. Als Träger dienten in allen Fällen polierte Glasplatten. Die röntgenphotoelektronenspektrometrischen Messungen wurden mit charakteristischer Mg Kα-Strahlung (1253,6 eV) ausgeführt. Die effektive Austrittsarbeit betrug 4,8 eV.

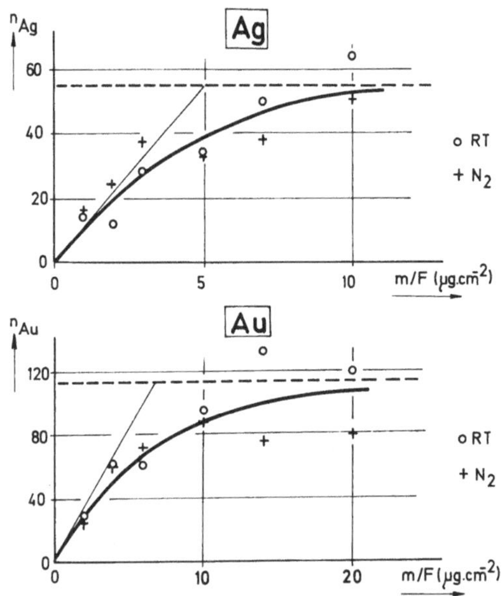

Abb. 5. Abhängigkeit der Silber- und der Gold-Photoelektronenzählrate von der Massenbelegung der dünnen Reinelement-Aufdampfschichten

Bei Gold wurde das $N_{VI,VII}$-Niveau ($E_B = 87$, bzw. 83 eV) und bei Silber das $M_{IV,V}$-Niveau ($E_B = 373$ bzw. 367 eV) zur Messung verwendet. Das Ergebnis der Untersuchungen ist in Tabelle 1 festgehalten, wobei auch noch die an kompakten Gold- und Silberplättchen gemessenen Referenzdaten eingetragen sind.

Werden die Ergebnisse in der Form $n(m/F)$ graphisch dargestellt (Abb. 5), so ersieht man daraus, daß zumindest innerhalb der Meßgenauigkeit kein erkennbarer systematischer Unterschied zwischen den unter verschiedenen Bedingungen hergestellten Schichten erkennbar ist. Dazu ist noch zu bemerken, daß die Versuche, da es sich um orientierende Experimente handelte, nicht in Richtung zur höchstmöglichen Genauigkeit ausgeführt wurden und außerdem zwischen dem Bedampfen der Träger und der Vermessung ein Zeitraum von etwa zwei Monaten lag. Diese Zeitspanne reicht aus, um auch bei tiefen Trägertemperaturen hergestellte Schichten zumindest teilweise zur Inselbildung zu bringen. Die so erhaltenen freien Weglängen sind daher größer und die Streukoeffizienten kleiner als sie beim Vorhandensein von Idealschichten wären. Da auch die Referenzproben naturgemäß eine zumindest vergleichbare Oberflächenrauhigkeit aufweisen und außerdem in Gl. (12) nur der Quotient aus den Streukoeffizienten in das Ergebnis eingeht, sind unter der Annahme vergleichbar ungünstiger Verhältnisse die Versuchsergebnisse durchaus brauchbar, wobei eine Fehlerabschätzung für alle so ermittelten Größen — Zählraten und Streukoeffizienten — eine Schranke von etwa 20% ergibt. Nach der Fehlerbetrachtung zu Photoelektronenmessungen ist noch zu ergänzen, daß die Massenbelegung der dünnen Aufdampfschichten mit einem Fehler von $\pm 15\%$ behaftet ist. Daraus resultiert für die Konzentrationen je nach der verwendeten Methode ein Fehler von ± 7 Gew.%.

Die Massenstreukoeffizienten σ_{AuAu}^{Mg} und σ_{AgAg}^{Mg} können aus Abb. 5 gewonnen werden und betragen $1{,}08 \cdot 10^5 \cdot cm^2 \cdot g^{-1}$ und $1{,}35 \cdot 10^5$ $cm^2\ g^{-1}$, wobei die Geometrie (der Abnahmewinkel der Photoelektronen ist bei dem verwendeten Gerät gleich 45^0) im Ergebnis enthalten ist.

Die Konzentrationen der Legierungsschichten lassen sich nach folgenden drei Methoden bestimmen:

1. aus der Schwingquarzmessung,

2. aus Gl. (12),

3. aus Abb. 2, wobei

    a) die Kenntnis der Gesamtmassenbelegung aus der Schwingquarzmessung vorausgesetzt wird,

    b) die Verhältnisse bei Al $K\alpha$- und Mg $K\alpha$-Anregung als identisch angenommen werden.

Das Ergebnis der so erhaltenen Goldkonzentrationen ist in Tabelle 2 wiedergegeben.

Dieses Ergebnis belegt die theoretischen Ausführungen und es ist zu erwarten, daß bei einer Verbesserung der Versuchsbedingungen

die Fehlerschranken auf die Hälfte oder darunter reduziert werden
können. Abschließend sei darauf verwiesen, daß die bei den hier

Tabelle 2

Schicht	c_{Au} (Gew.%)		
I	27 ± 6	24 ± 6	32 ± 7
II	60 ± 7	46 ± 7	61 ± 7
III	49 ± 7	44 ± 7	38 ± 7
	Quarz	Gl. (12)	Abb. 2

behandelten röntgenphotoelektronenspektrometrischen Untersuchungen analysierten Probenmengen kleiner als 0,3 μg waren.

Anerkennung

Wir danken der McPherson Instr. Corp., Acton (Mass.), und
Herrn P. Krenn (Kontron Wien) für die Durchführung der Dünn-
schichtmessungen. Dem Fonds zur Förderung der wissenschaftlichen
Forschung in Österreich — Projekt Nr. 1567 — danken wir für die
Unterstützung des Forschungsvorhabens.

Zusammenfassung

Die Photoelektronenzählrate dünner Reinelement- bzw. Legierungsschichten wurde in einen mathematischen Zusammenhang mit
der Massenbelegung und der Schichtzusammensetzung gebracht. Die
theoretischen Überlegungen werden an Hand von Gold-Silber-Legie-
rungsschichten verifiziert.

Summary

*Photoelectronspectrometric Investigations of Metal Films Evaporated onto
Glass*

The photoelectron count-rate of thin element- and alloy films is calculated in dependence of the mass per unit area and composition. The theory
is verified experimentally on the example of gold-silver alloy films.

Literatur

[1] H. Ebel und M. F. Ebel, Phys. stat. solidi (a) **13**, 179 (1972).
[2] H. Ebel und M. F. Ebel, X-Ray Spectrometry **2**, 19 (1973).

[3] Y. Baer, Per Filip Hedén, J. Hedman, M. Klasson und C. Nordling, Solid State Comm. 8, 1479 (1970).

[4] R. G. Steinhardt, J. Hudis und M. L. Perlman, Phys. Review B 5, 1016 (1972).

[5] M. Klasson, J. Hedman, A. Berndtsson, R. Nilsson, C. Nordling und P. Melnik, Physica Scripta 5, 93 (1972).

[6] H. Ebel, Wing Chuen Ho und E. Pell, Acta Physica Austriaca 31, 321 (1970).

Anschrift der Verfasser: Dr. Maria F. Ebel und Prof. Dr. H. Ebel, Institut für Technische Physik der Technischen Hochschule Wien, Karlsplatz 13, A-1040 Wien, Österreich.

Mikrochimica Acta [Wien], Suppl. 5, 1974, 333—342

Institut für Technische Physik der Technischen Hochschule Wien

Quantitative Analyse metallischer Proben mittels Photoelektronenspektrometrie*

Von

Horst Ebel und Maria F. Ebel

Mit 6 Abbildungen

(Eingegangen am 15. Februar 1973)

Die Anwendung der Röntgenphotoelektronenspektrometrie (XPS) auf die Oberflächenanalyse metallischer Verbindungen stellt eine neue Entwicklung auf diesem Gebiet dar. Vor kurzem wurden von B. L. Henke[1] und P. E. Larson[2] Arbeiten veröffentlicht, die eine theoretische Formulierung des Zusammenhanges zwischen der Photoelektronenzählrate, der Zusammensetzung und den inelastischen Streukoeffizienten einerseits und eine experimentelle Überprüfung derselben andererseits enthalten. Wir sind aus Analogiebetrachtungen zur Röntgenfluoreszenzanalyse zu einem vergleichbaren Ergebnis gelangt und haben dieses in Hinblick auf eine quantitative Oberflächenanalytik ausgebaut[3]. Es ist nun nicht das Ziel der folgenden Ausführungen, die Herleitung des genannten Zusammenhanges zu wiederholen, sondern an Hand der für die Analyse erforderlichen Gleichung eine sich ergebende Problemstellung aufzuzeigen. Der Ausdruck für die Photoelektronenzählrate einer kompakten und völlig ebenen Probe lautet:

$$n_{jc}^{a} = n_a \cdot A \cdot c_j \cdot \tau_{aj} \cdot \frac{S_{qj}-1}{S_{qj}} \cdot \frac{\Omega}{4\pi} \, \varphi\,(\Theta, \varphi) \cdot \varkappa_j^{a} \cdot \frac{1}{\sigma_{jc}^{a}} \cdot \cos\beta \qquad (1)$$

---

* Forschungsprojekt Nr. 1567 des Fonds zur Förderung der wissenschaftlichen Forschung in Österreich.

Vortrag anläßlich des 6. Kolloquiums über metallkundliche Analyse mit besonderer Berücksichtigung der Elektronenstrahl-Mikroanalyse, Wien, 23. bis 25. Oktober 1972.

Zur Beseitigung der Gerätegrößen und elementspezifischen Werte vergleichen wir mit der Photoelektronenzählrate einer ebenfalls kompakten und völlig ebenen Reinelementprobe

$$n_{jj}^a = n_a \cdot A \cdot \tau_{aj} \cdot \frac{S_{qj}-1}{S_{qj}} \cdot \frac{\Omega}{4\pi} \cdot \varphi\,(\Theta, \Psi) \cdot \varkappa_j^a \cdot \frac{1}{\sigma_{jj}^a} \cos \beta \qquad (2)$$

indem wir das Zählratenverhältnis — die relative Photoelektronenzählrate — bilden:

$$r_{jc}^a = \frac{n_{jc}^a}{n_{jj}^a} = \frac{c_j \cdot \sigma_{jj}^a}{\sigma_{jc}^a} \qquad (3)$$

Die äußerst einfache Gl. (3) ist bereits die Basis für die quantitative Analyse. Sie enthält zwei unter gleichen Bedingungen zu messende Photoelektronenzählraten n, die Konzentration c der Legierungsbestandteile und die inelastischen Massenstreukoeffizienten σ für die Photoelektronen. Trotz der scheinbaren Einfachheit sind zahlreiche Einflußgrößen zu beachten, die die Genauigkeit ganz wesentlich beeinflussen. Eine davon wird an dieser Stelle ausführlich diskutiert.

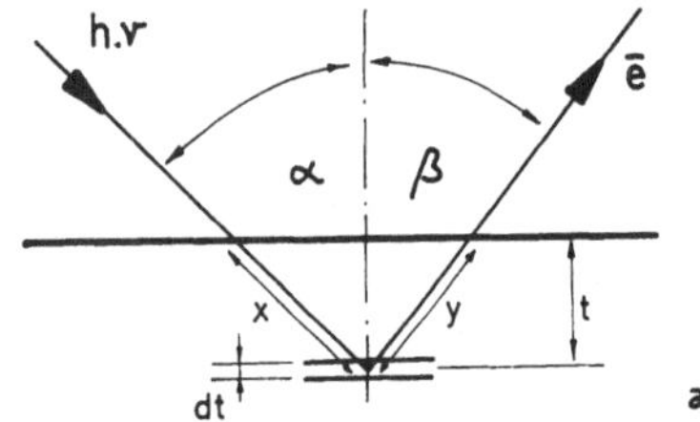

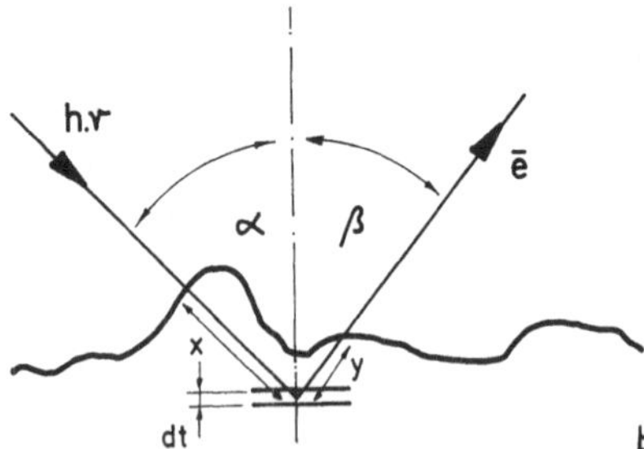

Abb. 1. Vergleich des Strahlenganges in einer ebenen (a) und einer rauhen (b) Probe

Die Gleichungen gelten für *ideal ebene* Proben. Von der Röntgenfluoreszenzanalyse her ist bekannt, daß bei Proben mit rauher Oberfläche oder Pulverproben die Fluoreszenzzählrate vergleichsweise geringer ist. Also ist die Frage zu klären, was bei der XPS als „rauh" zu bezeichnen ist und wie dieser Einfluß quantitativ formuliert werden kann.

Zur Herleitung der Gl. (1) wird von dem in Abb. 1a skizzierten Strahlengang Gebrauch gemacht. Die Wege der Quanten bis zum Schichtelement $dt\,(x)$ und der Photoelektronen bis zur Probenoberfläche (y) sind durch die nachfolgende Beziehung eindeutig miteinander verknüpft:

$$x \cdot \cos \alpha = y \cdot \cos \beta \tag{4}$$

Bei einer rauhen Probenoberfläche, wie sie aus Abb. 1b ersichtlich ist, können — abhängig vom Ort — ein und demselben x-Wert unterschiedliche y-Werte zugeordnet werden. Eine statistische Behandlung bietet hier die Möglichkeit, die Rauhigkeitseffekte zahlenmäßig

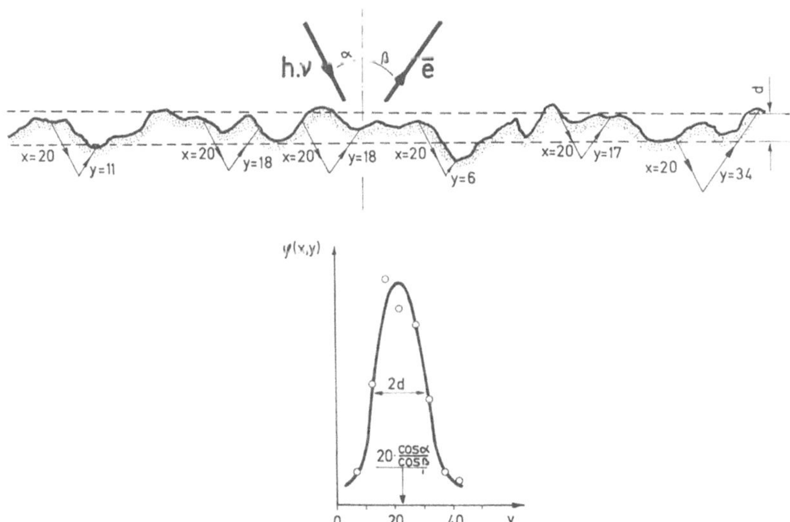

Abb. 2. Praktisches Beispiel einer Probe mit rauher Oberfläche. Die Verteilung $\varphi\,(x,y)$ gibt die Häufigkeit der y-Werte für einen vorgegebenen x-Wert an

zu erfassen. Nach Zusammenfassung aller für die eigentliche Problemstellung bedeutungslosen Größen in die Konstante k lautet die Photoelektronenzählrate einer ebenen Probe

$$n = k \cdot \int_{0}^{\infty} e^{-\bar{\mu} \cdot x - \bar{\sigma} \cdot x \cdot \frac{\cos \alpha}{\cos \beta}} \cdot dx \tag{5}$$

Um die Verhältnisse bei der Probe mit rauher Oberfläche beschreiben zu können, betrachten wir Abb. 2. Hier wird gezeigt, wie einem vorgegebenem x-Wert ($x = 20$) verschiedene y-Werte entsprechen. Die

Verteilung der y-Werte hat dabei ihr Maximum an der für eine glatte Probenoberfläche zu erwartenden Stelle $y = x \cdot \frac{\cos \beta}{\cos \alpha}$. Die Halbwertsbreite der Verteilungsfunktion ist in erster Näherung gleich der doppelten mittleren Rauhtiefe d. Treffen wir die Annahme, daß die Verteilung $\varphi(x, y)$ durch eine Gaußsche Verteilung zu beschreiben sei, so erhalten wir nach den bisherigen Ausführungen

$$\varphi(x, y) = A \cdot e^{-\frac{1}{d^2} \cdot \ln 2 \left(y - x \cdot \frac{\cos \alpha}{\cos \beta}\right)^2} \tag{6}$$

Die Funktion $\varphi(x, y) \cdot dy$ gibt die Wahrscheinlichkeit dafür an, zu einem gegebenen x-Wert einen y-Wert im Intervall von y bis $y + dy$ zu finden. Die Wahrscheinlichkeit ist Eins, wenn wir das Intervall von $y = 0$ bis $y = \infty$ erstrecken. Daraus errechnet sich der Amplitudenfaktor A gemäß

$$\int\limits_{y=0}^{\infty} \varphi(x, y) \cdot dy = 1 \tag{7}$$

$$A = \frac{1}{\int\limits_{0}^{\infty} e^{-\frac{1}{d^2} \cdot \ln 2 \left(\eta - x \cdot \frac{\cos \alpha}{\cos \beta}\right)^2} \cdot d\eta}$$

Der Amplitudenfaktor ist somit eine Funktion von x, wie dies aus Abb. 3 hervorgeht.

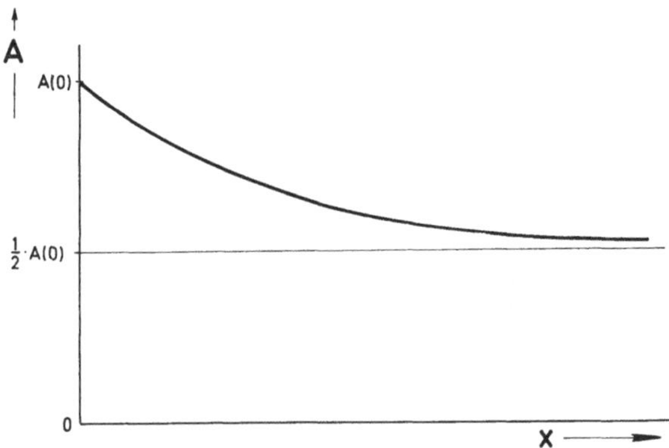

Abb. 3. Abhängigkeit des Amplitudenfaktors A der als Gaußverteilung angenommenen Verteilung $\varphi(x, y)$ von der Größe x

Die Photoelektronenzählrate einer Probe mit rauher Oberfläche ist nach dem statistischen Modell durch

$$n = k \cdot \int\limits_{0}^{\infty} e^{-\bar{\mu} \cdot x} \cdot dx \cdot \int\limits_{0}^{\infty} \varphi(x, y) \cdot e^{-\bar{\sigma} \cdot y} \cdot dy \tag{8}$$

gegeben. Will man von Gl. (8) zu Gl. (5) gelangen, ist für die Verteilungsfunktion $\varphi\,(x, y)$ die Deltafunktion $\delta\,(x, y)$ einzusetzen und Gl. (4) zu berücksichtigen. Spezialisieren wir die allgemein gültige Gl. (8) in der schon behandelten Form, also durch die Einführung einer Gaußverteilung und einer x-unabhängigen Halbwertsbreite derselben, die wir gleich der doppelten mittleren Rauhtiefe setzen, so erhalten wir:

$$n = k \cdot \int\limits_0^\infty e^{-\bar{\mu}\cdot x}\cdot dx \cdot \int\limits_0^\infty \frac{e^{-\frac{1}{d^2}\cdot \ln 2\left(y - x\cdot \frac{\cos\alpha}{\cos\beta}\right)^2}}{\int\limits_0^\infty e^{-\frac{1}{d^2}\cdot \ln 2\left(\eta - x\cdot \frac{\cos\alpha}{\cos\beta}\right)^2}\cdot d\eta}\cdot e^{-\bar{\sigma}\cdot y}\cdot dy \qquad (9)$$

Für gegen Null gehende Rauhtiefen d ergibt sich, wie bereits erwähnt, anstelle von $\varphi\,(x, y)$ die Funktion $\delta\,(x, y)$ und damit wieder Gl. (5). Der Fall der ebenen und völlig glatten Probe stellt somit für Gl. (9) einen Grenzfall dar. Da die Photoelektronenzählrate mit zunehmender Rauhtiefe abnimmt, ist es für eine quantitative Übersicht vorteilhaft, den Quotienten r aus den Gln. (9) und (5) weiter zu diskutieren

$$r = \frac{n\,(\text{Gl. 9})}{n\,(\text{Gl. 5})} \qquad (10)$$

Berechnen wir die in Gl. (10) entwickelte Abhängigkeit der auf die völlig ebene Probe bezogenen Photoelektronenzählrate einer rauhen

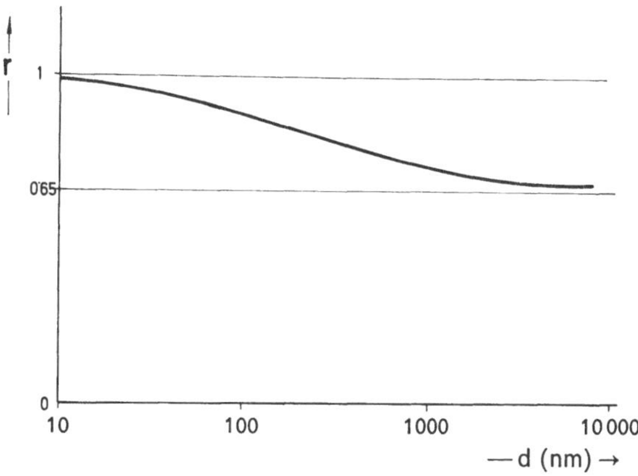

Abb. 4. Abhängigkeit der relativen $N_{VI, VII}$-Photoelektronenzählrate einer Goldprobe von der Rauhtiefe d (Anregung Al Kα-Strahlung, Gaußverteilung)

Probe von der Rauhtiefe d für Goldproben mit Al Kα-Anregung und das Niveau $N_{VI, VII}$, so erhalten wir den in Abb. 4 dargestellten Zusammenhang. Daraus ist zu ersehen, daß für Rauhtiefen $d > 10$ nm die Photoelektronenzählrate nur mehr unwesentlich abnimmt, also praktisch rauhtiefenunabhängig wird. Da die Rauhtiefen bei allen zur Untersuchung gelangenden Proben größer als 10 nm sind, könnte dieses Ergebnis, das nicht nur für das gewählte Beispiel (Gold) Gültigkeit besitzt, den Anschein erwecken, daß die relative Photoelektronenzählrate (Gl. 3) von der Oberflächenbeschaffenheit nicht weiter

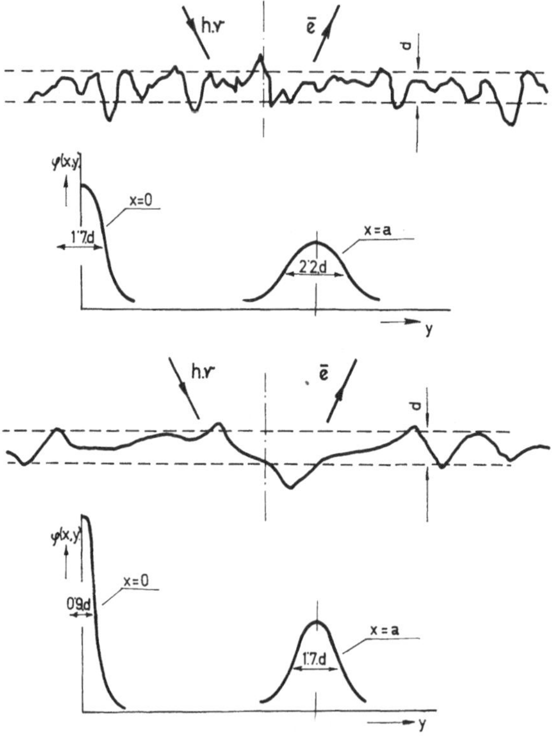

Abb. 5. Die Verteilungsfunktion $\varphi\,(x,y)$ zweier verschiedener Proben vergleichbarer Rauhtiefe an zwei unterschiedlichen Stellen von x

beeinflußt wird. Betrachten wir aus diesem Grunde nochmals die verwendete Spezialisierung. Wählen wir zu diesem Zweck anstelle der Gaußverteilung eine Cauchyverteilung

$$n = k \cdot \int_0^\infty e^{-\bar{\mu}\cdot x} \cdot dx \cdot \int_0^\infty \frac{\dfrac{1}{\displaystyle\int_0^\infty \dfrac{1}{1+\dfrac{1}{d^2}\cdot(\eta-x)^2}\cdot d\eta}}{1+\dfrac{1}{d^2}\cdot(y-x)^2} \cdot e^{-\bar{\sigma}\cdot y} \cdot dy \tag{11}$$

so erhalten wir zwar einen zu Abb. 4 ähnlichen Verlauf, doch ist der für große d-Werte sich ergebende Grenzwert etwas unterschiedlich.

Waren es bei der Gaußverteilung 65% der für eine völlig ebene Probe zu erwartenden Photoelektronenzählrate, so sind es nunmehr 61%. Das Ergebnis der theoretischen Behandlung hängt naturgemäß von der getroffenen Annahme ab. Außerdem ist mit Sicherheit zu erwarten, daß — abhängig von der Oberflächenbehandlung der Proben — unterschiedliche Verteilungsfunktionen $\varphi\,(x, y)$ resultieren, deren mathematische Formulierung praktisch unmöglich ist. Ein Nachteil der beiden Verteilungsfunktionen ergibt sich aus dem auch für große x-Werte noch vorhandenen $\varphi\,(x, 0)$. Diese Eigenschaft weisen die tatsächlichen Verteilungsfunktionen nicht auf. Auch die von x unabhängig angenommene Halbwertsbreite steht nicht völlig im Einklang mit der Realität. So finden wir bei einer Analyse der die Halbwertsbreite beeinflussenden Größen, daß sie nicht nur von der Rauhtiefe sondern auch von der Art der Rauhigkeit und zusätzlich von x abhängt. Abb. 5 möge zur Illustration dienen. Die mittlere Rauhtiefe ist für die beiden Beispiele annähernd gleich groß und trotzdem unterscheiden sich die Halbwertsbreiten besonders im Bereiche kleiner x-Werte.

Um noch die Größe der Variation in Abhängigkeit von dem der Rechnung zugrundegelegten Modell besser zu überblicken, wählen wir statt der statistischen Behandlung das in der quantitativen Röntgenfluoreszenzanalyse verwendete Prismenmodell (s. Abb. 6). Die

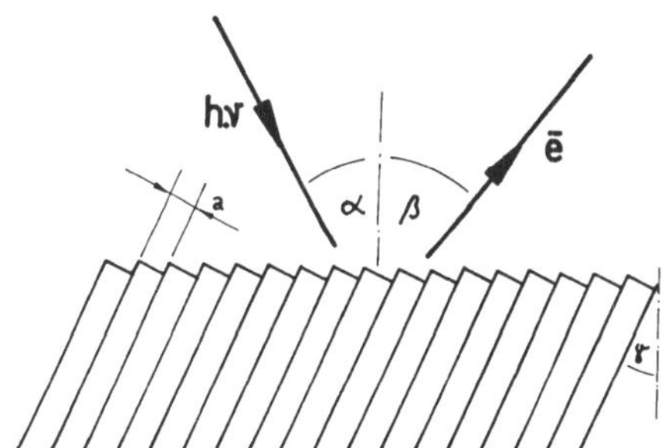

Abb. 6. Schematische Darstellung des Prismenmodells

ausführliche Diskussion dieses Modells im Zusammenhang mit Röntgenfluoreszenzuntersuchungen an Pulverproben wurde vor kuzer Zeit an anderer Stelle veröffentlicht[4]. Hier sei ohne weitere theoretische Behandlung die Photoelektronenzählrate angegeben:

$$n = k \cdot \frac{1}{\mu + \sigma \cdot \dfrac{\cos\gamma + \sin\gamma}{\cos\gamma - \sin\gamma}} \tag{12}$$

Gl. (12) gilt für große a-Werte, entsprechend einer großen Rauhtiefe und einem beliebigen Winkel γ. Nehmen wir alle γ-Werte zwischen -45^0 und $+45^0$ als gleich wahrscheinlich an, so errechnet sich die Photoelektronenzählrate zu

$$n = \left(\frac{1}{\pi} \ln 2 + \frac{1}{2} \right) \cdot n \ (\text{Gl. 5}) \tag{13}$$

Die Photoelektronenzählrate sinkt für große Rauhtiefen hier auf $(1/\pi \cdot \ln 2 + 1/2)$ des für eine ideale ebene Probe zu erwartenden Wertes, also auf 72% ab. Das Prismenmodell beschreibt die Röntgenfluoreszenzanalysenergebnisse an Pulverproben in brauchbarer Weise, da die maximalen Abweichungen zwischen der Modellrechnung und dem Experiment etwa 15% betragen. Im Rahmen der genannten Untersuchung wurde auch noch festgestellt, daß das Ergebnis für Pulverproben mit der Packungsdichte $\eta < 1$ zu multiplizieren sei, sich für Pulver somit die Photoelektronenzählrate auf

$$n = \eta \cdot n \ (\text{Gl. 13}) \tag{14}$$

reduziert. Pulveruntersuchungen im Photoelektronenspektrometer bringen demnach eine zusätzliche Größe ins Spiel, deren Erfassung noch schwieriger ist, als die der Rauhigkeit kompakter Proben.

Die bisher behandelten Modelle unterscheiden sich im Bereiche großer Rauhtiefen, wie es für die Photoelektronenspektrometer gemäß Abb. 4 stets der Fall sein dürfte, um etwa $\pm 10\%$. Ob es sich bei dem statistischen Modell mit Cauchyverteilung und dem Prismenmodell um Grenzfälle handelt, ist kaum abzuschätzen, doch werden in der Praxis unterschiedliche Oberflächenbehandlungen bei ein und derselben Probenzusammensetzung zu differierenden Photoelektronenzählraten Anlaß geben. Damit wird aus Gl. (3) eine Konzentration bestimmt, die einen wesentlichen Fehlerparameter enthält. Wie kann nun der durch die Rauhigkeit verursachte Fehler klein gehalten werden? Es scheint uns unmöglich, eine aus der Sicht der Photoelektronenspektrometrie ideale Referenzprobe zu schaffen, um so den Einfluß der Rauhigkeit näher studieren zu können. Auch Aufdampfschichten genügen den hohen Anforderungen nicht, da sie auf „rauhe“ Träger aufgebracht werden und außerdem zufolge der Inselbildung zusätzlich aufrauhen. Dieser Effekt war sicher die Hauptursache für die Streuungen bei den früher behandelten Konzentrationsbestimmungen an dünnen Legierungsschichten[5]. Untersuchungen an unterschiedlich vorbehandelten Probenoberflächen werden jedoch ein besseres Verständnis für den Rauhigkeitseffekt erbringen. Nach den bisherigen Ausführungen bieten sich zwei Empfehlungen an:

Gl. (3) erfordert Relativmessungen, d. h. die unbekannte und die Referenz-Probe sind möglichst gleichartig vorzubehandeln. Damit werden die Rauhigkeitseinflüsse bei beiden Proben annähernd gleich gehalten und heben einander im Zuge der Quotientenbildung auf. Leider ist der Lösungsvorschlag auf Dünnschichtproben nicht anwendbar.

Die zweite Möglichkeit bezieht sich auf eine Analytik, bei welcher die Photoelektronenzählraten der verschiedenen in der Probe enthaltenen Elemente zueinander ins Verhältnis gesetzt werden (vgl. Methode V, lit. 3). Da im Ergebnis in keinem der behandelten Modelle elementspezifische Größen enthalten sind, sind die Reduktionen aller Photoelektronenzählraten gleichartig und beeinflussen die Konzentrationsbestimmung in keiner Weise mehr. Zusätzlich eliminiert man damit auch den die Photoelektronenzählrate ebenfalls vermindernden Beitrag von Kontaminationen. Der zweite Verbesserungsvorschlag ist auch auf Legierungsschichten übertragbar und wird Gegenstand von Untersuchungen sein.

Anhang

1. Die graphische Auswertung von Rauhigkeitsprofilen[6] hinsichtlich der Verteilungsfunktion $\varphi(x, y)$ zeigt, abhängig von der Art des Profils, unterschiedliche Halbwertsbreiten an der Stelle $x = 0$. Oberhalb $x = 2 \cdot d$ bleibt die Halbwertsbreite konstant. Da für die Photoelektronenspektrometrie nur die oberflächennahen Bereiche bestimmend sind, ist gerade das Gebiet rund um x und y gleich Null von besonderem Interesse. $\varphi(0, y)$ hat dann eine von Null abweichende Halbwertsbreite, wenn die Neigung der Rauhigkeitsprofilkanten größer ist als die von der Einfalls- und der Beobachtungsrichtung her gegebenen Neigungswinkel.

2. Die Berechnung des für rauhe Probenoberflächen sich ergebenden Grenzwertes wurde im vorangegangenen Text aus Gründen der Übersichtlichkeit nur näherungsweise skizziert. Die Halbwertsbreite nimmt für das gezeigte Rauhigkeitsprofil im Bereich von $x = 0$ bis $x = 2 \cdot d$ vom Wert B_0 bis $2 \cdot d$ zu. Dies wurde bei der Berechnung berücksichtigt, indem die Halbwertsbreite im genannten Intervall direkt proportional zu x angenommen wurde, um erst oberhalb von $x = 2 \cdot d$ den konstanten Wert $2 \cdot d$ beizubehalten.

Zusammenfassung

Die Rauhigkeit der Probenoberfläche vermindert die Photoelektronenzählrate. Dieser Effekt wird theoretisch behandelt und es ergibt sich eine vom Modell abhängige Streuung der Ergebnisse von etwa $\pm 10\%$. Aus den theoretischen Überlegungen werden Möglichkeiten zur Einengung bzw. Umgehung des Effektes angegeben.

Summary

Quantitative Analysis of Metallic Samples by Means
of Photoelectronspectrometry

A reduction of the photoelectron-countrate is caused by a roughness of sample surfaces. This effect is treated with different theoretical models. Depending on the model the results show differences of $\pm 10\%$. Theoretical considerations show that the roughness-effect can be reduced or avoided by two different ways.

Literatur

[1] B. L. Henke, Phys. Rev. 6 (1), 94 (1972).

[2] P. E. Larson, Analyt. Chemistry **44**, 1678 (1972).

[3] H. Ebel und M. F. Ebel, X-Ray Spectrometry **2**, 19 (1973).

[4] H. Ebel, A. Wagendristel, R. Maix und R. Bürger, Arch. Eisenhütten-wes. **39**, 755 (1968).

[5] M. F. Ebel und H. Ebel, Mikrochim. Acta [Wien] Suppl. 5, **1974**, 319.

[6] H. Ebel und M. F. Ebel, Z. analyt. Chem. **264**, 361 (1973).

Anschrift der Verfasser: Prof. Dr. H. Ebel und Dr. Maria F. Ebel, Institut für Technische Physik der Technischen Hochschule Wien, Karlsplatz 13, A-1040 Wien, Österreich.

Mikrochimica Acta [Wien], Suppl. 5, 1974, 343—352

Institut für Technische Physik der Technischen Hochschule Wien

Röntgenstreuanalyse*

Von

J. Wernisch

Mit 9 Abbildungen

(Eingegangen am 15. Februar 1973)

Die Röntgenstreuanalyse macht von der Tatsache Gebrauch, daß bei einem Röntgenspektrometer die an der Probe gestreuten charakteristischen Linien der Spektroskopieröhre Rückschlüsse auf die Probenzusammensetzung ermöglichen. Hier werden vier Varianten der Streuanalyse gezeigt, wobei als Meßgrößen die kohärent (c) und inkohärent (i) gestreuten Anteile Verwendung finden. Neben den Vergleichen der c- bzw. i-Anteile mit denen einer Referenzprobe (z. B. H_2O) sind die Summe und der Quotient aus den c- und i-Anteilen für die Analyse von Bedeutung.

Nach Ziegler[1] nimmt mit abnehmender Ordnungszahl Z der inkohärent gestreute Anteil linear zu, während der kohärent gestreute Anteil annähernd zu Z^3 proportional ist. Zur Veranschaulichung zeigt Abb. 1 die Abhängigkeit des Quotienten aus dem kohärenten und dem inkohärenten Streukoeffizienten von der Ordnungszahl.

Die Untersuchungen wurden sowohl theoretisch als auch experimentell an verschiedenen Elementen und Kohlenwasserstoffen mit der $WL\alpha$-Strahlung der Spektroskopieröhre vorgenommen. Die theoretische Behandlung der Meßeffekte erfolgte analog zur Röntgenfluoreszenzanalyse[2]. Dabei fanden Einfach-, Zweifach- und Dreifach-

---

* Vortrag anläßlich des 6. Kolloquiums über metallkundliche Analyse mit besonderer Berücksichtigung der Elektronenstrahl-Mikroanalyse, Wien, 23. bis 25. Oktober 1972.

Forschungsprojekt Nr. 1481 „Quantitative Röntgenstreuanalyse" des Fonds zur Förderung der wissenschaftlichen Forschung.

Tabelle 1

Probe	Gew.% H	r_{12}^c theor.	r_{12}^c exp.	r_{12}^i theor.	r_{12}^i exp.	r_{ci} theor.	r_{ci} exp.	r_{c+i} exp.
Graphit C	0	1,630	1,488	2,145	1,540	1,31	1,16	1,85
Benzol C_6H_6	7,74	1,638	1,510	2,699	1,632	1,07	0,95	1,94
Toluol C_7H_8	8,75	1,639	1,500	2,825	1,646	1,04	0,90	1,95
Xylol C_6H_{10}	12,27	1,643	1,502	3,078	1,667	0,96	0,83	1,97
Dekalin $C_{10}H_{18}$	13,12	1,645	1,528	3,160	—	—	—	—
Cyklohexan C_6H_{12}	14,37	1,646	1,532	3,259	1,680	0,91	0,72	1,99
Iso-Oktan C_8H_{18}	15,88	1,648	1,537	3,386	1,729	0,88	0,75	2,03
n-Hexan C_6H_{14}	16,38	1,648	1,565	3,428	1,733	0,87	0,69	2,05

Z	$\dfrac{\sigma^c}{\mu^\tau} \cdot 10^{-3}$	$\dfrac{\sigma^i}{\mu^\tau} \cdot 10^{-3}$	$\dfrac{\sigma^c}{\sigma^i}$	$(n^c + n^i)$ exp.
1	93,53	892,1	0,1	—
6	51,04	29,9	1,7	57,34
8	31,35	9,7	3,0	—
13	14,67	1,8	8,0	30,99
26	5,16	0,2	21,1	10,57
29	36,97	1,2	29,2	33,94
82	25,8	0,1	158,6	23,66

streuprozesse Berücksichtigung. Wie aus Abb. 2 ersichtlich ist, ist der
i-Anteil wesentlich breiter als der c-Anteil. Diese Verbreiterung rührt
von der Divergenz des Primärstrahlenbündels und von der Mehrfachstreuung her. Außerdem ist zu sehen, daß Pb wie auch andere

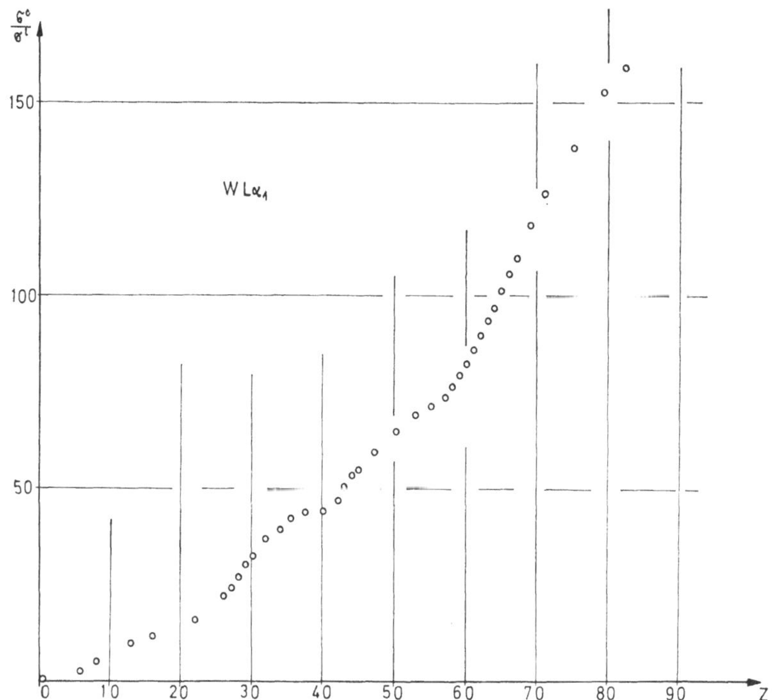

Abb. 1. Quotient des kohärenten und des inkohärenten Streukoeffizienten für die
WLα-Strahlung als Funktion von Z

Elemente hoher Ordnungszahl praktisch als kohärente Streuer anzusehen sind. Zur Auswertung der Streulinien sind entweder die Maximalwerte der c- und i-Streukurven, oder aber die Flächen unter
diesen heranzuziehen.

Die theoretische Behandlung des Streueffektes fordert die Verwendung der integralen Streuzählrate, also die Flächenauswertung.
Die Trennung der beiden Streukurven wird später noch kurz behandelt.

Das ordnungszahlabhängige Streuvermögen gestattet es, das
Mengenverhältnis der Elemente einer Probe zu ermitteln. Voraussetzung für die quantitative Streuanalyse ist allerdings die Kenntnis
der in der Probe enthaltenen Elemente. Zunächst sei die übliche

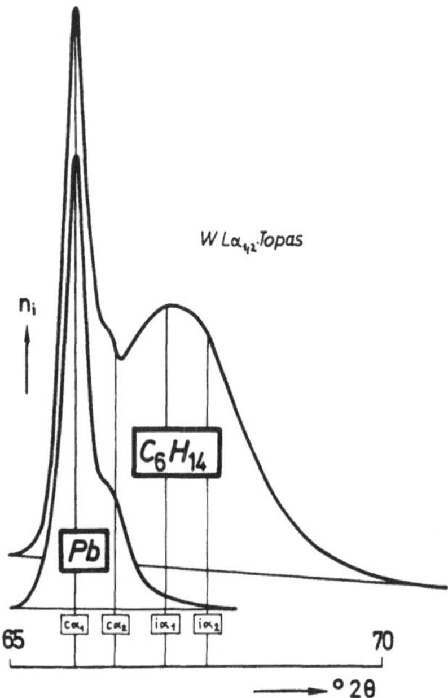

Abb. 2. Mit dem Röntgenspektrometer (Topas, Diskriminator) gemessene spektrale Intensitätsverteilung der an Pb und C_6H_{14} gestreuten WLα-Strahlung

$c\alpha_{12}$ ... koh. Streuwinkel, $i\alpha_{12}$ ... für einen Streuwinkel von 90⁰ berechnete, inkoh. Streuwinkel)

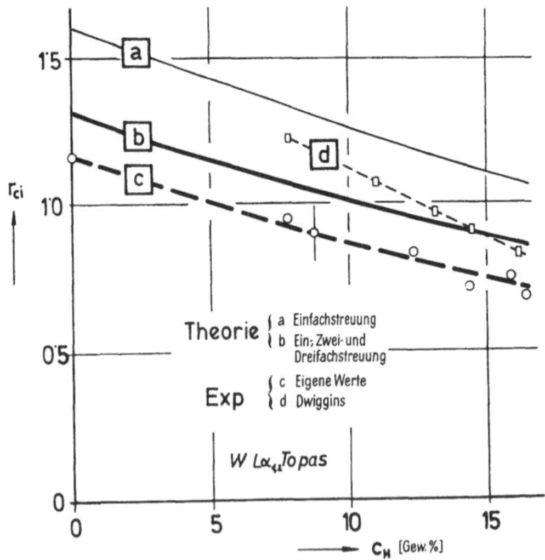

Abb. 3. Abhängigkeit des Verhältnisses der kohärent zur inkohärent gestreuten Strahlung von Kohlenwasserstoffen in Abhängigkeit vom Wasserstoffgehalt in Gewichtsprozent

Methode behandelt, bei der das Verhältnis des c- zum i-Anteil die Probenzusammensetzung charakterisiert. Diese Methode eignet sich besonders für Elemente niederer Ordnungszahl und deren Kombinationen, da der i-Anteil im Verhältnis zum c-Anteil genügend groß ist. Mit zunehmender Ordnungszahl nimmt der i-Anteil stark ab, wodurch die Auswertgenauigkeit ganz wesentlich beeinträchtigt wird.

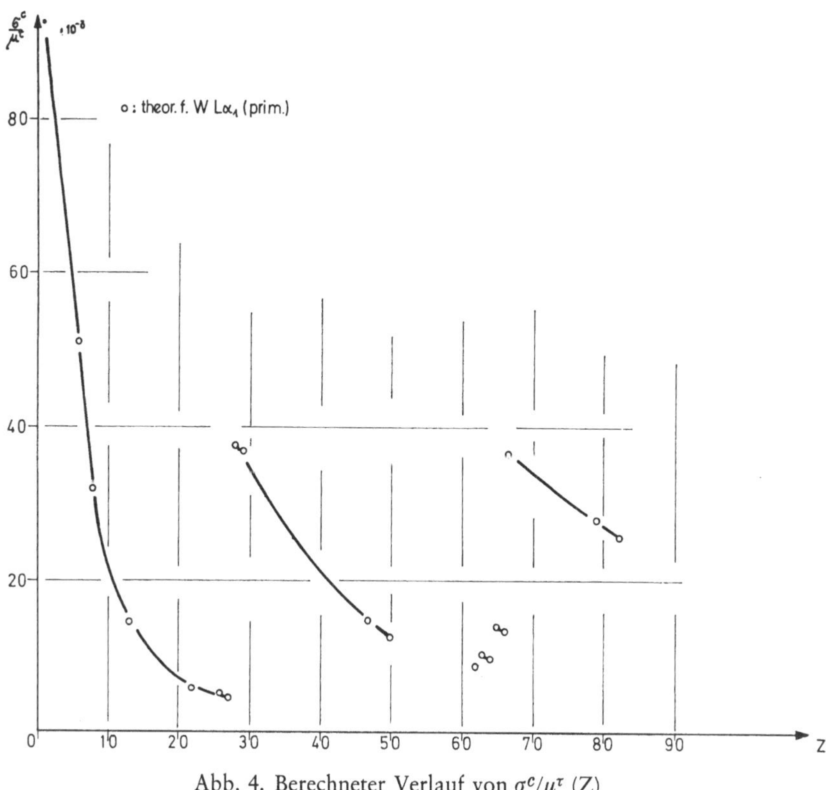

Abb. 4. Berechneter Verlauf von σ^c/μ^τ (Z)

Der große Vorteil der Verwendung von c/i besteht weiter darin, daß der Einfluß der Oberflächenrauhigkeit fester Proben für den c- und i-Anteil gleich groß ist und daher wegfällt. Abb. 3 veranschaulicht die Abhängigkeit des Verhältnisses c/i bei Kohlenwasserstoffen vom Wasserstoffgehalt. Die empirisch gefundenen Werte von Dwiggins[3] differieren im Vergleich zu unseren Ergebnissen, da dort die Maximalwerte verwendet wurden.

Die zweite Methode macht von der Konzentrationsabhängigkeit des c-Anteils in bezug auf eine Referenzprobe Gebrauch. Aus Abb. 4 entnimmt man die Abhängigkeit des für Einfachstreuung zum c-

 J. Wernisch:

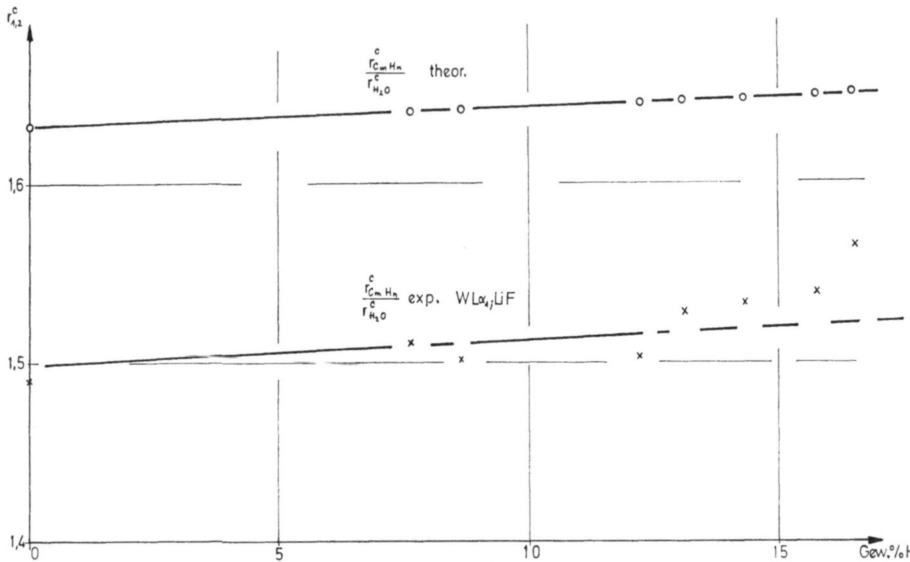

Abb. 5. Vergleich der theoretisch und experimentell gefundenen Werte von $r_{12}{}^c$ für Kohlenwasserstoffe

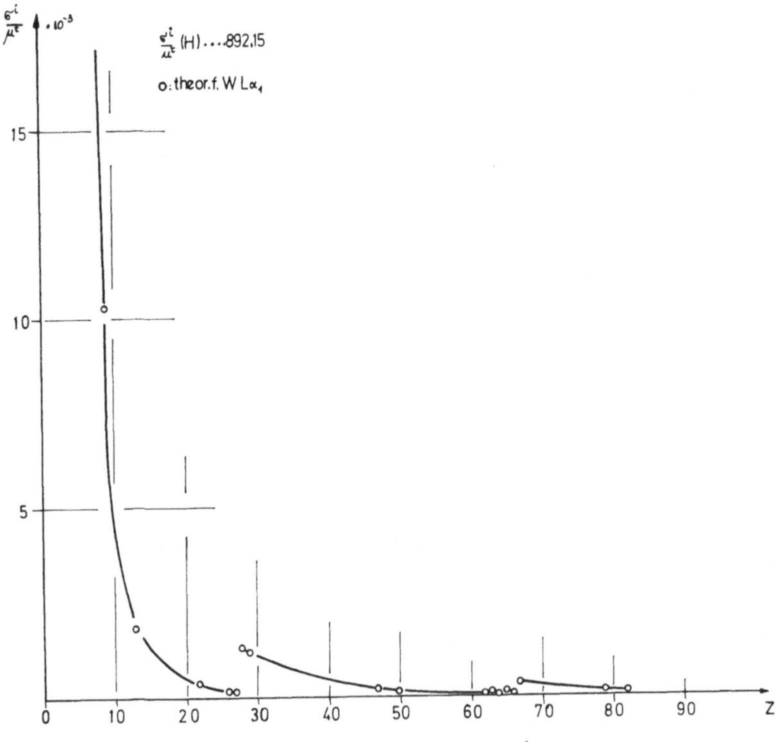

Abb. 6. Berechneter Verlauf von σ^i/μ^τ (Z)

Anteil proportionalen Verhältnisses σ^c/μ^τ von der Ordnungszahl Z für WLα-Strahlung. Bedingt durch die Absorptionskanten bietet sich hier eine einfache Möglichkeit, an bestimmten Elementkombinationen (z. B. Fe-Cu, Al-Cu) Konzentrationsbestimmungen durchzuführen. Bei Kohlenwasserstoffen (Abb. 5) ist der Meßeffekt zu gering. Verwendet man an Stelle des c-Anteils den i-Anteil, so ist unter Berücksichtigung von Einfachstreuprozessen das Verhältnis σ^i/μ^τ proportional zu diesem. Wie aus der Abb. 6 ersichtlich ist, ergeben sich zwischen Elementen hoher Ordnungszahl nur geringe Unterschiede, wo-

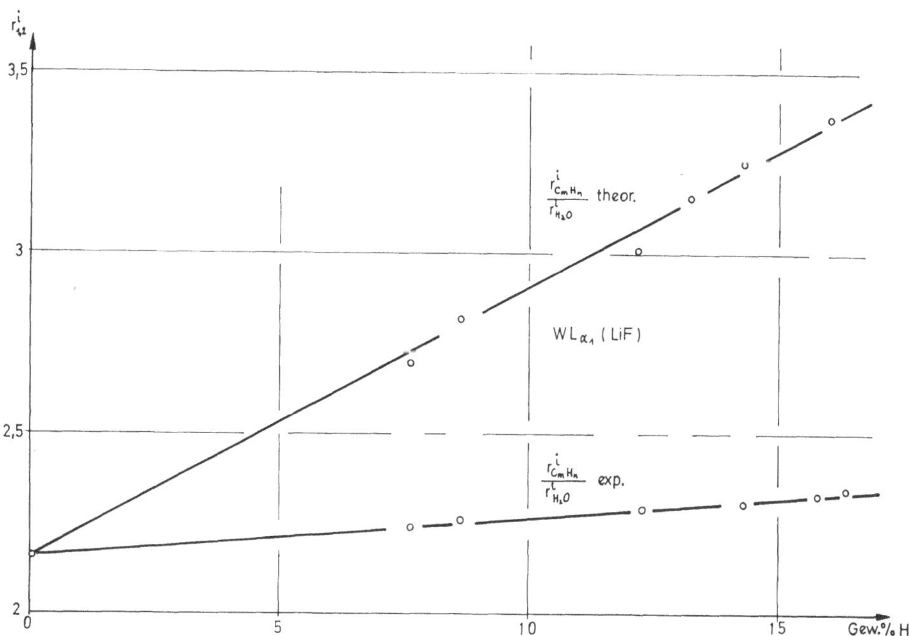

Abb. 7. Vergleich der theoretisch und experimentell gefundenen Werte von $r_{12}{}^i$ für Kohlenwasserstoffe

mit eine Konzentrationsbestimmung der früher genannten Elementkombinationen ausscheidet. Zwischen Elementen mit niederem Z sind sehr große Unterschiede zu erkennen. Eine einfache Anwendung zur quantitativen Analyse von Kohlenwasserstoffen ist jedenfalls gegeben (Abb. 7). Schließlich läßt — wie Abb. 8 zeigt — die Summe aus dem kohärenten und inkohärenten Anteil in Abhängigkeit von Z sowohl bei leichten als auch bei bestimmten Elementkombinationen höherer Ordnungszahl eine quantitative Analyse zu. Die Summe $c + i$ ist die Gesamtfläche unter der gestreuten WLα-Linie. (Die Verhältnisse für Kohlenwasserstoffe veranschaulicht Abb. 9.)

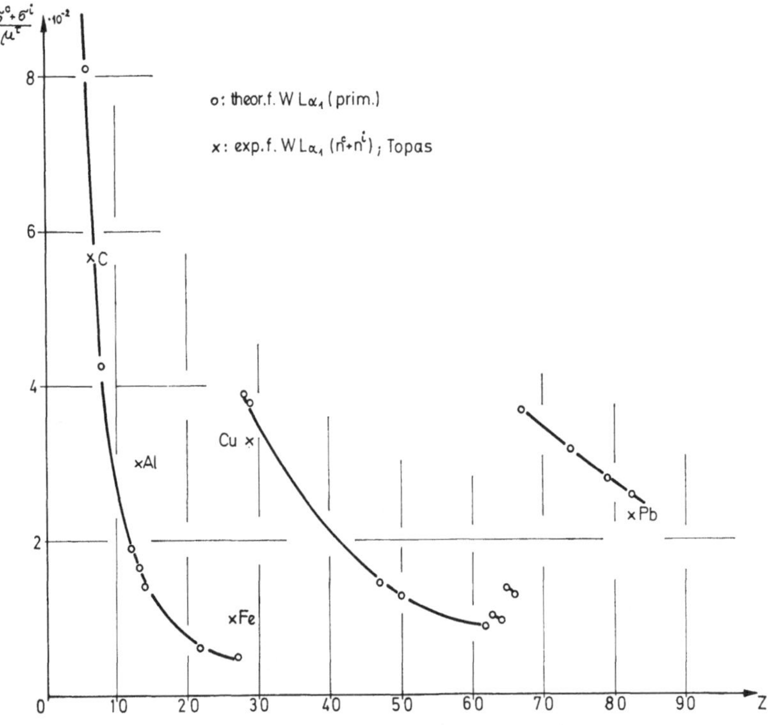

Abb. 8. Theoretischer Verlauf der Summe der kohärenten und inkohärenten Streuanteile als Funktion von der Ordnungszahl (× kennzeichnen gemessene Werte)

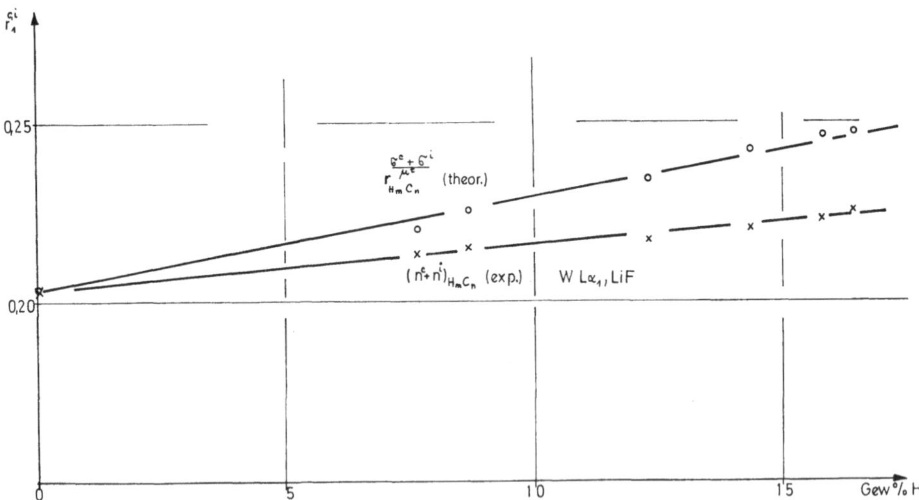

Abb. 9. Berechnete und gemessene Abhängigkeit der gesamten gestreuten WLα-
Strahlung bei Kohlenwasserstoffen vom H-Gehalt in Gewichtsprozenten

Die Trennung des c- und i-Anteils unter der Gesamtstreukurve erfolgt derart, daß die Pb-Streukurve im Verhältnis der kohärenten Maxima von der an dem jeweiligen Kohlenwasserstoff gemessenen Streukurve in Abzug gebracht wurde. Der Vergleich zwischen Theorie und Praxis zeigt dennoch, daß die gemessenen Werte kleiner sind. Eine genauere Kenntnis der Überlagerung des inkohärenten mit dem kohärenten Streuanteil wird diese Differenz sicher verringern. Derartige Untersuchungen sind bereits im Gange. Außerdem müßte im inkohärenten Anteil auch die Röntgen-Raman- und Röntgen-Plasmonstreuung Berücksichtigung finden. Dies ist allerdings sehr schwierig quantitativ zu erfassen. Ein weiteres Problem bei der theoretischen Beschreibung der Streuanteile ergibt sich aus der Genauigkeit, mit der die Streukoeffizienten und Gesamtmassenschwächungskoeffizienten bekannt sind. Wir haben die Werte von McMaster et al.[4] verwendet. Nach sorgfältiger Untersuchung aller hier genannten Einflußgrößen wird die Röntgenstreuanalyse die Röntgenfluoreszenzanalyse besonders im Bereiche leichter Elemente ergänzen helfen. Außerdem konnte gezeigt werden, daß die Streuanalyse, im Gegensatz zur bisherigen Meinung, auch für Elemente höherer Ordnungszahl Anwendung finden kann.

Zusammenfassung

Unter Berücksichtigung der Mehrfachstreuung wurden vier Varianten der Streuanalyse gezeigt, wobei als Meßgrößen die kohärenten und inkohärenten Streuanteile Verwendung finden. Die für verschiedene Elemente und Kohlenwasserstoffe berechneten Werte wurden mit den experimentell gefundenen verglichen.

Summary

X-Ray Scattering Analysis

The portions of coherently and incoherently scattered X-rays have been used to describe four methods for a quantitative X-ray scattering analysis. For different elements and hydrocarbons, the result and the agreement between theory and experiment are discussed.

Literatur

[1] C. A. Ziegler, Analyt. Chemistry **31**, 1794 (1959).

[2] H. Ebel und M. F. Ebel, X-Ray Spectrometry **1**, 15 (1972).

[3] C. W. Dwiggins jr., Analyt. Chemistry **33**, 67 (1961).

[4] W. H. McMaster, N. Kerr, Del Grande, J. H. Mallett und J. H. Hubbell, Compilation of X-Ray Cross-sections, Clearinghouse, U. S. Department of Commerce, 1969.

Anschrift des Verfassers: Dipl.-Ing. Dr. Johann Wernisch, Institut für Technische Physik der Technischen Hochschule Wien, Karlsplatz 13, A-1040 Wien, Österreich.

Mikrochimica Acta [Wien], Suppl. 5, 1974, 353—363

Institut für Technische Physik, Technische Hochschule Wien

Röntgenfluoreszenzanalytische Bestimmung von Massenschwächungskoeffizienten*

Von

M. Mantler

Mit 6 Abbildungen

(Eingegangen am 15. Februar 1973)

Einleitung

Massenschwächungskoeffizienten für Röntgenstrahlen sind — je nach Element und Wellenlänge mit wechselnder Genauigkeit — bekannt und tabelliert[1, 2]. Abgesehen von theoretischen Überlegungen wurden diese Werte durchwegs durch den Vergleich der Intensitäten einer Strahlung bestimmter Wellenlänge vor ($I_{\lambda, 0}$) und nach dem Durchgang durch einen Absorber ($I_{\lambda, 1}$) gefunden:

$$\mu_{\lambda i}/\varrho_i = \frac{1}{m/F} \cdot \ln \frac{I_{\lambda, 0}}{I_{\lambda, 1}}$$

Die Genauigkeit solcher Messungen hängt besonders davon ab, ob

1. die Dicke der Folie im optimalen Bereich von $\dfrac{I_{\lambda, 0}}{I_{\lambda, 1}}$ liegt, der durch Element und Wellenlänge bestimmt wird[3],

2. die Probe über die ganze bestrahlte Fläche gleichmäßig dick ist,

3. keine Risse, Poren, Falten usw. vorhanden sind, und ob

4. keine wesentlichen Verunreinigungen enthalten sind.

---

* Vortrag anläßlich des 6. Kolloquiums über metallkundliche Analyse mit besonderer Berücksichtigung der Elektronenstrahl-Mikroanalyse, Wien, 23. bis 25. Oktober 1972.

Diese Untersuchungen wurden aus Mitteln des Fonds zur Förderung der wissenschaftlichen Forschung in Österreich gefördert (Forschungsauftrag Nr. 1401 — Röntgenfluoreszenzanalytische Bestimmung von Massenschwächungskoeffizienten).

Die Herstellung genügend dünner Folien ausreichender Qualität ist insbesondere in Bereichen starker Absorption schwierig. In solchen Bereichen unterscheiden sich die Werte für Massenschwächungskoeffizienten verschiedener Autoren um 3—10%.

Die röntgenfluoreszenzanalytische Bestimmung von Massenschwächungskoeffizienten ist eine Alternative zu den Absorbermes-

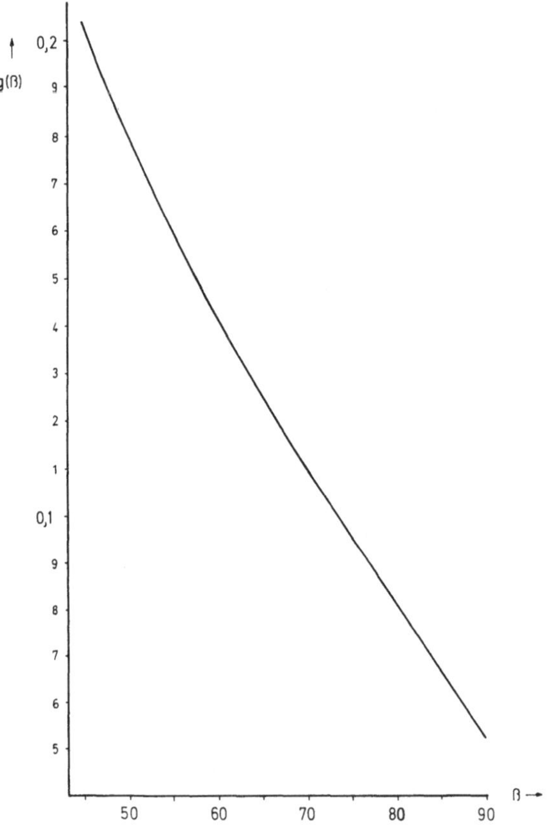

Abb. 1. Berechneter Verlauf von $g\,(\beta)$. $(m/F = 10^{-3}\,g \cdot cm^{-2})$

sungen, die nicht auf freitragende Folien angewiesen ist. Sie ist anwendbar, wenn eine dünne Schicht des betreffenden Elements durch Aufdampfen auf Glas (Schichtfluoreszenz) oder ein anderes Trägerelement (Schichtfluoreszenz oder Trägerfluoreszenz) aufgetragen werden kann. Der Nachteil dieser Methode liegt im größeren technischen Aufwand, weil die Intensität der Fluoreszenzstrahlung bei verschiedenen Abnahmewinkeln gemessen werden muß und Spektrometer mit variabler Strahlengeometrie im Handel nicht erhältlich sind.

In der vorliegenden Arbeit wird über erste erfolgreiche Messungen berichtet, die in Bereichen gemacht wurden, die experimentell einfach zu beherrschen sind und in denen gute Vergleichsmöglichkeiten mit der Literatur bestehen.

Theorie

Das Verhältnis der Fluoreszenzintensitäten einer dünnen und einer kompakten Reinelementprobe ist[4, 5]

$$r = \frac{\displaystyle\int_{\lambda_0}^{\lambda_{ki}} x_\lambda \tau_{\lambda i}\, \frac{1 - e^{-\frac{m}{F}\left(\frac{\mu_{\lambda i}}{\varrho_i \cdot \cos\alpha} + \frac{\mu_{ii}}{\varrho_i \cdot \cos\beta}\right)}}{\dfrac{\mu_{\lambda i}}{\varrho_i \cdot \cos\alpha} + \dfrac{\mu_{ii}}{\varrho_i \cdot \cos\beta}}\, d\lambda}{\displaystyle\int_{\lambda_0}^{\lambda_{ki}} x_\lambda \tau_\lambda\, \frac{1}{\dfrac{\mu_{\lambda i}}{\varrho_i \cdot \cos\alpha} + \dfrac{\mu_{ii}}{\varrho_i \cdot \cos\beta}}\, d\lambda}$$

Anwendung des Mittelwertsatzes der Integralrechnung liefert:

$$r = \frac{\left[1 - e^{-\frac{m}{F}\left(\frac{\mu_{\bar\lambda i}}{\varrho_i \cdot \cos\alpha} + \frac{\mu_{ii}}{\varrho_i \cdot \cos\beta}\right)}\right] \cdot \displaystyle\int_{\lambda_0}^{\lambda_{ki}} x_\lambda \tau_\lambda\, \frac{1}{\dfrac{\mu_{\lambda i}}{\varrho_i \cdot \cos\alpha} + \dfrac{\mu_{ii}}{\varrho_i \cdot \cos\beta}}\, d\lambda}{\displaystyle\int_{\lambda_0}^{\lambda_{ki}} x_\lambda \tau_\lambda\, \frac{1}{\dfrac{\mu_{\lambda i}}{\varrho_i \cdot \cos\alpha} + \dfrac{\mu_{ii}}{\varrho_i \cdot \cos\beta}}\, d\lambda} =$$

$$= r = 1 - e^{-\frac{m}{F}\left(\frac{\mu_{\bar\lambda i}}{\varrho_i \cdot \cos\alpha} + \frac{\mu_{ii}}{\varrho_i \cdot \cos\beta}\right)} \qquad [\bar\lambda = \bar\lambda\,(\beta)]$$

und

$$-\cos\beta \cdot \ln(1 - r) = \frac{m}{F}\left(\frac{\mu_{\bar\lambda i}}{\varrho_i \cdot \cos\alpha} \cdot \cos\beta + \frac{\mu_{ii}}{\varrho_i}\right) = g\,(\beta)$$

$g\,(\beta)$ läßt sich durch Messungen ermitteln.

Für $\beta \to 90^0$ erhält man:

$$\lim_{\beta \to 90^0} g\,(\beta) = \frac{m}{F}\,\frac{\mu_{ii}}{\varrho_i}$$

und damit bei bekanntem m/F der dünnen Schicht den gesuchten Massenschwächungskoeffizienten.

g (β) verläuft ab $\beta = 70^0$ annähernd linear, so daß die Extrapolation einfach ist (Abb. 1). Zur Wahl stehen:

a) lineare Extrapolation aus Werten g (β) für β nahe 90^0;

b) Extrapolation entlang einer Funktion, die g (β) — einschließlich g (90^0) — ausreichend genau beschreibt.

Meßtechnisch ist der Bereich $\beta > 80^0$ schwer beherrschbar. Die Genauigkeit dieser Werte hängt nämlich wesentlich von 3 Faktoren ab:

a) von der Fluoreszenzintensität der dünnen Schicht und der Kompaktprobe. Beide nehmen für $\beta > 80^0$ stark ab (Abb. 2 zeigt den berechneten Verlauf);

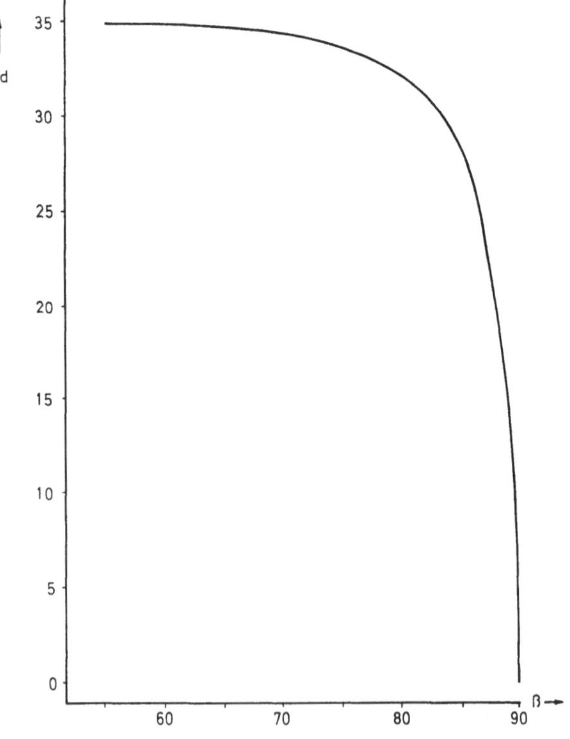

Abb. 2. Abnahme der Fluoreszenzintensität einer dünnen Schicht
$(m/F = 10^{-3}\ g \cdot cm^{-2})$

b) in starkem Maß, insbesondere für $\beta \geqq 85^0$, von der Rauhigkeit der Probenoberfläche[6];

c) von der genauen Justierung der Proben. Die Projektion einer 1 cm² großen Probe auf den Kollimator ist bei $\beta = 85^0$ nur mehr 0,087 cm² und damit mit der Stirnfläche der Kollimatorblechstreifen vergleichbar. Der durch Parallelverschieben entstehende Fehler kann bei $\beta = 85^0$ bereits bis zu 10% betragen.

Lineares Fortsetzen der Funktion $g(\beta)$ aus Meßwerten muß wegen der dargestellten Unsicherheiten von Meßwerten für $\beta > 80^0$ von Werten bei kleineren Winkeln und damit aus relativ großer Entfernung vom Ziel erfolgen. Die Genauigkeit beträgt dementsprechend nur etwa 5%. (Lineare Extrapolation mit Hilfe berechneter Werte $g(80^0)$, $g(85^0)$ liefert einen um etwa 0,5% vom erwarteten Wert abweichenden Extrapolationswert). Da aber $g(\beta)$ für $\beta < 70^0$ beginnt, von einer Geraden abzuweichen, steht zur Extrapolation praktisch nur der Bereich zwischen 70^0 und 80^0 zur Verfügung.

Daher wurde versucht, $g(\beta)$ durch eine einfache elementare Funktion zu beschreiben. Dabei wurde gefunden, daß der berechnete Verlauf von $g(\beta)$ — einschließlich $g(90^0)$ — ausgezeichnet durch eine Funktion der Form

$$y(\beta) = A \cdot e^{B\beta} + C \cdot e^{D\beta} \quad A, B, C, D \ldots \text{Konstante}$$

beschrieben werden kann. Diese Funktion hat die Eigenschaft, daß alle Punkte mit den Koordinaten

$$\left[\frac{y(\beta_{i+2})}{x(\beta_i)} ; \frac{y(\beta_{i+1})}{y(\beta_i)} \right]$$

(für äquidistante $\beta_i : \beta_i = \beta_{i+1} + \text{const.}$) auf einer Geraden liegen. Damit läßt sich die Gültigkeit der Näherung $g(\beta) = y(\beta)$ einfach überprüfen, indem man feststellt, wie gut solche Punkte

$$\left[\frac{g(\beta_{i+2})}{g(\beta_i)} ; \frac{g(\beta_{i+1})}{g(\beta_i)} \right]$$

auf einer Geraden liegen.

Um das zu zeigen, wurde $g(\beta)$ für verschiedene Werte von m/F und verschiedene Spannungen an der Röntgenröhre berechnet. Alle nach diesem Verfahren berechneten Punkte liegen jeweils innerhalb der Zeichengenauigkeit auf Geraden (Abb. 3).

Umgekehrt läßt sich der Extrapolationswert $g(90^0)$ nun durch lineare Extrapolation entlang einer Geraden, die durch solche Punkte bestimmt wird, berechnen.

Fehlerabschätzung

Die Genauigkeit des Ergebnisses für μ_{ii}/ϱ_i wird bestimmt durch:

1. die Qualität des Extrapolationsverfahrens (wurde bereits diskutiert);

2. die Genauigkeit, mit der m/F bestimmt werden kann.

Zur Auswahl stehen:

a) optische Dickenbestimmung (z. B. nach Tolansky). Zu beachten ist, daß die Dichte von Aufdampfschichten nicht genau mit der

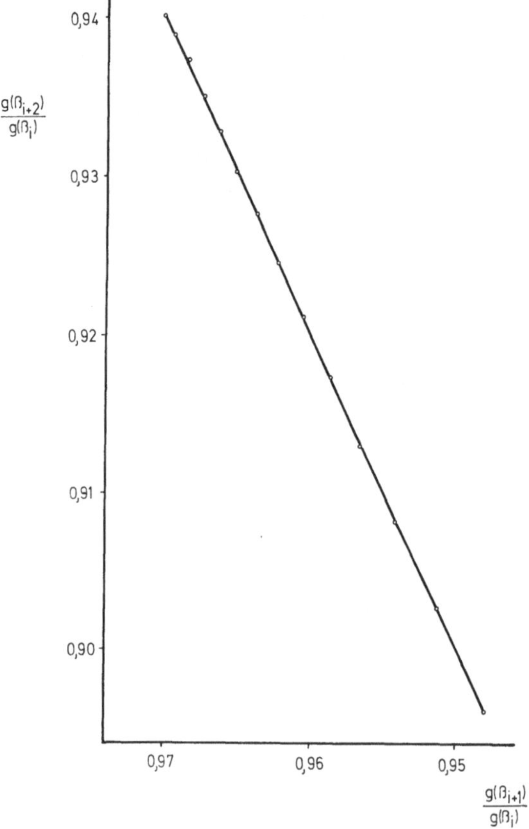

Abb. 3. Extrapolation theoretischer Werte von $g\,(\beta)$. Der letzte Punkt rechts unten enthält den gesuchten Wert

des kompakten Materials übereinstimmt, sondern eine Funktion der Dicke ist[4];

b) durch Ablösen einer definierten Fläche der Schicht und Bestimmen der Konzentration der Lösung;

c) durch Interpolation des gemessenen Wertes der relativen Intensität r zwischen theoretischen Werten, die abhängig von m/F (mit gleichem β und gleicher Anregungsspannung) berechnet wurden.

Ergebnisse der Verfahren b und c stimmen sehr gut überein.

3. die Oberflächengüte des kompakten Elements und der Schicht. Die Intensität rauher Proben nimmt mit wachsendem β rascher ab

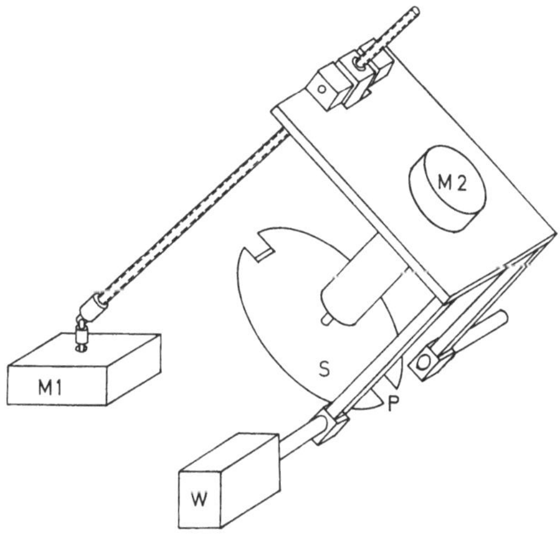

Abb. 4. Schema des Probenträgers für variable Strahlengeometrie. Motor *M1* dient zur Veränderung von β, die vom Winkelkodierer W registriert wird. Motor *M2* dreht die Scheibe S, auf der die Proben liegen, in die Meßstellung (P). Die Röntgenröhre liegt unter der Scheibe und bestrahlt die Probe in P schräg von unten. Die Skizze entspricht etwa dem Fall $\beta = 90^0$

als die von Proben glatter (polierter) Fläche. Das führt — wie schon erwähnt, besonders ab $\beta = 85^0$ — auf zu große Werte von r (wenn die Aufdampfschicht die glattere Oberfläche hat, was i. a. zutrifft) und damit auf zu kleine Werte von $g\,(\beta)$.

4. die gleichmäßige Dicke der dünnen Schicht. Sie hängt von der Oberfläche des Trägermaterials und den Aufdampfbedingungen (d. h. von der Entfernung der Probe von der Quelle; bei sehr dünnen Schichten außerdem wegen Inselbildung von der Temperatur der Probe und von der Aufdampfgeschwindigkeit) ab.

5. die genaue Einstellung und Bestimmung des Abnahmewinkels;

6. die Berücksichtigung der Streu- und Sekundäranregung[5,6].

Die optimalen Schichtdicken sind von β abhängig und liegen um etwa 2 Größenordnungen unter denen für Absorbermessungen. Aller-

dings hängt der Fehler nur wenig von der Schichtdicke (und der
Spannung an der Röntgenröhre) ab[2], so daß die Schicht in experimentell einfachen Bereichen hergestellt werden kann.

Hinsichtlich der Genauigkeit des Ergebnisses für μ_{ii}/ϱ_i wurde als
Ziel ein Fehler $< 1\%$ gesetzt.

Apparativer Aufbau

Die Messungen wurden an einem Siemens-Sequenz-Spektrometer
SRS 1 durchgeführt, bei dem die Probenwechseleinrichtung durch
einen speziell entwickelten Aufsatz ersetzt wurde (Abb. 4).

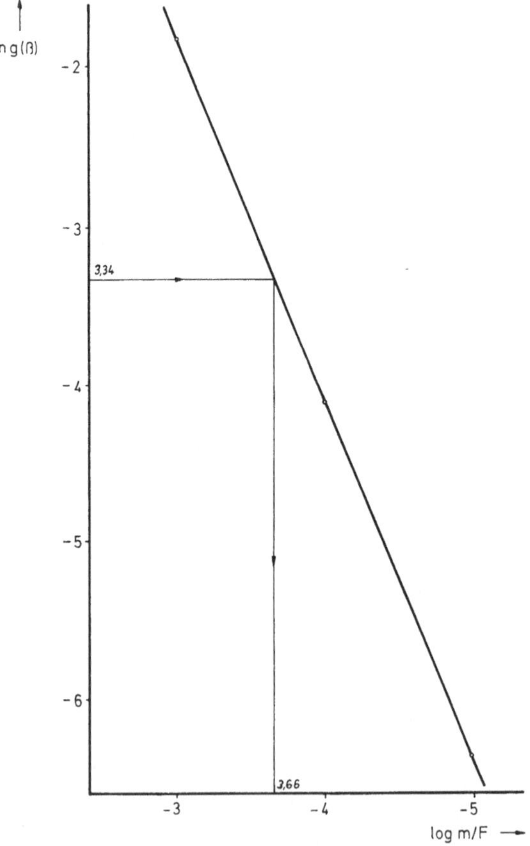

Abb. 5. Zur Bestimmung der Massenbelegung durch Interpolation

Die beiden Proben liegen auf einer Scheibe und können mit einem
Motor alternativ in die Meßstellung gedreht werden. Die ganze An-

ordnung kann mit Hilfe eines zweiten Motors gekippt werden, wodurch β verändert wird. Ein elektronischer Winkelkodierer, der fest mit der Drehachse verbunden ist, bestimmt den Drehwinkel mit einer Auflösung von 0,18° (bzw. mit einem elektronischen Zusatz: 0,045°).

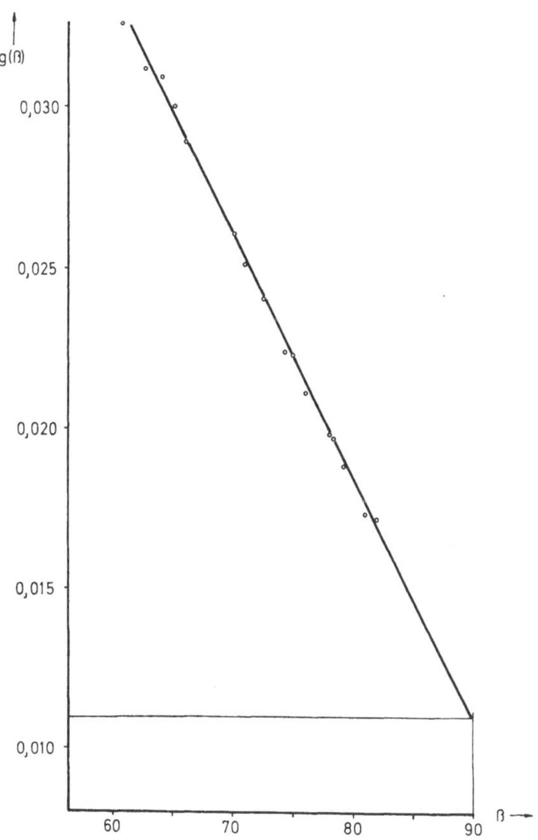

Abb. 6. Gemessener Verlauf $g\,(\beta)$ $(m/F = 2{,}18 \cdot 10^{-3}\ g \cdot cm^{-2})$

Um die Fluoreszenzstrahlung von der Stirnseite der Probe (besonders bei großem β) abzuschirmen, wurden zwei Wolframblechstücke am Probenteller befestigt. Der Probenteller ist aus einer reinen Al-Mg Legierung gefertigt, so daß keine störenden Linien zu berücksichtigen sind.

Die Steuerung erfolgt wahlweise manuell oder automatisch mit einer Winkeländerung von beliebigen Vielfachen von 0,18° (bzw. 0,045°) pro Meßzyklus.

Messungen

1. Bestimmung des m/F

Die Messungen wurden zunächst an Proben aus Kupfer durchgeführt. Die dünne Schicht wurde auf einen Glasträger aufgedampft. Zur Bestimmung der Massenbelegung wurde eine definierte Fläche abgelöst und die Konzentration der Lösung mit Hilfe eines Atomabsorptionsspektrophotometers bestimmt. Zum Vergleich wurden mehrere Werte von $g(\beta)$ abhängig von m/F berechnet und durch lineare Interpolation die zum gemessenen $g(\beta)$ gehörige Massenbelegung bestimmt (Abb. 5).

(Ergebnisse z. B.: AAS: $m/F = 2{,}17 \cdot 10^{-4}\,g \cdot cm^{-2}$, Interpolation: $m/F = 2{,}18 \cdot 10^{-4}\,g \cdot cm^{-2}$).

2. Bestimmung von μ_{ii}/ϱ_i

In Abb. 6 sind gemessene Werte $g(\beta)$ dargestellt; die Punkte liegen soweit auf einer Geraden, daß eine lineare Extrapolation sicher durchgeführt werden kann. Sie liefert als Grenzwert $g(90) = 11{,}0$ und damit $\mu_{ii}/\varrho_i = 50{,}5$ in Übereinstimmung mit der Literatur.

Weitere Arbeiten

Zur Verifizierung der Extrapolation mit Hilfe der angegebenen Näherung sind weitere Messungen erforderlich. Dabei sollen für verschiedene Elemente Schichtdicke und Spannung an der Röntgenröhre variiert werden. Theoretisch und experimentell wird versucht, die gewonnenen Kenntnisse auf Trägerfluoreszenzmethoden, sowie auf die Analyse von Mehrstoffsystemen anzuwenden.

Verwendete Symbole

λ_0 kurzwelliges Ende des weißen Primärspektrums

λ_{ki} Wellenlänge der zur i-Strahlung gehörigen Absorptionskante

x_λ spektrale Häufigkeit der Primärquanten

α Einfallswinkel der Primärstrahlung gegen die Flächennormale

β Beobachtungswinkel der Fluoreszenzstrahlung gegen die Flächennormale

$\dfrac{\mu_{\lambda i}}{\varrho_i}$ Massenschwächungskoeffizient des Elements i für die Wellenlänge λ

$\dfrac{\tau_{\lambda i}}{\varrho_i}$ Photoabsorptionskoeffizient des Elements i für die Wellenlänge λ

Zusammenfassung

Über erste Ergebnisse der röntgenfluoreszenzanalytischen Bestimmung von Massenschwächungskoeffizienten wurde berichtet. Theoretisch und experimentell wurde gefunden, daß durch lineare Extrapolation der Funktion $g\,(\beta) = m/F \cdot (\cos \beta/\cos \alpha \cdot \mu_{\bar{\lambda}i}/\varrho_i + \mu_{ii}/\varrho_i)$ gegen schleifende Beobachtungswinkel Genauigkeiten besser als 5% zu erzielen sind. Theoretisch wurde eine Näherung für $g\,(\beta)$ gefunden, mit deren Hilfe noch bessere Ergebnisse zu erwarten sind.

Summary

The Determination of Mass Absorption Coefficients by X-Ray Fluorescence Analysis

First results of the determination of mass absorption coefficients by x-ray fluorescence analysis are shown. Theory and experiments with linear extrapolation of the function $g(\beta) = m/F \cdot (\cos\beta/\cos\alpha \cdot \mu_{\bar{\lambda}i}/\varrho_i + \mu_{ii}/\varrho_i)$ to flat take-off angle give accuracies of better than 5%. Theoretically an elementary function was found to approximate $g(\beta)$. Extrapolation of computed values of $g(\beta)$ by means of this function give good results, so that more accurate results for λ_{ii}/ϱ_i are to be expected.

Literatur

[1] J. H. Hubbel, Physics Bulletin **21** (1970).

[2] W. H. McMaster, N. Kerr, Del Grande, J. H. Mallett und J. H. Hubell, Complication of X-Ray Cross-Sections Clearinghouse, U. S. Department of Commerce, 1969.

[3] B. Nordfors, Ark Fysik 18—3, 1960.

[4] H. Ebel, Z. Metallkunde **61, 62** (1970).

[5] H. Ebel, Mikrochim. Acta [Wien], Suppl. IV, **1970**, 280.

[6] W. Kurzreiter, Diplomarbeit, TH Wien, 1971.

[7] H. Ebel und F. Hengstberger, Z. Naturforsch. **25a/12**, 1970.

[8] G. Pollai, M. Mantler und H. Ebel, Spectrochim. Acta **12b**, 733 (1971).

[9] G. Pollai, M. Mantler und H. Ebel, Spectrochim. Acta **12b**, 747 (1971).

Anschrift des Verfassers: Dipl.-Ing. Michael Mantler, Institut für Technische Physik der Technischen Hochschule Wien, Karlsplatz 13, A-1040 Wien, Österreich.

Mikrochimica Acta [Wien], Suppl. 5, 1974, 365—375

II. Institut für Experimentalphysik, Technische Hochschule Wien

Chemische Effekte bei der Auger-Elektronen-Spektroskopie[*]

Von

P. Braun, G. Betz und **W. Färber**

Mit 7 Abbildungen

(Eingegangen am 15. Februar 1973)

1. Einleitung

Die Auger-Elektronen-Spektroskopie (AES) entwickelte sich in den letzten Jahren sehr schnell zu einer leistungsfähigen Methode zur chemischen Analyse von Festkörperoberflächen[1].

Die AES beleuchtet die elektronische Struktur ionisierter Atome und ist ein Teilgebiet des breiten Feldes der Sekundärelektronenenergie-Spektroskopie. Die Energieanalyse von Sekundärelektronen, die durch Beschuß mit niederenergetischen Elektronen (oder auch Ionen oder Photonen) entstehen, führt zu einer Energieverteilung, die für den untersuchten Stoff charakteristisch ist. Dabei spielt sich eine ganze Reihe von Prozessen ab, von denen hier nur der Auger-Prozeß betrachtet wird[2].

Mit der AES ist es möglich, jedes Element einer Festkörperoberfläche eindeutig zu identifizieren, da die Information nur aus den ersten Atomlagen stammt[3]. Es lassen sich geringste Mengen an Verunreinigungen nachweisen, die unter idealen Bedingungen nur in der Größenordnung von 10^{16} Atome/cm^3 liegen. Das entspricht einer Flächenbelegung von 10^{10} Atome/cm^2, oder wenige Promille einer Monolage. Dies würde eine quantitative Analyse implizieren, obwohl

---

[*] Vortrag anläßlich des 6. Kolloquiums über metallkundliche Analyse mit besonderer Berücksichtigung der Elektronenstrahl-Mikroanalyse, Wien, 23. bis 25. Oktober 1972.

eine allgemeine Lösung dieses Problems noch aussteht[1]. Von ESCA-Untersuchungen ist bekannt, daß die energetische Lage der Elektronenniveaus eines Elementes durch die chemische Bindung beeinflußt wird[4]. Prinzipiell tritt dieser Effekt auch bei AES auf.

2. Arten der chemischen Effekte

Wenn ein Oberflächenatom eine chemische Verbindung eingeht, können die folgenden Effekte auftreten:

Durch einen Ladungsübertrag von einem Atom zu einem anderen, entsprechend ihrer Elektronegativität, ändern sich die Bindungsenergien auch in den inneren Schalen[5]. Die Änderung der Energie eines bestimmten Augerprozesses ergibt sich aus der Summe der Shifts der am Augerübergang beteiligten Energieniveaus[1]. Aus diesem Grund ist eine Messung dieser Shifts nicht immer möglich, da sich durch Überlagerung die Beiträge auch aufheben können.

Beim Eingehen einer chemischen Bindung erfährt das Valenzband die stärkste Änderung und zwar hinsichtlich seiner Lage und Dichteverteilung. Daraus folgen geänderte Übergangswahrscheinlichkeiten für einen Augerprozeß, an dem Valenzelektronen beteiligt sind. Als Resultat können unter Umständen in Lage und Intensität völlig neue Valenzübergänge auftreten.

Dieser Sachverhalt ermöglicht es, auf den chemischen Zustand einer Festkörperoberfläche zu schließen.

3. Experimenteller Aufbau

Alle Versuche wurden in einer LEED-Auger-Apparatur (Physical Electronics) mit Ionengetterpumpe und Sublimationszusatz durchgeführt. Der durchschnittliche Basisdruck betrug $3 \cdot 10^{-10}$ Torr. Der Ausgangsdruck bei jeder Messung lag bei $8 \cdot 10^{-10}$ Torr. Als Spektrometer diente ein zylindrischer Spiegelanalysator[6] mit koaxial angeordneter Elektronenkanone. Der Versuchsaufbau ist in Abb. 1 zu sehen.

Alle gemessenen Daten wurden bei einer Primärenergie von 1600 eV und einem Elektronenstrahlstrom von 50 μA erhalten. Der Durchmesser des Elektronenstrahles betrug 0,3 mm auf der Probe. Das überlagerte Modulationssignal hatte eine Amplitude von 2 Vpp und eine Frequenz von 10 kHz. Die Auflösung lag bei 0,4 %, gemessen am elastischen Peak.

Die Vorreinigung der Proben erfolgte mittels TWD und Freon TF im Ultraschallbad. Weiters wurden die Proben durch wiederholtes

Ar-Ionenätzen (1000 V, 20 μA/cm^2) und Elektronenbombardement gereinigt. Fallweise mußte die Probe im Rezipienten mit einer Stahlnadel geritzt werden, um eine reine Oberfläche zu erhalten.

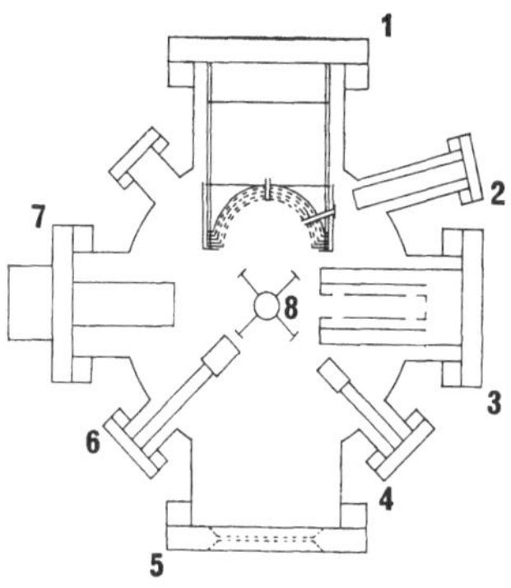

Abb. 1. Schnitt durch die Versuchsapparatur
1 LEED-Optik, *2* Gracing-Kanone, *3* Zylinderanalysator, *4* Ionen-Kanone, *5* Fenster, *6* Elektronenstoß-Heizvorrichtung, *7* Massenanalysator, *8* Targetkarussell

4. Durchführung und Ergebnisse

Ausgehend von der reinen Metalloberfläche wurde nun definiert Sauerstoff in den Rezipienten eingelassen und die entsprechenden Änderungen infolge der Oxydation festgehalten.

4.1 Magnesium

Beim Mg wurde eine reine Metalloberfläche durch Ritzen erreicht. Die einzige nachweisbare Verunreinigung im Spektrum des Reinmetalls waren Spuren von Sauerstoff. Die Abb. 2 zeigt einige ausgewählte Auger-Spektren im Bereich zwischen 20 und 70 eV bei fortschreitender Oxydation. Dabei entspricht das Spektrum 1 dem reinen Metall. Die Auger-Peaks liegen bei 35, 45 und 58 eV wie auch in Tab. 1 angegeben. Bei beginnender Oxydation ist eine starke Abnahme des Hauptpeaks bei 45 eV zu beobachten und damit verbunden ein langsames Anwachsen des für das Oxid charakteristischen Peaks bei 35 eV. Dabei liegen die Spektren 1—5 im Bereich von 0—10 Langmuir (1 L = 10^{-6} Torr. sec). Die weitere Oxydation erfolgte langsam und war auch nach 570 L (Spektrum 6) noch nicht abgeschlossen.

Die Abhängigkeit der Peaks (APPH) bei 28, 35 und 45 eV von der integralen Sauerstoffdosis in Langmuir zeigt Abb. 3. Die Abnahme des beim Oxid auftretenden Peaks bei 28 eV dürfte auf die

Tabelle 1. Augerübergänge und ihre Identifizierung

Theoretische Werte für Al, Mg siehe Zitat (10), für Mn wurden sie aus den Bindungsenergien berechnet[4]

Intensitäten: st … stark, m … mittel, s … schwach, ss … sehr schwach, VP … Volumenplasmon, OP … Oberflächenplasmon

	Theoretische Werte E (eV)	Metall E (eV)	Int.	Identifizierung	Oxid E (eV)	Int.	Identifizierung
					28	s	$L_1L_{2,3}V$, $L_{2,3}VV$-OP
	36	35	m	$L_1L_{2,3}V$, $L_{2,3}VV$-VP	35	st	$L_{2,3}VV$, $(L_1L_{2,3}V)$
					39	ss	
Mg	49	45	st	$L_{2,3}VV$	45	ss	$L_{2,3}VV$
					52	ss	
		58	s	$L_{2,3}VV + VP$	58	ss	
	36	41	ss	$L_1L_{2,3}V$	39	m	$(L_{2,3}VV - VP)$
					47	s	$(L_{2,3}VV)$
Al		52	ss	$L_{2,3}VV - VP$	54	st	$L_{2,3}VV$
	64	68	st	$L_{2,3}VV$	68	m	$L_{2,3}VV$
		84	ss	$L_{2,3}VV + VP$	82	ss	$L_{2,3}VV + VP$
					17	s	
					25	m	$M_1M_{2,3}V$
Mn	30			$M_1M_{2,3}V$	35	st	$M_{2,3}VV$
	41	40	st	$M_{2,3}VV$	46	st	$M_{2,3}VV$

große Intensitätszunahme des benachbarten Hauptpeaks des Oxids zurückzuführen sein.

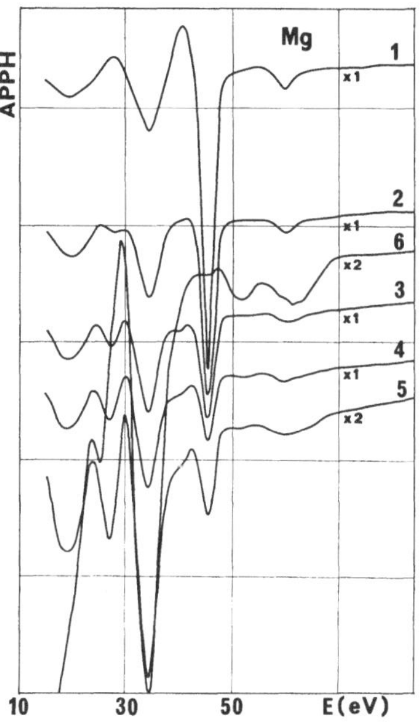

Abb. 2. Augerspektren von Magnesium, aufgenommen während der Oxydation APPH = Augerpeakhöhen, hier die Bedeutung von $dN(E)/dE$; X1, X2 = Verstärkungsfaktor; Spektrum *1* reines Mg, 2 3 L (10^{-6} Torr. sec.), 3 5L, 4 8L, 5 9L, 6 570L

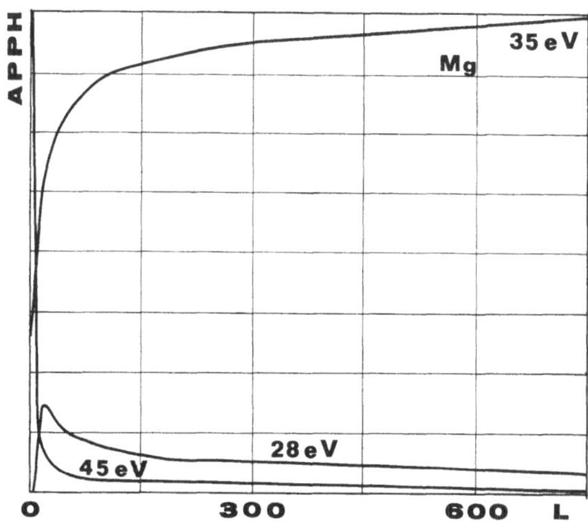

Abb. 3. Änderungen ausgewählter Peaks bei der Oxydation von Magnesium APPH = Augerpeakhöhen; L = Sauerstoffexposition in Langmuir (10^{-6} Torr. sec.)

In Tabelle 1 werden die aus den Bindungsenergien berechneten Werte[10] für das Metall mit den gemessenen Werten für Metall und Oxid verglichen. Gleichfalls angegeben sind die zu den einzelnen Peaks gehörigen Auger-Übergänge, so weit eine Identifizierung möglich war[11].

Zum 35-eV-Peak des Metalls können auch $L_{2,3}VV$-Elektronen, die ein Volumenplasmon angeregt haben, beitragen, in Übereinstimmung mit der beobachteten Energie von 10,6 eV[12] für ein Volumenplasmon. Dem Peak bei 58 eV kann kein eigener Auger-Übergang zugeordnet werden. Verschiedene Erklärungen, wie z. B. ein Plasmonengewinn, werden in der Literatur diskutiert[11, 13].

Beim Übergang vom Metall zum Oxid verschiebt sich das Maximum der Elektronenverteilung im Valenzband um etwa 5 eV[14]. Damit ist für einen VV-Übergang ein Shift von etwa 10 eV möglich und der Hauptpeak beim Oxid (35 eV) kann als $L_{2,3}VV$-Übergang interpretiert werden. Analog könnte der 28 eV Peak als $L_1 L_{2,3}V$-Übergang erklärt werden, oder auch durch Anregung von Oberflächenplasmonen.

4.2 Aluminium

Durch Ionenätzen und anschließendes Elektronenbombardement wurde eine reine Al-Oberfläche mit geringen Spuren von Sauerstoff erhalten. Die Abb. 4 zeigt einige ausgewählte Auger-Spektren im Energiebereich zwischen 30 und 90 eV bei fortschreitender Oxydation. Das Spektrum 1 zeigt wieder das reine Metall mit Peaks bei 41, 52, 68 und 84 eV in guter Übereinstimmung mit anderen Autoren[11, 15]. Bei Sauerstoffexposition erfolgt eine langsame Intensitätsabnahme des Al-Hauptpeaks (68 eV). Gleichzeitig entstehen neue Peaks bei 39, 47 und 54 eV, wobei jener bei 54 eV zum dominierenden Peak im Spektrum des Oxids wird. Zum Unterschied gegenüber Magnesium ändert sich das Auger-Spektrum wesentlich langsamer. Während beim Mg die Oxydation im wesentlichen nach einigen 10 L abgeschlossen ist, benötigt man für Al einige 100 L (Abb. 5). Diese Tatsache steht in Übereinstimmung mit dem geringen Wert für die Haftwahrscheinlichkeit von Sauerstoff an Al[7, 8, 9]. Andererseits erfolgte aber die Oxydation bei viel geringerer Sauerstoffexposition als Jenkins und Chung[15] für einen Al-Einkristall berichten. Während diese Autoren für eine Exposition von 1000 L keine Änderung des Spektrums angeben, wurde von uns gefunden, daß die Oxydation für diese Dosis bereits weit fortgeschritten ist.

Zur Identifizierung der Peaks für das Metall stehen im betrachteten Energiebereich nur 2 Auger-Übergänge ($L_{2,3}VV$, $L_1 L_{2,3}V$) zur

Verfügung. Die Peaks bei 52 und 84 eV können wieder mit Hilfe von Anregung, bzw. Absorption eines Volumenplasmons mit der

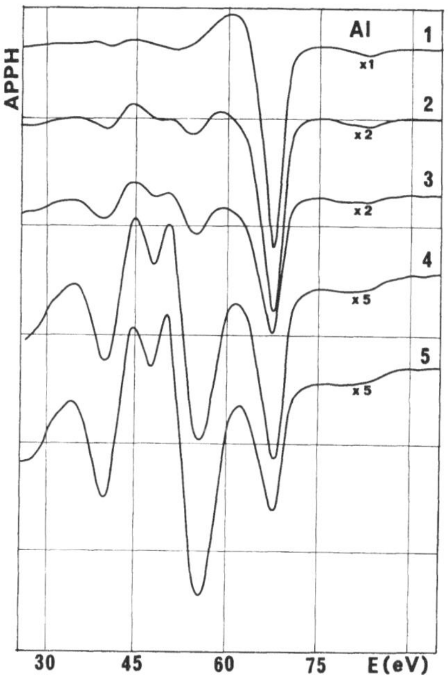

Abb. 4. Augerspektren von Aluminium, aufgenommen während der Oxydation
Spektrum *1* reines Al, *2* 67 L, *3* 160 L, *4* 600 L, *5* 1500 L

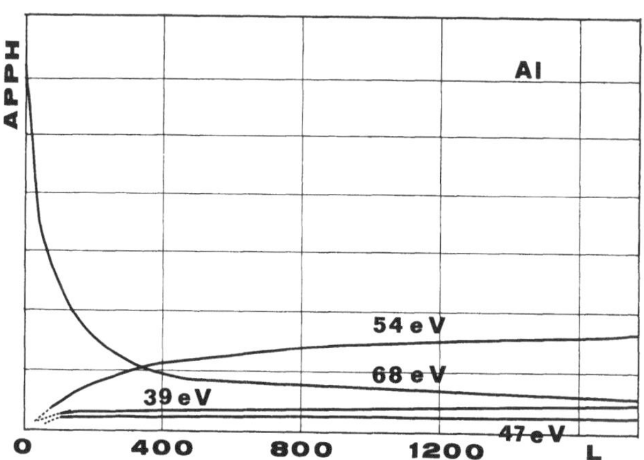

Abb. 5. Änderung ausgewählter Peaks bei der Oxydation von Aluminium

Energie von 15,3 eV[16] erklärt werden[15]. Dafür spricht auch die Breite der Linien.

Zur Identifizierung der Peaks mit 47 und 54 eV für das Oxid kann die Änderung in der Dichteverteilung des Valenzbandes herangezogen werden[17, 18]. Möglicherweise spielt auch die Anregung von Volumenplasmonen eine Rolle (39 eV Peak).

4.3 Mangan

Beim Mn wurde die reine Metalloberfläche durch mehrmaliges Ionenätzen und Elektronenbombardement erhalten (Spuren von Sauerstoff und Schwefel). Die Abb. 6 zeigt Auger-Spektren im Bereich

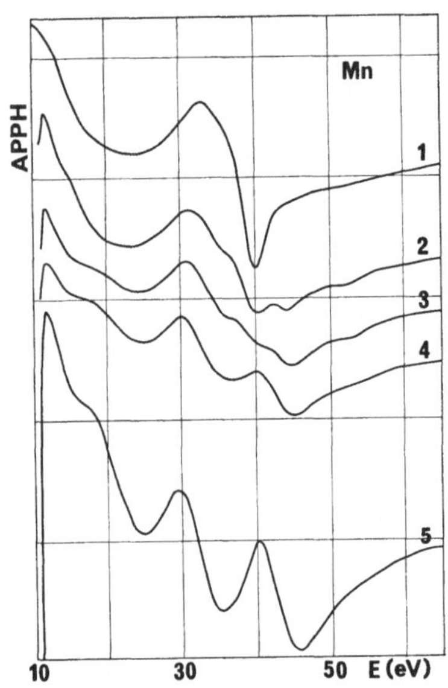

Abb. 6. Augerspektren von Mangan, aufgenommen während der Oxydation
Spektrum *1* reines Mn, *2* 29 L, *3* 48 L, *4* 67 L, *5* 150 L

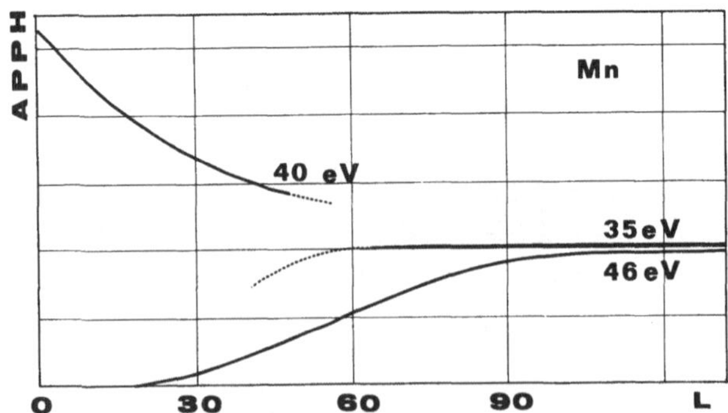

Abb. 7. Änderung ausgewählter Peaks bei der Oxydation von Mangan

zwischen 10 und 60 eV bei fortschreitender Oxydation. Das Spektrum des reinen Metalls (Spektrum 1 in Abb. 6) zeigt nur einen Peak bei 40 eV, der als $M_{2,3}$VV-Übergang identifiziert werden kann. Wie aus Abb. 7 hervorgeht, ist die Oxydation nach etwa 100 L beendet. Der ursprüngliche Peak bei 40 eV wird kleiner und gleichzeitig erscheinen auf jeder Seite im Abstand von etwa 5 eV (bei 35 und 46 eV) zwei neue Peaks. Zusätzlich treten noch ein dritter Peak bei 25 eV mit etwa gleicher Intensität und ein schwacher Peak bei 17 eV auf.

Änderungen der Dichteverteilung im Valenzband können zur Erklärung der Oxid-Peaks bei 35 eV und 25 eV herangezogen werden, obwohl die genaue Struktur des Valenzbandes nicht bekannt ist. Auf diese Weise kann jedoch der Peak bei 46 eV nur schwer erklärt werden.

5. Schlußbemerkung

Die Autoren danken dem Institutsvorstand Prof. Dr. F. Viehböck, der diese Arbeit ermöglichte, sowie der Österreichischen Nationalbank und dem Fonds zur Förderung der wissenschaftlichen Forschung, Antrag Nr. 1501, die die Anschaffung der Apparatur und die Durchführung der Arbeit finanzierten. Ihr Dank gilt auch Herrn W. Huber für seine Hilfe bei der Auswertung der Spektren.

Zusammenfassung

Wie an Beispielen gezeigt wurde, können chemische Reaktionen an der Oberfläche der zu untersuchenden Probe recht deutliche Unterschiede im Augerspektrum ergeben. Im Fall der hier behandelten Oxydation könnte man aus dem Vergleich des Spektrums von reinem Metall und dem vom Oxid auf eine beliebig oxydierte Probe rückschließen[19]. In diesem Zusammenhang wurde schon eine Reihe von Metallen untersucht. Bei Yttrium[19], Silizium[1], Chrom und Titan[20], Beryllium[21] fand man eine Änderung des Augerspektrums im Bereich der Valenzbandübergänge. Weiters wurden diese Effekte von uns an Eisen bei anderen Untersuchungen festgestellt[22]. Die Identifizierung bereitet oftmals Schwierigkeiten, da die Änderung der Struktur des Valenzbandes beim Übergang vom Metall zum Oxid oft nicht genügend bekannt ist. Aus diesem Grund wäre eine gleichzeitige Analyse des Oxydationsvorganges mittels AES und Photoelektronen-Spektroskopie[23] fruchtbar, da letztere direkte Informationen über die Struktur des Valenzbandes liefert.

Summary

Chemical Effects in Auger-Electron Spectroscopy

Examples are adduced to show that chemical reactions at the surface of the samples can cause quite distinct changes in the Auger spectra. In the cases of the oxidations discussed here, it was possible to draw conclusions from a comparison of the spectra of pure metal and of the oxide of a sample oxidized to any desired extent. A whole series of metals were examined. In the cases of Yttrium[19], silicon[1], chromium and titanium[20], beryllium[21] a change in the auger spectrum was observed in the region of the valence band transitions. These effects were also found in iron[22]. Identification often presents a problem, since the change in the structur of the valence band when the metal is converted to the oxide is not sufficiently well-known. For this reason analysis of the oxidation process by Auger electron and photoelectron spectroscopy simultaneously would be useful[23], since the photoelectron spectroscopy provides direct information on the structure of the valence band.

Literatur

[1] C. C. Chang, Surface Sci. **25**, 53 (1971).

[2] E. H. S. Burhop, The Auger Effect and Other Radiationless Transitions, Oxford: University Press. 1952.

[3] P. W. Palmberg und T. N. Rhodin, J. Appl. Phys. **39**, 2425 (1968).

[4] K. Siegbahn, C. Nordling, A. Fahlmann, R. Nordberg, K. Hamrin, J. Hedman, G. Johansson, T. Bergmark, S. Karlsson, I. Lindgren und B. Lindberg, Atomic, Molecular and Solid State Structure Studied by Means of Electron Spectroscopy ESCA, Uppsala: Almqvist & Wiksell. 1967.

[5] A. Fahlman, K. Hamrin, J. Hedman, R. Nordberg, C. Nordling und K. Siegbahn, Nature **210**, 4 (1966).

[6] P. W. Palmberg, G. K. Bohn und J. C. Tracy, Applied Physics Letters **15**, 254 (1969).

[7] F. Jona, Physics Chem. Solids **28**, 2155 (1967).

[8] E. E. Huber, Jr., und C. T. Kirk, Jr., Surface Sci. **5**, 447 (1966).

[9] F. Jona, J. A. Strozier, Jr., und C. Wong, Surface Sci. **30**, 225 (1972).

[10] R. N. Yasko und R. D. Whitmoyer, Journal of Vacuum Science and Technology **8**, 733 (1971).

[11] G. Dufour, H. Guennon und C. Bonelle, Surface Sci. **32**, 731 (1972).

[12] C. H. Powell und J. B. Swan, Phys. Rev. **116**, 81 (1959).

[13] L. H. Jenkins und M. F. Chung, Surface Sci. **33**, 159 (1972).

[14] C. Senemaud, J. physique (Paris) **32**, 89 (1971).

[15] L. H. Jenkins und M. F. Chung, Surface Sci. **28**, 409 (1971).

[16] C. J. Powell und J. B. Swan, Phys. Rev. **115**, 869 (1959).

[17] E. Bauer, Konferenz für Vakuuminstrumente und Methoden in der Oberflächenforschung, Surrey, Juli 1972.

[18] B. Segall, Phys. Rev. **124**, 1797 (1961).

[19] J. M. Baker und J. L. McNatt, Journal of Vacuum Science and Technology **9**, 792 (1972).

[20] G. W. Simmons, Journal of Colloid and Interface Science **34**, 343 (1970).

[21] M. Suleman und E. B. Pattinson, Journal of Physics F (Metal Physics) **1**, L24 (1971).

[22] W. Färber und P. Braun, unveröffentlicht.

[23] A. Preisinger, F. P. Viehböck und W. Weissmann, Ergebnisse der Hochvakuumtechnik und der Physik dünner Schichten, Bd. II, Stuttgart: Wiss. Verlagsges. 1971.

Anschrift der Verfasser: Dr. P. Braun, Dr. G. Betz und Dipl.-Ing. W. Färber, II. Institut für Experimentalphysik, Technische Hochschule Wien, Karlsplatz 13, A-1040 Wien, Österreich.

Mikrochimica Acta [Wien], Suppl. 5, 1974, 377—384

Aus dem Fachbereich Analysenmeßtechnik der Jenaoptik GmbH, Jena, DDR

Massenspektrographische Laser-Mikroanalyse und emissionsspektrographische Laser-Mikroanalyse unter Schutzgas mit Hilfe des Laser-Mikrospektral-Analysators LMA 1*

Von

Horst Moenke und **Lieselotte Moenke-Blankenburg**

(Eingegangen am 15. Februar 1973)

Einleitung

Die Erzeugung von Mikroplasmen durch Einwirkung fokussierter Laserstrahlung auf Festkörperoberflächen zum Zwecke der Spektralanalyse ist ein seit Jahren[1] eingeführtes Verfahren.

Ausgangspunkt laufender Experimente war die Suche nach Möglichkeiten, die physikalisch oder technisch gegebenen Grenzen der Laser-Mikro-Emissionsanalyse zu erweitern, allerdings ohne Verzicht auf die Vorteile des Verfahrens, als da sind: Lokalanalysen im Mikrobereich (10 μm bis 250 μm ϕ) von Festkörpern, ohne wesentliche Probenvorbereitung, ohne Einschränkung in Bezug auf die Leitfähigkeit der Probe und ohne Einschränkung bezüglich der Ordnungszahlen der zu bestimmenden Elemente.

Das könnte aus der Sicht des Anwenders zutreffen für:

1. Isotopenanalysen von Feststoffen im Mikrobereich;

2. Bestimmung von Elementen, die in Luft gar nicht oder unbefriedigend analysiert werden konnten, z. B. C, S, P;

3. Senkung der Nachweisgrenze generell.

---

* Vortrag anläßlich des 6. Kolloquiums über metallkundliche Analyse mit besonderer Berücksichtigung der Elektronenstrahl-Mikroanalyse, Wien, 23. bis 25. Oktober 1972.

Bedeutung und Realisierungsmöglichkeit schätzen wir wie folgt ein:

Zu 1.: Eine gezielte Isotopenanalyse an ausgesuchten Mikrobereichen von Festkörperoberflächen, nichtleitend oder leitend, ohne wesentliche mechanische oder chemische Probenvorbereitung hat für die Isotopenanalytik insgesamt die gleiche Bedeutung wie für die Laser-Mikro-Emissionsanalyse in der Atomspektroskopie.

Zu 2.: Möglichkeiten zur Erweiterung des Anwendungsbereiches auf die Elemente C, S und P für die metallkundliche Analyse ergeben sich durch Arbeiten im Vakuum bzw. im Schutzgas, wie im folgenden berichtet werden soll.

Zu 3.: Möglichkeiten zur Senkung der Nachweisgrenze sind:

3.1 optimale Verdampfungsbedingungen,

3.2 optimale Anregungsbedingungen,

3.3 optimale Lichtführung und Registrierung im Spektrographen.

Zu 3.1 und 3.2:

Wir haben nach grundsätzlichen Überlegungen[2] den Einsatz gütegeschalteter Laser[3], die Triggerung der Hilfsfunkenstrecke mit Zeitdifferenzierung[4], den Einfluß der Oberflächenrauhigkeit der Probe[5], und den Nutzeffekt eines Magnetfeldes im Entladungsraum[6] untersucht.

Die Auswertung der vorliegenden Untersuchungen über die Wirkung einer Gasatmosphäre unter verschiedenen Drücken wird zu diesem Kapitel einen weiteren Beitrag liefern.

Zu 3.3:

Ergebnisse über den sinnvollen Einsatz einer Zylinderlinse im Spektrographen[7] und zur Wahl geeigneten Plattenmaterials liegen vor[8].

Die Variation aller Punkte 3.1 bis 3.3 mit den Gegebenheiten der Massenspektrographie wird geprüft.

1. Massenspektrographische Laser-Mikro-Analyse

Nach den ersten Untersuchungen von Honig und Mitarbeitern[9] war bekannt, daß mit Laser-Ausgangsenergien, wie sie in der Laser-Mikro-Emissionsanalyse üblich sind, von 0,5 bis 1 Joule ausreichende Ionenströme erzeugt werden können.

Die von H. Zahn und H.-J. Dietze[10] durchgeführten Messungen und Berechnungen ergaben für das LMA 1 mit ungeschaltetem Nd^{3+}-

Glasresonator und einer Ausgangsenergie von 0,75 J eine Leistung von 3,34 kW pro Schuß und folgende quantitative Werte für die Anzahl der Atome n_0, die Anzahl der Ionen n^+, die Anzahl der Elektronen n_e, den Elektronendruck p_e und die Plasmatemperatur T für die Elemente Ge, Cd, Ta und W (Tabelle 1). Die Parameter des

Tabelle 1. Parameter des Laser-Mikro-Plasmas, erzeugt durch einen Laser mit Neodymglasresonator; Leistung L = 3,34 kW (nach H. Zahn und H.-J. Dietze[10])

Element	Anzahl der Teilchen n_0	Anzahl der geb. Ionen n^+	Anzahl der Elektronen n_e
Germanium	$2100 \cdot 10^{14}$	$3,7 \cdot 10^{12}$	$13,7 \cdot 10^{14}$
Cadmium	$1134 \cdot 10^{14}$	$4,9 \cdot 10^{12}$	$12,2 \cdot 10^{14}$
Tantal	$146 \cdot 10^{14}$	$3,6 \cdot 10^{12}$	$9,1 \cdot 10^{14}$
Wolfram	$34 \cdot 10^{14}$	$13,0 \cdot 10^{12}$	$5,35 \cdot 10^{14}$

Element	Elektronendruck p_e in at	Plasmatemperatur T in ^{0}K
Germanium	$0,29 \cdot 10^3$	$7,3 \cdot 10^3$
Cadmium	$0,55 \cdot 10^3$	$8,2 \cdot 10^3$
Tantal	$5,20 \cdot 10^3$	$11,0 \cdot 10^3$
Wolfram	$24,60 \cdot 10^3$	$18,7 \cdot 10^3$

Mikroplasmas kommen damit unserem Wunsch, mehrere Ionisierungsarten in einem ionenoptischen System zu untersuchen und zu vergleichen, sehr entgegen. Einmal kann der hohe Ionenanteil in Laser-Mikroplasma direkt genutzt und zum anderen kann mit dem ebenfalls sehr hohen Elektronenanteil eine Vakuumentladung induziert werden. Eine dritte Ionisationsmöglichkeit ist die Stoßionisation des durch den Laserbeschuß ausgelösten Neutraldampfes mit Elektronen.

Durch den Versuchsaufbau einer Ionenquelle[11] war es möglich, das LMA 1 mit einem doppelfokussierenden Massenspektrographen vom Typ Mattauch-Herzog[12] zu kombinieren. (Technische Daten siehe Tabelle 2.)

Die Ergebnisse lassen sich wie folgt zusammenfassen:

Während der Vorteil der laser-massenspektrographischen Lokalanalyse von Festkörpern gegenüber anderen massenspektrographischen Methoden (Elektronenbeschuß, Ionenbeschuß) in der wesentlich höheren Temperatur der Probenoberfläche und in der repräsentativen Verdampfung des Objektbereiches liegt, ist dieses Verfahren der Laser-Emissions-Mikroanalyse etwa gleichwertig, wenn man das Nachweisvermögen als Kriterium ansieht.

Dagegen dürfte die lokale Isotopenanalyse mittels laserangeregter thermischer Ionisierung von Mikrobereichen zwischen 10 und 250 μm Durchmesser große Bedeutung z. B. in der Tracertechnik der Festkörperforschung erlangen. Der Vorteil gegenüber den herkömmlichen Verfahren liegt in der Tatsache, daß keine spezielle Probenvor-

Tabelle 2. Daten zur Laser-Mikro-Massenspektrographie mit dem LMA 1

LMA 1-Laser	Nd^{3+}
Outputenergie	0,75 J.
Leistung	3,4 kW
Impulslänge	250 μs
Q-switch	—
Mikroskop	
Mikrosk. Beobachtung	Hellfeld, Polarisation
	Vergrößerung: 32 bis 500 ×
Probenverstellung	10 mm unter mikrosk. Beobachtung
Probengröße	$5 \times 10 \times 1$ mm³
Kraterdurchmesser	variabel (10 bis 250 μm)
Fokussierung	Mikroskopobjektive
Ionenquelle	
Beschleunigungsspannung	15 kV
Vakuum	10^{-6} Torr
Massenspektrographie	doppelfokussierend
Typ	Mattauch-Herzog
Photoplatte	ja

bereitung erforderlich ist. D. h., daß keine spezielle Umwandlung der Proben in meßbare Verbindungen und keine Abtrennung störender Elemente, im Gegensatz zur Isotopenanalyse mit üblichen Thermionenquellen nötig ist.

Das durch Laserstrahlung erzeugte Thermionenspektrum ist völlig untergrundfrei, d. h. Oberflächenverunreinigungen (Kohlenwasserstoffe usw.) werden nicht nachgewiesen.

Dagegen entsprechen die durch Laserstrahlung erzeugten Niedervoltentladungs-Massenspektren den bekannten Massenspektren, die mit fremdgezündeten NV-Ionenquellen oder Hochfrequenzfunken-Ionenquellen erhalten werden, d. h. die Massenspektren weisen alle im Dampfraum vorhandenen Elemente, einschließlich der Gase und Oberflächenverunreinigungen nach.

Die Elektronenstoß-Ionisation des durch Laserstrahlung erzeugten Neutraldampfes eignet sich besonders zur Analyse organischer Festkörper bzw. organischer Schichten.

2. Laserangeregte Emissions-Mikroanalyse in Gasatmosphäre bei veränderlichem Druck

In einer früheren Arbeit über die Reproduzierbarkeit der Laser-Mikro-Analyse in Luft[2] hatten wir bereits auf den Einfluß einer Gasatmosphäre, in der sich das Lasermikroplasma ausbreitet, auf die Qualität der Spektren und den Zustand der Probenoberfläche hingewiesen.

Während die kommerzielle Ausführung des LMA 1 die Substanz in Luft verdampft, haben wir[13] durch Ergänzung des Gerätes mit einer Vakuumkammer versuchsweise Analysen in Argonatmosphäre und in einem Vakuum-Druck-Bereich über 8 Größenordnungen zwischen 10^{-4} bis 10^4 torr ausgeführt (Tabelle 3).

Allgemeine Vorteile beim Arbeiten in Schutzgasatmosphäre (z. B. Argon) sind:

kein Auftreten von Cyanbanden, Verringerung der Intensität des Störspektrums;

höhere Intensität der Spektrallinien bei gleicher Energie der Hilfsfunkenentladung.

Im Hochvakuum $p < 3 \cdot 10^{-2}$ torr ist die Ausbreitungsgeschwindigkeit des Mikroplasmas zu groß, außerdem erfolgt die Ausbreitung in einem zu großen Raumwinkel. Im Hilfsfunkenentladungsbereich ist die Überschlagspannung zu hoch, die oszillierende Entladung reißt ab. Das Ergebnis sind zu schwache Spektren.

Im Unterdruckbereich $3 \cdot 10^{-2} < p < 50$ torr sind in bezug auf die Ausbreitung des Mikroplasmas die Verhältnisse ähnlich denen im Hochvakuum. Im Hilfsfunkenentladungsbereich tritt Glimmentladung auf, die eine zu geringe Überschlagspannung bewirkt.

Das Ergebnis: Spektren zu schwach, analytisch ungeeignet. Im Grobvakuum $50 < p < 760$ torr sind Ausbreitungs- und Ausstrahlungsbedingungen des Mikroplasmas, die Überschlagspannung und der Entladungsverlauf der Hilfsfunkenentladung analytisch geeignet.

Als Vorteile bei Benutzung eines geringen Unterdruckes ergeben sich: Vermeidung von Selbstabsorption und Selbstumkehr, resultierende Eichkurven in etwa 45^0-Lage, besonders günstige Analyse von Elementen in hohen Konzentrationen.

Tabelle 3. Laser-Mikro-Emissionsspektralanalyse in Schutzgasatmosphäre bei variablem Druck

Druckbereich	Unterdruck	⟵ Normaldruck ⟶		Überdruck
$p < 3 \times 10^{-2}$ torr	$3 \times 10^{-2} < p < 50$ torr	$50 < p < 760$ torr	760 torr $< p < 3,5$ atü	$p > 3,5$ atü
1. Lasermikroplasma	zu hohe Ausbreitungsgeschwindigkeit der Probendampfwolke, zu großer Raumwinkel	Ausbreitungs- und Ausstrahlungsbedingungen analytisch auswertbar		Absorption der Laserstrahlung im Mikroplasma, Materialabtragung verringert
2. Hilfsfunkenentladung	Überschlagspannung zu hoch, oszillierende Entladung reißt ab	Glimmentladungsbereich zu geringe Überschlagspannung	Überschlagspannung und Entladungsverlauf analytisch geeignet	
3. Analytische Resultate	Spektren zu schwach	Analytisch ungeeignet	Vermeidung von Selbstabsorption und Selbstumkehr, 45^0 steilere Eichkurven, vorteilhafte Analyse von Hauptkomponenten	Vorteilhafte Analyse von Spurenkomponenten	Spektren zu schwach; hoher Spektrenuntergrund

Kombinationsmöglichkeit mit einem Vakuumspektrograph zur Analyse von Kohlenstoff, Schwefel, Phosphor im VUV-Spektralbereich ist gegeben. Im Überdruckbereich 760 torr $< \mathrm{p} < 3{,}5$ atü sind ebenfalls die Ausbreitungsbedingungen des Mikroplasmas und der Entladungsverlauf der Hilfsfunkenstrecke analytisch geeignet. Eine Verbesserung des relativen Nachweisvermögens von Spurenkomponenten ist zu verzeichnen. Im Überdruckbereich $p > 3{,}5$ atü ist eine zunehmende Absorption der Laserstrahlung im Mikroplasma zu verzeichnen, woraus sich eine geringere Materialabtragung ergibt. Die erhaltenen Spektren sind zu schwach, der Spektrenuntergrund hoch.

Zusammenfassung

Übersichtsdarstellung von zwei Möglichkeiten zur Erweiterung des Anwendungsbereiches des kommerziellen Lasermikrospektralanalysators LMA 1. Hinweise auf spezielles Schrifttum und auf die für den Anwender interessanten experimentellen Ergebnisse.

Summary

Mass Spectrographic Laser Microanalysis and Emission Spectrographic Laser Microanalysis in Inert Gas, with the Help of the Laser Microspectral Analyzer LMA 1

Survey of two recently developed fields of application of laser micro spectroanalyzer LMA 1. The paper referres to special literature and shows experimental data of interest for instrument users.

Literatur

[1] H. Moenke und L. Moenke-Blankenburg, Einführung in die Laser-Mikro-Emissionsspektralanalyse, 2. Aufl. Leipzig: Geest & Portig. 1968.

[2] H. Moenke, L. Moenke-Blankenburg, J. Mohr und W. Quillfeldt, Mikrochim. Acta [Wien] **1970**, 1154.

[3] L. Moenke-Blankenburg und J. Mohr, Jenaer Jahrbuch 1969/70, 195.

[4] W. Quillfeldt, Explle. Techn. Phys. **17**, 415 (1969).

[5] E. Berlinghoff, unveröffentlicht.

[6] Chr. Lindner, unveröffentlicht.

[7] P. Kröplin, H. Moenke und W. Quillfeldt, unveröffentlicht.

[8] L. Moenke-Blankenburg und W. Quillfeldt, Feingerätetechnik **20**, 437 (1971).

[9] R. Honig und J. R. Woolston, Appl. Phys. Letters **2**, 138 (1963); s. auch P. Görlich und L. Moenke-Blankenburg, Expelle. Techn. Phys. **17**, 105 (1969).

[10] H. Zahn und H.-J. Dietze, Explle. Techn. Phys. (im Druck).

[11] H.-J. Dietze und H. Zahn, Explle. Techn. Phys. (im Druck).

[12] J.-J. Dietze, Feingerätetechnik, **13**, 196 (1963).

[13] L. Moenke-Blankenburg, H. Moenke u. a., im Druck; J. Mohr, Explle. Techn. Phys. (im Druck).

Anschrift der Verfasser: Dr. H. Moenke und Dr. L. Moenke-Blankenburg, Jenaoptik GmbH., Postfach 190, DDR-69 Jena, Deutsche Demokratische Republik.

Mikrochimica Acta [Wien], Suppl. 5, 1974, 385—410

II. Institut für Experimentalphysik, Technische Hochschule Wien

Grundlagen, Grenzen und Möglichkeiten der Oberflächenanalyse mit Hilfe von Ionenstrahlen*

Von

F. P. Viehböck

Mit 24 Abbildungen

(Eingegangen am 15. Februar 1973)

Einleitung

Wenn man eine Festkörperoberfläche mit atomaren Teilchen beschießt, treten je nach Art und Energie des primären Teilchens verschiedene Sekundärprozesse auf, die charakteristisch für die chemische Zusammensetzung und die Struktur der getroffenen Oberfläche sind und daher für analytische Zwecke herangezogen werden können. Beschießt man eine Oberfläche mit Photonen, also beispielsweise Röntgenquanten, so kann man die Röntgenfluoreszenz oder die Photoelektonenemission heranziehen. Ich möchte versuchen, einen Überblick über Methoden des Beschusses eines Festkörpertargets mit Ionen zu geben.

Wenn seine kinetische Energie gering ist und eine genügend große Affinität zu den in der Nähe der Auftreffstelle liegenden Atomen besteht, kann das einfallende Ion einfach auf der Oberfläche adsorbiert werden (Abb. 1). Wenn die Energie des primären Teilchens etwas größer ist, also größenordnungsmäßig 100 eV und mehr beträgt, und das Teilchen auf ein Atom der obersten Gitterebene trifft, kann es bereits hier elastisch oder inelastisch gestreut werden und wird dabei die Oberfläche wieder verlassen; dies kann in ungeladenem oder geladenem Zustand erfolgen. Beim inelastischen Stoß-

---

* Vortrag anläßlich des 6. Kolloquiums über metallkundliche Analyse mit besonderer Berücksichtigung der Elektronenstrahl-Mikroanalyse, Wien, 23. bis 25. Oktober 1972.

prozeß werden Elektronenhüllen der beiden Stoßpartner in Mitleidenschaft gezogen, die Atome werden angeregt oder ionisiert, und daher ist dieser inelastische Stoßprozeß meistens von der Emission von Sekundärelektronen oder elektromagnetischer Strahlung begleitet. Das einfallende Ion kann aber auch in das Kristallgitter des

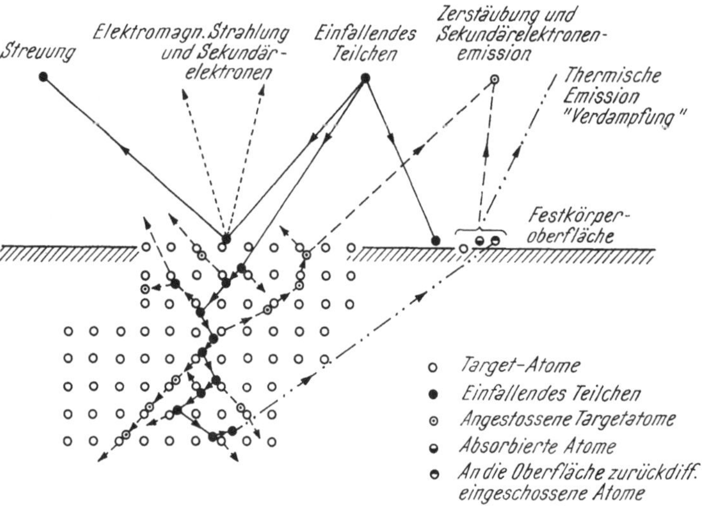

Abb. 1. Ionenwechselwirkungen an Oberflächen

Targets eindringen und führt dabei eine Reihe von Stößen mit den Gitteratomen aus. Dabei verliert das einfallende Ion selbst Energie und gibt diese an die Gitteratome ab, bis es schließlich am Platz eines Gitteratoms oder an einem Zwischengitterplatz zur Ruhe kommt. Die durch das eingedrungene Teilchen angestoßenen Gitteratome werden teilweise von ihren Gitterplätzen verdrängt und übertragen den empfangenen Impuls auf ein Nachbaratom. Wenn es dabei zu einer Umkehr der Impulsrichtung kommt, können die angestoßenen Atome auch die Oberfläche verlassen. Man bezeichnet diesen Prozeß als Kathodenzerstäubung oder „Sputtering".

Diese gesputterten Atome befinden sich meist in einem hochangeregten Zustand und können durch verschiedene Prozesse ionisiert und als Sekundärionen für analytische Zwecke herangezogen werden. Bei hoher Energiedichte der einfallenden Ionen kann eine lokale Erhitzung der Oberfläche und ein Verdampfungsprozeß stattfinden, der sich dem Prozeß der Zerstäubung durch die gerichtete Impulsübertragung überlagert.

Wenn ein Teilchen auf einen Einkristall genau in eine niedrig indizierte Kristallrichtung eingeschossen wird, kann es infolge fokussierender Stoßfolgen einige hundert Atomlagen tief in das Kristallgitter eindringen.

Um die Vorgänge etwas besser verstehen zu können, kann man den Stoßvorgang zwischen einem Ion und dem Atom der Festkörperoberfläche in erster Näherung als Stoß zwischen zwei harten Kugeln betrachten und die klassischen Formeln für Energie- und Impulserhaltung anwenden. Diese Betrachtungsweise ist auch dadurch gerechtfertigt, daß die Stoßzeiten mit 10^{-15} sec klein gegenüber einer Gitterschwingungsdauer mit 10^{-12} sec ist und die thermischen Energien klein gegenüber der Einfallsenergie der Ionen sind.

Der Radius dieser harten Kugel, bzw. der diesem Radius proportionale Stoßparameter, ist nun freilich nicht konstant, sondern von der Energie der beiden Stoßpartner abhängig. Bei geringen Energien wird die gesamte Atomhülle beim Stoß unversehrt bleiben, man spricht von „Nuclear Collisions" — Kernstößen —, im anderen Extrem, bei sehr hohen Energien, werden die Elektronenhüllen vollkommen durchdrungen, die Wechselwirkung erfolgt durch die Coulomb-Kräfte der beiden Atomkerne, man spricht dann von Rutherford-Streuung. Zwischen diesen beiden Extremen, vollkommen harte Kugel mit einer Größenordnung vom Atomhüllendurchmesser bei Energien $\leq 1\,\mathrm{keV}$ und reiner Coulomb-Wechselwirkung von geladenen Kernen (Energien $>1\,\mathrm{MeV}$), liegt das Gebiet der sogenannten „Electronic Collisions", also Wechselwirkungen, bei denen die Elektronenhüllen mehr oder weniger stark beteiligt sind. Man rechnet in diesem Fall mit abgeschirmtem Coulombpotential.

In der folgenden Abbildung (Abb. 2) sind verschiedene Wechselwirkungspotentiale dargestellt, die Näherung von Bohr lautet z. B.:

$$V_B(r) = \frac{Z_1 Z_2 e^2}{r} \exp\left(-\frac{r}{a_B}\right)$$

Z_1, Z_2 = Kernladungszahl der beiden Stoßpartner

e = Elektronenladung

r = Kernabstand

a_B = Bohr'scher Atomradius

Je nach Energiebereich stimmen die einzelnen Näherungen mehr oder weniger. Ein universeller Potentialansatz, der im gesamten Energiebereich gültig wäre, existiert bis heute leider noch nicht.

Ionenstreuung bei niederer Energie

Wendet man auf den Zweierstoß mit harter Kugelnäherung die Erhaltungssätze von Energie und Impuls an, so erhält man bei einem Streuwinkel von $\Phi = 90^0$ (siehe Abb. 3)

$$\frac{E_1}{E_0} = \frac{m_2 - m_1}{m_2 + m_1} \tag{1}$$

E_1 = Energie des gestreuten Teilchens

E_0 = Energie des einfallenden Teilchens

m_1 = Masse des einfallenden Teilchens

m_2 = Masse des Targetatoms

Wenn man also einen Ionenstrahl im UHV auf ein Target aufschießt und die unter einem Winkel von 90^0 gestreuten Ionen auf

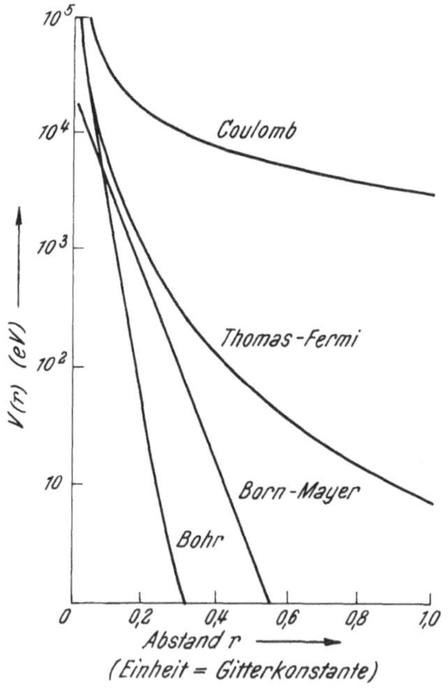

Abb. 2. Vergleich verschiedener Wechselwirkungspotentiale für Cu

ihre Energie analysiert, kann man eine Aussage über die chemische Zusammensetzung der obersten Atomlage erhalten.

Diese Methode wurde zuerst von Brunnée[1] demonstriert, der Alkaliionen an Mo-Oberflächen reflektierte und feststellte, daß die reflektierten Ionen eine der obigen Formel entsprechende Energie besitzen. Gleichzeitig stellte er jedoch fest, daß sehr viele niederenergetische Ionen vorhanden sind, die Mehrfachstößen zuzuschreiben sind. Weitere Arbeiten wurden dann von Rubin[2], Panin[3], Walter

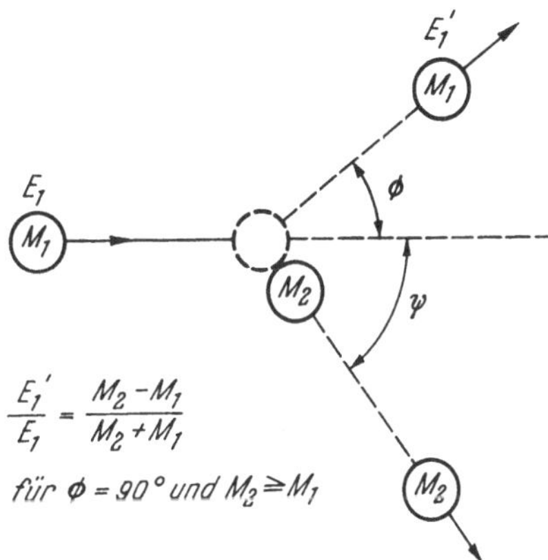

Abb. 3. Ionenstreuung

und Hintenberger[4] sowie Datz und Snoek[5] ausgeführt, die ebenfalls fanden, daß die Sekundärionen die Charakteristika eines einfachen Zweierstoßes zeigen.

1966 publizierte David P. Smith[6] eine Arbeit, in der die Methode der Streuung niederenergetischer Ionen, er verwendete Edelgasionen von 0,5—3 keV, zur Oberflächenanalyse explizite beschrieben wurde.

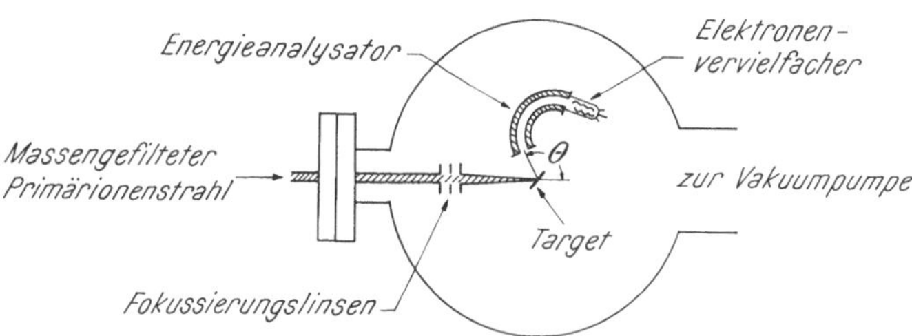

Abb. 4. Schema eines Ionenstreuspektrometers[6]

Das Schema seiner Apparatur ist in der Abb. 4 wiedergegeben. Sie besteht aus einer Duoplasmatronionenquelle mit einem Sektormagnetfeld, so daß er einen massengefilterten Ionenstrahl erhält. Dieser wird mit Hilfe einer Einzellinse auf die Targetoberfläche fokussiert mit einer Stromdichte von 1—100 μA/cm². Die Sekundärionen wurden mit einem elektrostatischen Zylinderkondensator auf ihre Energie analysiert und mit einem Ionenzähler registriert. In der Abb. 5 sieht man ein nach dieser Methode aufgenommenes Spektrum einer Gold-Nickelverbindung[7]. Als Primärionen wurden Helium- bzw. Neonionen mit einer Energie von 1,8 keV verwendet. Wie man sieht, ist die Auflösung bei Neon viel besser als bei Helium, wie auch aus der Formel (1) hervorgeht. Trotzdem wird

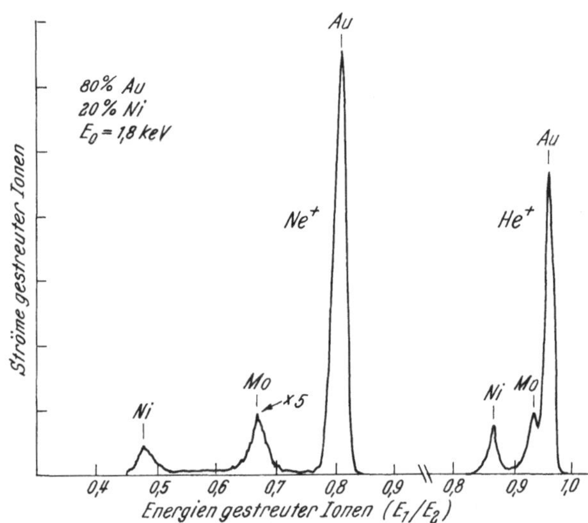

Abb. 5. Energien gestreuter Ionen[4]

meist Helium als Primärion verwendet, da man sonst leichte Targetatome wie z. B. Kohlenstoff oder Sauerstoff nicht mehr nachweisen könnte.

In der Abb. 6 ist ein Ionenstreuspektrum mit 1,5 keV He-Ionen von einem Isolator zu sehen, wobei die entstehende Oberflächenaufladung mit Hilfe von Elektronen kompensiert wurde. Gegenüber der reinen Metalloberfläche ist natürlich der Untergrund wesentlich größer.

In der Abb. 7 sieht man das Spektrum einer verunreinigten Oberfläche einer Ni-Legierung, deren jeweils oberste Monolagen durch Ionenbombardement abgetragen wurden. Wie man aus den Spektren ersehen kann, sind die Nickelatome anfänglich vollkommen von den Verunreinigungen zugedeckt.

Smith führte auch Ionenstreuversuche an Ni-Oberflächen durch, an denen Gas adsorbiert war, z. B. CO. Er fand ein Intensitätsverhältnis der Peaks von Sauerstoff zu Kohlenstoff wie 5 : 1, also weit größer als man auf Grund der Atomanzahl und der Wirkungsquerschnitte erwarten würde. Der Grund dafür ist, daß die adsorbierten

Moleküle so ausgerichtet sind, daß die C-Atome im Schatten der O-Atome liegen; ein Ergebnis, das auch durch Infrarotmessungen bestätigt wurde. Die Verwendung von Protonen und reaktiven 2-atomigen Gasen als Primärionen erbrachte keine verwertbaren Spektren

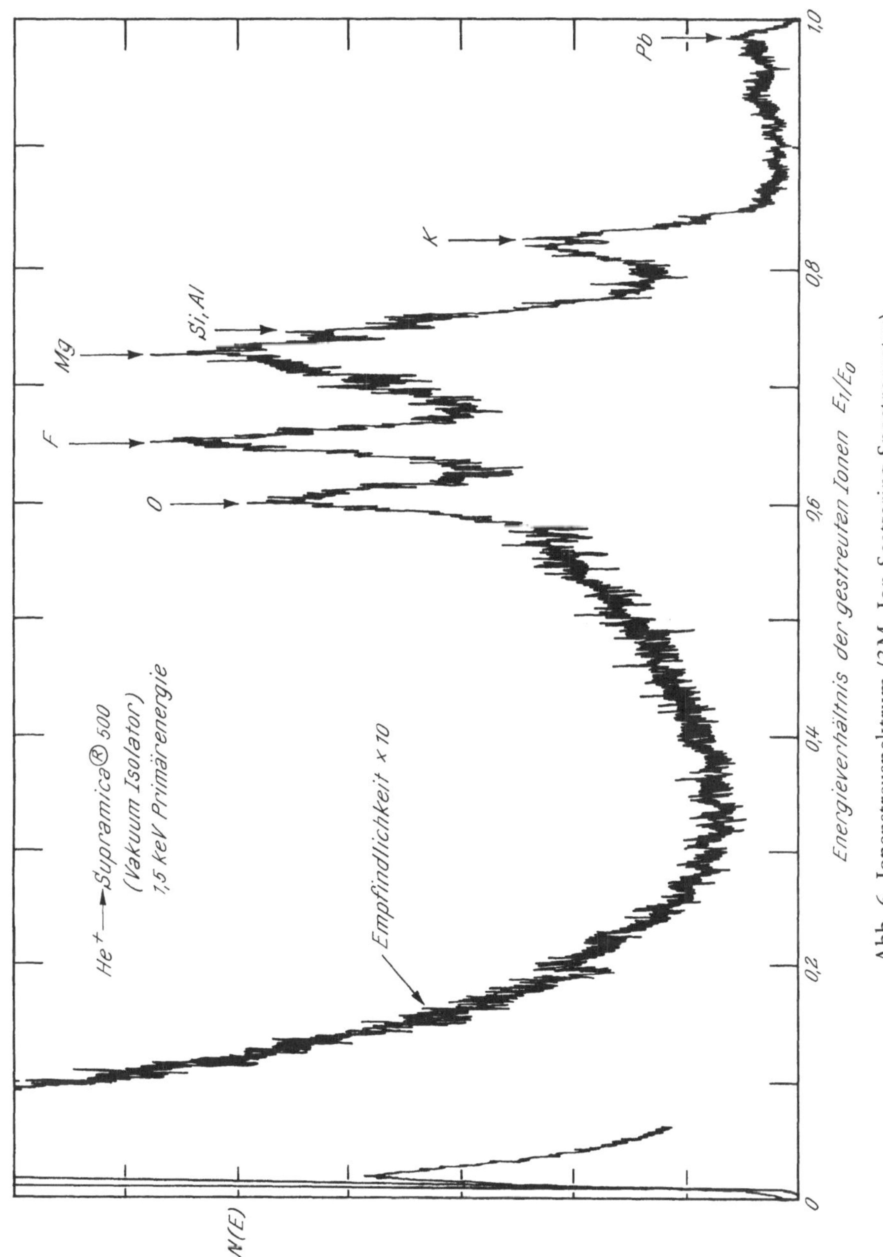

Abb. 6. Ionenstreuspektrum (3M, Ion Scattering Spectrometer)

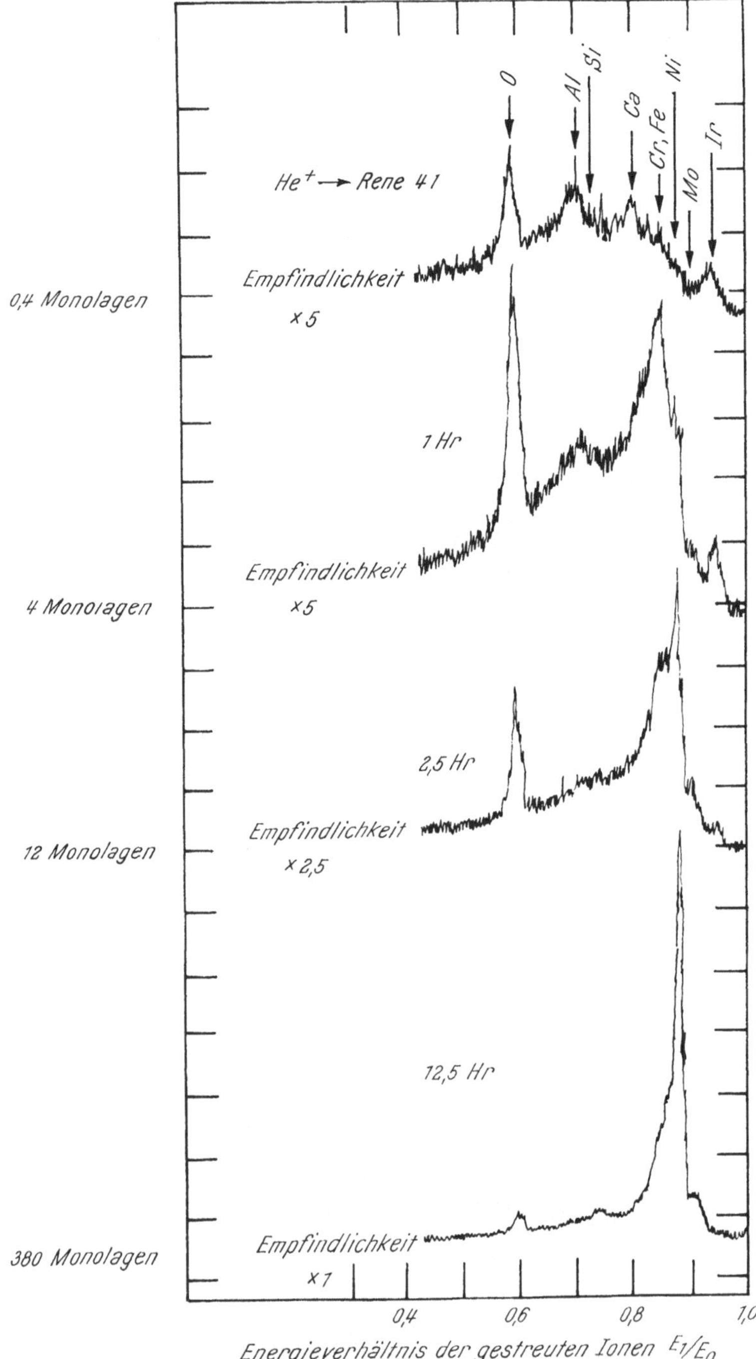

Abb. 7. Ionenstreuspektrum (3M, Ion Scattering Spectrometer)

(Abb. 8), offenbar infolge Mehrfachstößen bzw. anderen komplizierten Prozessen.

Neuere Untersuchungen[8] bestätigten, daß bei niederen Primärionenenergien im Spektrum der gestreuten Ionen praktisch nur Zweierstöße im Spiel und sie daher für analytische Zwecke verwert-

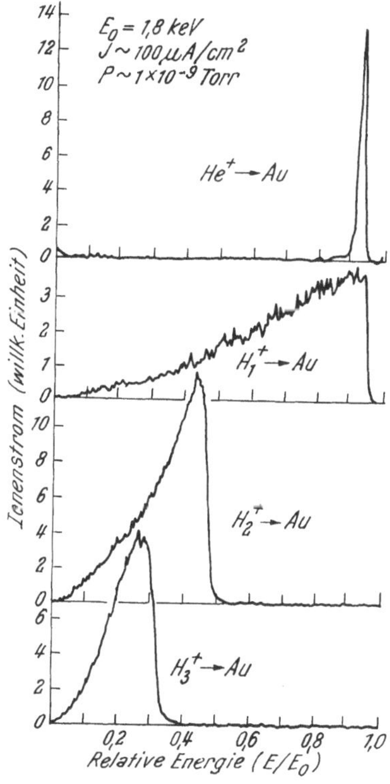

Abb. 8. Ionenstreuspektren[35]

bar sind. Die erzielten Empfindlichkeiten reichen von etwa 0,1 bis max. 10^{-4} einer Monolage und kommen damit in eine vergleichbare Größenordnung wie die Augerspektrometrie; die Oberfläche wird aber jedenfalls wesentlich stärker beeinflußt als bei der Augerspektrometrie. Um diese extremen Empfindlichkeiten zu erreichen, müssen natürlich sauberste UHV-Bedingungen eingehalten werden.

Rutherford-Streuung

Nicht nur die elastische Streuung langsamer Ionen, sondern auch die Rutherford-Streuung, deren Potential das Coulomb-Potential und deren Wirkungsquerschnitte daher genau bekannt sind, kann für

Oberflächenstudien verwendet werden[9]. Die Energie ist gegeben durch

$$\frac{E_1}{E_0} = \frac{m_2 - m_1}{m_2 + m_1} \sin^2 \frac{\delta}{2} \tag{2}$$

[Erklärung siehe Formel (1)] δ = Streuwinkel

und die Intensität (I) kann aus dem Potential bzw. Wirkungsquerschnitt berechnet werden

$$I = k\, Z_2{}^2 \left(\frac{m_1 + m_2}{m_2}\right)^2 \sin^{-4}\left(\frac{1}{2}\delta\right) N \tag{3}$$

k = Proportionalitätskonstante
Z_2 = Kernladungszahl der Targetatome
N = Teilchendichte

Mit dieser Methode ist also eine *quantitative* Aussage möglich, wenn man die Winkelabhängigkeit der Energie und der Intensität mißt (siehe Abb. 9).

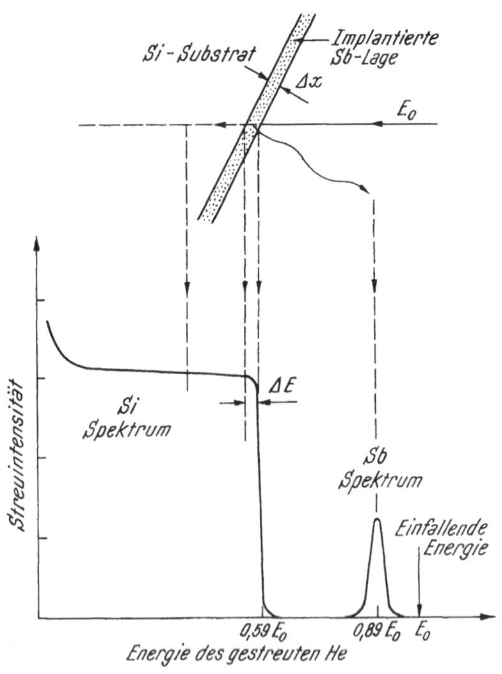

Abb. 9. Rutherford-Streuung[9]

Schießt man den Ionenstrahl (Abb. 10) anstatt auf ein polykristallines Target auf einen Einkristall in eine niedrig indizierte Kristallrichtung, bzw. unter einem kleinen Winkel in Bezug auf diese Rich-

tung, so werden die einfallenden Teilchen durch aufeinanderfolgende
sanfte Stöße in diese Kristallrichtung gedrängt, erleiden an den Gitteratomen keine energieverzehrenden Stöße und können tief in das

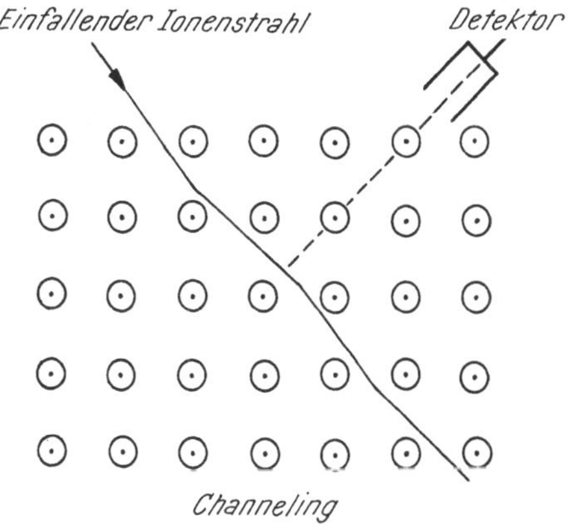

Abb. 10. Channeling

Kristallgitter eindringen; dies ist der sogenannte „Channeling"- oder
Kanalleitungseffekt. Eine Folge davon ist, daß Rutherford-Streuung
aber auch Röntgenanregung der K- und L-Schale stark abgeschwächt
sind, wie aus Abb. 11 ersichtlich ist. Die Intensität in der Kristall-

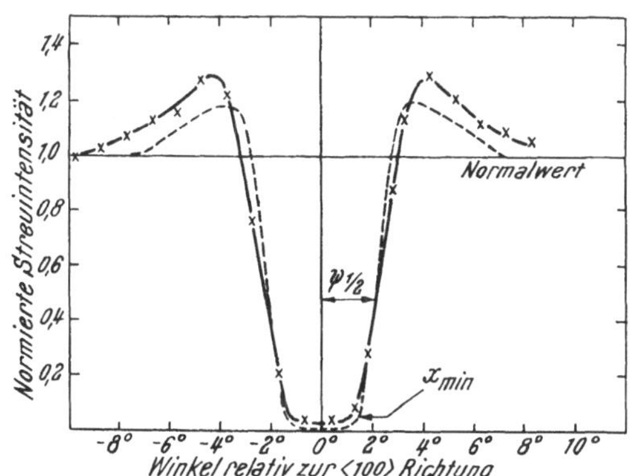

Abb. 11. Rutherford-Streuung an einem Einkristall[9]

richtung geht auf etwa 1 % zurück; dies ist darauf zurückzuführen,
daß innerhalb einer Distanz von etwa 0,1 Å kein Channeling stattfinden kann und daher dort sofort stark gestreut wird. Diesen Chan-
neling-Effekt kann man auch zur Bestimmung der Kristallorientierung ausnützen.

In Abb. 12 sieht man Energiespektra gestreuter He-Ionen an verschiedenen Si-Kristallen. Bei polykristallinem Material, bzw. wenn man in eine beliebige Richtung einschießt, können Verunreinigungen, die eine kleinere Kernladungszahl Z als das Matrixmaterial haben, praktisch nicht nachgewiesen werden, einmal wegen der Vielfachstreuung, zum anderen wegen der Z^2-Abhängigkeit der Intensität.

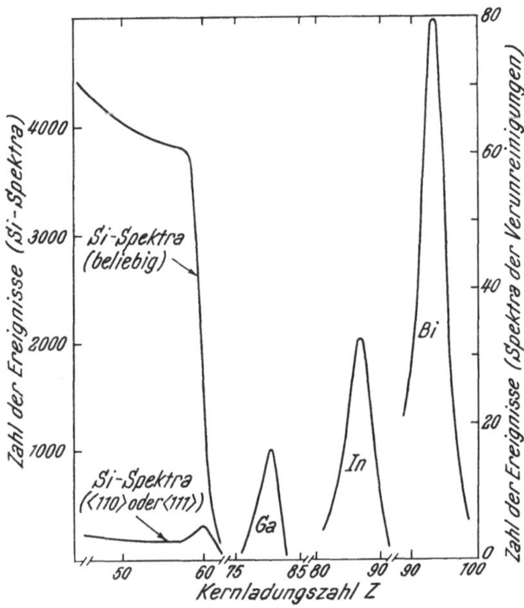

Abb. 12. Energiestreuspektren[9] bei Rutherfordstreuung

Dies ist in Abb. 13 demonstriert, wo die Streuspektren an einem mit 2—3 Atomlagen SiO_2 und C verunreinigten Si-Kristall gezeigt werden, einmal in beliebiger Richtung und einmal auf die ⟨111⟩ Richtung ausgerichtet. Die Verunreinigungen von Kohlenstoff und Sauerstoff kommen nur im „ausgerichteten" Spektrum deutlich zum Vorschein. Wie zu sehen ist, wird der Untergrund etwa um einen Faktor 30 reduziert und die Empfindlichkeit entsprechend gesteigert.

Man kann diese Empfindlichkeitserhöhung noch weiter steigern, wenn man außer dem Channeling auch noch den dazu reziproken Blockingeffekt ausnützt, indem man den Detektor in die Richtung einer anderen Kristallachse stellt. Gitteratome werden nämlich durch den jeweiligen Vordermann gehindert, in einer solchen „blockierenden" Richtung aus dem Kristall auszutreten. Ein mit dieser sogenannten „Double-Alignement-Methode" von Bogh[10] aufgenommenes Spektrum an einem W-Einkristall zeigt die Abb. 14. Die Empfindlichkeit für leichte Verunreinigungen wie O und C liegt zwischen 0,1 und 1 Monolage und steigt natürlich mit Z^2 an. Aus der Form des Energiespektrums kann man auch auf die Tiefenverteilung schließen.

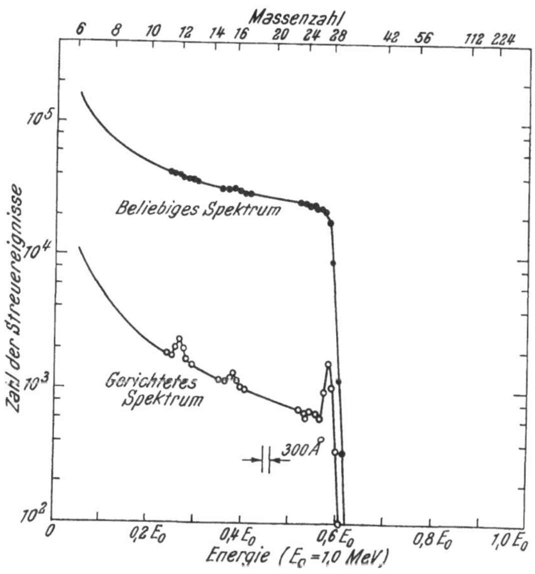

Abb. 13. Streuspektren[9] in Abhängigkeit der Kristallorientierung

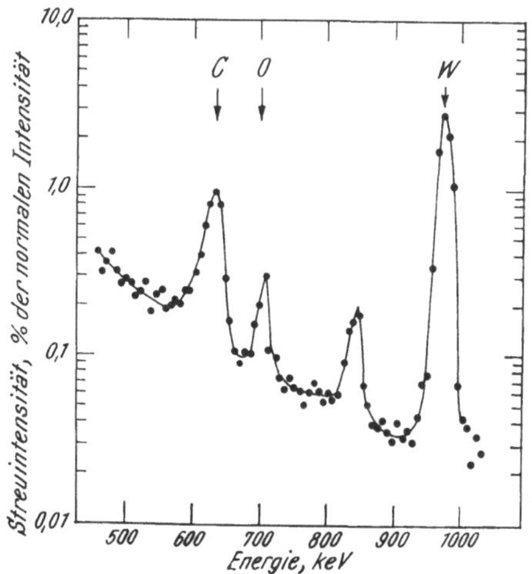

Abb. 14. Spektrum aufgenommen mit der Double-Alignement-Methode

Mit guten Halbleiterdetektoren kann man eine Tiefenauflösung von 200 Å, mit hochauflösenden magnetischen oder elektrostatischen Analysatoren sogar bis etwa 20 Å erreichen. Mitchel, Komoskida und Mayer[11] benützen diese Methode zur stöchiometrischen Analyse dünner Al_2O_3-Filme auf Si-Unterlagen.

Bei der Ausnützung des Channeling-Effekts wurde bisher angenommen, daß die Verunreinigungen in amorpher oder polykristalliner Form vorliegen. Wenn die Verunreinigungen jedoch im Kristall-

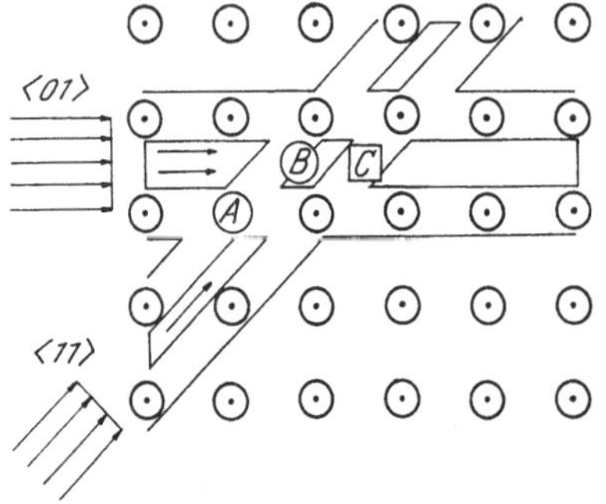

Abb. 15. Lokalisierung von Verunreinigungen durch Rutherford-Streuung[9]

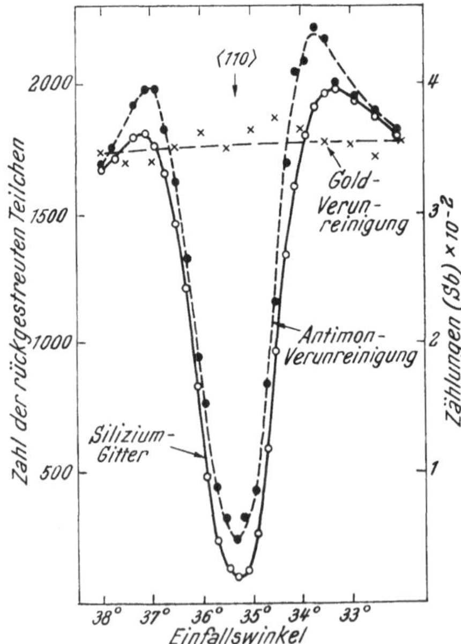

Abb. 16. Streuspektrum eines verunreinigten Einkristalls[9]

gitter eingebaut sind, kann man aus der Orientierungsabhängigkeit der Verunreinigungspeaks den genauen Gitterplatz des Fremdatoms bestimmen. Abb. 15 zeigt ein zweidimensionales Gitter mit Fremdatomen an verschiedenen Plätzen. Die Gitteratome sind in den einzelnen Kristallrichtungen von einer „verbotenen" Zone von etwa 0,1 Å umgeben. Das Fremdatom A sei an einem Gitterplatz, die Atome B und C an verschiedenen Zwischengitterplätzen. Man beschießt den Kristall einmal in der $<10>$ und dann in der $<11>$ Richtung. Bei A wird man in beiden Kristallrichtungen einen Orientierungseffekt feststellen, bei B überhaupt keinen und bei C nur in der $<11>$ Richtung. In der Abb. 16 sieht man die Ergebnisse eines solchen Versuches, der von Mayer, Erikson und Davis[12] an einem mit Gold und Antimon verunreinigten Si-Kristall durchgeführt wurde. Das Gold zeigt praktisch keine Winkelabhängigkeit, ist also an einem Zwischengitterplatz abgelagert, während das Sb auf einem Gitterplatz sitzt. Feldmann und Mitarbeiter[13] haben diese Methode zur Lokation von Th-, Pb- und Bi-Verunreinigungen und implantiertem Xe in Eisen benützt.

Begemann et al.[14] versuchten auch, die Kleinwinkelvielfachreflexion von Edelgasionen an Einkristalloberflächen zu Textur- und Verunreinigungsstudien auszunützen, und haben damit auch bereits erste Ergebnisse erzielt. Die Effekte sind jedoch sehr gering und die Auswertung ziemlich kompliziert.

Abb. 17. Erstes Sekundärionenmassenspektrometer

Sekundärionenmassenspektrometrie

Die Idee, die beim Ionenbeschuß an einer Festkörperoberfläche entstehenden Sekundärionen zur Oberflächenanalyse zu verwenden, ist weit verbreitet, jedoch keineswegs neu[15]. Abb. 17 zeigt eine Apparatur, mit der die Sekundärionenbildung an Festkörperoberflächen schon im Jahre 1948 am I. Physikalischen Institut der Universität Wien untersucht wurde. In einem Kanalstrahlrohr wurden Primärionen mit einer Energie von etwa 20 keV erzeugt, die unter 45⁰ auf ein Target aufgeschossen wurden. Die bei der Zerstäubung entstehenden Sekundärionen wurden von einem elektrischen Feld abgesaugt und in einen kleinen Thomsonschen Parabel-Spektrographen eingeschossen. Eine photographische Platte diente zur Registrierung der Sekundärionen. Das Prinzip dieser Anordnung wird auch heute bei den modernen Sekundärionenmassenspektrometern verwendet, doch ist inzwischen ein gewaltiger technischer Fortschritt erzielt worden.

Die Ionisationsvorgänge bei der Sekundärionenmassenspektrometrie sind noch immer verhältnismäßig undurchsichtig. Es werden einfach und mehrfach geladene, positive und negative Atomionen, aber auch Molekülionen und sogenannte Clusters mit sehr hohen Atomzahlen emittiert. Man nimmt folgende Prozesse für den Ionisationsvorgang an:

1. Bei der thermischen Oberflächenionisation entstehen beim Ionenbeschuß lokale Überhitzungen, sogenannte „thermal spikes", wobei Atome, die eine niedrige Ionisierungsenergie haben, auf Grund der Saha-Langmuir-Beziehung die Oberfläche ionisiert verlassen können[16].

2. Infolge von Auger-Prozessen bei der kinetischen Emission, sowie bei der Autoionisation durch hoch angeregte Zustände und der Resonanzionisation[17] können ebenfalls Sekundärionen gebildet wer-

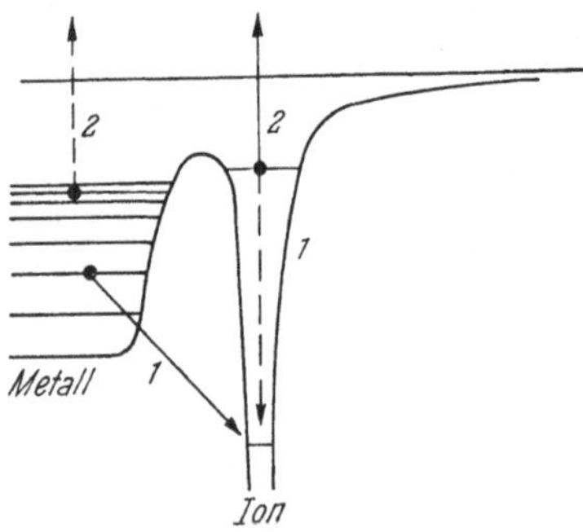

Abb. 18. Auger-Deexcitation

den. Bei der Auger-Deexcitation, die schematisch in Abb. 18 gezeigt ist, wird in der ersten Stufe ein freier Platz in der inneren Schale aufgefüllt und zwar entweder durch ein Elektron vom selben Atom aus

einer äußeren Schale oder durch ein Elektron vom Leitungsband des
Metalls. Durch Emission eines Elektrons entweder aus dem Leitungsband oder aus einem äußeren Niveau des Atoms wird die überschüs-
sige Energie abgeführt; in jedem Falle ist das wegfliegende Atom
ionisiert. Der Autoionisationseffekt kann dann eintreten, wenn die
Anregungsenergie mehrerer äußerer Niveaus oder eines inneren
Niveaus größer als die Ionisationsenergie ist. Bei der Resonanzioni-

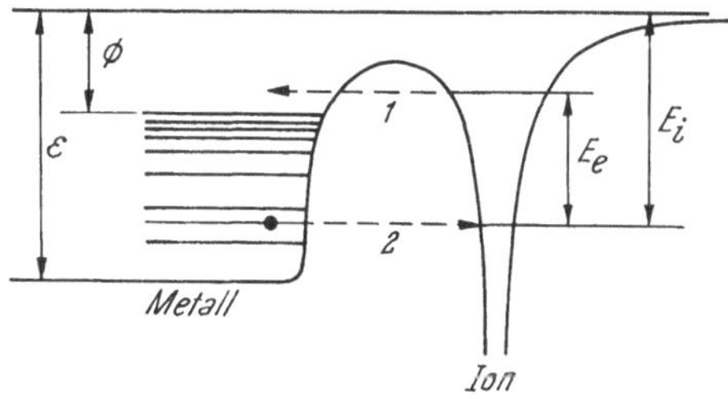

Abb. 19. Resonanzionisation

sation „tunnelt" ein Elektron aus einem angeregten Zustand des
Atoms in eine leere Stelle des Valenzbandes der Festkörperoberflä-
fläche (Abb. 19).

3. Ein drittes Modell des Ionisationsvorganges, das „Surface-
Modell" oder auch „Adiabatisches Ionisationsmodell", wurde von
Schroer angegeben[18]. Hier wird angenommen, daß beim Durchgang
des gesputterten Atoms durch die Oberfläche das Valenzelektron
dieses Atoms in das Leitungsband des Metalls übergeht und das
Atom als positiv geladenes Ion weiterfliegt.

4. Schließlich gibt es noch das sogenannte „Thermodynamische
Modell"[19], bei dem angenommen wird, daß an der Oberfläche eine
etwa 100 Å dicke Plasmaschicht existiert und dort auf Grund der
Saha-Eggert-Gleichung ein Gleichgewicht zwischen den neutralen und
ionisierten Zuständen besteht. Da die beiden letztgenannten Modelle
bei quantitativen Aussagen bereits einen Erfolg aufweisen können,
wird auf die Mitteilung von Rüdenauer[20] verwiesen.

Jedes dieser einzelnen Modelle mag in einzelnen Fällen mehr
oder weniger stark zutreffen und die Sekundärionenausbeute ist
daher nicht nur für die einzelnen Elemente sehr verschieden, sondern
auch stark von den chemischen Bedingungen der Oberfläche abhängig, wie aus folgendem einfachen Beispiel ersichtlich ist: Wenn man
eine Aluminium-Oberfläche mit Argon$^+$-Ionen beschießt, nimmt die
Sekundärionenausbeute der Al$^+$-Ionen mit der Zeit ab[21]. Wenn man
jedoch als Primärionen elektronegative Gase wie z. B. Sauerstoff

verwendet, erreicht man nach kurzer Zeit eine hohe stabile Sekundärionenausbeute. Dies wird darauf zurückgeführt, daß an der Oberfläche Verbindungen entstehen, die infolge ihrer Elektronegativität die Ionenausbeute erhöhen (Abb. 20).

Um die Sekundärionenausbeute zu erhöhen, die zwischen 10^{-2} und 10 % liegt, wurde mehrfach vorgeschlagen, die gesputterten Atome nachzuionisieren. Eine naheliegende Methode ist die Elektronenstoßionisation, jedoch sind hier die Wirkungsquerschnitte sehr gering. Eine interessante Methode wurde von Coburne, Kay und Taglauer[22] vorgeschlagen, nämlich die Penning-Ionisation zu verwenden, die viel höhere Wirkungsquerschnitte hat als die Elektronenstoßionisation und außerdem für die meisten Elemente nicht sehr verschieden ist. Für die Penning-Ionisation werden die metastabilen Zustände des Neon bei 16,62 und 16,72 eV verwendet. Eine Rekom-

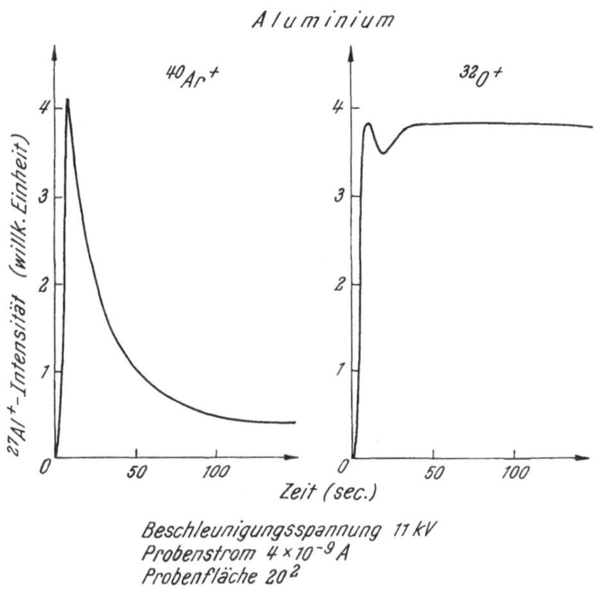

Abb. 20. Al⁺-Sekundärionenausbeute[36]

bination der gesputterten Ionen erfolgt in der Entladung nicht. Die genannten Autoren behaupten, daß sie eine Elementanalyse der Oberfläche und gleichzeitig ein Tiefenprofil ohne schwierige Kalibrierung erreichen können. Matrixeffekte treten nicht auf, im Gegensatz zu den sonst üblichen Methoden der Sekundärmassenspektrometrie. Der Nachteil dieser Methode ist, daß man nur ebene Proben verwenden kann, daß sie natürlich destruktiv ist, und daß man keine reinen Oberflächen untersuchen kann.

Bei der Sekundär-Ionen-Massen-Spektrometrie, die natürlich im Zeitalter der Abkürzung nun ebenfalls einen eigenen Namen hat, nämlich SIMS, kann man nach einem Vorschlag von H. Werner[23] folgende Untergruppen unterscheiden:

1. Die statische Sekundär-Ionen-Massen-Spektrometrie, SSIMS, die vor allem von Benninghoven[24] entwickelt wurde, ist dadurch charakterisiert, daß man mit sehr geringen Stromdichten, etwa 10^{-9}

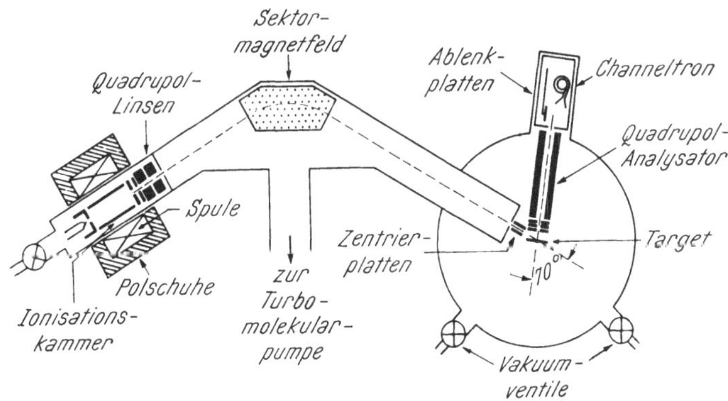

Abb. 21. Statisches Sekundärionenmassenspektrometer[24]

Amp/cm², auf eine verhältnismäßig große Fläche (1/10 cm²) schießt, so daß man einerseits während des Analysenvorganges nur einige % oder weniger einer Monoschichte durch Sputtering abträgt und andrerseits noch ein genügend großes Signal zum Spurennachweis hat (Abb. 21). Die Empfindlichkeit ist ungefähr 1 ppm einer Monoschicht. Die SSIMS stellt also eine quasi zerstörungsfreie Methode dar.

2. Bei der dynamischen Sekundär-Ionen-Massen-Spektrometrie, DSIMS, wird die Probe kontinuierlich mit einer hohen Primärionenstromdichte beaufschlagt und gleichzeitig die Oberfläche abgetragen. Das zeitliche Verhalten des Sekundärionenstromes eines Elementes ist daher eine Anzeige für Konzentrationsprofile in Festkörpern, Halbleitern, dünnen Filmen usw.[25]. Die Empfindlichkeit ist natürlich von der Primärstromdichte und den ionenoptischen Eigenschaften abhängig und kann bei optimal ausgelegten Geräten $1 : 10^{-10}$ bis 10^{-11} betragen[26].

3. Für die Sekundär-Ionen-Mikro-Sonde (konsequenterweise SIMMS) ist jedoch auch die Abkürzung IMMA (Ion microprobe mass analysis) gebräuchlich. Hier wird mit einem möglichst gut fokussierten Primärstrahl eine Oberfläche abgerastert, das Massen-

spektrometer dabei auf eine spezielle Masse eingestellt, und man erhält am Kathodenstrahlschirm dann die topographische Verteilung des betreffenden Elementes[27]. Die örtliche Auflösung beträgt ungefähr 1—2 μ (Abb. 22).

4. Beim Sekundärionenmikroskop von Casteing und Slodzian[28] (SIIMS, Secondary ion imaging mass spectrometer) wird die zu untersuchende Oberfläche mit Hilfe von Sekundärionen auf einem Leuchtschirm, bzw. einer photographischen Platte abgebildet. Die Probenoberfläche wird zunächst mit einem Primärionenstrahl von verhältnismäßig großem Durchmesser (einige 100 μm) beschossen. Das für die Abbildung der so entstandenen Sekundärionen verwendete Massenspektrometer ist auf eine bestimmte Masse eingestellt, wodurch man ein Bild über die topographische Verteilung auf der Proben-

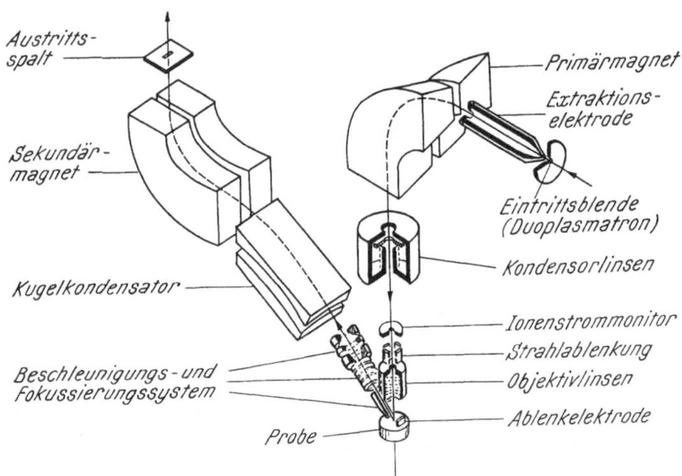

Abb. 22. Sekundärionenmikrosonde[27]

oberfläche erhält. In der folgenden Tabelle (Tab. 1) findet sich eine Zusammenstellung der wichtigsten Eigenschaften der Ionensonde im Vergleich mit der Elektronenmikrosonde.

Bisher wurde nur von den bei der Ionenbestrahlung entstehenden schweren geladenen Teilchen, nämlich gestreuten Primärionen oder Sekundärionen gesprochen. Im Prinzip könnte man auch daran denken, die gesputterten Neutralatome zu analytischen Zwecken heranzuziehen; das ist aber bisher nur in ganz wenigen Fällen geschehen, nämlich bei Verwendung radioaktiver Isotope, die man durch ihre charakteristische γ-Strahlung nachweisen kann[29]. Die Verwendung von Neutralteilchen wird erst dann interessant, wenn ein wirklich empfindlicher Neutralteilchendetektor existent ist.

Sekundärelektronen

Wie bereits einige Male erwähnt wurde, entstehen beim Aufprall energetischer Ionen auf eine Festkörperoberfläche Sekundärelektro-

Tabelle 1

	Elektronenmikrosonde	Ionensonde
Qualitative Analyse	$Z \geqq 4$	Alle Elemente
Quantitative Analyse	a) Kalibrierung mit Reinelement	nur mit Standard ähnlicher Zusammensetzung
	b) Kalibrierung mit Standard ähnlicher Zusammensetzung	
Nachweisgrenze	$\approx 10^{-3}$	$10^{-5} - 10^{-6}$ SSIMS $10^{-10} - 10^{-11}$ DSIMS
Oberflächenerosion	—	1 Monolage in 10^4 s -300 Å s^{-1}
Materialverbrauch	—	10^{-15} g SSIMS -10^{-6} g DSIMS
Konzentrationsprofile	Nur durch Scannen eines Schnittes	Kontinuierlich d. Ionenbombardement
Tiefenschärfe	1 μm	0,2—20 nm
Laterale Schärfe	1 μm	1 μm
Kristallorientierung	—	möglich
Chem. Verbindungen	beschränkt möglich	möglich
Tracer Technik	—	möglich

nen als Folge inelastischer Stöße. Man unterscheidet dabei die „Potentialemission" und die „kinetische Emission".

Die Potentialemission kommt durch die Übertragung der potentiellen Energie, d. h. Ionisationsenergie oder Anregungsenergie des Targetatoms oder des einfallenden Ions auf das Elektron zustande und tritt bei Primärionenenergien unterhalb 1 keV auf. Potentialemission tritt sowohl bei Metallen, Halbleitern, als auch Isolatoren auf. Die Ausbeute ist unabhängig von der Masse der Primärionen und in erster Näherung auch unabhängig von ihrer Energie. Hingegen existiert eine Abhängigkeit vom Targetmaterial. Die Ausbeute ist bei Metallen größer als bei Halbleitern. Die Energieverteilung ist ebenfalls verschieden und ist abhängig von der Bandstruktur des Festkörpers[30].

Kinetische Emission von Sekundärelektronen tritt dann auf, wenn die Ausbeute energieabhängig wird. Oberhalb etwa 1 keV steigt die Sekundärelektronenausbeute bis etwa 100 keV proportional mit E

an. Die Ausbeute der kinetischen Emission ist ebenfalls stark von der Art der Festkörperoberfläche und weniger von den Primärionen abhängig. Bei Einkristallen ist der Sekundärelektronenkoeffizient von der Kristallorientierung abhängig, Minima werden in den offenen Kristallrichtungen beobachtet (Abb. 23)[31].

Eine Untersuchung des Augerspektrums von Sekundärelektronen wurde von Hennequin und Mitarbeiter[32] mit 10 keV Argon-Primärionen, die auf leichte Metalltargets aufgeschossen wurden, durchge-

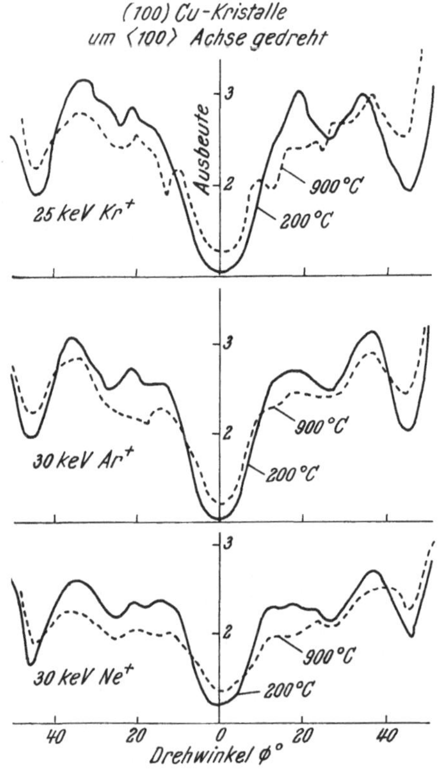

Abb. 23. Kinetische Emission von Sekundärelektronen an Einkristallen[30]

führt. Die Spektren sind in der folgenden Abbildung (Abb. 24) zu sehen. Charakteristisch ist, daß die Hauptpeaks eine Halbwertsbreite von 2—3 eV gegenüber 4—6 eV bei Elektronenanregung haben. Dies wird auf eine Einengung des Leitungsbandes in der Nähe der Oberfläche zurückgeführt. Die Augerabregung findet beim Ionenbombardement statt. Die Intensität dieser Augerlinien ist jedoch so gering, daß sie für eine Spurenanalyse nicht verwendbar erscheint.

Photoemission

Aus dem vorher Gesagten war zu entnehmen, daß beim Ionenbombardement durch Zerfall angeregter Atom- und Molekülzustände auch Emission von Photonen auftritt. Die spektrale Verteilung dieser

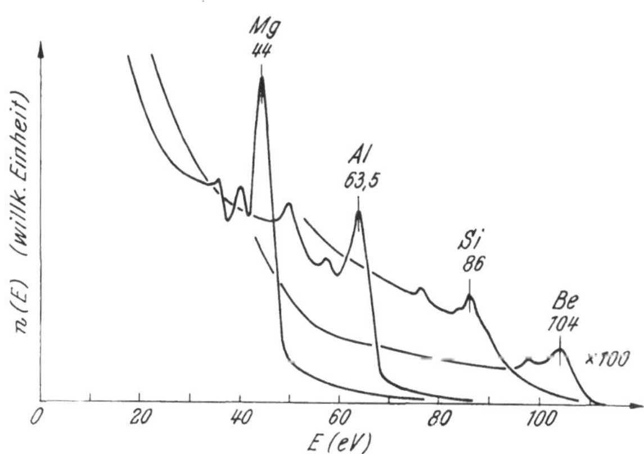

Abb. 24. Auger-Elektronen-Spektrum von Metallen[32]

Photonen ist natürlich charakteristisch für die Zusammensetzung der Oberfläche und kann analytisch verwertet werden[33]. Der Name dieser Methode lautet: SCANIIR (Surface Composition Determined by Analysis of Neutral Ion Impact Radiation). Sie wurde angewendet für die Analyse von Oberflächen von Mineralien und auch von eingedampften Flüssigkeiten, die sowohl anorganisches als auch organisches Material enthalten. Die Apparatur besteht aus einer Ionenquelle, die Ionen mit einer definierten Energie zwischen 10 eV und 4 keV liefert. Meist werden für das Bombardement neutrale Atome oder Moleküle verwendet, die in einer Umladungskammer durch Ladungsaustausch erzeugt werden, um Aufladungseffekte zu vermeiden. Die Targetstrahlung wird durch ein Quarzfenster mit einem Monochromator analysiert und mit Einzelphotonzählung registriert. Die Nachweisgrenzen liegen zwischen 10^{-4} und 10^{-7}, also um einige Größenordungen niedriger als bei der SIMS-Methode. Die Oberflächenzerstörung ist in beiden Fällen etwa gleich, da ungefähr gleiche Stromdichten verwendet werden.

Röntgenstrahlung bei hochenergetischen Ionen

Beim Aufprall hochenergetischer Ionen auf Metalloberflächen entsteht eine charakteristische Röntgenstrahlung, die man ebenfalls für analytische Zwecke heranziehen könnte. Die Untersuchungen darüber befinden sich jedoch noch im Anfangsstadium[34] und der apparative Aufwand ist noch so groß, daß derzeit kaum an eine praktische Verwendung dieser Methode zu denken ist.

Zusammenfassend kann also festgestellt werden, daß die Oberflächenanalyse mit Hilfe von Ionenstrahlen, vor allem die Methode der Sekundärionenmassenspektrometrie und -Mikroskopie, in den letzten Jahren einen beachtlichen Standard erreicht hat und in der chemischen Analysentechnik einen festen Platz innehat. Natürlich ist sie ebensowenig wie andere Analysenmethoden eine Universalanalysenmethode, die alle anderen ersetzen kann, sondern sie kann nur die anderen Methoden, wie Elektronenstrahl- oder Photonenstrahlanalyse ergänzen und hat ihre spezifischen Vorteile.

Zusammenfassung

Die physikalischen Grundlagen der Wechselwirkungen von Ionen mit Festkörperoberflächen wurden besprochen. Aus dem Energiespektrum rückgestreuter niederenergetischer Ionen kann man das Streuatom und damit die Zusammensetzung der Oberfläche bestimmen. Die Rutherford-Streuung bei hohen Energien erlaubt nicht nur die chemische Bestimmung von Verunreinigungen der Oberfläche, sondern auch deren Lokalisierung im Kristallgitter. Die empfindlichste und technisch ausgereifteste Methode zur Oberflächenanalyse mit Hilfe von Ionenstrahlen ist die Sekundärionenmassenspektrometrie. Damit kann man sowohl Oberflächenverunreinigungen bis $1 : 10^{-11}$ nachweisen als auch Tiefenverteilungen durch gleichzeitiges Zerstäuben feststellen und außerdem auch die chemische Oberflächentopographie bestimmen.

Summary

Principles, Limits, and Potentialities of Surface Analysis by Means of Ion Beams

The basic physical processes of ion surface interactions are discussed. The energy spectrum of backscattered ions allows to identify the scatteratom and, therefore, the surface composition. By means of Rutherford scattering surface contaminants can be localized in crystal-lattices. Secondary-ion-mass-spectrometry is the most advanced and sensitive method for surface-analysis. Impurities of $1 : 10^{-11}$ can be detected as well as depth distribution of chemical elements be measured by means of sputtering, and the chemical topography can also be determined.

Literatur

[1] C. Brunnée, Z. Physik **147**, 161 (1957).

[2] S. Rubin, Nucl. Instr. Meth. **5**, 177 (1959).

[3] B. V. Panin, Soviet Phys. JETP **15**, 215 (1962).

[4] V. Walther und H. Hintenberger, Z. Naturforschung **18 a**, 843 (1963).

[5] S. Datz und C. Snoek, Phys. Rev. **134**, A 347 (1964).

[6] D. P. Smith, J. Appl. Phys. **38**, 340 (1967).

[7] D. P. Smith, Surface Sci. **25**, 171 (1971).

[8] D. J. Ball, T. M. Buck, D. Macnair und G. H. Wheatley, Surface Sci. **30**, 69 (1972).

[9] J. A. Davies, J. Vac. Sci. Techn. **8**, 487 (1971).

[10] E. Bøgh, BNL-50083, p. 76 (1967).

[11] I. V. Mitchell, M. Kamoshida und J. W. Mayer, J. Appl. Phys. **42**, 4378 (1971).

[12] J. W. Mayer, L. Erikson und J. A. Davis, Ion Implantation in Semiconductors, New York: Academic Press. 1970. S. 130—148.

[13] L. C. Feldmann, E. N. Kaufmann, D. W. Mingay und W. M. Augustyniak, Phys. Rev. Lett. **27**, 1145 (1971).

[14] S. H. A. Begemann und A. L. Boers, Surface Sci. **30**, 134 (1972).

[15] R. F. K. Herzog und F. P. Viehböck, Phys. Rev. **76**, 855 (1949).

[16] G. Carter und J. S. Colligan, Ion Bombardement of Solids, London: Heinemann. 1969. S. 92ff.

[17] W. F. Van der Weg und D. J. Biermann, Physica **44**, 177 (1969).

[18] J. M. Schroer, XVII, Annual Conf. o. Mass Spec. and Allied Topics, Dallas, Texas (1969).

[19] C. A. Andersen, J. Mass Spec. & Ion Phys. **2**, 61 (1969); **3**, 413 (1970).

[20] F. G. Rüdenauer, W. Steiger und R. Portenschlag, Mikrochim. Acta [Wien], Suppl. V, **1974**, 421.

[21] C. A. Anderson, Proceeding 3rd Nat. Conf. Electron Micro Probe Analysis (1968).

[22] J. W. Coburn und Eric Kay, Appl. Phys. Lett. **19**, 350 (1971).

[23] H. W. Werner, wird veröffentlicht in „Vacuum".

[24] A. Benninghoven, Z. Physik **230**, 403 (1970).

[25] R. F. Herzog und H. Liebl, J. Appl. Phys. **34**, 2893 (1963).

[26] F. Rüdenauer, wird veröffentlicht im "Internat. Journ. of Masspectrometry and Ion Physics".

[27] H. Liebl, J. Appl. Phys. **38**, 5277 (1967).

[28] R. Castaing und G. Slodzian, J. microscopie **1**, 395 (1962).

[29] F. P. Viehböck, Radex-Rundschau **1970**, 235.

[30] R. J. McDonald, Adv. Phys. **19**, 457 (1970).

[31] E. S. Mashkova und V. A. Molchanov, Sov. Phys. Solid St. **6**, 2967 (1965).

[32] J. F. Hennequin und P. Viaris de Lesegno, C. r. acad. sci., Paris **272**, 1259 (1971).

[33] C. W. White, D. L. Simmons und N. H. Tolk, Science **177**, 481 (1972).

[34] F. W. Saris, Physics of Electronic and Atomic Collisions, VII ICPEAC, p. 181 (1971).

[35] D. P. Smith, 15th Ann. Conf., Denver, 1967, Central Res. Lab., 3 M Comp.

[36] C. A. Andersen, Hasler Res. Center, Appl. Res. Lab., Goleta/Cal.

Anschrift des Verfassers: Prof. Dr. F. P. Viehböck, II. Institut für Experimentalphysik, Technische Hochschule Wien, Karlsplatz 13, A-1040 Wien, Österreich.

Mikrochimica Acta [Wien], Suppl. 5, 1974, 411—420

Chem. Laboratorium der August Thyssen-Hütte AG, Duisburg-Hamborn

Beobachtungen zur Tiefeninformation der Sekundärionen-Massenspektrometrie*

Von

Jürgen Dittmann

Mit 8 Abbildungen

(Eingegangen am 15. Februar 1973)

Um die praktischen Anwendungsmöglichkeiten der Sekundärionen-Massenspektrometrie zu testen, wurde von uns mit Unterstützung der Fa. CAMECA/Paris an deren Gerät IMS 300 eine größere Zahl von Untersuchungen durchgeführt. Darüber ist bereits an anderer Stelle verschiedentlich berichtet worden[1,2].

Der Problemkreis dieser Untersuchungen war auf die Fragen eines Eisenhütten-Laboratoriums abgestimmt, also auf Fragen der Oberflächenanalyse von Zwischen- und Fertigprodukten bezogen, auf Oberflächenzustände und Oberflächenveränderungen, wie sie im Verlauf der technischen Prozesse des Gießens, Walzens, Oberflächenbehandelns und Beschichtens von Flachprodukten auftreten.

Die dabei zu klärenden analytischen Fragen beziehen sich — wenigstens zum Teil — auf Schichtdicken, die über eine reine Oberflächenanalyse hinausgehen; es interessieren in diesem Zusammenhang Tiefeninformationen einer Probe, die oft erhebliche Dimensionen annehmen können (30 μm und mehr).

Die Tatsache, daß die Sekundärionen-Massenspektrometrie ein abbauendes Analysenverfahren ist, also im Verlaufe des Ionenbeschusses immer weiter in die Tiefe vordringt, ist auch bisher schon von vielen Anwendern als Mittel der analytischen Tiefeninformation

---

* Vortrag anläßlich des 6. Kolloquiums über metallkundliche Analyse mit besonderer Berücksichtigung der Elektronenstrahl-Mikroanalyse, Wien, 23. bis 25. Oktober 1972.

genutzt worden. Um Anwendungsmöglichkeiten zu testen und die noch nicht in allen Einzelheiten aufgeklärten Vorgänge bei der Sekundärionenauslösung aus der Oberfläche zu studieren, ist man dabei zweckmäßigerweise in vielen Fällen von mehr oder weniger „idealen" Oberflächen ausgegangen und hat geschliffene und polierte Flächen sowie definiert aufgedampfte Schichten benutzt und Schichtsysteme mit gezielten Oxydationen und Adsorptionen untersucht. Die Ergebnisse derartiger Untersuchungen sowohl an einkristallinem Material als auch an polykristallinen Proben und in beschränktem Umfang an amorphem Material, wie z. B. Gläsern, liegen vor.

Bei der Untersuchung technischer Oberflächen ist die Ausgangsbasis aber in vielen Fällen ganz anders, neben die Polykristallinität tritt oft noch eine ausgeprägte Oberflächentopographie, so daß der Begriff Oberflächenschicht hier eine andersartige Bedeutung bekommt. Ein solches Beispiel, die Oberflächen von Blechen, zeigt Abb. 1 im Rasterelektronenmikroskop. Man erkennt im linken Teilbild schon bei schwächeren Vergrößerungen ein sehr deutliches Oberflächenrelief in Form von Erhöhungen und Vertiefungen, Überschiebungen und Löchern sowie teilweise Texturen. Werden solche Ober-

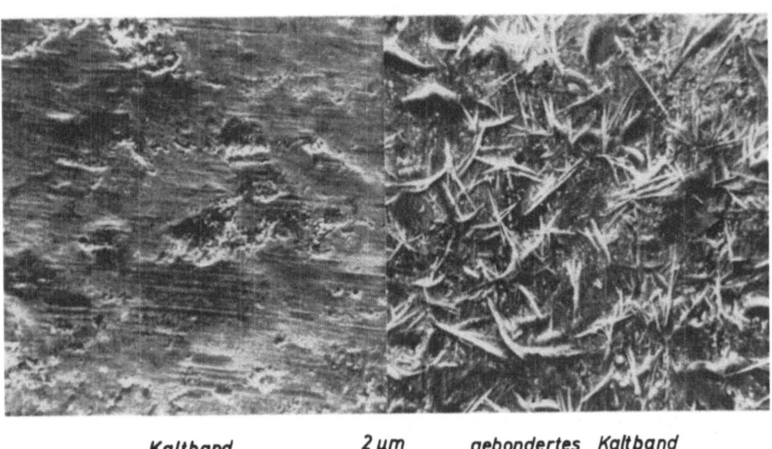

Abb. 1. Technische Blechoberflächen im Raster-Elektronenmikroskop

flächen noch nachträglich chemischen Behandlungen unterworfen, um die Oberflächen zu schützen oder um Reaktionsschichten für weitere Behandlungen zu schaffen, so kommen mitunter Ausbildungen zustande, wie sie das rechte Teilbild zeigt. Auf dieser phosphatierten Blechoberfläche erkennt man deutlich abgegrenzte Zinkphosphatkristalle. Das bedeutet im Mikrobereich eine starke örtliche Anreicherung.

Will man eine Schichtanalyse durchführen, die einen repräsentativen Querschnitt ergeben soll, so muß die Analysenfläche auf die Größe der unterschiedlichen Details der Oberfläche abgestimmt sein, es sei denn, man will bewußt punktförmig die Unterschiede des Chemismus aufklären.

Verfolgt man während des Ionenbeschusses die Sekundärionenintensität einer oder auch mehrerer Massenzahlen, so kommt man zu

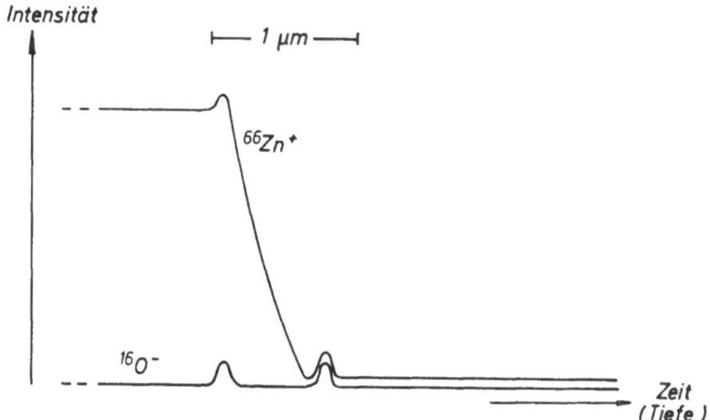

Abb. 2. $^{66}Zn^+$- und $^{16}O^-$-Intensitäten in einer Fe-Zn-Legierungsschicht

Intensitätsverlaufs-Kurven, wie sie schon vielfach dargestellt worden sind, die die Tiefeninformationen für das oder die Elemente und Verbindungen enthalten.

Zur Verdeutlichung sei ein schon an anderer Stelle gebrachtes Beispiel[3] erwähnt (Abb. 2). Durchfährt man beim Abbau die dünne Fe-Zn-Legierungsschicht, die sich beim Feuerverzinken von Stahlblech zwischen Zinkauflage und Stahlmatrix der Unterlage bildet, dann registriert man in manchen Fällen solche Intensitätsverläufe für Zn und Sauerstoff. Der Intensitätsabfall beim Durchfahren der Schicht wird von kurzzeitigen Intensitätserhöhungen — Größenordnung Sekunden — eingeleitet und abgeschlossen, hervorgerufen durch die Gegenwart dünner sauerstoffreicher Zwischenlagen.

Man kann derartige Kurven nach unseren Versuchen ohne weiteres in Tiefen von 20—30 μm hinein aufnehmen. Als weiteres Beispiel zeigt Abb. 3 die Registrierung einer Sauerstoffzwischenschicht. Hier wurde die Intensitätsverteilung mit der Tiefe nicht kontinuierlich aufgenommen, sondern in Form von zeitlich in gleichen Abständen einander folgenden Messungen auf dem Schirm eines Vielkanalgerätes aufgezeichnet. Derartige Meßfolgen benötigen Zeiten von

einigen Minuten bis zur Größenordnung einer halben Stunde, je
nach Tiefe und Abbaugeschwindigkeit. Die nach unseren Erfahrun-

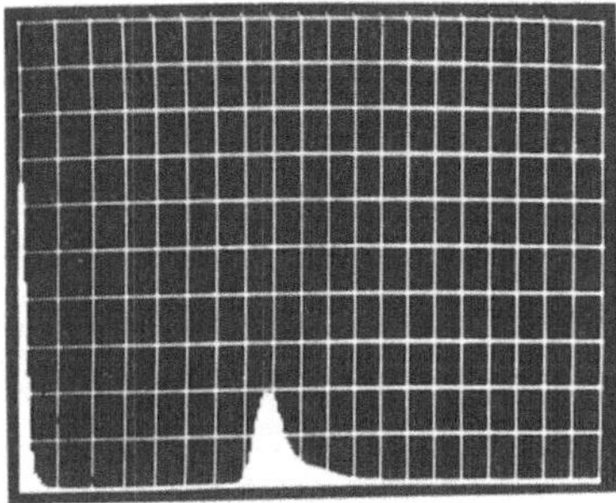

Abb. 3. Registrierung einer Sauerstoff-Zwischenschicht (verzinktes Blech)

gen maximal erreichbaren Abbaugeschwindigkeiten liegen bei etwa
1,5 μm/min.

Es interessiert die Frage, welchen Einfluß das Gefüge, also die
unterschiedliche Art und Orientierung der Kristallite, auf den Abbau-
vorgang und damit auf die analytische Aussage haben kann. Dazu
wurden die Abbauformen, die ein solcher Ionenstrahl im Festkörper
erzeugt, rastermikroskopisch untersucht. Es ist bekannt, daß die
Sputteringrate, die Zahl der losgeschlagenen Sekundärteilchen pro

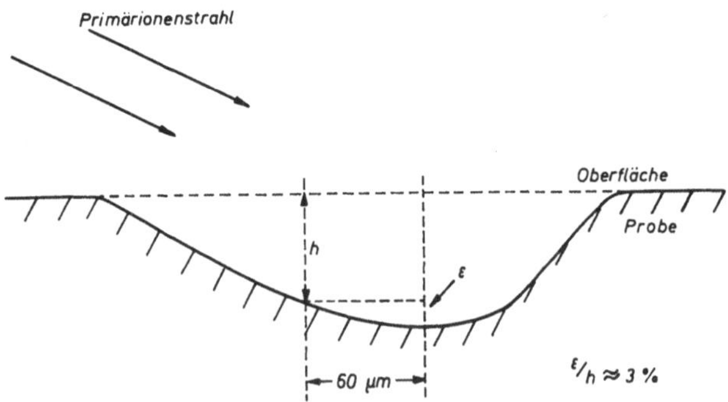

Abb. 4. Ionenkrater, schematisch

einfallendes Primärion, u. a. eine orientierungsabhängige Größe ist,
also mit der Gitterrichtung variiert, die in Richtung des Primärionen-
strahles vorliegt.

Makroskopisch gesehen erzeugt der Ionenstrahl während des
Abbaues eine kraterförmige Vertiefung, Abb. 4 zeigt das schematisch.

Bei schrägem Einfall des Ionenstrahles — bei dem von uns benutzten Gerät 45⁰ — bildet sich eine Vertiefung etwa der angegebenen Form.

Würde man alle Ionen, die im gesamten Einschußbereich erzeugt werden, zur Analyse benutzen, so würde bei größerer Tiefe ein stark verfälschtes Signal bezüglich der Tiefe, aus der die Information kommt, resultieren, denn die aus den Randbezirken kommenden Sekundärionen stammen aus höherliegenden Schichten als die der Mitte. Das ist ein Grund dafür, warum man für die Analyse nur den Mittelbereich ausblendet. Nach uns vorliegenden Angaben kann man in dem gezeigten Beispiel geometrisch mit etwa 3 % Tiefenausdehnung — in der Analysenfläche — rechnen.

Die ionenbeschossenen Gefügestellen sind bei nachträglicher rastermikroskopischer Betrachtung schüsselförmige Vertiefungen. Das zeigt Abb. 5 am Beispiel einer kunststoffbeschichteten Blechoberfläche. Hier sind die Grenzen der Beschußstelle, die Ränder des Ionenkraters, recht scharf, und die Bodenfläche, der Bereich, aus dem

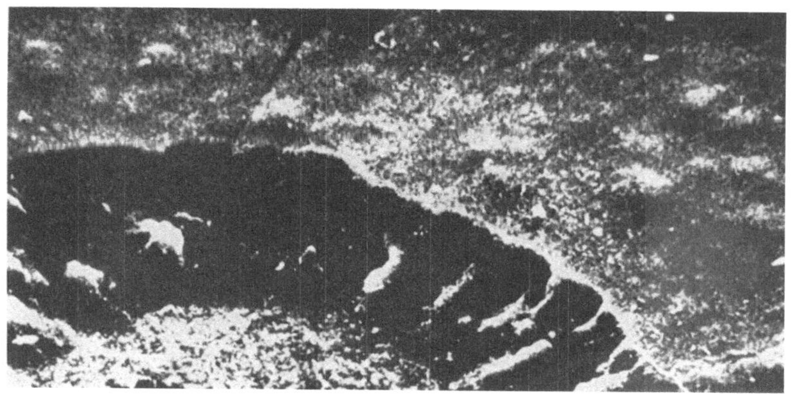

Abb. 5. Ionenkrater (Ausschnitt) in der Oberfläche eines kunststoffbeschichteten Bleches

die momentane Information kommt, ziemlich eben. Das ist erklärlich, da eine solche amorphe Schicht keinerlei Vorzugsrichtungen enthält. In einem solchen Fall kann man ziemlich sicher sein, daß der Intensitätsverlauf eines gesuchten Elementes oder einer Verbindung mit der Tiefe wegen des oberflächenparallelen Abbaues ein recht genaues Bild der Tiefenverteilung wiedergibt. Bei polykristallinen Proben und merklichem Abbau wird die Erscheinungsform anders.

Die Abbaugeschwindigkeit, als vektorielle Größe abhängig von der Gitterrichtung, muß sich dann deutlich bemerkbar machen. Das zeigt Abb. 6 am Beispiel einer langzeitig mit Argonionen beschossenen Stahlprobe. Das Bild ist Ausschnitt vom Kraterboden in einer Tiefe von etwa 30 μm unter dem Oberflächenniveau des Ausgangszustandes. Man erkennt, daß die einzelnen Bereiche durch scharfe Stufen gegeneinander abgegrenzt sind.

Daneben treten markante Einzelformen hervor, spitze Kegel, die in ähnlicher Form von I. H. Wilson beim Beschuß von Halbleiteroberflächen beobachtet wurden[4].

Nach Wilson sind die Kegelwinkel eine materialeigene Größe, dort für Si und Ge $\approx 6^0$ bzw. $\approx 10^0$, während wir im Eisen etwa 20^0 für den Kegelwinkel fanden.

Die Entstehung dieser Gebilde während des Abbaus im Gefüge wird ganz allgemein als Folge der Abdeckung erklärt, wenn ein Fremdteilchen auf oder in der Oberfläche den Ioneneinfall eine Zeitlang mechanisch oder bei nichtleitenden Teilchen durch eine Feld-

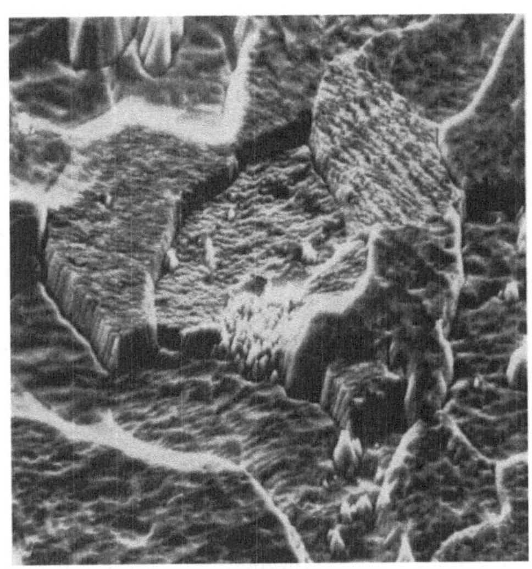

Abb. 6. Abbaurelief unterschiedlicher Kristallkörner eines Stahlbleches
(30 μm Teife)

veränderung von der betreffenden Stelle fernhält oder ablenkt. Im Einfallsschatten des Teilchens entsteht so eine stumpfpyramidenartige Form, die nach Zerstäubung des Teilchens zu einem spitzen Kegel ausgearbeitet wird. Die Spitzen der Kegel weisen folglich in Richtung zum primären Ionenstrahl.

Abb. 7 zeigt die typische Form dieser Spitzen. Die meisten von ihnen laufen in äußerst feinen Spitzen aus, abgerundete Formen sind recht selten. Das deutlich kornabhängige Auftreten, z. T. gehäuft, läßt daneben aber noch einen kristallographischen Einfluß vermuten.

Ein derart selektiver Abbau bedeutet eine Verschlechterung des Tiefenauflösungsvermögens des Verfahrens. Das Signal einer Veränderung der Zusammensetzung in der Tiefe wird zwar aus der im

Abb. 7. Abbaukegel in einer Stahloberfläche (Abbautiefe ca. 30 µm)

Mittel erreichten Tiefe des Abbaus kommen, durch den Einfluß dieser Mikrogeometrie aber gestört werden. Das Meßsignal einer chemischen Inhomogenität in der Tiefe, z. B. einer Schicht, wird im Mittel zwar in der richtigen Tiefe angezeigt, durch den Einfluß solcher stehengebliebener Pyramiden, die ebenfalls Sekundärionen in das Spektrum liefern, in seiner relativen Intensität aber erniedrigt. Die unter dem Kegel liegende Fläche ist abgedeckt.

Bei Betrachtung der Kegel und ihrer Umgebung (Abb. 8) erkennt man, daß sie von einem schmalen und scharf begrenzten Graben umgeben sind. Von Wilson wurden dagegen sehr viel weitere und flach einlaufende Mulden beobachtet. Die unter einem sehr flachen Winkel auf die Kegelfläche auftreffenden Primärionen werden sicherlich zum großen Teil reflektiert und treffen bevorzugt neben der Basis auf.

Wiederholt wurde die Frage diskutiert, ob es unter hohen Ionenbeschußdichten zu einer örtlichen Erwärmung bis zum Schmelzen des Materials kommen kann, was von Einfluß auf die Analyse sein müßte. Die umgebogene Spitze legt natürlich einen solchen Gedanken ebenfalls nahe. Dagegen sprechen aber zwei Gründe:

1. müßte der Abbau exakt im Zeitpunkt des Umbiegens unterbrochen worden sein, denn es sind keinerlei nachträgliche Abbauerscheinungen zu erkennen;

2. zeigt die Spitze eine kleine Kerbe, was für eine nachträgliche mechanische Deformation spricht.

Von besonderem Einfluß auf das analytische Signal beim Abbau ist aber die Orientierungsabhängigkeit der Abbaugeschwindigkeit, ohne Berücksichtigung der Frage, ob und welchen Einfluß sie auf die

Abb. 8. Abbaukegel

Sekundärionenerzeugung selbst hat. Dieses Phänomen muß sich in einer Verbreiterung des Meßsignals äußern, eine scharfe Phasengrenze wird also durch einen ansteigenden oder abfallenden Kurvenzug dargestellt.

Aus diesen Erscheinungen und dem Zustand realer Oberflächen resultieren für die Gerätekonzeption im Falle von Tiefenanalysen zwei Forderungen:

1. Man muß in der Lage sein, eine möglichst große Fläche analytisch zu erfassen. Durch Rastern mit dem primären Ionenstrahl ist das heute bei einigen Geräten bereits möglich[5].

2. Die Probenhalterung muß es möglich machen, die Probe während der Ionenanalyse zu drehen. Dadurch bietet man dem schräg einfallenden Strahl ständig andere Gitterrichtungen der unterschiedlich orientierten Kristallite an, was zu einem gleichmäßigeren Abbau führen muß.

Auch die Bildung der Kegel, die bei schrägem Strahleinfall schräg aus der Oberfläche ragen, muß damit weitgehend vermieden werden können, denn eine vollkommene Abschattung ist dann nicht mehr möglich.

Die angeführten Beispiele sollten zeigen, daß für den Analytiker bei der Tiefenanalyse mit dem Ionenstrahl einige neuartige Probleme auftauchen, wenn man größere Abbautiefen erreichen muß, und wenn es sich nicht um Idealproben in Form von Einkristallen, von geschliffenen und polierten Oberflächen, von aufgedampften Schichten und Schichtsystemen handelt, sondern um technische Produkte. Der Einfluß der Mikrogeometrie des Gefüges und seiner Abbauformen muß berücksichtigt werden und bedingt konstruktive Forderungen an die Geräte.

Zusammenfassung

Die bei der Tiefenanalyse mit der Sekundärionen-Massenspektrometrie auftretenden Abbauformen in beschichteten und unbeschichteten Stahlprodukten werden beschrieben. Ihr Einfluß auf das analytische Meßsignal wird diskutiert. Um den Einfluß der Mikrogeometrie des Gefüges, der sich in einem selektiven Abbau beim Ionenbeschuß äußert, zu verringern, werden konstruktive Forderungen an die Geräte gestellt.

Summary

On Depth Information by Secondary Ion Mass Spectrometry

The erosion forms which occur in coated and uncoated steel during depth analysis by secondary ion mass spectrometry are described. Their influence on the analytical signal is discussed. In order to reduce the influence of the geometry of the microstructure, which is revealed by selective attack under ion bombardment, certain instrument design requirements are stipulated.

Literatur

[1] J. Dittmann und P. H. Deschamps, Nachr. Chem. Tech. 18, 303 (1970).
[2] W. Koch, Z. Werkstofftechnik 2, 135 (1971).

[3] J. Dittmann und E. Büchel, Beitr. z. elektronenmikr. Direktabb. v. Oberflächen **4**, 185 (1971).

[4] I. H. Wilson, Int. Conference on Ion-Surface Interaction, Sputtering and Related Phenomena, Garching/München, Sept. 1972.

[5] H. W. Werner, Diskussionstagung quantitative Analyse mit Elektronenstrahl-Mikrosonden und Sekundärionen-Massenspektrometrie. Jülich, 18.—20. 10. 1972.

Anschrift des Verfassers: Dr. Jürgen Dittmann, August Thyssen-Hütte AG, D-4100 Duisburg-Hamborn, Bundesrepublik Deutschland.

Mikrochimica Acta [Wien], Suppl. 5, 1974, 421—451

Aus dem Physikinstitut im Reaktorzentrum Seibersdorf der Österreichischen Studiengesellschaft für Atomenergie GmbH., Wien, dem I. Physikalischen Institut der Universität Wien und dem Institut für Theoretische Physik der Universität Wien

Aspekte zur qualitativen und quantitativen Analyse in der Sekundärionenmassenspektrometrie[*]

Von

F. G. Rüdenauer, W. Steiger und **R. Portenschlag**

Mit 30 Abbildungen

(Eingegangen am 15. Februar 1973)

1. Einleitung

Es ist eine seit langem bekannte Tatsache, daß man durch das Bombardement einer Festkörperoberfläche mit schweren Ionen von dieser atomare Teilchen ablösen kann. Ein Bruchteil dieser Partikel ist ionisiert, so daß es durch eine massenspektrometrische Analyse dieser (positiven oder negativen) Sekundärionen möglich ist, Rückschlüsse auf die chemische Zusammensetzung der Festkörperoberfläche zu ziehen. Ein Prinzipbild eines Sekundärionenmassenspektrometers zeigt Abb. 1. In einer Primärionenquelle (1) wird der Primärionenstrahl (2) erzeugt. Aus diesem Ionenstrahl werden in dem magnetischen Sektorfeld (3) Ionen einer ganz bestimmten Massenzahl ausgesondert und mittels eines elektrostatischen Linsensystems (4) auf das Target (5) fokussiert. Bei Verwendung hochreiner Primärionengase und in UHV-Systemen kann die Massenanalyse des Primärstrahles auch wegfallen. Die vom Target emittierten Sekundärionen (6) werden durch ein weiteres elektrostatisches Linsensystem (7) in ein doppeltfokussierendes Massenspektrometer (8) fokussiert. Hier er-

---

[*] Vortrag anläßlich des 6. Kolloquiums über metallkundliche Analyse mit besonderer Berücksichtigung der Elektronenstrahl-Mikroanalyse, Wien, 23. bis 25. Oktober 1972.

folgt die Massenanalyse der Sekundärionen. Das Sekundärionen-massenspektrum kann dann z. B. mittels Ionenvervielfachers (9), Elektrometerverstärkers und X-Y-Schreibers aufgezeichnet werden.

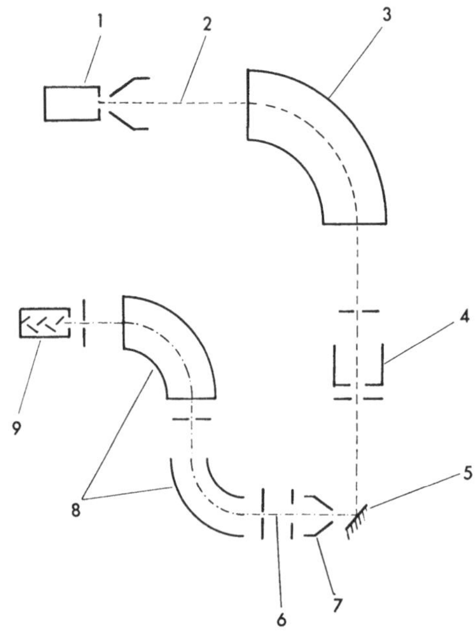

Abb. 1. Sekundärionenmassenspektrometer, Prinzip

Abb. 2. Sekundärionenmassenspektrometer nach Liebl und Herzog

Abb. 2 zeigt ein Bild eines solchen Sekundärionenmassenspektrometers. Gewöhnlich werden als Primärionen Edelgasionen von ca. 10 keV
Energie verwendet, aber auch Ionen negativer Polarität und anderer
Elemente wurden herangezogen. Die Beschußstromdichten am Target variieren zwischen einigen 10^{-9} A/cm² für die statische Oberflächenanalyse nach Benninghoven[1] und einigen mA/cm² für die Spurenelementanalyse[2].

2. Qualitative Analyse

2.1. Molekulares und atomares Spektrum

Welche Arten von Sekundärionen werden zunächst von einem
elementar reinen Target emittiert? Wir beschränken uns zunächst auf
die positiven Sekundärionen: Abb. 3 zeigt das positive Sekundärionenspektrum von reinem Aluminium, das man erhält, wenn das
Massenspektrometer auf maximale Stromintensität justiert wird[2].

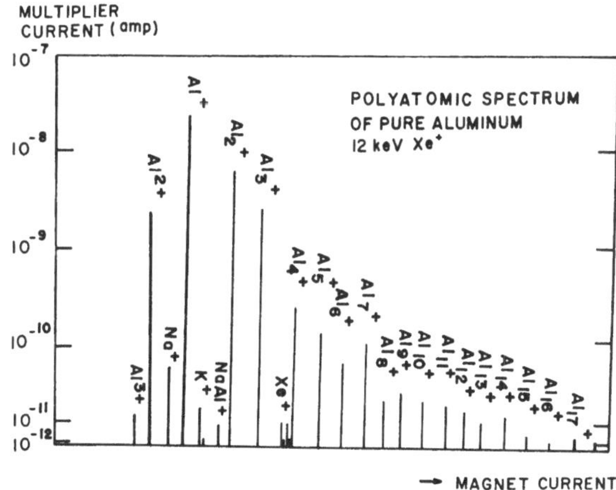

Abb. 3. Clusterionenspektrum von reinem Aluminium nach Herzog et al.

Man erkennt, daß außer den ein- und mehrfach geladenen Al-Ionen
auch noch einfach geladene Al-Aggregate mit bis zu 18 Atomen emittiert werden. Die relativen Intensitäten dieser Molekülionen zeigen
eine für das betreffende Element charakteristische Struktur. So zeigt
Abb. 4 zum Vergleich ein unter gleichen Verhältnissen aufgenommenes Si-Spektrum. Man erkennt ebenfalls eine Struktur in der Intensitätsverteilung der polyatomaren Ionen, die aber im Detail vollkommen
verschieden von der der Al-Ionen ist. Das Massenspektrum einer binären Legierung (Al-13% Mg) zeigt Abb. 5. Man erkennt außer den

polyatomaren Al- und Mg-Ionen auch noch verschiedene Kombinationslinien zwischen Al und Mg und sogar Kombinationspeaks der Spurenelemente Fe und Cr mit der Al-Matrix. Ein einziges in der

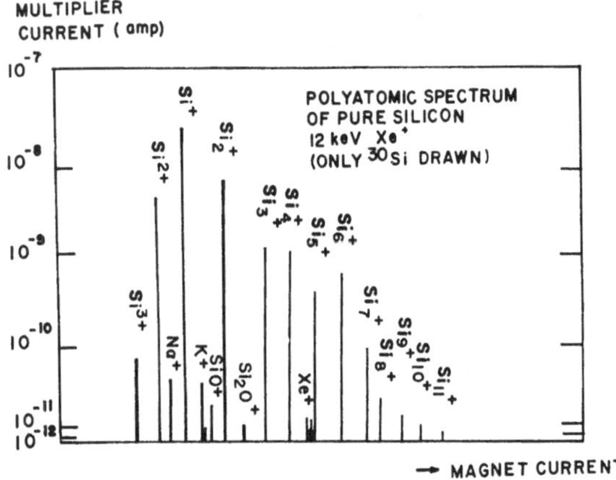

Abb. 4. Clusterionenspektrum von reinem Silizium nach Herzog et al.

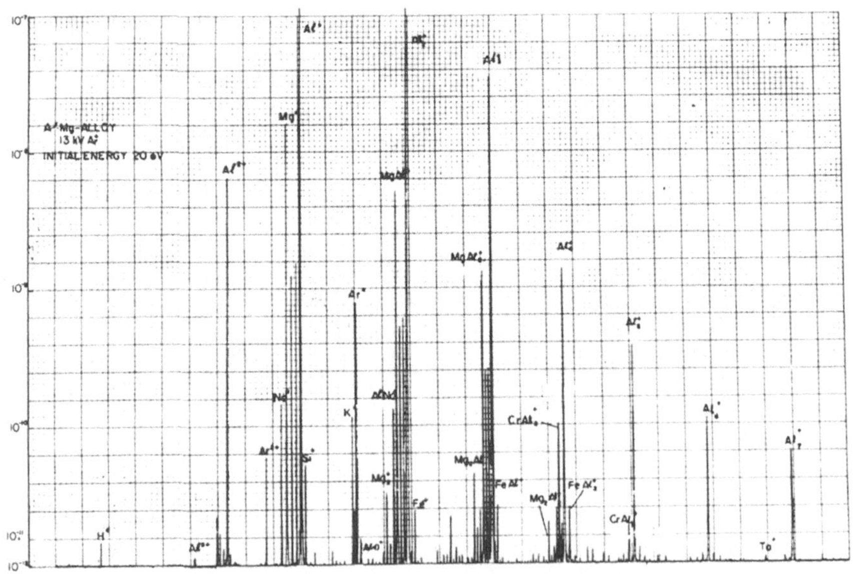

Abb. 5. Molekulares Spektrum einer Al/Mg-Legierung nach Herzog et al.

Probe vorkommendes Element kann also im Massenspektrum eine große Anzahl von Peaks verursachen, was für analytische Zwecke, insbesondere für den Nachweis von Spurenelementen, eher als Nachteil angesehen werden kann.

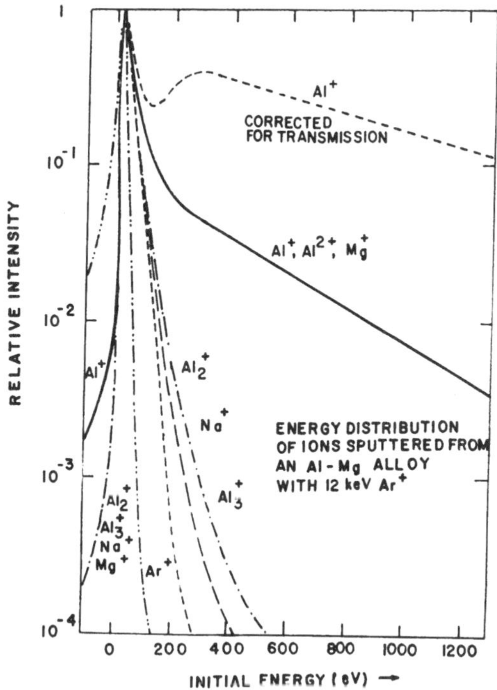

Abb. 6
Energieverteilung von Sekundärionen aus einer Al/Mg-Legierung nach Herzog et al.

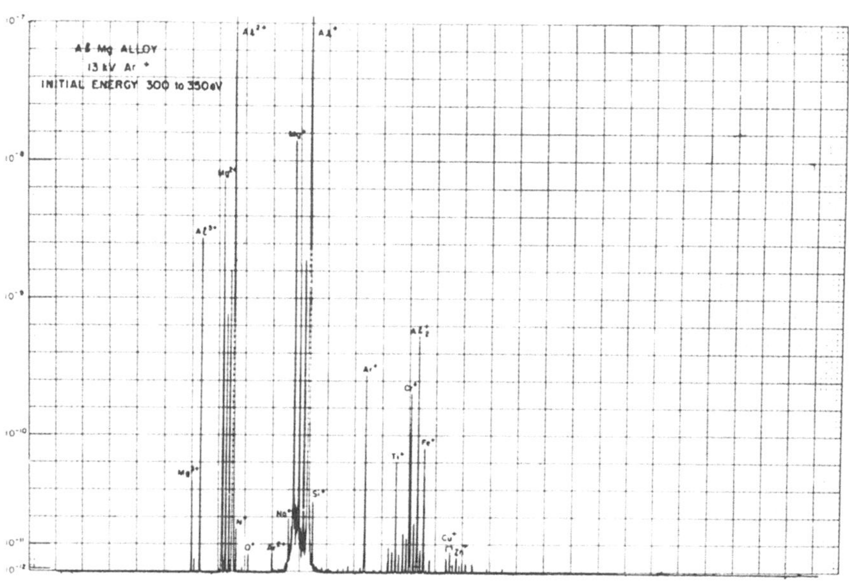

Abb. 7. Atomares Spektrum einer Al/Mg-Legierung nach Herzog et al.

Die Intensität der hochmolekularen Massenlinien läßt sich jedoch um mehrere Größenordnungen herabsetzen, wenn man sich eine

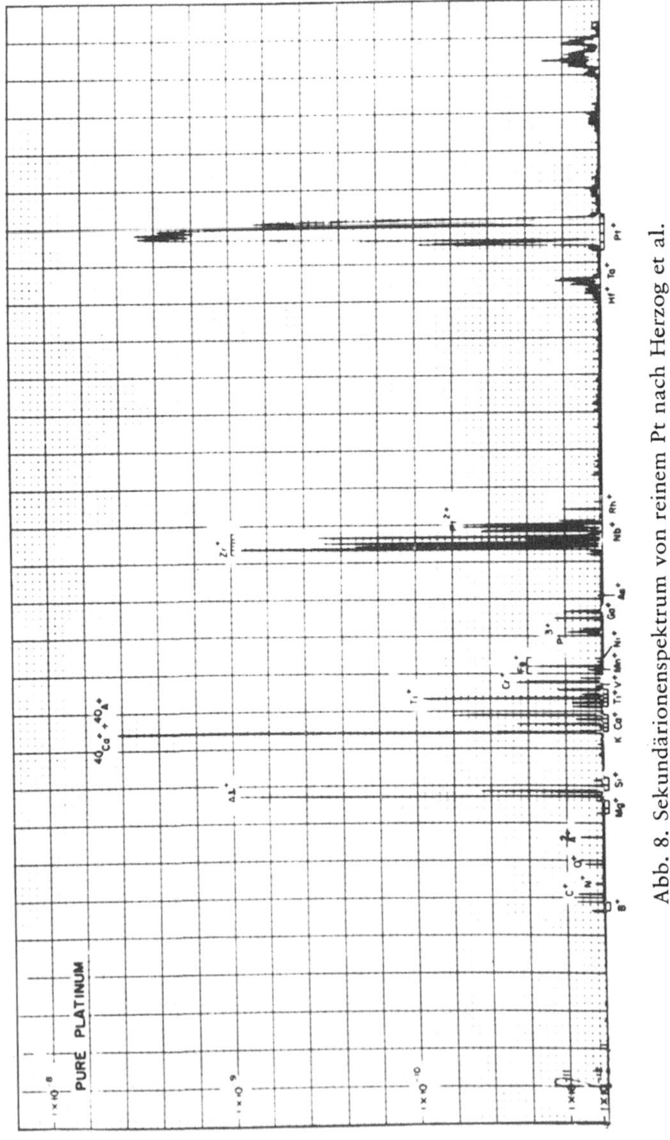

Abb. 8. Sekundärionenspektrum von reinem Pt nach Herzog et al.

charakteristische Eigenschaft der Energieverteilung der Sputterionen zunutze macht. Aus der Energieverteilung der Sekundärionen aus einem Al-Mg-Target (Abb. 6) erkennt man nämlich[2]:

1. alle Sekundärionen haben ein ausgeprägtes Intensitätsmaximum für Anfangsenergien zwischen 19 und 20 eV;

2. auffallend ist der mäßige Intensitätsabfall der atomaren Ionen mit steigender Anfangsenergie. Die molekularen Ionen zeigen hingegen einen scharfen Intensitätsabfall, der sich mit steigender Anzahl von Atomen im Molekül noch verstärkt;

3. mehrfach geladene Ionen verhalten sich in bezug auf die Energieverteilung wie einfach geladene Ionen;

4. Na^+ verhält sich in dieser Probe wie ein Molekülion. Dieses Verhalten wird öfters bei Oberflächenverunreinigungen beobachtet.

Hat man ein Massenspektrometer, das die Möglichkeit bietet, Ionen aus einem variablen Energieband („Energiefenster") auszusondern, so kann man durch Verschiebung der Lage des Energiefensters

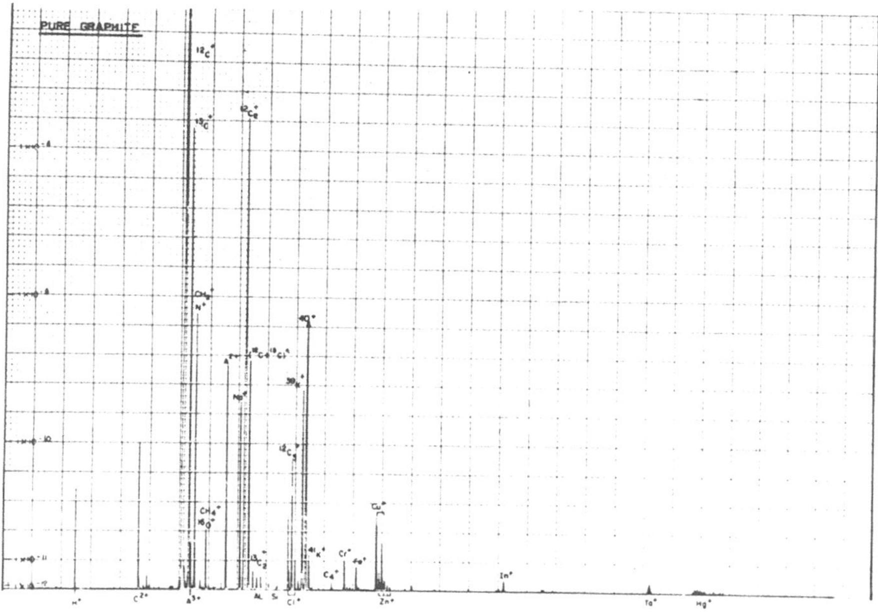

Abb. 9

Sekundärionenspektrum von reinem Graphit (10 keV Argon); nach Herzog et al.

die Intensitätsverhältnisse von molekularen und atomaren Ionen variieren. So wurden die Spektren in den Abb. 3, 4 und 5 mit dem Energiefenster bei 20 eV registriert („molekulares" Spektrum). Abb. 7 zeigt ein Massenspektrum des gleichen Targets wie Abb. 5, jetzt allerdings mit dem Energiefenster bei 300 eV („atomares" Spektrum)[2].

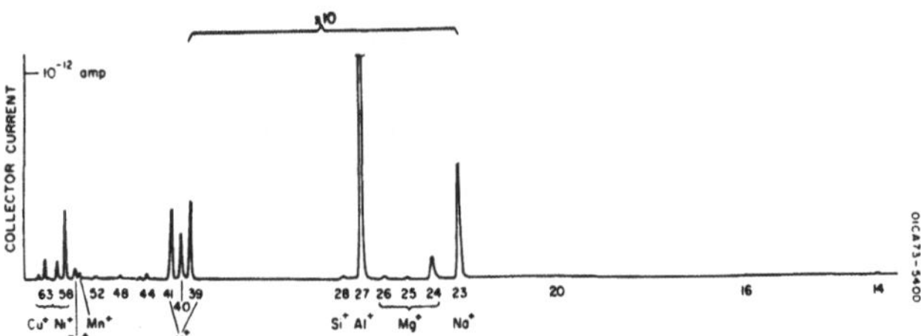

FIGURE 3. SECONDARY ION SPECTRUM OF A NICKEL SAMPLE

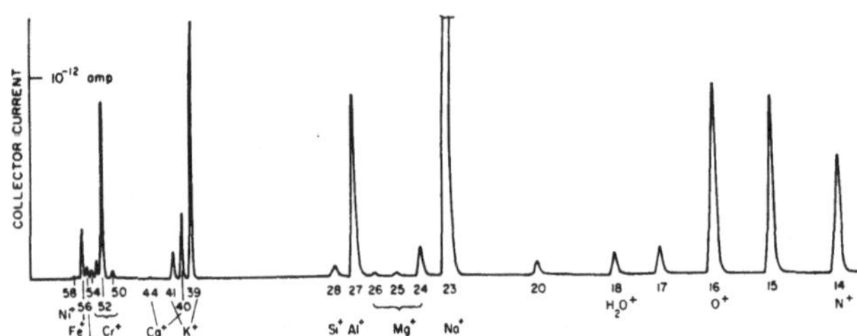

FIGURE 4. SECONDARY ION SPECTRUM OF A 304 STAINLESS STEEL SAMPLE

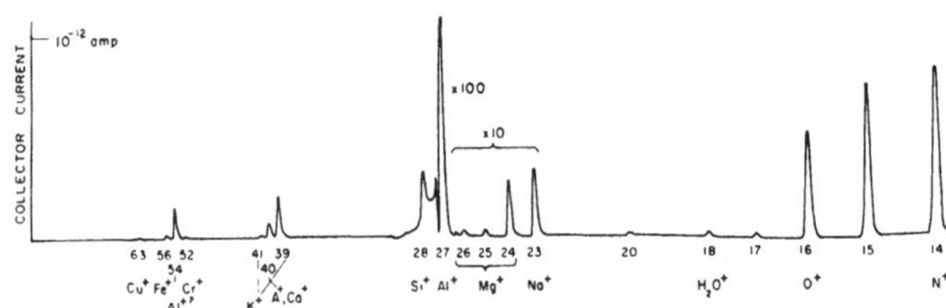

FIGURE 5. SECONDARY ION SPECTRUM OF AN ALUMINUM SAMPLE

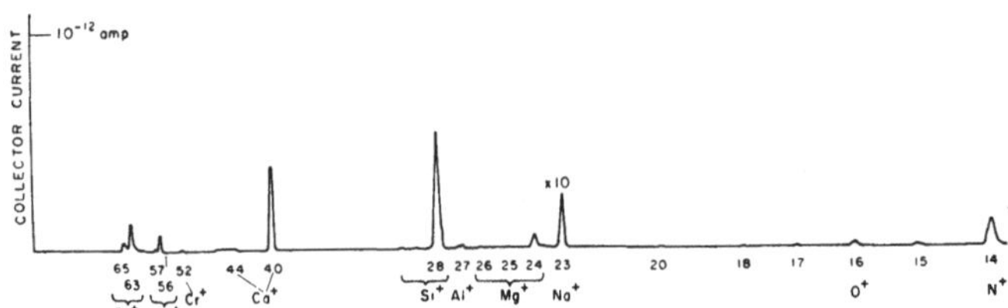

FIGURE 6. SECONDARY ION SPECTRUM OF LIMEGLASS

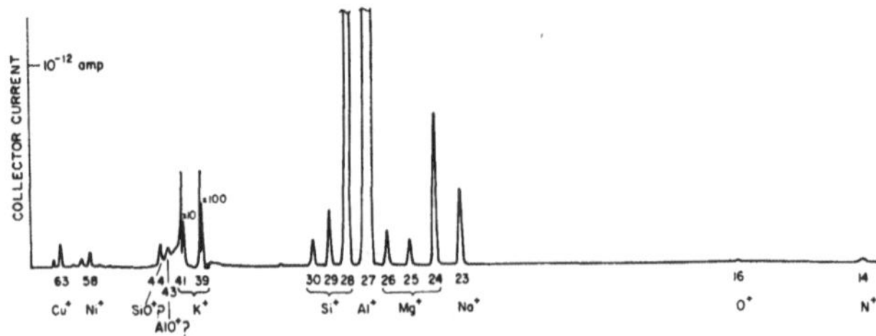

FIGURE 7. SECONDARY ION SPECTRUM OF NATURAL MICA

Abb. 10. Sekundärionenspektrum von metallischen

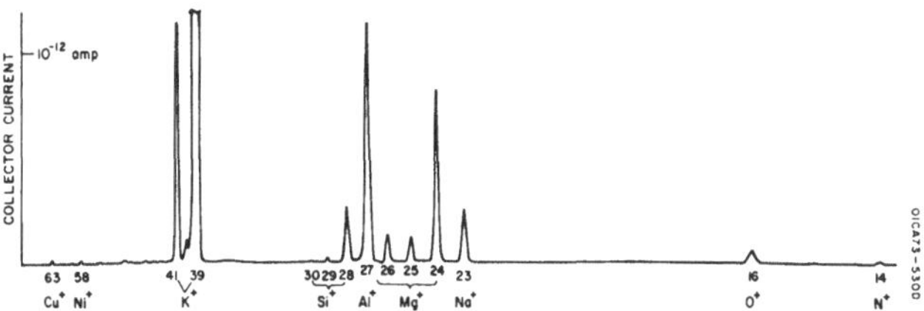

FIGURE 8. SECONDARY ION SPECTRUM OF SUPRAMICA

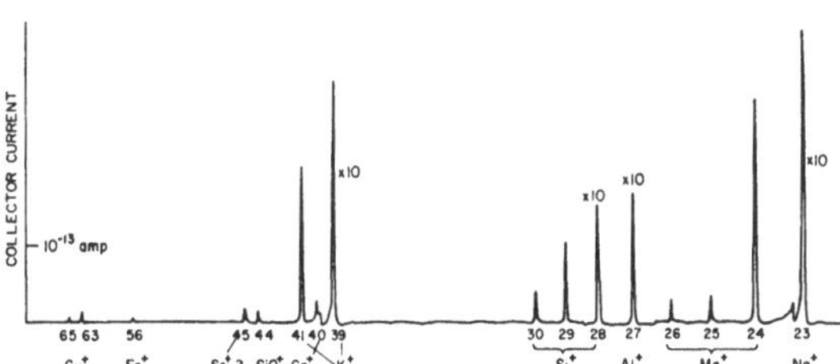

FIGURE 9. SECONDARY ION SPECTRUM OF QUARTZ MONZONITE
IONS EXPECTED: Na, Mg, Al, Si, K, Ca, Fe

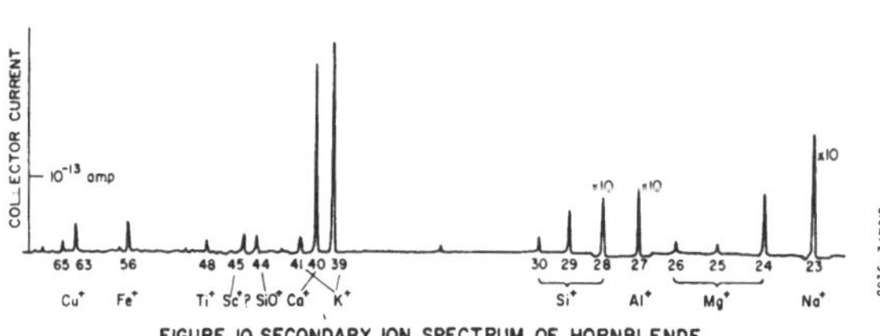

FIGURE 10. SECONDARY ION SPECTRUM OF HORNBLENDE
IONS EXPECTED: Na, Mg, Al, Si, K, Ca, Ti, Fe

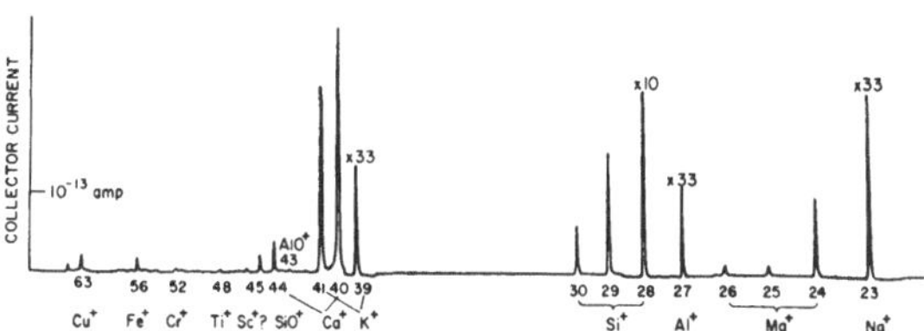

FIGURE 11. SECONDARY ION SPECTRUM OF GRANITE FROM VERMONT
IONS EXPECTED: Mg, Al, Si, K, Fe

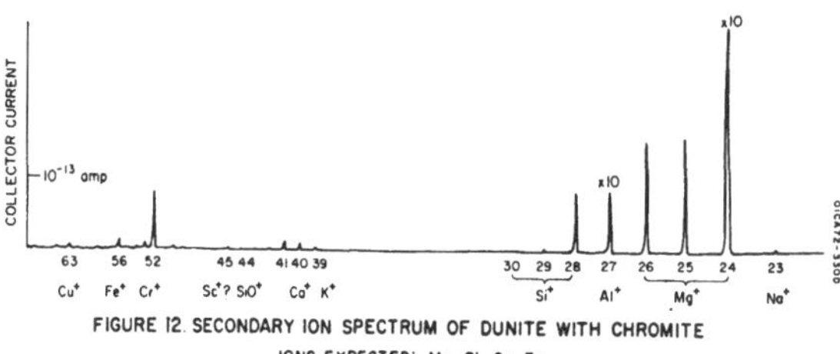

FIGURE 12. SECONDARY ION SPECTRUM OF DUNITE WITH CHROMITE
IONS EXPECTED: Mg, Si, Cr, Fe

und mineralischen Proben nach Liebl und Herzog

Hier ist das Spektrum wesentlich einfacher. Das Wegfallen der polyatomaren Kombinationslinien macht es möglich, die Spurenelemente Ti, Cr, Cu, Zn eindeutig zu identifizieren. In der Praxis wird i. a. das atomare Spektrum zur Elementaranalyse herangezogen, während das molekulare Spektrum Aufschlüsse über den Bindungszustand der Elemente geben kann.

2.2. Anwendungsbeispiele

Die Abb. 8, 9 und 10 zeigen Beispiele für die Anwendung des Sekundärionenmassenspektrometers in der qualitativen Analyse von Reinmetallen[3], Legierungen und mineralischen Proben[4]. Die Identifizierung der in der Probe vorhandenen Elemente erfolgt über die Massenzahlen der Ionenstrompeaks bzw. die charakteristischen Intensitätsverhältnisse von polyisotopen Elementen und ist oft nicht eindeutig möglich. Die Peakhöhenverhältnisse hängen von der relativen Konzentration der Elemente, aber auch von vielen anderen Faktoren ab, die exakt zu berechnen, gegenwärtig nur in wenigen Fällen möglich ist.

3. Quantitative Analyse

3.1. Sekundärionenausbeuten

Das Grundproblem der quantitativen Analyse in der Sekundärionenmassenspektrometrie besteht darin, die Konzentration c_i eines Elementes i in einer Matrix M aus den von der Probe emittierten Sekundärionenströmen $I_s{}^i$ zu berechnen. Man setzt Proportionalität zwischen Sekundärionenstrom und Primärionenstrom I_p voraus und kann somit schreiben (für positive Ionen)

$$I_s{}^i = c_i \cdot S_i{}^+ \cdot I_p \tag{1}$$

wobei $S_i{}^+$ der für das Element i charakteristische Sekundärionenausbeutekoeffizient (Ion/Ion) ist. Jede quantitative Theorie der Sekundärionenausbeuten hat folgende, experimentell gefundene Tatsachen zu berücksichtigen:

1. $S_i{}^+$ variiert von Element zu Element über etwa 3 Größenordnungen;

2. $S_i{}^+$ ist abhängig von der Primärionenart und -energie (Abb. 11)[4];

3. $S_i{}^+$ hängt von der Matrix und ihrem Oberflächenzustand ab (Gasbedeckung, mikroskopische Strukturen etc.);

4. $S_i{}^+$ ist abhängig vom chemischen Bindungszustand und

5. im höheren Konzentrationsbereich auch von der Konzentration des Elementes i. (Abb. 12)[4,5].

Der einfachste Fall liegt vor beim Beschuß von Reinelementen mit Edelgasionen. Welche Schwierigkeiten selbst hier auftauchen,

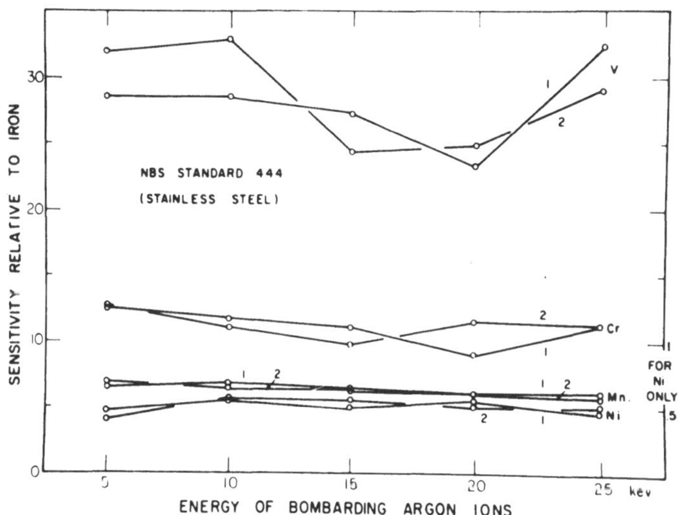

Abb. 11. Abhängigkeit der Sekundärionenausbeute einiger Elemente als Funktion der Beschußenergie nach Herzog et al.

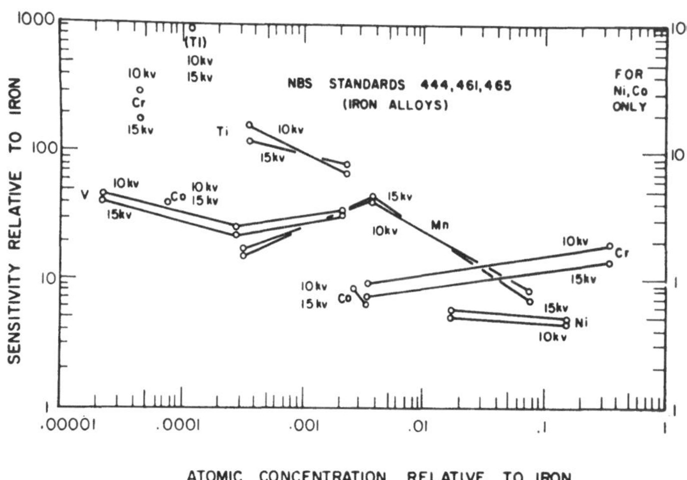

Abb. 12. Abhängigkeit der Sekundärionenausbeuten einiger Elemente in Abhängigkeit ihrer Konzentration in einer Eisenmatrix (10 keV Argon Primärionen); nach Herzog et al.

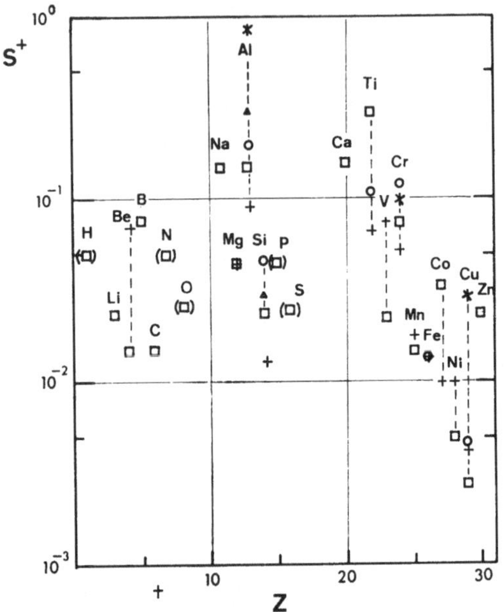

Abb. 13. Sekundärionenausbeuten (Z ≦ 30)

+ Beske, ○ Werner, △ Andersen, □ Satkiewicz, ✳ Judson

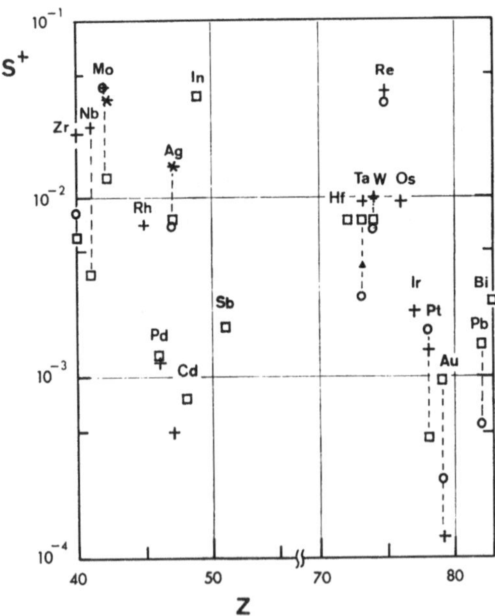

Abb. 14. Sekundärionenausbeuten (Z ≧ 40)

+ Beske, ○ Werner, △ Andersen, □ Satkiewicz, ✳ Judson

zeigen die Abb. 13 und 14. Dargestellt sind darin die von verschiedenen Autoren für 10 keV Argon-Beschuß gemessenen S^+-Werte[5,6,7,8,9]. Da nur von Beske Absolutwerte für S^+ angegeben werden, sind die Werte der anderen Autoren auf den von Beske angegebenen Wert von $S_{Fe}^+ = 1{,}35$ normiert. Kürzlich angestellte Messungen des gleichen Autors deuten allerdings daraufhin, daß in kryogepumpten Vakuumsystemen dieser Wert noch niedriger liegt. Daher ist es offensichtlich, daß bei Messungen der Sekundärionenausbeute die Einhaltung genau definierter experimenteller Bedingungen von äußerster Wichtigkeit ist.

3.2. Adiabatisches Modell

Ein Modell, das die positiven Sekundärionenausbeuten von Reinelementen und in gewissen Fällen auch von Spurenelementen in verschiedenen Matrices quantitativ mit gewissem Erfolg zu berechnen gestattet, ist das sogenannte „adiabatische Oberflächenionisations-

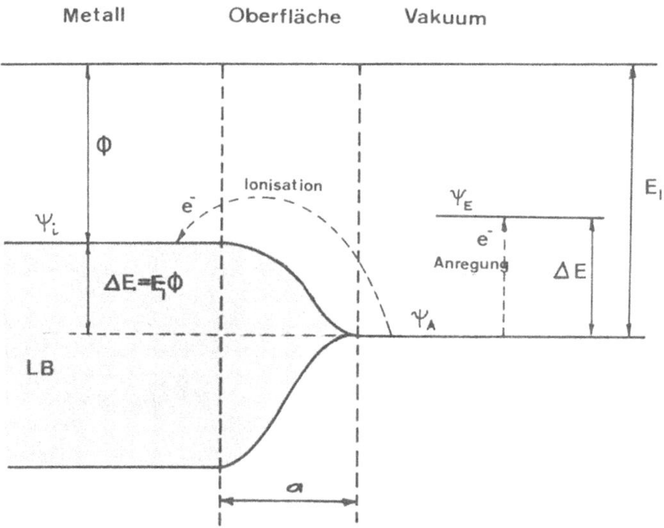

Abb. 15. Energieniveaus in der Nähe einer Metalloberfläche

modell" (AOI-Modell) von Schrooer[10]. Abb. 15 zeigt ein vereinfachtes Diagramm der Energieniveaus eines Atoms in der Nähe einer Metalloberfläche. Bevor das zunächst als neutral angenommene gesputterte Metallatom den Festkörper verlassen hat, gehört sein Valenzelektron dem Leitungsband (LB) an. Befindet sich das Atom in hinreichend großer Entfernung von der Oberfläche, so nimmt die Theorie an, daß sich das Valenzelektron im Grundzustand des freien Atoms befindet. Während des Durchganges des Atoms durch eine Oberflächenzone der Dicke a ändert sich die Wellenfunktion des Elektrons von der des LB (Ψ_i) zu der des Grundzustandes des freien Atoms (Ψ_A). Es besteht somit während dieser kurzen Flugstrecke eine endliche Übergangswahrscheinlichkeit in einen Zustand, der vom Grundzustand des freien Atoms verschieden ist. Dieser Übergang des Elektrons kann entweder in einen angeregten Zustand des freien Atoms (Ψ_E) oder zurück in einen Zustand am oberen Rand des LB erfolgen. Die letztgenannte Möglichkeit läßt ein positives Ion außerhalb des Metalles zurück. Ist die Zeitdauer des Durchfliegens der Oberflächen-

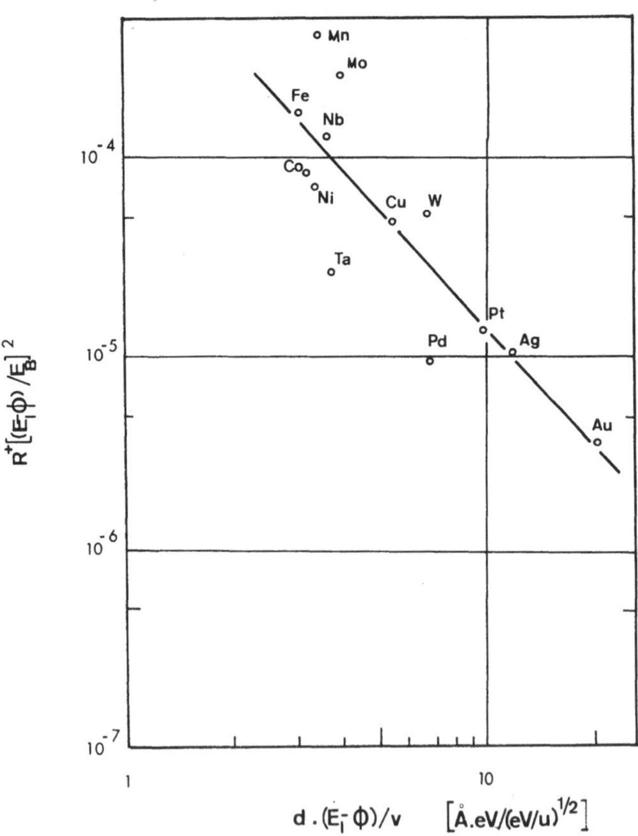

Abb. 16. Fit der AOI-Theorie an Meßwerte von Beske

zone $\Delta t = a/v$ (v = Geschwindigkeit des Teilchens) groß gegenüber der charakteristischen Übergangszeit $\tau \simeq n/\Delta E$ (ΔE = Energiedifferenz zwischen Anfangs- und Endzustand), so läßt sich die Übergangswahrscheinlichkeit quantenmechanisch nach der adiabatischen Approximation berechnen. Unter bestimmten Annahmen über den Verlauf des Potentials in der Oberflächenzone erhält man für den Fall

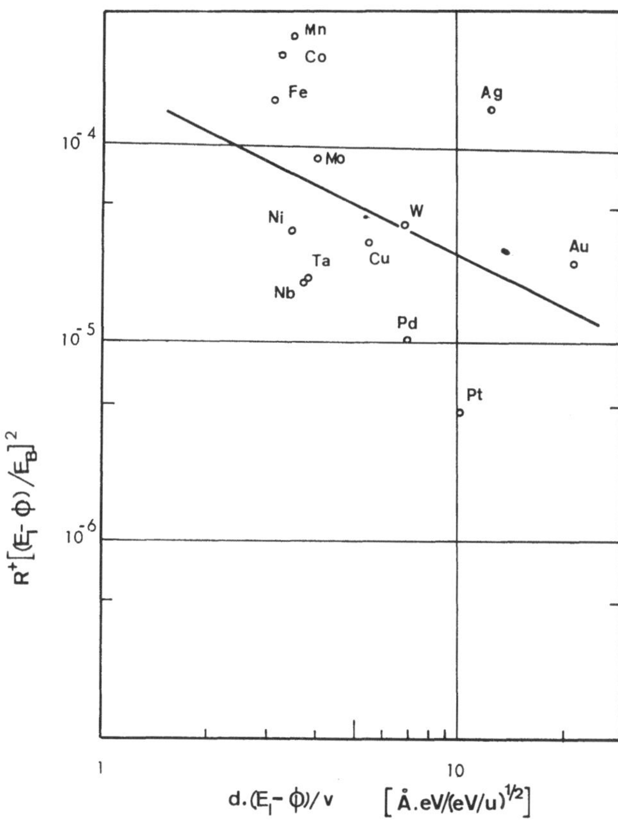

Abb. 17. Fit der AOI-Theorie an Meßwerte von Satkiewicz

der Ionistaion ($\Delta E = I - \Phi$) für das Verhältnis der positiv geladenen und neutral emittierten Atome der Art i nach Schrooer

$$R_i^+ = S_i^+/S_i^0 = [A/(I-\Phi)]^2 \cdot \left[\frac{h}{2\pi} v/a \, (I-\Phi)\right]^n \tag{2}$$

Hier bedeutet:

S_i^+ = Sekundärionenkoeffizient,

S_i^0 = Sputterkoeffizient,

A = Bindungsenergie eines Oberflächenatoms,

I = Ionisierungsenergie,

Φ = Elektronenaustrittsarbeit.

In (2) sind die Dicke a der Oberflächenzone und der Exponent n Anpassungsparameter, deren Wert unabhängig vom Element ist. Die Abb. 16—19 stellen in einem geeigneten Koordinatensystem die aus Messungen von S_i^+ und S_i^0 gebildeten R-Werte als Funktionen der in (2) enthaltenen weiteren Materialparameter dar. Dabei wurden in allen Figuren I und Φ einem Standard-Tabellenwerk entnommen, für A wurde die Sublimationsenergie eingesetzt, mittlere Werte der Emissionsgeschwindigkeit v wurden aus Meßdaten von Kopitzki und Stier[11] abgeleitet und für S_i^0 bei 10 keV A^+-Bombardement wurden die Werte von Beske[5] eingesetzt. In dem gewählten Koordinatensystem müßten alle Meßpunkte auf einer Geraden liegen, aus deren

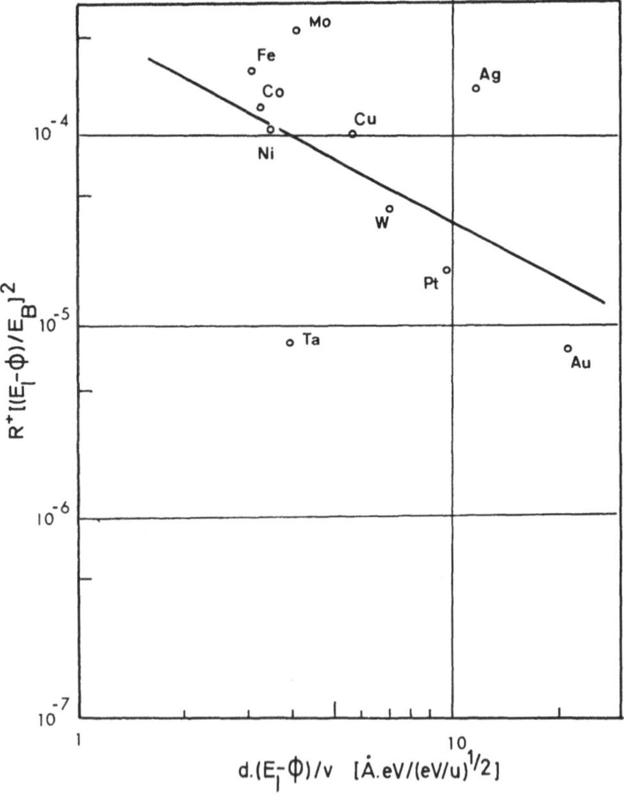

Abb. 18. Fit der AOI-Theorie an Meßwerte von Werner

Neigung sich der Exponent n und aus deren Achsabschnitt sich die Oberflächendicke a berechnen läßt. Man erkennt, daß die Werte von Beske (Abb. 16) relativ gut durch die numerisch den Meßpunkten gefittete Ausgleichsgerade dargestellt werden und daß auch die Messungen von Werner gut durch eine Gerade gefittet werden können, wenn man die Punkte für Ag und Ta wegläßt. In Tab. 1 sind die aus den Meßdaten der genannten Autoren berechneten Werte von n und

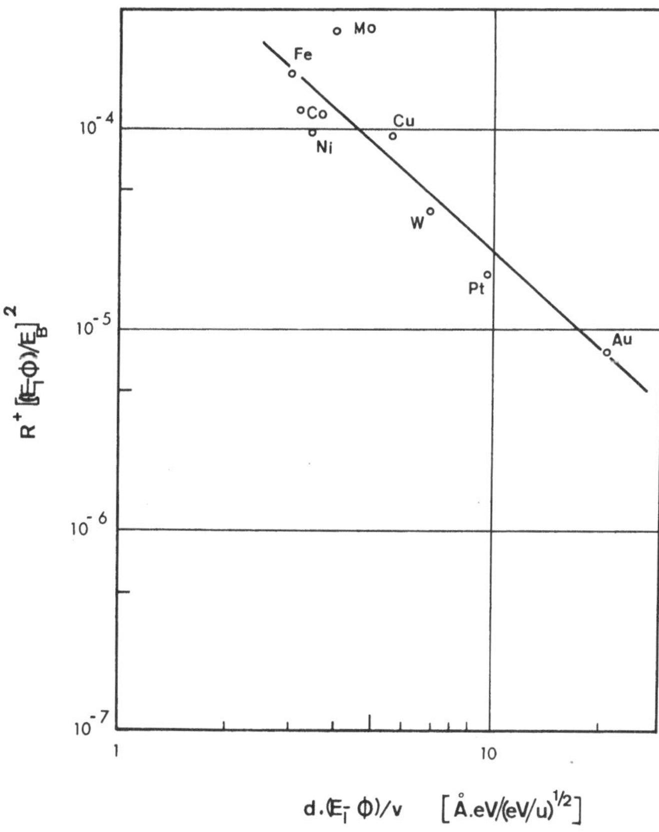

Abb. 19. Fit der AOI-Theorie an Meßwerte von Werner (Ag und Ta weggelassen)

a sowie die mittlere relative Abweichung $\Delta R/R$ des Ionisierungsgrades R von der Ausgleichsgeraden dargestellt.

Man erkennt, daß die adiabatische Theorie die Meßwerte eines einzelnen Autors bis auf einen Faktor von etwa 2 genau darstellen kann (Beske), daß aber die Abweichungen der Anpassungsparameter a und n zwischen den verschiedenen Autoren außerhalb der Fehlergrenzen liegen. Um diese Unstimmigkeiten zu beheben, wurde zunächst versucht, die Formel (2) statt für eine mittlere Emissionsgeschwindigkeit v für ein Geschwindigkeitsspektrum endlicher Breite auszuwerten, was ja den tatsächlichen Gegebenheiten besser entspricht. Dabei konnte analytisch nachgewiesen werden, daß für eine

Tabelle 1

	n	a (Å)	$\Delta R/R$	$k=a/d$	$\Delta R/R$
Beske, nach Schrooer	2,43	1,42	3		
Beske, diese Arbeit	2,424	1,483	2,0	0,74	2,0
Satkiewicz, diese Arbeit	0,89	2156	3,4	683	3,4
Werner, diese Arbeit	1,01	442	3,2	201	3,1
Werner, ohne Ag und Ta ...	1,705			3,24	1,6

beliebige Form des Geschwindigkeitsspektrums $f(v)\, dv$ mit der gleichen mittleren Geschwindigkeit $\bar{v}$ auch der Wert R_i unverändert gleich $R_i(\bar{v})$ bleibt, solange nur das Geschwindigkeitsspektrum von einem einzigen Parameter abhängt[12]. Weiters wurde der Ansatz versucht, daß die Dicke der Oberflächenzone der Gitterkonstanten d des Metalls proportional sei,

$$a = k \cdot d \tag{3}$$

also nicht für alle Elemente den gleichen Wert hat. Dadurch wird der Faktor k anstatt a der neue Anpassungsparameter. Durch diesen Ansatz ergeben sich bei einigen Autoren leichte Verbesserungen in den mittleren relativen Abweichungen $\Delta R/R$ (siehe Tab. 1).

Für den Ionisierungsgrad einer Verunreinigung i, die aus einer Matrix M emittiert wird, gilt der gleiche Gedankengang, der zur Formel (2) führte. Schrooer setzt in diesem Falle die Bindungsenergie A des an der Oberfläche sitzenden Verunreinigungsatoms gleich dem arithmetischen Mittel aus den Bindungsenergien des reinen Verunreinigungselementes A_i und des reinen Matrixmetalles A_M und nimmt für die Elektronenaustrittsarbeit der verunreinigten Matrixoberfläche den Wert Φ_M des reinen Matrixmetalles. Für die mittlere Emissionsgeschwindigkeit v_i des Verunreinigungsatoms wird aus der Theorie der binären Harte-Kugel-Stöße gesetzt

$$v_i = v_M \cdot 2 m_M / (m_i + m_M) \tag{4}$$

wobei für v_M der Wert des reinen Matrixmetalles genommen wird und m_i bzw. m_M die Massen von Verunreinigungs- bzw. Matrixatom sind. Somit ergibt sich die Formel

$$R_i = \left[\frac{(A_i + A_M)}{2\,(I_i - \Phi_M)} \right]^2 \cdot \left[\frac{2\,\dfrac{h}{2\,\pi}\, v_M\, m_M}{a\,(m_i + m_M)\,(I_i - \Phi_M)} \right]^n \tag{5}$$

a und n haben die gleichen universellen Werte wie für Reinmetalle. In (5) kommt die Konzentration c_i der Verunreinigung nicht vor.

Um diesen Mangel zu beheben, machen wir folgende stark vereinfachende Ansätze über die Abhängigkeit der Größen S^0, A, Φ und v aus Formel (2) von der Konzentration

$$S_i^0(c_i) = (1 - c_i)\, S_M^0 + c_i S_i^0 \qquad (6)$$

$$A_i(c_i) = [(1 - c_i)\, A_M + (1 + c_i)\, A_i]/2 \qquad (7)$$

$$\Phi(c_i) = (1 - c_i)\, \Phi_M + c_i \Phi_i \qquad (8)$$

$$v_i(c_i) = 2\,(1 - c_i)\, v_M \cdot m_M/(m_M + m_i) + c v_i \qquad (9)$$

und berechnen die offenbar konzentrationsabhängige und matrixabhängige Sekundärionenausbeute nach

$$S_i^+(c_i) = S_i^0(c_i) \cdot [A_i(c_i)/(I_i - \Phi(c_i))]^2 \cdot \left[\frac{h}{2\pi}\, v_i(c_i)/a\,(I_i - \Phi(c_i))\right]^n \qquad (10)$$

Dieser Ansatz bewirkt, daß R_i für $c_i \to 0$ in die von Schrooer angegebene Formel (5) und für $c_i \to 1$ in den für das Reinmetall i nach Formel (2) berechneten Wert übergeht. In Abb. 20 ist das nach (10) berechnete Verhältnis $S_i^+(c)/S_i^+(1)$ für verschiedene Verunreinigun-

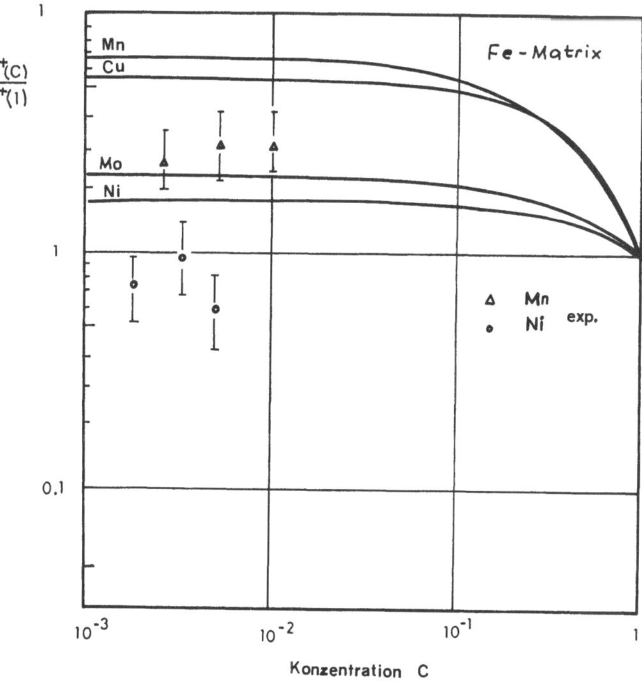

Abb. 20. Konzentrationsabhängigkeit des Ionisierungsgrades nach der AOI-Theorie. Meßwerte nach Beske

gen in einer Eisenmatrix als Funktion der Konzentration dargestellt und mit den Messungen von Beske[5] verglichen. Die Konstanz von S_i^+ für Konzentrationen $c_i \leqq 5\%$ wird befriedigend wiedergegeben. Die Unterschiede in den Ionisierungsausbeuten eines Elementes i als Spurenverunreinigung und als Reinmetall können aus (10) bis auf einen Faktor von ca. 3 genau berechnet werden. Abb. 21 zeigt die

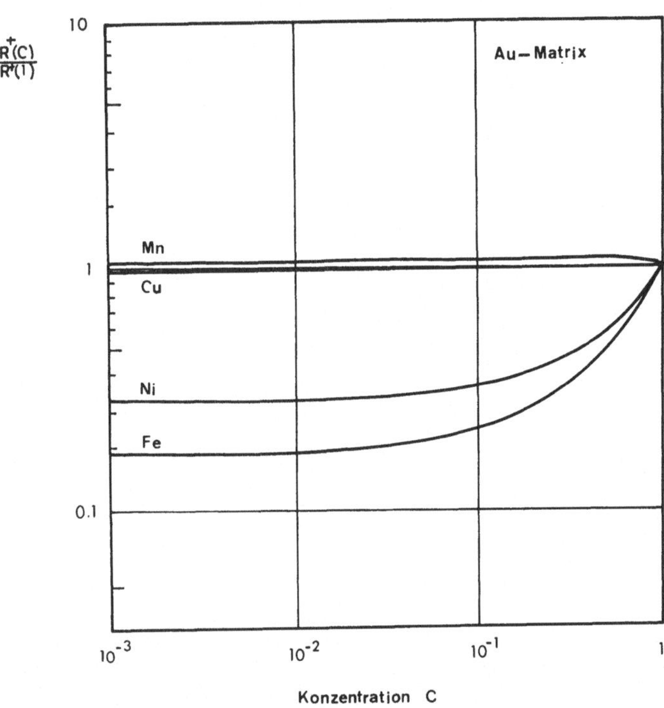

Abb. 21. Konzentrationsabhängigkeit des Ionisierungsgrades nach der AOI-Theorie

berechnete Abhängigkeit von S_i^+ für eine Reihe von Elementen in einer Au-Matrix. Man erkennt, daß im Gegensatz zu Abb. 20 die Ausbeute eines Elementes als Spurenverunreinigung auch niedriger als Reinmetall sein kann. Meßdaten für diese Verunreinigungs-Matrixkombinationen liegen nicht vor.

Zusammenfassend kann über den gegenwärtigen Stand der AOI-Theorie gesagt werden, daß die ohne Verwendung von Standards erzielten Genauigkeiten für eine absolute Spurenelementanalyse von polykristallinen Metallen in vielen Fällen ausreichen dürften, daß aber eine Verbesserung der Absolutgenauigkeit an den vorläufig ungenügenden Informationen über die verwendeten Materialparameter scheitert. Daher ist es dringend notwendig, die Messungen von S^+,

S^0, A, Φ, ν unter genau definierten Probenbedingungen möglichst simultan an einer Probe zu wiederholen.

3.3. *Das LTE-Modell*

1972 veröffentlichte C. A. Andersen eine quantitative Theorie der Sekundärionenausbeuten[13], die seine experimentell gefundenen Ausbeutewerte von Verunreinigungen in Metallen, Nichtleitern und Mineralen unter O^+-Ionenbeschuß gut wiederzugeben scheint. Die Theorie nimmt an, daß sich unter dem Ionenbombardement in einer schmalen Zone nahe der Targetoberfläche ein lokales thermodynamisches Gleichgewicht (LTE) zwischen Ionen, Neutralatomen und Elektronen einstellt. Dieses Gleichgewicht ist charakterisiert durch eine Temperatur T und den daraus resultierenden Dichten von geladenen und ungeladenen Teilchen. Der Zustand der Oberflächenzone ist dem eines LTE-Plasmas ähnlich. In diesem Falle lassen sich die Konzentrationen der Teilchen in zwei aufeinanderfolgenden Ionisationsstufen n_i und n_{i+1} durch die Saha-Eggert-Gleichung ausdrücken

$$\frac{n_{i+1} \cdot n_e}{n_i} = \frac{2 P_{i+1}(T)}{P_i(T)} \cdot \frac{(2\pi m_e kT)^{1/2}}{h^3} e^{-\frac{(I_{i+1} - \Delta E_i)}{kT}} \qquad (11)$$

wobei

n_e = Elektronenkonzentration in der Oberflächenzone

P_{i+1}, P_i = Zustandssummen der Ionisierungsstufen $i+1, i$

m_e = Elektronenmasse

I_{i+1} = Ionisierungsenergie der $i+1$-ten Ionisierungsstufe

ΔE_i = Depression der Ionisierungsenergie infolge der Anwesenheit anderer Teilchen im Plasma[14]

$$\Delta E = 1731 \cdot 10^{-7} \cdot (i+1)/\varrho_D \qquad [eV] \qquad (12)$$

$$\varrho_D = 6895 \left(\frac{T}{n_e(1+\langle Z \rangle)}\right)^{1/2} \qquad [cm]$$

$\langle Z \rangle$ ... mittlere Ladungszahl des Plasmas

Wendet man (11) auf die einfach ionisierten positiven Ionen und die Neutralteilchen an, so erhält man für die Verhältnisse der Ionenkonzentrationen der Elemente A und B in der Plasmazone

$$\frac{n_A^+}{n_B^+} = \frac{n_A^0}{n_B^0} \cdot \frac{P_A^+(T) \, P_B^0(T)}{P_A^0(T) \, P_B^+(T)} e^{\frac{I_B - I_A}{kT}} \qquad (13)$$

Sind für die zwei Elemente A und B die Konzentrationen bekannt (2 interne Standards), so kann man für die meistens erfüllte Bedingung

$n^0 \gg n^+$ aus (13) numerisch die Temperatur berechnen, falls man im Massenspektrum der Probe das Peakhöhenverhältnis der einfach geladenen Ionen der Elemente A und B, $n_A{}^+/n_B{}^+$, mißt. Mit der so bestimmten Plasmatemperatur lassen sich nun aus dem Massenspektrum die Konzentrationen aller anderen Elemente bestimmen, wenn man in eine (13) entsprechende Formel einsetzt.

Ohne internen Standard kann man auskommen, wenn man entweder von zwei Elementen A und B die Verhältnisse der Peakhöhen

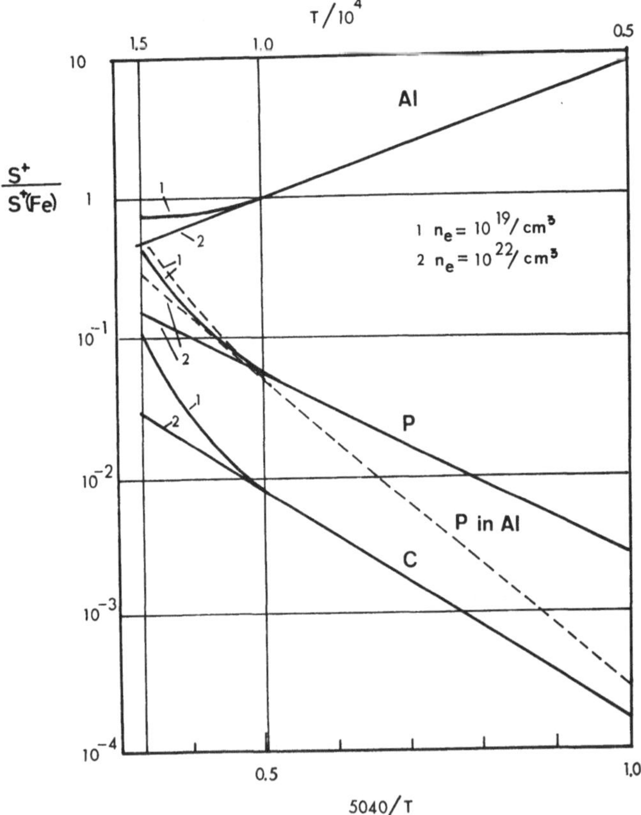

Abb. 22. Relative Sekundärionenausbeuten von Al, P, C aus einer Fe-Matrix und von P aus einer Al-Matrix nach der LTE-Theorie

der 1- und 2-fach geladenen oder von einem einzigen Element A die Peakhöhen der 1- bis 3-fach geladenen Ionen mißt. Im ersteren Fall folgt aus der Saha-Eggert-Gleichung

$$\frac{n_A^{2+}}{n_A^+} \bigg/ \frac{n_B^{2+}}{n_B^+} = f_{A,B}(T) \cdot e^{(I_A^+ - I_A^{2+} - I_B^+ + I_B^{2+})/kT} \tag{14}$$

wobei $f_{A,B}(T)$ ein die Zustandssummen enthaltender Faktor und die I^+, I^{2+} die entsprechenden Ionisierungspotentiale sind. Aus (14) läßt sich die Temperatur bestimmen und mit bekannter Temperatur aus einer (13) analogen Gleichung die Konzentration jedes vorhandenen Elementes unter alleiniger Heranziehung der Peakhöhen der einfach geladenen Ionen im Massenspektrum.

Im zweiten Fall liefert das Doppelverhältnis

$$\frac{n_A^{2+}}{n_A^+} \bigg/ \frac{n_A^{3+}}{n_A^{2+}} = f_A(T) \cdot e^{(I_A^+ - 2I_A^{2+} + I_A^{3+})/kT} \tag{15}$$

die Plasmatemperatur T und wieder lassen sich dann analog zu (13) die übrigen Konzentrationen aus den Peakhöhenverhältnissen der einfach geladenen Ionen bestimmen.

Falls die Bedingung $n^0 \gg n^+$ nicht zutrifft, so müssen mindestens 3 interne Standards bzw. die höher geladenen Peaks von mindestens 2 Elementen meßbar sein, da dann auch die Elektronenkonzentration n_e für die Berechnung von Konzentrationsverhältnissen bekannt sein muß.

Zur Veranschaulichung zeigt Abb. 22 das Verhältnis der emittierten Sekundärionenströme mehrerer Elemente in einer Fe- und einer Al-Matrix als Funktion der Plasmatemperatur T mit der Elektronenkonzentration n_e als Parameter. Dabei wurde angenommen, daß alle

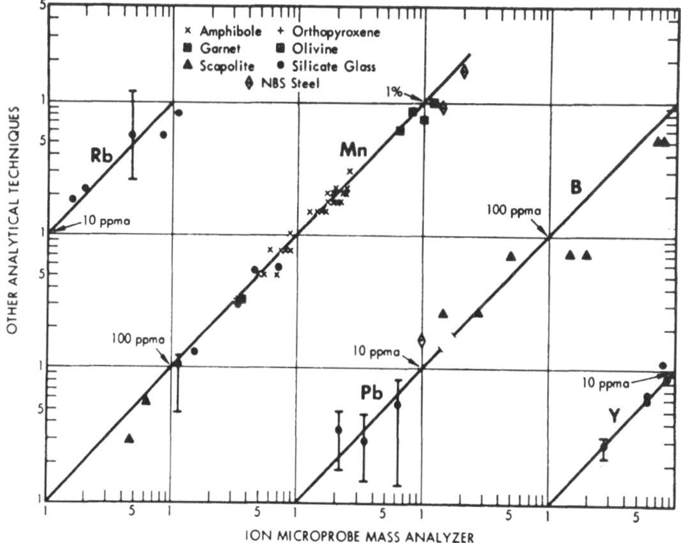

Abb. 23. Absolutkonzentrationen berechnet mit 2 internen Standards nach dem LTE-Modell im Vergleich zu anderen Analysenmethoden; nach Andersen

Tabelle 2

Element	NBS 462 Stahl Andersen (at.-%)	NBS (at.-%)
B	0,013	0,0025
C	1,83	1,83
Si	0,60	0,55
P	0,012	0,08
Ti	0,034	0,042
V	0,031	0,063
Cr	0,95	0,78
Mn	1,44	0,94
Fe	93,73	94,43
Co	0,10	0,10
Ni	0,63	0,65
Cu	0,20	0,17
Zr	0,032	0,038
Nb	0,042	0,057
Sn	0,017	0,031
Pb	0,0010	0,0016

angeführten Elemente mit gleicher Häufigkeit in der Probe vorkommen. Abb. 23 vergleicht Ionenmikrosondenmessungen von Andersen mit den Ergebnissen anderer Meßmethoden[15]. Die Konzentrations-

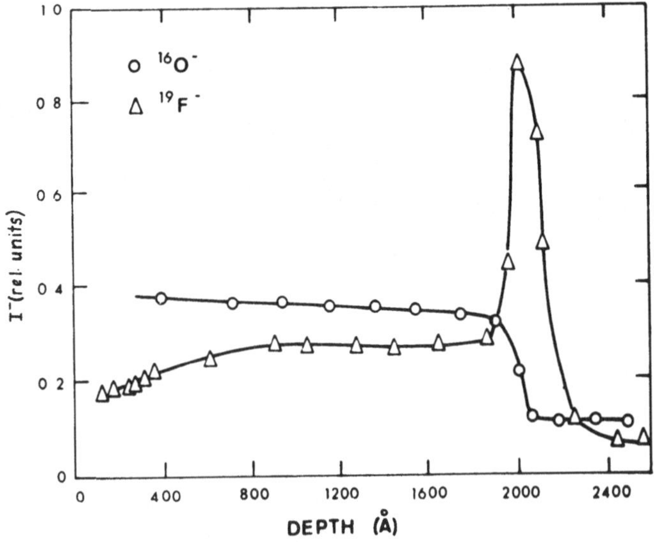

Abb. 24. Ionenstromintensität als Funktion der Tiefe für in HF anodisch oxydiertes Ta_2O_5 nach Evans

werte wurden mit Hilfe der LTE-Theorie aus den Massenspektren unter Verwendung von 2 internen Standards berechnet. Tab. 2 vergleicht die Ionensondenmessungen (2 interne Standards) von Andersen an NBS-Stahlstandards[13]. Eine Abgrenzung des Gültigkeitsbereiches

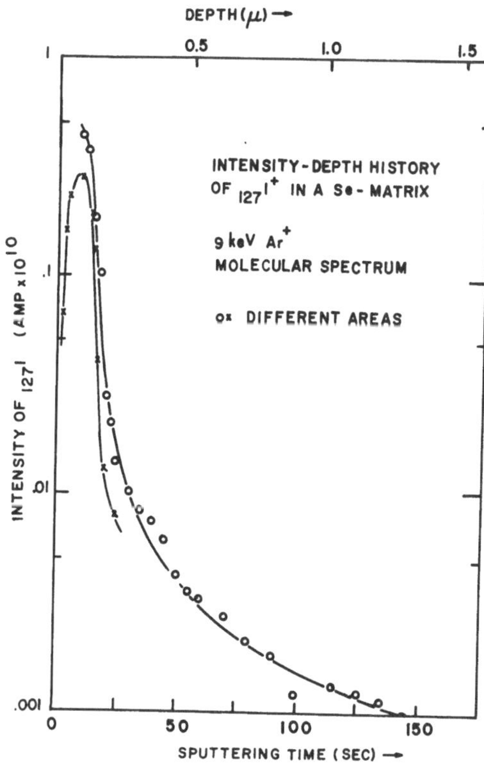

Abb. 25. Konzentrationsgradient von 127 J in Se nach Satkiewicz

der LTE-Theorie, deren Grundvoraussetzung, nämlich thermodynamisches Gleichgewicht im Sputterprozeß durch verschiedene experimentelle Befunde (z. B. Messung der Energieverteilung von Sekundärionen) teilweise in Frage gestellt werden kann, erscheint sinnvoll.

4. Gradientenanalyse

Aus dem oben Gesagten geht hervor, daß in guter Übereinstimmung zwischen Theorie und Experiment für geringe Konzentrationen die Sekundärionenausbeute einer metallischen Verunreinigung in einer metallischen Matrix von der Konzentration unabhängig ist. Deshalb läßt sich für viele Elementkombinationen der *SI*-Intensitäts/

Zeitverlauf beim fortschreitenden Absputtern der Oberfläche direkt als Konzentrations-Tiefenverlauf einer Verunreinigung interpretieren, falls der Zusammenhang zwischen Sputterzeit und abgetragener Schichtdicke bekannt ist. Für geringe Konzentrationsunterschiede wird oft eine konstante Sputterrate angenommen. Die Eichung der Zeit-Tiefenskala kann in diesem Falle z. B. durch interferometrische Messung des Sputterkraters vorgenommen werden. Die Abb. 24—26 zeigen Beispiele für die Analyse von Konzentrationsgradienten an Festkörperoberflächen[16, 17]. Der Sauerstoffgradient an einer oxydierten Al-Oberfläche (Abb. 26) zeigt die höchste bisher erreichte Tiefen-

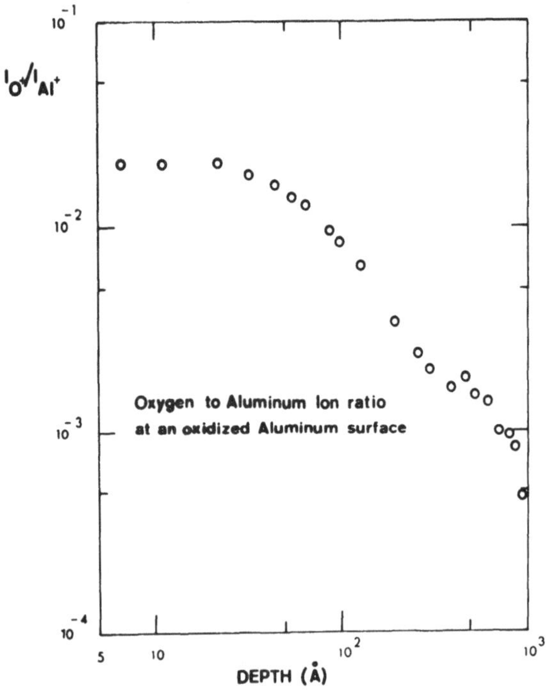

Abb. 26. Verlauf des Sauerstoffgradienten an einer vollständig oxydierten Aluminiumoberfläche; nach Satkiewicz

auflösung. Die Halbwertbreite des Abfalls der Oxidschicht beträgt hier etwa 20—30 Å. Obwohl man entscheiden kann, ob eine Verunreinigung nur in der obersten Monolage eines Festkörpers vorkommt, ist doch bei fortschreitender Materialabtragung die Tiefenauflösung begrenzt dadurch, daß

1. die Stromdichte des Primärstrahles nicht homogen über den gesamten Querschnitt ist;

2. daß sich an der Oberfläche Zonen verschiedener Sputterge-schwindigkeit ausbilden können;

3. durch die statistische Natur des Sputterprozesses, wodurch Unebenheiten im atomaren Größenbereich entstehen können;

4. durch die Informationstiefe der emittierten Sekundärionen.

Als Faustregel kann man annehmen, daß die Tiefenauflösung etwa 5—10% der abgetragenen Probendicke beträgt, also < 10 Å in 100 Å Tiefe und < 500 Å in 1μ Tiefe.

5. Phasenanalyse

Aus den bisherigen Ausführungen geht hervor, daß lediglich eine qualitative bzw. quantitative Elementaranalyse mit begrenzter Genauigkeit (200% nach der AOI-Theorie, 20% nach der LTE-Theorie)

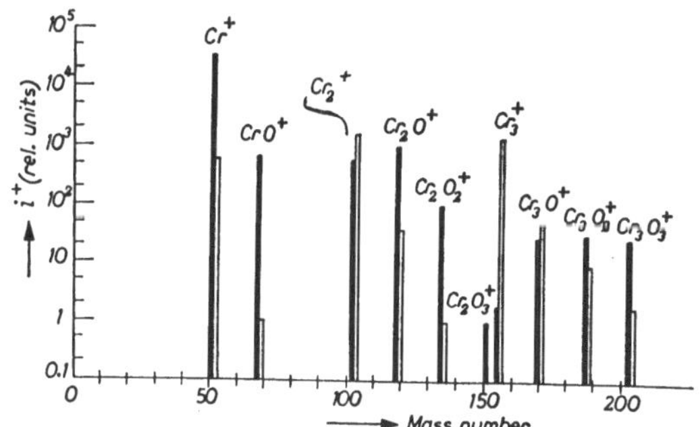

Abb. 27. Charakteristische Spektren für vollständig oxydiertes Chrom (Schwarz) und „reines" Chrom (weiß); nach Werner

mit Hilfe der Sekundärionenmassenspektrometrie möglich ist. Wie neuere Arbeiten von Werner[18] und Benninghoven[1] zeigen, ist es jedoch auch möglich, Informationen über den chemischen Bindungszustand von Elementen mit SIMS zu erlangen. Werner führte am Beispiel der Oxide an Cr- und Al-Oberflächen das Konzept der „charakteristischen Spektren" ein. Dieses Konzept besagt:

1. jede Metall-Sauerstoffverbindung an einer oxydierten Metalloberfläche liefert ein charakteristisches Spektrum von positiven und negativen Clusterionen mit den Massenzahlen M_k ($k = 1, 2, \ldots$). Abb. 27 zeigt diese charakteristischen Spektren positiver Ionen für vollständig oxydiertes Chrom (schwarze Linien) und eine reine Cr-Oberfläche (weiße Linien)[18];

2. liegen an einer Oberfläche gleichzeitig mehrere Arten von Chrom/Sauerstoffphasen vor, so setzt sich das Massenspektrum durch

lineare Superposition aus den charakteristischen Spektren der reinen Phasen zusammen.

Wird nun eine oxydierte Cr-Oberfläche kontinuierlich abgesputtert, so ändert sich der relative Anteil der an der Oberfläche vorhandenen Cr/O-Phasen, wodurch sich die Sekundärionenströme der ein-

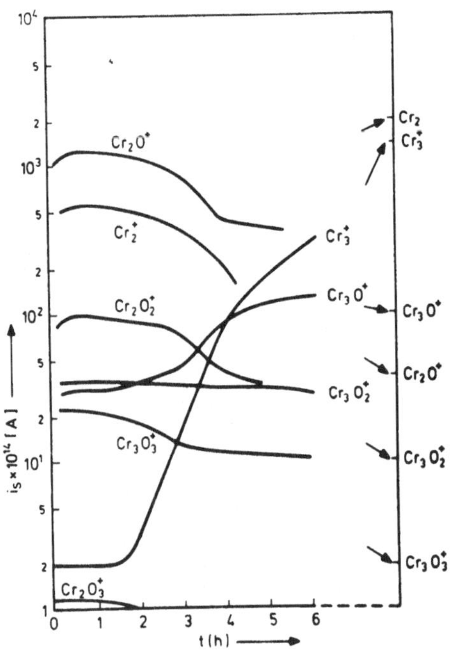

Abb. 28. Zeitlicher Verlauf einiger Sekundärionenströme von einer oxydierten Chromoberfläche; nach Werner

zelnen Clusterpeaks mit fortschreitender Sputterzeit ändern (Abb. 28). Bezeichnet man die jeweiligen Konzentrationen der einzelnen Phasen als Funktion der Zeit mit

$$c_I(t), \ c_{II}(t), \ c_{III}(t), \dots,$$

so folgt aus dem Superpositionsprinzip für die Zeitabhängigkeit der Stromintensitäten i_k der Clusterionen

$$i_1(t) = c_I(t)\, i_{I,1} + c_{II}(t)\, i_{II,1} + c_{III}(t)\, i_{III,1} + \dots$$
$$i_2(t) = c_I(t)\, i_{I,2} + c_{II}(t)\, i_{II,2} + c_{III}(t)\, i_{III,2} + \dots \tag{16}$$

$$\vdots$$

$$i_k(t) = c_I(t)\, i_{I,k} + c_{II}(t)\, i_{II,k} + c_{III}(t)\, i_{III,k} + \dots$$

Dabei sind die in den Spalten dieser Matrix auftretenden Ionenströme $i_{I,k}$, $i_{II,k}$, ... die charakteristischen Spektren der reinen Phasen I, II, ...; man erkennt, daß bei N möglichen Phasen sich ihre

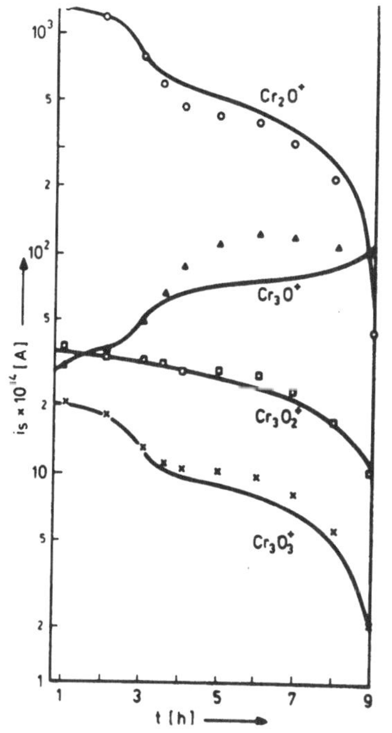

Abb. 29. Zeitlicher Verlauf einiger Ionenströme von einer oxydierten Chromoberfläche bei fortgesetztem Ionenbeschuß. Volle Linien: Meßwerte, Punkte: berechnet; nach Werner

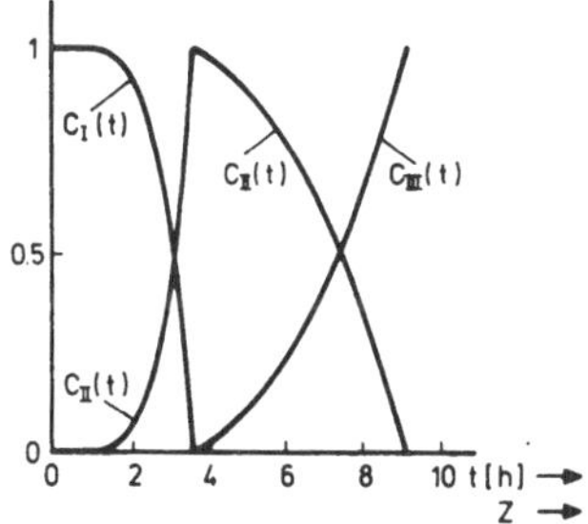

Abb. 30. Konzentration der Cr-O-Phasen von einer oxydierten Chromoberfläche bei fortgesetztem Ionenbeschuß; nach Werner

Konzentrationen als Funktion der Zeit aus Messungen des zeitlichen Verlaufes von $N-1$ Massenlinien berechnen lassen, da die Bedingung $c_I + c_{II} + \ldots = 1$ erfüllt sein muß. Bei Chrom sind 3 Phasen möglich, so daß zur vollständigen Beschreibung des Cr/O-Systems die Kenntnis des zeitlichen Verlaufes von 2 Massenlinien genügt. Der zeitliche Verlauf aller anderen Clusterlinien kann dann vorhergesagt werden. Abb. 29 zeigt den vorhergesagten Intensitätsverlauf von 4 Clusterlinien[18] (Punkte) in guter Übereinstimmung mit den Meßwerten und Abb. 30 die daraus berechnete Phasenverteilung. Messungen der charakteristischen Spektren weiterer Zwei- und Mehrstoffsysteme sollten zeigen, ob die SIMS-Methode außer zur absoluten quantitativen Elementaranalyse auch allgemein Aussagen über den Bindungszustand von Elementen an Festkörperoberflächen zuläßt.

Zusammenfassung

Beim Beschuß eines Festkörpers mit energetischen Ionen werden Sekundär-Clusterionen mit bis zu 18 Atomen/Ion ausgesendet. Durch Selektion der höherenergetischen Sekundärionen können die Clusterionen zugunsten der atomaren Ionen stark unterdrückt werden. Das atomare Spektrum wird zur chemischen Elementaranalyse herangezogen, das molekulare Spektrum liefert Aufschluß über den chemischen Bindungszustand der Elemente. Zwei theoretische Modelle der Sekundärionenemission, adiabatische Oberflächenionisation und thermische Dissoziation in einem LTE-Plasma werden beschrieben. Das AOI-Modell gestattet es, die Sekundärionenausbeuten von Reinmetallen und Spurenelementen in metallischen Matrizen bis auf einen Faktor 2—3 zu berechnen. Dazu werden zwei Anpassungsparameter benötigt. Beispiele für die Gradientenanalyse an Festkörperoberflächen werden gegeben und das Konzept der charakteristischen Spektren wird erläutert, das eine Phasenanalyse von Oxiden an Metalloberflächen ermöglicht.

Summary

Notes on Qualitative and Quantitative Analysis in Secondary-Ion Mass Spectroscopy

When a solid substance is bombarded with ions of high energy, complex secondary ions containing up to 18 atoms per ion are emitted. It is possible to suppress the large ions in favor of atomic ions by selecting out the more energetic secondary ions. The atomic spectrum is used for elementary analysis, and the molecular spectrum enables one to draw conclusions about the chemical bonding between the elements. Two theoretical models for the emission of secondary ions are presented: adiabatic surface ionization, and thermal dissociation in a plasma. The adiabatic model permits one to calculate, within a factor of 2—3, the yield of secondary ions from pure metals and trace elements in metallic matrices. Two parameters must be used to fit the data. Examples are given of gradient analysis at the surfaces of solid bodies, and the concept of characteristic spectra, which permits a phase analysis of oxides at metal surfaces, is explained.

Literatur

[1] A. Benninghoven, Surface Sci. 28 (1971) 541.

[2] R. F. K. Herzog, W. P. Poschenrieder, F. G. Rüdenauer und F. G. Satkiewicz, 15th Ann. Conf. on Mass Spectr. and Allied Topics, Denver/Colorado 1967; ASTM-E 14, Ed.

[3] R. F. K. Herzog, H. J. Liebl, W. P. Poschenrieder und A. E. Barrington, NASA Report, Contract No NASw-839, Washington/D. C. 1965.

[4] H. Liebl und R. F. K. Herzog, J. Appl. Phys. 34, 2893 (1963).

[5] H. E. Beske, Z. Naturforsch. 22a, 459 (1967).

[6] H. W. Werner und H. A. M. de Grefte, Vakuum-Technik 17, 37 (1968).

[7] C. A. Andersen, Int. J. Mass Spectrom. Ion Phys. 2, 61 (1969).

[8] F. G. Satkiewicz, 19th Ann. Conf. on Mass Spectr. and Allied Topics, Atlanta/Georgia, 1971; ASTM-E 14, Ed.

[9] C. M. Judson und R. K. Lewis, 17th Ann. Conf. on Mass Spectr. and Allied Topics, Dallas/Texas 1969; ASTM-E 14, Ed.

[10] J. M. Schrooer, 17th Ann. Conf. on Mass Spectr. and Allied Topics, Dallas/Texas 1969; ASTM-E 14, Ed.

[11] K. Kopitzki und H. Stier, Z. Naturforsch. 17a, 346 (1962).

[12] R. Portenschlag, Dissertation Univ. Wien, wird veröffentlicht.

[13] C. A. Andersen und J. R. Hinthorne, Science 175, 853 (1972).

[14] H. W. Drawin in „Reactions under Plasma Conditions", M. Venugopalan, ed., New York: Wiley. 1971.

[15] C. A. Andersen und J. R. Hinthorne, Conf. on Vacuum Instr. and Methods in Surface Studies; U. of Surrey 1972, British Vac. Council, ed.

[16] C. A. Evans, Kennecott Copper Co.-Ledgemont Labs, Lexington/Mass., Internal Report.

[17] F. G. Satkiewicz, GCA Corp., Bedford/Mass, private Mitteilung.

[18] H. W. Werner, H. A. M. de Grefte und J. v. d. Berg, Int. J. Mass Spectrom. Ion Phys., wird veröffentlicht.

Anschriften der Verfasser: Doz. Dr. F. G. Rüdenauer, Studiengesellschaft für Atomenergie, Lenaugasse 10, A-1082 Wien; Dr. W. Steiger, Universität Wien, 1. Physikalisches Institut, Strudlhofgasse 4, A-1090 Wien; Dr. P. Portenschlag, Universität Wien, Institut für Theoretische Physik, Strudlhofgasse 4, A-1090 Wien, Österreich.

Mikrochimica Acta [Wien], Suppl. 5, 1974, 453—464

Aus dem Institut für analytische Chemie und Mikrochemie der Technischen
Hochschule Wien

Ein Beitrag zur Gefügeanalyse mit der Mikrosonde[*]

Von

H. Malissa, J. Kaltenbrunner und **M. Grasserbauer**

Mit 3 Abbildungen

(Eingegangen am 5. März 1973)

Einleitung

Für die vollständige Charakterisierung eines Werkstoffes ist neben der chemischen Analyse und der Angabe einiger physikalischer Daten außerdem auch eine Angabe über das Gefüge des Werkstoffes erforderlich, da die geometrische Anordnung der Phasen, also der stereometrische Aufbau eines Gefüges, für die Eigenschaften eines bestimmten Werkstoffes mit maßgeblich ist.

Die Darstellung eines Gefüges kann im einfachsten Fall durch dessen Abbildung erfolgen. Um eine für die Korrelation mit Werkstoffeigenschaften notwendige mathematische Kennzeichnung des Gefüges zu erreichen, muß es durch Zahlenwerte charakterisiert werden können. Diese Kennzeichnung durch Zahlenangaben soll möglichst vollständig sein, d. h. den geringst möglichen Informationsverlust aufweisen, und in Hinblick auf die Interpretation der Werte eindeutig sein. Aus der Literatur sind diesbezüglich schon einige Vorschläge bekannt[2, 6, 7, 8, 14, 15].

Der Gefügeaufbau wird durch 2 Gruppen von Parametern bestimmt und kann über diese quantitativ erfaßt werden. Diese 2 Gruppen sind

---

[*] Vortrag anläßlich des 6. Kolloquiums über metallkundliche Analyse mit besonderer Berücksichtigung der Elektronenstrahl-Mikroanalyse, Wien, 23. bis 25. Oktober 1972.

A. Chemische Gefügeparameter:

1. chemische Durchschnittsanalyse,
2. chemische Analyse jedes Gefügebestandteils,

B. Koordinative Gefügeparameter[9-13]:

1. Anzahl,
2. Größe,
3. Form,
4. Orientierung,
5. Verteilung der Gefügebestandteile.

Demnach besteht eine Gefügeanalyse aus 2 Schritten:

1. Erfassung der chemischen Gefügeparameter,
2. Erfassung der koordinativen Gefügeparameter.

Analysen, z. B. mit Hilfe der Lichtmikroskopie, leiden unter der Tatsache, daß die Reflektivität und Durchlässigkeit einer Phase als deren physikalische Eigenschaft selten der chemischen Zusammensetzung dieser Phase proportional sind. Diese Eigenschaften werden noch durch eine Menge anderer Faktoren stark beeinflußt, z. B. Orientierung, Oberflächenbeschaffenheit. Darüberhinaus ändert eine Ätzung der Probe den Zusammenhang zwischen chemischer Zusammensetzung und Reflektivität ganz beträchtlich. Daher ist in vielen Fällen die Unterscheidung von Phasen nahezu gleicher Reflektivität an ein und derselben Probe gar nicht möglich, besonders bei Verwendung automatischer Meßinstrumente.

Die Elektronenstrahlmikroanalyse liefert demgegenüber wesentlich mehr Information, insofern sie eine Aussage über die chemische Zusammensetzung der Probe in jedem vom Elektronenstrahl getroffenen Punkt liefert. Die Verwendung einer Mikrosonde zur Gefügeanalyse bietet die Möglichkeit von elementspezifischen und sogar konzentrationsspezifischen Gefügedarstellungen. Die weitgehend automatische Linearanalyse unter Heranziehung der Röntgen- und Elektronensignale kann z. B. mit dem Phasenintegrator nach Dörfler[2] durchgeführt werden. Die direkte Aufnahme des Gefüges unter Heranziehung der elementspezifischen Röntgen- oder Elektronensignale ermöglicht bei Verwendung eines Computers zur Auswertung dieser Meßsignale und Speicherung des Gefügebildes eine mit Informationsgewinn verbundene Darstellung des Gefüges im Computer. Die gespeicherten Informationen können dann durch mathematische Operationen in Form von Zahlenangaben wiedergegeben werden.

Theoretische Grundlagen zum Einsatz einer Mikrosonde zur Gefügeanalyse

Über die grundsätzliche Möglichkeit der Durchführung einer stereometrischen Gefügeanalyse mit der Mikrosonde in Verbindung mit einem digitalen Rechner berichten S. Baumgartl et al.[1].

Für die Aufnahme eines Gefüges mit der Mikrosonde stehen im wesentlichen alle jene Möglichkeiten zur Verfügung, die verwertbare Signale, z. B. Probenstrom, liefern, besonders aber

1. Step-Scan-Analyse (Punktanalyse) in Verbindung mit dem energie- bzw. wellenlängendispersiven System,

2. Line-Scan-Analyse in Verbindung mit dem wellenlängendispersiven System und mechanischem Scanning bzw. in Verbindung mit dem energiedispersiven System und mechanischem oder elektronischem Scanning.

Besonders interessant ist hier das *elektronische Linescanning in Verbindung mit dem energiedispersiven System,* und zwar aus folgenden Gründen:

1. Durch Wegfall der strengen Fokussierungsbedingungen erhält man konstante Impulsraten auch bei elektronischer Ablenkung des Strahls über größere Bereiche (bis $100 \times 100\ \mu$m).

2. Eine automatische Strahlsteuerung nach Programm ist wesentlich leichter möglich als bei den mechanischen Scanningmethoden. Zum anderen hat man hier keine mechanischen Teile, weshalb eine außerordentlich hohe Reproduzierbarkeit der Line-Scan-Analyse gewährleistet ist.

3. Gegenüber den mechanischen Scanningmethoden ist eine wesentlich raschere Durchführung der Analyse möglich.

4. Unabhängig von der Anzahl der Kristallspektrometer können mehrere Elemente gleichzeitig erfaßt werden.

Bei der Aufnahme des Gefüges wird ein festgelegter Bereich, z. B. $100 \times 100\ \mu$m, nach einer dieser Methoden analysiert und die elementspezifischen Impulsraten im on- oder offline-Betrieb einem Computer zugeführt und das Gefügebild gespeichert. Der Informationsverlust gegenüber dem lichtmikroskopischen Bild ist durch das geringere Auflösungsvermögen der Mikrosonde gegeben. Dafür liegt ein wesentlicher Informationsgewinn durch die Auftrennung des nichtspezifischen lichtmikroskopischen Bildes in elementspezifische Bilder vor.

Als Parameter für die Gefügecharakterisierung werden vorgeschlagen:

1. Aussage über die Form der Teilchen („Isometriezahl" = *IZ*),
2. Homogenität der Fläche ("Flächenhomogenitätszahlen"),
3. Homogenität der Richtung ("Richtungshomogenitätszahl" = *RHZ*)
4. Verteilung der Teilchen ("Verteilungszahl" = *VZ*).

Die Kenntnis der chemischen Gefügeparameter wird dabei vorausgesetzt. Die Auswertung des gespeicherten Bildes erfolgt unter Berücksichtigung statistischer Gesichtspunkte unter Verwendung der Standardabweichung bzw. der relativen Standardabweichung[4] als Maßzahl.

Aussage über die Form der Teilchen („Isometriezahl")

Die Kennzeichnung der Form der Teilchen ist ein bisher ungelöstes Problem in der stereometrischen Analyse. Um dennoch eine Aussage über die Teilchenform machen zu können, muß man vereinfachte Modelle verwenden[3, 9]. Die Literatur[5] rechtfertigt insofern die Verwendung solcher Modelle, als sie genügend Beispiele dafür liefert, daß diese Modelle in vielen Fällen mit der Wirklichkeit weitgehend übereinstimmen.

Für die Charakterisierung eines Gefüges ist es wesentlich zu wissen, ob regelmäßig einfache (z. B. kugelförmige, würfelförmige oder lamellare) oder unregelmäßig begrenzte (z. B. skelettförmige) Teilchen vorliegen. Darüber soll die Isometriezahl eine Aussage machen.

Sie ist definiert als das Verhältnis des Umfangs des Teilchens zum Umfang des flächengleichen Kreises:

$$\frac{U_T}{U_{Kr}} = IZ$$

Je unregelmäßiger ein Teilchen in Hinblick auf seine Form ist, desto größer ist sein Umfang im Verhältnis zu seiner Fläche oder zum Umfang des flächengleichen Kreises.

Wenn wir nur die 3 regelmäßigen geometrischen Figuren Kreis, Quadrat und Rechteck mit bestimmtem Länge-Breite-Verhältnis betrachten, ergeben sich jeweils folgende Isometriezahlen:

Kreis: r = 1   IZ = 1,00
Quadrat: s = 1   IZ = 1,13
Rechteck: je nach Verhältnis von Länge zu Breite
l : b = 10 : 1   IZ = 1,96
l : b = 100 : 1   IZ = 5,70

Bei unregelmäßig begrenzten Flächen liegen die Isometriezahlen über denen von Kreis, Sechseck oder Quadrat. In der Praxis werden die Isometriezahlen einen maximalen Wert von etwa 5 (entspricht

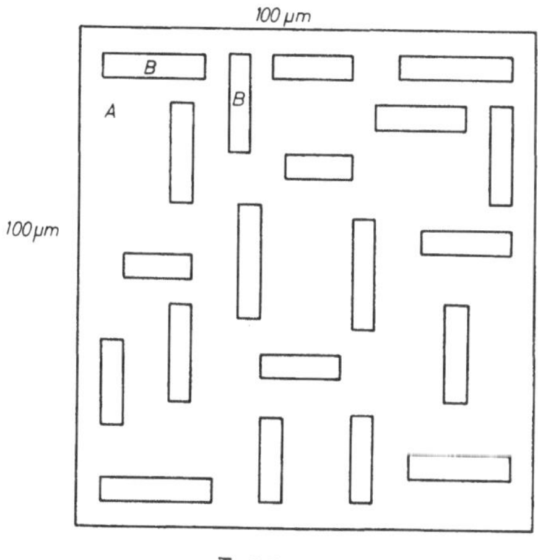

Abb. 1a. Mittlere Isometriezahl (Aussage über die Form der Teilchen)
A ... Matrix, B ... Phase

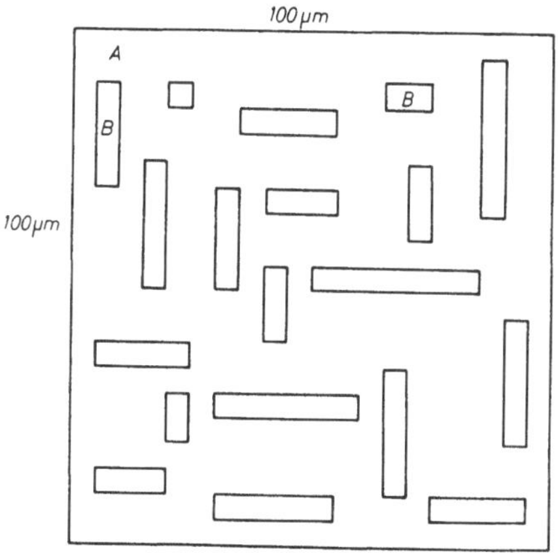

Abb. 1b. Mittlere Isometriezahl (Aussage über die Form der Teilchen)
A ... Matrix, B ... Phase

einem Einschluß mit einem Länge-Breite-Verhältnis von 100 : 1) kaum überschreiten.

Bei der praktischen Durchführung geht man in der Weise vor, daß man den Umfang des Teilchens (U_T) bestimmt, aus der Fläche des Teilchens den Radius des flächengleichen Kreises und daraus seinen Umfang (U_{Kr}) bestimmt. Diesen Vorgang wiederholt man für jedes Teilchen innerhalb des festgelegten Rasters.

Die *mittlere Isometriezahl* ($\overline{IZ} \pm s_r$) liefert eine Aussage über die durchschnittliche Form der Teilchen innerhalb der analysierten Probenfläche und gibt an, inwieweit die Regelmäßigkeit oder Unregelmäßigkeit der Form vorherrscht. Kleine relative Standardabweichungen bedeuten, daß die überwiegende Anzahl der Teilchen entweder weitgehend ähnlich regelmäßige oder einander ähnlich unregelmäßige Form aufweist.

Eine hohe relative Standardabweichung zeigt, daß eine starke Streuung der Teilchenformen vorliegt.

Abb. 1 zeigt dazu ein Beispiel. Die mittlere Isometriezahl von 1,41 sagt aus, daß im Mittel rechteckige Teilchen mit einem Länge-Breite-Verhältnis von 4 : 1 vorliegen. Die relativen Standardabweichungen von 4,39 % (1 a) bzw. 12,19 % (1 b) zeigen, daß die Teilchenformen bei 1 b wesentlich verschiedenartiger sind als bei 1 a.

Homogenität der Fläche („Flächenhomogenitätszahlen")

Die Flächenhomogenitätszahlen sollen angeben, ob ein Gefüge aus kleinen oder großen Teilchen aufgebaut ist, bzw. ob diese Teilchen mehr oder weniger stark in ihrer Größe voneinander verschieden sind.

Zu dieser Aussage kommen wir über die Teilchenzahl (N), die mittlere Fläche ($\overline{F}$) und deren relative Standardabweichung (s_r) und haben damit eine Antwort auf die Fragen

wieviele Teilchen im Einheitsraster enthalten sind,

wie groß die mittlere Fläche der Teilchen ist und

wie sich die Größe der Teilchen unterscheidet.

Das Produkt aus Teilchenzahl und mittlerer Teilchenfläche dividiert durch die Rasterfläche $\left(\dfrac{N \cdot \overline{F}}{F_R} \right)$ liefert den Flächenanteil der Phase und kann damit für die Ermittlung des Mengen- bzw. Volumenanteils dieser Phase herangezogen werden[14]. Die Summe der Produkte $N \cdot \overline{F}$ aller am Gefügeaufbau beteiligten Phasen liefert die analysierte Gesamtfläche und kann zur Kontrolle der Richtigkeit der Gefügeanalyse herangezogen werden.

Die Aussagekraft der Angabe der Teilchenzahl, der mittleren Fläche und der relativen Standardabweichung sind in Abb. 2 a bis 2 d demonstriert. Bei zwei gegebenen Gefügen mit gleichem Flächen-

anteil der Phase B kann man aus der Angabe der Teilchenzahl (N)
und der mittleren Teilchenfläche ($\overline{F}$) ersehen, ob die Gefüge aus

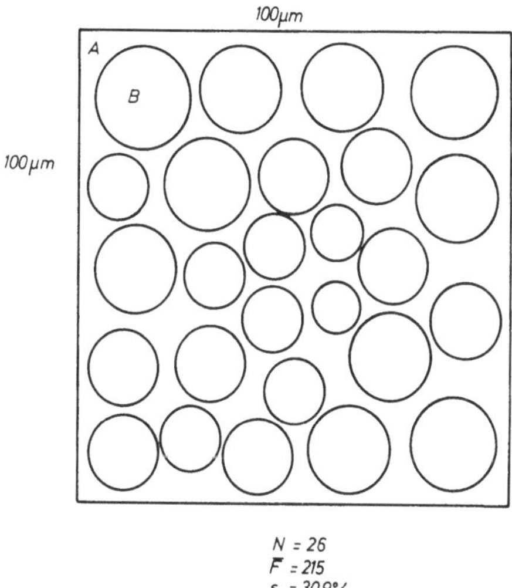

Abb. 2a. Homogenität der Fläche (Flächenhomogenitätszahlen)
A ... Matrix, B ... Phase

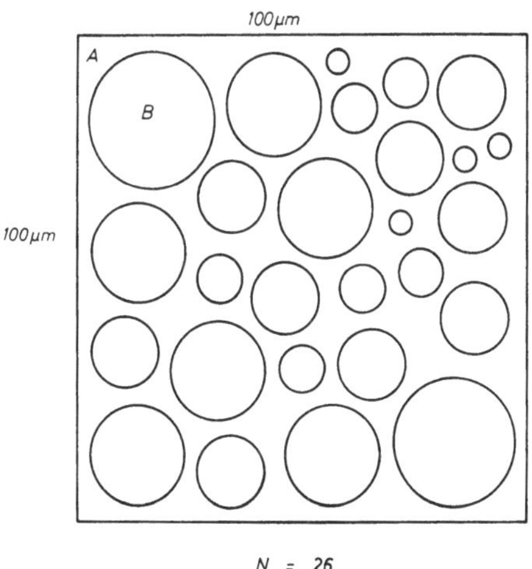

Abb. 2b. Homogenität der Fläche (Flächenhomogenitätszahlen)
A ... Matrix, B ... Phase

wenigen großen oder vielen kleinen Teilchen aufgebaut sind (Vergleich 2a bis 2d). Die zusätzliche Angabe der relativen Standard-

abweichung (s_r) ermöglicht eine Aussage darüber, ob die Teilchen eines gegebenen Gefüges in ihrer Größe untereinander mehr oder weniger stark schwanken (Vergleich 2a mit 2b bzw. 2c mit 2d).

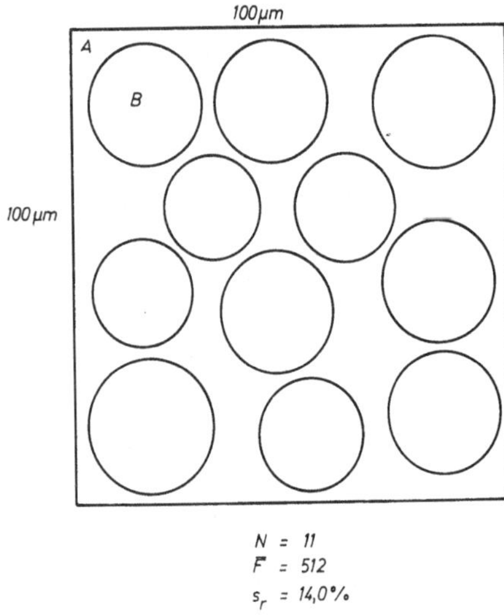

Abb. 2c. Homogenität der Fläche (Flächenhomogenitätszahlen)
A ... Matrix, B ... Phase

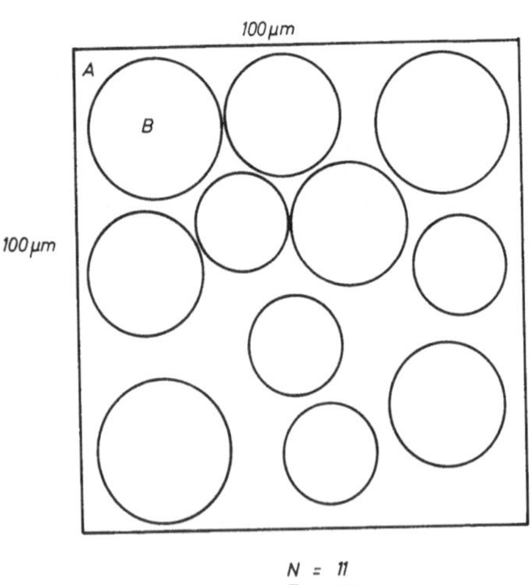

Abb. 2d. Homogenität der Fläche (Flächenhomogenitätszahlen)
A ... Matrix, B ... Phase

Homogenität der Richtung („Richtungshomogenitätszahl" = *RHZ*)

Hier soll vor allem darüber eine Aussage gemacht werden, ob die in einem Gefüge vorliegenden Teilchen eine bevorzugte Richtung

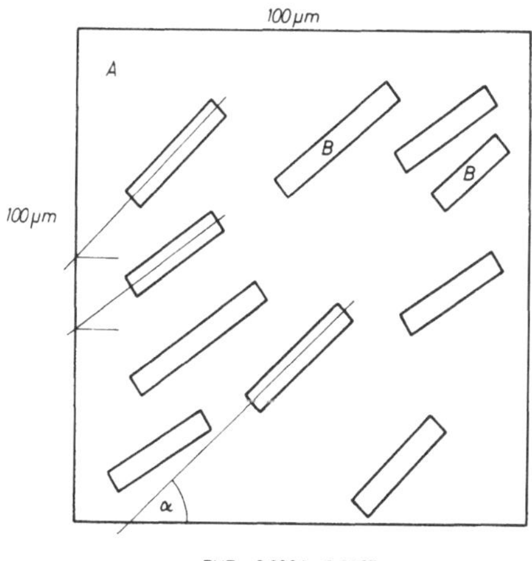

Abb. 3a. Homogenität der Richtung (Richtungshomogenitätszahl)
A ... Matrix, B ... Phase

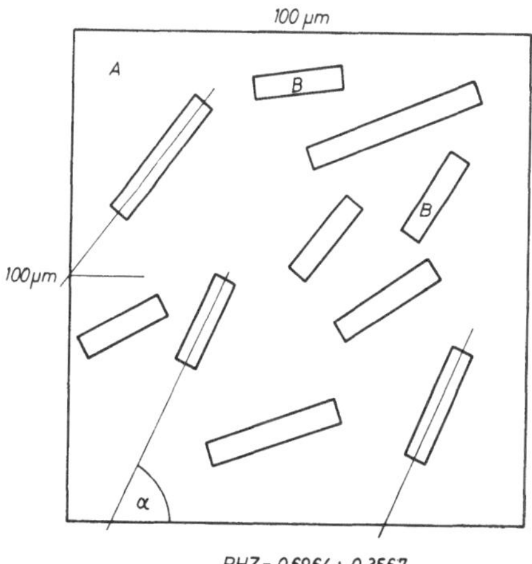

Abb. 3b. Homogenität der Richtung (Richtungshomogenitätszahl)
A ... Matrix, B ... Phase

aufweisen oder nicht, d. h. inwieweit sie in ihrer Richtung von der Parallelität abweichen.

Zur Ermittlung der Richtungshomogenitätszahl legt man in Richtung der längsten Erstreckung jedes Teilchens jeweils eine Achse und bestimmt den Winkel zwischen dieser Längsachse und der x-Achse eines festgelegten Koordinatensystems. Da die Lage der Teilchen zwischen 0^0 und 180^0 verschieden sein kann, wählt man zur eindeutigen Festlegung der Richtung der Längserstreckung eines Teilchens den arcus des Winkels. Bei Vorliegen einer signifikanten Anzahl von Werten liefert die Richtungshomogenitätszahl, bestehend aus dem Mittelwert des arcus der einzelnen Teilchen und dessen Standardabweichung ($RHZ = \text{arcus} \pm s$) eine Aussage darüber, inwieweit eine Streuung der individuellen Teilchenorientierungen in Hinblick auf die bevorzugte Teilchenrichtung vorliegt.

Abb. 3 veranschaulicht das Gesagte an einem Beispiel. Abb. 3a zeigt eine deutlich ausgeprägte Orientierung der Teilchen unter einem arcus von 0,6824 entsprechend $39,1^0$ zur x-Achse. Die nur geringfügigen Unterschiede in der Orientierung der Teilchen zueinander spiegeln sich in einer entsprechend kleinen Standardabweichung wider. Abb. 3b zeigt im Mittel nahezu die gleiche Orientierung der Teilchen wie Abb. 3a, die relative Lage der Teilchen zueinander ist allerdings wesentlich unterschiedlicher, was aus der Standardabweichung auch ersichtlich ist.

Verteilung der Teilchen („Verteilungszahl" $= VZ$)

Wichtig ist auch eine Aussage über die Verteilung der Teilchen, da es für die Eigenschaften eines Werkstoffs wesentlich ist, ob die Einschlüsse über den Querschnitt statistisch verteilt oder in Gruppen angehäuft sind.

Um zu dieser Information zu gelangen, verteilt man über den Querschnitt des Gefüges eine signifikante Anzahl von Rastern (n_R) bestimmter Größe (z. B. $100 \times 100\ \mu\text{m}$) nach statistischen Gesichtspunkten, zählt die Anzahl der Teilchen in jedem Raster (N_i) und bestimmt die mittlere Anzahl der Teilchen pro Raster $\left(\dfrac{\sum\limits_{i=1}^{n_r} N_i}{n_r} \right)$ sowie die relative Standardabweichung (s_r).

Die Verteilungszahl $\left(VZ = \dfrac{\sum\limits_{i=1}^{n_r} N_i}{n_r} \pm s_r \right)$ liefert eine Aussage über die Regelmäßigkeit der Verteilung der Teilchen über den Querschnitt des Gefüges.

Die Verfasser danken Herrn Dipl.-Ing. J. Rendl für wertvolle Anregungen und Diskussionsbeiträge.

Dem Bundesministerium für Wissenschaft und Forschung wird für die Bereitstellung der Mittel für die Durchführung dieser Arbeit gedankt.

Zusammenfassung

Über ein neues Verfahren zur Gefügecharakterisierung unter Verwendung einer Mikrosonde in Verbindung mit einem EDV-System wurde berichtet. Zur Kennzeichnung eines Gefüges werden Maßzahlen für die Homogenität der Fläche, der Teilchenform, der Orientierung und der Verteilung herangezogen.

Summary

On the Structure Analysis by Use of a Microprobe

A new method for characterization of structures by use of a microprobe in connection with a computer-system is described. Factors for the homogeneity of the area, shape, orientation, and distribution are used in order to describe the microstructure.

Literatur

[1] S. Baumgartl, P. L. Ryder, und E. Büchel, Thyssenforsch. 1+2, 82 (1972).

[2] G. Dörfler, Prakt. Metallographie 6, 144 (1969).

[3] H. E. Exner, Umschau 72, 518 (1972).

[4] R. W. Fennel und T. S. West, Pure and Applied Chemistry 18, 439 (1969).

[5] W. Koch, Metallkundliche Analyse, Düsseldorf: Verlag Stahleisen, Weinheim/Bergstr.: Verlag Chemie. 1965.

[6] H. Malissa, Mikrochim. Acta [Wien], Suppl. 1, 1966, 1.

[7] H. Malissa und K. Swoboda, Radex-Rdsch. 3, 494 (1963).

[8] R. Mitsche, Radex-Rdsch., 3, 538 (1965).

[9] S. Nazaré und G. Ondracek, The Microscope 21, 49 (1973).

[10] G. Ondracek, Radex-Rdsch., 3/4, 271 (1972).

[11] G. Ondracek, Berichte der DKG, Sonderband Science in Ceramics (1972).

[12] G. Ondracek, Prakt. Metallographie, Sonderband 3, 263 (1972).

[13] G. Ondracek und B. Schulz, Prakt. Metallographie **10**, 16 (1973).

[14] S. A. Saltykov, Stereometrische Metallographie, 2. Aufl., Moskau: Metallurgizdat. 1958.

[15] K. Swoboda, R. Mitsche, und H. Malissa, Radex-Rdsch. **4**, 233 (1966).

Anschrift der Verfasser: Prof. Dr. H. Malissa, Dr. M. Grasserbauer und Dr. J. Kaltenbrunner, Institut für Analytische Chemie und Mikrochemie, Technische Hochschule Wien, Getreidemarkt 9, A-1060 Wien, Österreich.

Mikrochimica Acta [Wien], Suppl. 5, 1974, 465—477

Aus dem Institut für analytische Chemie und Mikrochemie der Technischen Hochschule Wien

Ein Vergleich zwischen energiedispersiver und wellenlängendispersiver Elektronenstrahlmikroanalyse*

Von

H. Malissa, M. Grasserbauer und **E. Hoke**

Mit 3 Abbildungen

(Eingegangen am 5. März 1973)

Einführung

Energiedispersive Röntgenspektrometer zählen zu den neuesten Entwicklungen auf dem Gebiet der Röntgenspektralanalyse und haben wegen ihrer außerordentlichen Vorteile in kurzer Zeit starke Verbreitung gefunden. Insbesondere ist die Herabsetzung der Analysenzeit auf wenige (2—3) Minuten für eine qualitative Vollanalyse und auf ca. 10 Minuten für eine quantitative Analyse hervorzuheben. In diesem Rahmen sei aber statt einer genauen Beschreibung energiedispersiver Systeme bloß auf die Literatur verwiesen[1].

Für die nachfolgend beschriebenen Untersuchungen wurde eine Mikrosonde vom Typ ARL-EMX SM 120000 mit linearfokussierendem Rowlandkreisspektrometer und einem ORTEC-System verwendet. Diese Gerätekombination erschien sehr geeignet, allgemeine Beziehungen zwischen Kristallspektrometer und energiedispersivem System (EDS) im Hinblick auf die erreichbaren Impulsraten, auf die Reproduzierbarkeit der Ergebnisse, die Erfassungsgrenzen und quantitativen Analysenresultate zu untersuchen, weil die verwendeten Kristallspektrometer sowohl in bezug auf die Zählraten wie auf das Auflösungsvermögen der Kristalle zu den leistungsfähigsten ihrer Art zählen.

---

* Vortrag anläßlich des 6. Kolloquiums über metallkundliche Analyse mit besonderer Berücksichtigung der Elektronenstrahl-Mikroanalyse, Wien, 23. bis 25. Oktober 1972.

Versuchsbedingungen

Beschleunigungsspannung: 30 kV bzw. 40 kV, wenn die Energie der angeregten Linie 5 kV überstieg;

Probenstrom: 20 nA (auf Probe);

Zählzeit: wenn nicht anders angegeben, 10 sec;

Analysatorkristalle: RAP, ADP, Quarz, LiF;

Zählrohrspaltbreite: 0,02″ (RAP, Quarz) und 0,015″ (ADP, LiF);

Proportionalzählrohr: Xenonzählrohr mit PP-Fenster (ADP, LiF),
Argon-Methan-ZR mit PP-Fenster (RAP, Qz).

Integrale Meßmethodik.

Der Detektor des ORTEC-Systems war ein lithiumgedrifteter Siliciumeinkristall mit einer vom Erzeuger angegebenen Auflösung von 225 eV für 5,9 eV. Als Zeitkonstante wurde 3 μsec gewählt. Zur Korrektur der im EDS auftretenden Totzeiten wurde von der Möglichkeit der im Gerät vorgesehenen elektronischen Totzeitkompensation („live"-Messung) Gebrauch gemacht.

Kriterien der quantitativen ESMA

In neuerer Zeit sind mehrere Arbeiten über quantitative Untersuchungen erschienen[2-4], welche die praktische Anwendbarkeit energiedispersiver Systeme aufzeigten. Die vorliegende Arbeit soll einen Vergleich zwischen dem wellenlängendispersiven System und dem energiedispersiven System im Hinblick auf die bei der quantitativen Analyse wichtigen Parameter bringen.

1. Nettoimpulsraten und Reproduzierbarkeit der Meßwerte

Da der minimal erreichbare Analysenfehler nur durch die Zählstatistik begrenzt wird und durch die relative Standardabweichung gegeben ist, erscheint ein Vergleich der absoluten Nettoimpulsraten notwendig, der auch für die Abschätzung der Erfassungsgrenzen von Bedeutung ist. Die Zählraten sind vor allem bei der Analyse niedriger Konzentrationen von Bedeutung, da entsprechend dem Fehlerfortpflanzungsgesetz die Hintergrundstreuung umso weniger ins Gewicht fällt, je höher die gemessenen Impulsraten sind. Die Ergebnisse der Vergleichsmessungen sind in Tab. 1 wiedergegeben.

Die Variationskoeffizienten wurden aus 10 Punktmessungen zu je 10 sec ermittelt. Die Integrationsbreite für die angegebenen ED-Impulsraten betrug 10 eV.

Die Vergleichsmessungen der Absolutimpulsraten wurden an 29 Reinelementproben durchgeführt. Hiedurch konnten die Wellenlän-

Tabelle 1. Variationskoeffizienten beider Spektrometersysteme bei verschiedenen Konzentrationen

Element	Gehalt (%)	Linienenergie (keV)	Nettoimpulsraten WLDS	Nettoimpulsraten EDS	Variationskoeff. WLDS	Variationskoeff. EDS
Al	100	1,487	609000	4970	0,8%	2,0%
Re	100	1,874	48800	3020	1,4%	2,8%
S	36,4	2,307	47460	2400	0,8%	2,9%
S	53,3	2,307	73500	3600	0,6%	2,7%
Si	2,9	1,740	1520	95	4,8%	19,5%

genbereiche aller Kristalle zu einem Großteil überstrichen und mit den entsprechenden Energiebereichen des EDS in Relation gesetzt werden. Die Zählraten wurden bei beiden Systemen stets gleichzeitig ermittelt, um Einflüsse durch Instabilitäten der Elektronik und Inhomogenitäten der Probe auszuschalten.

Das Verhältnis der vom wellenlängendispersiven und energiedispersiven System gelieferten Nettoimpulsraten $\left(\frac{[I-H]_{\text{WLDS}}}{[I-H]_{\text{EDS}}}\right)$ ist in Abb. 1 für die verschiedenen Analysatorkristalle in Abhängigkeit von der Wellenlänge aufgetragen. Bei der gegebenen Spektrometeranord-

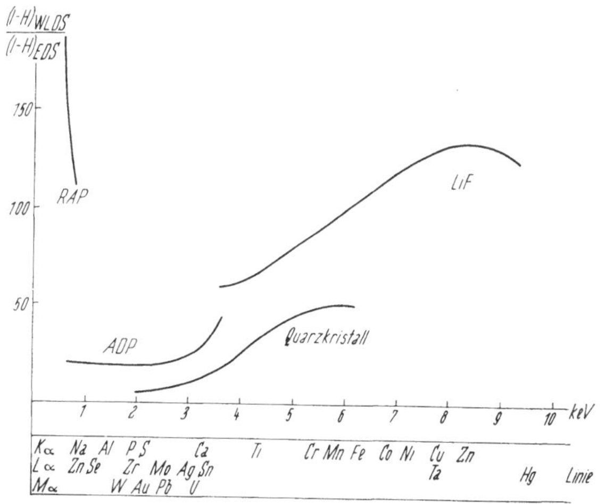

Abb. 1. Vergleich der Nettoimpulsraten von wellenlängendispersivem und energiedispersivem Röntgenspektrometer

nung werden mit dem RAP- und LiF-Kristall etwa 100mal und mit dem ADP- und Quarzkristall etwa 20mal höhere Impulsraten erzielt. Wenn zum Vergleich beider Systeme die über die Halbwertbreite integrierten Peakintensitäten des EDS herangezogen werden, sind die

 H. Malissa et al.:

in Abb. 1 angegebenen Impulsratenverhältnisse um etwa eine Zehner-
potenz kleiner. Die Unterschiede in den Impulsratenverhältnissen
zwischen den einzelnen Kristallen sind vor allem auf die verschiedenen Reflektivitäten der einzelnen Kristallarten und auf deren Auflösungsvermögen zurückzuführen. Zur besseren Vergleichbarkeit

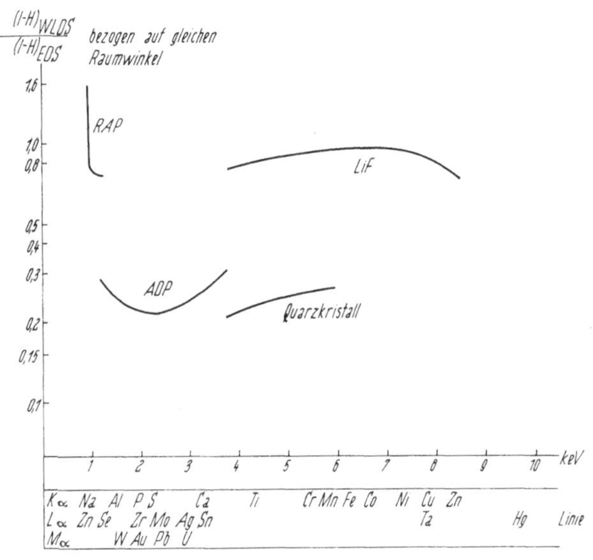

Abb. 2

Vergleich der auf gleichen erfaßten Raumwinkel bezogenen Nettoimpulsraten von
wellenlängendispersivem und energiedispersivem Röntgenspektrometer

beider Systeme wurden die gemessenen Nettoimpulsraten auf den
gleichen Raumwinkel der erfaßten Röntgenstrahlen bezogen. Diese
Ergebnisse sind in Abb. 2 dargestellt. Zum Vergleich sei vor allem
auf die Arbeiten von Lifshin[4] sowie Plattner und Schünemann[6] hingewiesen.

Bei gleichem erfaßten Raumwinkel, in dem Kristall- und Detek-
torfläche und die Entfernung von der Probe berücksichtigt sind, liefert
das EDS höhere Nettoimpulsraten.

2. Nachweisgrenzen

Da beim WLDS das Linien-Hintergrundverhältnis weitaus größer
ist als beim EDS und außerdem die Nettoimpulsraten bei der gegebenen Anordnung in der Mikrosonde weit über denen des EDS liegen, können auch Nachweisgrenzen erreicht werden, die um ein bis

Tabelle 2. Nachweisgrenzen bei WLDS und EDS

Element	Energie keV	Kristall	Nachweisgrenzen WLDS (%)	EDS (%)
Al	1,487	RAP	0,005	0,10
Si	1,740	ADP	0,009	0,06
Sn	3,444	ADP	0,011	0,20
Sn	3,444	Quarz	0,013	0,20
Ti	4,509	LiF	0,005	0,09
Cu	8,041	LiF	0,008	0,20

zwei Zehnerpotenzen niedriger sind als beim EDS. Die in Tabelle 2

angeführten Nachweisgrenzen wurden nach $NWG = \dfrac{(I-H) \cdot \sqrt{t}}{2 \cdot \sqrt{2H}} \cdot c$

berechnet, wobei die Meßzeit von 10 sec auf Reinelementstandards
angewendet wurde. Weitere Untersuchungen über die Nachweisgrenze finden sich bei Lifshin[4] sowie Plattner und Schünemann[6]. Die
ermittelten Werte sind um etwa das dreifache besser, wenn die Integration der ED-Linien nicht innerhalb 10 eV (Tab. 2), sondern innerhalb der Halbwertbreiten der Peaks durchgeführt wird[5]. Weitere
Verbesserungen sind durch automatische Hintergrundsubtraktion,

Tabelle 3
Abhängigkeit der Nachweisgrenzen von Probenstrom und Anregungsspannung

Element	Energie keV	Kristall	Proben-strom nA	Anregungs-spannung (kV)	Nachweisgrenze WLDS (%)	EDS (%)
Sn	3,444	ADP	20	30	0,011	0,20
Sn	3,444	ADP	20	40	0,008	0,16
Ta	8,146	LiF	20	20	0,023	0,38
Ta			20	25	0,019	0,24
Ta			20	30	0,015	0,19
Ta			20	35	0,011	0,18
Ta			20	40	0,010	0,20
Ag	3,040	Quarz	10	30	0,028	0,35
Ag			20	30	0,014	0,22
Ag			30	30	0,010	0,19
Ag			40	30	0,008	0,26
Ag			50	30	0,007	0,32

Kurvenglättung und Auflösung der Spektren in die Einzellinien mit
Hilfe der Fourieranalyse zu erreichen[2,4].
Steigerung von Probenstrom und Beschleunigungsspannung ermöglicht höhere Nettoimpulsraten, wodurch die Nachweisgrenze
verbessert wird, bedingt aber beim EDS das Auftreten breiterer Peaks
und verstärkter Totzeiteinflüsse, die sich besonders auswirken, wenn

im Zählratenbereich über 10000 cps gearbeitet wird. Daher führt die Erhöhung der Anregungsspannung bei konstantem Probenstrom (Tab. 3) beim WLDS zu einer stärkeren Verbesserung der Nachweisgrenzen als beim EDS[5, 7, 8].

3. Auflösungsvermögen

Da Koinzidenzen zu qualitativen und quantitativen Fehlinterpretationen führen können, ist die Energieauflösung von erheblicher Bedeutung. Wegen der häufig vorkommenden Teilüberlagerungen von Linien ist die numerische Auswertung der erhaltenen Spektren mittels elektronischer Datenverarbeitungsanlagen durch geeignete Rechenprogramme[2] bei der Analyse von Mehrelementproben in vielen Fällen unumgänglich. Die Auswertung der Spektren der Kristallspektrometer gestaltet sich meist viel einfacher, da sie in Hinblick auf das Auflösungsvermögen dem EDS weit überlegen sind, wie in Tab. 4 gezeigt wird. Ausführliche Beschreibungen des Auflösungsvermögens von Halbleiterdetektoren finden sich bei [7, 9, 10].

Tabelle 4. *Auflösungsvermögen von WLDS und EDS*

Element	Energie keV	Kristall	Halbwertsbreiten (eV) WLDS	EDS
Al	1,487	RAP	14	182
Al	1,487	ADP	2,4	182
Si	1,740	ADP	2,7	189
Ti	4,509	Quarz	20	203
Fe	6,400	LiF	32	228
Cu	8,041	LiF	46	230

Die Messungen des Auflösungsvermögens der Kristalle wurden so wie die Vergleiche der Impulsraten bei den relativ großen Spaltbreiten von 0,015″ für LiF und ADP, bzw. 0,020″ für RAP und Quarz vorgenommen, um alle Parameter beim Vergleich zwischen EDS und WLDS konstant halten zu können. Beim WLDS kann durch Verringerung der Spaltbreite eine signifikante Erhöhung des Auflösungsvermögens erreicht werden: die Halbwertbreite der Fe Kα-Linie beträgt bei einer Spaltbreite von 0,001″ nur 5 eV.

Vergleich quantitativer Analysenresultate bei EDS und WLDS

Es sollte untersucht werden, inwieweit beide Systeme unterschiedliche Analysenergebnisse liefern. Da die Matrixeinflüsse bei Messung der gleichen Röntgenlinie und bei gleichem Abnahmewinkel von WLDS und EDS (ca. 52°) natürlich den gleichen Einfluß auf das

Analysenresultat haben[12], sollen diese beim Vergleich nicht berücksichtigt werden. Aus diesem Grund wurden die Castaingschen Näherungen verglichen. Als Anregungsspannung wurden 30 kV, als Probenstrom 20 nA gewählt. Wenn nicht anders angegeben, wurde unter Verwendung der automatischen Totzeitkorrektur mit dem EDS jeweils 100 Sekunden gemessen. Die Meßzeit beim WLDS betrug 10 × 10 Sekunden.

1. Legierungen

Bei Proben mit Elementen ähnlicher Ordnungszahl lieferten EDS und WLDS ohne zusätzliche Korrektur relativ gut übereinstimmende k_A-Werte.

Bei erheblichen Ordnungszahlunterschieden der Hauptbestandteile der Probe wurden starke Totzeiteinflüsse registriert, wie bei den nachfolgend beschriebenen Legierungsreihen sichtbar ist. Bei den mit „true" bezeichneten Ergebnissen wurde ohne Totzeitkorrektur gemessen, andernfalls wurden die Meßergebnisse mit „live" gekennzeichnet.

1.1. Gold-Silber-Legierungsreihe

Die Ergebnisse der quantitativen Vergleichsmessungen einer Gold-Silber-Legierungsreihe sind in Tab. 5 enthalten. Zur Auswertung wurden die Ag Lα- (Quarz) und die Au Mα-Linie (ADP) herangezo-

Tabelle 5. Vergleich der quantitativen Analyse einer Gold-Silber-Legierungsreihe

c_{Ag} (%)	c_{Au} (%)	$k_{Ag,WLDS}$ (%)	$k_{Ag,EDS}$ (%)		$k_{Au,WLDS}$ (%)	$k_{Au,EDS}$ (%)	
			true	live		true	live
80	20	72,1	68,8	70,4	14,3	21,6	19,0
60	40	44,5	42,2	43,4	35,9	42,5	38,8
40	60	29,2	25,4	28,4	54,0	62,1	55,8
20	80	12,0	10,5	11,9	76,8	82,9	80,0

gen. Als Standardproben dienten die Reinelemente. Die Unterschiede in den k_A-Werten beider Systeme bewegen sich im Bereich um 10 rel%. Die Ergebnisse sind also vergleichbar. Die erhaltenen Eichkurven weichen nur um wenig, aber in charakteristischer Weise voneinander ab.

Der oben erwähnte Totzeiteinfluß ist deutlich erkennbar. Die k_{Au}-Werte sind bei true-Messung größer als bei live, umgekehrt sind die bei live erhaltenen k_{Ag}-Werte größer als bei true. Die Begründung hiefür liegt im höheren Totzeitanteil des Elements Gold, der auch aus der längeren korrigierten Zählzeit des Reinelementes Gold (133 sec) (Silber 126 sec) ableitbar ist.

Der Totzeiteinfluß des Elementes Gold ist wegen der im EDS registrierten energiereichen Au L-Linien bedeutender als der des Silbers. Bei Diskriminierung der Au L-Linien tritt eine Umkehrung des

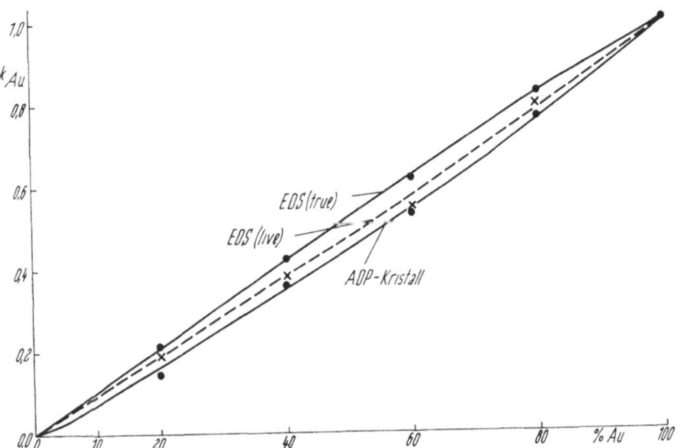

Abb. 3. Eichkurven für die Goldbestimmung in Gold-Silber-Legierungen

Effektes ein: da in diesem Fall die Ag Lα-Linie eine größere Totzeit bedingt als die Au Mα-Linie, werden die silberreicheren Proben infolge der live-Totzeitkorrektur entsprechend länger gemessen.

Die in Tab. 5 enthaltenen Werte wurden ohne Diskriminierung der oberen Energiebereiche erhalten. Der Einfluß der Totzeitkorrektur auf die Nettoimpulsratenquotienten läßt sich auch an der bei live-Messung erzielten Annäherung der ED-Werte an die mit dem Kristallspektrometer erreichten Werte ablesen. Die Korrektur der Totzeit ist durch Eichkurven leicht möglich (Abb. 3). Wenn hiefür die erforderliche Zahl von Standardproben nicht vorhanden ist, sind die bei allen Mehrelementproben auftretenden Totzeiteinflüsse auf die k_A-Werte durch rechnerische Verfahren zu berücksichtigen.

Die Verringerung des Totzeiteinflusses auf das Analysenergebnis kann durch die Verwendung eines geeigneten Standards, der in seiner Zusammensetzung der Probe möglichst ähnlich sein soll, erfolgen. Die Auswahl von Standards für die Analyse mit dem EDS ist auf Grund der Totzeiteinflüsse wesentlich kritischer als beim WLDS.

Eine weitere Möglichkeit der Verringerung des Totzeiteinflusses besteht in der Aufnahme aller Spektren ohne automatische Totzeitkorrektur, jedoch unter Diskriminierung der außerhalb des zu messenden Peaks gelegenen Teile des Röntgenspektrums. Vor allem bei der Bestimmung kleiner Konzentrationen, wobei sich Totzeiteffekte am stärksten auswirken, ist die Energiediskriminierung ein wertvolles Hilfsmittel.

1.2. Messingreihe

Zum Vergleich der quantitativen Analyse von Messing wurden 8 Legierungen unter Verwendung der K_α-Linien von Zink und Kupfer herangezogen (Tab. 6). Als Analysatorkristall wurde der LiF-Kristall verwendet. Die Messungen erfolgten gegen Reinelemente.

Tabelle 6. Vergleich der quantitativen Analyse einer Messingreihe

Probe c_{Cu}/c_{Zn} %/%	$k_{Zn,\,WLDS}$ (%)	$k_{Zn,\,EDS}$ (%)		$k_{Cu,\,WLDS}$ (%)	$k_{Cu,\,EDS}$ (%)	
		true	live		true	live
58/42	43,2	39,0	40,0	61,6	61,9	61,0
60/40	41,8	37,5	38,6	64,3	62,6	62,1
63/37	38,7	36,4	37,1	65,2	64,6	63,6
70/30	30,4	27,8	30,0	73,2	71,6	71,0
80/20	21,5	20,0	20,6	80,6	79,9	80,0
85/15	17,5	15,6	16,2	85,4	84,0	82,6
90/10	12,4	10,9	11,5	89,1	89,2	87,4
95/ 5	5,8	5,0	5,3	94,5	94,6	93,9

Die mit der Zn K_α-Linie koinzidierende Cu K_β-Linie wurde mit Hilfe eines Kupferspektrums subtrahiert. Da dieser Abzug ebenso wie die exakte Hintergrundberechnung ohne Datenverarbeitungsanlage nur approximativ durchgeführt werden kann, sind geringere Fehler bei den k_{Zn}-Werten möglich. Durch Verfeinerung der Rechenverfahren, wie durch die Anwendung der Fourieranalyse[2] kann aber die Genauigkeit des WLDS erreicht werden.

Die Ergebnisse der quantitativen Auswertung in Form der k_{Cu}- und der k_{Zn}-Werte zeigen Unterschiede zwischen den mit WLDS und EDS erhaltenen Nettoimpulsratenquotienten von etwas mehr als 10 rel%. Die Unterschiede sind umso größer, je geringer die Konzentrationen der gemessenen Elemente sind.

Der Totzeiteffekt tritt hier ebenfalls auf. Trotz der geringen Ordnungszahlunterschiede zwischen Zink und Kupfer lagen die live erhaltenen k_{Zn}-Werte stets über den unkorrigierten (true) Werten. Analog waren die k_{Cu}-Werte für true-Messung höher als bei live, da die Zählzeit beim reinen Kupfer etwas länger war als bei den Legierungen.

2. Mineralogische Proben

Die Resultate der quantitativen Analyse von Calcium in dem Mineral Monticellit ($CaO \cdot MgO \cdot SiO_2$) sind in Tab. 7 angegeben. Als Standard diente das Mineral $4\,CaO \cdot P_2O_5$ (Hilgenstockit).

Tabelle 7. Vergleich der Bestimmung von Calcium

Probe	% CaO			EDS
	WLDS			
% CaO	LiF	ADP	Quarz	
35,8	37,5	37,4	36,2	35,3

Die Ergebnisse der Calciumanalyse, die mit dem WLDS und dem EDS erhalten werden, zeigen einen Unterschied von ca. 5% relativ.

Tab. 8 zeigt die Resultate der Analyse von Schwefel in Troilit (FeS) unter Verwendung eines Pyrit-Standards (FeS_2). Auch in diesem Fall zeigen die mit dem EDS erzielten Ergebnisse eine befriedigende Übereinstimmung mit denen des WLDS.

Tabelle 8. Vergleich der Schwefelanalysen

Element	Probe %	Gemessener Gehalt (%)	
		WLDS	EDS
Fe	63,6	61,6	62,2
S	36,4	34,4	35,5

3. Siliziumbestimmung in Eisen

Die Siliziumanalyse von zwei Proben mit 2,9 und 0,93% Si wurde unter Verwendung eines Standards mit 4,8% Si durchgeführt.

Der Bildung der k_{Si}-Werte wurde beim EDS sowohl die Intensität der Linien am Maximum wie auch die unter dem Peak liegende Fläche zugrundegelegt. Die Unterschiede der beiden Werte sind aber relativ gering (Tab. 9). Dieses Ergebnis steht in Übereinstimmung

Tabelle 9. Analyse von Silizium in Stahl

Probe % Si	WLDS % Si	EDS (10 eV) % Si	EDS integriert % Si
2,9	2,64	2,40	2,34
0,93	0,86	0,70	0,60

mit Analysenwerten von Myklebust[3], der Goldlegierungen untersuchte und beide Verfahren der Versuchsauswertung anwendete.

Die Hintergrundkorrektur wurde bei den ED-Spektren durch lineare Interpolation durchgeführt. Da im Gebiet der Si K_α-Linie die Intensität der Bremsstrahlung über dem betrachteten Energiebereich von etwa 500 eV nicht linear ansteigt, beinhaltet dieses Verfahren natürlich einen Fehler, der bei den kleinsten Konzentrationen in der Nähe der Erfassungsgrenzen besonders ins Gewicht fällt. Auch hier ist die Notwendigkeit der Fourieranalyse zur Erhaltung exakter Ergebnisse gegeben.

Unter Zugrundelegung einer 99,7%igen Sicherheit wird für die Si-Bestimmung in Eisen eine Nachweisgrenze von 0,009% für das WLDS bzw. von 0,13% für das EDS (Zählzeit: 10 sec) erreicht.

Lifshin[4] fand bei der Spurenanalyse eines Stahls sehr ähnliche Nachweisgrenzen für Silizium. Mit einem EDS mit einer Auflösung von 315 eV erreichte er Werte um 0,15% Si bei einer Meßzeit von 10 min. Der qualitative Nachweis war bei Si-Gehalten unter 0,1% nicht mehr möglich.

Gegenüberstellung der wellenlängendispersiven und der energiedispersiven quantitativen Analyse

Die Ergebnisse des unter besonderer Betonung praktischer Gesichtspunkte durchgeführten Vergleichs sind folgende:

Das wellenlängendispersive System liefert Nettoimpulsraten, deren Variationskoeffizienten um 1% liegen. Demgegenüber zeigt das EDS eine 2—5mal so hohe Streuung der Meßwerte. Die Nachweisgrenzen sind entsprechend den wesentlich höheren Nettoimpulsraten beim WLDS um etwa eine Größenordnung niedriger. Daher scheint das Kristallspektrometer auch in der Zukunft seine Bedeutung bei der Ausführung quantitativer Analysen mit hohen Ansprüchen an die Reproduzierbarkeit sowie in der Spurenanalyse beizubehalten.

Das um etwa den Faktor 15 höhere Auflösungsvermögen des Kristallspektrometers stellt einen außerordentlichen Vorteil insbesondere in Hinblick auf eine Erhöhung der Analysensicherheit dar.

Die Ergebnisse der quantitativen Analyse sind gut vergleichbar, aber beim EDS findet sich stets eine stärkere Abhängigkeit des Resultates von der Probenzusammensetzung im Verhältnis zum Standard. Diese Effekte sind durch die insbesondere bei höheren Zählraten merkbaren Totzeiteffekte im EDS bedingt. Sie erhöhen die Erfordernisse an den Standard für die ED-Analyse, beziehungsweise machen eine zusätzliche Korrekturrechnung erforderlich. In allen Fällen aber, in denen geringere Genauigkeitsansprüche (ca. 5 rel %) mit dem Wunsch nach hoher Analysengeschwindigkeit gekoppelt ist, erscheint das EDS sehr geeignet.

Dem Bundesministerium für Wissenschaft und Forschung sei für die Bereitstellung der für diese Untersuchungen notwendigen Geräte Dank ausgesprochen.

Zusammenfassung

Als Leistungsmerkmale energiedispersiver Spektrometersysteme (EDS) wurden die Reproduzierbarkeit der Meßwerte, Nachweisgrenzen und Auflösungsvermögen untersucht. Anhand von Legierungsreihen, Oxiden und Sulfiden wurde gezeigt, daß zwischen den Nettoimpulsratenquotienten bei EDS und wellenlängendispersiven Spektrometersystemen Unterschiede von etwa 5—10% relativ bestehen. Insbesondere wurde der Totzeiteinfluß auf das Analysenergebnis besprochen, der möglichst große Ähnlichkeit des Standards mit der Probe wünschenswert macht.

Summary

A Comparison between Energy-Disperse and Wave-Length Disperse Electron Beam Microanalyses

The reproducibility of the measurements, the limits of detection, and the resolution of energy-disperse spectrometersystem (EDS) were investigated as measures of performance. On the basis of a series of oxides of alloys, and of sulfides, it was shown that there are differences of 5—10% between the net impulse rate quotients of EDS and wave-length-disperse spectrometer systems. The influence of the dead time on the results of the analysis is particularly discussed; this effect makes it particularly desirable to have the standard and the sample as similar as possible.

Literatur

[1] R. Fitzgerald und P. Gantzel, „X-Ray Spectrometry in the 0,1 to 10 Å Range" in Energy Dispersion X-Ray Analysis, ASTM-STP **485**, 3, Philadelphia 1971.

[2] J. C. Russ, Vortrag am 5. Kolloquium über Mikroanalyse und mikromorphologische Abbildung von Oberflächen, Graz 1972.

[3] R. L. Myklebust und K. F. J. Heinrich, „Rapid Quantitative Electron Probe Microanalysis with a Nondiffractive Detector System", in Energy Dispersion X-Ray Analysis, ASTM-STP **485**, 232, Philadelphia 1971.

[4] E. Lifshin, „Solid State X-Ray Detectors for Electron Microprobe", in Energy Dispersion X-Ray Analysis, ASTM-STP **485**, 140, Philadelphia 1971.

[5] P. L. Ryder und S. Baumgartl, Arch. Eisenhüttenwes. **42**, 9 (1971).

[6] R. Plattner und D. Schünemann, Beitr. elektronenmikroskop. Direktabb. Oberfl., Band 4/2, 77, Münster: Remy 1971.

[7] B. Kegel, K. Wehner und H. Strauss, l. c.[6].

[8] J. C. Russ, „Light Element Analysis Using the Semiconductor X-Ray Energy Spectrometer with Electron Excitation", in Energy Dispersion X-Ray Analysis, ASTM-STP, **485**, 154, Philadelphia 1971.

[9] D. W. Aitken und E. Woo, „The Future of Silicon X-Ray Detectors" in Energy Dispersion X-Ray Analysis, ASTM-STP **485**, 36, Philadelphia 1971.

[10] F. J. Walter, „Characterisation of Semiconductor X-Ray Energy Spectrometers", in Energy Dispersion X-Ray Analysis, ASTM-STP **485**, 82, Philadelphia 1971.

[11] H. E. Bühler, S. Baumgartl, J. Dittmann, und P. L. Ryder, l. c.[6].

[12] H. Malissa, Elektronenstrahlmikroanalyse, in „Handbuch der mikrochemischen Methoden", herausgeg. von F. Hecht und M. K. Zacherl, Bd. 4, Wien: Springer-Verlag. 1966.

Anschrift der Verfasser: Prof. Dr. H. Malissa, Dr. M. Grasserbauer und Dipl.-Ing. E. Hoke, Institut für Analytische Chemie und Mikrochemie, Technische Hochschule Wien, Getreidemarkt 9, A-1060 Wien, Österreich.

Metallkundliche Analyse
mit besonderer Berücksichtigung
der Elektronenstrahl-Mikroanalyse

1. Kolloquium (1964). Mikrochimica Acta, Heft 3, 1965.
137 teils farbige Abbildungen. 220 Seiten. 1965.
Preis auf Anfrage

2. Kolloquium (1965). Mikrochimica Acta / Supplementum I
159 Abbildungen. IV, 248 Seiten. 1966.
Geheftet DM 50,—, S 345,—

3. Kolloquium (1966). Mikrochimica Acta / Supplementum II
192 teils farbige Abbildungen. IV, 290 Seiten. 1967.
Geheftet DM 62,—, S 428,—

4. Kolloquium (1967). Mikrochimica Acta / Supplementum III
199 teils farbige Abbildungen. IV, 286 Seiten. 1968.
Geheftet DM 60,—, S 414,—

5. Kolloquium (1969). Mikrochimica Acta / Supplementum IV
176 teils farbige Abbildungen. IV, 312 Seiten. 1970.
Geheftet DM 59,—, S 408,—

6. Kolloquium (1972). Mikrochimica Acta / Supplementum V
272 Abbildungen. VII, 477 Seiten. 1974.
Geheftet DM 128,—, S 920,—

Vorzugspreis für Abonnenten der „Mikrochimica Acta": 10% niedriger

SPRINGER-VERLAG   WIEN · NEW YORK